탄탄한
기초를
위 한

KB088354

이현옥 · 이재형 · 조성덕

핵심
전기기초

이론

ELECTRICAL THEORY

제1권 / 전기이론

예문사

4차 산업혁명 등 고도의 정보화 사회로 발전하고 있는 현 시점에서 모든 산업 및 사회의 원동력으로 사용되고 있는 전기에너지의 중요성은 나날이 확대되고 있다. 산업이 발달할수록 전력 수요와 사용량이 급증함으로써 전기 기술자의 역할은 더욱 중요해지고 있으며, 전기 기술자로 성장하기 위한 전기 분야 기본 이론의 정립 또한 매우 필수적이라 하겠다.

또한, 전기 기술을 익히고 자격증을 취득할 수 있는 전기 분야 이론의 공부는 무엇보다도 먼저 선행되어야 하며, 급변하는 현장의 상황에 적절하고 정확하게 대응하기 위해서라도 관련 이론에 대한 이해와 확립은 필수불가결한 요소라 할 수 있다.

이에 본 교재는 전기 공부를 시작하는 단계에서도 쉽게 이해할 수 있도록 기본적인 원리와 설명, 예제 등을 수록하고 있으며, 전기이론, 전기기기, 전기설비, 부록(종합문제) 등의 교과목으로 나누어 편찬함으로써 학생들이 스스로 공부하거나, 학교의 수업 진도에 맞추어 효과적으로 공부할 수 있도록 집필하였다.

아무쪼록 전기 분야를 공부하는 학생들이나 수험자에게 이 책이 전기 기초 이론을 정립하는 데 많은 도움이 되길 바라며, 더 나아가 실무능력 향상의 밑거름이 되어 유능한 전기 기술자로 성장하는 데 크게 이바지하길 바란다.

저자

전기이론

PART **01** 전기이론

01 전기의 본질

1 물질의 구성

물질은 원자라고 하는 매우 작은 입자로 구성되어 있다. 원자의 개수나 종류 등의 구성에 따라 물질의 성질이 달라진다. 원자는 원자핵과 그 주위 궤도를 회전하는 전자들로 구성되어 있다.

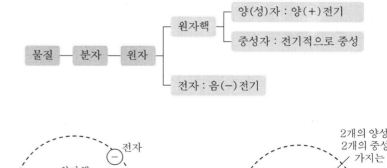

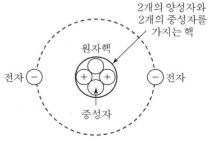

[그림 1-1] 수소(H) 원자 모형   [그림 1-2] 헬륨(He) 원자 모형

[그림 1-1]은 원자번호 1번의 수소 모형을 나타낸 것으로 그 구조는 양성자와 전자로 이

루어져 있다. 원자핵은 양성자로 양(＋)전하로 대전되어 있으며 원자핵 주위의 궤도를 돌고 있는 전자는 양성자의 전하량과 같은 크기의 음(－)전하를 띠고 있다.

[그림 1－2]는 원자번호 2번의 헬륨원자 모형으로 2개의 양성자와 2개의 전자 외에 2개의 중성자로 구성되어 있다. 원자에서 중성자 수는 양성자, 전자의 개수와 동일하며, 전기적 성질은 띠지 않는다.

전자들이 돌고 있는 궤도를 전자각이라 하며, 핵으로부터 가장 멀리 떨어져 있는 궤도를 가전각(최외각)이라 한다. 가전각(최외각)에 위치한 전자는 외부의 자극에 의해 원자핵의 구속으로부터 비교적 쉽게 이탈할 수 있는데, 이를 자유전자 또는 전도전자(Conduction Electron)라고 한다.

전자의 전기량은 -1.60219×10^{-19}[C]의 값을 가지고 있으며 전자 한 개의 무게는 9.109×10^{-31}[kg]이다. 양성자의 전기량은 1.60219×10^{-19}[C]의 값을 가지고 있으며 양성자 한 개의 무게는 1.67261×10^{-27}[kg]이다. 따라서 양성자는 전자보다 1,840배 무겁다.

> **예제 01** 원자의 구속력을 벗어나서 물질 내에서 자유로이 이동할 수 있는 전자를 무엇이라 하는가?
>
> 📖 자유전자

2 전기의 발생

물체는 양(＋)의 전기(Positive Electricity)를 가지는 양(성)자수와 음(－)의 전기(Negative Electricity)를 가지는 전자수가 동일할 때 전기적으로 중성 상태에 있어 전기적 성질을 띠지 않는다. 원자를 구성하는 전자가 원자로부터 받는 전기력의 크기는 물체에 따라 다르다. 서로 다른 종류의 물체를 붙였다가 떼어 내면(충격을 가하거나 마찰시킴) 전기력이 약한 물체에서 전기력이 강한 물체로 전자가 이동하면서 양전하와 음전하의 균형이 깨지면서 다수의 전하가 겉으로 드러나게 되는데, 이러한 현상을 대전(Electrification)이라 한다.

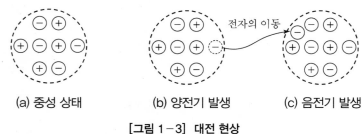

(a) 중성 상태   (b) 양전기 발생   (c) 음전기 발생

[그림 1－3] 대전 현상

예제
02 물질 중에서 자유전자가 과잉된 상태를 무엇이라 하는가?

답 (−) 대전된 상태 또는 음전기의 발생

3 마찰전기

셀룰로이드로 만든 책받침을 옷으로 문질러 작은 종이에 가까이 가져가면, 종이조각들이 책받침에 달라붙는다. 이것은 마찰에 의해 셀룰로이드에 전기가 생겼기 때문이다. 이와 같이 마찰에 의하여 생긴 전기를 마찰전기라고 한다. 이때 셀룰로이드는 전기를 띠고 있기 때문에 대전되었다고 하며, 대전된 물체를 대전체라고 한다.

일상생활에서 흔히 볼 수 있는 마찰전기현상의 예로는, 화학 섬유로 만든 옷을 벗을 때 불꽃이 튀고 소리가 나는 현상, 문의 손잡이를 잡을 때 짜릿한 자극을 받게 되는 현상 등이 있다.

마찰전기현상은 기원전 600년경에 그리스의 철학자 탈레스가 발견하였다. 그는 옷에 문지른 호박이 종잇조각이나 먼지 따위를 끌어당긴다는 것을 알고 있었다. 마찰전기현상은 아주 먼 옛날에 발견되었지만, 그것이 전기현상이라는 사실을 알게 된 것은 18세기에 들어와서이다.

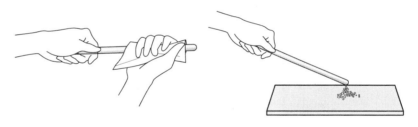

[그림 1−4] 마찰전기

많은 실험 결과 마찰에 의하여 발생된 전기 상호 간에 흡인력과 반발력이 작용하는 것을 보고 전기에는 성질이 다른 2종류가 있다는 것을 알았으며, 동종의 전기 사이에는 흡인력, 서로 다른 종류의 전기 사이에는 반발력이 작용한다는 결론을 얻었다. 그리고 이들 2종의 전기를 양(+), 음(−)이라 하였다.

마찰에 의하여 양의 전기 또는 음의 전기가 발생하는 것은 마찰하는 물질의 종류와 상태에 따라 다르다.

예제
03 서로 다른 두 물체를 마찰했을 때 발생하는 전기를 무슨 전기라고 하는가?

답 마찰전기

4 전하와 전기량

전하(電荷, Electric Charge)는 전기현상을 일으키는 주체적인 원인이며, 물체가 대전되어 있을 때 이 물체가 가지고 있는 전기, 즉 대전된 전기를 전하라고 한다. 전기량이란 물질이 가지고 있는 전하의 양을 말한다.

전하의 국제단위는 쿨롱이며, 기호는 [C]이다. 쿨롱은 매우 큰 단위이며, 약 6.24×10^{18} 개의 전자의 과부족으로 생기는 전하의 전기량으로 양성자들의 전하의 양이다. 반대로, 전자 또는 양성자 한 개의 전하량은 $1.6021773349 \times 10^{-19}$[C]이며 이를 기본 전하라고 부른다.

> **예제 04** 전자의 개수가 2×10^{19}라고 하면 얼마의 전기량을 갖는지 구하여라.
>
> **풀이** 전자 1개의 전기량이 -1.60219×10^{-19}[C]이므로
> 전하의 전기량은 -1.60219×10^{-19}[C] $\times 2 \times 10^{19} = 3.2$[C]이다.
>
> 🖩 3.2[C]

5 정전유도 및 차폐

도체 또는 유전체에 전하를 접근시킬 때, 전하가 만드는 정전기장의 영향으로 도체 또는 유전체 표면에 전하가 나타나는 현상을 정전유도(Electro-static Induction)라고 한다. [그림 1-5]와 같이 대전이 안 된 절연된 도체 A에 양(+)으로 대전된 도체 B를 가까이 하면, 도체 A에는 도체 B에 가까운 쪽에 음(-)전하가 나타나고, 먼 쪽에 양(+)전하가 나타난다. 그런데 이 경우 대전된 도체 B를 멀리하면 도체에 발생하였던 양(+)·음(-)의 전하가 중화되어 전기적인 현상을 띠지 않는다.

[그림 1-5] 정전유도

물질의 외피는 (+)로 내피는 (-)로 대전되어 있다고 할 때 접지를 하면 외피의 (+)전하들은 모두 땅속으로 흡수되고, 도체에는 (-)전하만 남게 되어 전위가 지구와 같게 된다. 이를 정전차폐 또는 실드(Shield)되었다고 한다. 즉, 접지된 물체는 대전된 물체를 가까이 가져가도 정전차폐되어 정전유도되지 않는다.

예제 05 물질의 외피는 (+)로 내피는 (−)로 대전되어 있다고 할 때 접지를 하면 외피의 (+) 전하들은 모두 땅속으로 흡수되고 도체에는 (−)전하만 남게 되어 전위가 지구와 같게 되는데, 이를 무엇이라 하는가?

答 정전차폐

⑥ 전기 전도도에 따른 물질 분류

전기 전도도에 따라 물질을 분류하면 크게 도체, 부도체, 반도체로 구분한다.

도체(Conductor)란 연속적으로 전류를 흘릴 수 있는 물질이나 재료를 일컫는 말이다. 도체에는 자유전자가 많아서 전기장이 형성되면 자유전자가 전기장의 힘으로 이동하게 되는데, 이처럼 전기가 잘 통하는 물질을 전기적 도체라고 한다. 고체로는 철, 구리, 알루미늄, 금, 은과 같은 금속, 액체로는 산, 알칼리염의 수용액이 이에 해당된다. 열을 잘 전달하는 물질은 열의 도체라고 하는데, 금속이 대다수이며 보통 전기가 잘 통하는 금속일수록 열도 잘 전달한다. 자유전자가 많은 금속은 온도가 증가하면 원자의 접촉을 심화시켜 전자운동이 방해가 되어 저항이 증가한다.

부도체(Nonconductor)란 열이나 전기를 전혀 전달하지 못하거나 잘 전달하지 못하는 물체를 일컫는 말이다. 수소나 헬륨 그리고 플라스틱과 같이 전기가 거의 통하지 않는 물체가 이에 해당된다.

반도체(Semiconductor)는 도체와 부도체의 두 가지 성질을 다 가지고 있는데, 순수한 상태에서는 부도체와 비슷한 특성을 보이지만 불순물 첨가에 의해 전기 전도도가 커지기도 하고 빛이나 열에너지에 의해 일시적으로 전기 전도성을 갖기도 한다. 반도체는 전자가 많지 않기 때문에 온도가 증가하면 원자의 진동이 격렬해져 원자핵의 핵력이 감소하고 전자의 이동이 더욱 활발해지게 된다. 즉, 저항이 감소한다.

예제 06 연속적으로 전류를 흘릴 수 있는 물질이나 재료를 일컫는 말은 무엇인가?

答 도체

02　전기회로

1 전위 · 정위차 · 전압

어느 기준면으로부터 측정한 하천이나 호수, 지하수 등 수면의 높이를 수위라고 하며 수위가 높은 곳과 낮은 곳의 차를 수위차라고 한다. 물은 수위가 높은 곳에서 낮은 곳으로 흐른다. 수위가 높은 곳과 낮은 곳의 차이만큼 물의 무게로 생기는 압력을 수압이라 한다. 물이 흐른다는 것은 곧 에너지의 이동을 말한다.

전기도 물의 경우와 같게 생각할 수 있다. 물의 수위는 전기회로에서 전위(Electric Potential), 수위차는 전위차(Electric Potential Difference)라 할 수 있으며 수압은 전기적인 압력, 즉 전압(Voltage)이라고 할 수 있다.

따라서 전류는 전위가 높은 쪽에서 낮은 쪽으로 흐르고, 이때 흐르는 전하량 Q[C]는 부하를 거쳐 W[J]의 일로 전환되며, 그 두 점 간의 전위차(전압)를 V[V]라고 할 때 관계식은 다음과 같다.

$$W = QV \text{[J]} \quad \cdots\cdots\cdots\cdots\cdots\cdots\cdots\cdots\cdots\cdots\cdots\cdots\cdots\cdots\cdots\cdots\cdots\cdots\cdots (1-1)$$

> **예제 07** 3[C]의 전하량이 두 점 사이를 이동하여 30[J]의 일을 하였다면 두 점 사이의 전위차는 얼마인지 구하여라.
>
> **풀이** $V = \dfrac{W}{Q} = \dfrac{30}{3} = 10\text{[V]}$
>
> 답 10[V]

2 전류

전류란 전하가 도선을 따라 흐르는 현상을 말한다. 전류의 크기는 도체의 어떤 단면을 단위 시간 동안에 통과한 전하량으로 기호는 I로 나타내며 단위는 암페어(Ampere, [A])를 사용한다. 따라서 t[sec] 동안에 Q[C]의 전하가 이동하였다면, 전류 I[A]는 다음과 같은 식으로 나타낸다.

$$I = \dfrac{Q}{t} \text{[A]} \quad \cdots\cdots\cdots\cdots\cdots\cdots\cdots\cdots\cdots\cdots\cdots\cdots\cdots\cdots\cdots\cdots\cdots\cdots\cdots (1-2)$$

> **예제 08** 어떤 도체의 단면을 10[sec] 동안 2[C]의 전하가 이동하였다면 이 도체에 흐르는 전류는 몇 [A]인지 구하여라.
>
> **풀이** $I = \dfrac{Q}{t} = \dfrac{2}{10} = 0.2[A]$
>
> **답** 0.2[A]

3 저항과 컨덕턴스

도체에 전류가 흐를 때 전류의 흐름을 방해하는 물질의 특성을 전기저항(Electric Resistance)이라 한다. 저항의 기호는 R으로 나타내며 단위는 옴(Ohm, [Ω])을 사용한다. 저항은 전류가 흐를 때 도선 내부에서 자유전자들이 원자들과 충돌하면서 움직임에 방해를 받기 때문에 생긴다. 물질에 따라 원자의 배열이 다르기 때문에 전기저항의 크기는 물질의 종류에 따라 다르다. 같은 종류의 물질이라도 도선의 길이나 굵기가 달라지면 저항의 크기도 달라진다. 도선의 길이가 길면 전자가 지나가야 할 길이 길어지므로 저항이 크고, 굵기가 굵으면 단면을 통하여 지나가는 전자의 수가 많으므로 저항이 작다. 즉, 전기저항은 도선의 길이에 비례하고 굵기에 반비례한다. 따라서 물질의 저항은 주어진 온도에서 물질의 고유저항, 길이, 단면적 등의 세 가지 요소에 의해 결정된다.

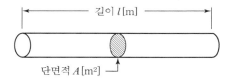

[그림 1−6] 도체

[그림 1−6]에서 도체의 길이가 l[m]이고, 단면적이 A[m²]일 때 도체의 저항 R[Ω]은 다음의 관계가 성립한다.

$$R = \rho \frac{l}{A} [\Omega] \quad \cdots\cdots\cdots\cdots\cdots\cdots\cdots\cdots\cdots\cdots\cdots\cdots\cdots\cdots\cdots\cdots\cdots\cdots\cdots\cdots\cdots (1-3)$$

여기서, 비례상수 ρ(로)를 물질의 고유저항[Ω · m]이라고 하며 도체의 재질에 따라 고유한 값을 가진다.

① 국제 표준 연동의 고유저항 $\rho = \dfrac{1}{58} \times 10^{-6} = 1.7241 \times 10^{-8}[\Omega \cdot m]$

② 국제 표준 경동의 고유저항 $\rho = \dfrac{1}{55} \times 10^{-6} = 1.7774 \times 10^{-8}[\Omega \cdot m]$

09 도체의 길이가 50[m], 지름이 2[mm], 고유저항이 $1.72 \times 10^{-8}[\Omega \cdot m]$일 때 저항을 구하여라.

풀이 $l = 50[m]$, $A = \pi \times 10^{-6}[m^2]$, $\rho = 1.72 \times 10^{-8}[\Omega \cdot m]$이므로

$$R = \rho \frac{l}{A} = 1.72 \times 10^{-8} \times \frac{50}{\pi \times 10^{-6}} = 0.274[\Omega]$$

目 0.274[Ω]

컨덕턴스(Conductance)는 도체에 흐르는 전류의 크기를 나타내는 상수로 저항의 역수이며 전류가 흐르기 쉬운 정도를 나타낸다. 컨덕턴스의 기호는 G이고, 단위는 지멘스(Siemens, [S])이며 과거에는 모(Mho, [℧])를 사용하였다.

$$G = \frac{A}{\sigma l}[S], \ \sigma = \frac{1}{\rho}, \ R = \frac{1}{G}[\Omega] \quad \cdots\cdots\cdots\cdots\cdots\cdots\cdots\cdots\cdots\cdots\cdots (1-4)$$

여기서, σ : 도전율, ρ : 저항률

예제 **10** 도체의 길이 50[m], 지름 2[mm], 고유저항이 $1.72 \times 10^{-8}[\Omega \cdot m]$일 때 컨덕턴스를 구하여라.

풀이 $l = 50[m]$, $A = \pi \times 10^{-6}[m^2]$, $\rho = 1.72 \times 10^{-8}[\Omega \cdot m]$이므로

$$R = \rho \frac{l}{A} = 1.72 \times 10^{-8} \times \frac{50}{\pi \times 10^{-6}} = 0.274[\Omega]$$

$$G = \frac{1}{R} = \frac{1}{0.274} = 3.65[S]$$

目 3.65[S]

4 저항온도계수(Temperature Coefficient of Resistance)

전기저항의 변화를 발생시키는 온도차에 대한 전기저항의 변화에 관한 온도계수를 저항온도계수라 한다. 자유전자가 많은 도체는 온도가 올라가면 에너지가 증가하여 원자의 충돌이 많아져 저항이 커지며, 전자의 개수가 적은 반도체는 에너지의 증가로 전자의 이동이 활발해져 저항이 작아진다.

1) 표준 연동에 대한 저항의 온도계수

저항의 온도가 0[℃]에서 1[℃]로 상승할 때의 저항값의 증가 비율

$$\alpha_0 = \frac{1}{234.5} ≒ 0.00427$$

2) $t[℃]$에서의 저항

온도 상승 전 도체의 저항값을 R_0라 하고, 온도가 상승하여 $t[℃]$만큼의 온도 변화가 발생하였을 때의 저항값을 R_t라 할 때,

$$R_t = R_0(1 + \alpha_0 t)[\Omega] \quad \cdots\cdots\cdots\cdots\cdots\cdots\cdots\cdots\cdots\cdots\cdots\cdots\cdots\cdots\cdots\cdots\cdots (1-5)$$

의 관계가 성립한다.

예제 11 0[℃]에서 20[Ω]인 연동선이 90[℃]로 되었을 때의 저항은 몇 [Ω]인지 구하여라.

풀이 연동선의 저항 온도계수 $\alpha_0 = \dfrac{1}{234.5}$이므로

$$R_t = R_0(1 + \alpha_0 t) = 20(1 + \frac{1}{234.5} \times 90) ≒ 27.7[\Omega]$$

답 27.7[Ω]

---

5 저항체의 구비조건

저항은 다음과 같은 조건을 구비할수록 좋은 저항체가 된다.
① 고유저항이 클 것(저항률이 클수록 좋다.)
② 저항에 대한 온도계수가 작을 것(온도변화에 따른 저항값의 변화가 없어야 한다.)
③ 내열성, 내식성이면서 고온에서도 산화되지 않을 것
④ 다른 금속에 대한 열기전력이 작을 것
⑤ 가공, 접속이 용이하고 경제적일 것

03   전기회로의 법칙

1 옴의 법칙

도선에 흐르는 전류의 세기는 인가한 전압에 비례하고, 도선의 전기저항에 반비례한다.
이것을 옴의 법칙(Ohm's Law)이라고 한다.

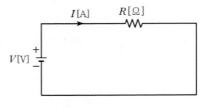

[그림 1-7] 옴의 법칙

[그림 1-7]과 같이 저항 $R[\Omega]$에 전압(기전력) $V[V]$를 인가하면 이때 흐르는 전류 $I[A]$의 크기는 다음 식과 같다.

$$I = \frac{V}{R}[A], \quad V = IR[V], \quad R = \frac{V}{I}[\Omega] \quad \cdots\cdots\cdots\cdots\cdots\cdots (1-6)$$

예제 12 저항이 50[Ω]인 전기기구에 전압 100[V]를 인가했을 때 몇 [A]의 전류가 흐르는지 구하여라.

풀이 $I = \dfrac{V}{R} = \dfrac{100}{50} = 2\,[A]$

답 2[A]

---

2 저항의 연결

1) 직렬접속

직렬접속은 각각의 저항을 일렬로 접속하는 방법으로 접속된 저항에 흐르는 전류 I는 같으며 전압은 저항의 크기에 비례하여 분배된다. [그림 1-8]과 같이 저항 R_1, R_2를 직렬접속했을 때 R_1, R_2에 같은 크기의 전류 $I[A]$가 흐르며, R_1에는 $V_1[V]$의 전압이 걸리고 R_2에는 $V_2[V]$의 전압이 걸린다.

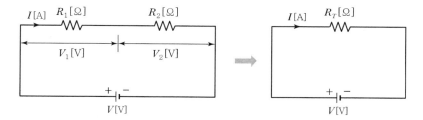

[그림 1−8] 저항의 직렬접속

[그림 1−8]에서와 같이 저항 $R_1[\Omega]$, $R_2[\Omega]$을 직렬로 접속하고 전압 $V[V]$를 가했을 때 회로의 합성저항은 모든 저항을 더해서 구한다.

① 합성저항 R_T는 각 저항의 합과 같다.

$$R_T = R_1 + R_2[\Omega]$$ ·· (1−7)

② 전전류 I는 옴의 법칙에 의하여

$$I = \frac{V}{R_T} = \frac{V}{R_1 + R_2}[A]$$ ··· (1−8)

가 된다. 여기서 R_T는 직렬회로의 합성저항 값이다.

③ 각 저항 $R_1[\Omega]$, $R_2[\Omega]$ 양단에 걸리는 전압 V_1, V_2를 전압강하(Voltage Drop)라 하며 옴의 법칙으로 구하면 다음과 같다.

$$V_1 = IR_1[V], \quad V_2 = IR_2[V]$$

④ 각 저항에 분배되는 전압, 즉 전압강하는 저항의 크기에 비례한다.

$$V_1 = IR_1 = \frac{R_1}{R_1 + R_2}E = \frac{R_1}{R_T}V[V]$$ ······································· (1−9)

$$V_2 = IR_2 = \frac{R_2}{R_1 + R_2}E = \frac{R_2}{R_T}V[V]$$ ······································· (1−10)

⑤ R_1, R_2에 생기는 전압강하 V_1, V_2를 합하면 전원전압 $V[V]$와 같아야 하므로
$$V = V_1 + V_2 = IR_1 + IR_2 = I(R_1 + R_2) = IR_T[V]$$가 된다.

예제
13 크기가 각각 5[Ω], 10[Ω], 15[Ω]인 저항을 직렬로 접속하는 경우 합성저항 R은 몇 [Ω]인가?

풀이 $R = R_1 + R_2 + R_3 = 5 + 10 + 15 = 30[\Omega]$이 된다.

답 30[Ω]

2) 병렬접속

병렬접속은 각각의 저항을 횡렬로 접속하는 방법으로 저항 양단의 전압은 같고 전류가 저항의 크기에 반비례하여 분배된다. [그림 1−9]에서 R_1과 R_2에 걸리는 전압은 V[V]로 같고 R_1은 I_1[A]가 R_2는 I_2[A]의 전류가 흐른다. I_1과 I_2의 합은 전전류 I와 같다.

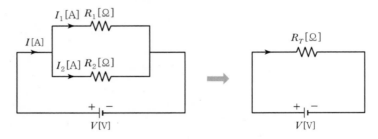

[그림 1−9] 저항의 병렬접속

[그림 1−9]에서

① 저항 R_1, R_2에 분배되어 흐르는 전류를 I_1, I_2라고 하면 옴의 법칙에서

$$I_1 = \frac{V}{R_1}[A], \ I_2 = \frac{V}{R_2}[A]$$

② 전전류 I는 각 저항에 흐르는 전류 I_1, I_2의 합이므로

$$I = I_1 + I_2 = \frac{V}{R_1} + \frac{V}{R_2} = \left(\frac{1}{R_1} + \frac{1}{R_2}\right)V = \frac{V}{R_T}[A]$$

③ 병렬접속에서의 합성저항 R_T는 $\dfrac{1}{R_T} = \dfrac{1}{R_1} + \dfrac{1}{R_2}$에서

$$R_T = \frac{1}{\dfrac{1}{R_1} + \dfrac{1}{R_2}} = \frac{R_1 R_2}{R_1 + R_2}[\Omega] \quad \cdots\cdots\cdots\cdots\cdots\cdots\cdots (1-11)$$

이 된다.

④ 각 저항에 분배되는 전류 I_1, I_2는 $I_1 = \dfrac{V}{R_1}$[A], $I_2 = \dfrac{V}{R_2}$[A]가 되고,

전전압 $V = IR_T = \dfrac{R_1 R_2}{R_1 + R_2} I$ [V]이므로

$$I_1 = \frac{V}{R_1} = \frac{1}{R_1} \times \frac{R_1 R_2}{R_1 + R_2} I = \frac{R_2}{R_1 + R_2} I\,[A] \quad\cdots\cdots\cdots\cdots (1-12)$$

$$I_2 = \frac{V}{R_2} = \frac{1}{R_2} \times \frac{R_1 R_2}{R_1 + R_2} I = \frac{R_1}{R_1 + R_2} I\,[A] \quad\cdots\cdots\cdots\cdots (1-13)$$

가 된다.

예제 **14** 그림과 같이 저항 R_1, R_2, R_3가 병렬로 연결된 회로에서 회로 전체의 합성저항 R_T [Ω]과 회로에 흐르는 전전류 I[A]를 구하여라.

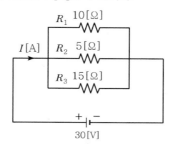

풀이 3개의 저항이 병렬로 접속되어 있으므로 회로 전체의 합성저항 R은

$$\frac{1}{R_T} = \frac{1}{R_1} + \frac{1}{R_2} + \frac{1}{R_3} = \frac{1}{5} + \frac{1}{10} + \frac{1}{15} = \frac{11}{30}$$

따라서 $R_T = \dfrac{30}{11}$[Ω]

전전류 $I = \dfrac{V}{R_T} = \dfrac{30}{\left(\dfrac{30}{11}\right)} = 11$[A]

답 11[A]

3) 직·병렬접속

직·병렬접속은 저항의 직렬접속과 병렬접속을 조합한 회로를 말한다.

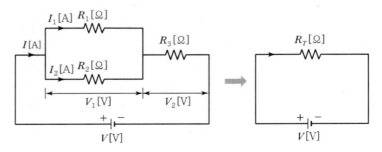

[그림 1 - 10] 저항의 직·병렬접속

[그림 1 - 10]은 저항 R_1과 R_2를 병렬접속한 회로에 R_3를 직렬접속한 회로이다. 이 회로를 해석하면 다음과 같다.

① 합성저항을 구하면

$$R_T = R_3 + \cfrac{1}{\cfrac{1}{R_1} + \cfrac{1}{R_2}} = R_3 + \frac{R_1 R_2}{R_1 + R_2} = \frac{R_1 R_2 + R_2 R_3 + R_3 R_1}{R_1 + R_2}[\Omega]이 된다.$$

② 전압 V_1, V_2는 $V_1 = \dfrac{R_1 R_2}{R_1 + R_2} I[V]$, $V_2 = R_3 I[V]$가 된다.

③ 전류 I_1, I_2는 $I_1 = \dfrac{R_2}{R_1 + R_2} I[A]$, $I_2 = \dfrac{R_1}{R_1 + R_2} I[A]$가 된다.

④ 전력 V는 전압강하의 합이어야 하므로 $V = V_1 + V_2[V]$가 되고, 전전류 I는 $I = I_1 + I_2[A]$가 된다.

⑤ 직·병렬접속회로의 경우 순차적으로 합성저항을 계산하면 된다.

⑥ N개 직렬연결된 저항을 n개 병렬연결하면 합성저항은 $R_T = \dfrac{NR}{n}[\Omega]$이 된다.

예제 15 $R[\Omega]$의 동일한 저항 n개를 직렬연결 시 합성저항 값은 병렬연결 시 합성저항 값의 몇 배인지 구하여라.

풀이 직렬연결 시 합성저항 $R' = nR$, 병렬연결 시 합성저항 $R'' = \dfrac{R}{n}$

따라서 $\dfrac{R'}{R''} = \dfrac{nR}{\dfrac{R}{n}} = n^2$ 배가 된다.

답 n^2 배

3 키르히호프의 법칙

키르히호프의 법칙은 1845년 구스타프 키르히호프가 처음으로 기술한 전기회로에서의 전하량과 에너지 보존을 다루는 2개의 이론식이다. 이 이론식은 전기공학 분야에서 폭넓게 사용되고 있으며 키르히호프의 규칙(Kirchhoff's Rules) 또는 키르히호프의 법칙이라 불린다.

1) 키르히호프의 전류 법칙(KCL)

전류가 흐르는, 즉 전기가 통과하는 분기점(선의 연결지점, 만나는 지점)에서 전류의 합(들어온 전류의 양과 나간 전류의 양)은 같다. 즉, 0이다. 또는 회로 안에서 전류의 대수적 합은 0이다.(단, 들어온 전류의 양을 양수로, 나간 전류의 양을 음수로 가정한다. 또한 도선상의 전류의 손실은 없다고 가정한다.)

$$\sum_{k=1}^{n} I_k = 0 \quad \text{...}(1-14)$$

[그림 1 − 11]과 같은 경우 키르히호프의 제1법칙으로 표현하면
$I_1 + (-I_2) + (-I_3) + I_4 + (-I_5) = 0$이 된다.

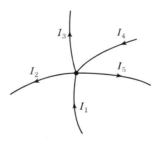

[그림 1−11] 키르히호프의 전류 법칙

예제 **16** 그림에서 키르히호프의 전류 법칙을 이용하여 I_3, I_5를 구하여라.

풀이 $I_1 + I_2 = I_3$에서 $I_3 = 4 + 3 = 7[A]$
$I_3 = I_4 + I_5$에서 $I_5 = I_3 - I_4 = 7 - 1 = 6[A]$

답 $I_3 = 7[A]$, $I_5 = 6[A]$

2) 키르히호프의 전압 법칙

임의의 폐회로에 공급된 전압의 합은 회로 내에서 소비되는 전압의 크기와 같다. 즉, 회로 안에서 전압의 대수적 합은 0이다.(단, 공급된 전압은 양수로, 소비되는 전압은 음수로 가정한다. 또한 도선상의 전압의 손실은 없다고 가정한다.)

$\sum V$(공급전압)$= \sum IR$(소비전압)로 쓸 수 있으며 이 식을 일반화하면

$$\sum_{k=1}^{n} V_k = 0 \quad\text{···} (1-15)$$

으로 표현할 수 있다.

공급전압은 전류 방향과 같으면 ($+$)로, 전류 방향과 반대이면 ($-$)로 계산한다.

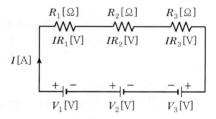

$V = V_1 + V_2 + V_3$
$\quad = 2 + 6 + 4 = 12 [V]$

$V = V_1 - V_2 + V_3$
$\quad = 9 - 12 + 6 = 3 [V]$

[그림 1-12]와 같은 경우 키르히호프의 제2법칙으로 표현하면

$V_1 + V_2 + (- V_3) = IR_1 + IR_2 + IR_3$ 으로 쓸 수 있다.

[그림 1-12] 키르히호프의 전압 법칙

17 그림과 같은 회로에서 전압 V_1을 구하여라.

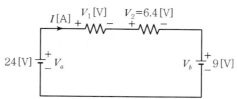

풀이 그림에서 시계방향으로 일주하면서 키르히호프의 전압 법칙을 적용하면
$(+V_a) - V_1 - V_2 + (-V_b) = 0$ 으로
$V_1 = V_a - V_2 - V_b = 24 - 6.4 - 9 = 8.6$ [V]

🔒 8.6[V]

4 전지

도체(導體)의 내부에 전위차(電位差)를 생기게 하여, 그 사이에 전하(電荷)를 이동시켜 전류를 통하게 하는 원동력을 기전력(E)이라 한다. 또한 전지가 보유하고 있는 전하의 양을 용량(Q)이라고 한다.

전지에 부하를 연결하지 않은 경우와 부하를 연결한 경우, 전지 (+)단자와 (−)단자 사이의 전압을 비교해 보면 부하를 연결하였을 때의 전압이 다소 떨어진다. 이것은 전지 내부에 저항이 존재하기 때문이다.

이 저항을 전지의 내부저항 r이라 하고, [그림 1−13]과 같이 표시한다.

[그림 1−13] 전지의 내부저항

전지 1개로 사용했을 때 기전력이 부족하면 힘이 부족하게 되고 용량이 적으면 사용시간이 짧다.

1) 전지의 직렬접속

전지의 기전력이 부족하면 힘이 부족하게 된다. 절연이 충분할 때 힘을 크게 사용하려면 전지를 직렬로 연결하여 사용하면 된다.

[그림 1−14]와 같이 전지 각각의 기전력이 E_1, E_2, E_3[V]이고 내부저항이 r_1, r_2, r_3 [Ω]인 전지 3개를 직렬로 접속하고 이것에 부하저항 R[Ω]을 연결하였을 때 부하 양단에

걸리는 기전력 E[V], 건전지의 용량 Q[C], 부하에 흐르는 전류 I[A], 건전지 내부합성저항 r[Ω]을 구하면 다음과 같다.

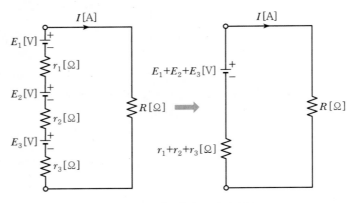

[그림 1-14] 전지의 직렬접속

① 부하 양단에 걸리는 전압은 전지를 직렬연결하면 $E = E_1 + E_2 + E_3$[V]가 된다.

② 전지의 용량 $Q = Q$[C]으로 전지 1개일 때와 변화가 없다.

③ 전지의 합성 내부저항은 저항의 직렬연결이므로 $r = r_1 + r_2 + r_3$[Ω]이 된다.

④ 부하에 흐르는 전류 I는 옴의 법칙을 적용하여 식을 세우면 $I = \dfrac{E}{r + R}$[A]가 된다.

⑤ 기전력 E[V], 내부저항 r[Ω]인 같은 전지 n개를 직렬로 연결한 후 부하저항 R[Ω]과 직렬로 접속했을 때 기전력E[V], 건전지의 용량 Q[C], 부하에 흐르는 전류 I[A], 건전지 내부합성저항 r[Ω]을 구하면 다음과 같다.

$$E = nE \,[\text{V}], \quad Q = Q\,[\text{C}], \quad r = nr\,[\Omega], \quad I = \frac{nE}{nr + R}\,[\text{A}] \quad \cdots\cdots\cdots\cdots\cdots\cdots (1-16)$$

예제 **18** 기전력이 1.5[V]이고 내부저항이 0.1[Ω]인 건전지 3개를 직렬로 연결한 직류 전원에 10[Ω]의 부하를 접속한 경우 부하에 흐르는 전류는 얼마인지 구하여라.

풀이 부하에 흐르는 전류 $I = \dfrac{nE}{nr + R}$[A]이므로

$I = \dfrac{3 \times 1.5}{3 \times 0.1 + 10} = \dfrac{4.5}{10.3} ≒ 0.44$[A]이다.

답 0.44[A]

가 된다. 따라서 배율 m은 다음과 같다.

$$m = \frac{V}{V_v} = \frac{r_v + R_m}{r_v} = 1 + \frac{R_m}{r_v} \quad \cdots\cdots\cdots\cdots\cdots\cdots\cdots\cdots\cdots\cdots\cdots\cdots\cdots\cdots (1-23)$$

② 배율기의 저항은 식 $(1-23)$으로부터 다음과 같이 나타낼 수 있다.

$$\therefore \ R_m = (m-1)r_v[\Omega] \quad \cdots\cdots\cdots\cdots\cdots\cdots\cdots\cdots\cdots\cdots\cdots\cdots\cdots\cdots\cdots\cdots (1-24)$$

> **예제 22** 최대 눈금 150[V], 내부저항 18,000[Ω]인 직류 전압계가 있다. 이 전압계에 직렬로 36,000[Ω]의 저항을 접속하면 몇 [V]까지의 전압을 측정할 수 있는지 구하여라.
>
> **풀이** $V = \left(1 + \dfrac{R_m}{r_v}\right) \times V_v [\text{V}]$에서
>
> $V = \left(1 + \dfrac{36,000}{18,000}\right) \times 150 = 3 \times 150 = 450[\text{V}]$
>
> **답** 450[V]

3) 휘트스톤 브리지

저항을 측정하기 위해 4개의 저항과 검류계(Galvano Meter) G를 [그림 1 – 20]과 같이 브리지로 접속한 회로를 이용하는데, 이를 휘트스톤 브리지(Wheatstone Bridge) 회로라 한다. 여기서, 검류계는 미소전류를 측정하는 측정계로서 전류의 유무를 파악하는 데 쓰인다.

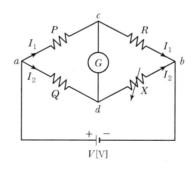

[그림 1 – 20] 휘트스톤 브리지

이미 알고 있는 저항 P, Q, R과 측정하고자 하는 미지의 저항 X를 [그림 1 – 20]과 같이 접속하고 각 저항을 조정하여 검류계 G에 전류가 흐르지 않도록 되었을 때 브리지가 평형되었다고 한다.

브리지가 평형이 되면 c지점과 d지점의 전위가 같게 되고, $a \leftrightarrow c$와 $a \leftrightarrow d$에 발생하는 전압강하는 같다. 같은 이유로 $c \leftrightarrow b$와 $d \leftrightarrow b$에 발생하는 전압강하도 같다. 따라서

다음과 같은 관계식이 성립된다.

$$I_1 P = I_2 Q, \ I_1 R = I_2 X$$

이 식으로부터 $\dfrac{I_1}{I_2} = \dfrac{Q}{P} = \dfrac{X}{R}$ 이므로 미지의 저항 X는

$$X = \frac{Q}{P} R \ \text{...} \ (1-25)$$

로 나타낼 수 있다. 이를 브리지 회로의 평형 조건이라 한다.

예제 **23** 휘트스톤 브리지 평행조건에서 $P = 100[\Omega]$, $Q = 10[\Omega]$이고, R을 조정하여 검류계가 0을 지시하도록 하였다. 이때의 $R = 30[\Omega]$이었다면 측정하고자 하는 X는 얼마인지 구하여라.

풀이 휘트스톤 브리지의 평형 조건으로부터
$$X = \frac{P}{Q} R = \frac{100}{10} \times 30 = 300[\Omega] \text{이다.}$$

답 $300[\Omega]$

---

04 전력

전력이란 전류가 단위 시간에 행하는 일 또는 단위 시간 내에 도체 기기에서 소비되는 전기 에너지의 양을 일컫는 말이다. 따라서 일의 단위가 줄[J], 시간이 초[s]라면 전력의 단위는 [J/s]이고, 이 전력의 전기적 단위는 와트[W]이다.

1 직류 전력

전기 에너지에 의해 t[sec] 동안에 전기가 하는 일 W[J]을 전력이라 하고 기호는 P, 단위는 와트(Watt, [W])를 사용한다.

$$P = \frac{W}{t} \left[\frac{J}{\sec} \right] [W] \ \text{...} \ (1-26)$$

식 (1-26)에 $W = QV[\text{J}]$, $I = \dfrac{Q}{t}[\text{A}]$를 대입하면 $W = VIt$ 가 되고

$$P = \frac{W}{t} = \frac{VIt}{t} = VI[\text{W}] \quad\cdots\cdots\cdots\cdots\cdots\cdots\cdots\cdots\cdots\cdots\cdots\cdots\cdots\cdots (1-27)$$

로 표시할 수 있다. 또한 옴의 법칙에 의하여 $V = IR[\text{V}]$, $I = \dfrac{V}{R}[\text{A}]$이므로

$$P = VI = I^2 R = \frac{V^2}{R}[\text{W}] \quad\cdots\cdots\cdots\cdots\cdots\cdots\cdots\cdots\cdots\cdots\cdots\cdots (1-28)$$

여기서, P : 전력[W], I : 전류[A], W : 전력량[J], Q : 전하량[C]

t : 시간[sec], V : 전압, 전위차[V], R : 저항[Ω]

가 된다.

예제 24 50[Ω]인 저항에 100[V]의 전압을 가했을 때, 이 저항에서 소비되는 전력은 몇 [W]인지 구하여라.

풀이 $P = \dfrac{V^2}{R} = \dfrac{100^2}{50} = 200[\text{W}]$

답 200[W]

---

2 전력량

전력량이란 어느 일정시간 동안의 전기 에너지 총량을 나타내는 것으로 전력 $P[\text{W}]$와 시간 $t[\text{sec}]$의 곱으로 표시하며, 기호는 W, 단위는 줄(Joule, [J])을 사용한다.

$$W = Pt = VIt = I^2 Rt = \frac{V^2}{R}t[\text{J}] \quad\cdots\cdots\cdots\cdots\cdots\cdots\cdots\cdots\cdots\cdots (1-29)$$

여기서, W : 전력량[J], P : 전력[W], I : 전류[A]

t : 시간[sec], V : 전압[V], R : 저항[Ω]

이다.

예제 25 60[W]인 전구 1개를 하루에 3시간씩 점등하여 10일간 사용하였다면, 이 전구가 소비한 전력량[Wh]은 얼마인지 구하여라.

풀이 $W = Pt = 60 \times 3 \times 10 = 1,800[\text{Wh}]$

답 1,800[Wh]

3 줄의 법칙

1840년 줄(Joule)이 발견하였고, 저항체에 흐르는 전류의 크기와 저항체에서 단위시간당 발생하는 열량과의 관계를 나타낸 법칙이다.

저항에 흐르는 전류에서 발생하는 열을 줄열이라고 하며, 발열 효과를 줄의 효과라 한다. 저항 R[Ω]의 도체에 전류 I[A]를 t[sec] 동안 흘릴 때 이 저항 중에 I^2Rt[J]의 열이 발생한다. 이때 발생열을 줄(Joule)열 또는 저항열이라고 하며 발생 열량 H는

$$H = W = Pt = VIt = I^2Rt = \frac{V^2}{R}t\,[\text{J}] \quad\text{...}\quad (1-30)$$

이 되고 이것을 [cal]로 환산하면

$$H \equiv 2.24W = 0.24Pt = 0.24VIt$$
$$= 0.24I^2Rt = 0.24\frac{V^2}{R}t\,[\text{cal}] \quad\text{.......................................}\quad (1-31)$$

가 된다.

예제 26 500[W]의 전열기를 2시간 사용하였다. 이때 발생한 열량은 몇 [kcal]인지 구하여라.

풀이 열량 $H = 0.24Pt$[cal]

1시간은 3,600초이므로

$H = 0.24 \times 500 \times 2 \times 3,600 = 864 \times 10^3$[cal] = 864[kcal]

🖹 864[kcal]

05 전류의 열작용과 화학작용

1 전기분해

전기분해란 전해질(물에 녹았을 때 그 수용액이 전기를 통하는 물질) 수용액에 2개의 전극을 꽂고 직류 전류를 흘려보낼 때, 2가지 이상의 성분 물질로 나누어지는 화학 변화를 말한다. 줄여서 전해라고도 한다.

전해질을 물에 녹이면, −전기를 띤 음이온과 +전기를 띤 양이온으로 갈린다. 여기에 금속판이나 탄소 막대를 전극으로 하여 직류 전류를 흘려보내면, +전기를 띤 양이온은 음극에 모이고, −전기를 띤 음이온은 양극에 모인다. 이때 양이온은 음극에서 전자를 얻어 중성인 물질이 되고, 음이온은 양극에 전자를 주고 중성인 물질이 되면서 전극의 겉면에 금속이나 기체가 되어 나타나게 된다. 보통 금속은 음극, 기체는 양극에 생긴다. 전기분해는 물을 전기분해하여 수소와 산소를 만들고, 소금물을 전기분해하여 염소와 나트륨을 만드는 것과 같이 여러 가지 물질의 공업적인 제조에 쓰인다. 그 밖에 금속의 전해 정련이나 전기 도금 등에도 많이 응용된다.

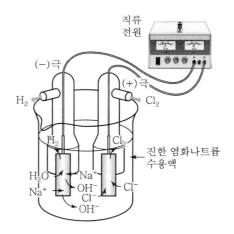

[그림 1−21] 염화나트륨 수용액의 전기분해

1) 패러데이의 법칙

1933년 패러데이(Faraday)는 전기분해 시 생성물과 이동하는 전하량 간의 관계를 실험적으로 연구하여 다음과 같이 법칙화하였다.

① 전기분해 반응 시 생성되거나 소모되는 물질의 양은 이동하는 전하량에 비례한다. 이는 전지와 전극의 종류에 무관하다.

② 생성되거나 소모되는 양은 흐르는 전하량에 대해 화학당량(Equivalent Mass)만큼이다. 즉, 일정한 전하량이 흐를 때, 그에 해당하는 당량만큼이 생성되거나 소모된다.

전해액으로 흐르는 전류를 I [A], 흐른 시간을 t [sec], 극판에 석출되는 양을 W[g], 비례상수(화학당량)를 k 라 하면 다음과 같은 관계식이 성립한다.

$$W = kQ = kIt \, [\text{g}] \quad \text{...} \quad (1-32)$$

2) 국부작용

내부의 불순물이 음극에 달라붙어 그 부분에서 음극과 불순물이 작은 전지를 구성해서 방전되는 현상이다. 사용하지 않아 저절로 방전되어 전지를 못 쓰게 되는 경우라면 국부작용에 의한 현상이라고 볼 수 있다.

3) 분극작용

전해(전기분해) 시의 생성물로 인하여 극이 생기는 현상으로, 이는 전극에 석출된 물질이 다시 이온이 되려는 경향 때문에 역기전력을 일으키므로 단자전압을 저하시킨다. 이를 해결하기 위해서는 감극제를 사용하는데, 전지의 분극작용은 양극에서 석출하는 수소에 의한 것이 많기 때문에 초산, 중크롬산염, 이산화망간, 산화동 등이 사용된다.

2 전기적 특수현상

톰슨(Thomson) 효과, 펠티에(Peltier) 효과, 제베크(Seebeck) 효과와 같이 열과 전기의 관계로 나타나는 각종 효과를 총칭하여 열전효과라고 한다.

1) 제베크(Seebeck) 효과

이 현상은 1821년에 독일의 제베크(Seebeck)가 실험적으로 발견한 것으로 두 종류의 금속선을 접속해서 폐회로를 만들고 그 두 접합부를 서로 다른 온도로 유지하면 회로에 전류가 흐른다. 금속선의 조합에 의해서는 전류의 방향이 변한다.

[그림 1-22] 제베크 효과

2) 펠티에(Peltier) 효과

이 현상은 1834년에 프랑스의 펠티에(Peltier)가 발견한 것으로 열전대에 전류를 흐르게 했을 때, 전류에 의해 발생하는 줄열 외에도 열전대의 각 접점에서 발열 혹은 흡열 작용이 일어나는 현상을 말한다. 이렇게 두 금속의 접합점에서 한쪽은 열이 발생하고, 다른 쪽은 열을 빼앗기는 현상을 이용하여 냉각이나 가열을 할 수 있으며, 이러한 특성이 냉동기나 항온조 제작에 사용된다.

[그림 1-23] 펠티에 효과

3) 톰슨(Thomson) 효과

이 현상은 1851년에 영국의 톰슨(Thomson)이 발견한 것으로 동일한 금속에서 부분적인 온도차가 있을 때 전류를 흘리면 발열 또는 흡열이 일어나는 현상을 말한다.
① 부(-) 톰슨 효과 : 만약 저온에서 고온부로 전류를 흘리면, 흡열(예 Pt, Ni, Fe)
② 정(+) 톰슨 효과 : 만약 고온에서 저온부로 전류를 흘리면, 발열(예 Cu, Sb)

02 정전기회로

01 쿨롱의 법칙

1 두 전하 사이에 작용하는 힘

1785년 쿨롱(Coulomb, Charles Augustin de)은 비틀림 저울을 이용하여 전기력의 크기를 측정하였다. 비틀림 저울에서 두 금속구 사이의 전기력에 의하여 수정실이 비틀리게 되는데, 수정실의 비틀린 정도를 측정하여 전기력의 크기를 알 수 있었다.

[그림 2-1] 비틀림 저울을 이용한 전기력 측정 실험

대전된 물체를 가까이하면 미는 힘이든 잡아당기는 힘이든 어떤 힘이 작용하게 된다. 이때 같은 극성으로 대전된 물체에는 반발력이, 다른 극성으로 대전된 물체에는 흡인력이 작용한다. 대전된 물체의 극성은 양(+), 음(-)의 두 종류가 있다.

② 전기장의 세기와 전기력선의 관계

전기력선에 수직인 단위 면적을 통과하는 전력선 수, 즉 전기력선 밀도를 그 점에서의
전기장의 세기와 같도록 한다. 따라서 전기장 내에 수직인 단면적 $A[\mathrm{m}^2]$를 통과하는 전
기력선의 수를 N이라 하면 전기장의 세기 E는

$$E = \frac{N}{A}[\mathrm{V/m}] \quad\text{...} (2-7)$$

로 나타낼 수 있다.

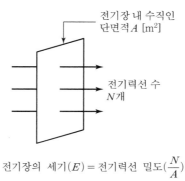

전기장의 세기(E) = 전기력선 밀도$\left(\dfrac{N}{A}\right)$

[그림 2-5] 전기장의 세기와 전기력선 밀도의 관계

예제 04 전기장 내의 수직 단면적이 5[m^2]이고 통과한 전기력선의 수가 15[개]라면 전기장
의 세기는 얼마인지 구하여라.

풀이 $E = \dfrac{N}{A} = \dfrac{15}{5} = 3[\mathrm{V/m}]$

답 3[V/m]

---

③ 가우스의 정리

가우스의 정리는 전하와 전기력의 관계를 나타낸다. 모든 폐곡면에서 나가는 전기력선
의 수는 그 폐곡면에 포함된 전하의 총합의 $\dfrac{1}{\varepsilon}$배와 같다. 여기서 ε은 전하 주위 매질의
유전율이다. 전기장의 세기는 점전하를 대상으로 한 쿨롱의 법칙을 토대로 계산한다.
그런데 전하분포가 복잡한 경우에는 이를 그대로 적용하여 계산하기 어렵기 때문에 쿨
롱의 법칙을 일반화한 가우스 정리를 적용하여 계산하는 것이 편리한 경우가 많다.

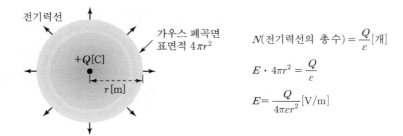

전기력선

가우스 폐곡면
표면적 $4\pi r^2$

$+Q[\mathrm{C}]$

$r\,[\mathrm{m}]$

$N(전기력선의\ 총수) = \dfrac{Q}{\varepsilon}[개]$

$E \cdot 4\pi r^2 = \dfrac{Q}{\varepsilon}$

$E = \dfrac{Q}{4\pi\varepsilon r^2}[\mathrm{V/m}]$

[그림 2-6] 가우스 정리

예제 **05** 유전율이 ε인 임의의 폐곡면에서 총전기량이 $Q\,[\mathrm{C}]$이라면 이 폐곡면에서 나오는 전기력선의 총수를 구하여라.

풀이 가우스의 정리에 의해 $\dfrac{Q}{\varepsilon}$개이다.

답 $\dfrac{Q}{\varepsilon}$

04 전속

1 전속의 성질

전기장의 세기와 전기력선의 관계에서 $Q[\mathrm{C}]$의 전하에 출입하는 전기력선의 총수는 주위 매질의 종류에 따라 달라진다. 즉, 유전율 ε의 유전체 중에서는 $\dfrac{Q}{\varepsilon}$ 개가 된다. 그러나 여기서는 유전체 내에서 주위 매질의 종류, 즉 유전율 ε에 관계없이 $Q[\mathrm{C}]$의 전하에서 Q개의 역선(力線, Line of Force)이 나온다고 가정하여 이것을 전속(Dielectric Flux, ϕ) 또는 유전속이라 하며, 전속의 단위는 전하와 같은 쿨롱(Coulomb, [C])을 사용한다.

전속은 다음과 같은 성질이 있다.
① 전속은 양전하에서 나와 음전하에서 끝난다.
② 전속이 나오는 곳 또는 끝나는 곳에는 전속과 같은 전하가 있다.
③ $Q[\mathrm{C}]$의 전하로부터는 Q개의 전속이 나온다.
④ 전속은 도체에 출입하는 경우 그 표면에 수직이 된다.

예제 06 매질의 유전율이 ε인 경우 유전체 내에 있는 전하 Q에서 나오는 전기력선 수와 전속 수를 구하여라.

📋 전기력선의 수 : $\dfrac{Q}{\varepsilon}$, 전속의 수 : Q

② 전속밀도

단위 면적을 통과하는 전속(ϕ)을 전속밀도(Dielectric Flux Density)라 하고, 기호 D로 나타내며, 단위는 $[C/m^2]$를 사용한다.

$$D = \frac{\phi}{A} \ [C/m^2]$$ ·· $(2-8)$

[그림 2-7]과 같이 점전하 $Q[C]$으로부터 거리 $r[m]$만큼 떨어진 점 P의 전속밀도 D를 구하면, 전속은 Q개이고, 구의 표면적 $A = 4\pi r^2[m^2]$이므로

$$D = \frac{\phi}{A} = \frac{Q}{4\pi r^2} \ [C/m^2]$$ ·· $(2-9)$

가 된다.

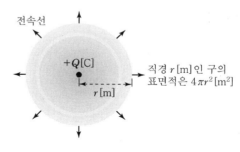

전속선

$+Q[C]$

직경 $r[m]$인 구의
표면적은 $4\pi r^2[m^2]$

$r[m]$

[그림 2-7] 전속밀도

예제 07 공기 중에 놓여 있는 2[C]의 점전하로부터 60[cm] 떨어진 점에서의 전속밀도 $[C/m^2]$를 구하여라.

풀이 전속밀도 $D = \dfrac{Q}{4\pi r^2} = \dfrac{2}{4\pi \times 0.6^2} \fallingdotseq 0.442[C/m^2]$

📋 $0.442[C/m^2]$

❸ 전기장의 세기(E)와 전속밀도(D)의 관계

점전하 Q[C]으로부터 반지름 r[m]만큼 떨어진 구 표면의 전속밀도(D)는 식 $(2-9)$에서 $D = \dfrac{Q}{4\pi r^2}$ [C/m²]이고, 구 표면의 전기장의 세기(E)는 가우스의 정리 $E = \dfrac{N}{A}$에서 전기력선의 수 $N = \dfrac{Q}{\varepsilon}$ 개이고, $A = 4\pi r^2$이므로 $E = \dfrac{Q}{4\pi\varepsilon r^2}$ [V/m]가 된다.

따라서 전속밀도와 전기장의 세기의 관계를 다음과 같이 표시할 수 있다.

$$D = \varepsilon E = \varepsilon_0 \varepsilon_s E \ [\text{C/m}^2] \quad \cdots\cdots\cdots\cdots\cdots\cdots\cdots\cdots\cdots\cdots\cdots\cdots\cdots\cdots\cdots\cdots (2-10)$$

> **예제 08** 비유전율이 2.5인 유전체 내부의 전속밀도가 2×10^{-6}[C/m²] 되는 점의 전기장의 세기를 구하여라.
>
> **풀이** $E = \dfrac{D}{\varepsilon} = \dfrac{D}{\varepsilon_0 \varepsilon} = \dfrac{2 \times 10^{-6}}{2.5 \times 8.85 \times 10^{-12}} = 9 \times 10^4 [\text{V/m}]$
>
> 🖩 $9 \times 10^4 [\text{V/m}]$

05 　　전위

❶ 전위의 성질

전위란 단위 양전하를 임의의 기준점으로부터 전기장 내의 특정한 점까지 가져오는 데 필요한 일의 양이다. 일반적으로 임의의 기준점은 전기장을 발생시키는 전하의 영향이 전혀 없는 곳으로 전기회로에서는 지구가 전위 계산의 기준점이다. 전기장의 세기가 0인 무한원점으로부터 전기장의 세기에 비례한 정전력에 역행하여 단위 정전하($+1$[C])를 운반하면 운반에 필요한 일만큼 위치 에너지의 증가가 일어난다. 이 위치 에너지는 전기장의 원천이 되는 전하에 대한 위치만으로 결정된다.

이와 같이 전기장 내에 있는 전하는 에너지를 가지게 되는데, 한 점에서 단위 정전하가 가지는 위치 에너지를 전위(Electric Potential)라 하고 [V], [J/C]의 단위로 표시한다.

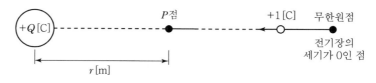

[그림 2-8] 전위

[그림 2-8]에서 점전하 Q[C]으로부터 r[m] 떨어진 P점의 전위 V는

$$V = \frac{Q}{4\pi\varepsilon r} = 9 \times 10^9 \times \frac{Q}{r} \, [\text{V}] \quad \cdots\cdots\cdots\cdots (2-11)$$

가 된다.

그리고 전기장의 세기 $E = \dfrac{Q}{4\pi\varepsilon r^2}$ 와 전위 $V = \dfrac{Q}{4\pi\varepsilon r}$ 의 식에서 전위와 전기장의 세기의 관계는

$$V = E \cdot r \quad \text{또는} \quad E = \frac{V}{r} \quad \cdots\cdots\cdots\cdots (2-12)$$

로 나타낼 수 있다.

예제 09 4×10^{-6}[C]인 전하에서 10[m] 떨어진 점의 전위를 구하여라.

풀이 $V = 9 \times 10^9 \times \dfrac{Q}{r} = 9 \times 10^9 \times \dfrac{4 \times 10^{-6}}{10} = 3,600\,[\text{V}]$

📖 3,600[V]

---

2 등전위면의 성질

전기장 내의 모든 점에 대해서 전위를 구했을 때 전위가 같은 점을 연결하면 하나의 면이 생긴다. 이 면을 등전위면(Equipotential Surface)이라 하며 다음과 같은 성질이 있다.
① 등전위면은 서로 교차하지 않는다.
② 등전위면의 간격이 좁을수록 전기장의 세기가 크다.
③ 등전위면은 전기력선과 항상 수직으로 교차한다.
④ 등전위면을 따라 전하를 운반하는 데 필요한 일은 항상 0이다.
⑤ 등전위면에서 전기장의 방향은 전위가 높은 곳에서 낮은 곳으로 향한다.

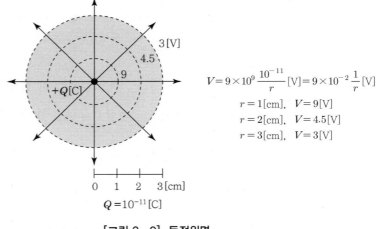

$$V = 9 \times 10^9 \frac{10^{-11}}{r} [\text{V}] = 9 \times 10^{-2} \frac{1}{r} [\text{V}]$$

$$r = 1[\text{cm}], \quad V = 9[\text{V}]$$
$$r = 2[\text{cm}], \quad V = 4.5[\text{V}]$$
$$r = 3[\text{cm}], \quad V = 3[\text{V}]$$

$$Q = 10^{-11}[\text{C}]$$

[그림 2-9] 등전위면

> **예제 10** 등전위면을 따라 전하 f를 운반한다고 할 때 필요한 일의 양은 몇 [J]인지 구하여라.
>
> **풀이** 전위가 같기 때문에 0[J]이 된다.
>
> 📘 0[J]

06   정전용량

물체가 전하를 축적하는 능력을 나타내는 물리량을 그 도체의 정전용량(Electrostatic Capacity 또는 Capacitance)이라 하며 전하를 저장하는 장치를 축전지(Condenser 또는 Capacitor)라 한다.

도체에 축적되는 전하량 Q는 도체에 인가한 전위 V에 비례한다. 비례상수를 C라 하면

$$Q = CV[\text{C}] \quad \text{..} \quad (2-13)$$

의 관계가 성립한다. 이 식을 비례상수 C에 대해서 정리하면

$$C = \frac{Q}{V} [\text{F}] \quad \text{..} \quad (2-14)$$

이 된다. 여기서 비례상수 C를 커패시턴스 또는 정전용량이라 하고 정전용량의 단위는 패럿(Farad, [F])을 사용하며, 보조단위는 $1[\mu\text{F}] = 10^{-6}[\text{F}]$, $1[\text{pF}](\text{pico farad}) = 10^{-12}[\text{F}]$ 이 많이 사용된다.

1 구도체의 정전용량

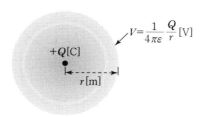

[그림 2-10] 구도체의 정전용량

[그림 2-10]과 같이 반지름 r[m]인 구도체에 $+Q$[C]의 전하를 줄 때 구도체의 전위 V는 $V=\dfrac{1}{4\pi\varepsilon}\dfrac{Q}{r}$[V]이므로 구도체의 정전용량 C는

$$C=\frac{Q}{V}=\frac{Q}{\dfrac{Q}{4\pi\varepsilon r}}=4\pi\varepsilon r\,[\mathrm{F}] \quad\cdots\cdots\cdots\cdots\cdots\cdots\cdots\cdots\cdots\cdots\cdots\cdots\cdots\cdots\cdots\cdots\cdots (2-15)$$

이 된다.

예제 11 진공 중에 있는 반지름이 5[mm]인 구도체를 20[V]로 인가하니 10[C]의 전기량이 축적되었다. 이 구도체의 정전용량은 얼마인지 구하여라.

풀이 $C=\dfrac{Q}{V}=\dfrac{Q}{\dfrac{Q}{4\pi\varepsilon r}}=4\pi\varepsilon r$ 에서

$C=4\pi\varepsilon_0 r=4\times3.14\times8.85\times10^{-12}\times5\times10^{-3}=0.56[\mathrm{pF}]$

🖩 0.56[pF]

---

2 평행판 도체의 정전용량

두 개의 도체 사이에 전하를 축적하는 전기 장치를 콘덴서(Condenser)라 하고, 콘덴서가 전하를 축적하는 능력을 정전용량(기호 C, 단위 [F])이라고 한다.

콘덴서의 정전용량 C[F]은 유전체의 유전율 ε[F/m]와 전극의 면적 S[m²]에 비례하고 전극 사이의 거리 d[m]에 반비례한다.

$$C=\varepsilon\frac{S}{d}\,[\mathrm{F}] \quad\cdots\cdots\cdots\cdots\cdots\cdots\cdots\cdots\cdots\cdots\cdots\cdots\cdots\cdots\cdots\cdots\cdots\cdots\cdots\cdots (2-16)$$

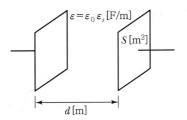

[그림 2-11] 콘덴서의 정전용량

12 평행판 콘덴서에서 전극의 반지름이 20[cm]인 원판으로 되고, 전극 간격이 2[mm]이며 유전체의 비유전율(ε_s)은 4이다. 이 콘덴서의 정전용량[μF]은 얼마인지 구하여라.

풀이 $C = \dfrac{\varepsilon_0 \varepsilon_s S}{d}$ [F]에서 $\varepsilon_0 = \dfrac{1}{4\pi \times 9 \times 10^9} \fallingdotseq 8.85 \times 10^{-12}$

반지름 r[m]인 원판의 면적 $S = \pi r^2$[m²]이므로

$C = \dfrac{8.85 \times 10^{-12} \times 2 \times \pi \times 0.2^2}{2 \times 10^{-3}} \fallingdotseq 1.11 \times 10^{-9}$[$\mu$F]

답 1.11×10^{-9}[μF]

07 　　 콘덴서의 접속

1 콘덴서의 직렬접속

[그림 2-12]와 같이 두 개 이상의 콘덴서를 종으로 연결하는 방식을 직렬접속이라 한다. a, b 두 단자에 전압 V[V]를 가하면 각 콘덴서의 두 극판에는 $+Q$, $-Q$의 두 전하가 충전된다.

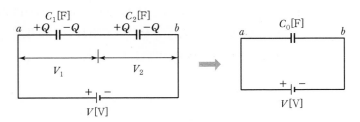

[그림 2-12] 콘덴서의 직렬접속

03 자기회로

01 자기현상

1 자석의 성질

자철광(Fe_3O_4)과 같이 철편을 끌어당기는 성질을 자기(Magnetism)라고 한다. 자기를 띠고 있는 물체를 자석이라고 하며, 자석의 맨 끝을 자극(Magnetic Pole)이라 하고 자극에서 자기가 가장 강하다.

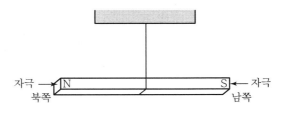

[그림 3-1] 자석의 자극

막대자석을 수평으로 매달면 북쪽과 남쪽을 가리키는데, 북쪽을 가리키는 극을 N극(+극), 남쪽을 가리키는 극을 S극(-극)이라 한다. 자석은 N극과 S극이 쌍으로 존재하며 분리할 수 없다.

양극이 가지는 자하량(Magnetic Charge) 또는 자기량은 같으며 같은 극 간에는 반발력이 작용하고 다른 극 간에는 흡인력이 발생한다. 자극의 세기 기호는 m, 단위는 [Wb]를 사용한다. 따라서 N극은 $+m$[Wb], S극은 $-m$[Wb]로 표기한다.

② 자기유도 및 자기차폐

강한 자기장 속에 쇠못을 넣으면 이 쇠못도 자석의 성질을 갖게 된다. 자기장 속에 넣은 쇠못이 자석이 되는 것을 자화(Magnetize)라고 한다. 자석에 붙은 쇠못에는 자석의 극에서 먼 쪽 끝에 쇠못이 붙어 있는 자석과 같은 종류의 극이 생김을 알 수 있다. 이와 같이 자기장 안에 놓인 철로 된 물체가 자화되어 N극과 S극이 생기는 현상을 자기유도(Magnetic Induction)라고 하고, 이렇게 자화되는 물질을 자성체(Magnetic Material)라 한다.

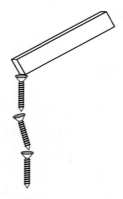

[그림 3-2] 자기유도

이때 물질에 따라 자화되는 정도가 다르며, 그 정도에 따라 강자성체, 상자성체, 반자성체로 구별한다.
① 강자성체 : Fe, Ni, Co 및 이들의 합금(Permalloy, Mumetal 등)
② 상자성체 : Al, Mn, Pt, W, O_2 등
③ 역자성체 : Bi, C, Cu, Si, Ge, S, H_2, He 등

자기차폐란 자기의 영향을 받지 않기 위해 강자성 재료를 이용하여 전기 기기의 일부 또는 전부를, 이것을 둘러싼 외계와 자기적으로 차폐하는 것으로, 완전한 차폐는 곤란하다.

02 쿨롱의 법칙

1 쿨롱의 법칙의 이해

자극 사이에 작용하는 힘을 양적으로 계산할 때 쿨롱의 법칙이 이용된다. 자석은 N극과 S극을 분리할 수 없으므로 힘을 측정하는 데 한 자석의 양극이 서로 영향을 미치지 않게 매우 가늘고 긴 자석을 가정하여 생각한다. 이러한 조건을 만족하는 자극을 점자극 (Point Magnetic Pole)이라 한다.

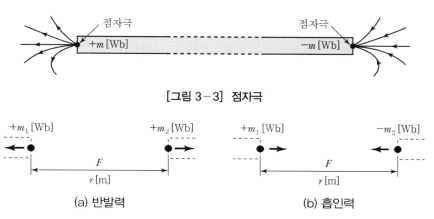

[그림 3-3] 점자극

(a) 반발력　　　　　(b) 흡인력

[그림 3-4] 두 자극 사이에 작용하는 힘

[그림 3-4]에서 진공 중에 놓여 있는 두 점자극 m_1, m_2 사이에 작용하는 힘 F의 크기는 두 점자극 m_1, m_2의 곱에 비례하고, 두 자극 사이의 거리인 r의 제곱에 반비례한다. 이것을 자기에 관한 쿨롱의 법칙이라 한다.

$$F = K\frac{m_1 m_2}{r^2} \quad \cdots\cdots\cdots\cdots\cdots\cdots\cdots\cdots\cdots\cdots\cdots\cdots\cdots\cdots\cdots\cdots\cdots (3-1)$$

여기서, K : 쿨롱의 상수로 진공 중에서는 6.33×10^4값을 갖는다.

예제 03 크기가 1[Wb]인 두 자극을 1[m] 거리에 놓았을 때 작용하는 힘은 얼마인지 구하여라.

풀이 $F = K\dfrac{m_1 m_2}{r^2} = 6.33 \times 10^4 \times \dfrac{1 \times 1}{1^2} = 6.33 \times 10^4 [\text{N}]$

🔳 $6.33 \times 10^4 [\text{N}]$

---

2 투자율 μ인 곳에서 자극의 힘

투자율 μ_0인 진공 중에서 자기력의 세기는

$$F = \frac{1}{4\pi\mu_0} \frac{m_1 m_2}{r^2} = 6.33 \times 10^4 \times \frac{m_1 m_2}{r^2} \, [\mathrm{N}] \, \cdots\cdots\cdots\cdots\cdots\cdots\cdots\cdots (3-2)$$

으로 나타낸다. 여기서 m_1, m_2의 단위는 [Wb]이고, r의 단위는 [m]이다.

MKS 단위계에서는 진공 중에 서로 같은 자극의 세기를 가지는 두 점자극 m_1, m_2를 1[m] 거리에 놓았을 때, 작용하는 힘이 6.33×10^4[N]이 되는 것을 단위로 하여 1웨버 (Weber, [Wb])라 정의한다. 이 정의에 의하여 $m_1 = m_2 = 1$[Wb], $r = 1$[m]일 때 $F = 6.33 \times 10^4$[N]이 되므로 $k = 6.33 \times 10^4$이 된다.

따라서 비례상수는 $\dfrac{1}{4\pi\mu_0} = 6.33 \times 10^4$에서

$$\mu_0 = \frac{1}{4\pi \times 6.33 \times 10^4} = 4\pi \times 10^{-7} \, \cdots\cdots\cdots\cdots\cdots\cdots\cdots\cdots\cdots\cdots\cdots\cdots (3-3)$$

이 된다. 이 μ_0를 진공의 투자율(Vacuum Permeability)이라 하며 단위는 [H/m]를 사용한다.

투자율 μ인 매질에서의 힘 F는

$$F = \frac{1}{4\pi\mu} \frac{m_1 m_2}{r^2} = \frac{1}{4\pi\mu_0\mu_s} \frac{m_1 m_2}{r^2}$$

$$= 6.33 \times 10^4 \times \frac{m_1 m_2}{\mu_s r^2} \, [\mathrm{N}] \, \cdots\cdots\cdots\cdots\cdots\cdots\cdots (3-4)$$

이 된다. 여기서, μ를 물체의 투자율(Permeability)이라 하고 그 값은 다음과 같다.

$$\mu = \mu_0 \mu_s = 4\pi \times 10^{-7} \mu_s \, [\mathrm{H/m}] \, \cdots\cdots\cdots\cdots\cdots\cdots\cdots\cdots\cdots\cdots (3-5)$$

식 (3-4)에서 μ_s는 진공의 투자율 μ_0에 대해 물질의 투자율이 가지는 상대적인 비로서 비투자율(Relative Permeability)이라 하고 공기의 비투자율 $\mu_s \fallingdotseq 1$이므로 진공과 같이 계산한다. 두 자극 사이에 작용하는 힘의 방향은 서로 다른 자극 사이에는 흡인력이 작용하고, 같은 자극 사이에는 반발력이 작용한다.

자속의 방향에 수직인 단위 면적을 통과하는 자속의 수를 자속밀도(Magnetic Flux Density)라 하며 기호는 B를 사용한다. 단면적 A[m²]를 자속 ϕ[Wb]가 통과하는 경우 자속밀도 B는

$$B = \frac{\phi}{A} \ [\text{Wb/m}^2] \quad\cdots\cdots\cdots\cdots\cdots\cdots\cdots\cdots\cdots\cdots\cdots\cdots\cdots\cdots\cdots\cdots\cdots\cdots\cdots (3-10)$$

이고, 반지름 r[m]인 구의 중심에 $+m$[Wb]의 점자하가 있을 때 구 표면의 자속밀도는

$$B = \frac{\phi}{A} = \frac{m}{4\pi r^2} \ [\text{Wb/m}^2] \quad\cdots\cdots\cdots\cdots\cdots\cdots\cdots\cdots\cdots\cdots\cdots\cdots\cdots\cdots\cdots\cdots (3-11)$$

가 된다.

예제 **07** 진공 중에 놓여 있는 2[Wb]의 자극으로부터 20[cm] 떨어진 점에서의 자속밀도 [Wb/m²]를 구하여라.

풀이 자속밀도 $B = \dfrac{m}{4\pi r^2} = \dfrac{2}{4\pi \times 0.2^2} = 3.979[\text{Wb/m}^2]$

🔑 3.979[Wb/m²]

---

4 자속밀도와 자기장의 관계식

m[Wb]의 자극이 있으면 자극을 중심으로 반지름 r[m]의 구 표면을 m[Wb]의 자속이 균일하게 분포하여 지나가므로 구 표면의 자속밀도 $B = \dfrac{m}{4\pi r^2}$ [Wb/m²]로 자극 주위의 자속밀도 B는 자극으로부터 거리의 제곱에 반비례한다. 그리고 구 표면의 자계의 세기는 $H = \dfrac{m}{4\pi \mu r^2}$ [AT/m]이므로 자속밀도 B와 자계의 세기 H는 식 (3-12)와 같은 관계가 성립한다.

$$B = \mu H = \mu_0 \mu_s H[\text{Wb/m}^2] \quad\cdots\cdots\cdots\cdots\cdots\cdots\cdots\cdots\cdots\cdots\cdots\cdots\cdots\cdots (3-12)$$

예제 **08** 자기장의 세기 $H = 1,000[\text{A/m}]$일 때 자속밀도 $B = 0.1[\text{Wb/m}^2]$인 재질의 투자율 $[\text{H/m}]$을 구하여라.

풀이 $B = \mu H$에서 투자율 $\mu = \dfrac{B}{H} = \dfrac{0.1}{1,000} = 10^{-4}[\text{H/m}]$

📖 $10^{-4}[\text{H/m}]$

5 자위와 자위차

자기장 내에서 단위 자하 $+1[\text{Wb}]$를 자기장과 반대 방향으로 무한원점에서 임의의 한 점까지 이동시키는 데 필요한 일을 그 점에서의 자위(Magnetic Potential, U)라 한다. 자위의 단위는 $[\text{J/Wb}]$이나, 실용적으로는 $[\text{AT}]$ 단위를 많이 사용한다.

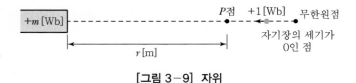

[그림 3-9] 자위

[그림 3-9]와 같이 자기장 H 내에서 $+m[\text{Wb}]$의 점자극으로부터 $r[\text{m}]$ 떨어진 점의 자위 U는

$$U = \frac{m}{4\pi\mu_0 r}[\text{V}] \quad \text{······································· (3-13)}$$

이고, 점 P에서의 자위 U를 자기장의 세기 H와의 관계식으로 나타내면

$$U = H \cdot r[\text{V}] \quad \text{··· (3-14)}$$

가 된다.

[그림 3-10]에서 점자극 $+m[\text{Wb}]$에서 $r_1[m]$ 떨어진 점 A의 자위를 U_A, $r_2[\text{m}]$ 떨어진 점 B의 자위를 U_B라 하면 이 두 점 사이의 자위의 차 U_{AB}는

$$U_{AB} = U_A - U_B = \frac{1}{4\pi\mu}\frac{m}{r_1} - \frac{1}{4\pi\mu}\frac{m}{r_2} = \frac{m}{4\pi\mu}\left(\frac{1}{r_1} - \frac{1}{r_2}\right)[\text{V}] \quad \text{·········· (3-15)}$$

가 된다.

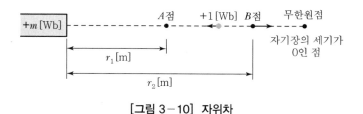

[그림 3-10] 자위차

예제 **09** 공기 중에 놓인 2[Wb]의 자하로부터 직선상에서 2[m] 떨어진 P점과 1[m] 떨어진 Q점의 자위차를 구하여라.

풀이 $U_{QP} = U_Q - U_P = \dfrac{m}{4\pi\mu}\left(\dfrac{1}{r_1} - \dfrac{1}{r_2}\right) = 6.33 \times 10^4\left(\dfrac{2}{1} - \dfrac{2}{2}\right) = 6.33 \times 10^4[V]$

답 $6.33 \times 10^4[V]$

6 자기모멘트와 토크

자기모멘트란 물체가 자기장에 반응하여 돌림힘을 받는 정도를 나타내는 벡터 물리량이다. 자석은 N극이나 S극이 단독으로 존재할 수 없으므로 자석의 작용을 취급할 때에는 두 극을 동시에 생각해야 한다. 자극의 세기가 $\pm m$[Wb]이고, 길이 l[m]인 자석에서 자극의 세기와 자석의 길이의 곱을 자기모멘트(Magnet Moment, M)라 하며 다음 식과 같다.

$$M = ml \text{ [Wb/m]} \quad \cdots\cdots\cdots\cdots\cdots\cdots\cdots\cdots\cdots\cdots\cdots\cdots (3-16)$$

자기장의 세기가 H[AT/m]인 평등자계(Uniform Magnetic Field) 중에 자극의 세기 $\pm m$[Wb]의 자침을 자계의 방향과 θ의 각도로 놓으면, 두 자극 사이에 작용하는 힘 $F = mH$[N]에 의하여 평등 자기장 안에 존재하는 자침을 회전시키려는 회전력이 발생하는데, 이것을 회전력 또는 토크(Torque, T)라 하고, 그 크기는

$$T = mlH\sin\theta \text{ [N/m]} = MH\sin\theta\text{[N/m]} \quad \cdots\cdots\cdots\cdots\cdots\cdots (3-17)$$

가 된다. 여기서 M은 자기모멘트이다.

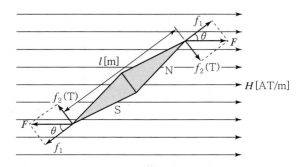

[그림 3-11] 자기모멘트와 토크

예제 10 자극의 세기 4[Wb], 자축의 길이 10[cm]인 막대자석이 100[AT/m]의 평등자장 내에서 20[Nm]의 회전력을 받았다면 이때 막대자석과 자장이 이루는 각도는?

풀이 $T = mlH\sin\theta$ 에서

$$\sin\theta = \frac{T}{mlH} = \frac{20}{4 \times 0.1 \times 100} = 0.5$$ 이므로

$$\theta = \sin^{-1}0.5 = 30°$$

답 30°

04   전류에 의한 자기장

1820년 덴마크의 과학자 외르스테드는 도선에 전류가 흐르는 실험을 보여 주던 중, 우연히 전류가 흐르는 도선 주위에서 나침반 바늘이 움직이는 것을 발견하였다. 이러한 발견에 의해 자기장은 영구자석뿐만 아니라 전류에 의해서도 만들어지며, 그 당시까지 별개의 현상으로 알았던 전기와 자기가 서로 밀접한 관계가 있다는 사실이 밝혀졌다.

1 전류에 의한 자기장의 방향

[그림 3-12]는 직선 전류와 자기선의 관계를 나타낸 것이다. 여기서 전류의 방향은 지면으로 들어가는 방향을 기호 ⊗으로 나타내고, 지면으로부터 나오는 방향을 기호 ⊙으로 나타낸다.

[그림 3-12] 직선 전류와 자기력선의 관계

직선 전류에 의한 자기력선의 방향은 오른나사의 진행 방향이 전류의 방향이라면 오른나사의 회전 방향이 자기장의 방향이다. 이 관계를 앙페르의 오른나사 법칙(Ampère's Right-handed Screw Rule) 또는 앙페르의 오른손 법칙이라 한다.

[그림 3-13]과 같이 오른손 엄지손가락 방향으로 전류가 흐른다면 다른 네 손가락 방향으로 자기장이 발생하며, 네 손가락 방향으로 전류가 흐르면 엄지손가락 방향으로 자기장이 발생한다.

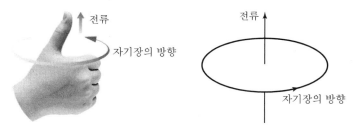

[그림 3-13] 앙페르의 오른손 법칙

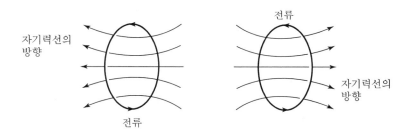

[그림 3-14] 원형 코일에 흐르는 전류에 의한 자기장

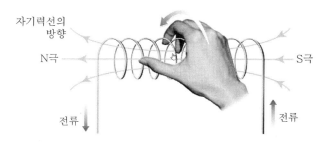

[그림 3-15] 원통형 코일에 의한 자기장

"전류의 방향과 자기의 방향은 오른나사의 진행 방향과 회전 방향이 일치한다"와 관계있는 법칙은?

📖 앙페르의 오른나사 법칙

2 전류에 의한 자기장의 세기

도선에 전류가 흐를 때 전류에 의한 자기장의 세기를 구하는 방법에는 비오 – 사바르 법칙과 앙페르의 주회적분의 법칙이 있다.

1) 앙페르의 주회적분의 법칙

앙페르의 주회적분의 법칙은 대칭적 전류분포에 대한 자기장의 세기를 구할 때 이용한다. [그림 3 – 16]과 같이 자기장 내의 임의의 폐곡선 C를 따라 일주하면서 이 폐곡선의 각 미소 구간 Δl 과 그 지점의 자기장의 세기의 곱, 즉 $H\Delta l$ 의 대수합은 이 폐곡선을 관통하는 전류의 대수합과 같다. 이를 앙페르의 주회적분의 법칙(Ampère's Circuital Integrating Law)이라 한다.

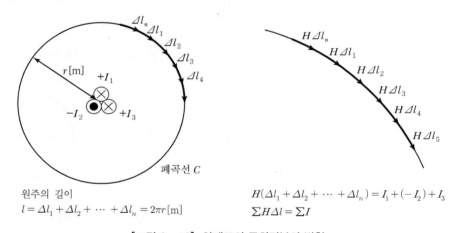

원주의 길이
$$l = \Delta l_1 + \Delta l_2 + \cdots + \Delta l_n = 2\pi r \,[\text{m}]$$

$$H(\Delta l_1 + \Delta l_2 + \cdots + \Delta l_n) = I_1 + (-I_2) + I_3$$
$$\sum H \Delta l = \sum I$$

[그림 3 – 16] 앙페르의 주회적분의 법칙

폐곡면 C의 각 미소부분 $\Delta l_1 , \Delta l_2 , \Delta l_3 , \cdots, \Delta l_n$ 에 대하여 각 자기장의 세기는 동일하므로 H와 원주의 길이 l의 곱 $H \cdot l$은 폐곡선 C를 통과하는 전류의 총합과 같아진다. 따라서

$$H\Delta l_1 + H\Delta l_2 + H\Delta l_3 + \cdots + H\Delta l_n = I_1 + (-I)_2 + I_3$$

가 되고 이것을 정리하면

$$H(\Delta l_1 + \Delta l_2 + \Delta l_3 + \cdots + \Delta l_n) = I_1 + (-I_2) + I_3$$

$$H \sum \Delta l = \sum I \cdots\cdots\cdots\cdots\cdots\cdots\cdots\cdots\cdots\cdots\cdots\cdots\cdots\cdots\cdots (3-18)$$

로 나타낼 수 있다.

앙페르의 주회적분의 법칙을 이용하여 무한히 긴 직선도체의 r만큼 떨어진 지점의 자장의 세기와 환상 솔레노이드 중심에서의 자장의 세기를 구할 수 있다.

[그림 3-17]과 같이 무한히 긴 직선 도선에 I[A]의 전류가 흐를 때 도선에서 r[m] 떨어진 P점의 자기장의 세기 H[AT/m]는 축 대칭선에 의하여 반지름 r[m]인 원주상의 모든 점에서 같은 크기를 갖는다.

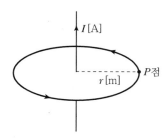

[그림 3-17] 무한장 직선 도체에 의한 자기장의 세기

따라서 앙페르의 주회적분 법칙을 적용하면 폐곡선을 통과하는 전류가 I[A]이므로 다음과 같이 표시할 수 있다.

$$\sum H \Delta l = \sum I \text{에서 } H(\Delta l_1 + \Delta l_2 + \Delta l_3 + \cdots + \Delta l_n) = I$$

여기서, l : 원주의 길이

$H \cdot l = I$의 관계가 성립한다. 따라서 반지름 r[m]인 원주의 길이는 $2\pi r$[m]이므로

$$H \times 2\pi r = I$$

$$H = \frac{I}{2\pi r} \text{[AT/m]} \cdots\cdots\cdots\cdots\cdots\cdots\cdots\cdots\cdots\cdots\cdots\cdots\cdots\cdots (3-19)$$

가 된다.

예제 **12** 무한장 직선 도체에 2.5[A]의 전류가 흐르고 있을 때, 이로부터 10[cm] 떨어진 P점의 자기장의 세기[AT/m]를 구하여라.

풀이 자기장의 세기 $H = \dfrac{I}{2\pi r} = \dfrac{2.5}{2 \times 3.14 \times 10 \times 10^{-2}} \fallingdotseq 3.98 \text{[AT/m]}$

🗒 3.98[AT/m]

[그림 3-18]과 같은 환상 원통에 N회의 코일을 감고 전류 I[A]를 흘렸을 때 환상 솔레노이드 내부의 자기장의 세기는 점 O를 중심으로 하는 동심원이 된다. 코일 중심축까지의 거리를 r[m]이라 하면, 솔레노이드의 평균 길이는 $2\pi r$이고 이것과 쇄교하는 전류가 NI이므로

$$H = \frac{NI}{l} = \frac{NI}{2\pi r} \,[\text{AT/m}] \quad \cdots\cdots\cdots\cdots\cdots\cdots\cdots\cdots\cdots\cdots (3-20)$$

가 된다. 여기서 l은 평균 자로의 길이[m]이다.

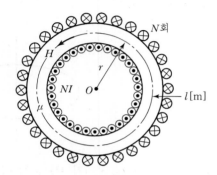

[그림 3-18] 환상 솔레노이드에 의한 자기장의 세기

> **예제 13** 평균 반지름이 10[cm], 권선수가 200회, 공심의 단면적이 10[cm²]인 환상 솔레노이드에 5[A]의 전류가 흐르고 있을 때, 내부 자기장의 세기[AT/m]를 구하여라.
>
> **풀이** 자기장의 세기 $H = \dfrac{NI}{2\pi r} = \dfrac{200 \times 5}{2 \times 3.14 \times 0.1} = 1{,}592.4\,[\text{AT/m}]$
>
> 🔖 1,592.4[AT/m]

2) 비오-사바르 법칙

유한장의 전류 도선에 의한 임의 점에서 자기장의 세기를 구하는 경우에 비오-사바르 법칙을 적용할 수 있다. [그림 3-19]와 같이 도선에 I[A]의 전류를 흘릴 때 도선의 미소부분 Δl에서 r[m] 떨어진 점 P에서 Δl에 의한 자기장의 세기 ΔH는 Δl과 OP가 이루는 각을 θ라 할 때

$$\Delta H = \frac{I \Delta l \sin\theta}{4\pi r^2} \,[\text{AT/m}] \quad \cdots\cdots\cdots\cdots\cdots\cdots\cdots\cdots\cdots (3-21)$$

가 된다.

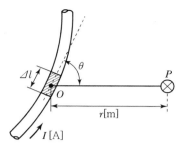

[그림 3-19] 비오-사바르 법칙

비오-사바르의 법칙을 이용하여 반지름이 r인 원형 도체 중심에서의 자장의 세기를 구할 수 있다.

[그림 3-20]과 같이 반지름이 r[m]이고 감은 횟수가 1회인 원형 코일에 I[A]의 전류를 흘릴 때 원형 코일 중심 O점에 발생하는 자기장의 세기 H[AT/m]는 다음과 같이 구할 수 있다.

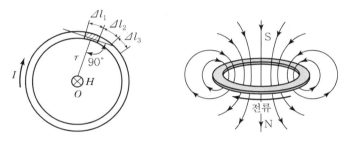

[그림 3-20] 원형 코일 중심 자기장의 세기

원형 코일을 n등분하고 원형 코일의 미소부분 Δl_1에 의해서 원의 중심에 발생하는 자기장의 세기를 ΔH_1이라 하면 비오-사바르의 법칙에 의하여 $\theta = 90°$일 때

$$\Delta H_1 = \frac{I \Delta l_1}{4\pi r^2} \sin 90° = \frac{I \Delta l_1}{4\pi r^2} \, [\text{AT/m}]$$

이 된다. 같은 방법으로

$$\Delta H_2 = \frac{I \Delta l_2}{4\pi r^2} \sin 90° = \frac{I \Delta l_2}{4\pi r^2} \, [\text{AT/m}]$$

이 성립한다. 따라서 원의 중심 자장의 세기 H는 $\Delta l_1 \sim \Delta l_n$의 미소 부분에 흐르는 전류 I[A]에 의하여 발생하는 자기장의 합이 되므로 다음과 같이 된다.

$$H = \Delta H_1 + \Delta H_2 + \cdots + \Delta H_n$$

$$= \frac{I}{4\pi r^2}\Delta l_1 + \frac{I}{4\pi r^2}\Delta l_2 + \frac{I}{4\pi r^2}\Delta l_3 + \cdots + \frac{I}{4\pi r^2}\Delta l_n$$

$$= \frac{I}{4\pi r^2}(\Delta l_1 + \Delta l_2 + \cdots + \Delta l_n)$$

$$= \frac{I}{4\pi r^2} \times 2\pi r$$

$$= \frac{I}{2r}\,[\text{AT/m}] \quad\cdots\cdots\cdots\cdots\cdots\cdots\cdots\cdots\cdots\cdots\cdots\cdots\cdots\cdots\cdots\cdots\cdots (3-22)$$

또한 원형 코일의 감은 횟수가 N회인 경우의 자기장의 세기는 다음과 같다.

$$H = \frac{NI}{2r}\,[\text{AT/m}] \quad\cdots\cdots\cdots\cdots\cdots\cdots\cdots\cdots\cdots\cdots\cdots\cdots\cdots\cdots\cdots (3-23)$$

예제 **14** 공기 중에서 반지름 5[cm]인 원형 도선에 2.5[A]의 전류가 흐를 때 원형 도선 중심의 자기장의 세기[AT/m]를 구하여라.

풀이 자기장의 세기 $H = \dfrac{I}{2r} = \dfrac{2.5}{2 \times 0.05} = 25[\text{AT/m}]$

답 25[AT/m]

05 자기회로의 옴(Ohm)의 법칙

1 자기회로

[그림 3 – 21]과 같이 철심에 코일을 감고 전류를 흘리면 오른나사 법칙에 따르는 방향으로 철심에 자속이 생기며, 코일의 권수 N과 코일에 흐르는 전류 I에 비례하여 자속 ϕ [Wb]가 발생한다. 그리고 자속이 통과하는 폐회로를 자기회로(Magnetic Circuit) 또는 간단히 자로라고 한다.

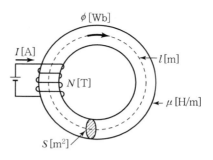

[그림 3-21] 자기회로

자속을 만드는 원동력을 기자력(Magnetic Motive Force, F_m)이라 하며 자기회로에서 권수 N회인 코일에 전류 I[A]를 흘릴 때 기자력 F_m은

$$F_m = NI \text{ [AT]} \quad \cdots\cdots\cdots\cdots\cdots\cdots\cdots\cdots\cdots\cdots\cdots\cdots\cdots\cdots\cdots\cdots\cdots\cdots\cdots (3-24)$$

로 나타내고, 단위는 암페어 턴(Ampere-turn, [AT])을 사용한다.

자기회로에서 기자력 NI[AT]에 의해 자속 ϕ[Wb]가 통할 때 이들 사이의 비를 자기저항 (Reluctance)이라 하며, R_m으로 나타내고 단위는 [AT/Wb] 또는 헨리의 역수 $[\text{H}^{-1}]$를 사용한다.

따라서 자기저항 R_m은

$$R_m = \frac{NI}{\phi} \text{ [AT/Wb]} \quad \cdots\cdots\cdots\cdots\cdots\cdots\cdots\cdots\cdots\cdots\cdots\cdots\cdots\cdots\cdots\cdots\cdots\cdots (3-25)$$

가 된다.

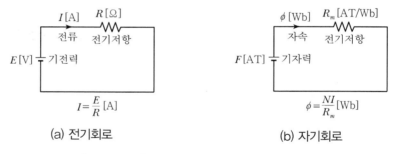

(a) 전기회로　　　　　　　　(b) 자기회로

[그림 3-22] 전기회로와 자기회로의 옴의 법칙

예제 **15** 자기회로에서 기자력 100[AT]에 의해 자속 5[Wb]가 통할 때 자기저항 R_m을 구하여라.

풀이 기저항 $R_m = \dfrac{100}{5} = 20[\text{AT/Wb}]$

📖 20[AT/Wb]

06   전자력

전류가 흐르는 도체를 자기장 내에 놓으면 이 자기장과 전류에 의한 상호 작용에 의하여 도체는 힘을 받게 된다. 이와 같이 전류와 자기장 사이에 작용하는 힘을 전자력(Electromagnetic Force)이라 한다.

1 전자력의 방향

자기장 내에 도체를 놓고 전류를 흘렸을 때 그 전류의 방향에 따라 도체에 작용하는 힘의 방향을 아는 방법으로 플레밍의 왼손 법칙(Fleming's Left−hand Rule)이 있다. 왼손의 엄지, 검지, 중지를 서로 수직이 되도록 폈을 때 검지는 자기장의 방향, 중지는 전류의 방향을 향하도록 하면 엄지손가락이 힘의 방향이 된다. 이 법칙은 전동기의 원리에 적용되고 있다.

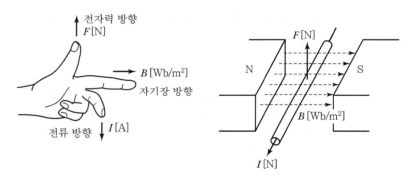

[그림 3−23] 플레밍의 왼손 법칙

> **예제 16** 플레밍의 왼손 법칙에서 중지는 무엇의 방향을 가리키는가?
>
> 📖 전류의 방향

2 전자력의 크기

자속밀도가 $B[\text{Wb/m}^2]$인 평등자계 내에 도체가 자기장의 방향과 θ의 각도로 놓인 경우 도체에 $I[\text{A}]$의 전류가 흐를 때 도체에 작용하는 힘 $F[\text{N}]$은

$$F = BIl\sin\theta \, [\text{N}] \quad\cdots\cdots\cdots\cdots\cdots\cdots\cdots\cdots\cdots\cdots\cdots\cdots (3-26)$$

이 된다.

이루고 있다. 이때 직선 도선 a, b를 a', b'까지 v[m/sec]의 속도로 움직이게 하면, 이 고리를 통과하는 자속은 변하고 있으므로 고리에 기전력이 생긴다.

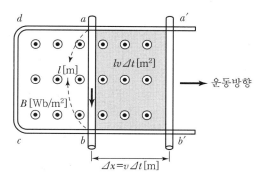

[그림 3-29] 유도기전력의 크기

길이 l[m]인 도체가 자속밀도 B[Wb/m²]의 평등 자기장 내에서 v[m/sec]의 속도로 이동한다면, Δt[sec] 동안에 도체가 자속을 끊는 면적 $\Delta S = lv\Delta t$ [m²]가 되므로 쇄교 자속수는 $\Delta \phi = B \cdot dS = Blv \Delta t$[Wb]가 된다. 따라서 유도기전력 e 는

$$e = \frac{\Delta \phi}{\Delta t} = Blv \,[\mathrm{V}] \quad \cdots\cdots\cdots\cdots\cdots\cdots\cdots\cdots\cdots\cdots\cdots\cdots\cdots\cdots\cdots\cdots\cdots\cdots \quad (3-29)$$

가 되고, 평등 자기장 내에서 도체가 자기장과 θ의 각도를 이루면서 v[m/sec]의 속도로 이동할 때 유도기전력 $e = Blv\sin\theta$[V]가 된다.

예제 20 길이가 0.4[m]인 도선을 자속밀도 2[Wb/m²]인 자기장과 직각 방향으로 20[m/sec]로 이동할 때, 유도기전력[V]을 구하여라.

풀이 유도기전력 $e = Blv\sin\theta = 2 \times 0.4 \times 20 \times 1 = 16$[V]

📋 16[V]

---

08 인덕턴스

1 자기 인덕턴스

코일을 감아 놓고 코일에 흐르는 전류를 변화시키면 코일의 내부를 지나는 자속도 변화하므로 전자유도에 의해서 코일 자체에서 렌츠의 법칙에 따라 자속의 변화를 방해하려는 방향으로 유도기전력이 발생한다. 이와 같이 코일 자체에 유도기전력이 발생되는 현상을 자기유도(Self Induction)라고 한다.

감은 횟수 N회의 코일에 흐르는 전류 I가 dt[sec] 동안에 dI[A]만큼 변화하여 코일과 쇄교하는 자속이 $d\phi$[Wb]만큼 변화하였다면 자기유도기전력은 식 (3−30)과 같다.

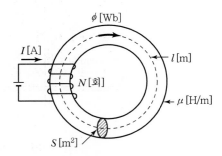

[그림 3−30] 자기 인덕턴스

$$e = -N\frac{d\phi}{dt} = -L\frac{dI}{dt}[\text{V}] \quad \cdots\cdots (3-30)$$

식 (3−30)에서 자속을 시간에 관해 적분하면 $N\phi = LI$가 된다. 따라서 자기 인덕턴스 L은

$$L = \frac{N\phi}{I}[\text{H}] \quad \cdots\cdots (3-31)$$

가 된다.

따라서 코일의 자기 인덕턴스 L은 코일에 1[A]의 전류를 흘렸을 때의 쇄교 자속수와 같다.

환상 솔레노이드에서 코일의 감은 횟수를 N회, 자기회로의 길이를 l[m], 단면적을 S [m²], 투자율을 $\mu = \mu_0\mu_s$라 할 때, 환상 솔레노이드 내부 자계의 세기 $H = \frac{NI}{l}$[AT/m] 이므로 자기회로의 자속 ϕ는 식 (3−32)와 같다.

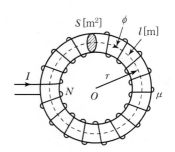

[그림 3−31] 환상 솔레노이드의 자기 인덕턴스

$$\phi = BS = \mu HS = \frac{\mu NIS}{l}[\text{H}] \quad \cdots\cdots\cdots\cdots\cdots\cdots\cdots\cdots\cdots\cdots\cdots (3-32)$$

따라서 환상 솔레노이드의 자기 인덕턴스 L 은

$$L = \frac{N\phi}{I} = \frac{N}{I} \cdot \frac{\mu NIS}{l} = \frac{\mu_0 \mu_s N^2 S}{l}[\text{H}] \quad \cdots\cdots\cdots\cdots\cdots\cdots (3-33)$$

가 된다.

예제 21 감은 횟수가 40회인 코일에 0.4[A]의 전류를 흘렸을 때 1×10^{-3}[Wb]의 자속이 코일 전체를 쇄교하였다. 이 코일의 자기 인덕턴스[mH]를 구하여라.

풀이 자기 인덕턴스 $L = \dfrac{N\phi}{I} = \dfrac{40 \times 10^{-3}}{0.4} = 100 \times 10^{-3} = 100[\text{mH}]$

🖩 100[mH]

---

2 상호 인덕턴스

1) 상호유도

[그림 3-32]와 같이 하나의 자기회로에 2개의 코일을 감고 1차 코일에 전류를 흘리면, 이로 인하여 생긴 자속은 1차 코일을 쇄교하는 동시에 2차 코일과도 쇄교한다. 따라서 1차 코일의 전류가 변화하면 2차 코일에 쇄교하는 자속도 변하므로 2차 코일에는 자속의 변화를 방해하는 방향으로 유도기전력이 발생한다. 2차 코일에 흐르는 전류를 변화시켜도 1차 코일에 유도기전력이 발생한다. 이와 같이 한쪽 코일의 전류가 변화할 때 다른 쪽 코일에 유도기전력이 발생하는 현상을 상호유도(Mutual Induction)라 한다.

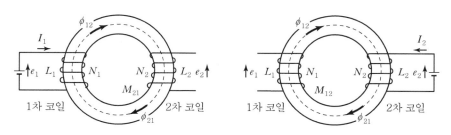

[그림 3-32] 상호유도

2) 상호 인덕턴스

[그림 3-33]에서 1차 코일의 전류 I_1에 의한 2차 코일의 자속 쇄교수 $N_2\phi_{21}$[Wb]는 I_1에 비례하므로 $N_2\phi_{21} = M_{21}I_1$[Wb]의 관계가 성립하며 이 경우의 비례상수는

$$M_{21} = \frac{N_2\phi_{21}}{I_1} \text{[H]} \quad\text{······························· (3-34)}$$

가 된다. 이것을 상호 인덕턴스라 하며, 1, 2차 코일 간 상호유도작용은 전류를 교환하였을 때에도 성립하므로 상호 인덕턴스 값에는 변화가 없다. 따라서 2차 코일의 전류 I_2에 의하여 발생하는 1차 코일의 상호 인덕턴스 M_{12}값($M_{12} = \frac{N_1\phi_{12}}{I_2}$[H])과 1차 코일의 전류 I_1에 의하여 발생하는 2차 코일의 상호 인덕턴스 M_{21}값은

$$M_{12} = M_{21} \quad\text{··· (3-35)}$$

의 관계가 성립한다.

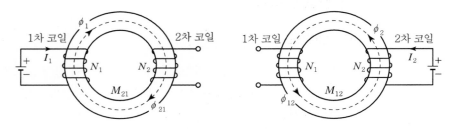

[그림 3-33] 상호 인덕턴스

3) 자기 인덕턴스와 상호 인덕턴스의 관계식

[그림 3-34]와 같은 환상 솔레노이드에서 코일 1, 코일 2의 감은 횟수를 N_1, N_2회, 자기 회로의 길이를 l[m], 단면적을 S[m²], 투자율을 $\mu = \mu_0\mu_s$라 할 때, 누설자속이 없는 상태에서 코일 A, B의 자체 인덕턴스 L_1, L_2와 상호 인덕턴스 M은 각각 다음과 같다.

$$L_1 = \frac{\mu N_1{}^2 S}{l} \text{[H]} \quad\text{································· (3-36)}$$

$$L_2 = \frac{\mu N_2{}^2 S}{l} \text{[H]} \quad\text{································· (3-37)}$$

$$M = \frac{\mu N_1 N_2 S}{l} \text{[H]} \quad\text{································· (3-38)}$$

여기서, $\left(\dfrac{\mu N_1 N_2 S}{l}\right)^2 = \dfrac{\mu N_1^2 S}{l} \times \dfrac{\mu N_2^2 S}{l}$ 라 하면

$$M^2 = L_1 \times L_2 \quad \text{...} \quad (3-39)$$

이므로, 두 코일이 자기적으로 완전 결합되어 누설자속이 없다면 상호 인덕턴스 M은
$M = \sqrt{L_1 L_2}$ 이 된다.

그러나 실제적으로는 자속이 전부 쇄교하는 것이 아니고 누설자속이 있으므로 상호 인덕턴스 M은 다음과 같이 된다.

$$M = k\sqrt{L_1 L_2} \quad \text{...} \quad (3-40)$$

여기서, k를 결합계수라 하고 $0 < k \le 1$의 값을 갖는다.

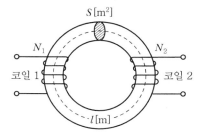

[그림 3-34] 상호 인덕턴스

예제 **22** 자기 인덕턴스가 각각 160[mH], 250[mH]인 두 코일 사이의 상호 인덕턴스가 150[mH]이다. 이때 두 코일 사이의 결합계수 k를 구하여라.

풀이 $k = \dfrac{M}{\sqrt{L_1 L_2}} = \dfrac{150}{\sqrt{160 \times 250}} = \dfrac{150}{200} = 0.75$

답 0.75

---

③ 코일의 접속

[그림 3-35]와 같이 두 개의 코일이 직렬로 접속되어 있고, 상호 인덕턴스 M으로 결합되어 있을 때, 두 코일에서 발생하는 자속이 반대 방향이면 차동 접속, 같은 방향이면 가동(화동) 접속이라 한다.

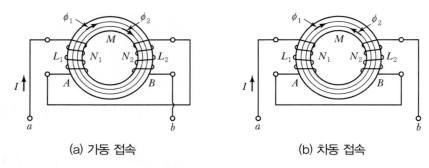

|(a) 가동 접속|(b) 차동 접속|

[그림 3-35] 코일의 접속

1) 가동(화동) 접속

두 코일에서 발생한 자속의 방향이 같게 접속되어 있으면, 이를 가동 접속이라 하고, 단자 $a-b$에서 본 합성 인덕턴스 L_{ab}[H]의 값은 다음 식과 같다.

$$L_{ab} = L_1 + L_2 + 2M \,[\text{H}] \quad \cdots\cdots\cdots\cdots\cdots\cdots\cdots\cdots\cdots\cdots\cdots\cdots\cdots\cdots\cdots (3-41)$$

2) 차동 접속

두 코일에서 발생한 자속의 방향이 역방향이 되도록 접속되어 있으면, 이를 차동 접속이라 하고, 단자 $a-b$에서 본 합성 인덕턴스 L_{ab}[H]의 값은 다음 식과 같다.

$$L_{ab} = L_1 + L_2 - 2M \quad \cdots\cdots\cdots\cdots\cdots\cdots\cdots\cdots\cdots\cdots\cdots\cdots\cdots\cdots\cdots (3-42)$$

예제 **23** $L_1 = 15$[mH], $L_2 = 10$[mH], $M = 10$[mH]인 두 개의 인덕턴스를 가동 접속과 차동 접속할 경우에 합성 인덕턴스[mH]를 구하여라.

풀이 • 가동 접속 : $L = L_1 + L_2 + 2M = 15 + 10 + 2 \times 10 = 45$[mH]
• 차동 접속 : $L = L_1 + L_2 - 2M = 15 + 10 - 2 \times 10 = 5$[mH]

📖 가동 접속 : 45[mH], 차동 접속 : 5[mH]

4 전자 에너지

1) 자기 인덕턴스에 축적되는 전자 에너지

코일에 전류가 흐르면 코일 주위에 자기장을 발생시켜 전자 에너지를 저장하게 된다. 따라서 자기 인덕턴스 L[H]인 코일에 I[A]의 전류가 흐를 때 코일 내에 축적되는 에너지 W[J]은

$$W = \frac{1}{2}LI^2 \text{ [J]} \quad \cdots\cdots\cdots\cdots\cdots\cdots\cdots\cdots\cdots\cdots\cdots\cdots\cdots\cdots\cdots\cdots\cdots\cdots \quad (3-43)$$

이 된다.

예제 24 자기 인덕턴스 100[mH]의 코일에 전류 10[A]를 흘렸을 때, 코일에 축적되는 에너지[J]를 구하여라.

풀이 $W = \frac{1}{2}LI^2 = \frac{1}{2} \times 100 \times 10^{-3} \times 10^2 = 5\text{[J]}$

답 5[J]

2) 단위 체적에 축적되는 에너지

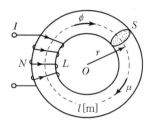

[그림 3 − 36] 단위 체적에 축적되는 에너지

[그림 3 − 36]과 같이 코일의 감은 횟수를 N회, 자기회로의 길이를 l[m], 단면적을 S[m²], 투자율을 μ라 할 때, 자기 인덕턴스 $L = \dfrac{\mu N^2 S}{l}$ [H]이므로 자기회로에 축적되는 에너지 W[J]은 다음과 같다.

$$W = \frac{1}{2}LI^2 = \frac{1}{2}\frac{\mu S N^2 I^2}{l} = \frac{1}{2}\mu\left(\frac{NI}{l}\right)^2 S l\text{[J]} \quad \cdots\cdots\cdots\cdots\cdots\cdots \quad (3-44)$$

환상 솔레노이드 내부 자계의 세기는 $H = \dfrac{NI}{l}$ [AT/m]이고, 자속밀도는 $B = \mu H$ 이므로 식 (3 − 44)에 대입하면 식 (3 − 45)와 같이 된다.

$$W = \frac{1}{2}\mu H^2 S l = \frac{1}{2}\frac{B^2}{\mu}S l = \frac{1}{2}BHS l\text{[J]} \quad \cdots\cdots\cdots\cdots\cdots\cdots\cdots \quad (3-45)$$

여기서, $S l$[m³]은 자기회로의 체적이고 단위 체적에 축적되는 에너지는 $W_0 = \dfrac{W}{S l}$ 이므로

$$W_0 = \frac{1}{2}\mu H^2 = \frac{1}{2}\frac{B^2}{\mu} = \frac{1}{2}BH\text{[J/m}^3\text{]} \quad \cdots\cdots\cdots\cdots\cdots\cdots\cdots \quad (3-46)$$

가 된다.

> **예제 25** 자속밀도 0.5[Wb/m²]인 자기회로의 공극이 갖는 단위 체적당의 에너지[J/m³]를 구하여라.
>
> **풀이** $W_0 = \dfrac{1}{2}BH = \dfrac{1}{2}\dfrac{B^2}{\mu_0\mu_s} = \dfrac{0.5^2}{2\times 4\pi\times 10^{-7}\times 1} = 1\times 10^5\,[\mathrm{J/m^3}]$
>
> 🖫 $1\times 10^5\,[\mathrm{J/m^3}]$

5 히스테리시스 곡선과 손실

1) 히스테리시스 곡선

철심 코일에서 전류를 증가시키면 자기의 세기 H는 전류에 비례하여 증가하지만 밀도 B는 비례하지 않고 [그림 3-37]의 $B-H$곡선과 같이 포화현상과 자기이력현상(이전의 자화상태가 이후의 자화상태에 영향을 주는 현상) 등이 일어나는데, 이와 같은 특성을 히스테리시스 곡선이라 한다.

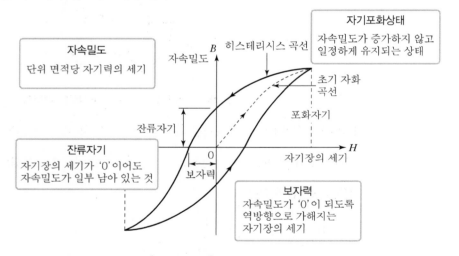

[그림 3-37] 히스테리시스 곡선

2) 히스테리시스 손실

히스테리시스 곡선의 면적을 히스테리시스 손실이라 부른다. 이것은 일주자화 사이에 자성체의 단위 체적 내에서 열로 소실되는 에너지양과 같다. 자성체는 고투자율 재료로서는 투자율이 크고, 히스테리시스 손실이 작으며, 잔류자기가 작은 것이 바람직하다.
히스테리시스 손실은 다음 식으로 표시된다.

$$P_h = \eta_h f B_m^{1.6}\,[\mathrm{W/m^3}] \quad\cdots\cdots\cdots\cdots\cdots\cdots\cdots\cdots\cdots\cdots\cdots\cdots\cdots\cdots \quad (3-47)$$

여기서, η_h : 히스테리시스 상수, f : 주파수[Hz], B_m : 최대 자속밀도[Wb/m³]

CHAPTER
04 교류회로

01 교류회로의 기초

1 정현파 교류

[그림 4 – 1]과 같이 시간의 변화에 관계없이 그 크기와 방향이 일정한 전압, 전류를 직류(DC : Direct Current)라 하며, [그림 4 – 2]와 같이 그 크기와 방향이 주기적으로 변화하는 전압, 전류를 교류(AC : Alternating Current)라 한다.

[그림 4 – 1] 직류 파형

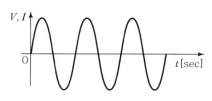

[그림 4 – 2] 교류 파형

1) 정현파 기전력의 발생

[그림 4 – 3]에서와 같이 평등 자기장 중에 전기자 도체를 놓고 시계방향으로 회전시키면 도체가 자속을 끊으면서 그 크기와 방향이 변하는 유도기전력이 발생한다.

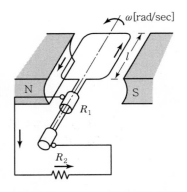

[그림 4-3] 2극 발전기의 원리도

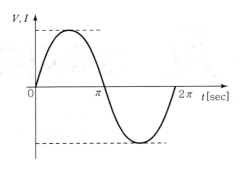

[그림 4-4] 정현파 기전력 파형

2) 주기와 주파수

① 주기(T) : 1사이클을 이루는 데 걸리는 시간[sec]을 말한다.

② 주파수(f) : 1[sec] 동안에 반복하는 사이클의 수를 나타내며, 단위는 헤르츠(Hertz, [Hz])를 사용한다.

③ 주기와 주파수의 관계

$$T = \frac{1}{f} \text{[sec]} \quad\text{·· (4-1)}$$

$$f = \frac{1}{T} \text{[Hz]} \quad\text{·· (4-2)}$$

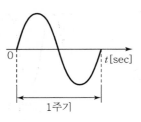

[그림 4-5] 1주기 파형

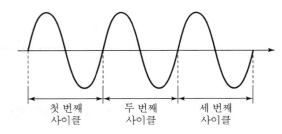

[그림 4-6] 다주기 파형

예제 01 주기 $T = 0.005$[sec]일 때 주파수 f[Hz]를 구하여라.

풀이 $f = \dfrac{1}{T} = \dfrac{1}{0.005} = 200$[Hz]

답 200[Hz]

3) 각의 크기를 나타내는 방법

① **도수법** : 각의 크기를 도(˚)로 나타내는 방법으로 한 바퀴를 360˚로 정하고 각의 크기를 단위 ˚(도)로 표기하는 방법이다.

② **호도법** : 각의 크기를 라디안(Radian)으로 나타내는 방법으로 호의 길이로 각도를 표시하는 방법이다. 단위는 라디안(Radian, [rad])을 사용하며, [그림 4 – 7]과 같이 반지름의 길이와 호의 길이가 같을 때 각의 크기를 1[rad]이라 한다. 따라서 반지름 1[m]인 원의 원주의 길이는 2π[m]가 되므로 각도 360[˚]는 2π[rad]이 된다.

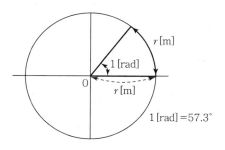

[그림 4 – 7] 1[rad]

③ 도수법과 호도법의 관계 : [그림 4 – 8]과 같다.

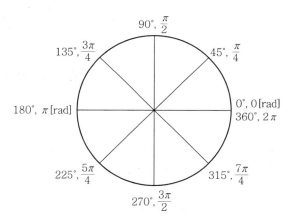

[그림 4 – 8] 도수법과 호도법의 관계

④ **각주파수(ω)** : 1[sec] 동안에 회전한 각도[rad]를 나타내며 각속도 또는 각주파수라 한다. 기호는 ω, 단위는 [rad/sec]를 사용한다. 1주기 T[sec] 간에는 2π[rad]만큼 증가하므로 1[sec] 간에는 $\dfrac{2\pi}{T}$[rad]만큼 증가한다. 따라서 다음과 같은 관계가 있다.

$$\omega = \frac{2\pi}{T} = 2\pi f \,[\text{rad/sec}] \quad \cdots\cdots\cdots\cdots\cdots\cdots\cdots\cdots\cdots\cdots\cdots\cdots (4-3)$$

예
제 **02** 각속도 $\omega = 376.8[\text{rad/sec}]$인 사인파 교류의 주파수[Hz]를 구하여라.

풀이 $f = \dfrac{\omega}{2\pi} = \dfrac{376.8}{2\pi} = 60[\text{Hz}]$

답 60[Hz]

2 교류 일반식

시간에 따라 [그림 4−9]와 같이 변화하는 파형은 오실로스코프에서 볼 수 있으며 수학적으로 다음과 같이 표현할 수 있다.

$$v(t) = V_m \sin \omega t[\text{V}] \quad \cdots\cdots\cdots\cdots\cdots\cdots\cdots\cdots\cdots\cdots\cdots\cdots\cdots\cdots\cdots\cdots (4-4)$$

여기서, V_m은 전압의 최댓값을 나타내며, ωt는 [rad]각을 나타낸다.

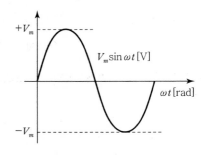

[그림 4−9] 정현파

1) 위상

교류 일반식 $v(t) = V_m \sin \omega t[\text{V}]$는 시간의 기점을 전압값이 0을 지나 상승되기 시작하는 점을 기준으로 한 식이다. 이 기점을 [그림 4−10]에서와 같이 여러 가지로 택하면

$$v(t) = V_m \sin \omega t[\text{V}]$$
$$v_1(t) = V_m \sin(\omega t - \theta_1)[\text{V}]$$
$$v_2(t) = V_m \sin(\omega t + \theta_1)[\text{V}]$$

로 나타낼 수 있다.

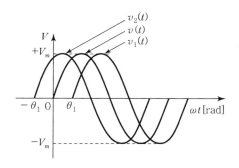

[그림 4-10] 정현파 교류의 위상

따라서 교류 정현(sin)파 전압을 수식으로 나타내면

$$v(t) = V_m \sin(\omega t \pm \theta)[\text{V}] \quad \text{(4-5)}$$

로 표시된다. 이 식에서 θ를 위상(Phase) 또는 위상각이라 한다.

$v(t) = V_m \sin \omega t[\text{V}]$인 파형을 위상각이 0°인 파형이라 하며 항상 이 파형을 기준으로 하여 $v_1(t) = V_m \sin(\omega t - \theta_1)[\text{V}]$인 파형은 위상이 θ_1만큼 뒤지고, $v_2(t) = V_m \sin(\omega t + \theta_1)[\text{V}]$인 파형은 위상이 θ_1만큼 앞선다고 표현한다.

2) 정현파 교류의 크기

교류는 시간의 변화에 따라 그 크기와 방향이 변한다. 시간에 따라 변화하는 교류의 전압, 전류의 크기는 순싯값($v(t)$, $i(t)$), 최댓값(V_m, I_m), 평균값(V_{av}, I_{av}), 실횻값(V, I) 등으로 표시하고 있으며, 일반적으로 특별한 언급이 없을 때는 실횻값을 가리킨다.

① 순싯값($v(t)$, $i(t)$)

시간의 변화에 따라 순간순간 나타나는 정현파의 값을 의미하기 때문에 순싯값 또는 순시치(Instantaneous Value)라 하며 $v(t) = V_m \sin(\omega t \pm \theta)[\text{V}]$식과 같이 표현한 값을 순싯값 표시식이라 한다. 통상 순싯값은 소문자로 표시한다.

$$v(t) = 10\sin 2\pi f t\,[\text{V}]$$
$$= 10\sin\frac{2\pi}{T}t\,[\text{V}]$$
$$= 10\sin\frac{2\pi}{20\times10^{-6}}t\,[\text{V}]$$
$$= 10\sin\pi\times10^5 t\,[\text{V}]$$

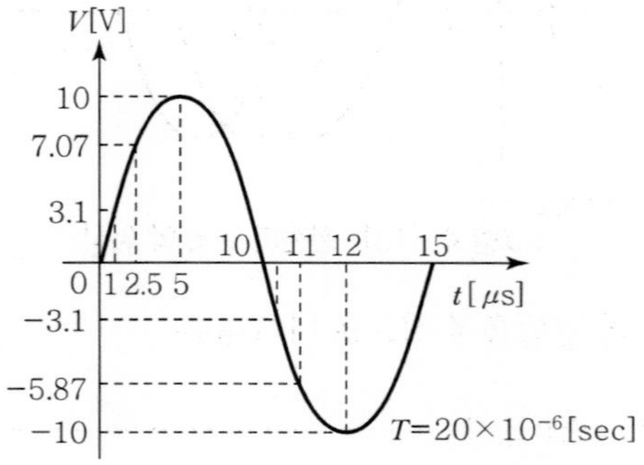

$t = 1\times10^{-6}[\text{sec}]$일 때
$$v(t) = 10\sin\pi\times10^5\times(1\times10^{-6})$$
$$= 10\sin\frac{\pi}{10} = 10\sin 18°$$
$$= 3.09[\text{V}]$$

$t = 5\times10^{-6}[\text{sec}]$일 때
$$v(t) = 10\sin\pi\times10^5\times(5\times10^{-6})$$
$$= 10\sin\frac{\pi}{2} = 10\sin 90°$$
$$= 10[\text{V}]$$

$t = 12\times10^{-6}[\text{sec}]$일 때
$$v(t) = 10\sin\pi\times10^5\times(12\times10^{-6})$$
$$= 10\sin\frac{12\pi}{10} = 10\sin 216°$$
$$= -5.87[\text{V}]$$

[그림 4－11] 사인파 전압의 순싯값의 예

[그림 4－11]에서 순싯값이 1[μs]에서 3.1[V], 2.5[μs]에서 7.07[V], 5[μs]에서 10[V], 12[μs]에서 －5.87[V]이다.

예제 03 크기가 50[V], 위상이 60°(진상), 각속도가 ω[rad/sec]인 교류 사인파 전압의 순싯값을 표시하는 식을 구하여라.

풀이 $v(t) = 50\sqrt{2}\sin(\omega t + 60°)[\text{V}]$

🔲 $50\sqrt{2}\sin(\omega t + 60°)[\text{V}]$

② 최댓값(V_m, I_m)

순싯값 중에서 가장 큰 값 V_m을 최댓값(Maximum Value)이라 한다. 최댓값과 실횻값(V), 평균값(V_{av})의 관계는

$$V_m = \sqrt{2}\,V = \frac{\pi}{2}V_{av} \quad\cdots\cdots\cdots\cdots\cdots\cdots\cdots\cdots\cdots\cdots\cdots\cdots (4-6)$$

로 표시할 수 있다.

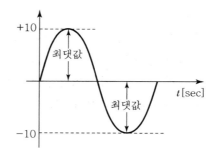

[그림 4 – 12] 사인파 전압의 최댓값의 예

[그림 4 – 12]에서 최댓값은 10[V]이다.

③ 평균값(V_{av} , I_{av})

반주기 동안 순싯값의 평균을 평균값 또는 평균치(Average Value or Mean Value)라고 한다. 평균값(V_{av})과 최댓값(V_m)의 관계는

$$V_{av} = \frac{2}{\pi} V_m \fallingdotseq 0.637 V_m \quad \text{..} \quad (4-7)$$

로 표시할 수 있다.

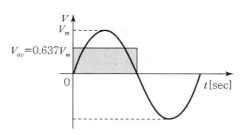

[그림 4 – 13] 사인파의 반주기 평균값

예제 **04** 어떤 정현파 전압의 평균값이 191[V]이면 최댓값[V]은 얼마인지 구하여라.

풀이 정현파에서 $V_{av} = \dfrac{2 V_m}{\pi}$ 이므로 $V_m = \dfrac{\pi}{2} V_{av} = \dfrac{\pi}{2} \times 191 \fallingdotseq 300[V]$

🔖 300[V]

④ 실횻값(V, I)

교류전류 i의 기준 크기는 일반적으로 이것과 동일한 일을 하는 직류전류 I의 크기로 나타내며, 이 크기 I[A]를 교류전류 i[A]의 실횻값(Effective Value)이라 한다. 즉, 교류의 실횻값은 저항 내에서 소비되는 전력이 동일하게 되는 직류의 값으로 나타낸다. 실횻값과 최댓값의 관계는

$$V = \frac{1}{\sqrt{2}} V_m \fallingdotseq 0.707 V_m \quad\text{--} (4-8)$$

로 나타낼 수 있다.

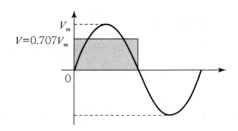

[그림 4 - 14] 사인파의 반주기 실횻값

> 예제 **05** $v(t) = 141 \sin \omega t$[V]의 **실횻값을 구하여라.**
>
> 풀이 $V_m = \sqrt{2}\, V$로부터 $V = \dfrac{V_m}{\sqrt{2}} = \dfrac{141.4}{1.414} = 100$[V]
>
> 冒 100[V]

⑤ 파형률

파형률이란 교류 파형에서 실횻값을 평균값으로 나눈 값을 말한다. 예를 들어, 정현파의 파형률은 1.11, 삼각파는 1.155, 구형파는 1이다. 이 값이 커질수록 직류 파형에 가까워진다.

$$\text{파형률} = \frac{\text{실횻값}}{\text{평균값}} \quad\text{--} (4-9)$$

⑥ 파고율

파고율이란 교류 파형의 최댓값을 실횻값으로 나눈 값을 말한다. 예를 들어, 사인파는 1.414이다.

$$\text{파고율} = \frac{\text{최댓값}}{\text{실횻값}} \quad\text{--} (4-10)$$

예제 06 정현파 전압 $v(t) = V_m \sin \omega t$[V]의 파형률과 파고율을 구하여라.

풀이 실횻값 $V = \dfrac{V_m}{\sqrt{2}}$[V], 평균값 $V_{av} = \dfrac{2}{\pi} V_m$ 이므로

파형률 $= \dfrac{\dfrac{V_m}{\sqrt{2}}}{\dfrac{2}{\pi} V_m} = \dfrac{\pi}{2\sqrt{2}} \fallingdotseq 1.11$, 파고율 $= \dfrac{V_m}{\dfrac{V_m}{\sqrt{2}}} = \sqrt{2} \fallingdotseq 1.414$

📋 파형률 : 1.11, 파고율 : 1.414

02 교류의 복소수 계산

교류회로에서는 벡터를 복소수로 표시하여 이용하면 교류회로도를 보다 쉽게 대수적으로 계산할 수 있다.

1 스칼라와 벡터

자연계에서 물리량은 길이나 온도 등과 같이 크기만을 가지는 스칼라(Scalar)양과 힘, 속도, 교류전압, 전류 등 크기와 방향을 동시에 가지는 벡터(Vector)양으로 나눌 수 있다.

2 복소수에 의한 벡터 표시

1) 복소수

복소수는 실수(Real Number)와 허수(Imaginary Number)의 합으로 표시되는 수로서 다음과 같이 표시된다.

$$\dot{A} = a + jb \quad \cdots\cdots\cdots (4-11)$$

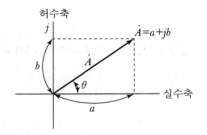

[그림 4-15] 복소수

여기서, a를 복소수 $\dot{A}$ 의 실수부(Real Part), b를 허수부(Imaginary Part)라 하고 j는 허수 성분을 표시하기 위해 쓰인다.

$$j = \sqrt{-1} \text{ 또는 } j^2 = -1 \quad \cdots\cdots\cdots\cdots\cdots\cdots\cdots\cdots\cdots\cdots\cdots\cdots\cdots (4-12)$$

그리고 이 복소수의 절댓값(Absolute Value)은 $|A| = A$ 이고, 편각(Argument) 또는 위상각 θ는 다음과 같이 표시한다.

$$|A| = A = \sqrt{a^2 + b^2} \quad \cdots\cdots\cdots\cdots\cdots\cdots\cdots\cdots\cdots\cdots\cdots (4-13)$$

$$\theta = \tan^{-1}\frac{b}{a}[^\circ] \quad \cdots\cdots\cdots\cdots\cdots\cdots\cdots\cdots\cdots\cdots\cdots\cdots\cdots (4-14)$$

2) 직각 좌표 표시

복소수를 나타내는 방법에는 두 가지가 있다. 직각 좌표계와 극 좌표계이다.

[그림 4-16]과 같이 직각 좌표상의 한 점 P는 원점에서의 거리 a와 b에 의해 정해진다. 직각 좌표의 횡축을 실수로, 종축을 허수로 표시하면 $\dot{A} = a + jb$가 된다.

여기서, a는 실수, jb는 허수라고 한다.($j = \sqrt{-1}$ 의 값을 가진다.) $|A|$는 벡터 A의 크기를 나타내고 θ는 벡터 A의 방향을 나타낸다.

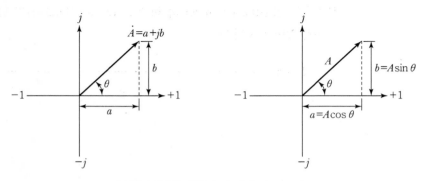

[그림 4-16] 복소수의 직각 좌표 표시

복소수 $\dot{A} = a + jb$

① $\dot{A}$ 의 크기 : $|A| = \sqrt{a^2 + b^2}$

② $\dot{A}$ 의 편각 : $\theta = \tan^{-1} \dfrac{b}{a}$ 에서 $a = |A|\cos\theta$, $b = |A|\sin\theta$ 로 표시되므로

$$\dot{A} = |A|\cos\theta + j|A|\sin\theta = |A|(\cos\theta + j\sin\theta) \quad \cdots\cdots\cdots\cdots\cdots\cdots\cdots\cdots (4-15)$$

로 표시할 수 있다.

3) 극 좌표 표시

복소수 $\dot{A} = a + jb$ 를 크기와 편각을 이용하여 표시하는 방법으로, 극 좌표 형식은 다음
과 같이 나타낼 수 있다.

$$\dot{A} = |A| \angle \theta$$

[그림 4-17]에서 A 는 크기만 나타내고, θ 는 양의 실수축으로부터 반시계 방향의 각도
를 나타낸다.

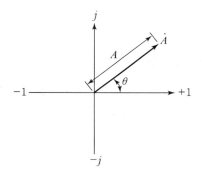

[그림 4-17] 복소수의 극 좌표 표시

4) 직각 좌표, 극 좌표 형태 변환

직각 좌표계에서 극 좌표계로 변환하면

① $\dot{A}$ 의 크기 : $|A| = \sqrt{a^2 + b^2}$

② $\dot{A}$ 의 편각 : $\theta = \tan^{-1} \dfrac{b}{a}$ 에서 $\dot{A} = |A| \angle \theta$ 로 표시되므로

극 좌표계에서 직각 좌표계로 변환하면 $\dot{A} = |A| \angle \theta = a + jb$ 에서

　　$a = |A|\cos\theta$

　　$b = |A|\sin\theta$ 로 표시되므로

$$\dot{A} = |A|\cos\theta + j|A|\sin\theta = |A|(\cos\theta + j\sin\theta)$$

로 표시할 수 있다.

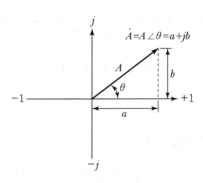

[그림 4-18] 직각 좌표, 극 좌표 형태 변환

예제 **07** $\dot{C} = 3 + j4$를 극 좌표계로 변환하면?

풀이 $|C| = \sqrt{3^2 + 4^2} = \sqrt{25} = 5$, $\theta = \tan^{-1}\dfrac{4}{3} = 53.13°$

따라서 $\dot{C} = 5\angle 53.13°$

📋 $\dot{C} = 5\angle 53.13°$

5) 켤레 복소수

켤레(Conjugate) 복소수는 간단히 직각 좌표계에서 나타난 허수 부분의 부호만 바꾸어 주거나, 극 좌표계에서는 각도의 부호를 바꾸어 주면 구할 수 있다.

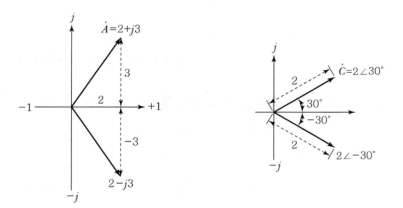

[그림 4-19] 복소수의 공액

예를 들면, 복소수 $\dot{A} = 2 + j3$의 공액은 $2 - j3$이 되고, 극좌표 $\dot{C} = 2\angle 30°$의 공액은 $2\angle -30°$가 된다.

3 복소수의 사칙 연산

두 복소수가 $\dot{A}_1 = a_1 + jb_1$, $\dot{A}_2 = a_2 + jb_2$이라면

1) 덧셈

두 복소수의 합은 실수부는 실수부끼리, 허수부는 허수부끼리 합을 구하면 된다.

$$\dot{A} = \dot{A}_1 + \dot{A}_2 = (a_1 + jb_1) + (a_2 + jb_2)$$
$$= (a_1 + a_2) + j(b_1 + b_2) \quad \cdots\cdots\cdots\cdots (4-16)$$

2) 뺄셈

두 복소수의 차는 실수부는 실수부끼리, 허수부는 허수부끼리의 차를 구하면 된다.

$$\dot{A} = \dot{A}_1 - \dot{A}_2 = (a_1 + jb_1) - (a_2 + jb_2)$$
$$= (a_1 - a_2) + j(b_1 - b_2) \quad \cdots\cdots\cdots\cdots (4-17)$$

3) 곱셈

$$\dot{A} = \dot{A}_1 \times \dot{A}_2 = (a_1 + jb_1) \times (a_2 + jb_2)$$
$$= (a_1 a_2 - b_1 b_2) + j(a_1 b_2 + a_2 b_1) \quad \cdots\cdots\cdots (4-18)$$

또한 극 좌표계로 곱셈을 하려면
$\dot{A}_1 = |A|_1 \angle \theta_1$, $\dot{A}_2 = |A_2| \angle \theta_2$일 때

$$\dot{A}_1 \cdot \dot{A}_2 = |A_1| \angle \theta_1 \cdot |A_2| \angle \theta_2 = |A_1||A_2| \angle (\theta_1 + \theta_2) \quad \cdots\cdots\cdots (4-19)$$

로 크기는 곱하고 각은 더하면 된다.

4) 나눗셈

$$\dot{A} = \frac{\dot{A}_1}{\dot{A}_2} = \frac{a_1 + jb_1}{a_2 + jb_2} = \frac{(a_1 + jb_1)(a_2 - jb_2)}{(a_2 + jb_2)(a_2 - jb_2)}$$
$$= \frac{a_1 a_2 + b_1 b_2}{a_2{}^2 + b_2{}^2} + j \frac{a_2 b_1 - a_1 b_2}{a_2{}^2 + b_2{}^2} \quad \cdots\cdots\cdots (4-20)$$

또한 극 좌표계로 나눗셈을 하려면
$\dot{A}_1 = |A_1| \angle \theta_1$, $\dot{A}_2 = |A_2| \angle \theta_2$일 때

$$\frac{\dot{A}_1}{\dot{A}_2} = \frac{|A_1| \angle \theta_1}{|A_2| \angle \theta_2} = \frac{|A_1|}{|A_2|} \angle (\theta_1 - \theta_2) \quad \cdots\cdots (4-21)$$

로 크기는 나누고 각은 빼면 된다.

5) 직각 좌표계의 역수

분모와 분자에 각각 분모의 공액을 곱하여 직각 좌표계의 역수를 구할 수 있다.

$$\frac{1}{a+jb} = \left(\frac{1}{a+jb}\right)\left(\frac{a-jb}{a-jb}\right) = \frac{a-jb}{a^2+b^2} = \frac{a}{a^2+b^2} - j\frac{b}{a^2+b^2} \quad \cdots\cdots (4-22)$$

극 좌표계에서의 역수는

$$\frac{1}{|A| \angle \theta} = \frac{1}{|A|} \angle -\theta \quad \cdots\cdots (4-23)$$

와 같이 표현된다.

4 임피던스와 페이저

페이저(Phasor)는 사인파와 같이 시간에 따라 변화하는 양을 크기와 위상으로 나타내는 것을 말하며 교류회로에서 정현파 전압, 전류의 해석의 방법으로 페이저를 사용하면 보다 쉽게 계산할 수 있다.

정현파 전압 $v(t) = \sqrt{2} V \sin(\omega t + \theta)$[V]를 페이저로 나타내면 $\dot{V} = V \angle \theta°$[V]이다. 같은 방법으로 $i(t) = \sqrt{2} I \sin(\omega t - \theta)$[A]를 페이저로 나타내면 $\dot{I} = I \angle -\theta°$ [A]이다. 여기서, V와 I는 실횻값이고, θ는 페이저 각이다. 페이저는 정현파를 기준으로 하며 주파수는 표시하지 않는다.

이와 같이 페이저는 정현파 전압이나 전류를 실효치와 위상각으로 나타낸 하나의 복소수이다.

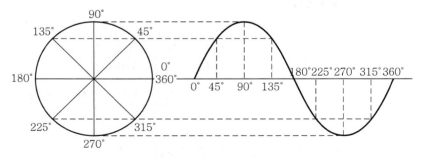

[그림 4-20] 회전하는 페이저로 나타낸 사인파

03 단상 교류회로

1 기본회로

1) 저항 R만의 회로

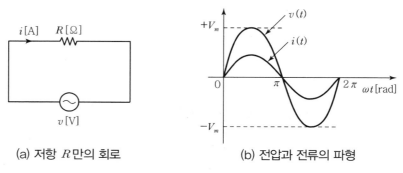

(a) 저항 R만의 회로 (b) 전압과 전류의 파형

[그림 4−21] 저항 R만의 회로

[그림 4−21]과 같이 저항 R만의 회로에 정현파 교류전압 $v(t) = V_m \sin\omega t$[V]를 인가했을 때 흐르는 전류 i [A]는

$i = \dfrac{v}{R}$[A]의 옴의 법칙에 의해

$$i = \frac{v}{R} = \frac{V_m}{R}\sin\omega t = I_m \sin\omega t = \sqrt{2}\,I\sin\omega t\,[\text{A}] \quad\cdots\cdots\cdots\cdots (4-24)$$

와 같이 된다. 여기서 전류의 최댓값 $I_m = \dfrac{V_m}{R} = \sqrt{2}\,I$가 된다. I는 전류의 실횻값을 나타낸다.

이와 같은 내용을 다시 정리하면 다음과 같다.

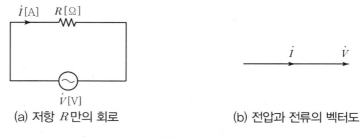

(a) 저항 R만의 회로 (b) 전압과 전류의 벡터도

[그림 4−22] 저항 R만의 회로와 벡터도

① 전압과 전류의 실횻값을 $\dot{V}$ 및 $\dot{I}$ 라 하면, $\dot{I} = \dfrac{\dot{V}}{R}$[A]이다.

② 전압과 전류는 위상이 같다.

③ 사인파 전압은 사인파 전류를 만든다.

예제 08 5[Ω]의 저항회로에 $v(t) = 50\sqrt{2}\sin\omega t$[V]의 전압을 가했을 때 순시 전룻값과 전류의 실훗값은?

풀이 순시 전룻값 $i = \dfrac{v}{R} = \dfrac{50\sqrt{2}}{5}\sin\omega t = 10\sqrt{2}\sin\omega t$[A]

전류의 실훗값 $I = \dfrac{I_m}{\sqrt{2}} = \dfrac{10\sqrt{2}}{\sqrt{2}} = 10$[A]

📋 전룻값 : $10\sqrt{2}\sin\omega t$[A], 전류의 실훗값 : 10[A]

2) 인덕턴스 L만의 회로

[그림 4−23]과 같이 인덕턴스만의 회로에 교류전원을 연결하고, 전원전압의 주파수를 변화시키면 전류의 크기가 변화한다. 즉, 주파수가 증가하면 전류의 크기가 감소하고, 주파수가 감소하면 전류의 크기는 증가한다.

일정한 전압에서 주파수(f[Hz])가 증가하면 자속의 변화가 커져 렌츠의 법칙에 따라 역기전력이 증가하기 때문에 전류가 감소하게 된다. 이것은 전류를 방해하는 정도가 커졌다는 것을 의미하기 때문에 인덕턴스에 흐르는 전류는 인가전압의 주파수(f[Hz])에 반비례함을 알 수 있다.

인덕턴스가 정현파 전류를 방해하는 것을 유도성 리액턴스(Inductive Reactance)라 한다.

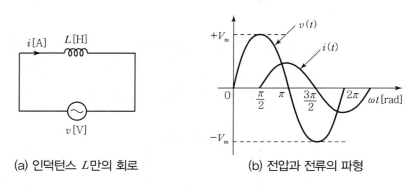

(a) 인덕턴스 L만의 회로   (b) 전압과 전류의 파형

[그림 4−23] 인덕턴스 L 만의 회로

[그림 4−23]과 같이 자기 인덕턴스 L[H]만의 회로에 $i = I_m\sin\omega t$[V]인 정현파 교류전류가 흐르게 되면 인덕턴스(L) 양단에 유기되는 전압은 패러데이 법칙에 의해

$$v = L\frac{di}{dt} = L\frac{d}{dt}I_m\sin\omega t$$

$$= \omega L I_m \cos\omega t = \omega L I_m \sin\left(\omega t + \frac{\pi}{2}\right)[\text{A}] \quad\cdots\cdots\cdots\cdots\cdots (4-25)$$

가 된다.

식 (4−25)에서 전압 v의 위상은 전류 i의 위상보다 $\frac{\pi}{2}$[rad]만큼 앞선다는 것을 알 수 있다. 또한 옴의 법칙과 비교하면 유도성 리액턴스 X_L은

$$X_L = \omega L = 2\pi f L \,[\Omega]$$ ·· (4−26)

이다.

이와 같은 내용을 다시 정리하면 다음과 같다.

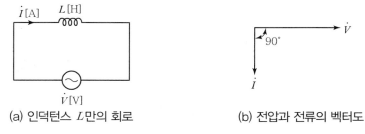

(a) 인덕턴스 L만의 회로   (b) 전압과 전류의 벡터도

[그림 4−24] 인덕턴스 L만의 회로와 벡터도

① 전압과 전류의 실횻값이 $\dot{V}$ 및 $\dot{I}$ 이고 유도성 리액턴스를 X_L이라 하면

$$\dot{V} = X_L \dot{I} = \omega L \dot{I} \,[\text{V}], \quad \dot{I} = \frac{\dot{V}}{X_L} = \frac{\dot{V}}{\omega L} [\text{A}]$$

가 된다.

② 유도 리액턴스 기호는 X_L로 표기하며, 단위는 저항과 같은 [Ω]을 사용한다.

$$X_L = \omega L = 2\pi f L [\Omega]$$

③ 전류 $\dot{I}$ 는 전압 $\dot{V}$ 보다 위상이 $\frac{\pi}{2}$[rad] 뒤진 파형이 된다.

④ 유도 리액턴스의 주파수 특성

유도 리액턴스 X_L[Ω]의 값은 주파수 f[Hz]에 비례하여 증가하며 전류 $\dot{I}$ 는 주파수 f[Hz]에 반비례한다.

예제 09 60[Hz]에서 3[Ω]의 유도 리액턴스를 갖는 자기 인덕턴스의 값을 구하여라.

풀이 인덕턴스의 값은 $X_L = \omega L = 2\pi f L$에서

$3 = 2 \times 3.14 \times 60 \times L$

$L ≒ 7.96[\text{mH}]$

圄 7.96[mH]

3) 커패시터 C만의 회로

[그림 4 − 25]와 같이 커패시터 C만의 회로에 교류전원을 연결하고, 전원전압의 주파수를 변화시키면 전류의 크기가 변화한다. 즉, 주파수가 증가하면 전류의 크기가 증가하고, 주파수가 감소하면 전류의 크기는 감소한다.

일정한 전압에서 주파수가 증가하면 양극판에 극성의 변화가 빨라지고 콘덴서 내부에 전하의 움직임이 빨라지게 된다. 전하의 이동속도가 전류이므로 전류가 증가하였으며 전류를 방해하는 정도가 감소하였다는 것을 의미한다.

커패시터가 정현파 전류를 방해하는 것을 용량성 리액턴스(Capacitive Reactance)라 한다.

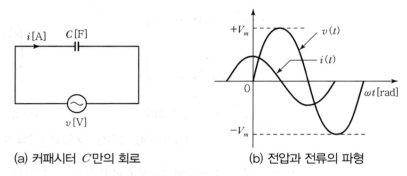

(a) 커패시터 C만의 회로   (b) 전압과 전류의 파형

[그림 4 − 25] 커패시터 C만의 회로

[그림 4 − 25]와 같이 C[F]의 정전용량만의 회로에 $v = V_m \sin\omega t$[V]인 정현파 교류전압을 인가하면 콘덴서 내부에 전류의 움직임은

$$i = \frac{dq}{dt} = \frac{d}{dt} Cv = C\frac{d}{dt} V_m \sin\omega t$$

$$= \omega C V_m \cos\omega t = \omega C V_m \sin\left(\omega t + \frac{\pi}{2}\right)[A] \quad\cdots\cdots\cdots (4-27)$$

가 된다.

식 (4 − 27)에서 전류 i의 위상은 전압 v의 위상보다 $\frac{\pi}{2}$[rad]만큼 앞선다는 것을 알 수 있다. 또한 옴의 법칙과 비교하면 용량성 리액턴스 X_C는

$$X_C = \frac{1}{\omega C} = \frac{1}{2\pi f C}[\Omega] \quad\cdots\cdots\cdots (4-28)$$

이 된다.

이와 같은 내용을 다시 정리하면 다음과 같다.

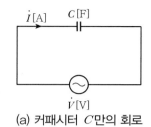
(a) 커패시터 C만의 회로

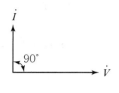
(b) 전압과 전류의 벡터도

[그림 4 – 26] 커패시터 C만의 회로와 벡터도

① 전압과 전류의 실횻값이 $\dot{V}$ 및 $\dot{I}$이고, 용량성 리액턴스를 X_C라 하면

$$\dot{V} = X_C\dot{I} = \frac{1}{\omega C}\dot{I}\,[\mathrm{V}],\ \dot{I} = \frac{\dot{V}}{X_C} = \frac{\dot{V}}{\frac{1}{\omega C}} = \omega C\dot{V}\,[\mathrm{A}]$$

가 된다.

② 용량성 리액턴스 기호는 X_C로 표기하며, 단위는 저항과 같은 [Ω]을 사용한다.

$$X_C = \frac{1}{\omega C} = \frac{1}{2\pi f C}[\Omega]$$

③ 전류 $\dot{I}$는 전압 $\dot{V}$보다 위상이 $\frac{\pi}{2}$[rad] 앞선 파형이 된다.

④ 용량 리액턴스의 주파수 특성

용량 리액턴스 X_C[Ω]의 값은 주파수 f[Hz]에 반비례하여 감소하며 전류 $\dot{I}$는 주파수 f[Hz]에 비례한다.

예제 **10** 정전용량 0.01[μF]의 커패시터에 실횻값이 100[V]인 교류전압을 인가할 때 흐르는 전류의 실횻값을 구하여라.(단, 주파수는 100[Hz]이다.)

풀이 용량 리액턴스 $X_C = \dfrac{1}{\omega C} = \dfrac{1}{2\times3.14\times100\times0.01\times10^{-6}} = 159\times10^3 \fallingdotseq 159[\mathrm{k\Omega}]$

전류의 실횻값 $I = \dfrac{V}{X_C} = \dfrac{100}{159\times10^3} = 6.28\times10^{-4} \fallingdotseq 0.628[\mathrm{mA}]$

🗒 0.628[mA]

2 $R-L-C$ 직렬회로

1) $R-L$ 직렬회로

[그림 4−27]과 같이 저항 $R[\Omega]$과 인덕턴스 $L[H]$가 직렬로 연결된 회로에 주파수 $f[Hz]$, 전압 $\dot{V}$ [V]의 교류전압을 가할 때, 회로에 흐르는 전류를 $\dot{I}$ [A]라 하면 다음과 같다.

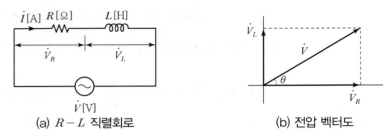

(a) $R-L$ 직렬회로   (b) 전압 벡터도

[그림 4−27] $R-L$ 직렬회로와 벡터도

① 저항 R에 걸리는 전압 $\dot{V}_R = R\dot{I}$ [V]가 되고, 전류와 전압은 동상이다.

② 인덕턴스 $L[H]$의 양단에 걸리는 전압 $\dot{V}_L = X_L \dot{I} = \omega L \dot{I} = 2\pi f L \dot{I}$ [V]가 되고 전류 $\dot{I}$ 의 위상이 전압 $\dot{V}_R$의 위상보다 $\dfrac{\pi}{2}$[rad]만큼 뒤진다.

③ $R-L$ 직렬회로에서 회로의 공급전압 $\dot{V}$ [V]는 $\dot{V}_R$과 $\dot{V}_L$의 벡터합이므로
$\dot{V} = \dot{V}_R + \dot{V}_L$[V]가 된다.

따라서 $\dot{V}$ 의 크기는

$$V = \sqrt{V_R^2 + V_L^2} = \sqrt{(R\dot{I})^2 + (\omega L \dot{I})^2} = \sqrt{R^2 + (\omega L)^2}\, I \cdots\cdots (4-29)$$

④ 전류 $\dot{I}$ 의 크기는

$$I = \frac{V}{\sqrt{R^2 + (\omega L)^2}} = \frac{V}{\sqrt{R^2 + (2\pi f L)^2}} [A] \cdots\cdots (4-30)$$

⑤ 임피던스 Z는

$$Z = \frac{V}{I} = \sqrt{R^2 + (\omega L)^2} = \sqrt{R^2 + (2\pi f L)^2} [\Omega] \cdots\cdots (4-31)$$

⑥ 전압 $\dot{V}$ 와 전류 $\dot{I}$ 의 위상차 θ는

$$\theta = \tan^{-1}\frac{X_L}{R} = \tan^{-1}\frac{\omega L}{R} = \tan^{-1}\frac{2\pi f L}{R} [\text{rad}] \cdots\cdots (4-32)$$

이 된다.

③ ωL과 $\dfrac{1}{\omega C}$의 크기에 따른 위상 관계

　㉠ $\omega L > \dfrac{1}{\omega C}$의 경우 : $\dot{I}$ 는 $\dot{V}$ 에 $\dfrac{\pi}{2}$[rad] 뒤진 위상, 유도 리액턴스로 작용

　㉡ $\omega L < \dfrac{1}{\omega C}$의 경우 : $\dot{I}$ 는 $\dot{V}$ 에 $\dfrac{\pi}{2}$[rad] 앞선 위상, 용량 리액턴스로 작용

예제 13 $L-C$ 직렬회로에서 리액턴스 X_L과 용량성 리액턴스 X_C가 같다면 회로에 흐른 전류는 어떻게 되는가?

　　　　　答 전류는 무한대 값을 갖는다.

---

4) $R-L-C$ 직렬회로

[그림 4–32]와 같이 저항 R[Ω], 인덕턴스 L[H], 정전용량 C[F]이 직렬로 연결된 회로에 주파수 f[Hz], 전압 $\dot{V}$ [V]의 교류전압을 가할 때, 회로에 흐르는 전류를 $\dot{I}$ [A]라 하면, 저항 R에 걸리는 전압 $\dot{V}_R$, 인덕턴스 L에 걸리는 전압 $\dot{V}_L$, 정전용량 C에 걸리는 전압 $\dot{V}_C$는 다음과 같다.

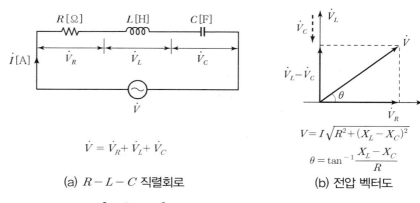

$$\dot{V} = \dot{V}_R + \dot{V}_L + \dot{V}_C$$

(a) $R-L-C$ 직렬회로

$$V = I\sqrt{R^2 + (X_L - X_C)^2}$$
$$\theta = \tan^{-1}\dfrac{X_L - X_C}{R}$$

(b) 전압 벡터도

[그림 4–32] $R-L-C$ 직렬회로와 전압 벡터도

① $\dot{V}_R,\ \dot{V}_L,\ \dot{V}_C$의 크기 및 전류 $\dot{I}$ 와의 위상 관계는

　$\dot{V} = \dot{V}_R + \dot{V}_L + \dot{V}_C$

　$\dot{V}_R = R\dot{I}$, $\dot{V}_R$은 전류 $\dot{I}$ 와 동상

　$\dot{V}_L = X_L\dot{I} = \omega L\dot{I}$ [V], $\dot{V}_L$은 전류 $\dot{I}$ 보다 $\dfrac{\pi}{2}$[rad] 앞선 위상

　$\dot{V}_C = X_C\dot{I} = \dfrac{1}{\omega C}\dot{I}$ [V], $\dot{V}_C$는 전류 $\dot{I}$ 보다 $\dfrac{\pi}{2}$[rad] 뒤진 위상

② $\omega L > \dfrac{1}{\omega C}$ 인 경우의 전압, 전류의 크기는

$$V = \sqrt{V_R{}^2 + (V_L - V_C)^2} = \sqrt{(RI)^2 + (X_L I - X_C I)^2}$$
$$= I\sqrt{R^2 + (X_L - X_C)^2}\,[\text{V}] \quad\cdots\cdots\cdots\cdots\cdots (4-45)$$

$$I = \frac{V}{\sqrt{R^2 + (X_L - X_C)^2}} = \frac{V}{\sqrt{R^2 + (\omega L - \dfrac{1}{\omega C})^2}}\,[\text{A}] \quad\cdots\cdots\cdots\cdots (4-46)$$

③ I와 V의 위상차 θ는

$$\theta = \tan^{-1}\frac{X_L - X_C}{R} = \tan^{-1}\frac{\omega L - \dfrac{1}{\omega C}}{R}$$
$$= \tan^{-1}\frac{2\pi f L - \dfrac{1}{2\pi f C}}{R}\,[\text{rad}] \quad\cdots\cdots\cdots\cdots\cdots (4-47)$$

④ $R-L-C$ 직렬회로의 합성 임피던스 Z는

$$Z = \sqrt{R^2 + (\omega L - \frac{1}{\omega C})^2} = \sqrt{R^2 + (2\pi f L - \frac{1}{2\pi f C})^2}\,[\Omega] \quad\cdots\cdots (4-48)$$

예제 14 $R=100[\Omega]$, $L=25.3[\text{mH}]$, $C=100[\mu\text{F}]$인 $R-L-C$ 직렬회로에 $v=100\sqrt{2}\sin 628t[\text{V}]$인 전압이 인가될 때 임피던스의 크기와 각, 그리고 회로 전류의 순싯값을 구하여라.

풀이 $\omega = 2\pi f = 628[\text{rad/s}]$로부터, $f=100[\text{Hz}]$, $X_L = \omega L = 628 \times 25.3 \times 10^{-3} = 15.9[\Omega]$

$X_C = -\dfrac{1}{\omega C} = -\dfrac{1}{628 \times 100 \times 10^{-6}} = -15.9[\Omega]$이므로

회로 리액턴스 $X = X_L + X_C = 0$, $Z = \sqrt{R^2 + X^2} = R = 100[\Omega]$, $X=0$ 이므로

임피던스 각 $\theta = \tan^{-1}\dfrac{X}{R} = 0°$, 회로 전류의 크기 $I = \dfrac{V}{Z} = \dfrac{100}{100} = 1[\text{A}]$이며

전압과 전류 사이에 위상차가 없으므로 순싯값 전류 $i = \sqrt{2}\sin 628t[\text{A}]$가 된다.

$i = \sqrt{2}\sin 628t[\text{A}]$

---

5) 직렬공진

$R-L-C$ 직렬회로에서 전체 리액턴스는 매우 낮은 주파수에서 X_C는 높고 X_L은 낮아지게 되고, 주파수가 증가하면 X_C는 감소하고 X_L은 증가하게 된다.

$X_C = X_L$에 도달하면 두 리액턴스는 상쇄되어 회로는 순수한 저항성이 된다. 이런 조건을 직렬공진(Series Resonance)이라 한다.

① 공진의 조건

㉠ $\omega L = \dfrac{1}{\omega C}$ 이면 $\omega L - \dfrac{1}{\omega C} = 0$ 이므로 임피던스 Z 는

$$Z = \sqrt{R^2 + \left(\omega L - \dfrac{1}{\omega C}\right)^2} = \sqrt{R^2 + (0)^2} = R\,[\Omega] \quad\cdots\cdots\cdots\cdots\cdots\cdots\cdots (4-49)$$

이 되어 저항만의 회로와 같다.

㉡ 회로에 흐르는 전류의 크기 I_0 는

$$I_0 = \dfrac{V}{Z} = \dfrac{V}{R}\,[\text{A}] \quad\cdots\cdots\cdots\cdots\cdots\cdots\cdots\cdots\cdots\cdots\cdots\cdots\cdots\cdots\cdots\cdots\cdots (4-50)$$

가 되어 최대 전류가 흐른다.

② 공진 주파수(Resonance Frequency)

㉠ [그림 4-33]은 주파수 f 의 변화에 대한 ωL, $\dfrac{1}{\omega C}$ 값의 변화를 나타낸다. 여기서 특정 주파수 f_0 일 때 ωL 과 $\dfrac{1}{\omega C}$ 이 같아지며 합성 리액턴스 $X\left(\omega L - \dfrac{1}{\omega C}\right)$ 은 0이 된다. 이때의 주파수를 공진 주파수(f_0)라 한다.

㉡ 공진 시에는 $\omega L = \dfrac{1}{\omega C}$ 이므로, 공진 주파수 f_0 는

$$\dfrac{1}{\omega_0 C} = \omega_0 L,\ \omega_0{}^2 = \dfrac{1}{LC},\ f_0 = \dfrac{1}{2\pi\sqrt{LC}}\,[\text{Hz}] \quad\cdots\cdots\cdots\cdots\cdots (4-51)$$

③ 공진 곡선

공진회로에서 주파수의 변화에 대하여, 전류의 크기의 변화를 나타낸 곡선을 말한다. 공진회로에서는 공진 주파수 f_0 에서 임피던스가 최소로 된다.

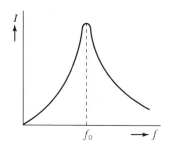

[그림 4-33] 직렬공진회로의 공진 곡선

④ 선택성과 전압의 증대

　　㉠ 주파수에 대한 선택성 : 직렬공진회로에 주파수가 다른 여러 교류전압을 가하면, 주파수가 공진 주파수 또는 이것에 근접한 교류전압의 전류는 흐르기 쉽지만 공진 주파수로부터 떨어져 있는 교류전압의 전류는 흐르기 어렵게 된다. 이와 같이 직렬공진회로는 교류전압의 주파수에 따라 전류의 통과가 제한을 받게 되는데, 이러한 성질을 공진회로의 주파수 특성이라고 한다.

　　㉡ 전압의 증대 : $R-L-C$ 직렬공진회로에서 각 단에 걸리는 전압은

$$\dot{V}_{R0} = RI_0 = R \cdot \frac{V}{R} = V[\text{V}]$$

$$\dot{V}_{L0} = \omega_0 L\, I_0 = \omega_0 L\, \frac{V}{R}[\text{V}]$$

$$\dot{V}_{C0} = \frac{1}{\omega_0 C}\, I_0 = \frac{1}{\omega_0 C}\, \frac{V}{R}[\text{V}]\text{가 된다.}$$

　　㉢ 공진회로의 선택도(Q) : 공진할 때의 인덕턴스 L에 걸리는 전압을 $\dot{V}_{L0}$, 정전용량에 걸리는 전압을 $\dot{V}_{C0}$라 하면 공진 시에는 $\dot{V}_{L0} = \dot{V}_{C0}$이므로

$$V_{L0} = V_{C0} = \frac{\omega_0 L}{R} V = \frac{1}{\omega_0 CR} V[\text{V}] \quad\cdots\cdots\cdots\cdots\cdots\cdots\cdots (4-52)$$

가 된다. 그리고 $\dot{V}_L$ 또는 $\dot{V}_{C0}$와 $\dot{V}$ 의 비를 선택도 Q라 하며 다음과 같이 나타낼 수 있다.

$$Q = \frac{V_{L0}}{V} = \frac{V_{C0}}{V} = \frac{\omega_0 L}{R} = \frac{1}{\omega_0 CR} \quad\cdots\cdots\cdots\cdots\cdots\cdots (4-53)$$

예제 15 $R-L-C$ 직렬회로에서 $R = 10[\Omega]$, $L = 4[\text{mH}]$일 때, 실횻값 $100[\text{V}]$의 정현파 전압을 인가하여 $\omega_0 = 10^4[\text{rad/sec}]$에서 공진시키려면 C의 값을 얼마로 해야 하는지 구하여라.

풀이 $\omega_0 = \dfrac{1}{\sqrt{LC}}$ 이므로

$$C = \frac{1}{\omega_0^2\, L} = \frac{1}{(10^4)^2 \times 4 \times 10^{-3}} = \frac{10}{4} \times 10^{-6} = 2.5[\mu\text{F}]$$

답 $2.5[\mu\text{F}]$

③ $R-L-C$ 병렬회로

1) 어드미턴스

교류회로에서 임피던스의 역수를 어드미턴스(Admittance)라고 하며, 교류회로에서 얼마나 전류가 잘 흐르게 할 수 있는가를 나타내는 양이다. 따라서 동일 전압이라면 어드미턴스가 클수록 더 많은 전류를 흘릴 수 있다. 어드미턴스 기호는 Y로 표시한다.

$$\dot{Y} = \frac{1}{\dot{Z}} \quad\text{...} (4-54)$$

어드미턴스 Y를 직각 좌표형식으로 표시하면

$$\dot{Y} = \dot{G} + j\dot{B} \text{ [℧]} \quad\text{..} (4-55)$$

로 표시할 수 있으며, G(어드미턴스의 실수부)를 컨덕턴스(Conductance), B(어드미턴스의 허수부)를 서셉턴스(Susceptance)라 부른다. 단위는 Y, G, B 모두 모(Mho, [℧])를 사용한다.

직렬회로를 취급하는 데에는 임피던스가 편리하지만 병렬회로를 해석하는 데에는 어드미턴스를 이용하는 것이 편리하다.

① 수동소자 하나만으로 된 회로의 어드미턴스

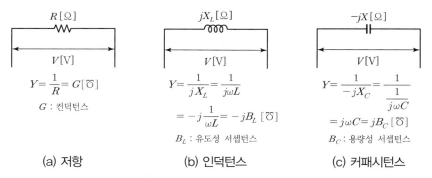

(a) 저항   (b) 인덕턴스   (c) 커패시턴스

[그림 4-34] 수동소자 하나만으로 된 회로의 어드미턴스

② $R-L$ 직렬회로의 어드미턴스

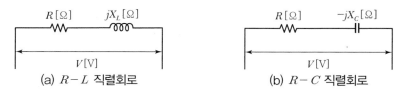

(a) $R-L$ 직렬회로   (b) $R-C$ 직렬회로

[그림 4-35] $R-X$ 직렬회로의 어드미턴스

[그림 4-35] (a)에서 $R-L$ 직렬회로의 임피던스가 $\dot{Z} = R + jX_L$이라면 어드미턴스 $\dot{Y}$는

$$\dot{Y} = \frac{1}{\dot{Z}} = \frac{1}{R + jX_L} = \frac{R - jX_L}{R^2 + X_L^2}$$

$$= \frac{R}{R^2 + X_L^2} - j\frac{X_L}{R^2 + X_L^2} = G - jB[\text{℧}] \cdots\cdots\cdots (4-56)$$

가 되어

$$G = \frac{R}{R^2 + X_L^2} = \frac{R}{R^2 + (\omega L)^2}[\text{℧}]$$

$$B = \frac{X_L}{R^2 + X_L^2} = \frac{\omega L}{R^2 + (\omega L)^2}[\text{℧}] \cdots\cdots\cdots (4-57)$$

가 된다.

③ $R-C$ 직렬회로의 어드미턴스

[그림 4-35] (b)에서 $R-C$ 직렬회로의 임피던스가 $\dot{Z} = R - jX_C$이라면 어드미턴스 $\dot{Y}$는

$$\dot{Y} = \frac{1}{\dot{Z}} = \frac{1}{R - jX_C} = \frac{R + jX_C}{R^2 + X_C^2}$$

$$= \frac{R}{R^2 + X_C^2} + j\frac{X_C}{R^2 + X_C^2} = G + jB[\text{℧}] \cdots\cdots\cdots (4-58)$$

가 되어

$$G = \frac{R}{R^2 + X_C^2} = \frac{R}{R^2 + \left(\dfrac{1}{\omega C}\right)^2}[\text{℧}]$$

$$B = \frac{X_C}{R^2 + X_C^2} = \frac{\dfrac{1}{\omega C}}{R^2 + \left(\dfrac{1}{\omega C}\right)^2}[\text{℧}] \cdots\cdots\cdots (4-59)$$

가 된다.

④ $R-L-C$ 직렬회로의 어드미턴스

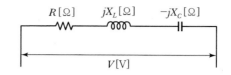

[그림 4-36] $R-L-C$ 직렬회로의 어드미턴스

[그림 4-36]의 $R-L-C$ 직렬회로의 임피던스가 $\dot{Z}=R+j(X_L-X_C)$이라면 어드미턴스 $\dot{Y}$는

$$\dot{Y}=\frac{1}{\dot{Z}}=\frac{1}{R+j(X_L-X_C)}$$

$$=\frac{R-j(X_L-X_C)}{R^2+(X_L-X_C)^2}$$

$$=\frac{R}{R^2+(X_L-X_C)^2}-j\frac{X_L-X_C}{R^2+(X_L-X_C)^2}$$

$$=G-jB[\mho]\ \cdots\cdots\cdots\cdots\cdots\cdots\cdots\cdots\cdots\cdots\cdots\cdots\cdots\cdots\cdots\ (4-60)$$

$$G=\frac{R}{R^2+(X_L-X_C)^2}[\mho]$$

$$B=\frac{X_L-X_C}{R^2+(X_L-X_C)^2}[\mho]\ \cdots\cdots\cdots\cdots\cdots\cdots\cdots\cdots\cdots\cdots\cdots\ (4-61)$$

⑤ $R-L$, $R-C$ 병렬회로의 어드미턴스

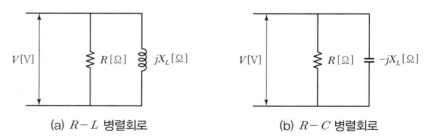

(a) $R-L$ 병렬회로 (b) $R-C$ 병렬회로

[그림 4-37] $R-L$, $R-C$ 병렬회로의 어드미턴스

[그림 4-37] (a)에서 $R-L$ 병렬회로의 어드미턴스 $\dot{Y}$는

$$\dot{Y}=\frac{1}{R}+\frac{1}{jX_L}=\frac{1}{R}-j\frac{1}{X_L}=G-jB[\mho]\ \cdots\cdots\cdots\cdots\cdots\cdots\cdots\ (4-62)$$

가 되어

$$G = \frac{1}{R}[\mho], \ B = \frac{1}{X_L} = \frac{1}{\omega L}[\mho]$$ ······················· (4-63)

가 된다.

[그림 4-37] (b)에서 $R-C$ 병렬회로의 어드미턴스 $\dot{Y}$는

$$\dot{Y} = \frac{1}{R} + \frac{1}{-jX_C} = \frac{1}{R} + j\frac{1}{X_C} = G + jB[\mho]$$ ·················· (4-64)

가 되어

$$G = \frac{1}{R}[\mho], \ B = \frac{1}{X_C} = \frac{1}{\frac{1}{\omega C}} = \omega C[\mho]$$ ······················ (4-65)

가 된다.

⑥ $R-L-C$ 병렬회로의 어드미턴스

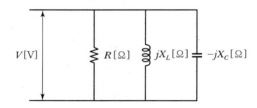

[그림 4-38] $R-L-C$ 병렬회로의 어드미턴스

[그림 4-38]에서 $R-L-C$ 병렬회로의 어드미턴스 $\dot{Y}$는

$$\dot{Y} = \frac{1}{R} + \frac{1}{jX_L} + \frac{1}{-jX_C} = \frac{1}{R} - j\frac{1}{X_L} + j\frac{1}{X_C}$$
$$= \frac{1}{R} + j\left(\frac{1}{X_C} - \frac{1}{X_L}\right) = G + jB[\mho]$$ ···················· (4-66)

가 되어

$$G = \frac{1}{R}[\mho]$$

$$B = \frac{1}{X_C} - \frac{1}{X_L} = \frac{1}{\frac{1}{\omega C}} - \frac{1}{\omega L} = \omega C - \frac{1}{\omega L}[\mho]$$ ····················· (4-67)

가 된다.

2) $R-L$ 병렬회로

[그림 4−39]와 같이 저항 $R[\Omega]$과 자기 인덕턴스 $L[\mathrm{H}]$가 병렬로 연결된 회로에 주파수 $f[\mathrm{Hz}]$, 전압 $\dot{V}[\mathrm{V}]$의 교류전압을 가했을 때 회로에 흐르는 전류를 $\dot{I}[\mathrm{A}]$라 하면 다음과 같다.

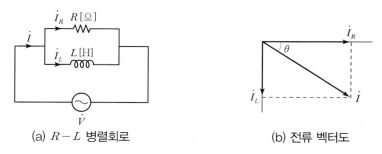

(a) $R-L$ 병렬회로   (b) 전류 벡터도

[그림 4−39] $R-L$ 병렬회로

① $R-L$ 병렬회로의 어드미턴스 $\dot{Y}$의 크기는

$$\dot{Y} = \frac{1}{R} - j\frac{1}{X_L}\,[\mathrm{V}]\text{이므로}$$

$$Y = \sqrt{\left(\frac{1}{R}\right)^2 + \left(\frac{1}{X_L}\right)^2} = \sqrt{\left(\frac{1}{R}\right)^2 + \left(\frac{1}{\omega L}\right)^2}\,[\mathrm{V}] \quad\text{.............................} (4-68)$$

로 나타낼 수 있다.

② 전압과 전류의 위상 관계는

$$\theta = \tan^{-1}\frac{-\dfrac{1}{\omega L}}{\dfrac{1}{R}} = -\tan^{-1}\frac{R}{\omega L}\,[\mathrm{rad}] \quad\text{.............................} (4-69)$$

이 된다.

③ $R-L$ 병렬회로에 흐르는 전류 $\dot{I}$ 는

$$I = \sqrt{I_R{}^2 + I_L{}^2} = \sqrt{\left(\frac{V}{R}\right)^2 + \left(\frac{V}{X_L}\right)^2}$$

$$= \sqrt{\left(\frac{1}{R}\right)^2 + \left(\frac{1}{\omega L}\right)^2} \cdot V[\mathrm{A}] \quad\text{.............................} (4-70)$$

가 되고, 전류 $\dot{I}$ 가 전압 $\dot{V}$ 보다 위상이 θ만큼 뒤진다.

3) $R-C$ 병렬회로

[그림 4-40]과 같이 저항 $R[\Omega]$과 정전용량 $C[F]$이 병렬로 연결된 회로에 주파수 $f[Hz]$, 전압 $\dot{V}$ [V]의 교류전압을 가했을 때 회로에 흐르는 전류를 $\dot{I}$ [A]라 하면 다음과 같다.

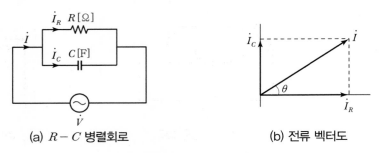

(a) $R-C$ 병렬회로   (b) 전류 벡터도

[그림 4-40] $R-C$ 병렬회로

① $R-C$ 병렬회로의 어드미턴스 $\dot{Y}$의 크기는

$$\dot{Y}=\frac{1}{R}+j\omega C\,[\mho]$$이므로

$$Y=\sqrt{\left(\frac{1}{R}\right)^2+(\omega C)^2}=\sqrt{\left(\frac{1}{R}\right)^2+(2\pi fc)^2}\,[\mho] \quad\cdots\cdots\cdots\cdots\cdots (4-71)$$

로 나타낼 수 있다.

② 전압과 전류의 위상 관계는

$$\theta=\tan^{-1}\frac{\omega C}{\dfrac{1}{R}}=\tan^{-1}\omega CR=\tan^{-1}2\pi f CR[\text{rad}] \quad\cdots\cdots\cdots\cdots (4-72)$$

으로 표시할 수 있다.

③ $R-L$ 병렬회로에 흐르는 전류 $\dot{I}$ 는

$$I=\sqrt{I_R{}^2+I_C{}^2}=\sqrt{\left(\frac{V}{R}\right)^2+(\omega CV)^2}$$

$$=\sqrt{\left(\frac{1}{R}\right)^2+(\omega C)^2}\;\cdot\;V[\text{A}] \quad\cdots\cdots\cdots\cdots\cdots (4-73)$$

가 되고, 전류 $\dot{I}$ 가 전압 $\dot{V}$ 보다 위상이 θ 만큼 앞선다.

4) $L-C$ 병렬회로

[그림 4-41]과 같이 인덕턴스 L[H]와 정전용량 C[F]이 병렬로 연결된 회로에 주파수 f[Hz], 전압 $\dot{V}$ [V]의 교류전압을 가했을 때 회로에 흐르는 전류를 $\dot{I}$ [A]라 하면 다음과 같다.

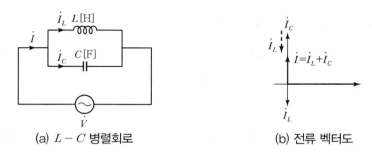

(a) $L-C$ 병렬회로   (b) 전류 벡터도

[그림 4-41] $L-C$ 병렬회로

① $L-C$ 병렬회로에서 L에 흐르는 전류 $\dot{I}_L$과 C에 흐르는 $\dot{I}_C$의 위상차는 $180°$이다.

② $\dfrac{1}{\omega L}$과 ωC의 크기에 따른 전류의 크기

　　㉠ $\dfrac{1}{\omega L} < \omega C$의 경우

$$I = I_C - I_L = \omega CV - \frac{V}{\omega L} = \left(\omega C - \frac{1}{\omega L}\right)V$$
$$= \frac{V}{\dfrac{1}{\omega C - \dfrac{1}{\omega L}}} = \frac{V}{Z}[\text{A}] \quad\cdots\cdots\cdots\cdots\cdots\cdots (4-74)$$

　　㉡ $\dfrac{1}{\omega L} > \omega C$의 경우

$$I = I_L - I_C = \frac{V}{\omega L} - \omega CV = \left(\frac{1}{\omega L} - \omega C\right)V$$
$$= \frac{V}{\dfrac{1}{\dfrac{1}{\omega L} - \omega C}} = \frac{V}{Z}[\text{A}] \quad\cdots\cdots\cdots\cdots\cdots\cdots (4-75)$$

③ $\dfrac{1}{\omega L}$과 ωC의 크기에 따른 위상 관계

　　㉠ $\dfrac{1}{\omega L} < \omega C$의 경우 : $\dot{I}_L < \dot{I}_C$이고 $\dot{I}$ 는 $\dot{V}$ 보다 $\dfrac{\pi}{2}$[rad] 앞선 위상

　　㉡ $\dfrac{1}{\omega L} > \omega C$의 경우 : $\dot{I}_L > \dot{I}_C$이고 $\dot{I}$ 는 $\dot{V}$ 보다 $\dfrac{\pi}{2}$[rad] 뒤진 위상

④ $L-C$ 병렬회로의 합성 임피던스는 $\dfrac{1}{\omega L} < \omega C$의 경우 용량 리액턴스로 작용하고,

$\dfrac{1}{\omega L} > \omega C$의 경우 유도 리액턴스로 작용한다.

5) $R-L-C$ 병렬회로

[그림 4-42]와 같이 저항 $R[\Omega]$, 인덕턴스 $L[\mathrm{H}]$, 정전용량 $C[\mathrm{F}]$이 병렬로 연결된 회로에 교류전압 $\dot{V}$ 를 가했을 때 다음과 같다.

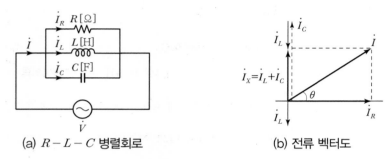

(a) $R-L-C$ 병렬회로 　　　　　(b) 전류 벡터도

[그림 4-42] $R-L-C$ 병렬회로

① 회로에 흐르는 전류 $\dot{I}$ 는

$$I = \sqrt{I_R^2 + (I_C - I_L)^2} = \sqrt{\left(\frac{V}{R}\right)^2 + \left(\omega CV - \frac{V}{\omega L}\right)^2}$$

$$= \frac{V}{\dfrac{1}{\sqrt{\left(\dfrac{1}{R}\right)^2 + \left(\omega C - \dfrac{1}{\omega L}\right)^2}}} = \frac{V}{Z}[\mathrm{A}] \quad \cdots\cdots\cdots\cdots\cdots\cdots\cdots (4-76)$$

② $R-L-C$ 병렬회로의 합성 임피던스 Z는

$$Z = \frac{1}{\sqrt{\left(\dfrac{1}{R}\right)^2 + \left(\omega C - \dfrac{1}{\omega L}\right)^2}}[\Omega] \quad \cdots\cdots\cdots\cdots\cdots\cdots\cdots (4-77)$$

③ 위상차 θ는

$$\tan\theta = \frac{I_X}{I_R} = \frac{\omega CV - \dfrac{V}{\omega L}}{\dfrac{V}{R}} = \left(\omega C - \frac{1}{\omega L}\right)R$$

$$\theta = \tan^{-1}\left(\omega C - \frac{1}{\omega L}\right)R = \tan^{-1}\left(2\pi f C - \frac{1}{2\pi f L}\right)R[\mathrm{rad}] \quad \cdots\cdots (4-78)$$

6) 병렬공진

[그림 4-43]과 같이 인덕턴스 L[H]와 내부저항 R[Ω]이 직렬로 연결된 코일과 정전용량 C[F]인 콘덴서를 병렬로 접속한 회로에 주파수 f[Hz], 전압 $\dot{V}$ [V]의 교류전압을 가할 때 다음과 같다.

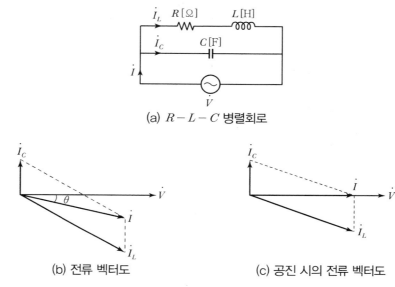

(a) $R-L-C$ 병렬회로

(b) 전류 벡터도   (c) 공진 시의 전류 벡터도

[그림 4-43] $R-L-C$ 병렬회로 공진

L과 C에 흐르는 전류 $\dot{I}$, $\dot{I}_L$과 $\dot{I}_C$는

$$\dot{I} = \dot{I}_L + \dot{I}_C$$

$$\dot{I}_L = \frac{\dot{V}}{R+j\omega L} = \left(\frac{R}{R^2+(\omega L)^2} - j\frac{\omega L}{R^2+(\omega L)^2}\right)\dot{V}$$

$$\dot{I}_C = j\omega C\dot{V}$$

따라서

$$\dot{I} = \left[\frac{R}{R^2+(\omega L)^2} + j\left(\omega C - \frac{\omega L}{R^2+(\omega L)^2}\right)\right]\dot{V} \text{ [A]} \quad \cdots\cdots\cdots\cdots\cdots\cdots (4-79)$$

병렬공진 시 허수항은 0이 되므로 회로의 전전류 $\dot{I}$는 전압 $\dot{V}$와 동상이 되고 전류가 최소로 흐르게 된다. 이 현상을 병렬공진(Parallel Resonance)이라 한다.

① 병렬공진 시 주파수(각주파수를 ω_0, 주파수를 f_0라 하면)

$$\omega_0 C = \frac{\omega_0 L}{R^2+(\omega_0 L)^2} \text{ 에서 } \omega_0\text{에 관하여 정리하면}$$

$$\omega_0 = \sqrt{\frac{1}{LC} - \frac{R^2}{L^2}}$$

이 된다. 따라서 $\omega_0 = 2\pi f$ 이므로

$$f_0 = \frac{1}{2\pi} \sqrt{\frac{1}{LC} - \frac{R^2}{L^2}} \fallingdotseq \frac{1}{2\pi \sqrt{LC}} [\text{Hz}] \quad \cdots\cdots\cdots\cdots\cdots\cdots\cdots\cdots\cdots\cdots\cdots\cdots (4-80)$$

가 된다($\dfrac{1}{LC} \gg \dfrac{R^2}{L^2}$ 의 경우).

② 공진 시 임피던스는

$$Z_0 = \frac{R^2 + \omega_0{}^2 L^2}{R} \fallingdotseq \frac{\omega_0{}^2 L^2}{R} [\Omega]$$

실제 코일의 저항 R이 작으며, 고주파에서는 $R^2 \ll \omega_0{}^2 L^2$이고 공진 주파수는

$$f_0 \fallingdotseq \frac{1}{2\pi \sqrt{LC}} [\text{Hz}]$$

이므로 공진 임피던스 Z_0는

$$Z_0 = \frac{L}{CR} [\Omega] \quad \cdots\cdots\cdots\cdots\cdots\cdots\cdots\cdots\cdots\cdots\cdots\cdots\cdots\cdots\cdots\cdots\cdots\cdots (4-81)$$

이 된다.

③ 공진 곡선

[그림 4-44]와 같이 공진 주파수가 f_0일 때 공진 임피던스가 최대가 되므로, 전류는 전압과 동상이면서 최소가 되고, 공진 주파수보다 높은 경우에는 앞선 전류, 낮은 경우에는 뒤진 전류가 된다.

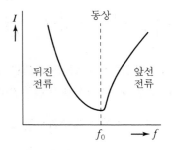

[그림 4-44] 병렬공진회로의 공진 곡선

공진전류 I_0는

$$I_0 = \left(\frac{R}{R^2 + \omega_0{}^2 L^2} \right) V[\text{A}] \quad \cdots\cdots\cdots\cdots\cdots\cdots\cdots\cdots\cdots\cdots\cdots\cdots\cdots\cdots (4-82)$$

병렬공진 시 인덕턴스 L에 흐르는 전류를 $\dot{I}_{L0}$, 정전용량에 흐르는 전류를 $\dot{I}_{C0}$라 할 때 $\dot{I}_{L0}$ 또는 $\dot{I}_{C0}$와 전체 공진전류 $\dot{I}_0$의 비를 구하면

$$Q = \frac{I_{L0}}{I_0} = \frac{I_{C0}}{I_0} = \frac{\omega_0 L}{R} = \frac{1}{\omega_0 CR} \quad \cdots\cdots\cdots\cdots\cdots\cdots\cdots\cdots\cdots\cdots\cdots\cdots (4-83)$$

이 된다. 이때 Q를 전류 확대율이라 한다.

예제 16 그림과 같은 회로에서 $R = 1[\Omega]$, $L = 1.59[\text{mH}]$, $V = 10[\text{V}]$, $f_r = 1[\text{kHz}]$에서 공진할 때 정전용량 C의 값을 구하여라.

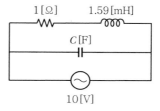

풀이 공진할 때의 유도 리액턴스 $\omega_0 L = 2\pi f_0 L = 2\pi \times 10^3 \times 1.59 \times 10^{-3} = 10[\Omega]$

공진조건은 $\omega_0 C = \dfrac{\omega_0 L}{R^2 + (\omega_0 L)^2} = \dfrac{10}{1^2 + 10^2}$

$C = \dfrac{10}{\omega_0 \times 101} = \dfrac{10}{2\pi \times 1 \times 10^3 \times 101} = 1.8[\mu\text{F}]$

답 $1.8[\mu\text{F}]$

---

4 단상 교류전력

교류전력은 순시전압 v와 순시전류 i의 곱으로 나타낸 순시전력 p를 1주기 동안 평균한 값을 말하며 전력 또는 평균전력이라고 한다.

1) 저항부하의 전력

저항 R만의 회로에 [그림 4-45]와 같이 정현파 교류전압의 순싯값 $v = \sqrt{2}\, V \sin\omega t[\text{V}]$를 가할 때 회로에 흐르는 전류 i는

$$i = \frac{v}{R} = \sqrt{2}\,\frac{V}{R}\sin\omega t = \sqrt{2}\,I\sin\omega t[\text{A}]$$

이고, 전압 v와 동상이다. 여기서 $I = \dfrac{V}{R}$이고, 저항에서의 순시전력 p는 다음과 같다.

$$p = vi = \sqrt{2}\,V\sin\omega t \cdot \sqrt{2}\,I\sin\omega t = 2\,VI\sin^2\omega t[\text{W}]$$

여기서, $2\sin^2\omega t = 1 - \cos 2\omega t$ (삼각함수의 2배각 공식)를 대입하여 정리하면

$$p = VI(1 - \cos 2\omega t) = VI - VI\cos 2\omega t[\text{W}] \quad\cdots\cdots\cdots\cdots\cdots\cdots\cdots (4-84)$$

가 된다.

교류전력 P는 순시전력을 평균한 평균전력이므로 식 $(4-84)$의 둘째 항 $VI\cos 2\omega t$는 1주기를 평균하면 0이 된다. 따라서 저항 R만의 회로에서 교류전력 P는 전압과 전류의 실횻값을 곱한 것과 같다.

$$P = VI = I^2R = \frac{V^2}{R}[\text{W}] \quad\cdots\cdots\cdots\cdots\cdots\cdots\cdots\cdots\cdots\cdots\cdots\cdots (4-85)$$

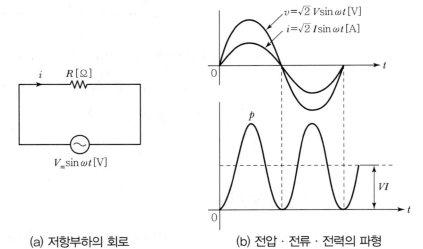

(a) 저항부하의 회로   (b) 전압 · 전류 · 전력의 파형

[그림 4-45] 저항부하의 전력

예제 17 200[V], 60[Hz]인 교류전압이 50[Ω]의 전구에 인가될 때, 소비전력을 구하여라.

풀이 $P = \dfrac{V^2}{R}$에서 $P = \dfrac{(200)^2}{50} = 800[\text{W}]$

답 800[W]

2) 유도성 리액턴스 부하의 전력

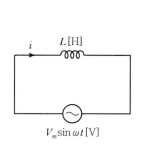

(a) 유도성 리액턴스 부하의 회로

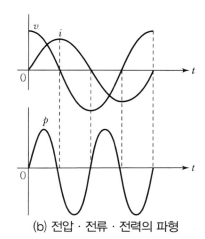

(b) 전압 · 전류 · 전력의 파형

[그림 4-46] 유도성 리액턴스 부하의 전력

자체 인덕턴스 L만의 회로에 [그림 4-46]과 같이 정현파 교류전압의 순싯값 $v = \sqrt{2}\, V\sin\omega t$ [V]를 가할 때 회로에 흐르는 전류 i는

$$i = \frac{v}{\omega L} = \frac{1}{\omega L} \cdot \sqrt{2}\, V\sin\omega t$$

$$= \sqrt{2}\, I\sin\left(\omega t - \frac{\pi}{2}\right) \quad\text{(4-86)}$$

이고, 전류 i는 전압 v보다 $\dfrac{\pi}{2}$[rad]만큼 위상이 뒤진다. 여기서 $I = \dfrac{V}{\omega L}$이고, 인덕턴스에 공급되는 순시전력 p는 다음과 같다.

$$p = vi = \sqrt{2}\, V\sin\omega t \cdot \sqrt{2}\, I\sin\left(\omega t - \frac{\pi}{2}\right)$$

$$= \sqrt{2}\, V\sin\omega t \cdot (- \sqrt{2}\, I\cos\omega t)$$

$$= -2VI\sin\omega t \cos\omega t \quad\text{(4-87)}$$

여기서, $2\sin\omega t \cos\omega t = \sin 2\omega t$(삼각함수의 2배각 공식)를 대입하여 정리하면

$$p = - VI\sin 2\omega t \text{ [VA]} \quad\text{(4-88)}$$

가 된다.

식 (4-88)에서와 같이 순시전력 p는 전압의 2배의 주파수로 사인파 형태로 변화하는 주기함수이므로 1주기에 대해서 평균을 취하면 0이 된다.

3) 용량성 리액턴스 부하의 전력

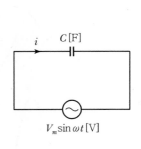

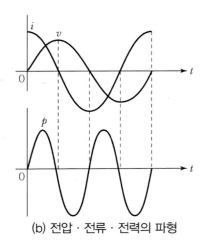

(a) 용량성 리액턴스 부하의 회로　　(b) 전압 · 전류 · 전력의 파형

[그림 4−47] 용량성 리액턴스 부하의 전력

정전용량 C만의 회로에 [그림 4−47]과 같이 정현파 교류전압의 순싯값 $v = \sqrt{2}\ V\sin\omega t[\text{V}]$를 가할 때 회로에 흐르는 전류 i는

$$i = \omega Cv = \sqrt{2}\ \omega CV\sin\left(\omega t + \frac{\pi}{2}\right)$$
$$= \sqrt{2}\ I\sin\left(\omega t + \frac{\pi}{2}\right)$$
$$= \sqrt{2}\ I\cos\omega t\,[\text{A}] \quad\cdots\cdots\cdots\cdots\cdots\cdots\cdots\cdots\cdots\cdots\cdots\cdots\cdots (4-89)$$

이고, 전류 i는 전압 v보다 $\dfrac{\pi}{2}[\text{rad}]$만큼 위상이 앞선다. 여기서, $I = \omega CV$이고 정전용량에 공급되는 순시전력 p는 다음과 같다.

$$p = vi = \sqrt{2}\ V\sin\omega t \times \sqrt{2}\ I\cos\omega t$$
$$= 2VI\sin\omega t\cos\omega t \quad\cdots\cdots\cdots\cdots\cdots\cdots\cdots\cdots\cdots\cdots\cdots (4-90)$$

여기서, $2\sin\omega t\cos\omega t = \sin 2\omega t$(삼각함수의 2배각 공식)를 대입하여 정리하면

$$p = VI\sin 2\omega t[\text{VA}] \quad\cdots\cdots\cdots\cdots\cdots\cdots\cdots\cdots\cdots\cdots\cdots\cdots (4-91)$$

가 된다.

식 (4−91)에서와 같이 순시전력 p는 전압의 2배의 주파수로 사인파 형태로 변화하는 주기함수이므로 1주기에 대해서 평균을 취하면 0이 된다.

4) 임피던스 부하(일반 부하)의 전력

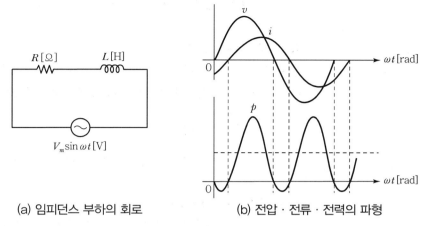

(a) 임피던스 부하의 회로

(b) 전압 · 전류 · 전력의 파형

[그림 4-48] 임피던스 부하(일반 부하)의 전력

저항 R과 인덕턴스 L이 직렬로 접속된 회로에 [그림 4-48]과 같이 정현파 전압 $v = \sqrt{2}\,V\sin\omega t\,[\text{V}]$를 가할 때 회로에 흐르는 전류 i는 전압 v보다 $\theta[\text{rad}]$만큼 위상이 뒤지므로

$$p = vi = \sqrt{2}\,V\sin\omega t \times \sqrt{2}\,I\sin(\omega t - \theta)$$
$$= 2VI\sin\omega t \cdot \sin(\omega t - \theta)[\text{W}] \quad\cdots\cdots\cdots\cdots\cdots\cdots\cdots\cdots\cdots (4-92)$$

여기서, $\sin A \sin B = -\dfrac{1}{2}[\cos(A+B) - \cos(A-B)]$ (삼각함수 공식)를 대입하여 정리하면

$$p = VI\cos\theta - VI\cos(2\omega t - \theta)[\text{W}] \quad\cdots\cdots\cdots\cdots\cdots\cdots\cdots (4-93)$$

가 된다. 식 (4-93)에서 둘째 항은 1주기에 대한 평균값을 구하면 0이 되므로

$$P = VI\cos\theta\,[\text{W}] \quad\cdots\cdots\cdots\cdots\cdots\cdots\cdots\cdots\cdots\cdots\cdots\cdots (4-94)$$

가 된다.

5) 교류 전력의 종류

① 피상전력(Apparent Power)

가해진 전압 $V[\text{V}]$와 유입된 전류 $I[\text{A}]$의 곱으로 생각하는 전력(겉보기 전력)으로서 단위는 [VA] 또는 [kVA]를 사용한다.

$$P_a = VI = \sqrt{P^2 + P_r{}^2} = I^2 Z = \frac{V^2}{Z} = YV^2 \quad \cdots\cdots\cdots\cdots\cdots\cdots\cdots\cdots\cdots\cdots\cdots\cdots (4-95)$$

② 유효전력(Effective Power)

겉보기 전력 VI 중 부하에서 유효하게 이용되는 전력을 말하며, 전압과 유효 전류 ($I\cos\theta$)의 곱을 유효전력이라 한다. 단위는 [W] 또는 [kW]를 사용한다.

$$P = VI\cos\theta\,[\mathrm{W}]$$

$$P = VI\cos\theta = I^2 R = \frac{V^2}{R} = GV^2\,[\mathrm{W}] \quad \cdots\cdots\cdots\cdots\cdots\cdots\cdots\cdots\cdots (4-96)$$

③ 무효전력(Reactive Power)

회로에 흐르는 전류 I[A] 중에서 전압 V와 직각으로 되는 성분 $I\sin\theta$와 전압 V [V]의 곱을 무효전력이라 하고 단위는 [Var] 또는 [kVar]를 사용한다.

$$P = VI\sin\theta\,[\mathrm{Var}]$$

$$P_r = VI\sin\theta = I^2 X = \frac{V^2}{X} = BV^2\,[\mathrm{Var}] \quad \cdots\cdots\cdots\cdots\cdots\cdots\cdots\cdots (4-97)$$

④ 유효전력, 무효전력, 피상전력의 관계

유효전력 P[W], 무효전력 P_r[Var], 피상전력 P_a[VA] 사이에는 다음과 같은 관계가 성립한다.

$$P_a{}^2 = P^2 + P_r{}^2 \quad \cdots\cdots\cdots\cdots\cdots\cdots\cdots\cdots\cdots\cdots\cdots\cdots\cdots\cdots\cdots\cdots\cdots (4-98)$$

⑤ 전력 삼각형

유효전력, 피상전력, 무효전력의 관계식을 벡터로 나타낼 수 있다. 유효전력을 P, 무효전력을 P_r, 피상전력을 P_a라 하면 다음과 같다.

$$\dot{P_a} = \dot{P} + \dot{P_r}$$

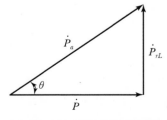

(a) 유도성 부하의 전력 삼각형

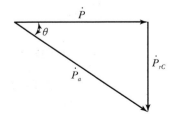

(b) 용량성 부하의 전력 삼각형

[그림 4-49] 전력 삼각형

[그림 4−52]에서 Y결선의 전압 $\dot{V}_a$, $\dot{V}_b$, $\dot{V}_c$를 상전압이라 하면, 각 선간전압은 상전압의 차가 되므로

$$\dot{V}_{ab} = \dot{V}_a - \dot{V}_b [\text{V}] \quad\text{..} (4-110)$$

$$\dot{V}_{bc} = \dot{V}_b - \dot{V}_c [\text{V}] \quad\text{..} (4-111)$$

$$\dot{V}_{ca} = \dot{V}_c - \dot{V}_a [\text{V}] \quad\text{..} (4-112)$$

가 된다.

선간전압 $\dot{V}_{ab}$, $\dot{V}_{bc}$, $\dot{V}_{ca}$의 위상은 $\dot{V}_a$, $\dot{V}_b$, $\dot{V}_c$보다 각각 $\dfrac{\pi}{6}$[rad] 앞서게 되고 크기는 $\dot{V}_{ab}$와 $\dot{V}_a$의 관계에서 $\dot{V}_{ab} = 2\dot{V}_a \cos \dfrac{\pi}{6} = \sqrt{3}\,V_a$[V]가 되며 b상과 c상도 마찬가지로 성립된다.

$$\dot{V}_{ab} = \sqrt{3}\,V_a \angle \frac{\pi}{6} [\text{V}] \quad\text{...} (4-113)$$

$$\dot{V}_{bc} = \sqrt{3}\,V_b \angle \frac{\pi}{6} = \sqrt{3}\,V_a \angle -\frac{2\pi}{3} + \frac{\pi}{6} [\text{V}] \quad\text{.....................} (4-114)$$

$$\dot{V}_{ca} = \sqrt{3}\,V_c \angle \frac{\pi}{6} = \sqrt{3}\,V_a \angle -\frac{4\pi}{3} + \frac{\pi}{6} [\text{V}] \quad\text{.....................} (4-115)$$

따라서 대칭 3상 회로의 선간전압 $\dot{V}_l$과 상전압 $\dot{V}_p$ 사이에는

$$\dot{V}_l = \sqrt{3}\,V_p \angle \frac{\pi}{6} [\text{V}] \quad\text{...} (4-116)$$

의 관계식이 성립된다.

예제 19 선간전압 V_l이 380[V]인 대칭 3상 Y결선에서 상전압 V_p를 구하여라.

풀이 선간전압 $V_l = \sqrt{3}\,V_p$로부터

$$V_p = \frac{V_l}{\sqrt{3}} = \frac{380}{\sqrt{3}} ≒ 219.39 [\text{V}]$$

답 219.39[V]

3) Y결선의 상전류과 선간전류

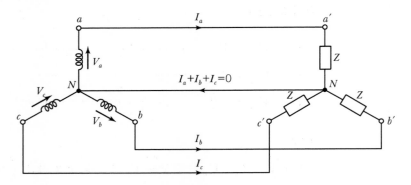

[그림 4-54] Y결선의 상전류과 선간전류

3상 대칭 전원과 임피던스 $\dot{Z} = R + jX = Z\angle\theta[\Omega]$, $\theta = \tan^{-1}\dfrac{X}{R}$[rad]인 평형 부하가

[그림 4-54]와 같이 Y-Y 접속되어 있을 때, 각 상에 흐르는 상전류 $\dot{I}_a$, $\dot{I}_b$, $\dot{I}_c$는

$$\dot{I}_a = \frac{\dot{V}_a}{\dot{Z}} = \frac{V_a}{Z}\angle -\theta\,[\text{A}] \quad\cdots\cdots\cdots (4-117)$$

$$\dot{I}_b = \frac{\dot{V}_b}{\dot{Z}} = \frac{V_b}{Z}\angle -\theta = \frac{V_a}{Z}\angle -\frac{2\pi}{3}-\theta[\text{A}] \quad\cdots\cdots (4-118)$$

$$\dot{I}_c = \frac{\dot{V}_c}{\dot{Z}} = \frac{V_c}{Z}\angle -\theta = \frac{V_a}{Z}\angle -\frac{4\pi}{3}-\theta[\text{A}] \quad\cdots\cdots (4-119)$$

가 된다.

상전류 $\dot{I}_a$, $\dot{I}_b$, $\dot{I}_c$의 위상은 $\dot{V}_a$, $\dot{V}_b$, $\dot{V}_c$보다 θ[rad]만큼 뒤지게 된다. 그리고 Y-Y 결선 회로에서는 상전류 $\dot{I}_p$가 선전류 $\dot{I}_l$이 되므로

$$\dot{I}_l = \dot{I}_p\,[\text{A}] \quad\cdots\cdots\cdots\cdots\cdots\cdots (4-120)$$

가 된다.

예제 **20** 저항 5[Ω]이 Y결선된 부하에 상전압(V_p) 200[V]를 가한 경우 선전류 I_l을 구하여라.

풀이 Y결선에서 선전류=상전류이므로

$$I_p = I_l = \frac{V_p}{R} = \frac{200}{5} = 40[\text{A}]$$

답 40[A]

4) △ 결선의 상전압과 선간전압

3상 기전력이나 부하를 접속하는 또 하나의 방법으로 △ 결선(Delta Connection)이 있다. 그림은 △ 결선을 나타낸 것으로서 각 상의 시작점을 다음 상의 끝점에 연결함으로써 △ 형을 이루고 각 접속점으로부터 3선을 빼낸 것이다.

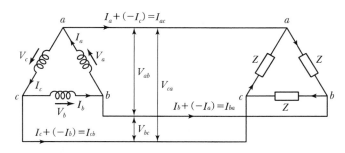

[그림 4 – 55] △ 결선의 상전압과 선간전압

[그림 4 – 55]에서 △ 결선의 전압 V_a, V_b, V_c를 상전압이라 하면, 각 선간전압은 그대로 V_{ab}, V_{bc}, V_{ca}가 되므로 상전압과 선간전압은 동일하다.

$$\dot{V}_{ab} = \dot{V}_a \,[\text{V}], \quad \dot{V}_{bc} = \dot{V}_b \,[\text{V}], \quad \dot{V}_{ca} = \dot{V}_c \,[\text{V}]$$

따라서 △ 결선 회로에서는 상전압 V_p와 선간전압 V_l의 관계는

$$\dot{V}_l = \dot{V}_p \,[\text{V}] \quad\text{..}\quad (4-121)$$

가 된다.

5) △ 결선의 상전류와 선간전류

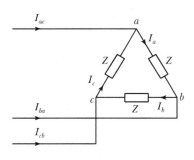

[그림 4 – 56] △ 결선의 상전류과 선전류

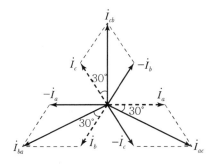

[그림 4 – 57] △ 결선의 벡터도

3상 대칭 전원과 임피던스 $\dot{Z} = R + jX = Z\angle\theta[\Omega]$, $\theta = \tan^{-1}\dfrac{X}{R}$ [rad]인 평형 부하가 [그림 4-55]와 같이 $\triangle-\triangle$ 접속되어 있을 때, 각 상에 흐르는 상전류 $\dot{I}_{ab}$, $\dot{I}_{bc}$, $\dot{I}_{ca}$는

$$\dot{I}_{ab} = \frac{\dot{V}_a}{\dot{Z}} = \frac{V_a}{Z}\angle-\theta = \frac{V_a}{Z}\angle-\theta\,[\text{A}] \quad\cdots\cdots\cdots (4-122)$$

$$\dot{I}_{bc} = \frac{\dot{V}_b}{\dot{Z}} = \frac{V_b}{Z}\angle-\theta = \frac{V_a}{Z}\angle-\frac{2\pi}{3}-\theta\,[\text{A}] \quad\cdots\cdots\cdots (4-123)$$

$$\dot{I}_{ca} = \frac{\dot{V}_c}{\dot{Z}} = \frac{V_c}{Z}\angle-\theta = \frac{V_c}{Z}\angle-\frac{4\pi}{3}-\theta\,[\text{A}] \quad\cdots\cdots\cdots (4-124)$$

가 된다.

그리고 $\triangle$ 결선에서 선전류를 $\dot{I}_a$, $\dot{I}_b$, $\dot{I}_c$라 하면 상전류 $\dot{I}_{ab}$, $\dot{I}_{bc}$, $\dot{I}_{ca}$와의 관계는

$$\dot{I}_a = \dot{I}_{ab} - \dot{I}_{ca}\,[\text{A}] \quad\cdots\cdots\cdots\cdots\cdots\cdots (4-125)$$

$$\dot{I}_b = \dot{I}_{bc} - \dot{I}_{ab}\,[\text{A}] \quad\cdots\cdots\cdots\cdots\cdots\cdots (4-126)$$

$$\dot{I}_c = \dot{I}_{ca} - \dot{I}_{bc}\,[\text{A}] \quad\cdots\cdots\cdots\cdots\cdots\cdots (4-127)$$

가 된다.

선전류 $\dot{I}_a$, $\dot{I}_b$, $\dot{I}_c$의 위상은 상전류 $\dot{I}_{ab}$, $\dot{I}_{bc}$, $\dot{I}_{ca}$보다 각각 $\dfrac{\pi}{6}$ [rad] 뒤지게 되고, 크기는 $\dot{I}_a$와 $\dot{I}_{ab}$의 관계에서 $I_a = 2I_{ab}\cos\dfrac{\pi}{6} = \sqrt{3}\,I_{ab}$ [A]가 되며 b상과 c상도 마찬가지로 성립된다.

$$\dot{I}_a = \sqrt{3}\,I_{ab}\angle-\frac{\pi}{6} = \sqrt{3}\,I_{ab}\angle-\frac{\pi}{6}\,[\text{A}] \quad\cdots\cdots\cdots (4-128)$$

$$\dot{I}_b = \sqrt{3}\,I_{bc}\angle-\frac{\pi}{6} = \sqrt{3}\,I_{ab}\angle-\frac{2\pi}{3}-\frac{\pi}{6}\,[\text{A}] \quad\cdots\cdots\cdots (4-129)$$

$$\dot{I}_c = \sqrt{3}\,I_{ca}\angle-\frac{\pi}{6} = \sqrt{3}\,I_{ab}\angle-\frac{4\pi}{3}-\frac{\pi}{6}\,[\text{A}] \quad\cdots\cdots\cdots (4-130)$$

따라서 대칭 3상 회로의 선간전류 I_l과 상전류 I_p 사이에는

$$I_l = \sqrt{3}\,I_p\angle-\frac{\pi}{6}\,[\text{A}] \quad\cdots\cdots\cdots\cdots\cdots\cdots (4-131)$$

의 관계식이 성립된다.

$$2(\dot{Z}_a + \dot{Z}_b + \dot{Z}_c) = 2\left(\frac{\dot{Z}_{ab}\dot{Z}_{bc} + \dot{Z}_{bc}\dot{Z}_{ca} + \dot{Z}_{ca}\dot{Z}_{ab}}{\dot{Z}_{ab} + \dot{Z}_{bc} + \dot{Z}_{ca}}\right)[\Omega] \quad \cdots\cdots\cdots\cdots\cdots (4-154)$$

이 되고 이것을 정리하면 다음과 같다.

$$\dot{Z}_a + \dot{Z}_b + \dot{Z}_c = \frac{\dot{Z}_{ab}\dot{Z}_{bc} + \dot{Z}_{bc}\dot{Z}_{ca} + \dot{Z}_{ca}\dot{Z}_{ab}}{\dot{Z}_{ab} + \dot{Z}_{bc} + \dot{Z}_{ca}}[\Omega] \quad \cdots\cdots\cdots\cdots (4-155)$$

$$\dot{Z}_a = \frac{\dot{Z}_{ca}\dot{Z}_{ab}}{\dot{Z}_{ab} + \dot{Z}_{bc} + \dot{Z}_{ca}}[\Omega] \quad \cdots\cdots\cdots\cdots\cdots\cdots (4-156)$$

$$\dot{Z}_b = \frac{\dot{Z}_{ab}\dot{Z}_{bc}}{\dot{Z}_{ab} + \dot{Z}_{bc} + \dot{Z}_{ca}}[\Omega] \quad \cdots\cdots\cdots\cdots\cdots\cdots (4-157)$$

$$\dot{Z}_c = \frac{\dot{Z}_{bc}\dot{Z}_{ca}}{\dot{Z}_{ab} + \dot{Z}_{bc} + \dot{Z}_{ca}}[\Omega] \quad \cdots\cdots\cdots\cdots\cdots\cdots (4-158)$$

평형 3상 부하인 경우에 $\dot{Z}_\Delta = \dot{Z}_{ab} = \dot{Z}_{bc} = \dot{Z}_{ca}$ 라 하면 $\dot{Z}_Y = \dot{Z}_a = \dot{Z}_b = \dot{Z}_c$ 이므로

$$\dot{Z}_Y = \frac{\dot{Z}_\Delta}{3}[\Omega] \quad \cdots\cdots\cdots\cdots\cdots\cdots\cdots\cdots\cdots\cdots (4-159)$$

의 관계가 성립된다.

② 부하의 Y-△ 등가 변환

Y결선을 △ 결선으로 등가 변환하면 우변항을 다음과 같이 변형할 수 있다.

$$\dot{Z}_a = \frac{\dot{Z}_{ab}}{\dfrac{\dot{Z}_{ab}}{\dot{Z}_{ca}} + \dfrac{\dot{Z}_{bc}}{\dot{Z}_{ca}} + 1}[\Omega]$$

위 식에 $\dfrac{\dot{Z}_{ab}}{\dot{Z}_{ca}} = \dfrac{\dot{Z}_b}{\dot{Z}_c}$, $\dfrac{\dot{Z}_{bc}}{\dot{Z}_{ca}} = \dfrac{\dot{Z}_b}{\dot{Z}_a}$ 를 대입하여 정리하면

$$\dot{Z}_a = \frac{\dot{Z}_{ab}}{\dfrac{\dot{Z}_{ab}}{\dot{Z}_{ca}} + \dfrac{\dot{Z}_{bc}}{\dot{Z}_{ca}} + 1} = \frac{\dot{Z}_{ab}(\dot{Z}_a\dot{Z}_c)}{\dot{Z}_a\dot{Z}_b + \dot{Z}_b\dot{Z}_c + \dot{Z}_c\dot{Z}_a}$$

이다.

여기서, $\dot{Z}_{ab}$를 구하고 같은 방법으로 $\dot{Z}_{bc}$, $\dot{Z}_{ca}$를 구하면

$$\dot{Z}_{ab} = \frac{\dot{Z}_a\dot{Z}_b + \dot{Z}_b\dot{Z}_c + \dot{Z}_c\dot{Z}_a}{\dot{Z}_c}\,[\Omega] \quad\cdots\cdots\cdots\cdots\cdots\cdots\cdots (4-160)$$

$$\dot{Z}_{bc} = \frac{\dot{Z}_a\dot{Z}_b + \dot{Z}_b\dot{Z}_c + \dot{Z}_c\dot{Z}_a}{\dot{Z}_a}\,[\Omega] \quad\cdots\cdots\cdots\cdots\cdots\cdots\cdots (4-161)$$

$$\dot{Z}_{ca} = \frac{\dot{Z}_a\dot{Z}_b + \dot{Z}_b\dot{Z}_c + \dot{Z}_c\dot{Z}_a}{\dot{Z}_b}\,[\Omega] \quad\cdots\cdots\cdots\cdots\cdots\cdots\cdots (4-162)$$

평형 3상 부하인 경우에 $\dot{Z}_Y = \dot{Z}_a = \dot{Z}_b = \dot{Z}_c$라 하면 $\dot{Z}_\Delta = \dot{Z}_{ab} = \dot{Z}_{bc} = \dot{Z}_{ca}$이므로

$$\dot{Z}_\Delta = 3\dot{Z}_Y\,[\Omega] \quad\cdots\cdots\cdots\cdots\cdots\cdots\cdots\cdots\cdots\cdots\cdots\cdots\cdots (4-163)$$

의 관계가 성립된다.

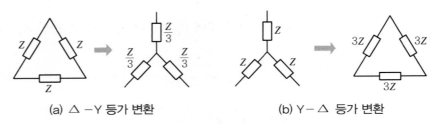

(a) $\triangle - Y$ 등가 변환   (b) $Y - \triangle$ 등가 변환

[그림 4-63] 평행 3상 부하의 $Y \leftrightarrow \triangle$ 등가 변환

따라서 [그림 4-63]과 같이 평행 3상 부하인 경우 Y 결선을 $\triangle$ 결선으로 등가 변환하려면 $\dot{Z}_\Delta$는 $\dot{Z}_Y$의 3배를, $\triangle$ 결선을 Y 결선으로 등가 변환하려면 $\dot{Z}_Y$는 $\dot{Z}_\Delta$의 $\frac{1}{3}$ 배를 하면 된다.

예제 **22** 저항 3[Ω], 유도 리액턴스 8[Ω]이 직렬로 연결된 3개의 임피던스가 △로 연결되어 있다. 이것과 등가인 Y결선된 부하의 임피던스를 구하여라.

풀이 △결선된 1상의 임피던스는 $Z_\Delta = 3 + j8\,[\Omega]$

Y결선된 부하의 1상의 임피던스는 $Z_Y = \dfrac{1}{3}(3+j8) = 1 + j\dfrac{8}{3}\,[\Omega]$

$\boxed{\text{답}}$ $1 + j\dfrac{8}{3}\,[\Omega]$

④ 3상 전력

1) 3상 전력

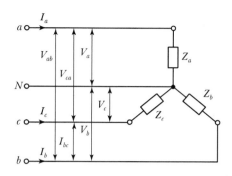

[그림 4−64] 3상 부하 회로 전력

3상 회로에서 각 부하의 임피던스가 $\dot{Z}_a$, $\dot{Z}_b$, $\dot{Z}_c$이고 역률이 각각 $\cos\theta_a$, $\cos\theta_b$, $\cos\theta_c$ 라 할 때 각 상의 전력 P_a[W], P_b[W], P_c[W]는

$$P_a = V_a I_a \cos\theta_a\,[\text{W}] : a상 \text{ 전력} \quad\text{(4−164)}$$

$$P_b = V_b I_b \cos\theta_b\,[\text{W}] : b상 \text{ 전력} \quad\text{(4−165)}$$

$$P_c = V_c I_c \cos\theta_c\,[\text{W}] : c상 \text{ 전력} \quad\text{(4−166)}$$

이 된다.

3상 전력 P는 각 상의 전력의 합이 되므로 다음과 같다.

$$P = P_a + P_b + P_c\,[\text{W}] \quad\text{(4−167)}$$

그리고 부하의 각 상의 무효율이 각각 $\sin\theta_a$, $\sin\theta_b$, $\sin\theta_c$라 하면 각 상의 무효전력 P_r[Var]는 다음과 같다.

$$P_{ra} = V_a I_a \sin\theta_a[\text{Var}] : a상 \text{ 무효전력} \quad\text{(4−168)}$$

$$P_{rb} = V_b I_b \sin\theta_b[\text{Var}] : b상 \text{ 무효전력} \quad\text{(4−169)}$$

$$P_{rc} = V_c I_c \sin\theta_c[\text{Var}] : c상 \text{ 무효전력} \quad\text{(4−170)}$$

따라서 3상 무효전력 P_r[Var]는 각 상의 무효전력의 합이 되므로

$$P_r = P_{ra} + P_{rb} + P_{rc}[\text{Var}] \quad\text{(4−171)}$$

와 같다.

2) 평형 3상 회로의 전력

평형 3상 부하 회로에서 상전압 V_p[V], 상전류 I_p[A], 선전압 V_l[V], 선전류 I_l[A], 위상 θ [rad]이라 하면 각 상의 전력 $P = V_p I_p \cos \theta$ [W]가 되므로 3상 전력 $P = 3 V_p I_p \cos \theta$ [W]가 된다.

평형 3상 Y결선인 경우 $V_p = \dfrac{V_l}{\sqrt{3}}$ [V], $I_p = I_l$[A]를 대입하면

$$P = 3 \cdot \frac{V_l}{\sqrt{3}} I_l \cos \theta = \sqrt{3} \, V_l I_l \cos \theta \text{ [W]}$$

평형 3상 △ 결선인 경우 $V_p = V_l$ [V], $I_p = \dfrac{I_l}{\sqrt{3}}$[A]를 대입하면

$$P = 3 \cdot V_l \frac{I_l}{\sqrt{3}} \cos \theta = \sqrt{3} \, V_l I_l \cos \theta \text{ [W]}$$

따라서 3상 평형 부하의 전력은 부하의 결선 방법에 관계없이 다음과 같이 나타낼 수 있다.

유효전력 $P = \sqrt{3} \, V_l I_l \cos \theta$ [W] $\cdots\cdots\cdots\cdots\cdots\cdots\cdots\cdots\cdots\cdots\cdots\cdots$ (4−172)

무효전력 $P_r = \sqrt{3} \, V_l I_l \sin \theta$[Var] $\cdots\cdots\cdots\cdots\cdots\cdots\cdots\cdots\cdots\cdots\cdots$ (4−173)

피상전력 $P_a = \sqrt{3} \, V_l I_l = \sqrt{P^2 + P_r^{\;2}}$ [VA] $\cdots\cdots\cdots\cdots\cdots\cdots\cdots\cdots$ (4−174)

3) V결선의 출력 용량과 이용률

△ 결선과 비교하여 V결선의 전원에서 부하로 전달되는 전력은

$$\frac{P_V}{P_\triangle} = \frac{\sqrt{3} \, V_P I_P \cos \theta}{3 \, V_P I_P \cos \theta} = \frac{\sqrt{3}}{3} = 0.577 \quad \cdots\cdots\cdots\cdots\cdots\cdots\cdots\cdots (4−175)$$

이 된다.

△ 결선과 비교하여 V 결선의 전원에서 부하로 전달되는 전력인 출력 용량은 57.7[%]이 다. V 결선에 사용되는 두 개의 단상전원을 사용하여 부하에 전력을 공급하는 경우 전원 에서 부하에 전달되는 전력은

$$P_2 = 2 V_P I_P \cos \theta \text{ [W]} \quad \cdots\cdots\cdots\cdots\cdots\cdots\cdots\cdots\cdots\cdots\cdots\cdots\cdots (4−176)$$

단상과 비교하여 V 결선에서 부하로 전력을 전달하는 데 사용할 수 있는 용량의 비는

$$\frac{P_{\mathrm{V}}}{P_2} = \frac{\sqrt{3}\, V_P I_P \cos\theta}{2 V_P I_P \cos\theta} = \frac{\sqrt{3}}{2} = 0.866 \quad \text{.........................} \quad (4-177)$$

이 된다. 이를 이용률이라고 하며 V결선의 이용률은 86.6[%]이다.

V 결선은 △ 결선에 비해 출력 용량이 57.7[%]이고 이용률도 86.6[%]이기 때문에 3상 전원으로 사용하기에는 적합하지 않으며, 3상 변압기 중 한 상에 고장이 발생한 경우 나머지 전원을 이용하여 부하에 3상 전원을 공급할 때 사용한다.

예제 23 1상의 임피던스가 $14+j48[\Omega]$인 △부하에 대칭 선간 전압 200[V]를 가한 경우 3상 유효전력[W] 및 무효전력[Var]을 구하여라.

풀이 1상의 임피던스 $Z = \sqrt{14^2 + 48^2} = 50[\Omega]$, 부하 역률 $\cos\theta = \dfrac{R}{Z} = \dfrac{14}{50} = 0.28$

상전류 $I = \dfrac{V}{Z} = \dfrac{200}{50} = 4[\mathrm{A}]$, 상전압 $V_p = V_l = 200[\mathrm{V}]$

• 3상 유효전력 $P = 3 V_p I_p \cos\theta = 3 \times 200 \times 4 \times 0.28 = 672[\mathrm{W}]$

• 3상 무효전력 $P_r = 3 V_p I_p \sin\theta = 3 \times 200 \times 4 \times \sqrt{1-0.28^2}$
$$= 2{,}400 \times 0.96 \fallingdotseq 2{,}304[\mathrm{Var}]$$

답 672[W], 2,304[Var]

---

4) 3상 전력의 측정

① 3전력계법

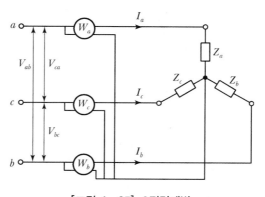

[그림 4-65] 3전력계법

3전력계법은 [그림 4-65]와 같이 3대의 단상 전력계를 사용하여 3상 전력을 측정하는 방법으로 각 전력계 W_a, W_b, W_c 의 지시값을 P_a, P_b, P_c라 하면 3상 전력 P[W]는 각 전력계의 지시값이 된다.

$$P = P_a + P_b + P_c [\mathrm{W}] \quad \text{.........................} \quad (4-178)$$

② 2전력계법

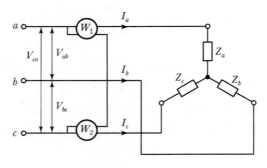

[그림 4-66] 2전력계법

2전력계법은 단상 전력계 2대를 [그림 4-66]과 같이 접속해서 측정하는 방법으로 전력계 W_1, W_2의 지시값을 P_1, P_2라 하면 3상 전력 P[W]는 다음 식과 같이 두 전력계의 지시값의 합이 된다.

$$P = P_1 + P_2 [\text{W}] \quad \cdots\cdots\cdots (4-179)$$

그리고 3상 무효전력 P_r[Var]는 다음과 같이 나타낼 수 있다.

$$P_r = \sqrt{3}\,(P_1 - P_2)[\text{Var}] \quad \cdots\cdots\cdots (4-180)$$

위상각 θ[rad]과 역률 $\cos\theta$는 다음과 같이 나타낼 수 있다.

$$\theta = \tan^{-1}\frac{P_r}{P} = \tan^{-1}\frac{\sqrt{3}\,(P_1 - P_2)}{P_1 + P_2}[\text{rad}] \quad \cdots\cdots\cdots (4-181)$$

$$\cos\theta = \frac{P_1 + P_2}{2\sqrt{{P_1}^2 + {P_2}^2 - P_1 P_2}} \quad \cdots\cdots\cdots (4-182)$$

예제 24 단상 전력계 2개로 평형 3상 부하의 전력을 측정하였더니 각각 300[W]와 600[W]를 나타내었다. 이때 부하의 역률을 구하여라.

풀이 $\cos\theta = \dfrac{P_1 + P_2}{2\sqrt{{P_1}^2 + {P_2}^2 - P_1 P_2}}$

$= \dfrac{300 + 600}{2\sqrt{300^2 + 600^2 - 300 \times 600}} \fallingdotseq 0.866$

답 0.866

05 회로망, 비정현파, 과도현상

01 회로망의 정리
02 비정현파
03 과도현상

01 회로망의 정리

1 정전압원, 정전류원

회로 문제를 취급하는 경우 일반적으로 전원은 전압원이 되나 회로에 따라서 전류원으로 취급하는 편이 편리할 때가 있다.

부하에 관계없이 단자에 일정 전압을 발생시키는 전원을 정전압원이라 하고, 부하에 관계없이 일정 전류를 발생시키는 전원을 정전류원이라 한다.

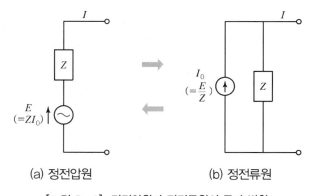

(a) 정전압원   (b) 정전류원

[그림 5-1] 정전압원과 정전류원의 등가 변환

2 키르히호프 법칙

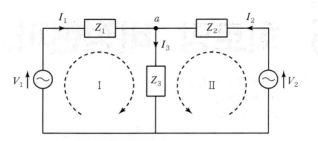

[그림 5-2] 키르히호프 법칙 적용 예 1

[그림 5-2]의 회로에서 키르히호프의 전류 법칙을 적용하면 절점 a에 유입되는 전류와 유출되는 전류는 서로 같으므로 다음 관계식이 성립한다.

$$\dot{I_1} + \dot{I_2} = \dot{I_3}[\text{A}] \quad\text{(5-1)}$$

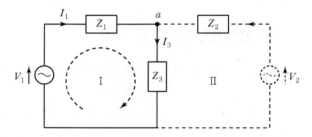

[그림 5-3] 키르히호프 법칙 적용 예 2

[그림 5-3]의 회로에서 폐회로(I)에 대하여 키르히호프의 전압 법칙을 적용하면 다음과 같은 식이 성립한다.

$$V_1 = Z_1 I_1 + Z_3 I_3 [\text{V}] \quad\text{(5-2)}$$

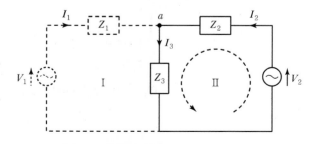

[그림 5-4] 키르히호프 법칙 적용 예 3

② 단자 a, b 사이의 개방회로 전압을 구한다.

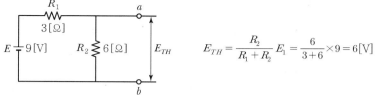

$$E_{TH} = \frac{R_2}{R_1 + R_2} E_1 = \frac{6}{3+6} \times 9 = 6[\text{V}]$$

③ 테브난의 등가회로에서 I_L을 구한다.

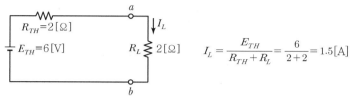

$$I_L = \frac{E_{TH}}{R_{TH} + R_L} = \frac{6}{2+2} = 1.5[\text{A}]$$

🔖 1.5[A]

5 노턴의 정리

[그림 5-8]과 같이 전원을 포함한 능동 회로망에서 끌어낸 두 단자 a, b에 어드미턴스 Y_L을 접속하고 어드미턴스에 걸리는 단자 전압 V_{ab}를 구할 때 등가회로로 바꾸어 계산할 수 있는데, 이와 같은 방법을 노턴의 정리(Norton's Theorem)라 한다.

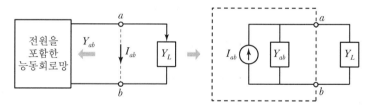

[그림 5-8] 노턴의 정리

[그림 5-8]에서 I_{ab}는 단자 $a-b$를 단락시킨 상태에서 $a-b$에 흐르는 단락 전류이고, Y_{ab}는 회로망 내의 모든 전원을 제거(전압원은 단락, 전류원은 개방)하고 $a-b$단자에서 회로망 쪽을 보았을 때의 어드미턴스이며, 전류원 I_{ab}와 어드미턴스 Y_{ab}를 병렬접속하면 점선 내부와 같이 된다. 이를 노턴의 등가회로라고 한다.

따라서 그림의 부하 어드미턴스 Y_L에 흐르는 전류 I는 $I = \dfrac{Y_L}{Y_{ab} + Y_L} I_{ab}[\text{A}]$가 되고 어드미턴스 Y_L에 걸리는 전압 V_{ab}는 다음과 같이 된다.

$$V_{ab} = \frac{I_{ab}}{Y_{ab} + Y_L}[\text{V}] \quad \cdots\cdots\cdots\cdots\cdots\cdots\cdots\cdots\cdots\cdots\cdots\cdots\cdots (5-11)$$

04 그림의 회로에 대한 노턴의 등가회로를 구하여라.

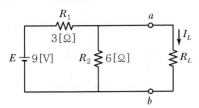

풀이 ① 전원 E를 단락하고 두 단자 a, b 사이의 저항(R_N)을 구한다.

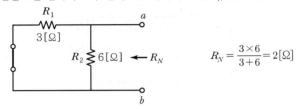

$R_N = \dfrac{3 \times 6}{3+6} = 2[\Omega]$

② 단자 a, b 사이를 단락시키고 I_N을 구한다.

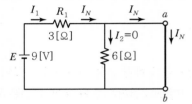

단자 a, b를 단락시키므로 $I_2 = 0$이 되고, I_1에 흐르는 전류는 I_N과 같다.

$I_N = \dfrac{E}{R_1} = \dfrac{9}{3} = 3[A]$

③ 노턴의 등가회로를 구한다.

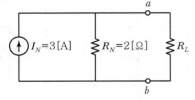

6 밀만의 정리

[그림 5−9]와 같이 여러 개의 전원이 병렬로 접속되어 있는 경우에 전원을 등가 전류 전원으로 변환시켜 단자 $a-b$ 사이의 전압 V_{ab}를 계산할 수 있는데, 이와 같은 방법을 밀만의 정리(Millman's Theorem)라 한다.

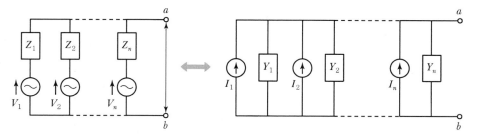

[그림 5−9] 밀만의 정리

[그림 5−9]에서 $I_1 = \dfrac{V_1}{Z_1}$, $I_2 = \dfrac{V_2}{Z_2}$, $\cdots$, $I_n = \dfrac{V_n}{Z_n}$ 이고, $Y_1 = \dfrac{1}{Z_1}$, $Y_2 = \dfrac{1}{Z_2}$, $\cdots$,

$Y_n = \dfrac{1}{Z_n}$ 이므로 등가 전류전원 회로로 변환하여 단자 $a - b$ 사이의 전압 V_{ab}를 구하면

$$V_{ab} = \frac{I_1 + I_2 + \cdots + I_n}{Y_1 + Y_2 + \cdots + Y_n} = \frac{\displaystyle\sum_{k=1}^{n} I_k}{\displaystyle\sum_{k=1}^{n} Y_k} \, [\text{V}] \quad\cdots\cdots\cdots\cdots\cdots\cdots\cdots (5-12)$$

가 된다.

예제 05 내부저항을 갖는 배터리가 다음가 같이 접속되어 전력을 공급할 때 부하에 흐르는 전류와 각 배터리가 공급하는 전류를 구하여라.

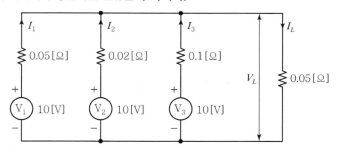

풀이 ① 회로변환기법을 활용하여 전압원을 전류원으로 변환한다.

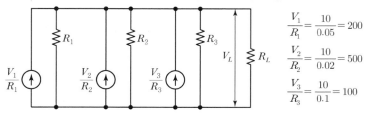

$\dfrac{V_1}{R_1} = \dfrac{10}{0.05} = 200$

$\dfrac{V_2}{R_2} = \dfrac{10}{0.02} = 500$

$\dfrac{V_3}{R_3} = \dfrac{10}{0.1} = 100$

② 병렬로 접속된 전류원과 저항을 합성한다.

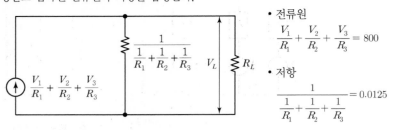

- 전류원
$$\frac{V_1}{R_1} + \frac{V_2}{R_2} + \frac{V_3}{R_3} = 800$$

- 저항
$$\frac{1}{\dfrac{1}{R_1} + \dfrac{1}{R_2} + \dfrac{1}{R_3}} = 0.0125$$

③ 병렬로 접속된 전류원과 저항을 직렬접속된 전압원과 저항으로 변경한다.

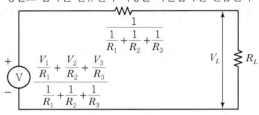

- 전압원 : $V = \dfrac{\dfrac{V_1}{R_1} + \dfrac{V_2}{R_2} + \dfrac{V_3}{R_3}}{\dfrac{1}{R_1} + \dfrac{1}{R_2} + \dfrac{1}{R_3}} = 10$

- 저항 : $R_{EQ} = \dfrac{1}{\dfrac{1}{R_1} + \dfrac{1}{R_2} + \dfrac{1}{R_3}} = 0.0125$

④ 전압분배법칙을 적용하여 V_L을 구한다.

$$V_L = \frac{\dfrac{V_1}{R_1} + \dfrac{V_2}{R_2} + \dfrac{V_3}{R_3}}{\dfrac{1}{R_1} + \dfrac{1}{R_2} + \dfrac{1}{R_3}} \times \frac{R_L}{\dfrac{1}{\dfrac{1}{R_1} + \dfrac{1}{R_2} + \dfrac{1}{R_3}} + R_L} = \frac{\dfrac{V_1}{R_1} + \dfrac{V_2}{R_2} + \dfrac{V_3}{R_3}}{\dfrac{1}{R_1} + \dfrac{1}{R_2} + \dfrac{1}{R_3} + \dfrac{1}{R_L}} = \frac{800}{100} = 8$$

⑤ 등가회로를 구성하고 구하고자 하는 요소를 계산한다.

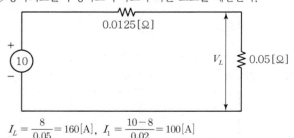

$I_L = \dfrac{8}{0.05} = 160[\text{A}]$, $I_1 = \dfrac{10-8}{0.02} = 100[\text{A}]$

$I_2 = \dfrac{10-8}{0.02} = 100[\text{A}]$, $I_3 = \dfrac{10-8}{0.1} = 20[\text{A}]$

📋 $I_L = 160[\text{A}]$, $I_1 = 100[\text{A}]$, $I_2 = 100[\text{A}]$, $I_3 = 20[\text{A}]$

02 비정현파

지금까지 취급한 교류전압이나 교류전류는 전부 정현파 교류였다. 그러나 실제 교류회로의 전압이나 전류의 파형은 교류발전기에서 발생하는 전기자 반작용이나 변압기의 자기포화와 히스테리시스 현상 등에 의하여 그 파형이 정현파형에서 벗어나 일그러지게 된다. 이와 같은 정현파형이 아닌 파형을 총칭하여 비정현파(Distorted Wave) 또는 왜형파라고 한다.

정현파로부터 왜곡이 작을 때는 이것을 정현파로 보고 근사적으로 계산할 수 있지만 왜곡이 현저할 때는 주파수가 다른 정현파 교류로 분해하여 합하는 방식으로 비정현파의 실횻값, 전력 등을 구한다. 따라서 비정현파 교류는 일정한 주기를 가지고 반복하는 여러 개의 주파수 성분을 갖는 정현파를 합성하면 비정현파 교류가 된다. 한편 주파수가 같은 정현파의 합성은 이미 취급한 바와 같이 최댓값과 위상이 달라도 역시 정현파가 된다. [그림 5-10]과 같이 주파수가 다른 정현파 교류 $v_1 = 25\sin\omega t$[V]와 $v_2 = 5\sin 3\omega t$[V]를 합성($v_1 + v_2$)하면 비정현파 교류를 얻을 수 있다. 이와 반대로 생각하면 비정현파는 최댓값과 주파수가 다른 몇 개의 정현파로 분해할 수 있다.

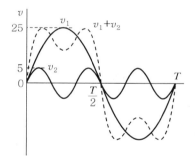

[그림 5-10] 비정현파

1 비정현파 교류의 분해

[그림 5-10]과 같이 주파수 f[Hz]의 교류전압 v_1과 주파수 $3f$[Hz]의 교류전압 v_2를 합성하면 $v_1 + v_2$의 파형이 됨을 알 수 있다. 이러한 사실로부터 비정현파 교류 전류 $v_1 + v_2$는 v_1과 v_2의 2개의 정현파 교류로 분해할 수 있다.

일반적으로 비정현파가 주기파인 경우에는 주파수, 위상, 최댓값이 다른 정현파의 합으로 나타낼 수 있다.

   비정현파 교류＝직류분＋기본파＋고조파

$$v = V_0 + \sqrt{2}\,V_1\sin\omega t + \sqrt{2}\,V_2\sin 2\omega t$$
$$+ \cdots + \sqrt{2}\,V_n\sin n\omega t\,[\text{V}] \quad\cdots\cdots\cdots\cdots\cdots\cdots (5-13)$$

여기서, V_0 : 직류분

$\sqrt{2}\,V_1\sin\omega t$: 기본파

$\sqrt{2}\,V_2\sin 2\omega t + \cdots + \sqrt{2}\,V_n\sin\omega t$: 고조파

위 식과 같이 직류분과 기본파, 고조파가 포함된 임의의 교류전압 $v(t)$를

$$v(t) = V_0 + \sqrt{2}\,V_1\sin\omega t + \sqrt{2}\,V_2\sin 2\omega t + \cdots + \sqrt{2}\,V_n\sin n\omega t$$

$$= V_0 + \sum_{n=1}^{\infty} \sqrt{2}\,V_n\sin n\omega t\,[\text{V}] \quad\cdots\cdots\cdots\cdots\cdots\cdots (5-14)$$

라 하고, 전류 $i(t)$를 계산하면 다음과 같다.

$$i(t) = I_0 + \sqrt{2}\,I_1\sin(\omega t - \theta_1) + \sqrt{2}\,I_2\sin(2\omega t - \theta_2)$$
$$+ \cdots + \sqrt{2}\,I_n\sin(n\omega t - \theta_n)$$

$$= I_0 + \sum_{n=1}^{\infty} \sqrt{2}\,I_n\sin(n\omega t - \theta_n)\,[\text{A}] \quad\cdots\cdots\cdots\cdots\cdots\cdots (5-15)$$

2 비정현파의 해석

1) 비정현파의 실횻값

V_0, V_1, V_2, V_3, $\cdots$ 등의 실횻값을 가지는 고조파로 구성된 비정현파 교류의 실횻값 V[V]는 다음과 같이 나타낼 수 있다.

$$V = \sqrt{V_0^2 + V_1^2 + V_2^2 + \cdots + V_n^2}\,[\text{V}] \quad\cdots\cdots\cdots\cdots\cdots\cdots (5-16)$$

이와 같이 비정현파 교류의 실횻값은 직류분(V_0)과 기본파(V_1) 및 고조파(V_2, V_3, $\cdots$, V_n)의 실횻값의 제곱의 합을 제곱근한 것이다. 이것은 전류에 대해서도 마찬가지로 성립한다.

$$I = \sqrt{I_0^2 + I_1^2 + I_2^2 + \cdots + I_n^2}\,[\text{A}] \quad\cdots\cdots\cdots\cdots\cdots\cdots (5-17)$$

여기서, I_0 : 직류분

I_1 : 기본파

I_2, I_3, $\cdots$, I_n : 고조파

예제
06 비정현파 전압이 $v = 3 + 10\sqrt{2}\sin\omega t + 5\sqrt{2}\sin\left(3\omega t - \dfrac{\pi}{3}\right)$[V]일 때 실훗값을 구하여라.

풀이 $V = \sqrt{V_0^2 + V_1^2 + V_3^2} = \sqrt{3^2 + \left(\dfrac{10\sqrt{2}}{\sqrt{2}}\right)^2 + \left(\dfrac{5\sqrt{2}}{\sqrt{2}}\right)^2} = 11.6$[V]

답 11.6[V]

2) 비정현파의 왜형률

비정현파가 정현파에 대하여 일그러지는 정도를 나타내는 것을 왜형률(Distortion Factor)이라 한다. 왜형률은 비정현파 교류 기본파의 실훗값을 V_1[V], 고조파의 실훗값을 $V = \sqrt{V_2^2 + V_3^2 + V_4^2 + \cdots + V_n^2}$ [V]라 하면

$$\text{외형률}(D) = \frac{\text{전 고조파의 실훗값}}{\text{기본파의 실훗값}} = \frac{\sqrt{V_2^2 + V_3^2 + \cdots + V_n^2}}{V_1} \quad \cdots\cdots\cdots (5-18)$$

로 표시할 수 있다.

3) 비정현파의 소비전력

비정현파의 소비전력은 순시전력 1주기에 대한 평균으로 구할 수 있다. 이때 평균전력은 주파수가 다른 전압과 전류 간의 전력이 0이 되므로 같은 주파수의 전압과 전류 간의 전력만을 생각하면 된다.

$$P = V_0 I_0 + V_1 I_1 \cos\theta_1 + V_2 I_2 \cos\theta_2 + \cdots + V_n I_n \cos\theta_n [\text{W}] \quad \cdots\cdots\cdots (5-19)$$

4) 비정현파 교류의 임피던스와 전류

저항 R[Ω], 인덕턴스 L[H]의 직렬회로에 비정현파 교류전압을 가한 경우 직류분은 직류분만의 회로, 교류분은 각 고조파마다 따로따로의 회로에 대하여 계산하여 합성하면 된다.

$$v(t) = V_0 + \sqrt{2}V_1\sin\omega t + \sqrt{2}V_3\sin 3\omega t [\text{V}] \quad \cdots\cdots\cdots (5-20)$$
$$i(t) = I_0 + \sqrt{2}I_1\sin(\omega t - \theta_1) + \sqrt{2}I_3\sin(3\omega t - \theta_3)[\text{A}] \quad \cdots\cdots\cdots (5-21)$$

기본파의 임피던스 $Z_1 = \sqrt{R^2 + (\omega L)^2}$ [Ω] $\quad \cdots\cdots\cdots (5-22)$
제3고조파의 임피던스 $Z_3 = \sqrt{R^2 + (3\omega L)^2}$ [Ω] $\quad \cdots\cdots\cdots (5-23)$

직류분의 전류 $I_0 = \dfrac{V_0}{R}$ [A] $\cdots\cdots\cdots\cdots\cdots\cdots\cdots\cdots\cdots\cdots\cdots\cdots\cdots\cdots$ (5-24)

기본파의 전류 $I_1 = \dfrac{V_1}{Z_1} = \dfrac{V}{\sqrt{R^2 + (\omega L)^2}}$ [A] $\cdots\cdots\cdots\cdots\cdots\cdots$ (5-25)

제3고조파의 전류 $I_3 = \dfrac{V_3}{Z_3} = \dfrac{V}{\sqrt{R^2 + (3\omega L)^2}}$ [A] $\cdots\cdots\cdots\cdots\cdots\cdots$ (5-26)

전전류 $I = \sqrt{I_0^2 + I_3^2}$ [A] $\cdots\cdots\cdots\cdots\cdots\cdots\cdots\cdots\cdots\cdots\cdots\cdots\cdots\cdots$ (5-27)

예제 07 다음 그림과 같이 $R = 3$[Ω], $\omega L = 4$[Ω]인 직렬회로에 $v = 6 + 100\sqrt{2}\sin\left(\omega t - \dfrac{\pi}{6}\right)$ $+ 50\sqrt{2}\sin 3\omega t$[V]의 전압이 인가된 경우 회로에 흐르는 전류의 순싯값 및 실횻값을 구하여라.

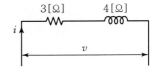

풀이 ① 직류분 전류 I_0

$$I_0 = \frac{V_0}{R} = \frac{6}{3} = 2[\text{A}]$$

② 기본파 전류의 순싯값 i_1, 임피던스 Z_1, 위상각 θ_1

$$i_1 = \frac{\sqrt{2}\,V_1}{Z_1}\sin\left(\omega t - \frac{\pi}{6} - \theta_1\right)[\text{A}]$$

$$Z_1 = \sqrt{R^2 + (\omega L)^2} = \sqrt{3^2 + 4^2} = 5[\Omega]$$

$$\theta_1 = \tan^{-1}\frac{\omega L}{R} = \tan^{-1}\frac{4}{3} \fallingdotseq 53.1°$$

③ 제3고조파 전류의 순싯값 i_3, 임피던스 Z_3, 위상각 θ_3

$$i_3 = \frac{\sqrt{2}\,V_3}{Z_3}\sin(3\omega t - \theta_3)[\text{A}]$$

$$Z_3 = \sqrt{R^2 + (3\omega L)^2} = \sqrt{3^2 + 9 \times 4^2} \fallingdotseq 12.37[\Omega]$$

$$\theta_3 = \tan^{-1}\frac{3\omega L}{R} = \tan^{-1}\frac{3 \times 4}{3} \fallingdotseq 76°$$

④ 전류의 순싯값 i

$$i = I_0 + i_1 + i_3$$

$$= 2 + \frac{100\sqrt{2}}{5}\sin\left(\omega t - \frac{\pi}{6} - 53.1°\right) + \frac{50\sqrt{2}}{12.37}\sin(3\omega t - 76°)$$

$$= 2 + 20\sqrt{2}\sin(\omega t - 83.1°) + 4\sqrt{2}\sin(3\omega t - 76°)[\text{A}]$$

⑤ 전류의 실횻값 I

$$I = \sqrt{I_0^2 + I_1^2 + I_3^2} = \sqrt{2^2 + 20^2 + 4^2} = 20.5[\text{A}]$$

📋 $i = 2 + 20\sqrt{2}\sin(\omega t - 83.1°) + 4\sqrt{2}\sin(3\omega t - 76°)$[A], $I = 20.5$[A]

03 과도현상

회로에 흐르는 전류 또는 전압이 시간에 대하여 항상 같은 상태의 변화를 반복하는 상태를 정상 상태라 한다. 그러나 실제로 L과 C를 포함하는 회로에서는 스위치의 개폐 또는 회로상태의 변화에 의하여 자기 또는 정전에너지의 변화를 방해하는 역기전력을 발생하여 전류나 전압이 순간에 정상상태로 변화하지 않고 정상값으로 될 때까지 어느 정도 시간을 요한다. 이 정상상태로 될 때까지의 상태를 과도상태(Transient State)라 하고 이때 발생하는 현상을 과도현상(Transient Phenomena)이라 한다.

■ $R - L$ 직렬회로

1) 전류 특성

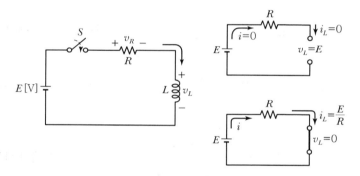

[그림 5 – 11] $R - L$ 직렬회로

[그림 5 – 11]에서와 같이 저항 $R[\Omega]$과 인덕턴스 $L[\mathrm{H}]$인 코일을 직렬로 연결한 회로에 시간 $t = 0$의 순간에 직류전압 E를 인가할 때의 전류를 i_L이라 하면

$$i_L = \frac{E}{R}(1 - e^{-(L/R)t}) = I(1 - e^{-(L/R)t})\,[\mathrm{A}] \quad \cdots\cdots\cdots\cdots\cdots\cdots\cdots (5-28)$$

로 표시할 수 있으며, 시간에 따른 변화는 [그림 5 – 12]와 같이 0에서부터 지수적으로 증가하여 정상상태가 되면 정상전류 $\frac{E}{R}$가 된다.

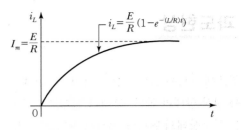

[그림 5-12] E 인가 시 i 특성

2) 시정수

시정수 τ는 스위치를 ON한 후 정상전류의 63.2[%]까지 상승하는 데 걸리는 시간으로, 시정수가 커지면 정상상태에 이르는 시간이 길어지므로 과도 시간이 길어진다.

$$\tau = \frac{L}{R}\,[\text{sec}] \quad\cdots\cdots\cdots\cdots\cdots\cdots\cdots\cdots\cdots\cdots\cdots\cdots\cdots\cdots\cdots\cdots\cdots\cdots\cdots\cdots\cdots\cdots\cdots (5-29)$$

$t = 0$에서 $t = \tau = \dfrac{L}{R}$[sec]로 되었을 때의 전류를 구해 보면 $e = 2.7183$이므로

$$i_\tau = \frac{E}{R}\left(1 - e^{-\frac{R}{L}\tau}\right) = \frac{E}{R}(1 - e^{-1}) = \frac{E}{R}(1 - 0.368) = 0.632\frac{E}{R}$$

가 된다.

그러므로 $t = 0$에서 $t = \tau = \dfrac{L}{R}$[sec]가 경과되었을 때의 과도전류는 정상값의 0.632배가 된다.

예제 **08** $R-L$ 직렬회로에서 $R = 10[\Omega]$, $L = 10$[mH]일 때, 시정수 τ[sec]를 구하여라.

풀이 $\tau = \dfrac{L}{R} = \dfrac{10 \times 10^{-3}}{10} = 10^{-3}$[sec]

답 10^{-3}[sec]

② $R - C$ 직렬회로

1) 전류 특성

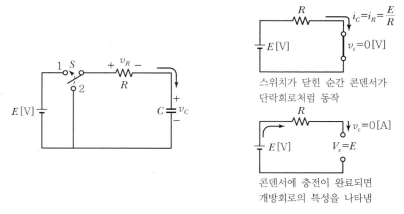

[그림 5 - 13] $R - C$ 직렬회로

[그림 5 - 13]에서와 같이 저항 R[Ω]과 인덕턴스 C[F]인 콘덴서를 직렬로 연결한 회로에 시간 $t = 0$의 순간에 직류전압 E를 인가할 때의 전류를 i_C라 하면

$$i_C = \frac{E}{R}\, e^{-t/RC}[\text{A}] \quad\text{..} (5-30)$$

로 표시할 수 있으며 콘덴서가 마치 단락회로처럼 동작하고 있다. [그림 5 - 14]에서 $t = 0$일 때 전류는 $i = i_C = i_R = \dfrac{E}{R}$이고, 콘덴서 전압 $v_C = 0$[V]가 된다.

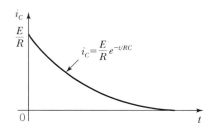

[그림 5 - 14] 충전전류 특성

2) 시정수

시정수 τ는 스위치를 ON한 후 전상전류의 36.8[%]까지 감소하는 데 걸리는 시간을 말한다.

$$\tau = RC[\text{sec}] \quad \cdots\cdots\cdots\cdots\cdots\cdots\cdots\cdots\cdots\cdots\cdots\cdots\cdots\cdots\cdots\cdots\cdots\cdots\cdots\cdots\cdots\cdots (5-31)$$

$\tau = RC$를 지수함수 형태인 $e^{-t/RC}$로 변환하면 $e^{-t/\tau}$를 얻게 된다. 시정수가 $t = \tau$일 때는 $e^{-t/\tau} = e^{-\tau/\tau} = e^{-1} = 0.3679$가 된다.

그러므로 $t = 0$에서 $t = \tau = RC[\text{sec}]$가 경과되었을 때의 과도전류는 이 함수의 최댓값인 1의 36.79[%]로 감소하게 된다.

예제 09 $R-C$ 직렬회로에서 $R = 500[\text{k}\Omega]$, $C = 2[\mu\text{F}]$일 때, 전류 i_c와 시정수 τ를 구하여라.(단, 이때 회로에 가해진 전압은 100[V]이다.)

풀이 $i = \dfrac{E}{R} e^{-t/RC} = 2 \times 10^{-4} e^{-t}[\text{A}]$

$\tau = CR = 2 \times 10^{-6} \times 500 \times 10^{3} = 1[\text{sec}]$

답 1[sec]

탄탄한 기초를 위한

핵심 전기기초

이현옥 · 이재형 · 조성덕

이론

ELECTRICAL THEORY

제2권 전기기기

예문사

전기기기

④ 절연의 종류

전기기기의 권선이나 그 밖의 도전부분에 한 절연은 그 내열 특성에 따라 Y종, A종, E종, B종, F종, H종 및 C종으로 구별되며 [표 1-1]은 그 종별에 따라 허용 최고 온도를 나타낸 것이다.

[표 1-1] 각종 절연의 허용 최고 온도

절연의 종류	허용 최고 온도[℃]	절연의 종류	허용 최고 온도[℃]
Y	90	F	155
A	105	H	180
E	120	C	180을 초과
B	130		

ㄱ Y종 절연 : 목면, 천, 종이 등으로 구성되며 바니시를 함침시키지 않고, 또 기름 (Oil)에 담그지 않은 것을 말한다.

ㄴ A종 절연 : 목면, 천, 종이와 같은 자연식물성 및 동물성 섬유로 구성되며 함침시키거나 기름에 담근 것을 말한다.

ㄷ E종 절연 : 면 또는 종이를 적층시킨 것을 합성수지, 바니시 등에 담근 것을 말한다.

ㄹ B종 절연 : 운모, 석면, 유리섬유 등의 재료를 접착재료와 함께 사용한 것을 말한다.

ㅁ F종 절연 : 운모, 석면, 유리섬유 등의 재료를 실리콘 알키드수지 등의 접착재료와 함께 사용하여 구성한 것을 말한다.

ㅂ H종 절연 : 운모, 석면, 유리섬유 등의 재료를 규소수지 또는 이와 동등한 성질을 가진 재료로 된 접착재료와 함께 사용해서 구성한 것을 말한다.

ㅅ C종 절연 : 생운모, 석면, 자기 등을 단독으로 사용하여 구성한 것을 말한다.

3) 외함과 부싱

① 외함(Casing)

변압기 본체와 절연유를 넣은 외함은 주철제나 강판을 용접해서 만든다.

② 부싱(Bushing)

변압기의 구출선은 외함을 관통하여 외부로 나오며, 외함은 철심과 함께 대지 (Earth)와 같이 전위가 0이기 때문에, 구출선과 외함은 변압기의 사용전압에 견디도록 충분히 절연되어야 한다. 이와 같이 절연에 사용하는 것을 부싱(Bushing)이라고 한다. 부싱은 구출선과 외함 사이에 누설전류가 생기지 않도록 충분한 연면거리를 갖고 이상전압 상승 또는 전압에 대하여 안전하도록 적당한 플래시오버 전압값을 갖는 형상으로 한다.

ⓐ 단일형 부싱 : 간단한 모양의 자기제로 된 애자관을 부싱으로 사용하고, 연면 거리를 증가하기 위하여 표면을 주름 모양으로 하며 30[kV] 이하에 사용한다.

ⓑ 콤파운드 부싱 : 자기제 애자관과 중심도체 사이에 절연 콤파운드(Insulating Compund)를 채워서 공기가 남지 않도록 하여 절연내력을 증가시킨 부싱이며 70[kV]급까지 사용한다.

ⓒ 유입 부싱 : 전압이 70[kV] 이상이 되면 보통 유입 부싱 및 콘덴서형 부싱을 사용한다. 유입 부싱은 자기제 애자관과 중심도체 사이에 절연유를 충만시키고, 그 속에 상당수의 성층절연물의 원통을 동일한 축에 배치하여, 유전변형(誘電變形)을 균일하게 한 것이다. 헤드(Head)부에는 온도에 의한 오일(Oil)의 용적변화에 대하여 오일통(Oil Sump)을 비치하고 오일표시를 한다.

ⓓ 콘덴서 부싱 : 콘덴서형 부싱의 본체는 중심도체의 주위에 절연종이와 금속박을 교대로 동일한 축에 감아서 가장 외층에 있는 금속박을 접지하고, 각 층을 각각 같은 정전용량으로 된 여러 개의 원통형 콘덴서로 형성시켜서, 절연종이에 걸리는 전압을 각 층마다 균일화하여 절연물의 이용률을 향상시키는 구조이다. 이것을 유입 부싱과 똑같이 자기제 애자관에 넣고 주위에 절연물을 충만시켜서 사용한다.

4) 변압기유와 열화방지

① 변압기유

광유(鑛油)는 공기에 비하여 수 배의 절연내력이 있고 비열이 공기보다도 크며 냉각 매체로 유효하기 때문에, 변압기의 절연 및 냉각작용을 시키기 위하여 광유를 사용하고 있다. 변압기에 사용하는 절연유는 절연내력이 클 것, 절연재료 및 금속과 접촉해도 화학작용을 일으키지 않을 것, 인화점이 높을 것, 유동성이 풍부하고 비열이 커서 냉각효과가 클 것, 고온도에서도 석출물이 생기거나 산화하지 않을 것 등의 성질을 가지고 있어야 한다.

예제 01 변압기유가 구비해야 할 조건으로 틀린 것은?
  ① 점도가 낮을 것　　　　　② 인화점이 높을 것
  ③ 응고점이 높을 것　　　　④ 절연내력이 클 것
  답 ③

② 절연유의 열화방지

변압기의 외함은 밀폐되어 있으나 외부 공기의 온도변화나 부하의 변동에 따라 외함 내의 절연유의 온도가 변화하고, 따라서 용적이 변화하기 때문에 외함 내의 기압과 대기압 사이에 차가 생겨 공기가 출입한다. 이것을 변압기의 호흡작용이라고 한다. 이 때문에 변압기 안에 습기가 들어가서 절연유의 절연내력이 저하되고, 또 열을 받은 절연유가 공기와 접촉하여 산화작용을 일으켜 절연유를 열화시키고 불용해성 침전물이 생긴다. 이러한 작용을 방지하기 위하여 콘서베이터(Conservator)를 설치한다. [그림 1-2]는 콘서베이터의 구조를 나타낸 것이다.

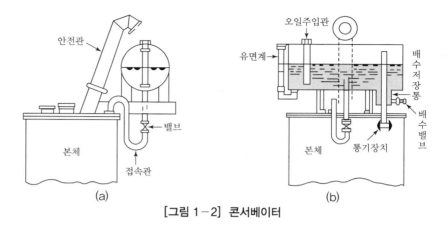

[그림 1-2] 콘서베이터

외함에는 절연유가 충만되어 있고, 접속관에 의하여 콘서베이터와 접속되어 있기 때문에 공기는 외함 안으로 출입하지 않고, 또한 콘서베이터 안의 절연유와 공기의 접촉면이 적기 때문에 변압기유의 열화는 대단히 적다. 또한 침전물이나 수분은 콘서베이터의 하부에 고이므로 가끔 배수밸브를 열어서 배출한다. 화학적 방법을 사용하여 콘서베이터 안에 들어가는 공기로부터 수분 및 산소를 제거하면 절연유의 열화는 한층 더 방지되지만 장기간에 걸친 산화에 의한 절연유의 열화를 방지할 수는 없다. 이것을 방지하기 위하여 근래의 대용량 변압기에서는 질소봉입기 등을 사용하는 데 콘서베이터의 유면 위에 건조된 질소가스를 봉입하여 공기가 절연유와 접촉하지 않도록 한 것이며, 격막식은 절연유와 공기의 접촉면에 내유성의 막(Diaphragm)을 두어서 공기와의 접촉을 방지하는 방식이다. [그림 1-3] (a)는 질소봉입방식의 3실형 콘서베이터, 그림 (b)는 격막식의 예를 나타낸 것이다.

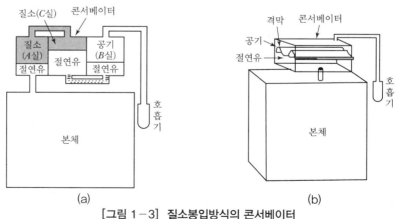

[그림 1-3] 질소봉입방식의 콘서베이터

예제 02

02 변압기유의 열화방지를 위해 쓰이는 방법이 아닌 것은?

① 방열기　　　　　　　　　　　　② 브리더
③ 콘서베이터　　　　　　　　　　④ 질소 봉입

풀이 **변압기유의 열화방지 대책**
- 브리더 : 습기를 흡수
- 콘서베이터 : 공기와의 접촉을 차단하기 위해 설치하며, 유면 위에 질소 봉입

답 ①

03 부흐홀츠 계전기의 설치 위치로 가장 적당한 곳은?

① 변압기 주탱크 내부　　　　　　② 콘서베이터 내부
③ 변압기 고압 측 부싱　　　　　　④ 변압기 주탱크와 콘서베이터 사이

풀이 변압기의 탱크와 콘서베이터의 연결관 도중에 설치한다.

답 ④

5) 냉각방식

변압기에는 회전부분이 없으므로 효율은 좋으나 냉각작용이 불충분하다. 또, 대용량의 변압기일수록 열방산이 곤란하며 온도상승이 크기 때문에 용량에 따라 여러 가지 냉각 방식(Cooling System)이 이루어지고 있다.

① **건식자냉식(Air-cooled Type)** : 극히 소용량의 변압기는 전력손실에 의한 발생열량에 대하여 냉각면적이 크기 때문에 공기 중에서 그대로 사용하고 공기의 대류에 의하여 냉각한다. 22[kV] 정도 이하의 계기용 변압기나 배전용 변압기에 사용한다.

② **건식풍냉식(Air-blast Type)** : 이것은 건식변압기에 송풍기로 강제통풍을 하므로 냉각효과를 크게 한 것이나 절연유를 사용하지 않기 때문에 22[kV] 정도 이상의 고압에는 사용하지 않는다. 절연유에 의한 화재를 특히 방지할 필요가 있는 장소나 지하실의 변전소, 또는 전기로용 변압기 등에 사용한다.

③ **유입자냉식(Air-immersed Self-cooled Type)** : [그림 1-4]와 같이 변압기 외함 속에 절연유를 넣고 그 속에 권석과 철심을 넣어 변압기에서 발생한 열을 기름의 대류작용에 의하여 외함에 전달되도록 하고, 외함에서 열을 대기로 발산시키는 방식이다.

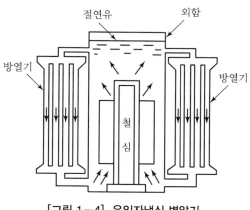

[그림 1-4] 유입자냉식 변압기

이 방식은 설비가 간단하고 취급이나 보수도 쉬우므로 소형 배전변압기에서 대형 전력변압기까지 널리 사용되고 있다.

④ 유입풍냉식(Oil-immersed Air-blast Type) : 이것은 방열기를 부착한 유입변압기에 송풍기를 설치해서 강제통풍으로 냉각효과를 높이는 방식이며 대용량에 널리 사용한다.

⑤ 유입수냉식(Oil-immersed Water-cooled Type) : 이것은 외함 상부의 오일 속에 냉각관을 설치하고 냉각수를 순환시켜서 냉각하는 방식이다. 즉, 손실에 의하여 생긴 열은 절연유의 대류에 의하여 상부로 이동하고 절연유속의 냉각관을 지나는 물에 전달되어서 없어진다.

이 방식은 급수설비와 냉각설비가 필요하며 냉각관의 내부에 물때가 끼는 경우에는 관내에 청소가 곤란하고 또, 절연유 안에 냉각관이 있으므로 냉각관이 고장인 경우에는 물이 절연유 안으로 혼입하는 결점이 있기 때문에 질이 좋은 물이 풍부한 경우에만 사용한다.

⑥ 유입송유식(Oil-immersed Forced Oil Circulating Type) : 유입자냉식 및 유입풍냉식은 절연유의 자연대류를 이용하여 냉각을 하므로 대용량(30[MVA] 정도 이상)에는 부적당하다. 유입송유식은 절연유를 펌프(Pump)로 외부에 있는 냉각기로 보내고 냉각된 절연유를 외함의 밑부분에서 공급하는 방식이다. 이 경우 절연유의 냉각에는 자냉식, 강제통풍에 의한 풍냉식 및 수냉식이 있다. 펌프나 냉각부 등의 부속장치가 필요하나 냉각효과가 크고 유량도 적게 들기 때문에 대용량 변압기에 가장 널리 사용된다.

예제 04 변압기 외함 내에 들어 있는 기름을 펌프를 이용하여 외부에 냉각장치로 보내서 냉각시킨 다음, 냉각된 기름을 다시 외함의 내부로 공급하는 방식으로, 냉각효과가 크기 때문에 30,000[kVA] 이상의 대용량의 변압기에서 사용하는 냉각방식은?

📖 유입송유식

② 변압기의 원리

[그림 1-5]와 같이 코일 C_1에는 스위치(Switch) SW를 통하여 전지를 연결하고, 코일 C_2에는 검류계 G를 연결한다. 이러한 회로에서 S를 닫았다 열었다 하면 C_2에 연결된 G의 지침은 SW를 개폐하는 순간에만 흔들려서 C_2에 기전력이 생긴 것을 알려준다. 이것은 코일 C_1에 전류가 흘러서 생긴 자속 ϕ가 SW의 개폐에 따라 변화하게 되므로 C_1과의 쇄교수가 변화되어 전자유도(Electromagnetic Induction)에 의하여 기전력이 생겼기 때문이다.

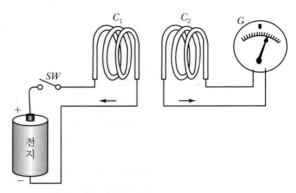

[그림 1-5] SW를 닫았을 때 전류의 방향

[그림 1-6]과 같이 권선 P, S속에 철심을 넣고 위에서와 같이 SW를 개폐하면 검류계 G의 지침의 흔들림이 훨씬 크게 되어 S에 더 큰 기전력이 생긴 것을 알게 된다. 이것은 코일 내에 철심을 넣음으로써 자기회로의 자기저항이 적어지고 자속이 많아져서 쇄교자속의 변화가 크게 되었기 때문이다.

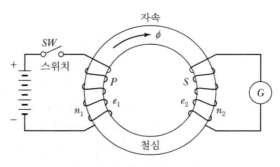

[그림 1-6] 전자유도작용

이때 P에 유도된 기자력을 자체 유도 기전력(Self Induced EMF) e_1, 권선 S에 유도된 기전력을 상호 유도 기전력(Mutual Induced EMF) e_2이라 하며 유도 기전력의 방향은 앙페르 법칙과 렌츠(Lenz)의 법칙에서 결정된다.

즉, 유도되는 기전력은 P, S의 권수를 n_1, n_2라 하고, dt 동안에 자속이 $d\phi$[Wb]만큼 변화하였다고 하면 식 (1−1)과 같다.

$$e_1 = -n_1 \frac{d\phi}{dt}[\text{V}]$$
$$e_2 = -n_2 \frac{d\phi}{dt}[\text{V}]$$

$$\left.\right\} \quad \text{.. (1−1)}$$

스위치 SW를 개폐하여 자속을 변화시키는 대신, 시간에 따라 변화하는 전류, 즉 교류를 권선 P에 흘려도 P, S에 기전력이 유도되는 것은 마찬가지이다.

식 (1−1)에서

$$\frac{e_1}{e_2} = \frac{n_1}{n_2} \quad \text{.. (1−2)}$$

즉, 유도되는 기전력의 비는 권수비에 비례한다.

예제 05 다음 중 변압기의 원리와 관계있는 것은?

① 전기자 반작용　　　　　　　② 전자유도작용
③ 플레밍의 오른손법칙　　　　④ 플레밍의 왼손법칙

풀이 전자유도 작용
변압기 1차 권선에 교류전압에 의한 자속이 철심을 지나 2차 권선과 쇄교하면서 기전력을 유도하는 작용

답 ②

예제 06 권수비 100의 변압기에 있어 2차 측의 전압이 10[V]일 때, 1차 측의 전압은 얼마인가?

풀이 권수비 $a = \dfrac{V_1}{V_2}$, 1차 측 전압 $V_1 = aV_2 = 100 \times 10 = 1,000[\text{V}]$

답 1,000[V]

---

③ 이상변압기

1) 공급전압과 유도 기전력

변압기(Transformer)는 교류전압과 전류의 크기를 변성하는 장치로서, 2개 이상의 전기회로와 이것과 쇄교하는 한 개의 공통 자기회로로 이루어져 있다. 전기회로의 한쪽을 전원에 접속하고, 다른 한쪽을 부하에 접속하면 전력은 자기회로를 통과하여 부하에 전달된다. 전원에 접속되는 권선을 1차 권선(Primary Winding), 부하에 접속되는 권선을 2차 권선(Secondary Winding)이라고 한다. [그림 1−7]은 길이 l[m], 단면적 A[m²]의 환상

철심에 1차 권선 n_1, 2차 권선 n_2의 권선을 고르게 감아 놓은 것이다. 1차와 2차 권선의 자기 인덕턴스를 각각 L_1[H], L_2[H]라고 하면 식 (1-3)과 같다.

$$L_1 = \frac{\mu {n_1}^2 A}{l}[\text{H}], \quad L_2 = \frac{\mu {n_2}^2 A}{l}[\text{H}] \quad \cdots\cdots\cdots\cdots\cdots\cdots (1-3)$$

여기서, μ : 철심의 투자율$(\mu = \mu_0 \mu_s)$

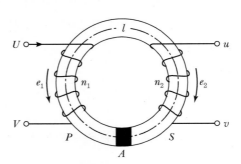

[그림 1-7] 이상변압기

① **여자전류** : 2차 단자를 개방하고 1차 단자에 실횻값 V_1'[V], 주파수 f[Hz]인 정현파 전압 $v_1' = \sqrt{2}\,V_1' \sin\omega t$ [V]를 가하면 1차 권선에 다음과 같은 전류가 흐른다.

$$i_0 = \frac{\sqrt{2}\,V_1'}{\omega L_1}\sin\left(\omega t - \frac{\pi}{2}\right) = \sqrt{2}\,I_0 \sin\left(\omega t - \frac{\pi}{2}\right)[\text{A}]$$

여기서, 이 전류의 실횻값 I_0는

$$I_0 = \frac{V_1'}{\omega L_1} \quad \cdots\cdots\cdots\cdots\cdots\cdots\cdots\cdots\cdots\cdots\cdots\cdots\cdots\cdots\cdots\cdots\cdots (1-4)$$

이고 i_0를 여자전류(Exciting Current)라 하며 정현파전압 v_1보다 $\pi/2$ 뒤지게 되고, 이 여자전류에 의해서 철심에 다음과 같은 교번자속 ϕ가 생긴다.

$$\phi = \frac{\text{기자력}}{\text{자기저항}} = \frac{n_1 i_0}{l/\mu A} = \frac{n_1 i_0 \mu A}{l}[\text{Wb}]$$

$$= \frac{n_1 \cdot \dfrac{\sqrt{2}\,V_1'}{\omega L_1}\sin\left(\omega t - \dfrac{\pi}{2}\right)\mu A}{\dfrac{\mu {n_1}^2 A}{L_1}} \text{이므로}$$

위 식에 식 (1-3)의 L_1 및 식 (1-4)의 I_0를 대입하면,

$$\phi = \frac{\sqrt{2}\,V_1'}{\omega\,n_1}\sin\left(\omega t - \frac{\pi}{2}\right) = \sqrt{2}\,\Phi\sin\left(\omega t - \frac{\pi}{2}\right)$$

$$= \Phi_m\sin\left(\omega t - \frac{\pi}{2}\right)[\text{Wb}]$$

이다. 여기서

$$\Phi = \frac{V_1'}{\omega\,n_1} = \frac{V_1'}{2\pi\,f\,n_1}[\text{Wb}] \quad\cdots\cdots\cdots\cdots\cdots\cdots\cdots\cdots\cdots\cdots\cdots\cdots\cdots\cdots (1\text{-}5)$$

자속 Φ 는 전압 v_1' 보다 $\pi/2$ 뒤지고, 여자전류 i_0 와 동상이다.

② **1차 유도 기전력** : 자속 ϕ 의 변화에 의해서 1차 권선 중에는 기전력 e_1 이 유도된다. 일반적으로 유도 기전력 e 의 정방향과 자속 ϕ 의 정방향과의 관계는 오른 나사의 법칙에 따르는 것이 보통이므로, 이와 같이 정하면 유도 기전력 e_1 은 다음과 같다.

$$e_1 = -n_1\frac{d\phi}{dt} = -\sqrt{2}\,\omega\,n_1\Phi\sin\omega t = -\sqrt{2}\,V_1'\sin\omega t\,[\text{V}] \quad\cdots\cdots\cdots\cdots (1\text{-}6)$$

즉, 유도 기전력 e_1 의 크기는 공급전압 V_1' 와 같고, 그 방향은 반대이다. 따라서 1차 권선 내에서는 두 전압이 평형되기 때문에 과대한 전류가 흐르지 않는다. 식 (1-6) 에서 알 수 있는 바와 같이 1차 유도 기전력의 실횻값 E_1 은 다음과 같다.

$$E_1 = 2\pi\,f\,n_1\Phi = 4.44\,f\,n_1 \times \sqrt{2}\,\Phi = 4.44\,f\,n_1\Phi_m \quad\cdots\cdots\cdots\cdots\cdots\cdots (1\text{-}7)$$

③ **2차 유도 기전력** : 자속 ϕ 는 동시에 2차 권선에도 쇄교하므로 누설이 없다고 가정하면 2차 권선에 유도되는 기전력 e_2 와 그 실횻값 E_2 은 다음과 같다.

$$e_2 = -n_2\frac{d\phi}{dt} = -\sqrt{2}\,\omega\,n_2\Phi\sin\omega t\,[\text{V}] \quad\cdots\cdots\cdots\cdots\cdots\cdots\cdots\cdots\cdots (1\text{-}8)$$

$$E_2 = 2\pi\,f\,n_2\Phi = 4.44\,f\,n_2\,\sqrt{2}\,\Phi = 4.44\,f\,n_2\Phi_m \quad\cdots\cdots\cdots\cdots\cdots\cdots\cdots (1\text{-}9)$$

위의 관계를 벡터도로 나타내면 [그림 1-8]과 같다. 또, 식 (1-7)과 식 (1-9)의 비를 구하면

$$\frac{E_1}{E_2} = \frac{n_1}{n_2} = a \quad\cdots\cdots\cdots\cdots\cdots\cdots\cdots\cdots\cdots\cdots\cdots\cdots\cdots\cdots\cdots\cdots\cdots\cdots (1\text{-}10)$$

이고 위 식에서 변압기의 1차와 2차 권선에 유도되는 기전력의 비는 그 권수의 비와 같음을 알 수 있으며, 일반적으로 이것을 a 로 표시하며 권수비(Turn Ratio)라고 한다.

$E_2 < E_1$인 변압기를 강압변압기(Step-down Transformer)라 하고, 반대로 $E_2 > E_1$인 변압기를 승압변압기 또는 체승변압기(Step-up Transformer)라고 한다.

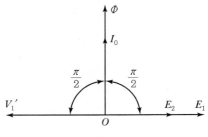

[그림 1-8] 이상변압기 벡터도

2) 부하전류와 기전력의 평형

이상변압기의 2차 단자에 [그림 1-9]와 같이 임피던스 $\dot{Z} = R + jx$인 부하를 접속하고 2차 권선의 저항과 누설자속을 무시하면, 2차 권선에는 다음과 같은 전류가 흐른다.

$$\dot{I_2} = \frac{\dot{E_2}}{\dot{Z}} = \frac{\dot{E_2}}{R + jx} [A] \quad \cdots\cdots\cdots\cdots\cdots\cdots\cdots\cdots\cdots (1-11)$$

2차 권선에 부하전류 $\dot{I_2}$가 흐르면 기자력 $n_2 \dot{I_2}$가 발생하므로 자속 $\dot{\Phi}$가 변화하지 않으면 안 된다.

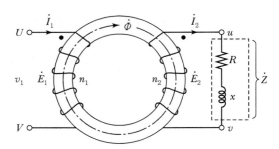

[그림 1-9] 이상변압기에 부하를 거는 경우

그러나 1차 권선에 가해지고 있는 전압 $\dot{V_1}'$은 일정하고, 이것과 평형을 유지하고 있는 것은 $\dot{E_1}$이므로 $\dot{E_1}$도 일정한 값을 유지하지 않으면 안 된다. 그런데 식 (1-7)에 의해서 $\dot{E_1}$이 일정한 값으로 유지되기 위해서는 $\dot{\Phi}$가 일정하여야 하므로 1차 권선쪽에서는 기자력 $n_2 \dot{I_2}$를 상쇄하여 평형을 유지할 만한 전류 $\dot{I_1}'$가 흘러 들어가게 된다. 따라서 두 기자력 $n_2 \dot{I_2}$와 $n_1 \dot{I_1}'$의 벡터합은 0이 되어야 한다. 즉,

$$n_1 \dot{I_1}' + n_2 \dot{I_2} = 0$$

$$\therefore \dot{I_1}' = -\frac{n_2}{n_1}\dot{I_2} = -\frac{1}{a}\dot{I_2} \quad \text{(1-12)}$$

이 $\dot{I_1}'$를 1차 부하전류라고 한다. 이때 1차 측에는 1차 부하전류 $\dot{I_1}'$와 여자전류 $\dot{I_0}$의 벡터합 즉,

$$\dot{I_1} = \dot{I_0} + \dot{I_1}' = \dot{I_0} - \frac{n_2}{n_1}\dot{I_2} = \dot{I_0} - \frac{1}{a}\dot{I_2}\,[\text{A}] \quad \text{(1-13)}$$

가 흐른다. 이것을 1차 전류라고 한다. 여기서, 여자전류 $\dot{I_0}$는 보통 매우 작으므로, 부하전류가 클 때에는 이것을 무시할 수 있다. 이러한 경우에는 1차 전류는 1차 부하전류와 같다고 생각하여도 무방하다.

$$\therefore \dot{I_1}' = -\frac{n_2}{n_1}\dot{I_2}\,[\text{A}] \quad \text{(1-14)}$$

식 (1-14)에서 알 수 있는 바와 같이 1차 전류와 2차 전류의 비, 즉 변류비는 부하전류가 큰 경우에는 권수비에 반비례한다.

위의 관계를 벡터로 표시하면 [그림 1-10]과 같다. 이 벡터도에서 다음과 같은 사실을 알 수 있다.

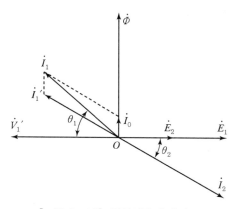

[그림 1-10] 전압전류의 벡터도

즉, 부하에 공급되는 전력 P_2는 $P_2 = E_2 I_2 \cos\theta_2[\text{W}]$
또, 전원에서 공급되는 전력 P_1은 $P_1 = V_1' I_1 \cos\theta_1[\text{W}]$
이상변압기에서는 손실이 없으므로 $P_1 = P_2$, 즉 효율은 100[%]로 된다.

> **예제 07** 1차 전압 3,300[V], 권수비 30인 단상변압기가 전등 부하에 20[A]를 공급할 때의 입력[kW]은?

풀이 $I_1 = \dfrac{I_2}{a} = \dfrac{20}{30} = \dfrac{2}{3}[A]$

전등 부하에서 역률 $\cos\theta = 1$이므로, 입력 P_1은

$P_1 = V_1 I_1 \cos\theta = 3,300 \times \dfrac{2}{3} \times 1 = 2,200[W] = 2.2[kW]$

답 2.2[kW]

4 실제의 변압기

1) 권선의 저항

이상변압기에서는 권선의 저항을 무시하고, 변압기의 내부에서는 손실이 없는 것으로 간주했으나, 실제의 변압기에서는 권선의 저항이 있으므로 이로 인해서 전압강하가 생기고, 또 동손이 발생한다. 따라서 권선에 유도되는 기전력은 이상변압기의 경우와 다소 다르다. 이 영향은 [그림 1−11] (a)와 같이 권선에 저항이 없는 것으로 하고, 이 권선의 저항과 같은 1차 저항 r_1, 2차 저항 r_2가 각각 1차 권선, 2차 권선에 직렬로 접속된 것으로 생각할 수 있다.

2) 주자속과 누설자속

이상변압기에서는 자속이 전혀 누설되지 않고, 전 자속이 1차와 2차의 권선에 쇄교하는 것으로 하였으나, 실제의 변압기에는 다소의 누설자속이 있다. [그림 1−11]의 (a)에서 $\varPhi$는 1차, 2차 권선과 쇄교하는 자속으로 주자속(Main Flux)이라 하며, $\varPhi_{l1}$은 1차 전류에 의해서 생기는 자속 중 1차 권선에만 쇄교하는 자속이고, $\varPhi_{l2}$는 2차 전류에 의해서 생기는 자속 중 2차 권선에만 쇄교하는 자속으로서 누설자속(Leakage Flux)이라고 한다. 주자속에 의해서 기전력이 유도되는 것과 같이, 누설자속에 의해서도 권선에 기전력이 유도된다. 그러나 1차의 누설자속 $\varPhi_{l1}$은 주자속 $\varPhi$와 같이 2차 권선에는 기전력을 유기하지 않고, 1차 권선에만 기전력을 유도하고, 또 2차의 누설자속 $\varPhi_{l2}$는 1차 권선에 기전력을 유도하지 않고, 2차 권선에만 기전력을 유도한다.

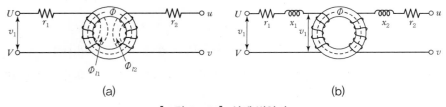

(a)   (b)

[그림 1−11] 실제 변압기

3) 누설 리액턴스

누설자속에 의해서 유도되는 기전력은 누설자속보다 $\pi/2$ 뒤지고, 크기는 누설자속의 크기에 비례한다. 또, Φ_{l1}, Φ_{l2}는 대부분 철심의 외부를 통하기 때문에, 각각 1차 전류와 2차 전류에 거의 비례해서 증감한다. 따라서 1차와 2차의 누설자속에 의해서 생기는 기전력 E_{l1} 및 E_{l2}는 다음과 같이 나타낼 수가 있다.

$$\dot{E}_{l1} = -jx_1\dot{I}_1, \ \dot{E}_{l2} = -jx_2\dot{I}_2 \ \cdots\cdots\cdots\cdots\cdots\cdots\cdots\cdots\cdots\cdots\cdots\cdots\cdots\cdots\cdots \ (1-15)$$

여기서, x_1과 x_2를 각각 1차와 2차의 누설 리액턴스(Leakage Reactance)라 하고 [그림 1−11] (b)의 x_1, x_2와 같이 각각 권선에 직렬로 접속한 것으로 취급할 수 있으며 r_1+jx_1과 r_2+jx_2를 각각 1차 누설 임피던스 및 2차 누설 임피던스라고 한다.

5 여자전류

1) 여자전류의 파형과 철손

변압기의 1차 단자에 가해지는 전압 v_1'를 정현파라고 하면, 이것과 평형을 유지하는 1차 유도 기전력 e_1도 당연히 정현파이어야 한다. 따라서 이것을 유도하는 자속 ϕ도 정현파이어야 한다. 그런데 변압기의 철심에는 자기포화현상과 히스테리시스 현상이 있으므로 자속 ϕ를 발생하는 전류 i_0는 [그림 1−12]와 같이 일그러진 파형(Distortion Wave)이 되어 정현파형으로 될 수가 없다. [그림 1−12]에서 보는 바와 같이 히스테리시스 현상으로 인하여 여자전류 i_0는 일그러질 뿐만 아니라 자속 ϕ보다 위상이 앞서게 되므로 i_0와 전압 v_1 간에는 전력이 발생하여 히스테리시스손(Hysteresis Loss)이 생기게 된다. 이 외에 철심에는 자속의 변화 때문에 와류가 흐르고 이로 인해서 와전류손(Eddy Current Loss)이 발생하게 된다. 이 히스테리시스손과 와류손의 합을 철손(Iron Loss)이라고 한다.

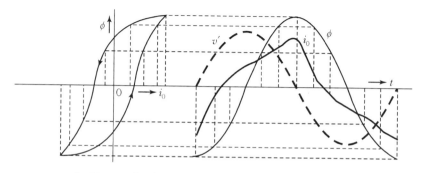

[그림 1−12] 히스테리시스 현상에 의한 여자전류의 파형

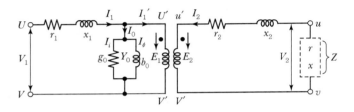

[그림 1 - 15] 변압기의 회로

이러한 내용을 고려하면 실제의 변압기회로는 [그림 1 – 15]와 같이 나타낼 수 있고 변압기의 여자전류 I_0는 여자 어드미턴스 Y_0에 흐르고, 부하 시에 이상변압기 부분의 2차 권선에 부하전류가 흐르면, 이에 따라 1차 권선에는 1차 부하전류 $I_1{}'$만이 흐른다고 생각할 수 있다.

예제 10 2[kVA], 3,000/100[V]인 단상변압기의 철손이 200[W]이면 1차에 환산한 여자 컨덕턴스[℧]는?

풀이 $g_0 = \dfrac{P_i}{(V_1{}')^2} = \dfrac{200}{3,000^2} = 22.2 \times 10^{-6}$[℧]

📖 22.2×10^{-6}[℧]

---

02 변압기의 등가회로

변압기 실제 회로는 전자유도작용에 의해서 결합된 두 개의 독립된 회로로 이루어지며 1차 측에서 2차 측으로 전력이 전달되는 것이지만 이와 같은 양들을 수량적으로 취급하기 위해 단일회로로 취급하는 것이 매우 편리하다. 이렇게 생각한 회로를 등가회로라고 한다.

1 무부하 시의 등가회로

[그림 1 – 16] (a)는 무부하의 경우를 표시한 것이며 이때의 벡터도는 그림 (b)와 같다. 여자전류 $\dot{I}_0$는 1차 기전력 E_1과 동상분의 철손전류 $\dot{I}_i$와 $\dot{E}_1$보다 90° 뒤진 위상의 자화전류 I_ϕ와의 합이다. 그래서 이들 $\dot{E}_1, \dot{I}_0, \dot{I}_i, \dot{I}_\phi$와 똑같은 관계를 가진 회로, 즉 등가회로는 그림 (c)와 같이 컨덕턴스(Conductance) g_0와 서셉턴스(Susceptance) b_0의 병렬회로로 표시할 수 있다.

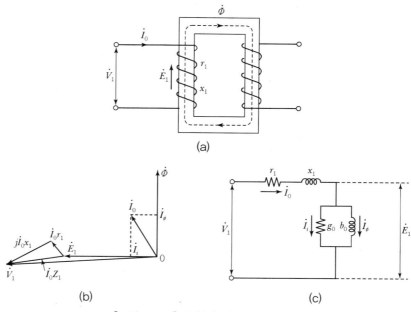

(a)

(b)　　　　　　　　　　　　　　　(c)

[그림 1 - 16] 무부하 시의 등가회로

그림 (c)에서

$$\dot{I_i} = g_0 \dot{E_1}, \quad g_0 = \frac{\dot{I_i}}{\dot{E_1}} \quad \cdots\cdots\cdots\cdots\cdots (1\text{-}21)$$

$$\dot{I_\phi} = b_0 \dot{E_1}, \quad b_0 = \frac{\dot{I_\phi}}{\dot{E_1}} \quad \cdots\cdots\cdots\cdots\cdots (1\text{-}22)$$

$$\dot{I_0} = Y \dot{E_1}, \quad \dot{Y} = \frac{\dot{I_0}}{\dot{E_1}} = \sqrt{g_0^{\,2} + b_0^{\,2}} \quad \cdots\cdots\cdots\cdots (1\text{-}23)$$

여자 어드미턴스(Exciting Admittance)는

$$\dot{Y} = g_0 - j\,b_0 \quad \cdots\cdots\cdots\cdots\cdots\cdots\cdots (1\text{-}24)$$

의 관계가 있도록 해야 한다. 그러면 그림 (c)에서 $\dot{V_1} = \dot{E_1} + \dot{I_0}\,r_1 + j\,\dot{I_0}\,x_1$ 이 되어 그림 (a)와 (b)의 전압관계를 만족시키고 있으므로 무부하의 변압기 등가회로는 그림 (c)가 됨을 알 수 있다.

② 2차를 1차로 환산한 등가회로

변압기에 부하를 접속하면 전압, 전류의 관계는 [그림 1 - 17] (a)와 같이 된다. 그림에서

2차 회로의 전체 임피던스를 $\dot{Z}_2$라 하면

$$\dot{Z}_2 = (r_2 + R_2) + j(x_2 + X_2)$$

이므로, 2차 전류 $\dot{I}_2$는

$$\dot{I}_2 = \frac{\dot{E}_2}{\dot{Z}_2} = \frac{\dot{E}_2}{(r_2 + R_2) + j(x_2 + X_2)} \quad \cdots\cdots\cdots\cdots\cdots\cdots\cdots\cdots\cdots\cdots (1-25)$$

그런데 $\dot{I}_2 = \dfrac{n_1}{n_2}\dot{I}_1{}' = a\dot{I}_1{}'$, $\dot{E}_2 = \dfrac{n_2}{n_1}\dot{E}_1 = \dfrac{1}{a}\dot{E}_1$

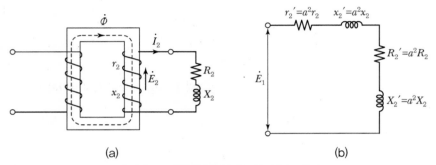

(a) (b)

[그림 1-17] 부하를 접속한 경우 등가회로

이들 관계를 식 (1-25)에 넣으면

$$a\dot{I}_1{}' = \frac{1}{a}\frac{\dot{E}_1}{\dot{Z}_2}$$

$$\therefore \dot{I}_1{}' = \frac{\dot{E}_1}{a^2\dot{Z}_2} = \frac{\dot{E}_1}{(a^2 r_2 + a^2 R_2) + j(a^2 x_2 + a^2 X_2)}$$

$$= \frac{\dot{E}_1}{(r_2{}' + R_2{}') + j(x_2{}' + X_2{}')} \quad \cdots\cdots\cdots\cdots\cdots\cdots\cdots\cdots (1-26)$$

$$r_2{}' = a^2 r_2, \; x_2{}' = a^2 x_2, \; R_2{}' = a^2 R_2, \; X_2{}' = a^2 X_2$$

여기에서 $a^2 r_2 + j a^2 x_2 = r_2{}' + j x_2{}'$를 1차에 환산한 2차 누설 임피던스라 한다. 식 (1-26)의 관계는 [그림 1-17] (b)와 같은 회로로 표시할 수 있다. 즉 변압기의 2차 측을 1차 측에 환산한 등가회로이다. 그런데 [그림 1-17] (b) 회로의 단자전압 E_1과 [그림 1-16] (c)에서 g_0 및 b_0로 된 병렬회로의 양단의 전압 E_1은 같으므로 이들 단자를 연결하여도 전류 $\dot{I}_1$ 및 $\dot{I}_0$에는 변화가 없으며, r_1 및 x_1에 흐르는 전류는 $\dot{I}_1 = \dot{I}_0 + \dot{I}_1$가 되어 부하를

건 변압기의 1차 측 전류와 같게 된다. [그림 1 – 18]을 1차 측에 환산한 등가회로라 부른다.

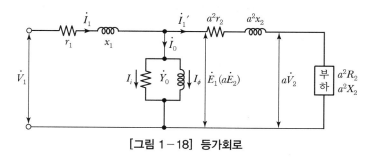

[그림 1 – 18] 등가회로

그런데 $\dot{I}_0$ 는 매우 작으므로 이 전류와 $\dot{Z}_1 = r_1 + jx$ 사이에 생기는 임피던스 전압 $\dot{Z}_1 \dot{I}_0$ 를 무시하면 등가회로는 [그림 1 – 18]과 같게 되어 더욱 간편해지므로 변압기의 등가회로는 [그림 1 – 19]를 쓰는 것이 보통이다.

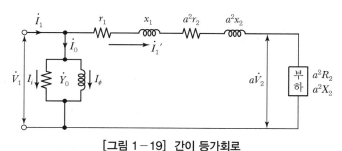

[그림 1 – 19] 간이 등가회로

예제 11 권수비 2, 2차 전압 100[V], 2차 전류 5[A], 2차 임피던스 20[Ω]인 변압기의
㉠ 1차 환산 전압 및 ㉡ 1차 환산 임피던스는?

① ㉠ 200[V], ㉡ 80[Ω] ② ㉠ 200[V], ㉡ 40[Ω]
③ ㉠ 50[V], ㉡ 10[Ω]   ④ ㉠ 50[V], ㉡ 5[Ω]

풀이 변압기의 1, 2차 전압, 전류, 임피던스 환산

구분	2차를 1차로 환산	1차를 2차로 환산
전압	$V_1 = aV_2$	$V_2 = \dfrac{V_1}{a}$
전류	$I_1 = \dfrac{I_2}{a}$	$I_2 = aI_1$
임피던스	$Z'_2 = a^2 Z_2$	$Z'_1 = \dfrac{Z_1}{a^2}$

• $V_1 = aV_2$에서 $V_1 = 2 \times 100 = 200$[V]
• $Z'_2 = a^2 Z_2$에서 $Z'_2 = 2^2 \times 20 = 80$[Ω]

답 ①

예제

12 단상 주상변압기의 2차 측(105[V] 단자)에 1[Ω]의 저항을 접속하고 1차 측에 1[A]의 전류가 흘렀을 때 1차 단자전압이 900[V]였다. 1차 측 탭 전압[V]과 2차 전류[A]는 얼마인가?(단, 변압기는 2상 변압기, V_T는 1차 탭 전압, I_2는 2차 전류이다.)

풀이 $R_1 = a^2 R_2 = a^2 \times 1 = a^2 [\Omega]$, $I_1 = \dfrac{V_1}{R_1} = \dfrac{V_1}{a^2} = \dfrac{900}{a^2} = 1[A]$, $a^2 = 900$, $\therefore a = 30$

$\therefore V_T = aV_2 = 30 \times 105 = 3,150[V]$

$\therefore I_2 = aI_1 = 30 \times 1 = 30[A]$

답 3,150[V], 30[A]

03 백분율 전압강하 및 전압변동률

1 단락전류

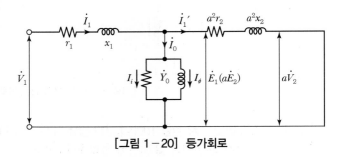

[그림 1 – 20] 등가회로

변압기의 2차 측을 단락하면 부하 임피던스 $\dot{Z} = 0$이므로 [그림 1 – 20]의 등가회로를 이용하여 단락전류를 구하면 다음 식과 같다.

여기서, 1차 단락전류를 I_{1s}, 2차 단락전류를 I_{2s}, 1차로 환산한 2차 임피던스를 각각 $\dot{Z}_1 = r_1 + jx_1$, $\dot{Z}_2' = a^2 \dot{Z}_2 = a^2(r_2 + jx_2) = r_2' + jx_2'$라고 하면

$$\dot{I}_{1s} = \frac{\dot{V}_1}{\dot{Z}_1 + \dfrac{1}{\dot{Y}_0 + (1/\dot{Z}_2')}} = \dot{V}_1 \frac{1 + \dot{Y}_0 \dot{Z}_2'}{\dot{Z}_1(1 + \dot{Y}_0 \dot{Z}_2') + \dot{Z}_2'} \quad \cdots\cdots (1\text{--}27)$$

$$\dot{I}_{2s} = \dot{I}_{1s} \frac{1/\dot{Y}_0}{(1/\dot{Y}_0) + \dot{Z}_2'} a = \dot{I}_{1s} \frac{a}{1 + \dot{Y}_0 \dot{Z}_2'} \quad \cdots\cdots (1\text{--}28)$$

보통변압기에서는 $Y_0 Z_2' \ll 1$이므로, 이를 무시하면

$$\dot{I}_{1s} = \frac{\dot{V}_1}{\dot{Z}_1 + \dot{Z}_2'}, \quad \dot{I}_{2s} = a \dot{I}_{1s}$$ ·· (1-29)

으로 하여도 좋다. 이것은 간이 등가회로에서 여자 어드미턴스를 생략한 것을 사용하여 계산한 것과 마찬가지이다. 변압기의 $\dot{Z}_1$, $\dot{Z}_2'$는 매우 작으므로 단락전류는 매우 크다. 다만, 위에서 구한 것은 정상 단락전류이고, 그 순시의 전류는 더 큰 값이 될 수도 있다.

② 단락시험과 누설 임피던스의 결정

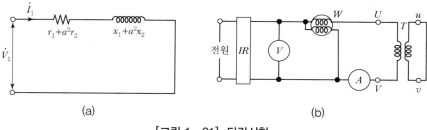

[그림 1-21] 단락시험

[그림 1-21] (b)와 같이 2차 단자를 단락하고, 유도전압조정기 IR로 1차 측에 정격 주파수의 저전압에서부터 서서히 상승하면서 1차 전압, 1차 전류 및 입력을 측정하는 것을 변압기의 단락시험이라 한다.

1차 단락전류가 정격전류 I_{1n} [A]와 같도록 1차 전압을 가하였을 때, 가해준 1차 전압을 임피던스 전압 V_s, 입력을 임피던스 와트 P_s [W]라 하며 임피던스 전압이 정격전압에 비하여 매우 낮으므로 철손을 무시하면 임피던스 와트는 전부하 동손과 거의 같다. 이 시험에서 권선의 저항, 누설 리액턴스를 구할 수 있다.

1차 전압이 $\dot{V}_1 = \dot{V}_{1s}$ 일 때 [그림 1-21] (a)와 식 (1-29)에서

$$\dot{Z}_1 + \dot{Z}_2' = (r_1 + a^2 r_2) + j(x_1 + a^2 x_2) = \frac{\dot{V}_1}{\dot{I}_{1s}}$$ ································ (1-30)

을 얻는다. 변압기의 저전압 측을 단락해 놓고, 고전압 측에 낮은 전압 V_1을 가했을 때의 단락전류 I_{1s}을 구하면, 누설 임피던스(Leakage Impedance)를 구할 수 있다.

이 시험을 할 때의 입력을 P_s라 하면,

$$I_{1s}^2 (r_1 + a^2 r_2) = P_s \, [\text{W}]$$ ·· (1-31)

식 (1−30)과 (1−31)에서

$$x_1 + a^2 x_2 = \sqrt{(V_1/I_{1s})^2 - (P_s/I_{1s}^2)^2} \ [\Omega] \ \cdots\cdots\cdots\cdots\cdots\cdots\cdots\cdots (1-32)$$

또, 무부하시험은 2차를 개방하고, 1차에 정격전압 $V_1{}'$을 가하면 전력계에는 철손전력 P_i가 나타나고, 전류계에는 무부하전류 I_o가 나타난다. 이렇게 해서 무부하전력을 측정할 수 있고, 이들을 이용하여 여자 어드미턴스를 구하여 간이 등가회로를 결정한다. 즉,

$$\left. \begin{array}{l} I_i = \dfrac{P_i}{V_1{}'}[\mathrm{A}], \ I_\phi = \sqrt{I_0^2 - I_i^2} = \sqrt{I_0^2 - \left(\dfrac{P_i}{(V_1{}')}\right)^2} \ [\mathrm{A}] \\[3mm] Y_0 = \dfrac{I_0}{V_1{}'} = \sqrt{g_0^2 + b_0^2}\ [\mho], \ g_0 = \dfrac{I_i}{V_1{}'} = \dfrac{P_i}{(V_1{}')^2}\ [\mho] \\[3mm] b_0 = \sqrt{Y_0^2 - g_0^2} = \sqrt{\left(\dfrac{I_0}{V_1{}'}\right)^2 - \left(\dfrac{P_i}{V_1{}'^2}\right)^2}\ [\mho] \end{array} \right\} \ \cdots\cdots\cdots (1-33)$$

정밀 등가회로를 그리기 위해서는 다음과 같은 가정을 한다.

$$x_1 = a^2 x_2 = \frac{x_1 + a^2 x_2}{2} \ \cdots\cdots\cdots\cdots\cdots\cdots\cdots\cdots\cdots\cdots\cdots\cdots\cdots\cdots\cdots (1-34)$$

예제 13 변압기의 임피던스 전압에 대한 설명으로 옳은 것은?

① 여자전류가 흐를 때의 2차 측 단자전압이다.
② 정격전류가 흐를 때의 2차 측 단자전압이다.
③ 정격전류에 의한 변압기 내부 전압강하이다.
④ 2차 단락전류가 흐를 때의 변압기 내의 전압강하이다.

풀이 변압기 2차 측을 단락한 상태에서 1차 측에 정격전류가 흐르도록 1차 측에 인가하는 전압

답 ③

③ 백분율 전압강하

단락전류 I_{1s}를 1차 정격전류와 같게 조정했을 때의 1차 전압을 임피던스 전압(Impedance Voltage), 이때의 입력 P_s[W]를 임피던스 와트라고 하며 1차 정격전류 I_{1n}에 의한 저항강하 및 임피던스 강하를 1차 정격전압 V_{1n}에 대한 백분율로 표시한 것을 각각 백분율 저항강하(% Resistance Drop), 백분율 임피던스 강하(% Impedance Drop)라고 한다.

$$\text{백분율 저항강하 } p = \frac{I_{1n}(r_1 + a^2 r_2)}{V_{1n}} \times 100[\%]$$

$$= \frac{I_{1n}^2(r_1 + a^2 r_2)}{V_{1n} I_{1n}} \times 100 \fallingdotseq \frac{P_S}{V_{1n} I_{1n}} \times 100[\%] \cdots\cdots (1-35)$$

$$\text{백분율 리액턴스 강하 } q = \frac{I_{1n}(x_1 + a^2 x_2)}{V_{1n}} \times 100[\%] \cdots\cdots\cdots\cdots\cdots (1-36)$$

$$\text{백분율 임피던스 강하 } z = \frac{I_{1n}\sqrt{(r_1 + a^2 r_2)^2 + (x_1 + a^2 x_2)^2}}{V_{1n}} \times 100$$

$$= \sqrt{p^2 + q^2} = \frac{V_s}{V_{1n}} \times 100[\%] \cdots\cdots\cdots\cdots\cdots (1-37)$$

식 (1−35)에 의해서 백분율 저항강하는 임피던스 와트의 변압기 용량에 대한 백분율과 같고, 식 (1−37)에서 백분율 임피던스 강하는 임피던스 전압의 정격전압에 대한 백분율과 같다.

2차를 단락하고, 1차 단자에 정격전압을 가했을 때의 1차 단락전류 I_{1s}와 정격전류 I_{1n}의 비는 다음 식과 같다.

$$\frac{I_{1s}}{I_{1n}} = \frac{V_{1n}}{I_{1n}\sqrt{(r_1 + a^2 r_2)^2 + (x_1 + a^2 x_2)^2}} = \frac{100}{z} \cdots\cdots\cdots\cdots\cdots\cdots (1-38)$$

예제 **14** 5[kVA], 3,000/200[V]의 변압기의 단락시험에서 임피던스 전압이 120[V], 동손이 150[W]라 하면 %저항강하는 몇 [%]인가?

풀이 $p = \dfrac{I_{1n}r}{V_{1n}} \times 100 = \dfrac{I_{1n}^2 r}{V_{1n}I_{1n}} \times 100 = \dfrac{P_c}{\text{kVA}} \times 100 = \dfrac{150}{5,000} \times 100 = 3[\%]$

답 3[%]

예제 **15** 10[kVA], 2,000/100[V] 변압기에서 1차 환산한 등가 임피던스는 $6.2 + j7[\Omega]$이다. 이 변압기의 %리액턴스 강하는?

풀이 $I_{1n} = \dfrac{10 \times 10^3}{2,000} = 5[\text{A}]$

$q = \dfrac{I_{1n}x}{V_{1n}} \times 100 = \dfrac{5 \times 7}{2,000} \times 100 = 1.75[\%]$

답 1.75[%]

16 어떤 변압기에서 임피던스 강하가 5[%]인 변압기가 운전 중 단락되었을 때 그 단락 전류는 정격전류의 몇 배인가?

풀이 단락비 $k_s = \dfrac{I_s}{I_n} = \dfrac{100}{z} = \dfrac{100}{5} = 20$이다. 즉, 단락전류는 $I_s = 20 I_n$으로 정격전류의 20배가 된다.

답 20배

4 전압변동률

변압기의 2차에 정격역률로 정격전류 I_{1n}이 흐를 때, 2차 단자의 전압이 정격전압 V_{2n}이 되도록 1차 전압과 부하를 조정한 다음, 1차 전압을 그대로 유지하면서 무부하로 했을 경우의 2차 단자전압을 V_{20}라고 하면, 전압 상승 $(V_{20} - V_{2n})$의 정격전압 V_{2n}에 대한 백분율을 전압변동률(Voltage Regulation)이라 하고, 다음 식과 같이 표시한다.

$$\varepsilon = \frac{V_{20} - V_{2n}}{V_{2n}} \times 100 [\%] \quad \cdots\cdots\cdots\cdots\cdots\cdots\cdots\cdots\cdots\cdots\cdots\cdots\cdots\cdots\cdots\cdots\cdots (1\text{--}39)$$

17 어떤 단상변압기의 2차 무부하전압이 240[V]이고 정격부하 시의 2차 단자전압이 230[V]이다. 전압변동률[%]은?

풀이 2차 무부하전압 V_{20}가 240[V], 정격부하 시의 2차 단자전압 V_{2n}가 230[V]일 때, 전압변동률 ε은

$$\therefore \varepsilon = \frac{V_{20} - V_{2n}}{V_{2n}} \times 100 = \frac{240 - 230}{230} \times 100 = \frac{10}{230} \times 100 = 4.35 [\%]$$

답 4.35[%]

04 변압기의 3상 결선

3상 교류전압을 변압하는 데는 3상 변압기를 사용하든가, 단상변압기 3개, 또는 2개를 적당히 결선해서 사용한다. 부하의 종류에 따라서는 교류의 상수(相數)를 바꿀 필요가 있으며, 또 부하의 증대에 따르기 위하여 여러 개의 변압기를 병렬로 연결해서 운전할 필요가 있다. 이러한 경우에는 극성, 즉 전압의 위상관계나 접속 등을 잘 알고 접속하여야 한다.

1 변압기의 극성

2개 이상의 변압기를 결선하는 경우, 또는 1개의 변압기라도 많은 권선이 있을 때, 이것을 결선하는 경우에는 유도 기전력의 방향을 알고 있어야 한다. 변압기의 극성(Polarity)이란 어떤 순간에 1차 단자와 2차 단자에 나타나는 유도 기전력의 상대적 방향을 표시하는 말이다. 이와 같이 극성은 변압기를 단독으로 사용하는 경우에는 거의 문제가 되지 않지만, 3상 결선을 하거나 병렬운전을 하는 경우에는 극성을 명확히 하여야 한다.

1) 극성의 결정방법

[그림 1−22]와 같이 외함의 같은 쪽에 있는 고저압단자 A와 a를 접속하고, 다른 단자 B와 b 사이에 전압계 V를 접속한다. 그리고 고압 측 A, B 사이에 적당한 전압 V_1를 가한 경우의 저압 측 a, b 사이의 전압을 V_2, 또 전압계 V의 값을 V_0로 한다. 이 경우에 $V_0 = V_1 - V_2$이면 A와 a, 따라서 B와 b는 동일한 극성이며 이 경우 변압기의 1차 권선과 2차 권선은 [그림 1−23] (a)와 같다. 이와 같이 같은 쪽에 있는 고저압단자(高低壓端子)가 동일한 극성이 되는 변압기를 감극성(減極性 : Subtractive Polarity)의 변압기라고 한다. 그런데 2차 권선을 감는 방법을 그림 (b)와 같이 그림 (a)와 반대로 하면, $V_0 = V_1 + V_2$가 되어서 A와 a, B와 b는 다른 극성이 된다. 이와 같은 변압기를 가극성(伽極性 : Additive Polarity)의 변압기라고 한다. 감극성 변압기를 표준으로 정하고 있다.

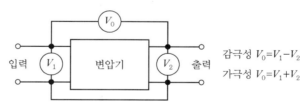

[그림 1−22] 극성시험 결선도

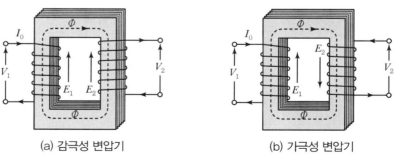

(a) 감극성 변압기　　　　　　(b) 가극성 변압기

[그림 1−23] 극성의 결정방법

2) 단자기호

표준 단자기호는 1차 권선을 U, V, 2차 권선을 u, v로 하고 [그림 1-24]와 같이 각각 외함의 같은 쪽에 붙인다.

(a) 감극성   (b) 가극성

[그림 1-24] 극성의 기호

또, U단자를 1차 단자 측에서 보아 오른쪽으로 놓는다. 따라서 U와 u가 외함의 동일한 쪽에 있는 것이 감극성이며, U와 u가 대각선상에 있는 것이 가극성이다. 이 기호는 유도 기전력의 방향이 UV에서 $U \rightarrow V$의 방향이면 uv에서도 동일하게 $u \rightarrow v$의 방향이라는 뜻이다.

3개의 단상변압기로 3상 결선을 하는 경우에 극성을 알고 있으면 [그림 1-25]와 같이 결선을 하나, 극성이 불명확할 때에는 극성시험을 하여 [그림 1-26]과 같이 1차와 2차로 나누어서 기입하고 변압기 한 개를 1차와 2차로 병행하여 그려 알기 쉽게 한다. 1차는 Y 결선으로 각 권선을 감기 시작하는 V_1, V_2, V_3을 결합해서 중성점으로 하고 끝나는 U_1, U_2, U_3을 단자로 하여 U, V, W의 기호로 바꾼다. 2차는 Δ 결선이며 각 권선을 차례로 접속하고 결합점을 u, v, w 단자로 한다.

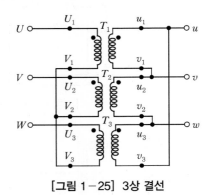

[그림 1-25] 3상 결선

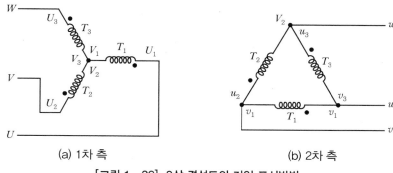

(a) 1차 측   (b) 2차 측

[그림 1−26] 3상 결선도의 기입 표시방법

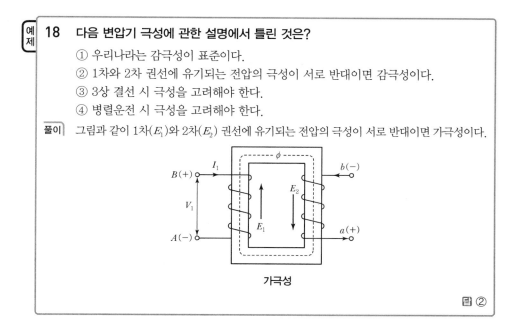

예제 18 다음 변압기 극성에 관한 설명에서 틀린 것은?

① 우리나라는 감극성이 표준이다.

② 1차와 2차 권선에 유기되는 전압의 극성이 서로 반대이면 감극성이다.

③ 3상 결선 시 극성을 고려해야 한다.

④ 병렬운전 시 극성을 고려해야 한다.

풀이 그림과 같이 1차(E_1)와 2차(E_2) 권선에 유기되는 전압의 극성이 서로 반대이면 가극성이다.

가극성

답 ②

2 3상 결선 방식

단상변압기를 사용하여 3상 변압을 할 때에는 대개 3개 또는 2개의 변압기를 사용한다. 이때에 변압기는 용량, 전압, 주파수 등의 정격이 동일하며, 권선의 저항, 누설 리액턴스, 여자전류 등이 모두 똑같아야 한다.

대칭전압 평형부하의 경우에 대하여 전압과 전류의 관계 및 벡터도의 기입방법 등에 대하여 알아보자.

1) $\Delta - \Delta$ 결선(Delta – Delta Connection)

[그림 1 – 27]은 3개의 단상변압기를 1차와 2차 모두 Δ결선으로 한 것이며, 이것을 1차와 2차로 나누어서 나타내면 [그림 1 – 28]과 같다. 1차 권선에는 선간전압 $\dot{V}_{UV}$, $\dot{V}_{VW}$, $\dot{V}_{WU}$가 그대로 가해지고 각 상에 여자전류가 흘러서 1차 기전력 $\dot{E}_U$, E_V, E_W를 유도한다. 2차 권선에서는 각각 크기가 1차 기전력의 $1/a$ 이며 같은 상의 2차 기전력 $\dot{E}_u$, $\dot{E}_v$, $\dot{E}_w$를 유도한다.

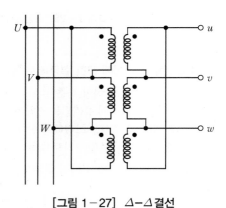

[그림 1 – 27] $\Delta-\Delta$결선

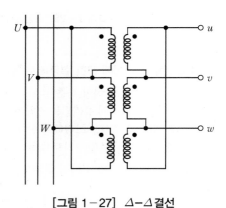

(a) 1차 측 (b) 2차 측

[그림 1 – 28] $\Delta-\Delta$결선도의 기입 표시방법

다음에 2차 단자에 평균부하를 접속시키면 3상 전류가 흐른다. 2차 상전류 $\dot{I}_\alpha$, $\dot{I}_\beta$, $\dot{I}_\gamma$는 2차 기전력 $\dot{E}_u$, $\dot{E}_v$, $\dot{E}_w$보다 각각 역률각 θ 만큼 늦고, 2차 선전류 $\dot{I}_u$, $\dot{I}_v$, $\dot{I}_w$와 상전류의 관계 및 1차 측에 대한 전압, 전류의 관계를 벡터도로 나타내면 [그림 1 – 29]와 같다. 단, 여자전류는 작기 때문에 생략하고 있다.

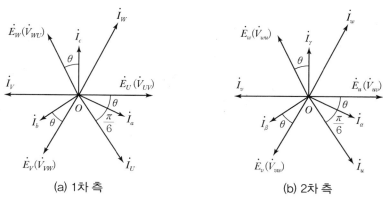

| (a) 1차 측 | (b) 2차 측 |

[그림 1-29] $\Delta - \Delta$ 결선의 벡터도

2) Y-Y결선(Star-Star Connection)

[그림 1-30]은 1차와 2차가 모두 Y결선한 것이며, 이것을 1차와 2차로 나누어서 단자접속 및 전압과 전류의 관계를 나타내면 [그림 1-31]과 같다. 1차 및 2차의 전압과 전류의 관계를 벡터도로 나타내면 [그림 1-32]와 같고 선간전압과 상전압의 위상차는 $\pi/6$ [rad]이며 다음과 같은 관계가 있다.

$$I_l = I_p$$
$$V_l = \sqrt{3}\ V_p$$
$$P_{\text{bank}} = 3\,V_p\,I_p = \sqrt{3}\ V_l\,I_l$$

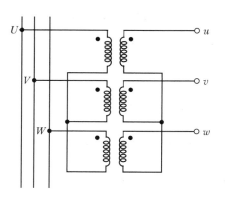

[그림 1-30] Y-Y결선

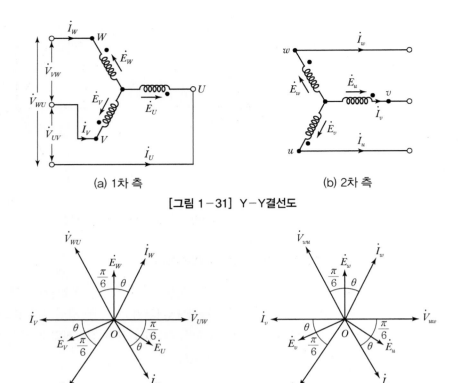

(a) 1차 측   (b) 2차 측

[그림 1-31] Y-Y결선도

(a) 1차 측   (b) 2차 측

[그림 1-32] Y-Y결선의 벡터도

3) Δ -Y결선(Delta-Star Connection)

[그림 1-33]과 같이 1차를 Δ, 2차를 Y로 결선한 것이며, 1차 및 2차의 전압과 전류의 관계를 벡터도로 그리면 [그림 1-34]와 같고, 2차 선간전압 $\dot{V}_{uv}$ 는 1차 선간전압 $\dot{E}_U(\dot{V}_{UV})$ 보다 $\pi/6$ 정도 앞서는 것에 주의해야 한다.

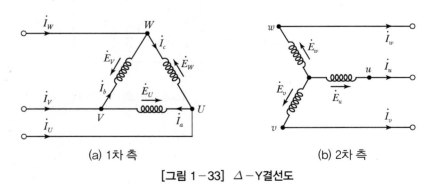

(a) 1차 측   (b) 2차 측

[그림 1-33] Δ-Y결선도

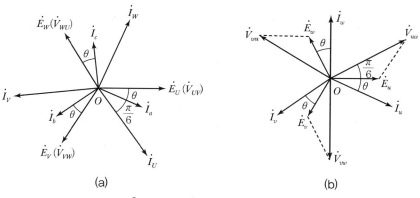

(a) (b)

[그림 1－34] Δ－Y결선의 벡터도

4) Y－Δ 결선(Star－Delta Connection)

[그림 1－35]는 1차를 Y, 2차를 Δ로 접속한 것이다. 1차 및 2차의 전류와 전압의 관계를 벡터도로 그리면 [그림 1－36]과 같이 되고, 2차 선전전압 $\dot{E}_u\,(\dot{V}_{uv})$는 1차 선간전압 $\dot{V}_{uv}$ 보다 $\pi/6$만큼 늦는 것을 알 수 있다.

(a) 1차 측 (b) 2차 측

[그림 1－35] Y－Δ결선도

(a) 1차 측 (b) 2차 측

[그림 1－36] Y－Δ결선의 벡터도

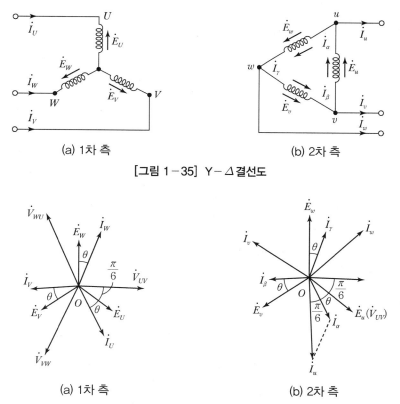

예제 20 다음 그림은 단상변압기 결선도이다. 1, 2차는 각각 어떤 결선인가?

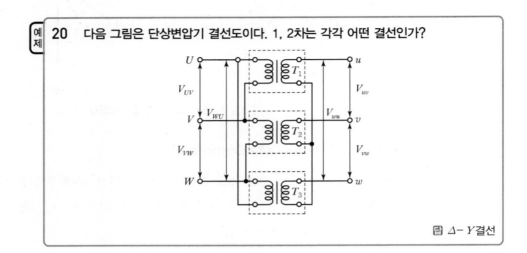

답 $\Delta - Y$ 결선

5) V결선(V-connection)

[그림 1-37]과 같이 V결선은 $\Delta - \Delta$ 결선으로 한 단상변압기 3개 중 한 개를 제거한 결선법이다. 즉, 3개의 단상변압기에서 1차와 2차가 모두 $\Delta - \Delta$ 결선으로 구성한 경우 그중 한 개를 제거해도 나머지 2개의 변압기로 규정전압 상태대로 3상 전압을 3상으로 변환할 수가 있다.

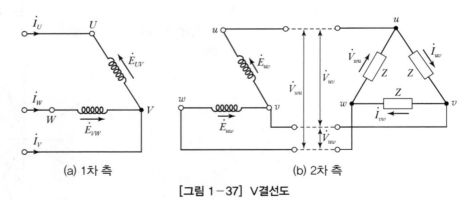

(a) 1차 측   (b) 2차 측

[그림 1-37] V결선도

즉, [그림 1-37] (b)에서 2차 측의 각 단자전압 $\dot{V}_{uv}$, $\dot{V}_{uw}$, $\dot{V}_{wu}$ 는 다음과 같다.

$$\dot{V}_{uv} = \dot{E}_{uv}, \quad \dot{V}_{uw} = \dot{E}_{uw}, \quad \dot{V}_{wu} = -\dot{E}_{uv} - \dot{E}_{uw}$$

이것을 벡터도로 그리면 [그림 1 – 38]과 같이 되어서 $\dot{V}_{uv}$, $\dot{V}_{uw}$, $\dot{V}_{wu}$ 는 대칭 3상 전압으로 된다.

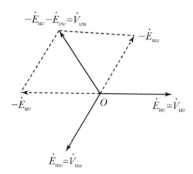

[그림 1 – 38] V결선의 2차 전압, 전류의 벡터도

③ 각종 3상 결선의 장단점

송배전 선로에서 변압기의 결선 방식을 결정할 때는 각 결선의 장단점을 검토하여 송배전 선로에 맞는 결선 방식을 결정한다.

1) $\Delta - \Delta$ 결선

① 단상변압기 3대 중 한 대가 고장일 때에는 이것을 제거하고 나머지 2대를 V결선으로 하여 송전을 계속시킬 수 있다.

② 제3고조파 전압은 각 상이 동상으로 되기 때문에 안에는 순환전류가 흐르지만, 외부에는 흐르지 않으므로 통신장해의 염려가 없다.

③ 중성점을 접지할 수 없다. 따라서 33[kV] 이하의 배전변압기에 주로 사용되며 110[kV] 이상의 계통에는 전혀 사용하지 않는다.

④ 동일한 선간전압에 대하여 Y결선보다도 1상에 가해지는 전압이 높으므로 권수가 많아지고 대부분의 경우에는 절연 때문에 권선의 점적률이 낮아진다.

2) Y – Y결선

① 중성점을 접지시킬 수 있다.

② 권선전압이 선간전압의 $1/\sqrt{3}$ 이 되기 때문에 절연이 쉽게 되는 등의 이점이 있으나, 기전력에 고조파를 포함하고, 중성점이 접지되어 있을 때에는 선로에 제3고조파를 주로 하는 충전전류가 흐르고 통신장해를 주는 일이 있다. 따라서 이 결선은 거의 사용하지 않으나, 3차 권선을 설치하여 $Y - Y - \Delta$ 의 3권선 변압기로 한 것은 송전용에 널리 사용된다.

3) Y − △결선, △ − Y결선

△ − Y결선은 발전소용 변압기와 같이 낮은 전압을 높은 전압으로 올리는 경우에 주로 사용되고, Y − △결선은 수전단 변전소용 변압기와 같이 높은 전압을 낮은 전압으로 내리는 경우에 주로 사용된다.

① 이 결선에서는 1차 측이든지 2차 측이든지 어느 한쪽에 △결선이 있고 여자전류의 제3고조파 통로가 있기 때문에 제3고조파에 의한 장해가 적다.

② Y결선의 중성점을 접지할 수 있다.

③ 1차 선간전압과 2차 선간전압 사이에 $\pi/6$의 위상차가 생긴다.

4) V − V결선

① 주상변압기에서는 설치방법이 간단하며 소용량으로 가격도 저렴하므로 3상 부하에 널리 사용된다.

② 부하가 증가하는 경우 △ − △결선으로 할 것을 예정하여 처음에 2개로 V결선해서 사용하는 일이 있다.

③ 변압기 용량의 이용률은 $\sqrt{3}/2 = 0.866$으로 나쁘고 부하의 상태에 따라서는 2차 단자전압이 불평형으로 된다.

단상변압기 2차 측의 정격전압 및 전류를 각각 V_{2n}, I_{2n}이라 하면, 전부하일 때의 선간전압 V_{l2}, 선로전류 I_{l2} 및 용량은 다음과 같다.

3상 출력 $= 3 \times$ 단상출력

Y결선에서는 $V_{l2} = \sqrt{3}\,V_{2n}$, $I_{l2} = I_{2n}$

용량 $P_Y = \sqrt{3}\,V_{l2}I_{l2} \times 10^{-3} = 3V_{2n}I_{2n} \times 10^{-3}[\text{kVA}]$ ·················· (1−40)

$\triangle$결선에서는 $V_{l2} = V_{2n}$, $I_{l2} = \sqrt{3}\,I_{2n}$

용량 $P_\triangle = \sqrt{3}\,V_{l2}I_{l2} \times 10^{-3} = 3V_{2n}I_{2n} \times 10^{-3}[\text{kVA}]$ ·················· (1−41)

V결선에서는 $V_{l2} = V_{2n}$, $I_{l2} = I_{2n}$

용량 $P_v = \sqrt{3}\,V_{l2}I_{l2} \times 10^{-3} = \sqrt{3}\,V_{2n}I_{2n} \times 10^{-3}[\text{kVA}]$ ·············· (1−42)

따라서 V결선과 △결선의 용량비는 다음과 같다.

$$\frac{P_v}{P_3} = \frac{\sqrt{3}\,V_{2n}\,I_{2n}}{3\,V_{2n}\,I_{2n}} = \frac{1}{\sqrt{3}} \fallingdotseq 0.577 \quad\text{·····················} (1-43)$$

동시에 V결선한 변압기 1개당의 이용률은 다음과 같다.

$$\frac{\sqrt{3}\, V_{2n}\, I_{2n}}{2\, V_{2n}\, I_{2n}} = \frac{\sqrt{3}}{2} \fallingdotseq 0.866 \quad \text{..} \quad (1-44)$$

예제 21 변압기 V결선의 특징으로 틀린 것은?

① 고장 시 응급처치방법으로도 쓰인다.
② 단상변압기 2대로 3상 전력을 공급한다.
③ 부하 증가가 예상되는 지역에 시설한다.
④ V결선 시 출력은 Δ결선 시 출력과 그 크기가 같다.

풀이 Δ결선 시 출력과 V결선 시 출력의 출력비 $\dfrac{P_V}{P_\Delta} = \dfrac{\sqrt{3}\,P}{3P} = 0.577 = 57.7[\%]$ 이다.

즉, V결선 시 출력은 Δ결선 시 출력의 57.7[%]이다.

답 ④

예제 22 용량 100[kVA]인 동일 정격의 단상변압기 4대로 낼 수 있는 3상 최대 출력 용량 [kVA]은?

풀이 2대로 V결선으로 했을 경우의 출력은 $\sqrt{3}\,P$, 4대일 때는 $2\sqrt{3}\,P$이므로
$2\sqrt{3}\,P = 2\sqrt{3} \times 100 = 200\sqrt{3}\,[\text{kVA}]$

답 $200\sqrt{3}\,[\text{kVA}]$

05 변압기의 병렬운전

1 단상변압기의 병렬운전

변압기의 부하 증대 또는 경제적인 운전이라는 점에서 2대 이상이 변압기의 1차 측과 2차 측을 각각 병렬로 운전할 필요가 있을 때가 있다. 이것을 변압기의 병렬운전이라 하고, 병렬운전이 이상적으로 이루어지려면, 각 변압기가 그 용량에 비례해서 전류를 분담하고, 변압기 상호 간에 순환전류가 흐르지 않으며, 각 변압기의 전류의 대수합이 항상 전체의 부하전류와 같아야 한다.

위와 같은 결과를 얻으려면 다음과 같은 조건이 필요하다.
① 각 변압기의 극성이 같을 것
② 각 변압기의 권수비가 같고, 1차와 2차의 정격전압이 같을 것
③ 각 변압기의 %임피던스 강하가 같을 것

이상의 조건을 만족한 N대의 변압기를 병렬로 운전하면 N배의 용량을 가진 한 대의 변압기와 같은 역할을 한다. 만일 2차 권선의 극성이 반대인 변압기를 연결하면, 2차 권선의 순환회로에 2차 기전력의 합이 가해지므로, 2차 권선을 소손할 염려가 있다. 또, 권수비가 다르면, 2차 기전력의 크기가 서로 다르게 되므로, 그 차에 의해서 2차 권선의 순환회로에 순환전류(횡류)가 흘러서 권선을 과열하게 된다. ③의 조건을 만족하지 못하면 부하의 분담이 용량의 비로 되지 않게 되어 변압기의 용량합 만큼 부하전력을 공급할 수 없게 된다.

② 3상 변압기군의 병렬운전

단상변압기 3대로 3상 결선된 것(뱅크)을 병렬운전하는 경우에는, 단상변압기의 병렬운전 조건 외에 상회전(相回轉 : Phase Rotation)의 방향 및 1차, 2차 선간 유도 기전력의 위상변위(位相變位 : Phase Deviation)가 같지 않으면 안 된다. 정격 1차, 2차 전압이 같으면 같은 위상변위일 때 동일한 기호의 단자를 접속하여 병렬운전을 할 수 있다.

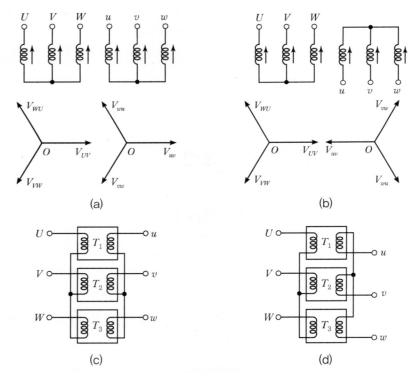

[그림 1 – 39] 3상 결선과 벡터도 및 실제 결선도

3상 변압을 하는 경우에는 예를 들면 같은 Y−Y결선이라도 [그림 1−39]와 같이 극성을 반대로 하는 두 가지 종류의 결선법이 된다. 따라서 모두 Y결선 방식이라도 접속방법에 따라 1차 측과 2차 측의 전압벡터 관계가 그림 (a), (b)와 같이 다르게 되며, 실제 결선도는 (c), (d)와 같은 차이점이 있다. 이 관계는 1차와 2차가 대응하는 유도전압 사이의 위상차로 표시되며 위상변위라고 한다. 즉, 위상변위란 [그림 1−40]의 전압벡터도 중에서 1차 측 중성점에서부터 U와의 직선과 2차 측 중심점에서부터 u와의 직선 사이의 각도이며, 시계식으로 측정한 각도를 (+)로 한다. [그림 1−40]은 각종 결선에 대해서 위상변위를 나타낸 것이다.

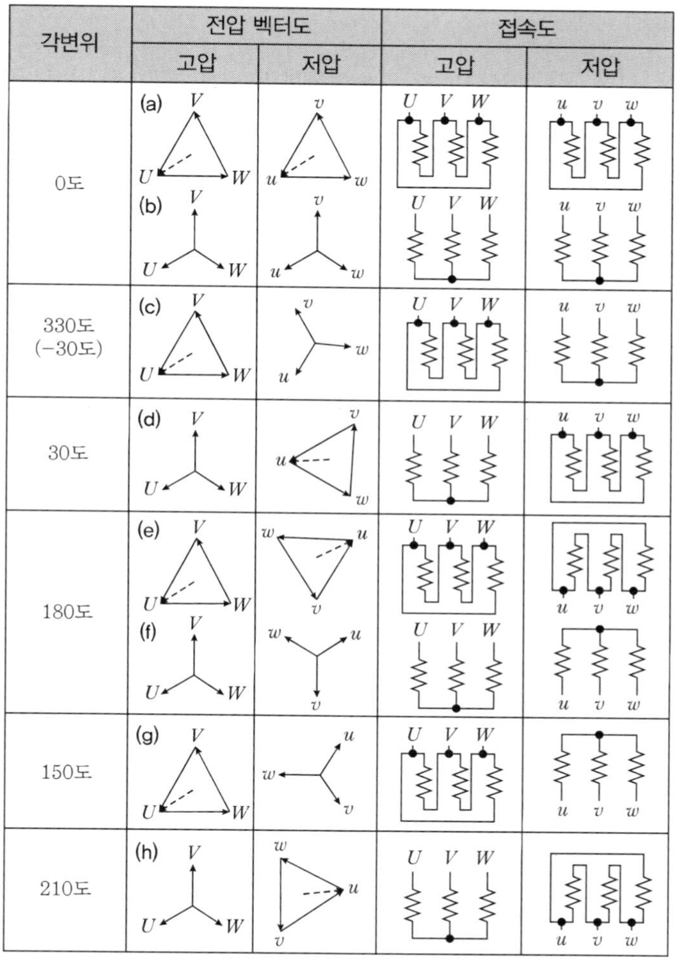

각변위	전압 벡터도		접속도	
	고압	저압	고압	저압
0도	(a)			
	(b)			
330도 (−30도)	(c)			
30도	(d)			
180도	(e)			
	(f)			
150도	(g)			
210도	(h)			

[그림 1−40] 3상 결선의 위상 변위

병렬운전이 가능한 결선과 불가능한 조합을 나타내면 [표 1−2]와 같다. V−V는 Δ−Δ와 같이 취급해도 좋으므로 병렬운전의 가능, 불가능은 Δ−Δ에 준한다.

[표 1-2] 3상 변압기의 병렬운전 결선 조합

가능	불가능
$\Delta - \Delta$와 $\Delta - \Delta$	$\Delta - \Delta$와 $\Delta - Y$
$Y - Y$와 $Y - Y$	$\Delta - Y$와 $\Delta - Y$
$Y - \Delta$와 $Y - \Delta$	
$\Delta - Y$와 $\Delta - Y$	
$\Delta - \Delta$와 $Y - Y$	
$\Delta - Y$와 $Y - \Delta$	

예제 **23** 3상 변압기의 병렬운전 시 병렬운전이 불가능한 결선 조합은?

① $\Delta - \Delta$와 $Y - Y$ ② $\Delta - \Delta$와 $\Delta - Y$

③ $\Delta - Y$와 $\Delta - Y$ ④ $\Delta - \Delta$와 $\Delta - \Delta$

답 ②

06 손실, 효율 및 정격

1 손실

변압기의 손실(Loss)은 부하전류와 관계가 있는 부하손실(Load Loss)과 관계 없는 무부하손실(No-load Loss), 두 가지로 나눌 수 있다. 무부하손실은 여자전류에 의한 저항손과 절연물의 유전체손(Dielectric Loss)도 다소 포함되어 있으나 주로 철손을 말한다. 그리고 부하손실은 주로 부하전류에 의한 저항손이지만, 기타 부하전류에 의한 누설자속에 관계되는 권선 내의 손실, 외함, 볼트 등에 생기는 손실로 계산으로도 구하기 어려운 표유부하손(Stray Load Loss)이 있다.

변압기에는 회전부분이 없으므로 기계적 손실이 없고 따라서 효율은 일반 회전기에 비하여 매우 양호하며 5[kVA] 정도의 소형인 것은 96[%] 정도이고 10,000[kVA] 이상의 대형인 것은 99[%] 이상인 것도 있다.

1) 무부하손

2차 권선을 개방하고, 1차 단자 간의 정격전압을 가했을 때 생기는 손실로서 주로 철손이고 여자전류에 의한 저항손은 작은 전력이고 또 유전체손은 전압이 매우 높은 것 이외는 작으므로 보통의 변압기에서는 모두 무시한다.

철손은 히스테리시스손과 와전류손의 합을 말하는 것으로서 무부하손의 대부분을 차지하고 있으므로 보통 무부하손이라고 하면 철손이라고 생각하여도 된다.

히스테리시스손은 많은 실험결과 다음과 같은 식으로 표시되고 있다.

$$P_h = \sigma_h \, f \, B_m^{1.6} \sim \sigma_h \, f \, B_m^2 [\text{W/kg}] \quad \cdots\cdots\cdots\cdots\cdots\cdots\cdots\cdots\cdots\cdots (1-45)$$

여기서, σ_h 는 재료에 따르는 정수로서 히스테리시스 정수라 하고 f 는 주파수[Hz], B_m 는 자속밀도의 최댓값[Wb/m²]이다.

철손의 약 80[%]는 히스테리시스손이고 또 변압기에서는 기계손이 없어 철손의 대소가 효율에 미치는 영향이 크므로 철심으로서는 σ_n 가 작은 규소강판이 사용된다. 와전류손은 자속의 변화에 의해서 철심내부에 유도되는 와전류에 의한 것으로서 많은 실험결과 다음의 식으로 표시되고 있다.

$$P_e = \sigma_e \, (t \, f \, k_f \, B_m)^2 [\text{W/kg}] \quad \cdots\cdots\cdots\cdots\cdots\cdots\cdots\cdots\cdots\cdots\cdots\cdots (1-46)$$

여기서, σ_e 는 재료에 의한 정수, t 는 철판의 두께[m], f 는 주파수[Hz], k_f 는 파형률이다. 위 식에서 알 수 있는 바와 같이 와전류손을 적게 하기 위해서는 가급적 얇은 철판을 쓰는 것이 바람직하다.

2) 무부하시험(No Load Test)

[그림 1-41]과 같이 2차를 개방하고 1차 단자에 정격주파수, 정격전압 V_{1n} 을 가하여 전류 I_0(여자전류)와 전력 P_0 을 측정한다. 이 P_0 에서 1차 동손을 뺀 것이 철손 P_i [W]가 된다.(유전체손을 무시) 이 시험결과에서 여자 어드미턴스 Y_0 [℧]와 위상각 θ_0 를 계산하면 다음과 같다.

$$\left. \begin{array}{l} Y_0 = \dfrac{I_0}{V_{1n}}, \ g_0 = \dfrac{P_i}{V_{1n}^2} \\[3mm] b_0 = \sqrt{\left(\dfrac{I_0}{V_{1n}}\right)^2 - \left(\dfrac{P_i}{V_{1n}^2}\right)^2} \ [\text{℧}] \\[3mm] \cos\theta_0 = \dfrac{P_i}{V_{1n} I_0} \end{array} \right\} \quad \cdots\cdots\cdots\cdots\cdots\cdots\cdots\cdots (1-47)$$

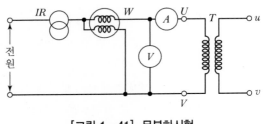

[그림 1 – 41] 무부하시험

3) 부하손

변압기의 부하손은 부하전류에 의한 저항손(Ohmic Loss), 즉 동손과 표유부하손으로 분류되고 이 손실은 보통 매우 작다.

직류로 측정했을 때 1차 저항이 r_1[Ω], 2차 저항이 r_2[Ω]이면 동손은 다음과 같다.

$$P_c = k I_1^2 (r_1 + a^2 r_2)\,[\mathrm{W}] \quad\cdots\cdots\cdots\cdots\cdots\cdots\cdots\cdots\cdots\cdots\cdots\cdots\cdots\cdots\cdots (1\text{–}48)$$

$$\text{여기서, } k = \frac{\text{교류저항}}{\text{직류저항}} = 1.1 \sim 1.25 \quad\cdots\cdots\cdots\cdots\cdots\cdots\cdots\cdots\cdots (1\text{–}49)$$

4) 단락시험(Short Circuit Test)

[그림 1 – 42]와 같이 2차 측을 단락하고 1차 측에 정격주파수의 저전압을 가하여 유도 전압조정기 IR로 서서히 상승하면서 1차 전류와 입력을 측정한다. 1차 전류가 정격전류 I_{1n} [A]와 같을 때의 입력 P_S [W]가 부하손(전압이 낮으므로 철손은 무시)이고, 이때의 전압계의 지시 V_S[V]는 임피던스 전압이다. 이 시험을 단락시험이라 하고, 권선의 저항, 누설 리액턴스를 구할 수 있다.

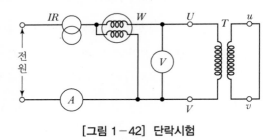

[그림 1 – 42] 단락시험

예제 24 다음 중 변압기의 무부하손으로 대부분을 차지하는 것은?

① 유전체손   ② 동손

③ 철손   ④ 표유 부하손

풀이 무부하손＝철손＋유전체손＋표유부하손에서 유전체손과 표유부하손은 대단히 작으므로 보통 무시한다.

답 ③

2 효율

전기기계의 효율에는 출력과 입력을 측정해서 구하는 실측효율(Actual Measured Efficiency)과 규약에 따라 손실을 결정하여 계산으로 구하는 규약효율(Conventional Efficiency)이 있다. 변압기의 효율은 규약효율을 표준으로 한다.

1) 규약효율

변압기의 효율은 정격 2차 전압 및 정격주파수에 있어서의 출력[kW], 또는 입력과 전손실을 기준으로 해서 다음과 같이 구한다.

$$효율\ \eta = \frac{출력}{출력 + 손실} \times 100 = \frac{입력 - 손실}{입력} \times 100[\%] \quad \cdots\cdots\cdots\cdots\cdots (1-50)$$

이와 같이 정한 것을 규약효율이라고 한다. 특히 지정하지 않았을 때의 역률은 100[%], 온도는 75[℃]로 가정한다.

$$\eta = \frac{출력}{출력 + 철손 + 부하손} \times 100[\%]$$

$$= \frac{V_2 I_2 \cos\theta_2}{V_2 I_2\cos\theta_2 + P_i + I_2^2 r} \times 100[\%] \quad \cdots\cdots\cdots\cdots\cdots\cdots (1-51)$$

2) 최대 효율

식 (1-51)에 부하율 $\dfrac{1}{m}$일 때 정격전압 V_{2n}, 정격전류 I_{2n}, 역률 $\cos\theta_2$, 철손 P_i, 전부하동손 P_c를 대입하면

$$\eta = \frac{\dfrac{1}{m} V_{2n} I_{2n}\cos\theta_2}{\dfrac{1}{m} V_{2n} I_{2n}\cos\theta_2 + P_i + \left(\dfrac{1}{m}\right)^2 P_c}$$

$$= \frac{V_{2n} I_{2n}\cos\theta_2}{V_{2n} I_{2n}\cos\theta_2 + mP_i + \dfrac{1}{m}P_c} \quad \cdots\cdots\cdots\cdots\cdots\cdots (1-52)$$

공급전압과 주파수가 일정하면, $P_l = mP_i + \dfrac{P_c}{m}$가 최소일 때 효율은 최대가 되므로 효율이 최대가 되는 부하율 $\dfrac{1}{m}$은

$$\frac{dP_l}{dm} = P_i - \left(\frac{1}{m}\right)^2 P_c = 0$$

$$P_i = \left(\frac{1}{m}\right)^2 P_c \quad \text{...} \quad (1-53)$$

따라서

$$\frac{1}{m} = \sqrt{\frac{P_i}{P_c}} \quad \text{...} \quad (1-54)$$

즉, 부하율 $\frac{1}{m}$ 일 때 철손과 동손이 같으면 최대 효율(Maximum Efficiency)이 된다. 전력용 변압기는 전부하의 75[%] 정도, 배전용 변압기는 전부하의 60[%] 정도에서, 즉 어느 정도 경부하에서 $P_i = P_c$ 가 되어 최대 효율이 되도록 만든다.

부하와 효율 및 손실과의 관계를 나타내면 [그림 1 − 43]과 같다.

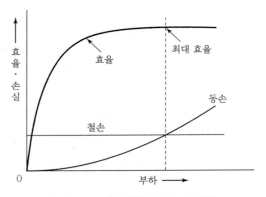

[그림 1 − 43] 부하의 손실 및 효율

예제 25 5[kVA] 단상변압기의 무유도 전부하에서의 동손은 120[W], 철손은 80[W]이다. 전부하의 $\frac{1}{2}$ 되는 무유도 부하에서의 효율[%]은?

풀이
$$\eta = \frac{VI\cos\phi}{VI\cos\phi + P_i + P_c} \times 100$$

$$\therefore n_{\frac{1}{2}} = \frac{5 \times 10^3 \times \frac{1}{2}}{5 \times 10^3 \times \frac{1}{2} + 80 + 120 \times \left(\frac{1}{2}\right)^2} \times 100$$

$$= \frac{2,500}{2,500 + 80 + 30} \times 100 = 95.8[\%]$$

답 95.8[%]

예제 **26** 150[kVA]의 변압기 철손이 1[kW], 전부하 동손이 2.5[kW]이다. 이 변압기의 최대 효율은 몇 [%] 전부하에서 나타나는가?

풀이 변압기 효율은 $m^2 P_c = P_i$ 일 때 최대이므로 $m^2 \times 2.5 = 1$ $\therefore m = \sqrt{\dfrac{1}{2.5}} = 0.632$

즉, 63.2[%] 부하에서 최대 효율이 된다.

📖 63.2[%]

3) 전일효율

배전용 변압기와 부하는 항상 변화하므로 정격출력에서의 효율보다는 어느 일정기간 동안의 효율을 생각하지 않으면 안 된다. 이를 위해서 하루 중의 출력 전력량과 입력 전력량의 비를 전일효율(Allday Efficiency)로 정하고 다음 식과 같이 계산한다.

$$\eta_d = \frac{\sum h \dfrac{1}{m} V_{2n} I_{2n} \cos\theta_2}{\sum h \dfrac{1}{m} V_{2n} I_{2n}\cos\theta_2 + 24 P_i + \sum h \left(\dfrac{1}{m}\right)^2 P_c} \times 100 \quad \cdots\cdots\cdots\cdots (1-55)$$

식 (1−55)는 하루 종일 전압이 일정한 전원에 연결한 변압기에 부하 $P_2 = \sum \dfrac{1}{m} V_{2n} I_{2n} \cos\theta_2$ 가 h 시간 동안 걸렸을 때의 전일효율을 나타낸 것이다.

③ 정격

변압기의 정격이란 지정된 조건하에서의 사용한도로서, 이 사용한도는 피상전력으로 표시하고, 이것을 정격용량(Rated Capacity)이라 한다. 지정된 조건이란 정격용량에 대한 전압, 전류, 주파수 및 역률을 말하고, 이것을 각각 정격전압, 정격전류, 정격주파수 및 정격역률이라고 한다. 위에서 말한 사용한도와 지정조건은 명판(Name Plate)에 표시하여야 한다(KS C 4001).

변압기의 정격출력이란 정격 2차 전압, 정격 2차 전류, 정격주파수 및 정격역률로 2차 단자 사이에서 얻을 수 있는 피상전력을 말하고, 이것을 [VA], [kVA] 또는 [MVA] 등으로 표시한다. 특별히 지정하지 않은 경우에는, 정격역률은 100[%]로 본다(KS C 4302).

정격 2차 전압이란 명판에 기재된 2차 권선의 단자전압으로 이 전압에서 정격출력을 얻을 수 있는 전압을 말한다. 3상 변압기에서는 선간전압으로 표시한다. 정격 1차 전압이란 명판에 기재된 1차 전압으로 정격 2차 전압에 권수비를 곱한 것을 말하고, 전부하에 있어서의 1차 전압을 말하는 것은 아니다.

정격 2차 전류는 이것과 2차 전압으로 정격출력을 얻을 수 있는 전류를 말한다.

다권선변압기에서는 정격출력 대신에 정격전압, 정격주파수, 정격역률에 있어서의 각 권선의 용량을 표시하고, 권선용량 중 가장 큰 것을 대표출력이라고 한다. 단권변압기에서는 정격 2차 전압에 있어서 2차 회로의 단자 간에 나타나는 피상전력을 정격출력이라고 하고, 각 탭의 직렬권선의 전압과 전류로부터 산출된 용량의 최댓값을 자기용량(등가용량)이라고 한다.

07 계기용 변성기

고압회로의 전압, 전류 또는 저압회로의 큰 전류를 측정하는 경우와 계전기(Relay) 종류 등을 사용하는 경우에는 취급에 대한 안전을 위하여 계기용 변성기(Instrument Transformer)를 사용한다. 계기용 변성기에는 계기용 변압기(Potential Transformer)와 변류기(Current Transformer)가 있으며, 2차 측 부하는 계기나 계전기이고, 선로의 부하와 구별하기 위하여 이것을 부담(負擔, Burden)이라고 한다. 계기용 변압기는 1차 전압이 정격전압인 경우에 2차 전압이 110[V]가 되도록 설계하고, 변류기는 1차 측에 정격전류가 흐를 때 2차 전류가 5[A]가 되도록 하는 것이 표준이다.

1 계기용 변압기(PT)

이것은 [그림 1 – 44]와 같이 1차 측을 피측정 회로에, 2차 측을 전압계 또는 전력계의 전압코일 등에 접속한다. 일반적인 전력용 변압기의 원리와 구조를 비교해서 큰 차이가 없으나, 변압비를 특히 정확하게 하기 위해서는 1차 권선과 2차 권선의 임피던스 강하를 적게 하고 또한, 철심에 좋은 철판을 사용해서 여자전류를 적게 하고 있다.

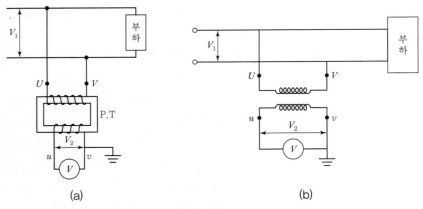

(a)   (b)

[그림 1 – 44] 계기용 변압기의 접속

[그림 1 – 44] (b)는 계기용 변압기를 간단히 그린 것이다.

2 변류기(CT)

변류기는 [그림 1 − 45]와 같이 1차 권선을 측정하려는 회로에 직렬로 접속하고, 2차 권선에는 전류계 또는 전력계의 전류코일 등을 접속한다.
변류기의 특성은 전류비와 1차 전류 및 2차 전류의 위상차가 일정한 것이 좋다.
[그림 1 − 45] (b)는 계기용 변류기를 간단히 그린 것이다.

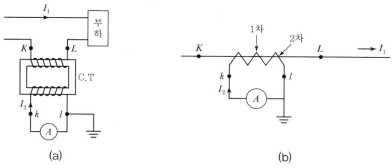

[그림 1 − 45] 변류기의 접속

예제 **27** **변류기 개방 시 2차 측을 단락하는 이유는?**

① 2차 측 절연 보호　　　　　　　② 2차 측 과전류 보호
③ 측정오차 방지　　　　　　　　④ 1차 측 과전류 방지

풀이　계기용 변류기는 2차 전류를 낮게 하기 위하여 권수비가 매우 작으므로 2차 측을 개방하면,
　　　2차 측에 매우 높은 기전력이 유기되어 위험하다.

정답 ①

08　특수변압기

1 3상 변압기

1) 구조

단상변압기 3대를 조합시켜서 [그림 1 − 46] (a)와 같이 1차 권선과 2차 권선을 한쪽 철심에 감고, 3상 교류전원에 연결하면 이 부분의 자속은 $2\pi / 3$ 씩 위상차가 있고 크기는 같기 때문에, 공통부분의 철심에서는 자속의 합성 값이 0으로 된다. 따라서 이 공통부분을 그림 (b)와 같이 제거할 수 있으며 재료가 절약되나, 제3고조파 자속 및 영상자속에 대하

여 자기회로(磁氣回路)가 없으므로 이에 대한 자기저항이 대단히 높다. 이와 같은 변압기를 3상 변압기(Three-phase Transformer)라고 하며, 단상변압기와 똑같이 내철형과 외철형이 있다.

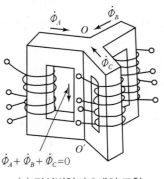

(a) 단상변압기 3개의 조합   (b) 공통부분의 철심을 제거한 그림

[그림 1−46] 내철형 3상 변압기의 원리

2) 단상변압기와 3상 변압기의 비교

3상 변압에서 3상 변압기 한 개를 사용하는 것과 단상변압기 3대를 사용하는 것 중에서, 종래에는 3상 1뱅크에 대하여 한 대의 예비변압기를 비치하여 단상변압기를 많이 사용하였으나 근래에는 거의 3상 변압기를 사용하고 있다.

3상 변압기를 사용하게 된 이유는 철심재료가 적어도 되고, 부싱이나 유량이 모두 3개로 단상변압기보다 적고 경제적이다. 발전소에서 발전기와 변압기를 조합하여 1단위로 고려하는 방식(단위방식)이 증가하고 있는데 결선이 쉽고 냉각방식, 재료, 구조 등의 개량으로 3상 변압기가 비교적 소형이며, 조립한 상태로 수송이 편리하고, 부하일 때에 탭 절환장치를 사용하는 데 유리한 점 등이다. 그러나 단상변압기가 3대인 경우에는 $\Delta - \Delta$ 결선으로 급전하고 있을 때에는 1대가 고장 나도 나머지 2대를 V결선으로 하여 그대로 운전을 계속할 수 있으나 3상 변압기에서는 불가능하다.

또, 예비기로서 1뱅크의 변압기를 설치할 필요가 있는 경우에는 3상 변압기쪽이 유리하지만, 단상변압기 1대의 예비도 좋은 때에는 3상식에서 한 대의 단상변압기가 필요하기 때문에 단상식이 유리하다.

2 3권선 변압기

3권선 변압기(Three-winding Transformer)는 [그림 1−47]과 같이 한 개의 변압기에 3개의 권선이 있는 것이다. 3차 권선의 목적은 3대의 변압기를 뱅크로 했을 때, 변압기의 결선이 Y−Y이면 제 3고조파 전압이 생겨서 파형이 변형하기 때문에 소용량의 제3의 권선을 별도로 설치하여 이것을 Δ 결선으로 해서 변형을 방지하는 것이 주 목적이고, 3차 권선에 조상기를 접속하여 송전선의 전압조정과 역률개선에 사용되며, 3차 권선에 발전소 소내용 전력 등 별개의 계통으로 전력을 공급한다. 또는 반대로 3권선 중 2권선을 1차로 하고 다른 것을 2차로 하여 각각 다른 계통에서 전력을 받을 수도 있다.

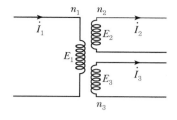

[그림 1-47] 3권선 변압기

③ 단권변압기

단권변압기는 권선 하나의 도중에서 탭(Tap)을 만들어 사용한 것이고 권수비가 1의 근처에서 극히 경제적이고 특성도 좋다.

1) 단권변압기의 이론

[그림 1-48]과 같이 1차, 2차 회로가 절연되어 있지 않고 권선의 일부를 공통전로로 하고 있는 변압기를 단권변압기(Auto Transformer)라 하고 ab 부분의 권선을 직렬권선(Series Winding), bc 부분의 권선을 분로권선(Shunt Winding)이라고 한다. 그림에서 $ac = ab + bc$ 사이의 권회수를 n_1, bc 사이의 권회수를 n_2라 하면 보통 변압기와 같이 1차에 전압 $\dot{V}_1$을 공급하였을 때 ab, bc에 유기되는 기전력을 각각 $\dot{E}_1$, $\dot{E}_2$, 2차 단자전압을 $\dot{V}_2$라 하고 권선의 저항, 누설 리액턴스 및 여자전류를 무시하면,

$$\frac{V_1}{V_2} = \frac{E_1 + E_2}{E_2} = \frac{n_1}{n_2} = a \quad \text{......................................} (1-56)$$

이 된다.

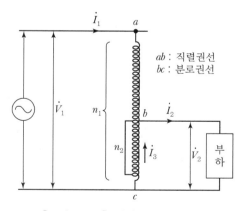

[그림 1-48] 강압용 단권변압기

또, 부하전류를 $\dot{I}_2$라 하면 ab 부분의 전류 $\dot{I}_1$에 의한 기자력과 bc 부분의 전류 $\dot{I}_3 = \dot{I}_2 - \dot{I}_1$에 의한 기자력은 같고 방향이 반대가 된다.

$$n_2(\dot{I_2} - \dot{I_1}) = (n_1 - n_2)\dot{I_1} \quad \text{..} \quad (1-57)$$

$$\therefore \ I_1 n_1 = I_2 n_2$$

$$\therefore \ \dot{I_1} = \frac{n_2}{n_1}\dot{I_2} = \frac{1}{a}\dot{I_2} \quad \text{..} \quad (1-58)$$

이 된다.

식 (1-57)로부터

$$(V_1 - V_2)I_1 = V_2(I_2 - I_1) = P \quad \text{..} \quad (1-59)$$

의 관계가 성립한다. 이 식은 ab를 1차 권선, bc를 2차 권선으로 한 2권선 변압기의 경우와 같다. 이 P를 단권변압기의 등가용량 또는 자기용량이라고 부르며 부하용량인 $V_2 I_2$와 일반적으로 다르다. 따라서

$$\frac{\text{등가용량}}{\text{부하용량}} = \frac{V_2(I_2 - I_1)}{V_2 I_2} = \frac{I_1(V_1 - V_2)}{I_1 V_1} = 1 - \frac{V_2}{V_1} \quad \text{........................} \quad (1-60)$$

가 된다.

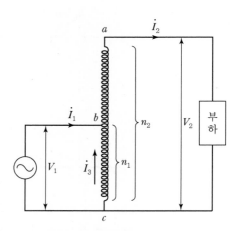

[그림 1-49] 승압용 단권변압기

[그림 1-48]은 강압용(Step Down) 단권변압기를 표시한 것이다. 이 변압기에서는 $a > 1$인데 [그림 1-49]와 같이 $a < 1$ 되는 변압기를 승압용(Step Up) 단권변압기라 하고 이때에는

$$V_1(I_2 - I_1) = I_2(V_2 - V_1)$$

이 되고

$$\frac{등가용량}{부하용량} = \frac{I_2(V_2 - V_1)}{I_2 V_2} = 1 - \frac{V_1}{V_2} \quad \cdots\cdots\cdots\cdots\cdots\cdots\cdots\cdots \quad (1\text{-}61)$$

이 된다. 그러므로 강압용, 승압용을 막론하고 다음과 같다.

$$\frac{등가용량}{부하용량} = \frac{직렬권선부분의\ 전류 \times 승압(강압)전압}{출력} = 1 - \frac{V_l}{V_h} \quad (1\text{-}62)$$

여기서, V_h : 고전압, V_l : 저전압

2) 단권변압기의 용도

단권변압기는 다음과 같은 경우에 사용한다.
① 배전 선로의 승압기
② 동기전동기나 유도전동기를 기동할 때 공급 전압을 낮추어 기동전류를 제한하기 위한 기동보상기
③ 형광등용 승압 변압기

01 직류발전기의 구조 및 원리

1 직류발전기의 구조

직류발전기의 주요 부분은 다음 3가지로 구성된다.

① **계자** : 자속을 만들어주는 부분
② **전기자** : 자속을 끊어 기전력을 유기시키는 부분
③ **정류자** : 전기자에서 발생한 교류를 직류로 바꾸어주는 부분

이들 요소를 직류기의 3대 요소라 칭하며, 이 외에도 축, 베어링, 브러시, 브러시 홀더 등이 있다. [그림 2 − 1]은 직류발전기의 구조를 나타낸 것이다.

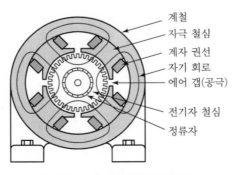

계철
자극 철심
계자 권선
자기 회로
에어 갭(공극)
전기자 철심
정류자

[그림 2 − 1] 직류발전기의 구조

예제 01 직류기의 3대 요소가 아닌 것은?

① 전기자   ② 정류자   ③ 계자   ④ 보극

풀이 직류기의 3대 요소
전기자, 계자, 정류자

답 ④

예제 02 직류발전기에서 계자의 주된 역할은?

① 기전력을 유도한다.   ② 자속을 만든다.
③ 정류작용을 한다.   ④ 정류자면에 접촉한다.

풀이 직류발전기의 주요 부분
- 계자(Field Magnet) : 자속을 만들어 주는 부분
- 전기자(Armatuer) : 계자에서 만든 자속으로부터 기전력을 유도하는 부분
- 정류자(Commutator) : 교류를 직류로 변환하는 부분

답 ②

② 직류발전기의 원리

1) 전자유도(Electromagnetic Induction)

1820년 Oersted에 의하여 전류에 의한 자기작용이 발견된 후, Faraday는 자기가 전류를 일으킬 수 있을 것이라는 데 착안하여 10년 동안의 연구결과 1831년에 이 문제의 해결에 성공하였다. [그림 2 – 2]와 같이 권선을 지나가는 자속이 변화할 때, 또는 권선과 자속의 상호 운동으로 권선에 자속이 지나갈 때 권선에 기전력이 발생되는 현상을 전자유도작용이라 하며 이때의 기전력을 유도 기전력 또는 유기 기전력이라 한다.

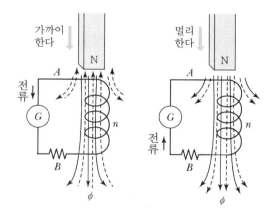

[그림 2-2] 패러데이의 전자유도법칙

권수 n인 권선에 직각으로 지나가는 자속 ϕ가 시간적으로 변화하면 권선을 쇄교하는 총 쇄교 자속은 $n\phi$이며 권선에는

$$e = -n\frac{d\phi}{dt}\,[\text{V}] \cdots\cdots\cdots\cdots\cdots\cdots\cdots\cdots\cdots\cdots\cdots\cdots\cdots\cdots\cdots\cdots\cdots\cdots\cdots\cdots (2\text{--}1)$$

인 기전력이 발생한다. 이것을 **패러데이의 법칙**이라 하고 자속을 방해하는 방향으로 기전력이 생기므로 $-$부호를 붙인다.

2) 플레밍(Fleming)의 법칙

① 플레밍의 왼손법칙

[그림 2-3]과 같이 전류가 흐르고 있는 도체를 자계 안에 놓으면 이 도체에는 전자력이 작용한다. 즉, 자속밀도 $B[\text{Wb/m}^2]$의 자계에 직교하는 길이 $l[\text{m}]$의 도체에 i[A]의 전류가 흐를 때 도체에 작용하는 힘 F[N]는

$$F = Bil\,[\text{N}] \cdots\cdots\cdots\cdots\cdots\cdots\cdots\cdots\cdots\cdots\cdots\cdots\cdots\cdots\cdots\cdots\cdots\cdots\cdots\cdots\cdots\cdots (2\text{--}2)$$

으로 왼손의 엄지, 검지, 중지를 서로 직각으로 폈을 때 검지를 자계의 방향, 중지를 전류의 방향으로 하였을 때 엄지의 방향이 도체에 작용하는 힘의 방향이 되는 것을 플레밍의 왼손법칙이라 한다. 이 법칙은 전동기의 회전 방향을 결정하는 데 쓰인다.

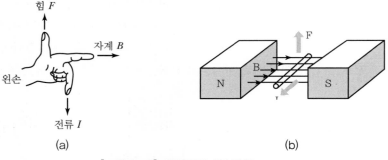

[그림 2-3] 플레밍의 왼손법칙

② 플레밍의 오른손법칙

[그림 2-4]와 같이 자속밀도 $B[\text{Wb/m}^2]$의 자계 안에 길이 $l[\text{m}]$인 도체가 $v[\text{m/s}]$의 속도로 자계와 직각인 방향으로 움직였을 때 도체에 유기되는 기전력 e는

$$e = Blv\,[\text{V}] \cdots\cdots\cdots\cdots\cdots\cdots\cdots\cdots\cdots\cdots\cdots\cdots\cdots\cdots\cdots\cdots\cdots\cdots\cdots\cdots\cdots\cdots (2\text{--}3)$$

으로 오른손의 엄지, 검지, 중지를 서로 직각으로 폈을 때 검지를 자계의 방향, 엄지를 도체의 운동 방향으로 하였을 때 중지의 방향이 기전력의 방향이 되는 것을 플레

밍의 오른손법칙이라 한다. 이 법칙으로 발전기의 유도 기전력 방향을 결정한다.

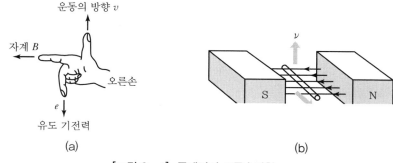

[그림 2-4] 플레밍의 오른손법칙

3) 발전기의 원리

모든 발전기의 기본원리는 전자유도현상을 이용하여 기계에너지를 전기에너지로 변환하는 전기적, 기계적 장치를 말한다. [그림 2-5]와 같이 도체 a, b를 자극 N극과 S극에 의하여 만들어지는 자계 안에서 일정속도로 돌리면 도체에는 플레밍(Fleming)의 오른손법칙에 따라 화살표 방향의 기전력이 유기된다.

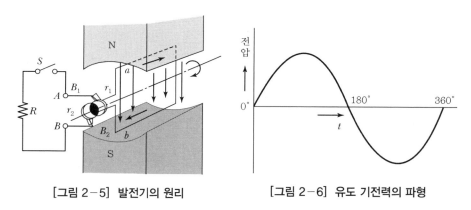

[그림 2-5] 발전기의 원리   [그림 2-6] 유도 기전력의 파형

코일이 [그림 2-5]의 위치에서 $180°$ 회전하면 단자 A, B에 발생하는 전압의 극성은 반대가 되어 $360°$ 회전, 즉 1회전하였을 때 [그림 2-6]과 같이 1[Hz]의 교번 기전력이 발생한다. 다음에 [그림 2-5]의 슬립링(Slip Ring) r_1, r_2 대신에 [그림 2-7]과 같이 서로 절연한 2개의 금속편 C_1, C_2로 된 1개의 원통환 C를 붙이고 이들 C_1, C_2 각 금속편에 코일의 양단을 연결하고 브러시 B_1은 항상 N극 밑에 오는 도체에, 브러시 B_2는 항상 S극 밑에 오는 도체에 연결되도록 하면 언제나 B_1, B_2의 극성은 일정하게 되어 단자 A, B 사이에는 [그림 2-8]과 같은 일정 방향의 전압, 즉 직류전압이 발생한다. 따라서 A, B 사이에 접속된 저항 R에는 방향이 바뀌지 않는 직류가 흐른다. 이것이 직류발전기이며 2개의 금속편 C_1, C_2를 정류자편(Commutator Segment), C_1, C_2로 된 원통환 C를 정류

자(Commutator)라 한다. 즉, 슬립링은 교류, 정류자는 직류가 발생한다.

[그림 2-7]은 하나의 코일에 정류자 편수가 2개로 구성되어 있어 그 파형은 [그림 2-8]과 같이 되어 최대 전압과 최소 전압과의 차가 심한 맥동전압이 되어 실용상 지장이 많은 직류전압이 된다. 따라서 실제의 직류발전기에서는 철심원통 위에 많은 코일을 배치하여 정류자 편수를 많게 하여 맥동이 거의 없는 직류전압을 얻는다.

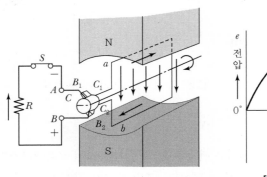

[그림 2-7] 직류발전기　　　　　　[그림 2-8] 유도 기전력의 파형

[그림 2-9]는 2개의 코일에 정류자 편수가 4인 경우의 합성 기전력을 나타내었다.

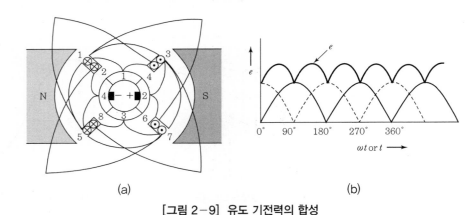

(a)　　　　　　　　　　　　(b)

[그림 2-9] 유도 기전력의 합성

02　　전기자 권선법

전기자 권선의 각 도체에는 시간과 위상에 따라서 서로 다른 방향의 기전력이 유기되고 있다. 따라서 이들 서로 다른 기전력이 상쇄됨이 없이 유효하게 합하여지도록 권선 도체를 접속하는 것을 전기자 권선법이라 하며 이것은 또한 정류작용에 지장을 주어서도 안 된다.

1 환상권과 고상권

[그림 2−10] (a), (c)와 같이 환상철심에 안팎으로 코일을 감은 것을 환상권(Ring Winding)이라 하며 이것은 철심 표면에 있는 도체만이 자속을 끊어 기전력을 유기하고 철심 안쪽의 도체는 기전력을 유기할 수 없어 비경제일 뿐만 아니라 권선을 감기도 불편하므로 거의 사용하지 않는다.

그림 (b), (d)와 같이 전기자 철심 표면에만 코일을 감은 것을 고상권(Drum Winding)이라 하며 현재 사용되고 있는 권선은 거의 고상권이다.

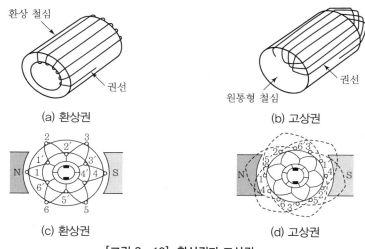

[그림 2−10] 환상권과 고상권

2 폐로권과 개로권

고상권은 폐로권과 개로권으로 분류되며 [그림 2−11] (a)는 폐로권으로 권선의 시작과 끝이 없는 폐회로를 이루고 있지만 그림 (b)는 개로권으로 몇 개의 독립 권선이 정류자에 접속되어 있으므로 각 독립 권선은 브러시를 통하여 외부 회로와 연결되었을 때만 폐회로가 된다. 따라서 개로권은 외부 회로와 연결된 권선에 발생된 기전력만 이용되지만 폐로권은 모든 권선에서 발생된 기전력을 이용할 수 있어 개로권은 사용되지 않고 폐로권만 사용된다.

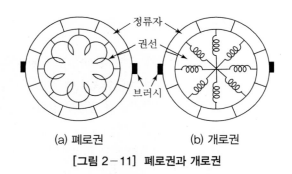

(a) 폐로권   (b) 개로권

[그림 2-11] 폐로권과 개로권

3 단층권과 2층권

폐로권은 단층권과 2층권으로 분류되며 [그림 2-12] (a)와 같이 한 개의 홈에 한 개의 권선변을 넣는 것을 단층권(Single Layer Winding), (b)와 같이 두 개의 권선변을 상하 2층으로 넣는 것을 2층권(Double Layer Winding)이라 한다. 2층권은 권선의 제작 및 권선 작업이 간단하므로 거의 대부분 2층권을 사용한다.

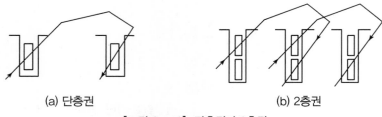

(a) 단층권   (b) 2층권

[그림 2-12] 단층권과 2층권

4 중권과 파권

코일변을 서로 연결하는 방법은 [그림 2-13] (a)와 같이 코일이 서로 겹쳐서 이어져 나아가는 중권(Lap Winding)과 (b)와 같이 파도 모양으로 이어져 나아가는 파권(Wave Winding), 이 두 가지가 있다.

그림에서 y_b를 뒤 간격(Back Pitch), y_f를 앞 간격(Front Pitch), y를 합성 간격(Resultant Pitch)이라 하고 코일변수로 표시한다. 또 y_c를 정류자 간격(Commutator Pitch)이라 하고 정류자 편수로 표시한다.

$$y = y_b - y_f \text{ (중권)}$$
$$y = y_b + y_f \text{ (파권)}$$

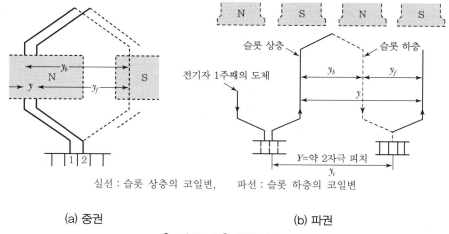

실선 : 슬롯 상층의 코일변,   파선 : 슬롯 하층의 코일변

(a) 중권   (b) 파권

[그림 2-13] 권선 Pitch

5 균압선 접속

중권의 전개도에서 알 수 있는 바와 같이 병렬 회로의 모든 권선은 두 인접한 자극 아래
에 있다. 따라서 공극의 자속 분포가 일정하지 않으면 각각의 병렬 회로에 발생하는 기
전력도 같지 않으므로 브러시를 통하여 병렬 회로 사이에 순환 전류가 흘러 브러시에 불
꽃이 발생하는 원인이 되고 정류가 나빠진다.

공극의 자속 분포가 일정하지 않은 것은 자기 회로의 불균일, 공극의 불균일 등으로,
이러한 것을 완전히 없애는 것은 불가능하므로 [그림 2-14]와 같이 정류자의 반대쪽에
여러 개의 저저항의 링을 두어 극성이 같은 자극 아래, 같은 위치에 있는 정류자편이나
도체(등전위점)들을 접속하여 순환 전류를 이 링에 흘리고 브러시에는 흘리지 않도록
한다. 이 링을 균압환이라 하며 권선의 등전위가 되는 정류자편이나 권선을 저저항의 도
선으로 접속하는 것을 균압선 접속이라 한다.

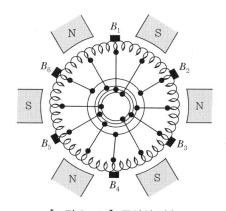

[그림 2-14] 균압선 접속

6 중권과 파권의 비교

직류기에서 중권과 파권의 차이점은 [표 2−1]과 같다.

[표 2−1] 중권 및 파권의 비교

비교 항목	단중 중권	단중 파권
전기자 병렬회로수	극수 P와 같다.	항상 2이다.
브러시수	극수와 같다.	2개로 좋으나, 극수만큼 두어도 좋다.
전기자 도체의 굵기, 권수, 극수가 모두 같을 때	저압이 되나 대전류가 이루어진다.	전류는 적으나 고전압이 이루어진다.
유도 기전력의 불균일	전기자 병렬회로수가 많고, 각 병렬회로 사이에 기전력의 불균일이 생기기 쉬우며, 브러시를 통하여 국부전류가 흘러서 정류를 해칠 염려가 있다. 따라서 균압결선이 필요하다.	전기자 병렬회로수는 2이며, 각 병렬회로의 도체는 각각 모든 자극 밑을 통하여, 그 영향을 동시에 받기 때문에 병렬회로 사이에 기전력의 불균일이 생기는 일이 적다. 따라서 균압결선을 할 필요가 없다.

예제 03 8극 파권 직류발전기의 전기자 권선의 병렬회로수의 a는 얼마로 있는가?

① 1 ② 2 ③ 6 ④ 9

풀이
- 중권 : 극수와 같은 병렬회로수로 구성된다.($a = p$)
- 파권 : 극수와 관계없이 병렬회로수가 항상 2개로 구성된다.($a = 2$)

답 ②

---

03 직류발전기의 이론

1 유도 기전력

P극 직류발전기에 있어서 전기자 권선의 주변 속도를 v [m/s], 공극의 평균자속밀도를 B [Wb/m²], 도체의 유효길이를 l [m]라 하면, 한 개의 전기자 도체에 유기되는 기전력의 평균값은 식 (2−3)에서

$$e = Blv\,[\text{V}] \quad \cdots\cdots\cdots\cdots\cdots\cdots\cdots\cdots\cdots\cdots\cdots\cdots\cdots\cdots\cdots\cdots\cdots\cdots\cdots\cdots\cdots\cdots\cdots\cdots\cdots\cdots\cdots\cdots \text{(2--4)}$$

전기자의 직경을 $D\,[\text{m}]$, 회전수를 $n\,[\text{rps}]$라 할 때 $v = \pi D n\,[\text{m/s}]$로 표시되기 때문에 이를 식 (2-4)에 대입하면

$$e = Bl\pi Dn\,[\text{V}] \quad \cdots\cdots\cdots\cdots\cdots\cdots\cdots\cdots\cdots\cdots\cdots\cdots\cdots\cdots\cdots\cdots\cdots\cdots\cdots\cdots\cdots\cdots\cdots \text{(2--5)}$$

식 (2-5)의 πDl은 전기자 주변의 전면적이므로 이것에 평균자속밀도 $B\,[\text{Wb/m}^2]$를 곱한 것이 전기자 표면에서의 총 자속 $P\phi\,[\text{Wb}]$이다. 즉

$$B\pi Dl = P\phi$$
$$\therefore\ e = P\phi n \quad \cdots\cdots\cdots\cdots\cdots\cdots\cdots\cdots\cdots\cdots\cdots\cdots\cdots\cdots\cdots\cdots\cdots\cdots\cdots\cdots\cdots\cdots\cdots\cdots \text{(2--6)}$$

그런데 브러시 사이의 직렬 도체수는 $\dfrac{Z}{a}$이므로 브러시 사이의 유도 기전력 $E\,[\text{V}]$는

$$E = \frac{Z}{a}e = \frac{P}{a} \cdot Zn\phi\,[\text{V}] \quad \cdots\cdots\cdots\cdots\cdots\cdots\cdots\cdots\cdots\cdots\cdots\cdots\cdots\cdots\cdots\cdots \text{(2--7)}$$

이다. 이것이 직류기의 유도 기전력의 식이다.

예제 04 매극 유효 자속 0.035[Wb], 전기자 총 도체수 152인 4극 중권 발전기를 매분 1,200회의 속도로 회전할 때의 기전력[V]을 구하면?

풀이 중권이므로 $a = p = 4$

$$E = \frac{pZ}{a}\phi n = \frac{pZ}{a}\phi\frac{N}{60} = \frac{4 \times 152}{4} \times 0.035 \times \frac{1,200}{60} = 106.4[\text{V}]$$

🔖 106.4[V]

예제 05 6극 전기자 도체수 400, 매극 자속수 0.01[Wb], 회전수 600[rpm]인 파권 직류기의 유기 기전력은 몇 [V]인가?

풀이 $E = \dfrac{P}{a}Z\phi\dfrac{N}{60}\,[\text{V}]$에서 파권($a = 2$)이므로, $E = \dfrac{6}{2} \times 400 \times 0.01 \times \dfrac{600}{60} = 120[\text{V}]$이다.

🔖 120[V]

---

② 전기자 반작용

발전기에 부하가 걸리고 전기자 권선에 전류가 흐르면 이 전류의 기자력이 계자 기자력에 영향을 미치고 자속의 분포가 찌그러진다. 이와 같이 전기자전류에 의한 자속이 계자 자속에 영향을 미치는 것을 전기자 반작용(Armature Reaction)이라 하며, 이 전기자 반작용에 따르는 현상에는 다음과 같은 세 가지가 있다.

첫째 : 전기적인 중성점이 이동한다.

둘째 : 주자속이 감소된다.

셋째 : 국부적으로 전압이 불균일하게 되어 브러시에 불꽃이 발생한다.

예제 06 직류발전기에 있어서 전기자 반작용이 생기는 요인이 되는 전류는?

① 동손에 의한 전류

② 전기자 권선에 의한 전류

③ 계자 권선의 전류

④ 규소 강판에 의한 전류

풀이 전기자 반작용

부하를 접속하면 전기자 권선에 흐르는 전류의 기자력이 주자속에 영향을 미치는 작용이다.

답 ②

---

1) 무부하 시의 주자속

[그림 2 − 15] (a)는 무부하일 때 주자속의 분포를 나타낸 것이다. 그림 (b)는 이 경우의 공극에 따른 자속분포를 전개하여 표시한 것이다. 이 그림에서 자극과 자극 중간에서는 점차 자속이 감소하여 양극의 중간에서는 0이 된다. 이 자속 0이 되는 위치 n 을 중성점(Neutral Point), a, b 를 중성축 또는 정류축(Axis of Commutation)이라 한다.

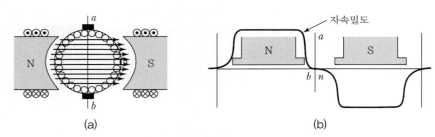

[그림 2−15] 주계자 자속분포

2) 교차 자화작용

계자 기전력을 0으로 하고 전기자에만 전류가 흘렀을 경우의 자속분포는 [그림 2 − 16]의 (a)와 같다. 이때 공극의 자속밀도에 대한 분포곡선은 (b)와 같다. 전기자의 자속은 주자속을 만드는 계자 기자력에 대하여 직각으로 발생하기 때문에 교차 자화작용(Cross Magnetizing Action)이라 한다. 그림 (b)에서 알 수 있는 바와 같이 기자력 분포는 직선이 되고 자극 중심에서 방향이 달라지고 자극 중간에서 최대가 된다. 그러나 자극 중간에는 공극이 넓고 자기저항이 크므로 자속의 분포는 그림 (b)와 같다.

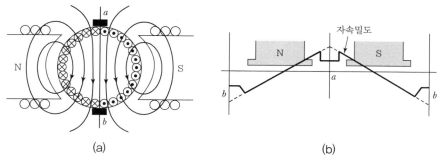

[그림 2 – 16] 전기자전류에 의한 자속분포

3) 편자작용

실제의 발전기에서는 계자전류와 전기자전류가 동시에 흐르므로 부하 시 공극의 자속 분포는 [그림 2 – 15]와 [그림 2 – 16]을 겹쳐놓은 것이 된다.

[그림 2 – 17]에서 회전 방향에 대하여 자극의 앞쪽 끝에서는 계자 자속과 전기자 자속의 방향이 서로 반대 방향으로 작용하여 자속을 감소시키고, 뒤쪽 끝에서는 양자속이 서로 합하여져 증가하므로 전체적으로 자속의 분포는 찌그러지게 된다. 이와 같은 현상을 편자작용이라 하며, 이로 인해 전체의 자속량은 철심의 자기포화현상으로 인해 감소하게 된다.

또한 합성 자속은 회전 방향으로 기울어지는 결과 중성점도 이동하여 n'로 옮겨진다. 따라서 브러시를 원위치 n에 놓으면 브러시로 단락되는 코일에 기전력이 생겨 단락전류가 흐르고 불꽃의 원인이 된다. 따라서 브러시는 새로운 중성점 $a'b'$로 이동시켜야 한다.

n점을 기하학적 중성점(Geometrical Neutral Point), n'를 전기적 중성점(Electrical Neutral Point)이라 하며 n, n'간의 이동각은 부하전류의 크기에 따라 변한다.

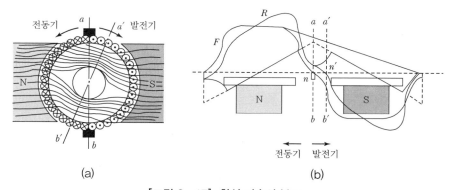

[그림 2 – 17] 합성 자속의 분포

07 **직류발전기 전기자 반작용의 영향에 대한 설명으로 틀린 것은?**

① 브러시 사이에 불꽃을 발생시킨다.

② 주자속이 찌그러지거나 감소된다.

③ 전기자전류에 의한 자속이 주자속에 영향을 준다.

④ 회전 방향과 반대 방향으로 자기적 중성축이 이동된다.

풀이 직류발전기는 회전 방향과 같은 방향으로 자기적 중성축이 이동된다.

달 ④

4) 브러시의 이동과 감자 기자력

브러시를 기하학적 중성점에서 전기적 중성점 n'로 이동시키면 전기자전류에 의한 자속 분포는 [그림 2 – 18]과 같이 된다.

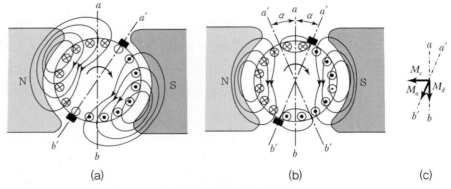

(a)   (b)   (c)

[그림 2 – 18] 감자 기자력

브러시를 기하학적 중성점에서 회전 방향으로 옮긴 각 α를 브러시의 진각이라 하며 기하학적 중성축을 중심으로 2α의 범위에 있는 전기자 권선의 기자력은 계자 기자력의 방향과 반대 방향의 기자력으로 감자 기자력이라 한다.

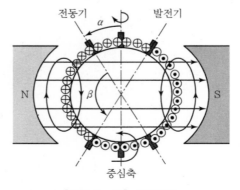

[그림 2 – 19] 감자작용

3 정류

1) 정류작용

전기자 코일에 흐르는 전류의 방향은 이 코일이 브러시를 지날 때 마다 반대가 된다. 이 것을 정류작용(Commutation Action)이라 한다.

[그림 2-20] (b)에서 브러시는 정류자편 5에만 접촉되고 있으므로 코일 4-7′에는 오른 쪽 방향으로 전류 I_c가 흐른다. 전기자가 회전해서 그림 (c)의 위치에 오면, 즉 브러시가 정류자편 4, 5와 동시에 접촉하게 되면 코일 4-7′는 브러시로 단락되고 단락전류 i가 흐른다. 전기자가 더 회전해서 그림 (c)의 위치에 오면 브러시는 정류자편 4에만 접촉하 게 되어 코일 4-7′는 화살표에 표시된 것과 같이 왼쪽으로 흐르는 전류, 즉 그림 (b)와는 반대 방향의 전류가 흐른다. 그러므로 그림 (b)에서 코일 4-7′의 전류를 I_c라 하면 그림 (d)의 전류는 $-I_c$라 할 수 있다.

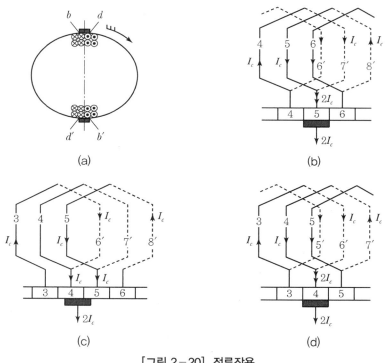

[그림 2-20] 정류작용

이와 같이 코일 4-7′는 브러시로 단락되는 순간부터 정류가 시작되어 단락이 풀린 순간 에 정류가 끝나는데 이 기간은 매우 짧은 시간이다. 이 시간 T_c를 정류주기(Commutation Period)라 한다.

2) 정류곡선

[그림 2-21]은 정류시간 중에서 단락코일 안의 전류변화를 나타낸 것으로 정류곡선이라고 한다. 곡선 a는 직선정류(Linear Commutation)이며 불꽃이 나지 않는 가장 이상적인 정류가 된다. 곡선 b는 정현파 정류라 하며, 정류를 시작할 때와 끝날 때에 전류의 변화가 없으므로 불꽃이 없는 정류이다. 곡선 c와 e는 전류 변화가 너무 늦어져 정류가 끝나는 순간에 강제로 $-I_c$가 되기 때문에 이 순간의 전류 변화가 과격하게 되어 불꽃이 발생한다. 이것을 과정류(Over Commutation)라 한다. 곡선 d와 f는 전류변화가 지나치게 빨라서 정류가 끝나는 순간에 무리하게 $-I_c$가 되므로 브러시 전단 접촉 장소에서 불꽃이 발생한다. 이와 같은 정류를 부족정류(Under Commutation)라 한다.

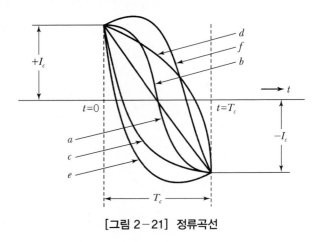

[그림 2-21] 정류곡선

예제 **08** 다음의 정류곡선 중 브러시의 후단에서 불꽃이 발생하기 쉬운 것은?

① 직선정류   ② 정현파정류
③ 과정류   ④ 부족정류

풀이 ① 직선정류 : 가장 양호한 정류(a)
② 정현파정류 : 불꽃이 발생하지 않는다. (b)
③ 과정류 : 정류 초기에 브러시 전단부에서 불꽃이 발생한다. (c, e)
④ 부족정류 : 정류 말기에 브러시 후단부에서 불꽃이 발생한다. (d, f)

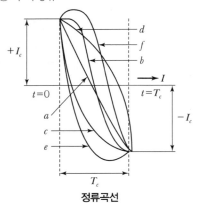

정류곡선

답 ④

3) 리액턴스 전압

코일에는 반드시 인덕턴스 L 이 있으므로 전류의 값이 변화하면 렌츠의 법칙에 의하여 전류의 변화를 방해하는 자기유도 기전력이 발생한다. 이것을 리액턴스 전압(Reactance Voltage)이라 한다. 따라서 [그림 2 − 21]의 곡선 c, e와 같이 전류변화가 늦어져 정류가 끝나는 순간에 가서 전류 변화가 과격하게 되어 높은 전압이 단락코일에 유기되고 브러시 끝부분에서 불꽃이 발생한다.

4) 정류 전압

리액턴스 전압이 생기면 브러시가 전기적 중성점에 있어도 불꽃이 발생한다. 이러한 결점을 없애기 위하여 정류 중에 있는 코일에 리액턴스 전압과 크기가 같고 방향이 반대인 기전력을 유도시키는 자속을 주면 된다. 이 자속을 정류자속(Commutating flux)이라 하며 이 자속으로 유도되는 기전력을 정류전압이라 한다. 그리고 정류전압에 의하여 리액턴스 전압을 없애고 정류작용을 하는 것을 전압정류(Voltage Commutation)라 하고, 이것을 위해 주 자극 사이에 보극을 설치한다.

5) 보극

정류 중인 코일에 정류전압을 유기시키기 위해서 사용하는 작은 자극을 보극(Interpole, Commutating Pole)이라 한다. 보극은 자극과 자극의 중간에 두며 정류를 하고 있는 코일의 바로 위에 둔다. 보극을 여자하는 권선에는 전기자전류가 흐르며 부하전류에 비례하는 정류자속을 준다. 보극의 작용은 인덕턴스 L로 인한 전류의 변화가 늦어지는 것을 방지하는 것이다. 발전기에서는 전기자의 유도 기전력과 전류가 같은 방향이므로 전류의 변화를 촉진시키기 위해서 [그림 2 − 22]와 이 보극의 극성을 다음에 오는 주자극과 같은 극성으로 하고, 전동기에서는 전기자의 유도 기전력과 전류의 방향이 반대이기 때문에 보극의 극성도 반대로 한다.

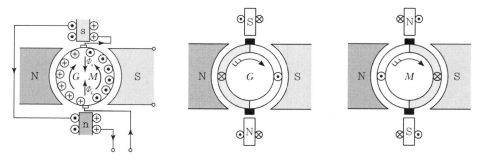

[그림 2 − 22] 보극의 극성

6) 보상 권선

중성점 부근의 전기자 반작용은 보극에 의해서 상쇄되지만 이 외의 장소의 전기자 반작용은 남는다. 이와 같은 경우 [그림 2 – 23]과 같이 자극편에 홈을 파고 여기에 권선을 감고 이 권선과 전기자 권선을 직렬로 연결하여 전기자전류를 반대 방향으로 흘리면 전기자 반작용을 상쇄하게 된다. 이와 같은 권선을 보상 권선(Compensating Winding)이라 한다.

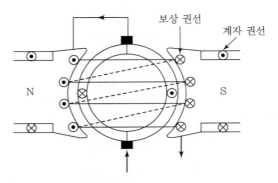

[그림 2 – 23] 보상 권선

예제 09 직류발전기에서 전기자 반작용을 없애는 방법으로 옳은 것은?

① 브러시 위치를 전기적 중성점이 아닌 곳으로 이동시킨다.
② 보극과 보상 권선을 설치한다.
③ 브러시의 압력을 조정한다.
④ 보극은 설치하되 보상 권선은 설치하지 않는다.

풀이 전기자 반작용을 없애는 방법
• 브러시 : 위치를 전기적 중성점인 회전 방향으로 이동
• 보극 : 경감법으로 중성축에 설치
• 보상 권선 : 가장 확실한 방법으로 주자극 표면에 설치

답 ②

04 직류발전기의 종류와 특성

1 직류발전기의 종류

발전기와 전동기에 있어, 직류기에서는 계자 자속을 만들기 위하여 영구자석이나 전자석을 쓰는데 현재의 직류기는 대부분 전자석을 쓴다. 전자석을 만들기 위해 권선에 전류를 흘리는 것을 여자(Excitation)라 하며, 직류발전기를 여자방식에 따라 분류하면 다음과 같다.

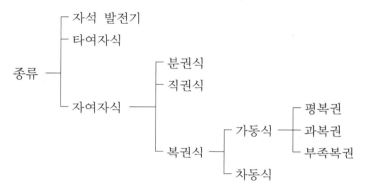

① **자석 발전기(Magneto Generator)** : [그림 2−24] (a)와 같이 영구자석을 계자 자속으로 사용한 것이며 특수한 소형 발전기(자전거 발전기 등)에 사용한다.

② **타여자식(Separate Excitation Method)** : [그림 2−24] (b)와 같이 계자전류 I_f 를 전기자 전류 I 와 전혀 다른 직류전원(축전지 또는 다른 직류전원)에서 취하는 것으로 계자회로와 전기자회로가 전기적으로 절연되어 있다.

③ **자기여자식(Self−excitation Method)** : 전기자에서 발생한 기전력이 계자전류를 흘리게 하는 것으로 전기자 권선과 계자 권선의 접속방법에 따라 다음 세 가지로 분류된다.

　㉠ **분권식(Shunt Excitation Method)** : [그림 2−24] (c)와 같이 전기자 권선과 계자 권선이 병렬로 되어 있다.

　㉡ **직권식(Series Excitation Method)** : [그림 2−24] (d)와 같이 계자 권선과 전기자 권선이 직렬로 접속되어 있고 부하전류에 의해서 여자된다.

　㉢ **복권식(Compound Excitation Method)** : [그림 2−24] (e), (f)와 같이 분권과 직권식을 병용한 것으로 분권계자 기자력(F)과 직권계자 기자력(F_s)이 같은 방향인 경우가 가동복권(Cumulative Compound)이며 반대 방향일 때가 차동복권(Differential)이다. 또 분권계자의 결선에 따라 내분권(Short Shunt Compound)과 외분권(Long Shunt Compound)으로 나뉜다.

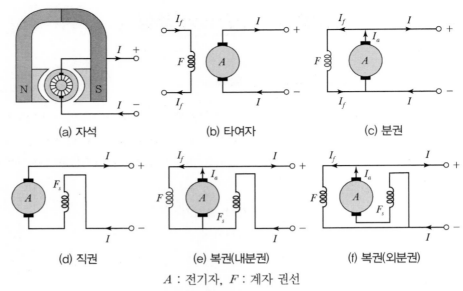

(a) 자석   (b) 타여자   (c) 분권

(d) 직권   (e) 복권(내분권)   (f) 복권(외분권)

A : 전기자, F : 계자 권선

[그림 2-24] 직류발전기의 접속방식

예제 **10** 계자 권선이 전기자와 접속되어 있지 않은 직류기는?

① 직권기   ② 분권기
③ 복권기   ④ 타여자기

풀이 타여자기의 접속도

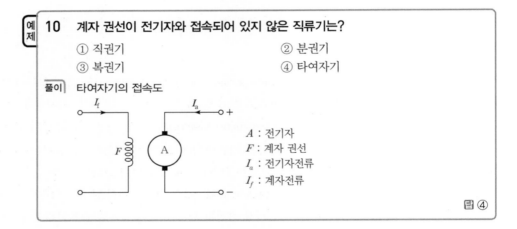

A : 전기자
F : 계자 권선
I_a : 전기자전류
I_f : 계자전류

답 ④

2 직류발전기의 특성

직류발전기에서 유도 기전력(E), 부하전류(I), 계자전류(I_f), 계자저항(F_f), 회전수(n) 등이 중요한 변수이며 이들 중 2개의 양(量)사이의 관계를 그린 여러 가지의 특성이 있는데 이 중에서 많이 사용되는 것은 다음과 같다.

① **무부하포화곡선(No Load Saturation Curve)** : n은 일정, $I = 0$의 경우 I_f와 E의 관계를 그린 것이며 모든 특성곡선의 기초가 되는 중요한 특성곡선이다.
② **부하포화곡선(Load Saturation Curve)** : n은 일정, I도 일정한 경우 I_f와 V 사이의 관계를 표시한다.

③ **외부특성곡선(External Characteristic Curve)** : 회전수 n 과 계자저항 R_f 를 일정
하게 하고 부하전류 I 를 변화시킬 때 이에 대한 단자전압 V 의 변화를 표시하는 곡
선이며 실용상 가장 중요하다.

예제 11 동기발전기의 역률 및 계자전류가 일정할 때 단자전압과 부하전류와의 관계를 나타
내는 곡선은?

① 단락특성곡선   ② 외부특성곡선
③ 토크특성곡선   ④ 전압특성곡선

풀이 동기발전기의 특성곡선
- 3상 단락곡선 : 계자전류와 단락전류
- 무부하포화곡선 : 계자전류와 단자전압
- 부하포화곡선 : 계자전류와 단자전압
- 외부특성곡선 : 부하전류와 단자전압

답 ②

---

1) 타여자발전기

① **무부하포화곡선** : [그림 2 − 24] (b)는 타여자발전기의 접속도이고, 유도 기전력 E
[V]는 식 (2 − 7)에 의하여

$$E = \frac{P}{a} Z\phi n = K\phi n\,[\text{V}] \quad\text{...}\ (2\text{-}8)$$

가 된다. 위 식에서 회전속도 n 이 일정할 때 유도 기전력은 자속에 비례한다. 그런
데 전기자전류는 0이므로 유기전압은 단자전압과 같고 또 ϕ 는 계자전류 I_f 만으로
정해진다. 따라서 무부하포화곡선은 I_f 와 ϕ 사이의 관계를 그린 곡선으로 [그림 2
− 25]와 같다.

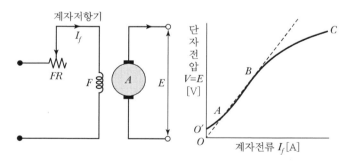

[그림 2 − 25] 무부하포화곡선

I_f 가 증가하면 ϕ, 즉 E 가 증가하지만 어느 정도 ϕ 가 증가하면 그다음부터는 I_f 를
증가시켜도 ϕ 는 그다지 증가하지 않는다. 이것은 자기회로의 철이 자기적으로 포

화하기 때문이다. 다음에 I_f를 최댓값으로 부터 감소해 나가면 E는 곡선 OC의 위치에서 CO'의 곡선에 따라 감소한다. 이것은 철의 히스테리시스현상에 의한 것이다. 또 I_f가 0이 되어도 E는 0이 되지 않고 OO'만큼의 전압이 존재한다. 이것을 잔류전압(Residual Voltage)이라 하고, 이것은 주 자극에 남는 잔류자기(Residual Magnetism)에 의한 것이다. 회전수 n이 변화하면 [그림 2−25]와 같이 이것에 비례해서 유도 기전력도 변화하고 무부하특성도 변화한다.

② **부하특성곡선** : 일정한 I를 흘렸을 때 계자전류에 대한 단자전압의 관계곡선은 무부하특성곡선을 IR_a만큼 밑으로 옮기고 또 반작용의 감자분을 보상해 주는 데 필요한 계자전류만큼 오른쪽으로 이동시킨 것이 된다.

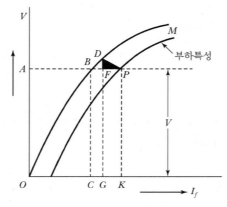

OM : 무부하특성곡선
DF : 전기자저항 전압강하
FP : 전기자 반작용을 보상해 주는
　　　계자전류
OC : 무부하 시 계자전류
OK : 부하 시 계자전류

[그림 2−26] 부하특성곡선

[그림 2−26]에서 OM을 무부하포화곡선이라 하면 DF는 전기자저항강하, FP는 감자작용을 보상해 주는 계자전류이다. 이 그림에서 무부하의 경우는 OC에 의한 계자전류가 흐르면 CB의 단자전압이 발생하지만 부하가 걸리면 계자전류를 OK로 증가시켜야만 같은 전압이 얻어짐을 알 수 있다.

③ **외부특성곡선** : [그림 2−27]과 같이 부하를 걸었을 경우의 전압강하는 R_a 때문에 IR_a의 저항 전압강하, 브러시와 접촉저항에 의한 전압강하 e_b, 더욱이 전기자 반작용 때문에 e_a만큼의 전압강하가 일어난다. 그러므로 단자전압은

$$V = E - IR_a - e_b - e_a[\text{V}] \quad\text{... (2-9)}$$

가 되어 I_f와 n이 일정하고 E가 일정하다고 하여도 부하전류 I가 증가하면 IR_a가 증가하여 V는 감소하여 외부특성곡선은 [그림 2−28]의 곡선 (a)와 같이 된다. 그런데 이것은 I가 변화해도 E가 변화하지 않는다고 생각한 경우이지만 전기자 반작용으로 말미암아 자속이 감소하는 것과 브러시의 접촉저항을 고려하면 곡선 (b)와 같이 곡선은 밑으로 더 기울게 된다.

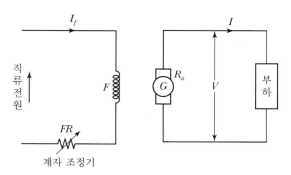

[그림 2-27] 타여자발전기의 회로도

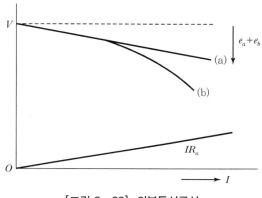

[그림 2-28] 외부특성곡선

④ 용도 : 타여자발전기의 계자전류는 다른 직류발전기, 축전지 등에서 취하므로 전원
전압 또는 계자 권선에 직렬로 저항을 넣고 이것을 가감함으로써 넓은 범위에 걸쳐
가변 전압이 얻어진다. 그래서 여러 가지 값의 일정한 전압이 필요한 경우, 예컨대
시험 또는 실험설비용의 직류전원, 직류전동기, 속도조절용, 전원발전기, 대형 교류
발전기의 주여자기 등으로 사용한다.

2) 분권발전기

① 전압의 확립 : 분권발전기는 [그림 2-29]의 (a)와 같은 접속으로 사용되고, 잔류자기
로 인한 낮은 전압이 전기자에 유기되어 이것이 전기자저항과 계자저항을 통해서
계자에 전류를 흘린다. [그림 2-29]의 (b)의 곡선 aS는 분권발전기의 무부하포화곡
선으로 직선 OF는 계자저항선으로 I_f와 V_f의 관계를 나타낸 것이다.

저항선의 기울기를 θ라 하고 계자저항 조정기의 저항을 R_f라 하면

$$\tan\theta = \frac{V_f}{I_f} = R_f \quad \cdots\cdots\cdots\cdots\cdots\cdots\cdots\cdots\cdots\cdots\cdots\cdots\cdots\cdots\cdots\cdots\cdots\cdots\cdots (2-10)$$

이 되어, 저항이 증가하면 θ는 커진다. 곡선 aS와 직선 OF의 교점을 P라고 하면,

무부하로 운전할 때 잔류자기에 의해서 Oa로 표시되는 기전력이 발생하여 계자전류 ab가 흘러서 잔류자속을 증가시키는 방향으로 흐르면 유도 기전력은 점차로 증가하고 다시 계자전류는 증가된다. 이렇게 전압이 차츰 상승해 가는 현상을 자여자 발전기의 전압확립(Build-up of Voltage)이라고 한다.

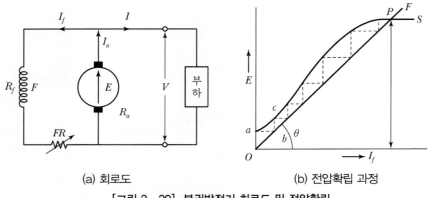

(a) 회로도   (b) 전압확립 과정

[그림 2 - 29] 분권발전기 회로도 및 전압확립

자여자발전기의 전압확립 필요조건은

㉠ 잔류자기가 존재할 것

㉡ 무부하특성곡선은 자기포화를 가질 것

㉢ 계자저항이 임계저항 이하일 것

㉣ 회전 방향이 바르며, 그 값이 어느 값 이상일 것

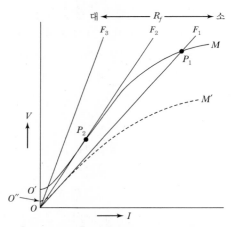

[그림 2 - 30] 분권발전기의 계자저항선

[그림 2 - 30]에서 R_f가 작으면 계자저항선은 OF_1과 같이 되고 무부하포화곡선과의 교점 P에 상당한 높은 전압이 발생한다. R_f가 크게 되어서 계자저항선이 OF_2와 같이 무부하포화곡선과 거의 접하도록 하면 교점 P_2는 불명확하게 되어 단자전압은 약간의 변동에서 대폭적으로 변한다. R_f가 더 크게 되면 계자저항선은 OF_3

로 되고, $O'M$과 낮은 점에서 교차하고, 발전기 전압은 이상으로 증가하지 않는다. OF_2에 상당한 계자회로의 저항을 임계저항(Critical Resistance)이라 한다.

분권발전기에서 계자회로의 저항으로 전압이 안정하게 조정되는 것은 임계저항 이하의 범위뿐이다. 또한 회전속도가 변하면 무부하포화곡선이 그림의 $O''M'$과 같이 변하므로 임계저항의 값도 변한다.

② **외부특성곡선** : 분권발전기의 외부특성곡선은 [그림 2−31]과 같이 된다. 이 경우의 전압강하는 전기자저항에 의한 전압강하, 전기자 반작용에 의한 전압강하 이외에 단자전압이 강하하면 계자전류가 감소하여 전압이 더욱 떨어지므로 타여자발전기에 비해서 전압강하는 크게 된다.

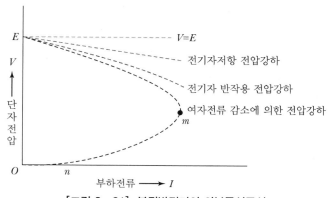

[그림 2−31] 분권발전기의 외부특성곡선

부하가 서서히 증가하면 부하전류는 점 m 까지 증가한 후 mn 곡선에 따라 점차 줄어든다. 단락전류 On은 잔류자기에 의한 기전력으로 흐르는 전류이다.

③ **용도** : 분권발전기의 전압변동률은 타여자발전기보다 좋지 못하나 계자저항기로 상당한 범위까지 전압조정을 할 수 있다. 이 발전기는 전압변동률이 그다지 문제가 되지 않는 곳에 널리 사용되며 전기화학용 전원이나 축전지의 충전용 등에 사용된다.

예제 12 정격속도로 회전하고 있는 무부하의 분권발전기가 있다. 계자 권선의 저항이 50[Ω], 계자전류 2[A], 전기자저항 1.5[Ω]일 때 유도 기전력[V]은?

풀이 단자전압 V는 계자회로의 전압강하와 같으므로

$V = R_f I_f = 50 \times 2 = 100 \text{[V]}$

$E = V + I_a R_a$ 식에서 $I_a = I_f$이므로($\because$ 무부하이므로)

$\therefore$ 유도 기전력 $E = V + I_f R_a = 100 + 2 \times 1.5 = 103 \text{[V]}$

📖 103[V]

타여자발전기와 같이 전압변동률이 적고 자여자이므로 다른 여자 전원이 필요 없으며, 계자저항기를 사용하여 전압조정이 가능하므로 전기화학용 전원, 전지의 충전용, 동기기의 여자용으로 쓰이는 발전기는?

① 분권발전기   ② 직권발전기
③ 과복권발전기   ④ 차동복권발전기

풀이 타여자발전기와 같이 부하에 따른 전압의 변화가 적으므로 정전압발전기라고 한다.

目 ①

3) 직권발전기

① 자기여자 : 직권발전기는 [그림 2-32]와 같이 계자 권선과 전기자 권선이 직렬로 연결되어 있으므로 계자전류, 전기자전류는 부하전류와 같다. 따라서 무부하에서는 전압의 확립이 이루어지지 않는다. 부하를 걸고 부하전류를 흘려 이 전류가 계자에 흘러서 만드는 자속이 잔류자속과 같은 방향일 때 비로소 자기여자되어 전압이 점차 높아진다.

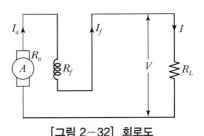

[그림 2-32] 회로도

② 용도 : 직권발전기는 부하전압의 변동이 심하므로 별로 사용되지 않지만 외부특성곡선 중 부하전류에 비례하여 전압이 높아지는 부분을 이용해 장거리 급전선에 넣어 승압기(Booster)로 사용할 때가 있다.

4) 복권발전기

① 외부특성곡선 : 분권발전기는 부하전류의 증가에 따라 단자전압이 강하하지만 직권발전기는 이와 반대로 어느 시점까지는 단자전압이 상승한다. 복권발전기는 이 양자의 특성을 적당하게 조합함으로써 [그림 2-33]과 같은 여러 가지 외부특성을 얻을 수 있다. 즉, 직권계자 권선의 작용으로 전기자 반작용과 여러 가지 전압강하를 보상할 뿐만 아니라 오히려 단자전압을 상승시킬 수 있다.

무부하전압과 전부하전압이 거의 같은 것을 평복권(Flat Compound)이라 하며 직권계자가 강하여 부하전류의 증가에 따라 단자전압이 상승하는 특성을 과복권(Over Compound)이라 한다.

차동복권은 복권계자와 직권계자가 역으로 작용하므로 부하전류가 증가함에 따른 단자전압의 감소가 크다. 이와 같은 특성을 수하특성(Drooping Characteristic)이라 한다.

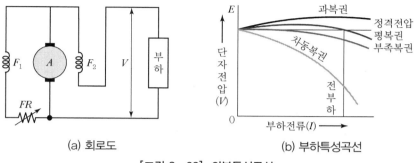

(a) 회로도   (b) 부하특성곡선

[그림 2-33] 외부특성곡선

② 용도 : 가동복권은 정전압 전원으로서 평복권이 주로 사용되지만 발전기에서 부하 까지의 거리가 멀고 그 사이에 저항강하를 보상해야 할 경우는 과복권이 사용된다. 차동복권은 정전류 전원, 예를 들면 직류 전기용접기로 사용하는 경우가 많다.

예제 **14** 다음 그림은 직류발전기의 분류 중 어느 것에 해당되는가?

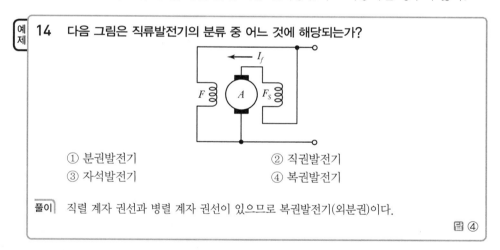

① 분권발전기   ② 직권발전기
③ 자석발전기   ④ 복권발전기

풀이 직렬 계자 권선과 병렬 계자 권선이 있으므로 복권발전기(외분권)이다.

답 ④

예제 **15** 부하의 변동에 대하여 단자전압의 변화가 가장 적은 직류발전기는?

① 직권   ② 분권
③ 평복권   ④ 과복권

풀이 평복권발전기는 직권계자 기자력을 작게 만들어 부하 증가에 따른 전압의 강하를 보상하여 전압의 변화가 적은 발전기이다.

답 ③

05 직류발전기의 병렬운전

1 분권발전기의 병렬운전

[그림 2-34]에서 분권발전기 G_1은 이미 운전 중에 있는데 이에 분권발전기 G_2를 병렬운전하려면 개폐기 S_2를 열어 둔 채로 G_2를 돌려서 정격속도가 되도록 하고 계자전류를 조정해서 단자전압 E_2를 모선전압과 같게 한다. 다음에 G_2의 극성을 전압계로 확인한 다음 S_2를 닫도록 한다. 그러나 이러한 상태에서는 G_2는 부하를 지지 않는다. 그래서 G_2의 계자전류를 늘리고 G_1의 계자전류를 줄이면 식 (2-11)의 E_2는 증가하고 E_1은 감소하므로 I_2는 증가하고 I_1은 감소하여 G_1의 부하가 G_2에 옮겨진다.

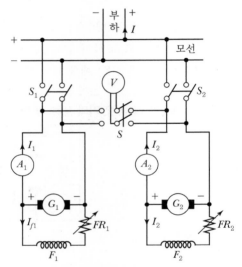

[그림 2-34] 분권발전기의 병렬운전

[그림 2-34]에서 각 발전기의 유도 기전력을 E_1, E_2, 전기저항을 R_{a1}, R_{a2}, 전기자전류를 I_1, I_2, 모선전압을 V, 부하전류를 I라 하면

$$V = E_1 - R_{a1} I_1 = E_2 - R_{a2} I_2 \quad\text{.. (2-11)}$$

$$I = I_1 + I_2 \quad\text{.. (2-12)}$$

가 되어 유기전압이 같으면 전류는 전기자저항이 작은 발전기에 많이 흐르고 전기자저항이 같으면 유도 기전력이 큰 발전기에 많이 흐른다. 즉, G_1의 속도를 올리든가 또는 여자전류를 많이 흐르게 하여 E_1을 크게 하면 I_1은 I_2보다 많아지고 G_1 쪽이 더 많은 부하를 분담하게 된다.

② 직권발전기의 병렬운전

직권발전기와 같이 전류가 증가하면 전압이 상승하는 외부특성의 것은 그대로 병렬운전을 할 수 없다. 만일, 한쪽의 전류가 약간 증가하면 전압도 상승하므로 점점 전류가 증가하여 안정한 병렬운전이 될 수 없다.

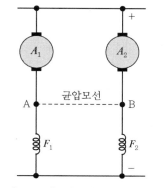

[그림 2 − 35] 직권발전기의 병렬운전

직권발전기의 병렬운전을 안정하게 하려면, [그림 2 − 35]와 같이 양발전기의 직권권선이 접속된 전기자 측의 끝을 균압선(Equalizer)으로 연결하고 F_1과 F_2를 병렬로 하여 항상 여자전류를 등분하도록 한다.

06   직류전동기의 이론

① 직류전동기의 원리

자계 내에 놓여있는 도체에 전류를 흘리면 이 도체는 힘을 받는다. 즉 [그림 2 − 36] (a)와 같이 자극 N, S 사이에 코일 $abcd$를 놓고 이것에 직류전원으로부터 전류를 흘리면 코일의 ab 및 cd 변에는 각각 시계 방향의 토크가 생겨 코일 전체가 시계 방향으로 회전한다. 또한 코일이 반회전하여 그림 (b)의 위치에 와도 ab 및 cd에는 같은 방향의 토크가 발생하여 회전을 계속한다. 이것이 직류전동기의 원리인데 이는 전기적인 에너지를 기계적인 에너지로 변환시키는 것을 뜻한다.

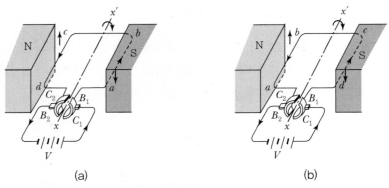

[그림 2-36] 직류전동기의 원리

예제 **16**
그림에서와 같이 ㉠, ㉡의 약자극 사이에 정류자를 가진 코일을 두고 ㉢, ㉣에 직류를 공급하여 X, X'를 축으로 하여 코일을 시계 방향으로 회전시키고자 한다. ㉠, ㉡의 자극 극성과 ㉢, ㉣의 전원 극성을 어떻게 해야 되는가?

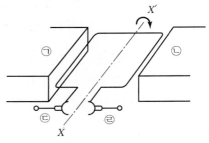

① ㉠ N, ㉡ S, ㉢ +, ㉣ −
② ㉠ N, ㉡ S, ㉢ −, ㉣ +
③ ㉠ S, ㉡ N, ㉢ +, ㉣ −
④ ㉠ S, ㉡ N, ㉢, ㉣ 극성에 무관

풀이 플레밍의 왼손법칙을 적용하면 다음 그림과 같이 자극 극성과, 전원 극성이 이루어져야 시계 방향으로 회전한다.

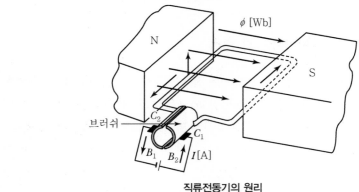

직류전동기의 원리

답 ②

② 역기전력

[그림 2−37]에서 전동기가 회전하면 도체는 자속을 끊어 발전기와 같이 기전력을 유기한다. 이 기전력의 방향은 플레밍의 오른손법칙에 의해서 공급해준 단자전압과는 반대 방향이 되고 전기자전류를 방해하는 방향으로 작용하므로 역기전력(Counter Electromotive Force)이라 한다.

이 기전력의 크기 E[V]는 P를 자극수, ϕ를 1극당의 자속[Wb], Z를 전기자 도체총수, a를 전기자의 병렬회로수, n을 매초의 회전수라 하면 식 (2−7)에서

$$E = \frac{PZ}{a}\phi n = K_1 \phi n \,[\text{V}] \,\cdots\cdots\cdots\cdots (2\text{−}13)$$

단, $K_1 = \dfrac{PZ}{a}$

그리고 전기자회로의 저항을 R_a[Ω]이라 하면, [그림 2−37]에서 알 수 있는 바와 같이 전기자전류 I_a[A]는

$$I_a = \frac{V-E}{R_a}\,[\text{A}] \,\cdots\cdots\cdots\cdots (2\text{−}14)$$

이고, 단자전압과 전기자전압강하의 관계는 다음과 같다.

$$V = E + I_a R_a \,[\text{V}] \,\cdots\cdots\cdots\cdots (2\text{−}15)$$

역기전력 E는 회전속도에 비례하므로, 전동기의 기계적 부하가 증가하여 속도가 감소하면 역기전력 E도 감소하게 된다. 따라서 식 (2−14)에 의해서 I_a가 증가하고 전동기의 입력이 자동적으로 상승하여 기계적 부하의 증가에 대응하게 된다.

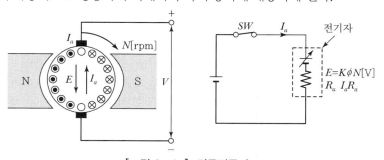

[그림 2−37] 직류전동기

③ 속도, 회전력 및 출력

1) 속도

식 (2-13) 및 (2-15)에서 전동기의 속도 n [rps]는

$$n = \frac{E}{K_1\phi} = K_2\frac{V-I_aR_a}{\phi}\,[\text{rps}] \quad\text{..}\quad (2-16)$$

$$\left(K_2 = \frac{a}{PZ}\right)$$

으로, 전동기의 속도는 역기전력에 비례하고, 1극당의 자속에 반비례한다는 것을 알 수 있다.

2) 회전력(Torque)

평균자속밀도가 B [Wb/m²]되는 평등자계 안에 길이 l [m]의 전기자 도체가 놓여 있고 이것에 전류 I[A]를 흘렸다고 하면 이 도체에는 식 (2-2)에서

$$F = BIl\,[\text{N}] \quad\text{...}\quad (2-17)$$

의 힘이 작용한다.

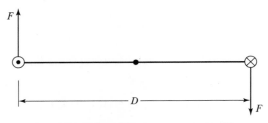

[그림 2-38] 전기자 권선에 작용하는 힘

그러므로 전기자 직경을 D [m]라 하면 한 개의 도체에 작용하는 회전력 τ[N·m]는 [그림 2-38]에서 다음과 같다.

$$\tau = F \times \frac{D}{2} = IBl \times \frac{D}{2}\,[\text{N}\cdot\text{m}] \quad\text{..}\quad (2-18)$$

전기자 도체수를 Z, 극수를 P, 한 극의 자속을 ϕ [Wb], 전기자전류를 I_a [A], 전기자 병렬 회로수를 a 라 하면 전동기의 회전력[N·m]은

$$B = \frac{P\phi}{\pi Dl}, \qquad I = \frac{I_a}{a}$$

가 되므로

$$T = Z\tau = Z \cdot IBl \frac{D}{2} = Z \frac{P\phi}{\pi Dl} \cdot \frac{I_a}{a} \cdot l \cdot \frac{D}{2}$$

$$= \frac{PZ}{2\pi a} \phi I_a = K\phi I_a \, [\text{N} \cdot \text{m}]$$

$$= \frac{1}{9.8} K\phi I_a \, [\text{kg} \cdot \text{m}] \quad\cdots\cdots\cdots\cdots\cdots\cdots\cdots\cdots\cdots\cdots\cdots\cdots (2-19)$$

가 된다. 위의 식에서 $K = \dfrac{PZ}{2\pi a}$ 이다.

즉, 회전력은 자속 ϕ 와 전기자전류 I_a 의 곱에 비례하며 회전속도에는 무관하다.

예제 17 직류 분권전동기가 있다. 총 도체수 100, 단중 파권으로 자극수는 4, 자속수 3.14 [Wb], 부하를 가하여 전기자에 5[A]가 흐르고 있으면 이 전동기의 토크[N · m]는?

풀이 자극 $p = 4$, 총 도체수 $Z = 100$, 자속수 $\phi = 3.14[\text{Wb}]$, 전기자전류 $I_a = 5[\text{A}]$, 파권이므로 내부 회로수 $a = 2$이다. 토크 T는

$$\therefore \; T = \frac{pZ\phi I_a}{2\pi a} = \frac{4 \times 100 \times 3.14 \times 5}{2 \times 3.14 \times 2} = 500[\text{N} \cdot \text{m}]$$

📖 500[N · m]

---

3) 출력

식 $(2-15)$로부터 양변에 I_a를 곱하면

$$VI_a = EI_a + I_a{}^2 R_a \quad\cdots\cdots\cdots\cdots\cdots\cdots\cdots\cdots\cdots\cdots\cdots\cdots\cdots\cdots\cdots (2-20)$$

위의 식에서 VI_a는 전기자의 입력이고 $I_a{}^2 R_a$는 전기자회로의 저항손이므로 EI_a가 전동기의 출력이다.

그런데 식 $(2-13)$에서 $E = \dfrac{PZ}{a} \cdot \phi n$ [V]를 식 $(2-19)$에 넣으면

$$T = \frac{EI_a}{2\pi n} \quad\cdots\cdots\cdots\cdots\cdots\cdots\cdots\cdots\cdots\cdots\cdots\cdots\cdots\cdots\cdots\cdots (2-21)$$

따라서 전동기의 출력 P는

$$P = EI_a = 2\pi n\, T_1 [\text{W}] = 2\pi N T_2 \times \frac{9.8}{60} [\text{W}] = 1.026 N T_2 [\text{W}] \quad\cdots\cdots\cdots (2-22)$$

여기서, $T_1 : [\text{N} \cdot \text{m}]$, $T_2 : [\text{kg} \cdot \text{m}]$, $n : [\text{rps}]$, $N : [\text{rpm}]$인 경우

그러나 전동기의 손실은 $I_a^2 R_a$ 외에도 전기자 철손 및 기계손 등이 있기 때문에 전동기 축에서 실제로 얻을 수 있는 출력 P_0는

$$P_0 = P - (철손 + 기계적 손실) \cdots\cdots\cdots\cdots\cdots\cdots\cdots\cdots\cdots\cdots (2-23)$$

예제 18 직류전동기의 출력이 50[kW], 회전수가 1,800[rpm]일 때 토크는 약 몇 [kg · m]인가?

풀이 $P_o = 2\pi \dfrac{N}{60} T [\mathrm{W}]$에서

$T = \dfrac{60}{2\pi} \dfrac{P_o}{N} [\mathrm{N \cdot m}]$이고,

$T = \dfrac{1}{9.8} \dfrac{60}{2\pi} \dfrac{P_o}{N} [\mathrm{kg \cdot m}]$이므로,

$T = \dfrac{1}{9.8} \dfrac{60}{2\pi} \dfrac{50 \times 10^3}{1,800} \simeq 27 [\mathrm{kg \cdot m}]$이다.

🔖 27[kg · m]

예제 19 P[kW], N[rpm]인 전동기의 토크[kg · m]는?

풀이 $T = \dfrac{1}{9.8} \cdot \dfrac{P}{\omega} = \dfrac{1}{9.8} \cdot \dfrac{P \times 10^3}{2\pi \times \dfrac{N}{60}} = 975 \dfrac{P}{N} [\mathrm{kg \cdot m}]$

🔖 $975\dfrac{P}{N}$[kg · m]

07 직류전동기의 종류와 특성

1 직류전동기의 종류

직류발전기는 직류전동기로 사용할 수 있기 때문에 구조는 발전기와 똑같다. 또한 종류도 발전기의 경우와 같이 계자 권선과 전기자 권선의 접속 방식에 따라 다음과 같이 분류된다.

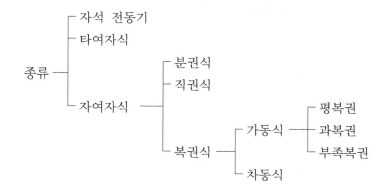

[그림 2–39]는 여러 전동기 접속도이다. 복권전동기는 외분권으로 한다.

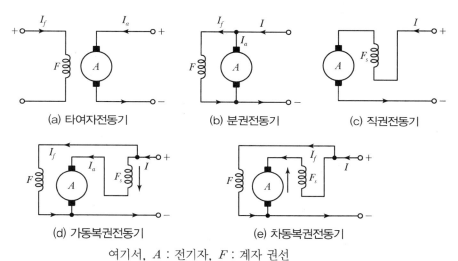

(a) 타여자전동기　　　　(b) 분권전동기　　　　(c) 직권전동기

(d) 가동복권전동기　　　　(e) 차동복권전동기

여기서, A : 전기자, F : 계자 권선

[그림 2–39] 직류전동기의 접속방식

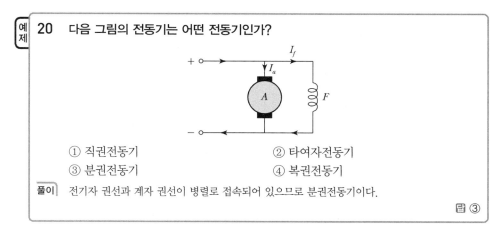

예제 **20**　다음 그림의 전동기는 어떤 전동기인가?

① 직권전동기　　　　　　　　② 타여자전동기
③ 분권전동기　　　　　　　　④ 복권전동기

풀이　전기자 권선과 계자 권선이 병렬로 접속되어 있으므로 분권전동기이다.

답 ③

② 직류전동기의 특성

1) 분권전동기의 특성

분권전동기는 [그림 2-40]과 같이 전기자와 계자 권선이 병렬로 접속되어 전원에 연결되고, 단자전압이 일정하면 계자전류 I_f는 전기자전류 I_a와는 관계가 없으며

$$I_f = \frac{V}{R_f} = 일정 \quad \text{(2-24)}$$

이 된다.

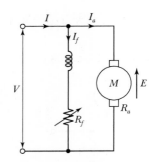

[그림 2-40] 분권전동기의 회로

따라서 ϕ는 일정하고 전원에서 흘러 들어가는 전전류를 I라 하면,

$$I = I_f + I_a \quad \text{(2-25)}$$

여기서, I_f는 매우 적으므로 $I = I_a$라고 해도 좋다.

① 속도특성

이것은 계자저항 R_f를 변화시킴이 없이 부하전류만을 변화시켰을 때 속도 N이 어떻게 변화하는가를 나타내는 곡선이다.

분권전동기의 속도는 식 (2-16)에 의하여 $n = K_2 \cdot \dfrac{V - I_a R_a}{\phi}$[rps]가 되는데 R_f를 일정하게 하면 ϕ도 일정하게 되어 $\dfrac{K_2}{\phi} = K_3$이라고 놓으면

$$N = K_3(V - R_a I_a) \quad \text{(2-26)}$$

가 된다.

그러므로 V, R_a가 일정한 경우에 속도는 [그림 2-41]과 같이 전류가 증가하는 데 따라 직선적으로 감소하고 $I_a = \dfrac{V}{R_a}$가 되면 속도는 0이 된다.

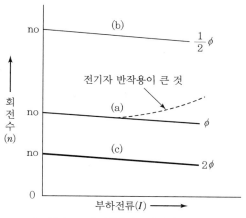

[그림 2 – 41] 분권전동기의 속도특성

R_a의 크기는 직선의 경사와 관계가 있는데 전기자저항이 크면 속도의 저하도 크다.

계자저항 R_f를 변화시켜 ϕ를 $\frac{1}{2}\phi$, 2ϕ로 하면 속도특성은 [그림 2 – 41]의 곡선 (b), (c)와 같이 되지만 전기자 반작용의 감자작용을 생각할 때 I_a가 증가하면 ϕ는 감소하므로 식 (2 – 16)의 분모, 분자가 모두 감소해서 n의 저하가 적게 된다.

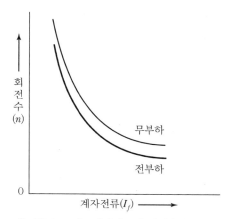

[그림 2 – 42] 계자전류와 회전수의 관계

또 [그림 2 – 42]와 같이 I_f를 감소시켜 0에 가깝게 하면 식 (2 – 16)에서 분모의 ϕ가 0에 가까워지므로 속도가 대단히 높아져 경부하일 경우에는 원심력에 의하여 기계가 파손될 정도의 고속도에 달하는 수도 있다. 따라서 계자회로의 접속에는 충분한 주의를 해서 단선이 되지 않도록 해야 한다.

② 토크특성

이것은 부하전류 증가에 따라 토크가 어떻게 변화하는가를 나타내는 곡선이다.

분권전동기에서는 단자전압이 일정하면 ϕ가 일정하므로

$$T = k_2 \phi I_a = k_3 I_a (\text{단, } \cdots k_3 = k_2 \phi) \quad\text{(2-27)}$$

가 되어 I_a와 T의 관계는 [그림 2-43]의 점선과 같이 비례하는 직선이 된다. 그러나 전기자 반작용으로 인하여 부하전류에 따라 ϕ가 감소하는 것을 고려하면 토크특성은 [그림 2-43]의 실선과 같이 밑으로 구부러진다.

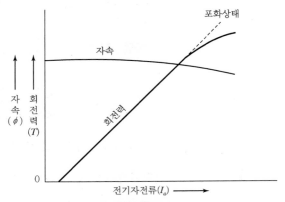

[그림 2-43] 분권전동기의 토크특성

③ 분권전동기의 용도

분권전동기의 회전수는 [그림 2-41]에서 볼 수 있는 바와 같이 부하가 증가하면 어느 정도는 줄지만 대체로 일정하다고 볼 수 있으므로 정속도 전동기라 해도 좋다. 또한 계자조정기를 써서 넓은 범위에 걸쳐 쉽게 속도제어를 할 수 있다. 분권전동기는 이와 같은 특성이 있으므로 철압연, 제지, 권선기 등에 사용된다.

예제 **21 분권전동기에 대한 설명으로 틀린 것은?**

① 토크는 전기자전류의 제곱에 비례한다.
② 부하전류에 따른 속도 변화가 거의 없다.
③ 계자회로에 퓨즈를 넣어서는 안 된다.
④ 계자 권선과 전기자 권선이 전원에 병렬로 접속되어 있다.

풀이 전기자와 계자 권선이 병렬로 접속되어 있어서 단자전압이 일정하면, 부하전류에 관계없이 자속이 일정하므로 타여자전동기와 거의 동일한 특성을 가진다.

답 ①

2) 직권전동기의 특성

이것은 [그림 2-44]와 같이 계자 권선과 전기자 권선이 직렬로 연결되어 있으므로

$$I_f = I_a = I \quad\text{(2-28)}$$

가 된다.

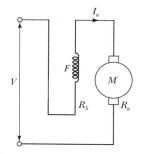

[그림 2-44] 직권전동기 회로

① 속도특성

이 전동기의 회전속도의 식은 직권전동기의 저항을 R_s라 하면 식 (2-16)의 R_a 대신에 $R_a + R_s$를 넣으면 다음과 같다.

$$N = k_1 \cdot \frac{V - (R_a + R_s)I_a}{\phi} \, [\text{rps}] \quad \cdots\cdots\cdots\cdots\cdots\cdots\cdots\cdots\cdots\cdots\cdots\cdots\cdots\cdots\cdots \, (2-29)$$

자기회로가 포화되지 않은 경우에는 ϕ는 I_a에 비례하므로

$$N = k_4 \cdot \frac{V - (R_a + R_s)I_a}{I_a} \, (\text{단, } k_4 \text{는 정수}) \quad \cdots\cdots\cdots\cdots\cdots\cdots\cdots\cdots \, (2-30)$$

식 (2-30)의 $(R_a + R_s)I_a$는 V에 비해서 대단히 적으므로 이를 무시하면,

$$N = k_4 \cdot \frac{V}{I_a} \quad \cdots\cdots\cdots\cdots\cdots\cdots\cdots\cdots\cdots\cdots\cdots\cdots\cdots\cdots\cdots\cdots\cdots\cdots\cdots\cdots \, (2-31)$$

V가 일정하다면 위 식에 의하여 N과 I_a 사이의 관계는 [그림 2-45]와 같이 종축과 횡축을 점근선으로 하는 쌍곡선이 된다.

그런데 부하가 증가하면 여자기전력도 증가하여 자기회로가 포화하게 된다. 포화하게 되면 ϕ가 일정하게 되어,

$$N = k_5 (V - R_a I_a)[\text{rps}] (\text{단, } k_5 \text{는 정수}) \quad \cdots\cdots\cdots\cdots\cdots\cdots\cdots \, (2-32)$$

따라서 속도특성은 [그림 2-45]와 파선과 같은 직선이 된다.

그림에서 알 수 있는 바와 같이 I_a가 0에 가깝게 줄어들면 속도는 대단히 높아진다. 만일 잔류자기가 없으면 속도는 무한대로 되어 원심력 때문에 전기자를 파괴할 정도의 위험한 상태가 되며 이러한 속도를 무구속 속도(Run Away Speed)라 한다. 그러므로 직권전동기에는 안전한 속도로 운전될 수 있는 정도의 최소부하가 늘 걸려 있어야 한다.

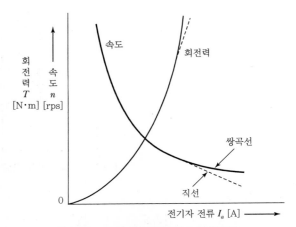

[그림 2−45] 직권전동기의 특성곡선

② 토크특성

전기자전류가 적게 흐르는 어느 한도 내에서 자속 ϕ 는 I_a 에 비례하므로 토크는 I_a^2 에 비례하게 된다. 즉

$$T = k_6 I_a^2 \text{(단, } k_6 \text{은 정수)} \quad \cdots\cdots\cdots\cdots\cdots\cdots\cdots\cdots\cdots\cdots\cdots\cdots (2\text{--}33)$$

따라서 토크 특성은 [그림 2−45]의 실선으로 표시한 것과 같은 포물선이 된다. 그러나 I_a 가 커짐에 따라 자기회로가 포화하므로 ϕ 는 증가하지 못하고 거의 일정하게 되어 토크는

$$T = k_7 I_a \text{(단, } k_7 \text{은 정수)} \quad \cdots\cdots\cdots\cdots\cdots\cdots\cdots\cdots\cdots\cdots\cdots\cdots\cdots (2\text{--}34)$$

가 되어 [그림 2−45]의 파선부분과 같이 I_a 에 비례하는 직선이 된다.

③ 용도 및 특징

직권전동기에서는 토크가 증가하면 속도가 낮아지므로 회전수와 토크와의 곱에 비례하는 출력도 어떤 범위 내에서는 대체로 일정하다. 전차에 분권전동기를 사용하면 토크의 대소에 관계없이 속도가 거의 일정하게 되므로 비탈길을 전차가 올라갈 때 토크가 증가하면 출력도 거의 이에 비례해 증가하여 전원에 지나치게 과한 부하를 부담하게 한다. 그러나 직권전동기는 토크가 증가하면 속도가 떨어지므로 전원에 과부하가 되지 않는다.

또, 직권전동기의 토크는 전류의 자승에 비례하므로 기동시킬 때 전류를 안전한 값에 제한하면서 충분히 큰 토크를 발생시킬 수 있다. 이것도 자주 기동시켜야 하는 전차나 기중기 등에 적합한 성질이다.

22 전기자저항 0.3[Ω], 직권계자 권선의 저항 0.7[Ω]의 직권전동기에 110[V]를 가하였더니 부하전류가 10[A]이었다. 이때 전동기의 속도[rpm]는?(단, 기계 정수는 2이다.)

풀이 직류 직권전동기의 속도 $N = K \dfrac{V - I_a(R_a + R_s)}{I_a}$ 이므로

$V = 110[\mathrm{V}]$, $I_a = 10[\mathrm{A}]$, $R_a = 0.3[\Omega]$, $R_s = 0.7[\Omega]$, $K = 2$를 대입하면,

$\therefore N = 2 \times \dfrac{110 - 10(0.3 + 0.7)}{10} = 20[\mathrm{rps}] = 1,200[\mathrm{rpm}]$

圖 1,200[rpm]

23 직류 직권전동기에서 벨트를 걸고 운전하면 안 되는 가장 큰 이유는?

① 벨트가 벗어지면 위험 속도로 도달하므로
② 손실이 많아지므로
③ 직결하지 않으면 속도제어가 곤란하므로
④ 벨트의 마멸 보수가 곤란하므로

풀이 $N = K_1 \dfrac{V - I_a R_a}{\phi}[\mathrm{rpm}]$에서 직류 직권전동기는 벨트가 벗어지면 무부하상태가 되어, 여자 전류가 거의 0이 된다. 이때 자속이 최대가 되므로 위험 속도로 된다.

圖 ①

3) 복권전동기의 특성

① 가동복권전동기

가동복권전동기는 [그림 2-46], [그림 2-47]과 같이 분권전동기와 직권전동기의 중간특성이 되며 직권계자 기자력과 분권계자 기자력의 비율에 따라 분권전동기에 가까운 특성 또는 직권전동기에 가까운 특성이 된다.

가동복권전동기는 분권계자 권선이 있기 때문에 부하가 걸려 있지 않더라도 계자 자속의 일부가 존재하게 되어 직권전동기와 같은 무구속 속도에 이르지 않으며, 또한 직권계자 권선이 있어 기동토크도 상당히 크며, 전원에 대한 위험도 적다. 이러한 특징에 따라 이것은 권상기, 공작기계 등에 주로 사용된다.

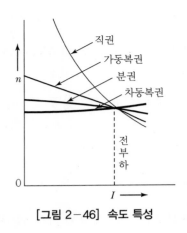

[그림 2-46] 속도 특성

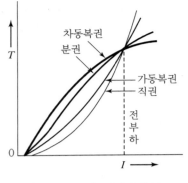

[그림 2-47] 회전력 특성

② 차동복권전동기

이것은 직권계자 기자력이 분권계자 기자력을 상쇄하도록 작용하므로 부하전류가 증가함에 따라 계자 자속은 감소하여 속도강하를 보상해 주어 정속도 특성을 갖게 한다. 그러나 전류가 증가하여 직권 기자력과 분권 기자력이 같게 되면 자속은 0이 되고 이 이상 전기자전류가 증가하면 자속의 방향이 반대가 되어 역전하는 경우가 있다. 또 기동토크도 적어 많이 사용되지 않는다.

08 직류전동기의 운전

1 직류전동기의 기동

정지상태에 있는 전동기를 운전상태로 만드는 것을 기동이라 하며, 직류전동기가 운전 중에 흐르는 전기자전류 I_a 는 식 (2-14)로부터 다음과 같이 나타낸다.

$$I_a = \frac{V - K\phi n}{R_a} [\text{A}] \quad\cdots\cdots\cdots\cdots\cdots\cdots\cdots\cdots\cdots\cdots\cdots\cdots\cdots\cdots\cdots\cdots\cdots\cdots (2-35)$$

정지되어 있는 전동기에 직접 전전압을 가하여 기동하면 전기자회로에 저항이 삽입되어 있지 않을 경우에는 $R = R_a$ 로, R_a 는 극히 적은 값이고 더욱이 $n = 0$ 이므로 $I_a = V/R_a$ 에 해당하는 큰 전류가 흐르게 된다. 이것은 정격전류의 수 배에서 수십 배에 이르러 다음과 같은 영향을 준다.

① 정류자 및 브러시가 손상된다.

② 전원에 큰 충격을 준다.

③ 매우 큰 회전력이 발생하므로 기계가 파손될 염려가 있다.

그러므로 기동 시에 이 전류를 제한하기 위해서(정격전류의 $100 \sim 150[\%]$) 적당한 저항을 전기자에 직렬로 넣고 회전수가 점차 올라가서 역기전력 $E = K\phi n$이 증가하면 그 저항을 조금씩 빼주는 방법을 쓴다. 이와 같은 저항을 기동저항(Starting Rheostat)이라 하고 부속품을 합하여 조립한 기구를 기동기라 한다.

② 속도제어

전동기의 속도 n은 식 $(2-16)$에서 $n = K_2 \dfrac{V - I_a R_a}{\phi}$로 나타낸다. 따라서 속도제어법에는 다음 3가지 방법이 있다.

① 계자제어법(Field Control) : 계자전류를 조정하여 자속 ϕ를 변화시키는 방법

② 저항제어법(Rheostatic Control) : 전기자에 직렬로 저항을 넣어서 R_a의 값을 변화시키는 방법

③ 전압제어법(Voltage Control) : 전기자에 가하는 전압 V를 변화시키는 방법

예제 24 직류전동기의 속도제어 방법이 아닌 것은?

① 전압제어 ② 계자제어
③ 저항제어 ④ 플러깅제어

풀이 직류전동기의 속도제어법
- 계자제어 : 정출력 제어
- 저항제어 : 전력손실이 크며, 속도제어의 범위가 좁다.
- 전압제어 : 정토크 제어

답 ④

예제 25 직류전동기의 속도제어에서 자속을 2배로 하면 회전수는?

풀이 직류전동기의 속도 $N = K_1 \dfrac{V - I_a R_a}{\phi}$ [rpm]이므로, 속도와 자속은 반비례 관계를 가지고 있다. 즉, 자속을 2배로 하면 회전수는 1/2로 줄어든다.

답 1/2로 줄어든다.

---

③ 전기 제동

전동기의 운전을 정지하려고 할 때 전원 개폐기를 열어 준다면 전기자의 관성으로 인하여 계속해서 돌게 되어 좀처럼 정지되지 않는다. 이것을 빨리 정지시키려면 전기자가 가

지고 있는 운동에너지를 적당한 방법으로 소비시켜 버려야 한다. 이러한 에너지의 소비를 적극적으로 빨리하게 하는 것을 제동(Braking)이라 한다.

① **발전제동(Dynamic Braking)** : 발전제동이란 운전 중의 전동기를 전원으로부터 분리시키고 발전기로 작용시켜서 회전체의 운동에너지를 전기에너지로 변화시킨 다음 이것을 저항 중에서 열에너지로 소비시켜서 제동하는 것이다. 분권전동기는 계자를 전원에 접속한 상태로, 전기자회로만을 전원에서 떼어 그 양단에 저항기를 접속하면 타여자발전기로서 발전제동이 된다. 직권전동기와 복권전동기의 경우에는 직권권선의 접속을 반대로 하거나 타여자로 한다. 제동으로 속도가 저하하면, 전기제동작용은 약해지기 때문에 확실히 정지시키는 데는 기계제동을 병용한다.

② **역전제동(Plugging Braking)** : 운전 중 전동기의 전기자를 반대로 절환하면, 자속은 그대로 변하지 않고, 전기자전류는 반대로 되어 회전과는 반대 방향의 회전력이 발생되므로 제동된다.

③ **회생제동(Regenerative Braking)** : 전차가 급경사의 비탈길을 내려갈 때에는 차체의 중량 등으로 속도가 증가하여 유도 기전력이 전원전압보다 크게 되고 발전기로서의 전력을 전원에 돌려보내는 동시에 제동력이 생긴다. 이것을 회생제동이라 한다.

예제 **26** 전동기의 회전 방향을 바꾸는 역회전의 원리를 이용한 제동방법은?

풀이 역상제동(역전제동, 플러깅)
전동기를 급정지시키기 위해 제동 시 전동기를 역회전으로 접속하여 제동하는 방법이다.
답 역상제동

---

09   직류기의 손실 및 효율

1 손실

1) 손실의 종류

직류기 운전 중에 생기는 손실에는 다음과 같은 종류가 있다.

① **철손(Iron Loss)** : 자기회로 중에서 자속이 시간적으로 변화함으로써 발생하는 것으로 히스테리시스손과 와류손으로 나뉜다.

② **동손(Copper Loss)** : 전류가 흐르는 회로 중의 저항으로 생기는 손실을 말하는 것으로 계자 동손, 전기자 동손, 브러시의 접촉저항에 의한 동손이 있으며 전기자 동손

이 가장 크다.

③ **기계손(Mechanical Loss)** : 기계적 마찰에 의하여 발생하는 열로써 마찰손과 풍손으로 나뉜다.

④ **표유부하손(Stray Load Loss)** : 위에서 설명한 손실에 포함되지 않는 손실로, 각 부분에 흐르는 전류의 표피효과(Skin Effect)로 인한 손실, 전기자 권선의 순환전류에 의한 손실, 자속분포의 변화 등으로 인한 손실이다.

이상의 손실들이 직류기 내부에서 발생하는 손실들인데 이들 중에는 부하전류의 변화에 따라 변화는 손실을 가변손(Variable Loss) 또는 부하손, 부하전류와 무관한 손실을 무부하손 또는 고정손(Constant Loss)이라고 한다.

2) 철손

① **히스테리시스손(Hysteresis Loss)** : 철심에 가해진 자계의 주기적 변화에 따라서 자속밀도도 변화하는데, 이때 [그림 2 - 48]과 같이 히스테리시스 루프가 되면, 이 면적에 비례하여 손실이 생긴다. 이것을 히스테리시스손이라고 한다.

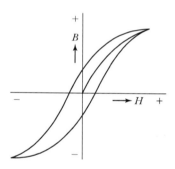

[그림 2 - 48] 히스테리시스 루프

주파수 f[Hz]의 교번자계에 의하여 철심 내에 생기는 히스테리시스손 W_h[W/kg]는 다음 식과 같다.

$$W_h = \eta_h \cdot f \cdot B_m^{1.6} \cdot V [\text{W}] \quad \cdots\cdots\cdots\cdots\cdots\cdots\cdots\cdots\cdots\cdots\cdots\cdots (2-36)$$

여기서, B_m : 최대자속밀도[Wb/m²], V : 철심의 용적[m³]
η_h : 히스테리시스 정수

② **와류손(Eddy Current Loss)** : 철심이 자계 내에서 회전하면 자속을 끊기 때문에 철심에는 기전력이 발생하여 단락전류가 흐르게 된다. 이를 와류라 하고 와류에 의한 손실을 와류손이라 한다. 이 손실을 감소시키기 위하여 철심은 상호 절연한 규소강판을 성층하여 만든다. 철심 내의 와류손은 다음 식으로 계산한다.

$$W_e = \eta_e (t\,f\,B_m)^2 \cdot V\,[\text{W}] \quad\text{..............................} (2-37)$$

여기서, η_e : 와류 정수, t : 두께[m]

3) 동손

동손을 발생하는 부분은 전기자 권선, 분권계자 권선, 직권계자 권선, 보극 권선, 브러시 접촉면이다.

4) 기계손

일반적으로 기계손은 마찰손으로 기계적인 구조에 따라서도 달라진다. 마찰손의 주가 되는 것은 베어링 손실, 풍손, 브러시 마찰손으로 정확히 계산하는 것은 곤란하다.

예제 27 측정이나 계산으로 구할 수 없는 손실로 부하전류가 흐를 때 도체 또는 철심 내부에서 생기는 손실을 무엇이라 하는가?

① 구리손   ② 히스테리시스손

③ 맴돌이 전류손   ④ 표류부하손

풀이 표류부하손

측정이나 계산에 의하여 구할 수 있는 손실 이외에 부하전류가 흐를 때 도체 또는 금속 내부에서 생기는 손실로 부하에 비례하여 증감한다.

답 ④

---

2 효율(Efficiency)

효율이란 출력과 입력과의 비로서 어떤 입력 가운데 얼마만큼 유효하게 이용할 수 있도록 되는 것인가를 표시하는 것이다. 보통 다음과 같은 백분율로서 표시한다.

$$\eta = \frac{출력}{입력} \times 100\,[\%] \quad\text{...........................} (2-38)$$

직접 출력과 입력을 측정해서 식 (2-38)을 써서 효율을 산출할 수 있는데 이것을 실측효율(Actual Measured Efficiency)이라고 한다. 그런데 일반적으로 기계적 동력의 측정은 복잡하므로 비교적 측정이 간단한 전기에너지로 산출하는 효율은

$$\eta = \frac{출력}{출력 + 손실} \times 100\,[\%](발전기)(변압기) \quad\text{.................} (2-39)$$

$$= \frac{입력 - 손실}{입력} \times 100\,[\%](전동기) \quad\text{.................} (2-40)$$

과 같다. 이러한 전기에너지의 출력 또는 입력과 손실을 대입하여 구한 효율을 규약효율(Conventional Efficiency)이라 하며 일반적으로 사용된다.

예제 28 입력이 12.5[kW], 출력이 10[kW]일 때 기기의 손실은 몇 [kW]인가?

풀이 손실 = 입력 − 출력이므로,
손실 = 12.5 − 10 = 2.5[kW]

답 2.5[kW]

01   동기발전기의 구조 및 원리

1 동기발전기의 분류

동기기에는 동기발전기, 동기전동기, 동기조상기(Synchronous Phase Modifier), 동기주파수변환기(Synchronous Frequency Changer) 등이 있다. 그리고 회전자의 구조, 계자의 형상, 냉각 방식 등에 의해 다음과 같이 분류된다.

1) 회전자에 의한 분류

① 회전계자형

코일에 기전력을 유기하려면 코일이 자속을 끊기만 하면 되므로 [그림 3 − 1] (a)와 같이 전기자를 고정하고 자극을 돌려 기전력을 유기하는 방식이다. 다음과 같은 이유로 동기발전기는 주로 회전계자형을 사용한다.

㉠ 회전전기자형은 고전압에 견딜 수 있도록 전기자 권선을 절연하기가 곤란하다.
  (교류발전기의 정격전압은 대체로 11,000[V] 이상이다.)

㉡ 회전계자형으로 하면 전기자가 고정되어 있으므로 전기자 단자에 발생한 고전압을 슬립링 없이 간단하게 외부회로에 인가할 수 있다.

㉢ 회전계자형은 기계적으로 튼튼하게 만드는 데 용이하다.

② 회전전기자형

[그림 3 − 1] (b)와 같이 자극이 고정되고 전기자가 회전하는 방식이며, 특수 용도 및 용량이 극히 적은 교류발전기에서만 사용된다.

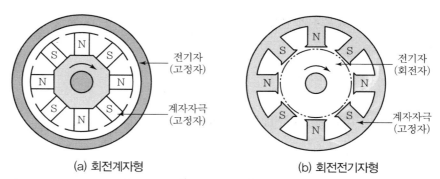

(a) 회전계자형   (b) 회전전기자형

[그림 3-1] 회전계자형과 회전전기자형

③ 유도자형

전기자와 계자를 고정시키고 그 사이에 권선이 없는 유도자를 회전시키는 방법으로 고주파 발전기에 사용된다.

예제 01 동기발전기를 회전계자형으로 하는 이유가 아닌 것은?

① 고전압에 견딜 수 있게 전기자 권선을 절연하기가 쉽다.
② 전기자 단자에 발생한 고전압을 슬립링 없이 간단하게 외부회로에 인가할 수 있다.
③ 기계적으로 튼튼하게 만드는 데 용이하다.
④ 전기자가 고정되어 있지 않아 제작비용이 저렴하다.

풀이 회전계자형
전기자를 고정해 두고 계자를 회전시키는 형태로 중·대형기기에 일반적으로 채용된다.

답 ④

---

2) 계자의 형상에 의한 분류

① 돌극형
② 원통형

3) 냉각 방식에 의한 분류

① 직접 냉각 방식
② 간접 냉각 방식

4) 냉각 매체에 의한 분류

① 공기 냉각 방식
② 가스 냉각 방식(**예** 수소가스)
③ 액체 냉각 방식(**예** 기름, 물)

5) 외피에 의한 분류

① 개방형
② 전폐형

2 동기발전기의 구조

동기기의 기본적 구조는 ① 자계를 만드는 부분인 계자(Field), ② 자속을 끊어서 기전력을 유도하는 코일을 넣은 부분인 전기자(Armature), ③ 회전 부분에 전류를 도입하기 위한 슬립링(Slip Ring)과, ④ 브러시(Brush)라는 4요소로 구성되어 있다.

동기기는 일반적으로 회전계자형이며 회전자와 고정자로 되어 있다. 회전자는 계자 철심, 계자 권선, 회전자 계철, 축 등으로 구성되고 고정자는 전기자 철심, 전기자 권선, 고정자 틀로 구성되며, 이 밖에 여자기, 베어링, 통풍장치, 급유장치 등이 있다.

3 교류발생의 원리

[그림 3 - 2]와 같이 자극 N, S 사이에 코일 $abcd$를 놓고 이것을 x, x'를 축으로 하여 시계방향으로 돌리면 코일 변 ab, cd가 자속을 끊어 플레밍의 오른손법칙에 의해 ab, cd에는 화살표 방향으로 기전력이 발생하여 전류는 슬립링 r_1, r_2 및 브러시 b_1, b_2를 거쳐 A에서 B로 흐르게 된다. 또한 이 코일이 반회전을 하고 나면 기전력의 방향은 반대가 되어 전류는 B에서 A로 흐르게 된다. 이와 같이 코일을 일정한 속도로 회전시키면 반회전마다 기전력의 방향이 규칙적으로 변화하는 교번기전력이 발생하게 된다.

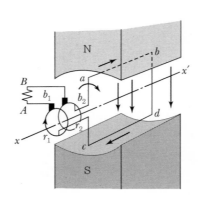
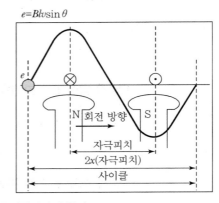

[그림 3 - 2] 동기발전기의 원리

[그림 3 - 2]와 같은 2극의 교류발전기는 1회전에 대하여 기전력의 변화가 1[Hz]가 되어 $\frac{1}{2}$ 회전할 때마다 그 기전력의 방향이 바뀐다.

따라서 P극의 발전기인 경우 $\frac{1}{P}$ 회전하면 기전력이 역방향으로 되어 1회전하는 동안에 기전력은 $\frac{P}{2}$[Hz]만큼 경과하는 것이 된다. 따라서 1분간의 회전수를 N, 주파수를 f라 하면

$$f = \frac{P}{2} \times \frac{N}{60}[\text{Hz}]$$

$$N_s = \frac{120f}{P}[\text{rpm}] \dots\dots\dots\dots\dots\dots\dots\dots\dots\dots\dots\dots\dots\dots\dots (3-1)$$

이다.

위 식의 N_s를 주파수 f, 자극수 P에 대한 동기속도(Synchronous Speed)라 하며 동기속도로 회전하는 교류기를 동기발전기라 한다.

예제 02 극수 6, 회전수 1,200[rpm]의 교류발전기와 병행 운전하는 극수 8인 교류발전기의 회전수는 몇 [rpm]이어야 하는가?

풀이 $N_s = \frac{120f}{P}$ 에서 주파수를 구하면 $1,200 = \frac{120f}{6}$, $\therefore f = \frac{1,200 \times 6}{120} = 60[\text{Hz}]$

$\therefore N = \frac{120 \times 60}{8} = 900[\text{rpm}]$

📖 900[rpm]

예제 03 주파수 60[Hz]를 내는 발전용 원동기인 터빈발전기의 최고 속도는 얼마인가?

풀이 속도는 극수에 반비례한다.

제일 작은 극수는 2극이므로 최고 속도 $N = \frac{120f}{P} = \frac{120 \times 60}{2} = 3,600[\text{rpm}]$

📖 3,600[rpm]

---

02   전기자 권선법

동기발전기의 고정자 코일에 유도되는 기전력의 파형은 공극의 자속밀도분포와 비슷하다. 따라서 기전력의 파형을 정현파에 가깝게 하려면 공극의 자속밀도분포도 정현파가 되도록 해야 한다. 그러나 자속밀도의 분포는 거의 정현파로 되지 않으므로 기전력의 파형이 찌그러지기 쉽다. 이에 따라 기전력의 파형을 개선하는 방법으로 분포권과 단절권을 쓴다.

1 중권, 파권 및 쇄권

권선을 감는 방법에 따라 분류하면 중권, 파권 및 쇄권이 있으며 중권과 파권은 이미 직류기에서 배운 바 있으며 쇄권은 [그림 3-3] (c)와 같은 권선법이다. 동기기의 전기자 권선은 일반적으로 중권을 쓰며 쇄권은 고압의 기계에 사용되고 파권은 거의 사용되지 않는다. 비철극의 계자 권선은 공극의 자속 분포를 정현파에 가깝도록 하기 위하여 단층권의 쇄권이 사용된다.

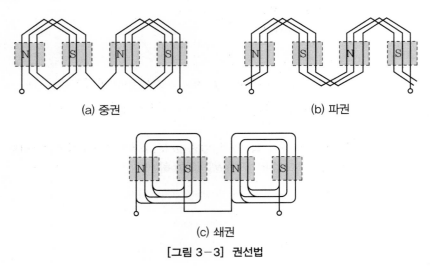

(a) 중권   (b) 파권

(c) 쇄권

[그림 3-3] 권선법

2 집중권과 분포권

1극 1상의 홈수가 1개인 권선을 집중권, 2개 이상인 것을 분포권이라 하고 분포권으로 하면 기전력의 파형이 개선되고 권선의 누설 리액턴스를 감소시키며 전기자 동손으로 발생하는 열이 고르게 분포되어 과열이 감소되므로 동기기는 분포권을 주로 사용한다.

3 전절권과 단절권

권선절과 극절이 같은 것을 전절권, 권선절이 극절보다 작은 것을 단절권이라 하며 권선절을 적당히 선정하면 특정 고조파를 제거하여 기전력의 파형을 개선할 수 있으며 권선단의 길이가 짧아져 기계 전체의 길이가 축소되며 동량(銅量)이 적게 들기 때문에 동기기는 단절권을 주로 사용한다.

4 단상 권선과 다상 권선

한 쌍(N과 S)의 자극에 한 개의 권선군을 가진 권선이 단상 권선이고, 한 쌍의 자극에 이웃하는 권선군 사이의 전기각이 같은 여러 개의 권선군을 설치하면 각 권선군에 발생하는 기전력은 전기각에 해당하는 위상차를 갖는 기전력이 발생한다. 이와 같은 권선을 다상 권선이라 한다. 예를 들면 90°의 위상차를 갖는 것이 2상 권선, 120°의 위상차를 가진 것이 3상 권선이다.

예제 04 동기기의 전기자 권선법이 아닌 것은?

① 2층 분포권 ② 단절권
③ 중권 ④ 전절권

풀이 동기기는 주로 분포권, 단절권, 2층권, 중권이 쓰이고 결선은 Y결선으로 한다.

🔖 ④

---

5 분포계수

1상 1극의 홈수가 2개 이상인 경우에는 각 홈의 내부에 들어 있는 코일에서 유기되는 기전력은 그 위상이 각각 다르다. 그러므로 합성기전력은 벡터합이 된다.

[그림 3−4] (a)와 같이 3개의 홈에 분포 배치하면 각 코일의 유도 기전력 e_1, e_2, e_3는 서로 α만큼 위상이 다르므로 그 합성치는 그림 (b)의 e_r이 된다. 또한, 코일 전부를 1개의 슬롯에 배치한 집중권으로 하면 유도 기전력의 합성치는 $e_1 + e_2 + e_3 = e_r{}'$이 되며

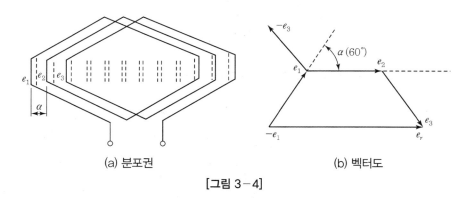

(a) 분포권 (b) 벡터도

[그림 3−4]

$\dfrac{e_r}{e_r{}'}$을 분포계수(Distribution Factor)라 하고 K_d로 표시한다.

여기서, e_r : 분포권 합성치, $e_r{}'$: 집중권 합성치

가령 $e_1 = e_2 = e_3 = e$ 라 하면

$$K_d = \frac{e_r}{e_1 + e_2 + e_3} = \frac{e_r}{3e}$$

이다.

1상 1극의 홈수를 q, 상수를 m이라 하면 각 코일 사이의 위상차 α는

$$\alpha = \frac{\pi}{mq}$$

가 된다.

그러므로 홈수가 q개인 코일의 유도 기전력의 벡터합 e_r은 [그림 3−5]에서

$$e_r = \overline{AC} = 2 \times R\sin\frac{\pi}{2m}$$

가 되고 산술합 $e_r{'}$는

$$e_r{'} = q \times \overline{AB} = q \times 2 \times R\sin\frac{\pi}{2mq}$$

가 되므로

$$K_d = \frac{e_r{'}}{e_r} = \frac{\sin\dfrac{\pi}{2m}}{q\sin\dfrac{\pi}{2mq}} \quad\cdots\cdots\cdots\cdots\cdots\cdots\cdots\cdots\cdots\cdots\cdots\cdots\cdots\cdots\cdots (3-2)$$

이다. 위의 식이 분포계수의 일반식이다.

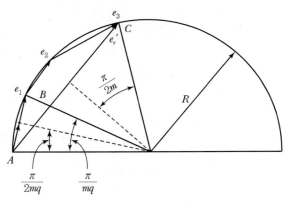

[그림 3−5] 분포계수

3상의 경우 분포계수의 값은 [표 3 − 1]과 같다.

[표 3 − 1] 분포계수의 값

q	1	2	3	4	5	6	7	∞
K_d	1.00	+0.966	+0.960	+0.958	+0.957	+0.956	+0.956	+0.955

예제 05 3상 동기발전기의 매극, 매상의 슬롯수를 3이라 할 때 분포권계수를 구하면?

풀이 분포권계수 $K_d = \dfrac{\sin\dfrac{n\pi}{2m}}{q\sin\dfrac{n\pi}{2mq}}$ 에서 $n = 1$, 상수 $m = 3$, 매극, 매상의 슬롯수 $q = 3$이므로

$$\therefore K_d = \frac{\sin\dfrac{\pi}{6}}{3\sin\dfrac{\pi}{2\times3\times3}} = \frac{\dfrac{1}{2}}{3\sin\dfrac{\pi}{18}} = \frac{1}{6\sin\dfrac{\pi}{18}}$$

답 $\dfrac{1}{6\sin\dfrac{\pi}{18}}$

---

6 단절계수

코일을 단절권으로 하면 코일의 두 변에 유기되는 기전력은 서로 상차가 생겨 전절권으로 한 경우보다 합성기전력이 작아진다. 이 감소되는 비율을 단절계수(Short Pitch Factor)라 한다. [그림 3 − 6]은 코일변 a, b 가 극간격 π 가 아니고 $\beta\pi$ $(\beta < 1)$만큼 서로 떨어진 위치에 있는 것을 표시하며, 각 코일변의 유도 기전력을 e 라 하면 그림 (b)에서 그 합성치 e_r 은

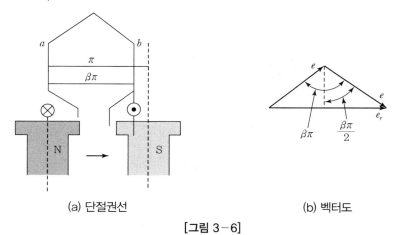

(a) 단절권선   (b) 벡터도

[그림 3 − 6]

$$e_r = 2e\sin\frac{\beta\pi}{2}$$

따라서 단절계수 K_p 는

$$K_p = \frac{e_r}{2e} = \sin\frac{\beta\pi}{2} \quad\text{.. (3-3)}$$

여기서, $\beta = \dfrac{\text{코일피치}}{\text{극피치}}$

이고 단절계수의 값은 [표 3 - 2]와 같다.

[표 3-2] 단절계수 값

β	1.0	17/18	14/15	11/12	8/9	13/15	5/6	12/15	7/9	9/12	11/15
K_p	1.0	0.996	0.995	0.991	0.985	0.978	0.966	0.951	0.940	0.924	0.914

예제 06 3상, 6극, 슬롯수 54의 동기발전기가 있다. 어떤 전기자 코일의 두 변이 제1슬롯과 제8슬롯에 들어 있다면 단절권계수는 얼마인가?

풀이 극 간격은 $\dfrac{54}{6} = 9$, 슬롯으로 표시된 코일 피치는 7이므로 극 간격으로 표시한 코일 피치

$\beta = \dfrac{7}{9}$ 이고, 단절권계수 $K_{pn} = \sin\dfrac{n\beta\pi}{2}$ (n : 고조파의 차수)이다.

$$\therefore K_{p1} = \sin\frac{7\pi}{2\times9} = \sin\frac{21.98}{18} = \sin 1.221 = 0.9397$$

🔖 0.9397

03   동기발전기의 이론

1 유도 기전력

1개의 전기자 도체에 유기되는 기전력의 순시치는

$$e = Blv \,[\text{V}] \quad\text{... (3-4)}$$

이다. 여기서, 전기자 직경을 D, 회전수를 $N[\text{rpm}]$, 극수를 P, 주파수를 f 라 하면,

$$v = \pi D \cdot \frac{N}{60} = 2\pi D \cdot \frac{f}{P}$$

$$\therefore e = 2f \cdot \frac{\pi Dl}{P} \cdot B[\text{V}]$$

B가 정현파형으로 변화하면 기전력 e의 파형도 [그림 3 – 7]과 같이 정현파형으로 변화한다.

여기서, 기전력의 평균치를 E_{mean}이라고 하면

$$E_{\mathrm{mean}} = 2f \cdot \frac{\pi Dl}{P} \cdot B_{\mathrm{mean}}\,[\mathrm{V}]$$

가 된다.

그런데 $\dfrac{\pi Dl}{P}$은 1자극 밑의 전기자 표면적이므로 이것과 평균자속밀도 B_{mean}과의 곱은 1자극의 총자속수 $\varPhi$를 나타낸다.

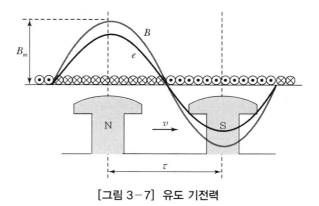

[그림 3 – 7] 유도 기전력

교류에서 최댓값 = $\dfrac{\pi}{2}$ 평균값, 실횻값 = $\dfrac{\text{최댓값}}{\sqrt{2}}$ 이다. 그러므로

$$E_{\mathrm{mean}} = 2f\varPhi\,[\mathrm{V}]$$

가 되며, 실효치 E는 파형률 $\times E_{\mathrm{mean}} = 1.11 E_{\mathrm{mean}}$ 이 되므로 도체 1개의 유도 기전력은

$$E = 2.22 f\varPhi\,[\mathrm{V}]$$

가 된다.

코일의 각 변이 전기각으로 180°만큼 떨어져 있고 1상 1극당 홈수가 1인 경우 권수 n이 되는 권선에 유기되는 기전력은 전부 동상이 되므로 전 기전력은 1개 도체에 유기되는 전압의 $2n$배가 된다.

즉, 이러한 권선에 유기되는 기전력 E는

$$E = 4.44\,f n \varPhi\,[\mathrm{V}] \quad\cdots\cdots\cdots\cdots\cdots\cdots\cdots\cdots\cdots\cdots\cdots\cdots\cdots\cdots\cdots\cdots\cdots\cdots\cdots\cdots\cdots (3-5)$$

이다. 그런데 동기기의 권선은 분포, 단절 권선이므로 어느 1상에 직렬로 연결되어 있는

각 도체의 기전력 사이에는 위상차가 생겨 그 합성기전력은 식 (3-5)에 의한 계산 값보다 작게 된다. 그러므로 집중전절권선에 의한 식 (3-5)에 1보다 작은 계수 K_w 를 곱한

$$E = 4.44 K_w \, f n \Phi [\text{V}] \quad \cdots\cdots\cdots\cdots\cdots\cdots\cdots\cdots\cdots\cdots\cdots\cdots\cdots\cdots\cdots \quad (3-6)$$

가 되며, 여기서 K_w 를 권선계수(Winding Factor)라고 한다.

> **예제 07** 6극 60[Hz] Y결선 3상 동기발전기가 극당 자속 0.16[Wb], 회전수 1,200[rpm], 1상의 권수 186, 권선계수 0.96이면 단자전압은?
>
> **풀이** 코일의 유기 기전력 $E = 4.44 f W k_w \phi = 4.44 \times 60 \times 186 \times 0.96 \times 0.16 = 7,610.94$
> 단자전압(선간전압) $= \sqrt{3} E = \sqrt{3} \times 7610.94 = 13,183[\text{V}]$
>
> 📖 13,183[V]

2 전기자 반작용

무부하의 경우 발전기의 자속은 계자 기자력만으로 만들어진다. 그러므로 식 (3-6)의 Φ 는 계자 기자력(계자 권선의 권횟수가 일정하므로 계자전류라 해도 좋다.)만으로 정해지고 기전력 E 도 이것에 의하여 정해진다. 그런데 전기자에 전류가 흐르면 전기자전류에 의한 기자력이 계자 기자력에 겹쳐서 작용하게 되므로 자속분포는 무부하의 경우와는 다르게 된다. 그러기 때문에 유기전압도 무부하인 경우의 전압보다 감소하거나 증가한다. 이와 같이 전기자전류에 의한 자속 중에서 공극을 지나 자극에 들어가 계자 자속에 영향을 미치는 것을 전기자 반작용(Armature Reaction)이라 한다. 이 반작용은 [그림 3-8]과 같이 전류의 크기가 같아도 역률에 따라서 그 작용이 달라진다.

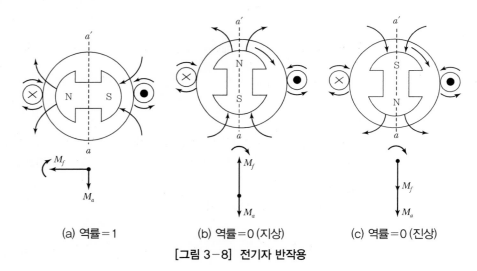

(a) 역률=1   (b) 역률=0 (지상)   (c) 역률=0 (진상)

[그림 3-8] 전기자 반작용

1) 유효전류에 의한 전기자 반작용(역률 1인 경우)

우선 전압과 동상의 유효전류가 전기자에 흐르고 있는 경우를 생각해 보자. 어느 도체의 기전력이 최대가 되는 것은 그 도체가 자극의 한가운데를 지나는 순간이므로 이 전압과 동상인 전류가 최대로 되는 것도 역시 이러한 순간이며, 이것을 그림에 표시하면 [그림 3-9] (a)와 같다.

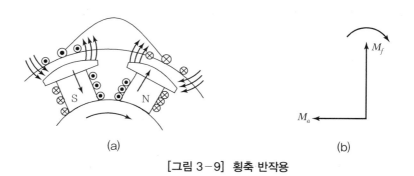

[그림 3-9] 횡축 반작용

이 경우 전기자전류에 의한 기자력은 N, S 양극의 중간에서 최대가 되는 정현파에 가까운 분포가 되어 자극의 한쪽 끝에서는 자속을 증가시키고, 다른 쪽 끝에서는 자속을 감소시키는 작용을 한다. 이것은 [그림 3-9] (b)와 같이 전기자 반작용이 계자 자계의 작용축과 전기적으로 90°의 각을 이루는 방향, 즉 횡축 방향으로 작용하므로 이것을 횡축 반작용(Quadrature Reaction) 또는 교차 자화작용(Cross Magnetization)이라 한다.

2) 무효전류에 의한 전기자 반작용(역률 0인 경우)

전기자에 역률 0인 지상전류, 즉 기전력보다 90°만큼 위상이 뒤진 무효전류에 대하여 생각해 보자.

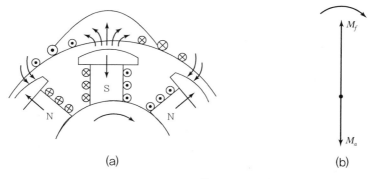

[그림 3-10] $\frac{\pi}{2}$ 지상전류의 직축 반작용

이 경우의 전류와 자극의 관계는 [그림 3-10] (a)와 같다. 즉 [그림 3-9] (a)에 표시된 유

도 기전력이 최대인 위치에서 자극이 회전하여 [그림 3 – 10] (a)의 위치에 왔을 때, 바꾸어 말하면 자극이 전기각 90°만큼 이동해서 유도 기전력이 0이 되고 곧 방향이 반대로 되려고 하는 순간에 전류는 최대가 된다.

이 경우의 전기자전류에 의한 반작용 기자력은 계자의 작용축과 일치하여 [그림 3 – 10] (b)와 같이 직축 방향으로 작용하므로 직축 반작용(Direct Reaction)이라 하며, 계자 자속을 감소시키므로 감자작용(Demagnetization)이라고도 한다.

다음으로 위상이 90° 앞선 진상무효전류가 흐르는 경우에는 자극이 [그림 3 – 10] (a)와는 완전히 반대가 되어 [그림 3 – 11] (a)와 같이 된다. [그림 3 – 11] (b)에서 알 수 있는 바와 같이 반작용 기자력은 계자 자속을 증가시키므로 자화작용(Magnetization)이라 한다.

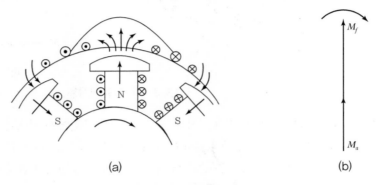

[그림 3 – 11] $\frac{\pi}{2}$ 진상전류의 직축 반작용

예제 08 동기발전기에서 역률각이 90° 늦을 때의 전기자 반작용은?

① 증자작용
② 편자작용
③ 교차작용
④ 감자작용

풀이 동기발전기의 전기자 반작용
• 뒤진 전기자전류 : 감자작용
• 앞선 전기자전류 : 증자작용

답 ④

---

3 누설 리액턴스

전기자기력에 의하여 생기는 자속은 모두 공극을 지나 계자 자속에 영향을 주는 것이 아니고 그 중 일부의 자속은 [그림 3 – 12] (a)의 ϕ_s와 같이 슬롯 안에서 도체와 쇄교하게 되며, 다른 자속은 그림의 ϕ_t와 같이 전기자치(電機子齒)에서 나와 공극을 지나 다른 전기자치로 들어간다. 또 다른 일부의 자속은 그림 (b)의 ϕ_e와 같이 코일 끝부분에서 전기자 코일하고만 쇄교한다. 이와 같이 반작용에는 관계가 없는 자속을 누설자속(Leakage Flux)이라 하며, 이것으로 생기는 자기유도계수를 누설 인덕턴스라 하고 이것에 $2\pi f$를 곱한 것을 누설 리액턴스라 한다.

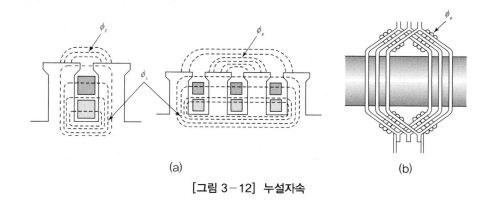

(a)　　　　　　　　　　　　　　　(b)

[그림 3-12] 누설자속

④ 벡터도와 동기 임피던스

1) 벡터도

동기발전기 1상에 대하여 전압, 전류 및 기전력의 관계를 표시한 것이 [그림 3-13]이다.

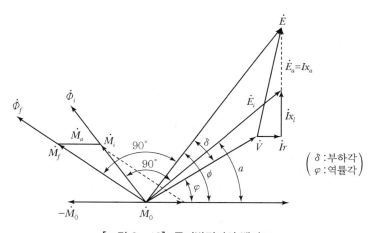

$$\left(\begin{array}{l} \delta : 부하각 \\ \varphi : 역률각 \end{array} \right)$$

[그림 3-13] 동기발전기의 벡터도

계자 기자력 $\dot{M}_f$ 에 의하여 자속 $\dot{\Phi}_f$ 가 생기고 $\dot{\Phi}_f$ 보다 $90°$ 뒤진 위상의 기전력 E 를 유기한다. 그러면 부하전류 $\dot{I}$ 가 흐르고 $\dot{I}$ 와 동상으로 전기자 반작용 기자력 $\dot{M}_a$ 가 생기며, 이 $\dot{M}_a$ 와 $\dot{M}_f$ 의 합성기자력 $\dot{M}_i$ 에 의해 자속 $\dot{\Phi}_i$ 가 생긴다. 이 $\dot{\Phi}_i$ 가 부하 시 공극에 실재하는 자속이다. 전기자 권선은 $\dot{\Phi}_i$ 와 쇄교해서 $90°$ 뒤진 기전력 $\dot{E}_i$ 를 유기한다. 이 기전력 $\dot{E}_i$ 를 내부전압(Internal Voltage)이라 하는데 이것이 부하 시 유도 기전력이 된다. 이러한 사실은 $\dot{M}_f$ 에 의해서 이것보다 $90°$ 뒤진 기전력 $\dot{E}$ 를 유기하고 $\dot{M}_a$ 가 또한 이보다 90° 뒤진 위상의 기전력을 유기시키지만 이것은 전기자 반작용 기자력에 의한 기전력이므로 전압강하로 보고 $\dot{M}_a$ 라 하면 $(\dot{E}-\dot{E}_a)$ 가 $\dot{E}_i$ 가 된다고 생각해도 좋다.

단자전압 $\dot{V}$ 는 $\dot{E}_i$ 에서 전기자 권선의 저항 r 에 의한 전압강하 $\dot{I}_r$ 과 누설 리액턴스 x_l 에 의한 전압강하 $j\dot{I}x_l$ 을 뺀 것이므로 [그림 3 – 13]과 같은 벡터도가 된다.

2) 동기 임피던스

벡터도를 보면 $\dot{E}_a$ 는 $\dot{I}$ 보다 90° 앞선 위상에 있으므로 자기포화를 무시하고 전류 I 에 비례하는 것으로 하면 $\dot{E}_a$ 를 리액턴스 x_a 에 의한 전압 $j\dot{I}x_a$ 로 볼 수 있을 것이므로

$$\dot{E}_a + j\dot{I}x_l = j\dot{I}(x_a + x_l) = j\dot{I}x_s$$

로 취급하는 것이 매우 간편하다. 이렇게 생각한

$$x_s = x_a + x_l \quad\text{...} (3\text{–}7)$$

을 동기 리액턴스(Synchronous Reactance)라 하며, 이것과 전기자저항 r 로 되는

$$\dot{Z}_s = r + jx_s \quad\text{...} (3\text{–}8)$$

를 동기 임피던스(Synchronous Impedance)라 한다. 일반적으로 동기기에서 r 은 x_s 에 비해 대단히 적어 무시하면 실용상으로 $Z_s ≒ x_s$ 라 해도 좋다.

3) 동기 임피던스법 벡터도

동기 임피던스 $\dot{Z}_s = r + jx_s$ 를 써서 동기기 1상에 대한 등가회로를 표시하면 [그림 3 – 14]와 같고 [그림 3 – 15]는 역률 $\cos\varphi$ 인 평형 부하전류 $\dot{I}$ 가 흐르는 경우의 벡터도이다.

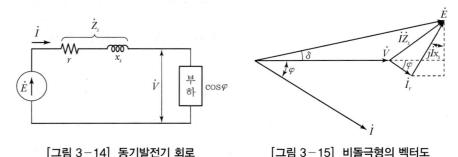

[그림 3 – 14] 동기발전기 회로   [그림 3 – 15] 비돌극형의 벡터도

[그림 3 – 14], [그림 3 – 15]의 $\dot{E}$ 는 계자 자속에 의한 유도 기전력이며, 이것을 공칭 유도 기전력이라 한다.

[그림 3 – 15]에서

$$\dot{E} = \sqrt{(V\cos\varphi + Ir)^2 + (V\sin\varphi + Ix_s)^2}$$

$$= \sqrt{(V + Ir\cos\varphi + Ix_s\sin\varphi)^2 + (Ix_s\cos\varphi - Ir\sin\varphi)^2} \quad \cdots\cdots\cdots (3\text{-}9)$$

$$\tan\delta = \frac{Ix_s\cos\varphi - Ir\sin\varphi}{V + Ir\cos\varphi + Ix_s\sin\varphi} \quad \cdots\cdots\cdots\cdots\cdots\cdots\cdots\cdots\cdots (3\text{-}10)$$

가 된다.

04 동기발전기의 특성

1 무부하포화곡선

$E = 4.44 K_w\, f\,\phi\, n$[V]에 의하면 발전기가 정격속도에서 무부하로 운전하고 있는 경우에 유도 기전력은 자속 ϕ 에 비례한다.

그러나 무부하의 경우 자속은 계자전류에 의해서만 정해지므로 무부하 유도 기전력과 계자전류의 관계 곡선을 그릴 수 있다. 이것을 무부하포화곡선이라 한다.

이 곡선은 전압이 낮은 부분에서는 유도 기전력이 계자전류에 정비례해서 증가하지만 전압이 높아짐에 따라 철심의 포화로 인하여 자기저항이 증가하여 일정 기전력을 유기하는 데 계자전류가 보다 더 많이 필요하게 되므로 [그림 3 – 16]의 OM과 같은 포화곡선이 된다.

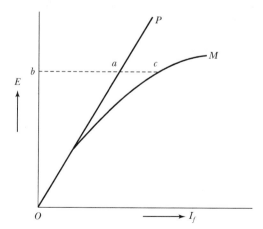

[그림 3 – 16] 동기발전기의 무부하포화곡선

이 그림에서 $\overline{OP}$ 는 무부하포화곡선의 직선부를 연장한 직선이며 이것을 공극선(Air Gap Line)이라 한다. [그림 3-16]에서 점 b가 정격전압에 상당하는 점이 될 때

$$\sigma = \frac{\overline{ac}}{\overline{ba}}$$

를 포화율(Saturation Factor)이라 하고 이것으로 포화의 정도를 표시한다.

2 3상 단락곡선

동기발전기의 중성점을 제외한 전 단자를 단락시키고, 정격속도로 운전하면서, 계자전류 I_f [A]를 0에서 서서히 증가시키는 경우에, 단락전류(영구단락전류 또는 지속단락전류라고도 한다.) I_s [A]와 I_f [A]의 관계를 나타낸 곡선을 3상 단락곡선이라 한다. [그림 3-17]의 곡선 OS는 이것을 나타낸 것으로 거의 직선이다.

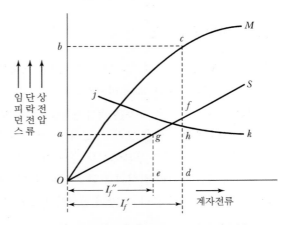

[그림 3-17] 동기발전기의 3상 단락곡선

3 단락비와 동기 임피던스

1) 단락비

[그림 3-17]의 곡선 OM은 무부하포화곡선, 곡선 OS는 단락곡선이다. 정격속도에서 무부하 유도 기전력 E[V](그림의 $\overline{dc}$)를 발생시키는 데 필요한 계자전류 $I_f{}'$ [A](그림의 $\overline{Od}$)와 정격전류 I_n [A](그림의 $\overline{eg}$)와 같은 영구단락전류를 흘리는 데 필요한 계자전류 $I_f{}''$[A](그림 $\overline{Oe}$)의 비를 단락비(Short Circuit Ration)라 하며, 이는 동기기의 중요한 특성 정수이다.

$$단락비 \ K_s = \frac{I_f{}'}{I_f{}''} = \frac{\overline{Od}}{\overline{Oe}} = \frac{단락전류}{정격전류} \quad\cdots\cdots\cdots\cdots\cdots\cdots\cdots\cdots\cdots\cdots\cdots\cdots \ (3-11)$$

단락비 K_s 의 값은, 수차와 엔진발전기는 $0.9\sim1.2$ 정도이고 터빈발전기는 $0.6\sim1.0$ 정도이다.

예제 **09** 정격출력이 10,000[kVA], 정격전압이 6,600[V], 동기 임피던스가 매상 3.6[Ω]인 3상 동기발전기의 단락비는?

풀이 단락전류 $I_s = \dfrac{E}{\sqrt{3}\ Z_s} = \dfrac{6,600}{\sqrt{3}\times3.6} = 1,058.5[A]$

정격전류 $I_n = \dfrac{P}{\sqrt{3}\ V} = \dfrac{10,000\times10^3}{\sqrt{3}\times6,600} = 874.8[A]$

$\therefore$ 단락비 $K_s = \dfrac{I_s}{I_n} = \dfrac{1,058.5}{874.8} = 1.21$

圖 1.21

2) 동기 임피던스

[그림 3-14]의 등가회로에서, 영구단락전류 I_s [A]는 1상의 유도 기전력 E[V]를 1상의 동기 임피던스 Z_s [Ω]으로 나눈 것이므로 $Z_s = E/I_s$ [Ω]이 된다. [그림 3-17]에서, 같은 계자전류에 대한 상전압 E와 단락전류 I_s 의 비로부터 Z_s 를 구하면 곡선 jhk 와 같이 된다. 이 값은 일정한 값이 되지 않고, 자기회로의 포화현상 때문에 계자전류 I_f 값에 따라 달라지는 것을 알 수 있다. 그러므로 보통 동기 임피던스는 정격상 전압 E_n [V]와 E_n 을 유도하는 데 필요한 계자전류일 때의 3상 단락전류 I_s [A]의 비로 구한다. 즉,

$$Z_s = \frac{E_n}{I_s} = \frac{\overline{dc}}{\overline{df}} = \overline{dh}\ [\Omega] \quad\cdots\cdots\cdots\cdots\cdots\cdots\cdots\cdots\cdots\cdots\cdots\cdots\cdots\cdots \ (3-12)$$

Z_s 는 편의상 정격전류 I_n 에 대한 임피던스 강하 $Z_s I_n$ [V]와 정격상 전압 E_n [V]의 비를 퍼센트로서 나타내는 경우가 있다. 이것을 퍼센트 동기 임피던스(Percentage Synchronous Impedance)라 한다.

$$퍼센트 \ 동기 \ 임피던스 \ z_s{}' = \frac{Z_s I_n}{E_n} \times 100[\%] \quad\cdots\cdots\cdots\cdots\cdots\cdots\cdots\cdots\cdots\cdots\cdots \ (3-13)$$

3) 퍼센트 동기 임피던스와 단락비의 관계

[그림 3-17]에서 $I_n = \overline{eg}$, $E_n = \overline{dc}$, $Z_s = \dfrac{\overline{dc}}{\overline{df}}$ 이므로 퍼센트 동기 임피던스 $z_s{}'$ 는

$$z_s{}' = \frac{Z_s I_n}{E_n} \times 100 = \frac{\overline{dc}}{\overline{df}} \times \overline{eg} \div \overline{dc} \times 100 = \frac{\overline{eg}}{\overline{df}} \times 100$$

$$= \frac{\overline{Oe}}{\overline{Od}} \times 100 = \frac{I_f{}''}{I_f{}'} \times 100 = \frac{1}{K_s} \times 100 [\%] \quad \cdots\cdots\cdots\cdots\cdots\cdots \quad (3-14)$$

위 식에서 알 수 있는 바와 같이, 퍼센트 동기 임피던스 $z_s{}'$는 단락비 K_s의 역수를 퍼센트로 나타낸 것이다.

예제 10 정격용량 10,000[kVA], 정격전압 6,000[V], 극수 24, 주파수 60[Hz], 단락비 1.2인 3상 동기발전기 1상의 동기 임피던스[Ω]는?

풀이 $Z_s{}' = \dfrac{1}{K_s} = \dfrac{1}{1.2}, \quad I_n = \dfrac{10,000 \times 10^3}{\sqrt{3} \times 6,000} [A]$

$\therefore Z_s = \dfrac{Z_s{}' E_n}{I_n} = \dfrac{\dfrac{1}{1.2} \times \dfrac{6,000}{\sqrt{3}}}{\dfrac{10,000 \times 10^3}{\sqrt{3} \times 6,000}} = 3[\Omega]$

달 3[Ω]

---

4) 단락비와 다른 특성의 관계

K_s와 $z_s{}'$ 사이에는 식 (3-14)와 같은 관계가 있으므로 단락비가 작은 기계(단락비가 작은 기계는 전기자전류에 의한 기자력이 크기 때문에 동기계(Copper Machine)를 의미한다.)는 동기 임피던스가 크고 전기자 반작용이 큰 것을 의미한다. 전기자 반작용이 큰 것은 공극이 작고 계자의 기자력이 전기자기력에 비하여 작은 것이며, 계자의 동과 철을 절약하여 설계한 것을 의미한다. 따라서 단락비가 작은 기계는 중량이 가볍고 가격도 싸다. 그러나 단락비가 큰 기계(단락비가 큰 기계는 계자 자속이 크고 철을 많이 필요로 하므로 철기계(Iron Machine)를 의미한다.)는 전기자 반작용이 적고 계자 자속이 크며 기전력을 유도하는 데 필요한 계자전류가 커진다. 따라서 기계의 중량이 무겁고 가격도 비싸다. 그러나 기계에 여유가 있고 전압변동률이 양호하며 과부하내량이 크고 송전선로의 충전용량이 크다.

예제 11 단락비가 1.2인 동기발전기의 %동기 임피던스는 약 몇 [%]인가?

풀이 단락비 $K_s = \dfrac{100}{\%Z_s}$ 이므로, $\%Z_s = \dfrac{100}{K_s} = \dfrac{100}{1.2} ≒ 83.33$

%동기 임피던스 $\%Z_s = 83.33[\%]$ 이다.

달 83[%]

---

12 동기발전기의 공극이 넓을 때의 설명으로 잘못된 것은?

① 안정도가 높다.   ② 단락비가 크다.

③ 여자전류가 크다.   ④ 전압변동이 크다.

풀이 공극이 넓은 동기발전기는 철기계로 전압변동이 작다.

단락비가 큰 동기기(철기계)의 특징
- 전기자 반작용이 작고, 전압변동률이 작다.
- 공극이 크고 과부하 내량이 크다.
- 기계의 중량이 무겁고 효율이 낮다.
- 안정도가 높다.

답 ④

4 전압변동률

전압변동률은 여자 및 속도의 변화 없이 정격출력(지정역률)에서 무부하로 하였을 때의 전압변동의 비율을 말하며 일반적으로 정격전압에 대한 백분율로 표시한다.

즉, 정격단자전압을 V_n, 정격출력에서 무부하로 하였을 때의 전압을 V_0이라 하면 전압변동률 ε은 다음 식과 같다.

$$\varepsilon = \frac{V_0 - V_n}{V_n} \quad\text{.. (3-15)}$$

전압변동률은 무부하전류의 대소에 따라서 달라질 뿐만 아니라 같은 부하전류에 대하여도 역률이 상이하면 그 값이 달라진다. [그림 3 – 18](이것을 외부특성곡선이라 한다.)은 이 관계를 표시한 것이며, 그림에서도 알 수 있듯이 전압변동률은 유도부하의 경우에는 $+ (V_0 > V_n)$, 용량부하의 경우에는 $- (V_0 < V_n)$로 된다.

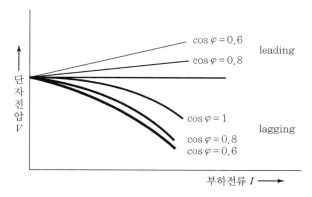

[그림 3 – 18] 전압변동률

대체로 동기발전기의 전압변동률은 자동전압조정기를 병용하지 않는 기계에 있어서는 역률 1.0에서 15~18[%], 역률 0.8(Lagging)에서 25~30[%] 정도이고, 자동전압조정기를 병용한 기계는 역률 1.0에서 18~25[%], 역률 0.8(Lagging)에서 30~40[%] 정도이다.

5 자기여자작용

동기발전기에 콘덴서와 같은 용량부하를 접속하면 영 역률의 진상전류가 전기자 권선에 흐른다. 이러한 영 역률 진상전류에 의한 전기자 반작용은 자화작용이 되므로 발전기에 직류여자를 주지 않은 경우에도 전기자 권선에 기전력이 유기된다. 전기자의 영 역률 진상전류에 의하여 여자된 포화곡선인 [그림 3 – 19]의 곡선 aA와 같은 동기발전기에 OL로 표시된 충전특성을 갖는 부하를 접속하면 발전기의 단자전압은 aA와 OL의 교점 m에 상당하는 전압까지 상승한다.

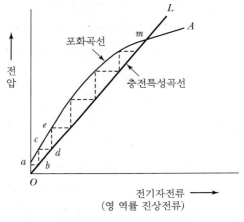

[그림 3 – 19] 자기여자작용

즉, [그림 3 – 19]에서 처음에 주 자극의 잔류자기로 인해 $\overline{Oa}$ 만큼의 기전력이 전기자 권선에 유기되면 충전전류 $\overline{ab}$ 가 부하에 흐르고 이 충전전류에 의하여 주 자극이 자화되어 기자력은 $\overline{bc}$ 만큼 올라가며 전압이 올라가면 충전전류는 $\overline{cd}$ 만큼 증가하여 기전력은 $\overline{de}$ 만큼 높아진다. 이와 같이 하여 기전력은 차차 높아져서 두 곡선의 교점 m에서 전압의 상승이 끝난다. 만일, 이 점보다 충전전류가 증가하려고 하면 부하의 전압이 발전기의 전압보다 높아지므로 다시 전류는 감소하고 m 점으로 되돌아간다. 이와 같은 현상을 동기발전기의 자기여자작용(Self Excitation)이라 한다.

이것은 무여자의 동기발전기로, 무부하의 장거리 송전선에 일어나는 현상이며 발전기의 정격전압보다 훨씬 높은 전압이 되어 위험할 때가 있다.

05 동기발전기의 병렬운전

1 병렬운전의 조건

2대 이상의 동기발전기를 같은 모선에 연결하여 운전하는 것을 병렬운전(Parallel Running)이라 한다. 동기발전기를 완전하게 병렬운전하려면 발전기와 원동기는 각각 구비할 조건이 있다. 터빈발전기나 수차발전기와 같이 1회전 중에 원동기의 회전력이 균일한 것은 비교적 문제가 적지만, 디젤기관과 같은 왕복기관으로 운전되는 것은 고려할 여러 문제가 생긴다.

1) 동기발전기의 병렬운전 조건

① 기전력의 크기가 같을 것
② 기전력의 위상이 같을 것
③ 기전력의 주파수가 같을 것
④ 기전력의 파형이 같을 것

①은 계자전류를 조정해서 전압계로 확인할 수 있고, ②와 ③은 발전기의 속도, 즉 원동기의 속도를 조정해서 만족시킬 수 있는데 이때 동기검정기(Synchroscope)를 써서 조사한다. ④는 발전기 제작상의 문제이며, 운전 중에는 고려할 필요가 없다.

예제 13 동기발전기의 병렬운전에 필요한 조건이 아닌 것은?

① 기전력의 주파수가 같을 것
② 기전력의 크기가 같을 것
③ 기전력의 용량이 같을 것
④ 기전력의 위상이 같을 것

풀이 동기발전기의 병렬운전 조건은 기전력의 크기, 위상, 주파수, 파형이 같아야 한다는 것이다.

답 ③

---

2) 원동기의 병렬운전 조건

① 균일한 각속도를 가질 것
② 적당한 속도변동률을 가질 것

터빈발전기와 수차발전기는 1회전 중의 각속도가 균일하여 ①의 조건이 만족되지만 왕복기관으로 운전되는 엔진발전기는 플라이휠(Flywheel)을 붙여서 되도록 균일한 각속도에 가깝도록 해야 한다. 또한 부하 변동에 대하여는 속도변동률이 작은 것이 좋지만 병렬운전에 있어 부하의 분배를 원활하게 하자면 수하특성의 적당한 속도변동률을 가져야 한다. 그런데 원동기에 대한 것은 최초 설비할 때에 고려해야 할 조건이므로 실제로 동기 발전기를 병렬운전하려고 하는 경우에는 발전기에 필요한 조건만 생각하면 된다.

② 무효순환전류

발전기 2대의 기전력이 위상은 일치하고 크기만 다를 때, 즉 [그림 3 – 20]과 같이 A, B 2대의 같은 정격의 동형 3상 발전기가 병렬운전하고 있는 경우 A의 여자를 B보다 세게 하였다면 무부하의 경우

$$\dot{I}_c = \frac{\dot{E}_a - \dot{E}_b}{2\dot{Z}_s} \quad \text{(3-16)}$$

가 되는 순환전류 $\dot{I}_c$ 가 [그림 3 – 21]과 같이 흐른다. 여기서, $\dot{Z}_s$는 발전기의 동기 임피던스이다. 그런데 동기 임피던스 중의 저항분을 무시하면 $\dot{I}_c$ 는 [그림 3 – 21]과 같이 유도 기전력보다 90° 뒤지는 무효순환전류(Reactive Circulating Current)이므로 A에 대하여는 이 전류 $\dot{I}_c$ 의 전기자 반작용이 감자작용을 하여 기전력을 감소시키고 B에 대하여는 $-\dot{I}_c$ 가 되어 90°의 진상전류가 되므로 자화작용을 하여 기전력을 증가시키며 결국 두 발전기의 전압은 같게 된다.

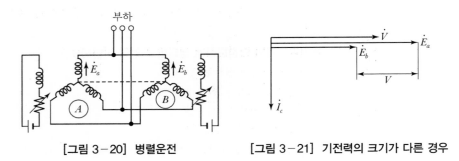

[그림 3 – 20] 병렬운전   [그림 3 – 21] 기전력의 크기가 다른 경우

[그림 3 – 22]와 같이 부하전류 $\dot{I}$ 가 흐르면 [그림 3 – 23]의 벡터도와 같게 되고,

$$\dot{I}_a = \frac{\dot{I}}{2} + \dot{I}_c, \quad \dot{I}_b = \frac{\dot{I}}{2} - \dot{I}_c \quad \text{(3-17)}$$

가 되어 A의 역률은 $\cos\varphi_a$, B는 $\cos\varphi_b$가 되고 부하역률 $\cos\varphi$와는 각각 다른 값이 된다.

이상과 같이 병렬운전 중에 있는 발전기의 여자전류를 적당하게 하여 유도 기전력을 같게 하지 않으면 무효순환전류가 흘러서 두 발전기의 역률이 달라지고 발전기는 과열된다.

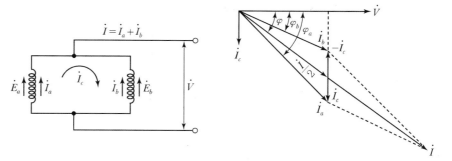

[그림 3-22] 병렬운전 시의 회로   [그림 3-23] 기전력 크기가 다른 경우의 벡터 관계

예제 14 동기발전기의 병렬운전에서 기전력의 크기가 다를 경우 나타나는 현상은?

① 주파수가 변한다.
② 동기화 전류가 흐른다.
③ 난조현상이 발생한다.
④ 무효순환전류가 흐른다.

풀이 병렬운전 조건 중 기전력의 크기가 다르면, 무효횡류(무효순환전류)가 흐른다.

답 ④

3 동기화 전류

발전기 A, B가 같은 부하를 분담하여 운전하고 있는 경우에 어떤 원인으로 A의 유도 기전력의 위상이 B보다 δ_s만큼 앞섰다고 하자.

그러면 [그림 3-24]와 같이,

$$\dot{E}_s = \dot{E}_a - \dot{E}_b \quad\text{..} (3-18)$$

라는 전압에 의하여 순환전류가 흐른다.

이 순환전류를 $\dot{I}_s$ 라 하면,

$$\dot{I}_s = \frac{\dot{E}_s}{2\dot{Z}_s} \quad\text{...} (3-19)$$

가 되며 저항을 무시하면 $\dot{I}_s$ 는 $\dot{E}_s$ 보다 $90°$ 뒤지고 $\dot{E}_a$ 보다는 $\frac{\delta_2}{2}$ 뒤진다. $\dot{E}_b$ 에 대하여는 $-\dot{I}_s$ 가 되므로 그 상차는 $\pi - \frac{\delta_s}{2}$ 이다.

다음으로 전력 관계는 매상 A에서는

$$P_a = E_a\, I_s \cos\frac{\delta_s}{2}$$

의 부하전력이 되는데 B에서는

$$E_b\, I_s \cos\left(\pi - \frac{\delta_s}{2}\right) = - E_b\, I_s \cos\frac{\delta_s}{2}$$

가 되어 $(-)$의 전력이 된다.

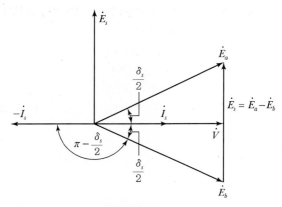

[그림 3-24] 위상이 다른 경우

이 관계를 표시한 것이 [그림 3-24]의 벡터도이다. 그림에서

$$|\dot{E}_a| = |\dot{E}_b| = \dot{E}_0$$

이라 하면,

$$E_a \cos\frac{\delta_s}{2} = E_b \cos\frac{\delta_s}{2} = E_0 \cos\frac{\delta_s}{2}$$

가 되고 수수전력은

$$P = E_0\, I_s \cos\frac{\delta_s}{2} = E_0 \cdot \frac{E_s}{2Z_s} \cos\frac{\delta_s}{2} = \frac{E_0^{\,2}}{2Z_s} \sin\delta_s \quad \text{.......................... (3-20)}$$

가 된다.

이 전력 P는 A에는 $(+)$ 부하가 되고 B에는 $(-)$ 부하가 된다. 즉, 발전기 A의 부하는 P만큼 증가하여 속도가 내려가고 B의 부하는 P만큼 감소하여 속도가 올라가서 A

의 기전력의 위상은 뒤지고 B의 위상은 앞서기 때문에 결국 A, B 두 발전기의 전압의 위상은 일치하게 된다. 이와 같이 I_s는 동기화작용을 하므로 동기화 전류(Synchronizing Current)라 한다.

4 병렬운전법

[그림 3 – 25]에서 모선에 접속되어 이미 운전 중인 발전기 A에 대해 발전기 B를 병렬운 전하면 우선 B를 원동기로 서서히 운전해서 정격속도에 가깝게 한 다음 계자저항기를 조정하여 단자전압을 모선전압과 같게 하고 두 발전기의 동기를 검정한다. [그림 3 – 25] 의 3개의 전등 L_1, L_2, L_3는 동기검정기의 일례로 L_1은 aa'상 사이에, L_2는 bc'상 사이에, L_3는 cb'상 사이에 접속한다. 이 경우 두 발전기의 주파수가 일치하지 않았을 때는 전등이 명멸한다.

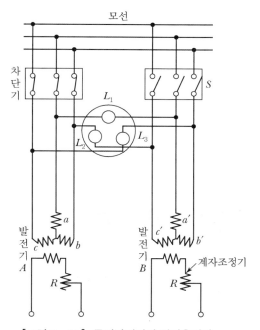

[그림 3 – 25] 동기발전기의 병렬운전법

B기의 속도가 A기보다 빨라서 B기의 주파수가 A기보다 높을 경우에는 전등은 L_1, L_2, L_3 순으로 밝아져 마치 빛이 반시계 방향으로 도는 것과 같이 보인다. 반대로 B기의 주파수가 낮으면 빛의 회전방향이 L_1, L_3, L_2의 순이 되므로 빛의 회전방향을 보고 속도의 지속을 판단할 수 있다.

B기의 속도를 조정해서 B기의 주파수가 A기에 가깝게 되면 빛의 회전은 차차 완만해 지며, 주파수가 완전히 일치하면 빛의 회전은 정지하고 각 전등은 일정한 빛을 내며, 여

기서 위상이 일치하면 L_1은 꺼지고 L_2, L_3는 같은 빛을 낸다. 이 순간이 주파수도 일치하고 위상도 같아진 순간이므로 이때 차단기 S를 넣으면 두 발전기는 병렬운전 상태로 된다.

이상은 동기검정용으로 3개의 전등을 사용한 경우인데 지침형 동기검정기를 사용하면 발전기 B의 주파수가 A보다 높은가 낮은가에 따라서 지침이 오른쪽 또는 왼쪽으로 회전하므로 이것을 보고 B기의 회전수를 조정한다. 동기상태가 되면 지침은 동기점에 정지하므로 이때 S를 닫으면 된다. [그림 3 – 26]은 그 일례인데 양 기의 전압의 크기, 주파수, 위상이 일치하면 A, C 양 각의 자속의 합이 B를 통하므로 전압계 V의 지시는 최대가 된다. 위상에 차가 있으면 지시는 작게 되고 주파수가 상이하면 지침은 좌우로 진동한다.

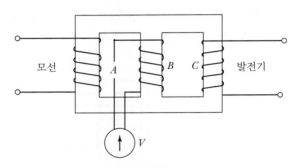

[그림 3 – 26] 지침형 동기검정기

06 동기전동기의 이론

직류발전기에 외부에서 전류를 공급하면 이것이 전동기가 되는 것처럼 동기전동기에 있어서도 마찬가지이다.

즉, 강대한 모선에 접속된 동기발전기의 기계적 입력을 0으로 하면 이 발전기는 모선에서 발전기 자신의 무부하손실에 해당하는 전기적 입력을 받아들이고 여전히 동기속도로 계속 회전하여 전동기가 됨을 알 수 있다. 이것이 동기전동기로 구조의 주요 부분은 동기발전기와 같다. 일반적으로 회전계자형이고 전기자 권선은 고정자 측에 감고 회전자에 돌극형의 계자극을 설치한다. 여자전류가 슬립링(Slip Ring)을 통해서 공급되는 것도 동기발전기의 경우와 같으며, 특별한 용도 이외에는 횡축형의 구조로 한다.

[그림 3-27]의 2극기가 그림 (a)와 같은 상태에 있을 때 도체의 전류와 자극 사이에는 Fleming의 왼손법칙에 따르는 힘이 작용하여 자극은 화살표 방향으로 회전한다. 다음에 전류의 방향이 반전하고 동시에 자극도 반회전해서 그림 (b)의 상태로 되면 자극은 역시 (a)와 같은 방향의 회전력을 받는다. 이와 같이 자극이 항상 같은 방향의 회전력을 받으려면 자극은 교류의 반주기 $\frac{T}{2}\left(=\frac{1}{2f}\right)$ 사이에 반회전하지 않으면 안 된다.

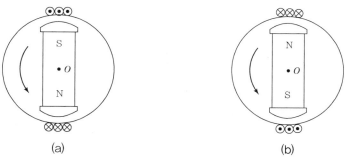

(a)   (b)

[그림 3-27] 동기전동기의 원리

즉, 자극수 P의 교류기에 주파수 f인 교류를 공급하면 회전자의 회전수가

$$N = \frac{120f}{P}[\text{rpm}]$$

이며, 동기속도로 회전하게 된다.

이와 같이 동기전동기는 동기속도 이외의 속도에서는 회전력을 내지 못하므로 단지 전압을 고정자 권선에 가해 준 것만으로는 기동이 되지 않는다. 바꾸어 말하면, 정지상태에 있을 때 갑자기 단자에 교류전압을 가해 주어도(3상기에서는 3상전압을 가해도) 기동회전력을 낼 수 없다. 따라서 동기전동기를 운전하려면 정지상태에서 동기속도까지 이르게 하는 특별한 기동장치(소형의 기동전동기 또는 자극에 장치한 기동권선)가 필요하다.

예제 15 4극인 동기전동기가 1,800[rpm]으로 회전할 때 전원주파수는 몇 [Hz]인가?

풀이 동기전동기 회전속도는 동기속도와 같으므로,

$N_s = \frac{120f}{P}[\text{rpm}]$에서 $f = \frac{N_s \cdot P}{120}$이므로

$f = \frac{1,800 \times 4}{120} = 60[\text{Hz}]$이다.

📋 60[Hz]

07 동기전동기의 특성

1 위상특성

1) 무효전류와 그 반작용

동기전동기의 유도 기전력(전동기의 경우는 이것을 역기전력이라고도 한다.)은 식 (3−6)에 의하여

$$E = 4.44 K_w \, f \, n \varPhi [\mathrm{V}]$$

로 표시된다. 따라서 무부하로 운전하고 있는 동기전동기에서 모든 손실과 임피던스 강하를 무시하면 단자전압과 역기전력은 크기가 같아야 하므로 어떤 일정한 값의 자속 $\varPhi$ 가 필요하다. 현재 직류계자전류에 의하여 만들어지는 자속이 적당한 값이면 [그림 3−28] (a)와 같이 전압이 평형되어 전류는 흐르지 않는다. 그러나 여자전류가 너무 많이 흘러서 이것에 의한 무부하 유기전압이 단자전압보다 크게 된 경우에는 평형이 다시 이루어지기 위해서 전기자 권선에 무효전류가 흐르고 자속을 감소시켜야 한다. 감자작용을 하는 무효전류는 유기전압보다 위상이 90° 뒤진 전류이므로 이것을 단자전압에서 보면 그림 (b)와 같은 진상전류가 된다. 반대로 무부하 유기전압이 그림 (c)와 같이 너무 작으면(직류여자가 감소한 경우) 단자전압보다 위상이 뒤진 무효전류가 흐르고 증자작용을 하여 전압의 평형을 다시 이루게 된다.

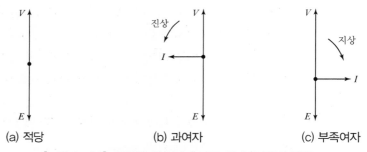

(a) 적당   (b) 과여자   (c) 부족여자

[그림 3−28] 무부하 시 여자에 따른 전기자전류의 변화

이와 같이 동기전동기에서는 무효전류가 단자전압과 유도 기전력 사이의 평형을 회복시키기 위하여 흐르게 되고 단자전압에 대하여 과여자인 경우에는 진상전류, 부족여자인 경우에는 지상전류가 흐른다.

2) 위상특성곡선(V곡선)

공급전압 V 및 출력 P_2를 일정한 상태로 두고 여자만을 변화시켰을 경우에는 전기자전류의 크기와 역률이 달라진다. 일정 출력에서 유도 기전력 E(또는 여자전류 I_f)를 변

화시켰을 때 E(또는 I_f)에 대한 전기자전류 I의 곡선을 V곡선(V-curve)이라 하며 [그림 3-29]와 같다.

즉 일정한 출력에서 여자를 약하게 하면 지상역률의 전기자전류를 취하고 여자를 강하게 하면 진상역률의 전류를 취하는 것을 알 수 있다. 이것과 정속도 특성이 동기전동기의 2대 특징이다.

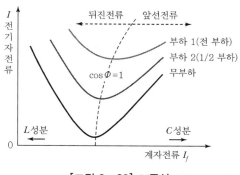

[그림 3-29] V곡선

예제

16 그림은 동기기의 위상특성곡선을 나타낸 것이다. 전기자전류가 가장 작게 흐를 때의 역률은?

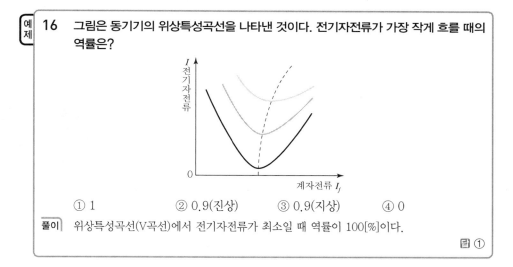

① 1　　　　② 0.9(진상)　　　　③ 0.9(지상)　　　　④ 0

풀이 위상특성곡선(V곡선)에서 전기자전류가 최소일 때 역률이 100[%]이다.

답 ①

---

2 난조

부하가 갑자기 변동해서 부하회전력과 전기자의 발생회전력과의 평형이 깨어졌을 때 새로운 평형상태의 부하각으로 즉시 옮겨지지 않는다.

예컨대 일정 단자전압 V 및 일정 유도 기전력 E의 상태로 부하각 δ로 운전하고 있는 어떤 동기전동기의 부하가 갑자기 증가하였다면 [그림 3-30]과 같이 부하각은 δ에서 증가된 부하에 상당한 부하각 δ_1으로 늘어나야 한다. 그러나 회전자에는 관성이 있으므로 δ는 즉시 δ_1이 되나 회전자의 관성이 다시 작용하여 δ_1에서 부하각이 안정되지 않고 지나치게 증가하여 δ_2에 이른다. 이렇게 하여 부하각이 δ_1 이상이 되면 전동기의 발생회전력은 부하가 요구하는 회전력보다 크게 되므로 회전자는 가속되어 부하각은 다시 감소하고 δ_1을 지나 변동 전의 부하에 대한 부하각 δ 부근까지 돌아간다. 이와 같은 회전자는 δ_1을 중심으로 진동하게 되는데 이러한 현상을 난조(Hunting)라 한다.

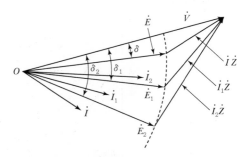

[그림 3-30] 부하변동에 따른 부하각의 변화

이상과 같이 난조라는 것은 일정 속도에 진동이 중첩되는 것인데 적당히 설계된 전동기에서는 이러한 진동이 곧 억제되지만 회전자의 고유진동과 전원 또는 부하의 주기적 변화로 인한 강제진동이 일치하였을 때에는 한층 더 심해지므로 결국은 동기를 이탈하여 정지한다.

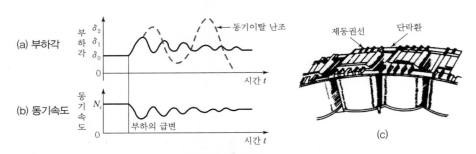

[그림 3-31] 동기전동기 난조와 제동권선

난조를 방지하는 방법으로는 [그림 3-31]과 같이 자극면에 슬롯을 파서 여기에 저항이 작은 단락권선을 설치한 제동권선(Damper or Amortisseur)을 이용한다. 다른 또 하나의 방법은 플라이휠(Flywheel)을 붙이는 것이다.

예제 **17** 3상 동기기에 제동권선을 설치하는 주된 목적은?

① 출력 증가　　② 효율 증가　　③ 역률 개선　　④ 난조 방지

풀이 제동권선의 목적
- 발전기 : 난조(Hunting) 방지
- 전동기 : 기동작용

답 ④

3 동기전동기의 운전

1) 기동회전력

동기전동기는 앞서 설명한 바와 같이 동기속도 이외의 속도에서는 회전력을 낼 수 없으므로 기동회전력은 0이다. 따라서 이것을 기동할 때는 [그림 3 − 32]와 같이 계자극 표면에 단락한 권선을 감고 회전자계와 이 권선에 유도되는 전류 사이의 전자력으로 기동회전력을 얻을 수 있도록 한다. 이 권선을 기동권선(앞서 설명한 난조방지용 제동권선이 기동권선의 역할을 한다.)이라 하고 동 등의 막대기를 농형으로 접속해서 만든다.

2) 기동법

① 자기동법 : [그림 3 − 32]와 같이 기동권선의 기동회전력을 이용해서 기동하는 방법으로, 계자회로를 연 채로 고정자에 전압을 가하면 권수가 많은 계자 권선이 고정자 회전자계를 끊으므로 계자회로에 매우 높은 전압이 유기될 염려가 있어 보통 이것을 저항을 통해서 단락해 놓고 기동해야 한다. 처음부터 전전압을 가하면 기동전류가 매우 많이 흘러 가까운 전력계통에 나쁜 영향을 주므로 기동보상기(Starting Compensator)라고 하는 일종의 3상 단권변압기를 써서 전전압의 $\frac{1}{2}$ 또는 $\frac{1}{3}$ 정도로 전압을 내려서 기동하는 것이 보통이다.

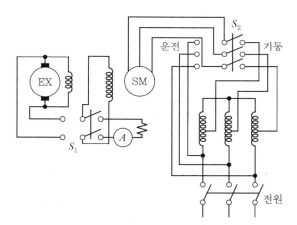

[그림 3 − 32] 동기전동기의 자기동법

결선도는 [그림 3 − 32]와 같으며 기동권선이 내는 회전력에 의하여 차차 가속되어 동기속도에 이르면 대체로 전류계 ⒜의 지시는 거의 0이 되고 이때 개폐기 S_1을 좌측에서 닫고 직류여자를 주면 여자가 동기속도에 끌려 들어가는데 이것을 Pull In이라 한다.

② **기동전동기법** : [그림 3-33]과 같이 동기전동기의 축에 직격한 기동전동기를 써서 기동하는 방법이다. S_2를 닫아 기동전동기로 동기전동기를 돌리면 동기전동기는 동기발전기가 되므로 이 발전기의 계자전류 및 속도를 조정하여 전원과의 동기를 검정한 다음 개폐기 S_1을 닫으면 다음부터는 동기전동기가 된다.

기동전동기로 유도전동기를 이용하는 경우에는 동기전동기의 극수보다 2극만큼 적은 극수의 유도전동기를 써야 한다.

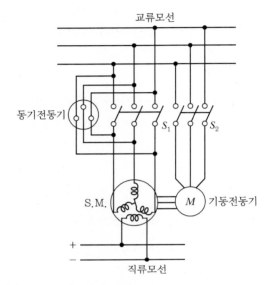

[그림 3-33] 기동전동기법

예제 **18** 동기전동기의 자기 기동에서 계자 권선을 단락하는 이유는?

　　① 기동이 쉽다.　　　　　　　　② 기동권선으로 이용한다.
　　③ 고전압이 유도된다.　　　　　④ 전기자 반작용을 방지한다.

풀이 **동기전동기의 기동법**
　　• 자기(자체) 기동법 : 회전 자극 표면에 기동권선을 설치하여 기동 시에는 농형 유도전동기로 동작시켜 기동시키는 방법으로, 계자 권선을 열어 둔 채로 전기자에 전원을 가하면 권선수가 많은 계자회로가 전기자 회전 자계를 끊고 높은 전압을 유기하여 계자회로가 소손될 염려가 있으므로 반드시 계자회로는 저항을 통해 단락시켜 놓고 기동시켜야 한다.
　　• 타 기동법 : 기동용 전동기를 연결하여 기동시키는 방법

답 ③

---

3) 동기전동기의 용도

동기전동기가 유도전동기보다 이익이 되는 점은 역률이 좋다는 것이다. 동기전동기는 계자전류를 조정하여 역률을 100[%]로 할 수 있을 뿐만 아니라, 진상역률로도 할 수 있으므로 일반적인 전동기로 사용할 수 있음은 물론이고 부하의 역률 개선에도 이용한다.

유도전동기는 소형일수록 또 회전수가 낮을수록 역률이 떨어진다. 그러므로 유도전동기에서는 역률을 좋게 하려고 고정자와 회전자 사이의 공극을 되도록 작게 하는데 이것이 고장의 원인이 되는 경우가 많다. 그러나 동기전동기는 공극이 크므로 이러한 우려가 없다. 그리고 동기전동기는 동기속도로 회전하므로 부하나 공급전압이 다소 변동한다 해도 속도는 늘 일정하다.

동기전동기의 결점은 기동회전력이 작고 속도조정을 할 수 없다는 점, 직류전원이 필요하므로 설비비가 많이 든다는 점이다.

동기전동기는 이상과 같은 특성을 가지고 있으므로 소형의 전기시계, 오실로그래프, 전송사진 등에도 사용하지만 주로 압축기, 분쇄기, 압연기 등의 저속도 대용량 전동기로 사용된다. 동기전동기는 일반적으로 부하회전력을 100[%]라 하면 기동회전력은 50[%], 탈출회전력은 150~300[%] 정도이다.

예제 19   3상 동기전동기의 특징이 아닌 것은?

① 부하의 변화로 속도가 변하지 않는다.
② 부하의 역률을 개선할 수 있다.
③ 전부하 효율이 양호하다.
④ 공극이 좁으므로 기계적으로 견고하다.

풀이   공극이 넓으므로 기계적으로 견고하다.

답 ④

---

4 동기조상기

동기전동기의 V곡선에서 알 수 있는 바와 같이 무부하로 과여자해서 운전하면 회로에서 진상전류를 취하게 할 수 있다. 일정한 교류전압을 가하여 이것보다 $90°$ 앞선 무효전류를 흘리는 점이 콘덴서와 닮았기 때문에 이것을 동기진상기(Synchronous Condenser)라 한다.

대개 송전선로에 접속되어 있는 부하는 변압기, 유도전동기 등의 여자전류를 포함하고 있으므로 보통 지상역률이 된다. 이러한 지상전류가 발전기에 흐르면 이 전류의 감자작용을 보완하기 위해서 여자를 늘려야 하며 이 때문에 계자 동손과 단락전류가 증가한다. 또 역률이 떨어지면 송배전 선로의 전압강하가 커져 송전효율이 나빠진다.

그래서 이 지상무효전류를 없애고 역률을 1에 가깝게 하기 위해서 송전선 수전단에 동기진상기를 [그림 3-34]와 같이 설치하고 과여자를 주어 진상전류를 취하도록 하는 방식이 널리 쓰인다. 이렇게 함으로써 [그림 3-34]의 벡터도와 같이 무익한 전류가 발전기 및 송전선에 흐르는 것을 방지하고 송전손실을 줄이는 동시에 송전선로의 전압강하를 가감하여 수전단전압을 일정하게 할 수 있다.

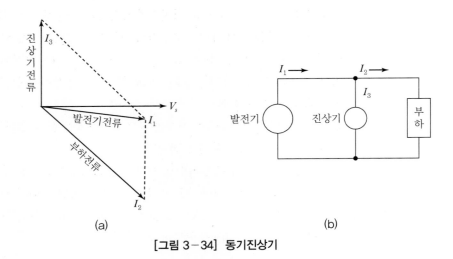

[그림 3-34] 동기진상기

또 동기진상기의 여자를 감소해 가면 이것에 지상전류를 취하도록 할 수 있다. 이 경우는 지상기로 동작하는 것이 되므로 이들을 총칭하여 동기조상기(Synchronous Phase Modifier)라 한다.

무부하 장거리 송전선을 발전기에 접속했을 때 송전기의 정전용량으로 인한 진상전류가 발전기에 흘러 자기여자를 일으킬 정도 이상의 고전압이 되는 것을 방지하려고 하는 경우에는 지상기로 사용한다.

예제 **20** 전력계통에 접속되어 있는 변압기나 장거리 송전 시 정전용량으로 인한 충전특성 등을 보상하기 위한 기기는?

① 유도전동기   ② 동기발전기

③ 유도발전기   ④ 동기조상기

풀이 동기조상기
전력계통의 전압조정과 역률개선을 하기 위해 계통에 접속한 무부하의 동기전동기를 말한다.

답 ④

CHAPTER

04 유도전동기

01 3상 유도전동기의 구조 및 원리
02 3상 유도전동기의 이론
03 3상 유도전동기의 특성

04 3상 유도전동기의 기동 및 운전
05 3상 유도전동기의 속도제어
06 단상 유도전동기

01 3상 유도전동기의 구조 및 원리

1 유도전동기의 구조

유도전동기는 회전기의 기본 구조인 [그림 4-1]과 같이 고정자 및 회전자의 구조를 바탕으로 아라고 원판의 원리가 구현된 것이라 할 수 있다. 이 중 고정자를 구성함에 있어 아라고 원판의 영구자석의 물리적 회전 대신에 회전자계(Rotating Magnetic Field)의 원리가 적용되어 회전자를 회전시키는 형태로 고려될 수 있다.

[그림 4-1] 유도전동기의 구조

1) 고정자

고정자는 3상 권선으로 회전자계를 만드는 부분으로서 고정자 틀과 철심 및 권선으로 구성되어 있다.

① 철심의 강판

철심에는 두께 0.35~0.5[mm]의 규소강판(Silicon Sheet Steel) 또는 자성강판을 성층하여 사용하며 대부분 냉간압연 규소강판이 사용되고 가정 전기기기용 전동기 등에는 소형 전동기용 자성강대가 사용되기도 한다.

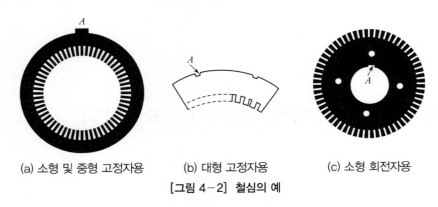

(a) 소형 및 중형 고정자용　　　(b) 대형 고정자용　　　(c) 소형 회전자용

[그림 4-2] 철심의 예

강판은 [그림 4-2]의 (a), (b)와 같이 원형 또는 부채꼴로 프레스하여 그 안쪽에 홈을 만든다. 홈(Slot)의 모양에는 일반적으로 저압전동기에서는 반폐형(Semi Closed Slot)이 사용되고 고압전동기에서는 개방형(Open Slot)을 사용한다([그림 4-3]). 개방형을 사용하면 권선의 절연과 권선을 삽입하는 작업이 쉬우나 전동기의 형태가 다소 커지고 철손과 여자전류가 커지므로 그만큼 효율과 역률이 나빠진다.

② 고정자 틀

주철제 또는 연강판을 용접하여 만든 고정자 틀(Stator Frame)의 안쪽에 [그림 4-2] (a)의 A와 같은 키(Key) 또는 (b)의 A와 같은 더브테일 슬롯(Dovetail Slot)을 맞추어서 성층하고 그 양쪽에 죄임쇠를 대고 튼튼하게 조인 후에 고정한다.

성층한 강판의 두께가 큰 경우에는 적당한 간격을 두고 폭 10[mm] 정도의 통풍덕트(Air Duct)를 만든다. 또 성층한 철심의 양쪽과 죄임쇠의 사이에도 통풍 덕트를 만든다.

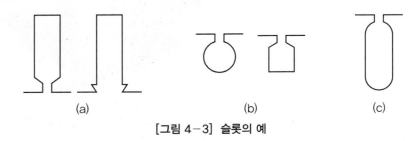

(a)　　　　　　　　　　(b)　　　　　　　(c)

[그림 4-3] 슬롯의 예

③ 코일의 도체와 절연

A종 절연의 1차 코일에는 폴리비닐포르말 또는 2중 면권 피복의 연동선이 사용되고, 또 E종 절연의 것에는 폴리우레탄선이 사용된다. 소전류의 것에는 둥근 선이, 대전류의 것에는 평각선이 사용된다. 개방 슬롯에는 권형으로, 보통 다이아몬드형으로 하고, 사용전압에 따라 적당히 절연한 것을 슬롯 속에 넣는다. 그리고 슬롯의 상부에 쐐기를 박아 고정한다. 또 반폐 슬롯의 경우에는 [그림 4 – 4]와 같이 슬롯의 내부에 절연물을 놓고, 슬롯 상부에서 코일변을 구성하는 피복선을 한 가닥씩 넣어 잘 다듬은 후에, 슬롯 내의 절연물을 권선 위에 놓고 그 위에 쐐기를 박는다. 코일단의 부분에는 바니시 클로드 테이프(Vanish Cloth Tape)로 절연을 한다.

유도전동기의 1차 권선의 절연에는 중소형기기에서는 주로 A종 또는 E종 절연이 사용되나, 고압의 것에는 B종 절연이 사용되는 경우가 많다.

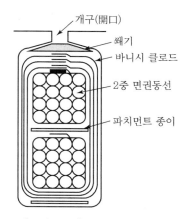

개구(開口)
쐐기
바니시 클로드
2중 면권동선
파치먼트 종이

[그림 4 – 4] 1차 코일의 절연

2) 회전자

회전자는 고정자 내에서 베어링에 지지되어 회전자계에 끌리어 회전하는 부분으로 축과 철심 및 권선으로 이루어져 있다. 또 대형의 것에는 축과 철심 사이에 스파이더가 설치되어 있다.

① 철심의 강판

회전자의 철심에는 보통 고정자의 철심과 같은 규소강판을 한 장마다 절연하여 사용한다. 철심의 모양은 소형의 것은 [그림 4 – 2] (c)와 같은 원형이고, 그 외주에 슬롯을 만든다. 중형의 것에서는 주철제의 스파이더를 축에 끼우고 이 스파이더 위에 환상의 철심을 성층하고 대형의 것은 부채꼴의 철심을 스파이더의 위에 성층한다.

통풍 덕트는 고정자와 같이 철심의 양쪽과 중간에 적당한 간격을 두고 설치한다. 대형의 것에서는 축 방향으로 통풍구멍을 뚫는 경우도 있다.

② 농형 회전자

농형 회전자(Squirrel-cage Rotor) 철심의 슬롯 모양은 [그림 4−3] (b)와 같이 반폐 슬롯으로, 그 속에 절연하지 않는 도체(동)를 삽입하고, 철심 밖에서 도체로 된 고리, 즉 단락환(End Ring)으로 양단을 용접한다. 소형 전동기에서는 동 대신에 알루미늄 주물로, 슬롯 내의 도체, 단락환 및 통풍날개를 하나로 주조한 다이캐스트(Die Casting) 방법이 사용된다. [그림 4−5]는 농형 회전자 모양을 나타낸 것이다.

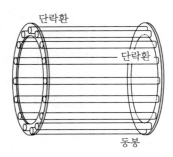

[그림 4−5] 농형 회전자

예제 01 농형 회전자에 비뚤어진 홈을 쓰는 이유는?

① 출력을 높인다.　　　　　　　② 회전수를 증가시킨다.

③ 소음을 줄인다.　　　　　　　④ 미관상 좋다.

풀이 비뚤어진 홈
- 기동 특성을 개선한다.
- 소음을 경감시킨다.
- 파형을 좋게 한다.

답 ③

---

③ 권선형 회전자

권선형 회전자(Wound Rotor) 철심의 구조는 고정자와 거의 같으나 슬롯은 [그림 4−3] (c)와 같은 반폐형으로서, 고정자가 만드는 자극과 같은 수의 자극이 이루어지도록 3상 권선을 한다.

보통 회전자 권선에는 큰 전류가 흐르기 때문에 평각 동선을 바니시 클로드 테이프(Vanish Cloth Tape)와 면 테이프로 절연한 것이 많이 사용된다. 코일단에는 원심력이나 충격에 대한 변형을 막기 위하여 바인드(Bind)를 한다. 권선은 주로 2층 파권이고, 3상의 결선은 보통 Y결선이지만 극수가 많고 대형인 것에서는 Δ 결선도 사용된다. 권선형 회전자의 3상 권선의 세 단자는 [그림 4−6]과 같이 절연하여 축 위에 설치한 3개의 슬립 링(Slip Ring)에 접속하고, 여기에 접촉하는 브러시를 통하여 외부에 있는 기동용 가감 저항기에 접속되어 있다. 따라서 권선형 회전자는 슬립 링을 단락하는 경우 외에는 저항기를 통해서 폐회로를 이루고 있다.

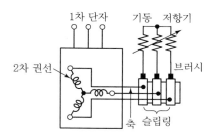

[그림 4-6] 회전자 권선과 슬립링

④ 공극

유도전동기의 고정자와 회전자와의 사이에는 작은 공극(Air Gap)이 있다. 1차 권선의 기자력에 의해서 생기는 회전자계의 자로는, 반드시 이 공극을 통하여 폐회로를 이룬다. 보통 공기의 자기저항은 철심에 비하여 매우 크므로 공극을 되도록 작게 하지 않으면 여자전류가 많이 흘러 전동기의 역률이 매우 낮아진다. 따라서 이 공극은 보통 0.3~2.5[mm] 정도로 한다.

⑤ 농형 회전자와 권선형 회전자의 비교

농형은 권선형에 비해서 구조가 간단하고, 튼튼하며, 취급이 쉽고, 효율이 좋다. 또 보수도 용이하다는 이점이 있어 소형, 중형의 전동기로 널리 사용된다. 그러나 속도조정이 곤란하고, 대형이 되면, 기동이 곤란해서 중형과 대형에는 권선형이 많이 사용된다.

② 유도전동기의 원리

유도전동기는 다음과 같은 2가지 기본법칙을 응용한 전동기이다.

첫째는 전자유도의 법칙이다. 즉, 도체가 자속을 끊으면 이것에 기전력이 유도되며, 이 기전력의 방향은 플레밍의 오른손법칙에 따른다. 둘째는 자계와 전류 사이에 기계적인 힘, 즉 전자력이 작용한다는 법칙이다. 이것을 더 자세히 기술하면 다음과 같다.

전류를 흘리고 있는 도체가 자계 안에 놓여 있을 때, 이것에 전자력이 발생한다. 이 전자력의 방향은 플레밍의 왼손법칙에 따른다. 그러므로 자속밀도를 $B[\text{Wb/m}^2]$, 도체의 길이를 l [m], 도체와 자속에 대하여 다같이 직각방향이 되는 속도를 v [m/s], 그 방향의 힘을 f [V], 유도 기전력을 e [V], 전류를 i [A]라 하면

$$e = Blv \, [\text{V}] \quad \text{··} \quad (4-1)$$

$$f = Bli \, [\text{N}] \quad \text{··} \quad (4-2)$$

의 관계가 있다.

1824년에 Arago의 원판(Arago's Rotating Disc)이라고 부르는 다음과 같은 현상이 발견되었다.

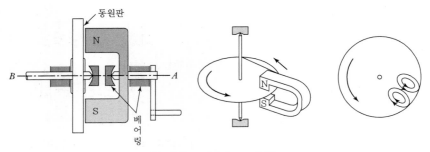

[그림 4-7] 아르고 원판

[그림 4-7]과 같은 동원판을 수평인 축에 붙이고 자유롭게 돌도록 한다. 여기에 이 원판 가까이에 영구자석을 두고 이 자석을 어떤 방향으로 돌리면, 동원판은 자석이 만드는 자계의 자속을 끊으므로 동판 안에 기전력이 유기되고, 전류가 흐른다. 따라서 동원판은 자계 내에 있으므로 이 전류에 의해 플레밍의 왼손법칙에 따르는 방향으로 힘을 받아 회전한다. 여기서 동원판의 회전속도는 자석의 회전속도보다 느려야 한다. 만일, 동원판의 회전속도와 자석의 회전속도가 같으면 동원판은 자속을 끊지 못하므로 기전력을 유기할 수 없고 전류도 흐르지 않아 힘을 발생시킬 수 없다.

유도전동기는 이러한 원리에 따른 것인데, 실제의 3상 유도전동기에서는 자석을 돌리는 대신에 고정된 3상 권선에 3상 교류를 흘렸을 때 생기는 회전자속을 이용한다.

③ 회전자계의 발생

1) 회전자계

[그림 4-8]의 대칭 3상 권선에 [그림 4-9] (a)와 같은 평행 3상 교류 i_a, i_b, i_c 가 흐르면 t_1에서는 $i_a = I_m$, $i_b = i_c = -I_m/2$가 되고, 이것에 의한 각 권선의 기자력 F_a, F_b, F_c 는 [그림 4-9] (b)와 같이 a상에서는 권선축(a 방향)의 정방향에 b, c상에서는 권선축의 부방향($-b$, $-c$ 방향)이 된다. 여기서 F_a, F_b, F_c는 정현파 기자력 분포의 최댓값으로 $F_a = F_m$, $F_b = \dfrac{F_m}{2}$, $F_c = \dfrac{F_m}{2}$이다. 이들 3기자력의 공간벡터의 합으로 그림에 나타낸 $F = \dfrac{3}{2}F_m$이 된다. 이와 같은 것을 t_2, t_3, t_4에 대하여 적용하면 [그림 4-9] (b)에 나타낸 것과 같이 F는 시계 방향으로 회전한다는 것을 알 수 있다.

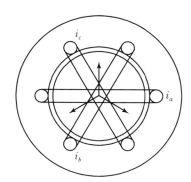

[그림 4-8] 회전자계

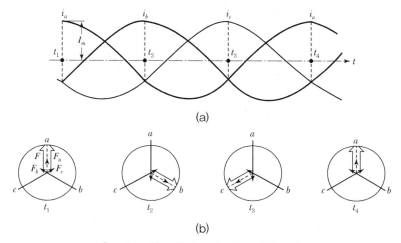

(a)

(b)

[그림 4-9] 3상에 의한 회전자계의 발생

이상은 권선이 2극인 경우이다. 즉, [그림 4-8]에서 i_a 가 최대인 순간의 자속분포를 나타내면 [그림 4-10]과 같이 되어 명백히 2극이 형성되어 있다. 이것에 대하여 [그림 4-11] (a)와 같이 권선을 하였다고 하자.

이것에 평형 3상 교류가 흘렀을 때의 자속을 i_a 가 최대인 순간에 대하여 그리면 [그림 4-11] (b)와 같이 되어 4극이 형성되어 있다.

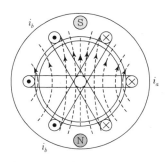

[그림 4-10] 2극의 자속분포

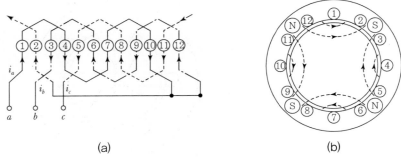

(a)   (b)

[그림 4-11] 4극의 자속분포

6극, 8극…… 등도 이것에 준하여 생각할 수 있다. 이와 같이 다극기에서는 극수를 p 라 하면 회전자계의 회전수(동기속도) n_s 는 다음과 같다.

$$n_s = \frac{2f}{P}[\text{rps}](P : 극수)$$

$$N_s = \frac{120f}{P}[\text{rpm}](P : 극수)$$
.... (4-3)

이와 같이 3상 대칭권에 평형 3상 교류를 가하면 용이하게 회전자계를 발생시킬 수 있으며 이것을 응용한 것이 3상 유도전동기이다.

예제 02   **3상 유도전동기의 최고 속도는 우리나라에서 몇 [rpm]인가?**

풀이 동기속도 $N_s = \frac{120f}{P}$ 이고, 우리나라의 주파수는 60[Hz]이므로,

극수 $P=2$일 때, 최고 속도가 나온다.

따라서, $N_s = \frac{120 \times 60}{2} = 3{,}600[\text{rpm}]$

📖 3,600[rpm]

---

2) 슬립(Slip)

대칭 3상 권선이 있는 전동기에 주파수 f 되는 3상 교류를 흘리면 동기속도 N_s 로 회전하는 회전자계가 생긴다.

그런데 전동기의 실제 회전속도는 이 N_s 보다 적다. 그것은 앞에서도 설명한 바와 같이 회전자가 N_s 보다 느리게 돌아야만 자속을 끊게 되므로 기전력을 유기하고 회전자에 전류가 흘러 이 전류와 자계의 자속 사이에서 회전력이 생기기 때문이다.

그래서 전동기의 속도 N이 N_s 보다 어느 정도 느린가를 표시하기 위하여

$$s = \frac{N_s - N}{N_s}$$
.... (4-4)

를 정의한다. 이 s를 슬립이라 하고 이것을 [%]로 표시하면

$$s = \frac{N_s - N}{N_s} \times 100[\%] \quad \cdots\cdots\cdots\cdots\cdots\cdots\cdots\cdots\cdots\cdots\cdots\cdots\cdots\cdots\cdots\cdots\cdots\cdots\cdots\cdots\cdots\cdots \text{(4-5)}$$

가 된다.

이 경우 회전자와 회전자계의 상대속도는

$$N_s - N = sN_s \quad \cdots\cdots\cdots\cdots\cdots\cdots\cdots\cdots\cdots\cdots\cdots\cdots\cdots\cdots\cdots\cdots\cdots\cdots\cdots\cdots\cdots\cdots\cdots \text{(4-6)}$$

이 된다.

식 (4-4)에서 알 수 있는 바와 같이 $s = 1$이면 $N = 0$이 되어 전동기는 정지하고 있는 상태이며, $s = 0$이면 $N = N_s$가 되어 전동기는 동기속도로 돌고 있는 것이 되는데, 이 경우는 이상적인 무부하상태이다.

보통 전부하에 대한 슬립 s의 값은 3~4[%] 정도이다.

예제 03 50[Hz], 슬립 0.2인 경우의 회전자 속도가 600[rpm]일 때에 3상 유도전동기의 극수는?

풀이 $N = (1-s)N_s$에서, $N_s = \dfrac{N}{1-s} = \dfrac{600}{1-0.2} = 750[\text{rpm}]$

$\therefore \; p = \dfrac{120f}{N_s} = \dfrac{120 \times 50}{750} = 8[\text{극}]$

답 8[극]

예제 04 50[Hz], 4극의 유도전동기의 슬립이 4[%]인 때의 매분 회전수는?

풀이 $N_s = \dfrac{120f}{p} = \dfrac{120 \times 50}{4} = 1,500[\text{rpm}]$

$\therefore \; N = (1-s)N_s = (1-0.04) \times 1,500 = 1,440[\text{rpm}]$

답 1,440[rpm]

예제 05 유도전동기에서 슬립이 가장 큰 상태는?

① 무부하 운전 시   ② 경부하 운전 시
③ 정격부하 운전 시   ④ 기동 시

풀이 $s = \dfrac{N_s - N}{N_s}$에서

• 무부하 시($N = N_s$) : $s = 0$
• 기동 시($N = 0$) : $s = 1$
• 부하 운전 시($0 < N < N_s$) : $0 < s < 1$

답 ④

3상 유도전동기의 이론

1 유도전동기와 변압기와의 비교

변압기에서는 1차 권선에 흐르는 전류에 의해서 생긴 교번 자속이 2차 권선과도 쇄교하기 때문에 전자유도작용에 의해서 2차 권선에 전압이 유기된다. 유도전동기도 이와 같이 1차 권선에 흐르는 전류에 의해서 생긴 회전자속이 2차 권선과 쇄교하고, 이 전자유도작용에 의해서 2차 권선에도 전압이 유기되므로, 이에 의해서 2차 전류가 흐르고 2차 전류와 회전자속과의 사이에 생기는 전자력에 의해서 회전력이 발생한다.

이와 같이 유도전동기에 있어서의 자속, 전압, 전류의 관계는 변압기의 작용과 흡사하다. 따라서 그 이론도 변압기와 비슷한 점이 많아 변압기와 거의 같게 취급할 수가 있다. 때문에 유도전동기의 고정자를 1차 측, 회전자를 2차 측이라고 부르는 경우가 많다. [그림 4 – 12]는 변압기 모델을 이용한 유도전동기 등가회로이다.

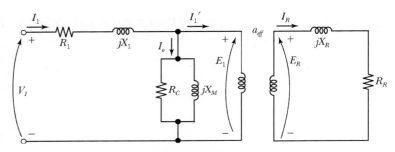

[그림 4 – 12] 변압기 모델을 이용한 유도전동기 등가회로

1) 무부하인 경우

1차 권선에 전압을 가하면 변압기의 경우와 같이 여자전류가 흐르고, 그 기자력에 의해서 회전자속이 발생되므로 이 자속에 의해서 1차와 2차의 각 권선에는 기전력이 유기된다. 2차 회로가 개로된 경우, 즉 무부하상태인 경우에는 2차 전류가 거의 흐르지 않으므로 무부하 때의 변압기와 똑같고, 전압, 전류, 자속의 관계를 나타내는 벡터도는 [그림 4 – 13]과 같이 표시된다. 이 그림에서 I_0 는 1차의 여자전류이고, 자속 Φ 보다 α (철손각)만큼 앞서 있다. 또 I_0 는 회전자속을 만드는 자화전류 I_ϕ 와 철손을 공급하는 철손전류 I_i 와의 벡터합이다.

E_1, E_2는 각각 1차와 2차 권선의 유도 기전력이고, 권선 측에서 보면 Φ 를 최댓값으로 하는 교번자속에 의해서 유기되므로 자속 Φ 보다 위상이 $\pi/2$ 뒤진다. $V_1' = -E_1$ 은 I_0 에 의한 1차 임피던스 강하를 무시하면 1차 공급전압(상전압)이 되며 또 여기서 $\cos\theta_0$ 는 이때의 역률이다.

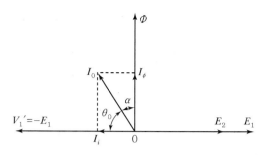

[그림 4-13] 무부하인 경우의 벡터도

2) 부하가 걸린 경우

① 1차 전류 : 부하상태, 즉 2차 회로를 단락한 경우, 2차 회로에는 그 회로의 임피던스를 통하여 2차 전류 I_2가 흐르고, 변압기의 경우와 같이 1차 측에는 I_2에 의한 기자력을 상쇄시켜줄 만한 1차 부하전류 I_1'가 흐른다.

이와 같은 사실은 변압기와 비슷하지만 전동기의 자로에는 공극이 있기 때문에 변압기에 비해서 I_1에 대한 I_0의 비율은 매우 크다. 일반적으로 전부하전류의 25~50[%]에 이른다. 또 I_0의 비는 용량이 작은 것일수록 크고 같은 용량의 전동기에서는 극수가 많을수록 크다. 그리고 이 I_0의 대부분을 차지하고 있는 자화전류 I_ϕ는 $\pi/2$ 뒤진 전류이기 때문에 유도전동기의 역률은 낮고, 경부하일 경우에는 역률이 더욱 낮아지게 된다.

② 2차 전류와 회전력 : 회전자에 전류가 흐르면 이 전류와 회전자속의 곱에 비례하는 회전력이 발생하여 회전자는 그 회전자속과 같은 방향으로 회전을 시작한다.

회전자계의 속도는 일정하므로 회전자의 속도가 증가함에 따라 회전자계와 회전자 사이의 상대속도가 점점 작아져서, 2차 도체를 끊는 회전자속이 감소하게 된다. 따라서 2차 회로에 유기되는 2차 전압의 크기와 주파수도 감소하고, 이에 따라서 2차 전류도 감소한다. 때문에 회전자가 발생하는 회전력도 감소하여 마침내는 부하 회전력과 평형을 이룰 수 있는 속도에서 회전을 계속하게 된다.

2 유도 기전력 및 전류

1) 전동기가 정지하고 있는 경우

① 1차 유도 기전력 : 1차 권선에 여자전류가 흐르면 1차 권선과 2차 권선에 각각 기전력이 유도되는 관계는 변압기의 경우와 같으며 1차 유도 기전력 E_1은

$$E_1 = 4.44\, k_1\, n_1\, f_1\, \Phi\,[\text{V}] \quad \text{..} \quad (4\text{-}7)$$

여기서, f_1 : 공급전압의 주파수(1차 주파수)[Hz], n_1 : 1차 1상 권선의 권수
k_1 : 1차 권선의 권선계수, Φ : 1극의 평균자속[Wb]

이 전압 E_1 은 전동기의 역기전력이기 때문에 단자전압 V_1 에서 1차 임피던스에 의한 전압강하를 벡터적으로 감소시킨 것과 평형을 유지한다.

② **2차 유도 기전력** : 회전자가 정지하고 있을 때는 회전자계가 1차 권선을 자르면 동일한 속도로 2차 권선을 자르기 때문에 2차 유도 기전력 E_2는 다음과 같이 E_1과 같은 형식으로 표시된다.

$$E_2 = 4.44\, k_2\, n_2\, f_1\, \Phi\,[\text{V}] \quad \text{..} \quad (4\text{-}8)$$

여기서, k_2 : 2차 권선의 권선계수, n_2 : 2차 1상 권선의 권수

③ **권선비** : 식 (4-7)과 식 (4-8)의 비를 취하면

$$\frac{E_1}{E_2} = \frac{k_1\, n_1}{k_2\, n_2} = a \quad \text{..} \quad (4\text{-}9)$$

즉, 유도전동기의 1차 권선과 2차 권선에 유도되는 기전력의 비는 권선과 권선계수의 곱에 대한 비와 같으며 이것은 a 로 표시되고 **권선비**라고 한다.

2) 전동기가 회전하고 있는 경우

① **2차 유도 기전력 및 2차 주파수** : 회전자가 슬립 s 로 회전하고 있는 경우에 2차 도체와 회전자계의 상대속도는 식 $N_s - N = s N_s$ 와 같이 회전자가 정지하고 있을 때의 s 배이기 때문에, 이런 경우에 대한 2차 유도 기전력 E_{2s} 및 주파수 f_{2s}는 다음과 같이 정지할 때의 s 배가 된다.

$$E_{2s} = s E_2,\ f_{2s} = s f_1 \quad \text{..} \quad (4\text{-}10)$$

2차 주파수 f_{2s}는 슬립주파수(Slip Frequency)라고도 한다.

② **2차 전류와 2차 역률** : 지금 r_2 [Ω]을 2차 권선 1상의 저항, x_2 [Ω]을 전동기가 정지하고 있을 때의 2차 권선 1상의 리액턴스라고 하면, 전동기가 슬립 s 로 회전하고 있을 때에 2차 권선 1상의 리액턴스 x_{2s} [Ω] 및 2차 권선 1상의 임피던스 Z_{2s} [Ω]은 다음과 같다.

$$x_{2s} = s\, x_2\,[\Omega]$$
$$Z_{2s} = r_2 + j\, s\, x_2\,[\Omega]$$
$$\left.\phantom{\begin{matrix}a\\b\end{matrix}}\right\} \cdots\cdots\cdots\cdots\cdots\cdots\cdots\cdots\cdots\cdots\cdots\cdots\cdots\cdots (4\!-\!11)$$

따라서 전동기가 슬립 s 로 운전하고 있을 때의 2차 전류 $I_2\,[\text{A}]$는

$$I_2 = \frac{E_{2s}}{Z_{2s}} = \frac{s\,E_2}{\sqrt{r_2^2 + (s\,x_2)^2}} = \frac{E_2}{\sqrt{\left(\dfrac{r_2}{s}\right)^2 + x_2^2}}\,[\text{A}] \cdots\cdots\cdots\cdots\cdots\cdots\cdots (4\!-\!12)$$

$$\theta_2 = \tan^{-1}\frac{s\,x_2}{r_2}$$
$$\cos\theta_2 = \frac{r_2}{\sqrt{r_2^2 + (s\,x_2)^2}}$$
$$\left.\phantom{\begin{matrix}a\\b\\c\end{matrix}}\right\} \cdots\cdots\cdots\cdots\cdots\cdots\cdots\cdots\cdots\cdots\cdots\cdots (4\!-\!13)$$

③ **1차 전류** : 2차 전류 $I_2\,[\text{A}]$가 흐르면, 이에 따른 기자력을 상쇄할 수 있는 1차 부하전류 $I_1{'}\,[\text{A}]$가 1차 측에 흐르고, 1차 권선과 2차 권선의 상수를 각각 m_1 및 m_2라 하면 다음 관계가 성립한다.

$$\dot{I_1}{'}\, m_1\, k_1\, n_1 + \dot{I_2}\, m_2\, k_2\, n_2 = 0$$
$$\therefore\ \dot{I_1}{'} = -\frac{m_2\, k_2\, n_2}{m_1\, k_1\, n_1}\,\dot{I_2} = -\frac{1}{u\,a}\,\dot{I_2} \cdots\cdots\cdots\cdots\cdots\cdots\cdots\cdots\cdots (4\!-\!14)$$

$$\text{단, } u = \frac{m_1}{m_2} = \text{상수비}$$

상수비 u 는 권선형 회전자의 경우에 일반적으로 $m_1 = m_2$이기 때문에 $u = 1$이 되지만, 농형 회전자의 경우에는 일반적으로 $m_1 < m_2$이기 때문에 $u < 1$이 된다. 또 농형 회전자에서는 한 개 한 개의 도체에 다른 위상의 전류가 흐르나, 같은 종류의 자극에 대하여 대칭적인 관계위치에 있는 도체의 전원은 같기 때문에, 농형 유도 전동기의 2차 상수 $m_2 = 2 \times$(슬롯의 수)$/\,P$로 표시된다.
1차 부하전류 $I_1{'}$와 여자전류 I_0 의 벡터합이 1차 전류 I_1이 된다. 이와 같이 2차 측의 전압, 주파수, 리액턴스 및 역률 등은 슬립 s 에 의하여 변화된다.

④ **기동할 때의 전압 및 전류** : 전동기가 정지상태에서 기동하는 경우에 2차 유도전력과 2차 전류 및 2차 회로의 역률은 각각 식 $(4-10)$과 $(4-12)$ 및 $(4-13)$에서 $s = 1$로 하면 얻을 수 있다.

예제 **06** 그림에서 고정자가 매초 50회전하고, 회전자가 매초 45회전하고 있을 때 회전자의 도체에 유기되는 기전력의 주파수[Hz]는?

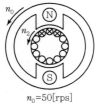

$$n_0 = 50[\text{rps}]$$
$$n_2 = 45[\text{rps}]$$

풀이 $s = \dfrac{n_0 - n_2}{n_0} = \dfrac{50 - 45}{50} = 0.1 \quad \therefore \ f_2 = sf_1 = 0.1 \times 50 = 5[\text{Hz}]$

답 5[Hz]

예제 **07** 6극, 3상 유도전동기가 있다. 회전자도 3상이며 회전자 정지 시의 1상의 전압은 200[V]이다. 전부하 시의 속도가 1,152[rpm]이면 2차 1상의 전압은 몇 [V]인가? (단, 1차 주파수는 60[Hz]이다.)

풀이 $N_s = \dfrac{120 \times 60}{6} = 1,200[\text{rpm}], \ s = \dfrac{1,200 - 1,152}{1,200} = 0.04$

$\therefore \ E_2' = sE_2 = 0.04 \times 200 = 8[\text{V}]$

답 8[V]

③ 등가회로

유도전동기의 고정자와 회전자의 전압, 전류 및 자속은 변압기의 1차, 2차의 전압전류 및 자속의 관계와 같음을 앞에서 설명하였다. 다만, 변압기의 주자속은 교번자속인데, 유도전동기의 주자속은 회전자속이라는 점이 다를 뿐이다.

일반적으로 어떤 복잡한 전기회로의 단자에 교류전압 V를 가했을 때 흐르는 전류가 I 라면

$$\dot{Z} = \frac{\dot{V}}{\dot{I}}$$

를 그 회로의 등가 임피던스라 한다. 등가 임피던스를 쓰면 복잡한 전기회로를 보다 더 간단한 회로로 고칠 수 있는데, 이러한 회로를 등가회로라 한다.

여기서 3상 유도전동기의 고정자 단자전압 V_1과 고정자전류 I_1에 대한 등가회로(1상에 대한)를 구해보면 [그림 4-13]의 벡터도에서

$$\frac{m_1}{m_2} = u, \quad \frac{K_{w1}n_1}{K_{w2}n_2} = a, \quad \frac{\dot{E_1}'}{\dot{I_0}} = \text{여자 임피던스} = \dot{Z_0}$$

여기서, u : 상수비, a : 권수비

라 놓으면

$$\dot{I_1} = \dot{I_0} + \dot{I_1}' = \dot{I_0} + \left(-\frac{\dot{I_2}}{ua}\right) = \dot{I_0} + \left(-\frac{1}{ua} \cdot \frac{s\dot{E_2}}{r_2 + jsx_2}\right)$$

$$= \dot{I_0} + \frac{1}{ua^2} \cdot \frac{s\dot{E_1}'}{r_2 + jsx_2}$$

$$= \dot{E_1}'\left[\frac{1}{\dot{Z_0}} + \frac{1}{ua^2\left(\dfrac{r_2}{s} + jx_2\right)}\right]$$

우선 1차 저항과 리액턴스를 무시하면 $\dot{V_1} = \dot{E_1}'$이므로

등가 임피던스 $\dot{Z} = \dfrac{\dot{V_1}}{\dot{I_1}} = \dfrac{\dot{E_1}'}{\dot{I_1}} = \dfrac{1}{\dfrac{1}{\dot{Z_0}} + \dfrac{1}{ua^2\left(\dfrac{r_2}{s} + jx_2\right)}}$ ···················· (4−15)

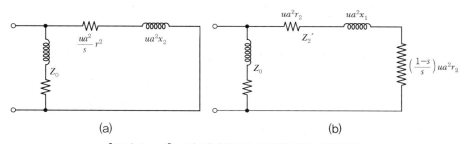

[그림 4−14] 1차 임피던스를 무시한 경우 등가회로

이 식에서 Z는 임피던스 Z_0와 임피던스 $ua^2\left(\dfrac{r_2}{s} + jx_2\right)$가 병렬로 접속된 회로의 합성

임피던스이다. 따라서 등가회로는 [그림 4−14] (a)와 같이 된다.

또 $\dfrac{1}{s} = 1 + \dfrac{1-s}{s}$ 이므로 이것을 [그림 4−14] (b)와 같이 고쳐 그려도 된다.

$(r_2 + jx_2)$는 2차가 정지하고 있을 때의 임피던스이므로 이것을 $\dot{Z_2}$라고 표시하면 $ua^2\dot{Z_2}$는 변압기에서 배운 바와 같이 1차 측에 환산한 2차 임피던스이다.

이것을

$$\dot{Z_2}' = r_2' + jx_2'$$

라 놓으면

$$\dot{Z_2}' = u a^2 \dot{Z_2} = \frac{m_1}{m_2} a^2 \dot{Z_2}$$

$$r_2' = \frac{m_1}{m_2} a^2 r_2, \ \ x_2' = \frac{m_1}{m_2} a^2 x_2 \quad \Bigg\} \qquad \cdots\cdots\cdots\cdots\cdots\cdots\cdots\cdots\cdots\cdots \ (4-16)$$

그런데 1차 권선의 임피던스를 고려하면

$$\dot{V_1} = \dot{E_1}' + \dot{I_1}\dot{Z_1}$$

이므로

$$\frac{\dot{V_1}}{\dot{I_1}} = \frac{\dot{E_1}}{\dot{I_1}} + \dot{Z_1}$$

이 되어 [그림 4-15]의 등가회로에 $\dot{Z_1} = r_1 + j x_1$ 을 직렬로 접속한 그림 (a)와 같은 등가회로가 된다.

이것이 3상 유도전동기의 정확한 등가회로이지만 이 회로를 그대로 취급하기는 불편하므로 여자전류의 1차 임피던스 전압강하를 무시하고 $\dot{Z_0}$ 를 $\dot{Z_1}$ 의 왼쪽으로 옮긴 [그림 4-15] (b)와 같은 간이 등가회로가 일반적으로 많이 쓰인다. 그러나 변압기에서는 $\dot{I_0}$ 가 극히 적지만 유도전동기에서는 공극이 있으므로 여자전류가 큰 값이 되기 때문에 $\dot{I_0}$ 에 의한 1차 임피던스 강하를 무시하는 것은 오차가 생기기 쉽다. 간이 등가회로를 사용하는 경우에는 이 점에 주의하여야 한다.

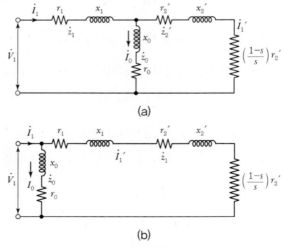

[그림 4-15] 1차 임피던스를 고려한 경우 등가회로

또 여자 임피던스 대신 여자 어드미턴스

$$\dot{Y}_0 = \frac{1}{\dot{Z}_0} = g_0 - j\,b_0 \ \text{................................} (4-17)$$

을 써서 등가회로를 표시하는 경우가 많은데, 이것을 [그림 4−16]에 표시하였다.

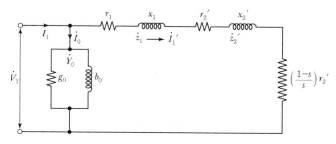

[그림 4−16] 여자 어드미턴스를 이용한 등가회로

4 전력의 변환

유도전동기에서 공급되는 1차 입력의 대부분은 2차 입력으로 되고, 2차 입력의 일부는 주로 2차 저항손이 되어서 없어지며, 나머지의 대부분은 기계적인 출력으로 된다. 다음은 이들 여러 전력이 슬립 s 와 어떤 관계가 있는지 알아보기로 한다.

1) 고정자 입력, 1차 동손, 철손

1차 피상입력은 $\dot{V}_1\,\dot{I}_1$, 1차 역률은 $\cos\theta_1$이므로 1차 입력, 즉 전원에서 유도전동기에 공급되는 전력 $P_1{}'$는

$$P_1{}' = \dot{V}_1\,\dot{I}_1\cos\theta_1 \ \text{................................} (4-18)$$

그런데 이 전력 중에서

$$P_{c1}{}' = \dot{I}_1^2 r_1 \ \text{................................} (4-19)$$

은 1상의 1차 권선 저항손이므로 이것을 뺀 나머지는

$$\dot{E}_1\,\dot{I}_1\cos\theta_1{}' \ \text{................................} (4-20)$$

이 된다. 그런데 $\dot{I}_0$의 유효분 $\dot{I}_i$ 와 $\dot{E}_1$과의 곱

$$P_i' = \dot{E}_1 \dot{I}_i \quad \text{..} \quad (4-21)$$

는 1상의 철손이므로 이것을 뺀 나머지

$$P_2' = \dot{E}_1 \dot{I}_1' \cos\theta_2 \quad \text{..} \quad (4-22)$$

이 전자유도작용에 의하여 고정자에서 회전자에 전달되는 1상의 전력이다.

여기서, 고정자 상수를 m_1 이라 하면 고정자 입력 P_1 은

$$P_1 = m_1 P_1' = m_1 \dot{V}_1 \dot{I}_1 \cos\theta_1 \quad \text{..................................} \quad (4-23)$$

가 된다.

$m = 3$ 의 경우에는 선간공급전압을 $\dot{V}$, 선로전류를 $\dot{I}$ 라 하면

Y결선에서는 $\dot{V}_1 = \dfrac{\dot{V}}{\sqrt{3}}$, $\dot{I}_1 = \dot{I}$

Δ 결선에서는 $\dot{V}_1 = V$, $\dot{I}_1 = \dfrac{\dot{I}}{\sqrt{3}}$

가 되므로 고정자 입력은 다음과 같다.

$$P_1 = 3 \dot{V}_1 \dot{I}_1 \cos\theta_1 = \sqrt{3} \, \dot{V} \, \dot{I} \cos\theta_1 [\text{W}] \quad \text{..........................} \quad (4-24)$$

2) 회전자 입력, 2차 동손, 기계적 출력

1상의 회전자 입력(Rotor Input) 또는 2차 입력(Secondary Input) P_2' 는 식 $(4-22)$에 의하여

$$P_2' = \dot{E}_1 \dot{I}_1' \cos\theta_2 \quad \text{...} \quad (4-25)$$

그런데 P_2' 는 고정자에 환산한 1상의 회전자입력이므로 고정자와 회전자의 상수를 m_1, m_2, 회전자 전압전류로 표시한 1상의 입력을 P_2'' 라 하면 식 $(4-9)$, $(4-14)$에 의하여

$$P_2'' = \frac{m_1}{m_2} P_2' = \frac{m_1}{m_2} \dot{E}_1 \dot{I}_1' \cos\theta_2 = \frac{m_1}{m_2} a \dot{E}_2 \cdot \left(\frac{m_2}{m_1} \cdot \frac{1}{a} \dot{I}_2 \right) \cos\theta_2$$

$$= \dot{E}_2 \dot{I}_2 \cos\theta_2$$

따라서 회전자 입력 P_2는 다음과 같다.

$$P_2 = m_2 P_2'' = m_2 \dot{E_2} \dot{I_2} \cos\theta_2 \quad \text{(4-26)}$$

다음 1상의 2차 동손 P_{c2}'는

$$P_{c2}' = I_2^2 r_2 = s \dot{E_2} \dot{I_2} \cos\theta_2 \quad \text{(4-27)}$$

이다. 그러므로 1상의 회전자 출력 P'는

$$P' = P_2'' - P_{c2}' = (1-s) \dot{E_2} \dot{I_2} \cos\theta_2$$
$$= (1-s) P_2'' \quad \text{(4-28)}$$

따라서 회전자 전체의 출력 P는

$$P = m_2 P' = (1-s) m_2 P_2'' = (1-s) P_2 \quad \text{(4-29)}$$

또 2차 전체동손은

$$P_{c2} = m_2 s \dot{E_2} \dot{I_2} \cos\theta_2 = s P_2 \quad \text{(4-30)}$$

이들 관계식으로부터 다음의 관계가 있음을 알 수 있다.

$$s = \frac{P_{c2}}{P_2} \left(= \frac{2\text{차 동손}}{2\text{차 입력}} \right) \quad \text{(4-31)}$$

$$\frac{N}{N_s} = (1-s) = \frac{P}{P_2} \left(= \frac{2\text{차 출력}}{2\text{차 입력}} \right) \quad \text{(4-32)}$$

또는

2차 동손 : 2차 출력 : 2차 입력 $= s : (1-s) : 1$ (4-33)

예제 08 정격출력이 7.5[kW]인 3상 유도전동기가 전부하 운전에서 2차 저항손이 300[W]이다. 슬립은 약 몇 [%]인가?

풀이 $P_2 = P + P_{c2} = 7.5 + 0.3 = 7.8$

$s = \dfrac{P_{c2} \times 100}{P_2} = \dfrac{0.3}{7.8} \times 100 = 3.846 = 3.85[\%]$

답 3.85[%]

예제 09 15[kW] 3상 유도전동기의 기계손이 350[W], 전부하 시의 슬립이 3[%]이다. 전부하 시의 2차 동손[W]은?

풀이 $P_2 : P : P_{c2} = 1 : (1-s) : s$

$$\therefore P_{c2} = sP_2 = \frac{s}{1-s}P = \frac{s}{1-s}(P_k + P_m) = \frac{0.03}{1-0.03}(15,000 + 350) = 475[\text{W}]$$

여기서, P_k : 전동기 출력, P_m : 기계손

目 475[W]

예제 10 3상 유도전동기의 1차 입력 60[kW], 1차 손실 1[kW], 슬립 3[%]일 때 기계적 출력 [kW]은?

풀이 $P_2 : P_{2c} : P_o = 1 : s : (1-s)$ 이므로

$P_2 = 1$차 입력 -1차 손실 $= 60 - 1 = 59[\text{kW}]$

$P_o = (1-s)P_2 = (1-0.03) \times 59 = 57[\text{kW}]$

目 57[kW]

예제 11 출력 10[kW], 슬립 4[%]로 운전되고 있는 3상 유도전동기의 2차 동손[W]은?

풀이 $P_2 : P_{2c} : P_o = 1 : s : (1-s)$ 이므로

$P_{2c} : P_o = s : (1-s)$ 에서 P_{2c} 로 정리하면,

$$P_{2c} = \frac{s \cdot P_o}{1-s} = \frac{0.04 \times 10 \times 10^3}{1 - 0.04} = 417[\text{W}]$$

目 417[W]

3) 2차 입력과 회전력 사이의 관계, 동기와트

1분간의 속도 N에서의 회전자의 출력 P는

$$P = 2\pi \cdot \frac{N}{60} \cdot T[\text{W}] \quad \text{(4-34)}$$

따라서

$$T = \frac{60}{2\pi}\frac{P}{N}[\text{N} \cdot \text{m}]$$

$$= \frac{60}{9.8 \times 2\pi}\frac{P}{N} = 0.975\frac{P}{N}[\text{kg} \cdot \text{m}] \quad \text{(4-35)}$$

그런데 식 (4-35)에 의하여

$$P = \frac{N}{N_s}P_2 \quad \text{(4-36)}$$

가 되므로

$$T = \frac{60}{2\pi} \frac{P_2}{N_s}[\text{N} \cdot \text{m}] \quad \cdots\cdots\cdots\cdots\cdots\cdots\cdots\cdots\cdots\cdots\cdots\cdots\cdots\cdots\cdots (4-37)$$

$$= \frac{60}{9.8 \times 2\pi} \frac{P_2}{N_s} = 0.975 \frac{P_2}{N_s}[\text{kg} \cdot \text{m}] \quad \cdots\cdots\cdots\cdots\cdots\cdots\cdots\cdots (4-38)$$

즉, 토크는 2차 입력에 정비례하고 동기속도에 반비례한다. 그런데 동기속도는 일정하므로 T와 P_2는 비례한다. 따라서 2차 입력 P_2로 토크 T를 표시할 수도 있다. 이렇게 표시한 토크를 동기와트로 표시한 토크라 하는데, 유도전동기의 토크는 동기와트(Synchronous Watt)로 표시하는 경우가 많다.

즉, 동기와트로 표시한 토크 P_2는

$$P_2 = 1.207 \times 동기속도 \times ([\text{kg} \cdot \text{m}]로 \ 표시한 \ 토크) \quad \cdots\cdots\cdots\cdots\cdots (4-39)$$

반대로 $[\text{kg} \cdot \text{m}]$로 표시한 토크 T는

$$T = (0.975 \times 동기와트로 \ 표시한 \ 토크) \div (동기속도) \quad \cdots\cdots\cdots\cdots\cdots\cdots (4-40)$$

예제 12 8극 60[Hz]의 유도전동기가 부하를 걸고 864[rpm]으로 회전할 때 54.134 $[\text{kg} \cdot \text{m}]$의 토크를 내고 있다. 이때의 동기와트[kW]는?

풀이 $N_s = \dfrac{120f}{p} = \dfrac{120 \times 60}{8} = 900[\text{rpm}]$

$T = 0.975 \dfrac{P}{N} = 0.975 \dfrac{P_2}{N_2}[\text{kg} \cdot \text{m}]$이므로

∴ $P_2 = 1.026 N_s T = 1.026 \times 900 \times 54.134 \times 10^{-3} = 49.99[\text{kW}]$

답 49.99[kW]

예제 13 출력 12[kW], 회전수 1,140[rpm]인 유동전동기의 동기와트는 약 몇 [kW]인가? (단, 동기속도는 N_s는 1,200[rpm]이다.)

풀이 동기와트
2차 입력으로서 토크를 표시하는 것을 말한다.
- 토크 : $T = \dfrac{60}{2\pi \cdot N} \cdot P_0 = \dfrac{60}{2\pi \times 1140} \times 12 = 0.1[\text{N} \cdot \text{m}]$
- 동기와트 : $P_2 = w_{s\,T} = 2\pi \dfrac{N_s}{60} \times T = 2\pi \times \dfrac{1,200}{60} \times 0.1 ≒ 12.6[\text{kW}]$

답 12.6[kW]

5 손실 및 효율

1) 손실

① **고정손** : 철손, 베어링 마찰손, 브러시 마찰손, 풍손
② **부하손** : 1차 권선의 저항손, 2차 회로의 저항손, 브러시 전기손
③ **표유부하손** : ①과 ② 외에 부하가 걸리면 측정하기 곤란한 약간의 손실이 도체 속과 철 안에 생긴다. 이것을 표유부하손이라 하며 효율을 계산하는 데 무시하는 것이 보통이다. 브러시 전기손은 브러시 전류와 브러시 전압강하의 곱으로 산정한다.
　㉠ 탄소질 브러시 또는 흑연질 브러시의 경우 : 슬립링 1개에 대하여 1.0[V]
　㉡ 금속 흑연질 브러시의 경우 : 슬립링 1개에 대하여 0.3[V]

2) 효율

효율 η는 다른 기기와 같이 다음 식으로 표시된다.

$$\eta = \frac{출력}{입력} \times 100 = \frac{입력 - 손실}{손실} \times 100[\%]$$

$$= \frac{P_0}{\sqrt{3}\, V_1 I_1 \cos\theta_1} \times 100[\%] \quad\cdots\cdots\cdots (4-41)$$

그런데 유도전동기의 효율은 표시하는 방법에 와트로 표시한 출력 P와 VA로 표시한 피상입력의 비를 가지고 피상효율(Apparent Efficiency)이라고 하는 경우도 있다. 또 실측효율과 규약효율이 있는 것도 다른 기기와 같으나 유도전동기의 효율은 원선도법에서 구해지는 규약효율을 사용하는 것이 보통이고 출력 P_0와 2차 입력 P_2의 비를 2차 효율(Secondary Efficiency)이라고도 한다. 2차 효율은 η_2라고 하면

$$\eta_2 = \frac{2차 출력}{2차 입력} \times 100 = \frac{P_0}{P_2} \times 100 = \frac{P_2(1-s)}{P_2} \times 100$$

$$= \frac{N}{N_s} \times 100 = (1-s) \times 100[\%] \quad\cdots\cdots\cdots (4-42)$$

3) 온도상승의 한도

전동기의 내부에 발생하는 손실은 열이 되므로 기계의 각 부분의 온도가 차차 높아져서 기기와 주위의 공기 사이에 온도 차, 즉 온도상승이 생기게 된다. 온도상승이 허용되는 한도는 주로 사용된 절연물의 종류나 온도의 측정방법에 따라서 다르고 그 한도는 별도 규정(KSC 4202)으로 정해져 있다.

03 　3상 유도전동기의 특성

유도전동기의 특성은 매우 중요하므로 다음과 같은 사항에 대하여 알아보기로 한다.
① 속도의 변화에 대해서 회전력, 전류, 역률 등은 어떻게 변화하는가?
② 부하의 변화에 대한 회전력, 전류, 역률 등의 변화
③ 2차 회로저항의 크기가 특성에 미치는 영향
④ 유도전동기의 특성을 나타내는 원선도의 원리와 그 사용법

1 속도특성

앞에서 배운 바와 같이, 유도전동기에서 슬립 s 는 매우 중요한 것임을 알았다. 즉, 1차 전류, 2차 전류, 회전력, 기계적 출력, 역률, 효율 등을 나타내는 식은 모두 슬립 s 의 함수로 표시된다. 1차 전압을 일정하게 유지하고 슬립 또는 속도에 대하여 이들의 변화하는 상태를 나타내는 곡선을 속도특성곡선(Speed Characteristic Curve)이라고 하고, [그림 4−17]은 이들의 관계를 나타낸 것이다.

1) 슬립과 전류의 관계

2차 전류 I_2 는 식 (4−12)에서 다음과 같다.

$$I_2 = \frac{s\,E_2}{\sqrt{r_2^2 + (s\,x_2)^2}} \quad\text{...} (4\text{-}43)$$

이 식에서, r_2 는 2차 권선의 저항으로 일반적으로 이 값은 매우 작다. 또 전동기가 기동하는 순간에는 그 속도가 매우 낮기 때문에 슬립은 거의 $s \fallingdotseq 1$ 이고 또 x_2 는 보통 r_2 에 비해서 매우 큰 값이기 때문에 $(s x_2)^2 \gg r_2^2$ 이다.

따라서 $(s x_2)^2$ 에 대해서 r_2^2 을 무시하면 $I_2 \fallingdotseq \dfrac{E_2}{x_2}$ 로 된다. 이와 같은 관계로부터 $s \fallingdotseq 1$ 부근에서는 I_2 는 s 에 관계없이 거의 일정하다고 생각하여도 무방하다. 다음에 $s \fallingdotseq 0$ 부근에서는 $(s x_2)^2$ 는 매우 작으므로 r_2^2 에 대하여 이것을 무시하면, $I_2 \fallingdotseq \dfrac{s\,E_2}{r_2}$ 로 되어, I_2 는 거의 s 에 비례하게 된다.

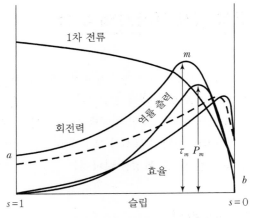

[그림 4-17] 속도특성곡선

1차 전류와 2차 전류 사이에는 $I_1' = \dfrac{I_2}{ua}$, $I_1 = I_0 + I_1'$ 라는 일정한 관계가 있으므로 s 와 I_1 의 관계는 s 와 I_2 의 관계와 거의 비슷하다. 따라서 s 에 대한 1차 전류의 곡선은, [그림 4-17]의 곡선 1과 같이, $s \fallingdotseq 0$ 부근에서는 s 에 비례하는 곡선이 되고, $s \fallingdotseq 1$ 부근에서는 s 에 거의 관계없는 직선이 된다.

2 출력특성

유도전동기에 기계적 부하를 가하였을 때, 그 출력에 의한 전류, 회전력, 속도, 효율 등의 변화를 나타내는 곡선을 출력특성곡선(Output Characteristic Curve)이라고 한다. [그림 4-18]은 한 예를 나타낸 것이다.

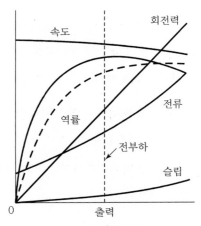

[그림 4-18] 출력특성곡선

③ 비례추이

1) 회전력의 비례추이

동기와트로 표시한 토크를 τ 라 하면 [그림 4−16]의 등가회로에서 $\tau = P_2 = m_1 (I_1')^2 \cdot \dfrac{r_2'}{s}$ 이므로 τ 는 $\dfrac{r_2'}{s}$ 에 따라 변화한다. 즉, τ 는 $\dfrac{r_2'}{s}$ 의 함수이다. 따라서 r_2' 가 변화한 경우 이에 비례해서 s 도 변화시키면 $\dfrac{r_2'}{s}$ 는 일정하게 유지되므로 τ 는 변하지 않는다. 여기서 각 상의 권선저항 r_2' 되는 권선형 회전자의 각 상에 활동환을 거쳐 저항을 접속하고 각상의 저항을 mr_2' 로 하였다면 ms_1 되는 슬립에 대하여는 $\dfrac{mr_2'}{ms_1} = \dfrac{r_2'}{s_1}$ 가 되므로 토크 τ 의 값은 변하지 않는다.

[그림 4−19]의 곡선 τ'' 는 이 관계를 표시하는 속도−토크곡선이다. 즉, 곡선 τ' 는 회전자 각 상의 저항이 r_2' 인 경우의 토크곡선인데, 슬립 s 일 때의 토크를 τ 라 하면 회전자 각 상의 저항을 mr_2' 로 한 경우에는 ms_1 되는 슬립에 대하여 같은 토크 τ 를 발생하는 것이 된다. 이 관계는 어떠한 점에서도 같게 되므로 이를 회전력의 비례추이(Proportional Shifting)라 한다.

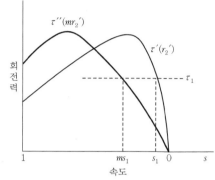

[그림 4−19] 회전력의 비례추이

예제 14 출력 22[kW], 8극 60[Hz]인 권선형 3상 유도전동기의 전부하 회전자가 855[rpm]이라고 한다. 같은 부하토크로 2차 저항 r_2 를 4배로 하면 회전속도[rpm]는?

풀이 $N_s = \dfrac{120 \times 60}{8} = 900[\text{rpm}]$, $s_1 = \dfrac{900 - 855}{900} = 0.05$

부하토크가 일정하므로 전동기의 발생토크도 같다. 따라서 r_2 를 4배로 하면 비례추이의 원리로 슬립 s_2 도 4배로 된다. 즉,

$\dfrac{r_2}{0.05} = \dfrac{4r_2}{s_2}$ $\therefore s_2 = 4s_1 = 4 \times 0.05 = 0.2$

$\therefore N_2 = (1 - s_2)N_s = (1 - 0.2) \times 900 = 720[\text{rpm}]$

답 720[rpm]

예제 15 다음 중 비례추이의 성질을 이용할 수 있는 전동기는 어느 것인가?

① 직권전동기 ② 단상 동기전동기
③ 권선형 유도전동기 ④ 농형 유도전동기

풀이 권선형 유도전동기
비례추이의 성질을 이용하여 기동토크를 크게 할 수 있고, 속도제어에도 이용할 수 있다.

답 ③

1 기동

1) 기동전류

기동 시에는 $s = 1$, 즉 회전자가 정지하고 있어 고정자에서 발생하는 회전자속은 동기속도로 회전자 권선을 끊게 되어 회전자 권선에는 큰 전류가 유기되므로 회전자에는 전부하전류의 5배 이상 되는 큰 전류가 흐르는 것이 보통이다.

이렇게 기동 시 전류가 많이 흐르는데도 불구하고 기동시키는 순간에는 2차 리액턴스가 커서 2차 역률이 나빠지므로 기동회전력은 적다.

따라서 기동전류를 제한하고 기동회전력을 크게 하기 위해 다음과 같은 여러 기동법을 쓴다.

2) 권선형 유도전동기의 기동법

권선형 전동기에서는 위의 두 가지 결점을 비례추이의 현상을 이용하면 한꺼번에 해결할 수가 있다. 즉, [그림 4-20]과 같이 활동환을 거쳐서 회전자에 기동저항(Starting Rheostat)을 연결한다. 우선 저항을 최대로 하고 개폐기 S를 닫고 전동기가 가속하는 데 따라 핸들을 반시계 방향으로 돌려 점차 저항을 줄이고 적당한 속도에 이르면 단락장치로 활동환 사이를 단락함과 동시에 브러시를 올리도록 한다.

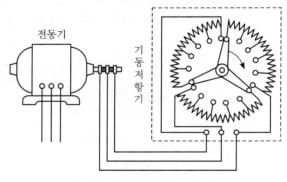

[그림 4-20] 권선형 기동기

3) 농형 유도전동기의 기동법

농형 전동기는 권선형과 같이 회전자에 저항을 넣을 수가 없으므로 기동전류를 제한하기 위하여 공급전압을 낮추어야 한다. 그런데 회전력은 공급전압의 제곱에 비례하므로 기동 회전력은 작아진다. 이것이 농형 전동기의 단점이며 무부하 또는 경부하가 아니면 기동이 안 된다. 따라서 농형은 일반적으로 소용량의 것이 많다.

① **전전압 기동** : 소용량의 농형 유도전동기에 정격전압을 가하면 정격전류의 4~6배에 이르는 기동전류가 흐르나 용량이 적으므로 전류가 적어 이에 견디도록 설계되어 있어 배전 계통에 미치는 영향도 적다. 이와 같이 전동기에 직접 정격전압을 공급하여 기동하는 방법을 전전압 기동 또는 직입 기동이라 한다.

5[kW] 이하의 소용량 또는 기동전류가 특히 적게 설계된 특수 농형 유도전동기는 중용량까지 전전압 기동을 한다.

② **Y−Δ 기동** : 고정자 3상 권선을 운전 시에는 Δ로 연결하고 기동 시에만 Y로 연결하면 1상 권선에 가해지는 전압은 기동 시 전전압의 $\frac{1}{\sqrt{3}}$, 즉 60[%] 정도가 된다. 이것을 Y−Δ 기동이라 한다. Y, Δ로 고정자 권선의 접속을 바꾸려면 [그림 4−21]과 같이 처음에 개폐기를 기동 측에 닫고 전 속도에 이르렀을 때 운전 측에 닫으면 된다. 이러한 경우 기동토크는 $\left(\frac{1}{\sqrt{3}}\right)^2 = \frac{1}{3}$이 되지만 기동전류는 전부하전류의 약 3배가 되어 전전압 기동전류의 $\frac{1}{2}$로 감소한다.

보통 10~15[kW] 정도까지 이 방법에 의하여 기동시킨다.

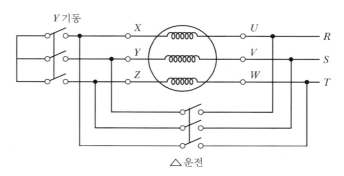

[그림 4−21] Y−Δ 기동회로

③ **기동보상기에 의한 기동** : 기동보상기(Starting Compensator)라 하는 단권변압기를 써서 공급 전압을 낮추어 기동시키는 방법이다. 보통 10~200[kW] 정도의 전동기를 이 방법으로 기동시킨다.

[그림 4−22]와 같이 고정자에 공급되는 전압을 전원전압의 $\frac{1}{2}$ 또는 $\frac{1}{3}$로 감소시킨다. 즉, 기동할 때는 개폐기를 기동 측에 닫고 가속시킨 다음에 운전 측으로 바꾼다. 기동보상기로 사용되는 단권변압기는 전전압의 50, 65, 80[%]의 탭을 가지고 있다.

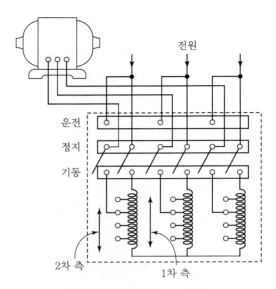

[그림 4-22] 기동보상기 회로

④ **리액터 기동** : 리액터 기동은 전원과 전동기 사이에 직렬리액터(공극이 있는 리액터)를 삽입하여 전동기 단자에 가해지는 전압을 떨어뜨리는 방법이다.

이것의 원리는 [그림 4-23]과 같이 전동기를 등가적으로 리액턴스 X_m[Ω]이라 생각하고, 전동기의 인가전압이 a배($a<1$)가 되도록 리액터를 선정하여 이 리액턴스를 X[Ω]이라 하면

$$\frac{X}{X_m} = \frac{1-a}{a}$$

가 된다.

전동기를 직입기동한 경우의 기동전류를 I라 하면 $I = \dfrac{V}{X_m}$(V는 전원전압)

리액터 기동의 경우 기동전류를 I'라 하면

$$I' = \frac{V}{X+X_m} = \frac{V}{X_m\left(\dfrac{1-a}{a}+1\right)} = \frac{V}{X_m\dfrac{1}{a}} = a \cdot \frac{V}{X_m} = aI$$

위 식에서 기동전류는 직입기동의 a배, 토크는 a^2배가 된다. 이 기동방법으로 하면 가속하여 전동기의 임피던스가 증대될 경우 전동기의 분담전압이 증가하므로 부하토크의 증대에 어느 정도 대응할 수 있다. 절환개폐기는 리액터 단락용 1개뿐이므로 기동보상기에 비하여 설비비가 적게 들지만 $\dfrac{기동토크}{기동전류}$가 떨어진다.

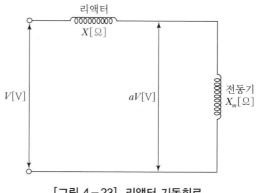

[그림 4-23] 리액터 기동회로

16 농형 유도전동기의 기동법이 아닌 것은?

① 기동보상기에 의한 기동법　　　② 2차 저항기법
③ 리액터 기동법　　　　　　　　④ Y-Δ 기동법

풀이　2차 저항법은 권선형 유도전동기의 기동법에 속한다.

답 ②

② 전기제동

운전 중인 유도전동기의 정지 시 시간을 단축시키거나 크레인 등으로 중량물을 내리는 경우 또는 언덕길을 내려가는 전기기관차의 경우에 위험한 고속도가 되는 것을 방지하기 위한 것을 제동이라 하며, 이는 기계적인 제동법과 전기적인 제동법이 있다. 여기서는 전동기 자체를 사용하는 제동법에 대해 설명하기로 한다.

1) 회생제동

이 제동법은 크레인이나 언덕길에서 운전되는 전기기관차 등에 사용되며, 유도전동기를 전원에 연결시킨 상태로 동기속도 이상의 속도에서 운전시켜 유도발전기로 동작시켜($S<0$) 제동하며 발생전력을 전원에 반환하는 방법이다.
이 방법은 기계적인 마찰로 인한 마모나 발열이 없고 전력을 회수할 수 있어 유리하다.

2) 발전제동

1차 권선을 전원에서 분리하여 직류전압을 공급하면 1차 권선은 고정된 자극이 됨으로써 회전전기자형 교류발전기가 되어 회전자가 가지고 있는 운동에너지를 전기에너지로 변환시켜 제동하는 방법으로 발생전력은 외부의 저항기에서 열로 방산되게 한다. 농형 유도전동기의 경우에는 발생전력을 외부로 통할 수 없어 주로 회전자 내에서 열로 변하므로 회전자가 과열되어 장시간의 제동에는 견딜 수 없는 단점이 있다.

3) 역상제동

3상 유도전동기를 운전 중 급히 정지시킬 경우 1차 측 3선 중 2선을 바꾸어 접속해서 회전자의 방향을 반대로 하면 유도전동기는 그 순간에 강력한 유도제동기가 된다. 이것을 역상제동이라고 한다. 이 방법은 전동기가 급속히 감속하기 때문에 정지하기 직전에 전원을 차단하여야 한다. 농형 회전자는 2차 회로에서 과열할 염려가 있고, 권선형 회전자는 2차 회로에 큰 저항을 넣어 비례추이의 원리에 따라 제동토크를 크게 할 수 있을 뿐만 아니라 전류를 제한할 수 있는 이점이 있다.

4) 단상제동

3상 유도전동기의 3상 중 두 상의 선을 합하고 나머지 한 상과 단상교류를 공급하면 유도전동기는 단상전동기가 되어 자계는 공간에 고정된 교번자계로 된다. 이 교번자계는 1/2의 세기를 가지고 반대 방향의 동기속도로 회전하는 두 개의 회전자계로 [그림 4-24]와 같이 분리될 수 있다. 만약 회전자 회로의 저항이 작다고 가정할 때, 두 개의 회전자계에 의한 토크 τ_a와 τ_b가 각각 그림에 표기되어 있다. 회전자가 부하의 회전을 위하여 a방향으로 회전하고 있다고 하면 τ_a는 전동기 토크를 발생하는 반면 τ_b는 제동토크를 발생한다. 그림으로부터 전동기 토크는 이에 반대되는 제동토크에 비하여 크기 때문에 결과적으로는 τ_{total}이 양의 값을 갖는 단상전동기로 역할을 하게 된다.

추가적으로 회전자 저항을 적당한 크기로 증가시킨 $\tau_a{}'$와 $\tau_b{}'$의 경우에는 제동토크가 전동기 토크보다 커져서, 즉 $\tau_a{}' < \tau_b{}'$가 되어 전동기는 $\tau{}'_{total}$이 음이 되는 제동기로 역할을 하게 된다. 이와 같은 성향을 이용하여 제동을 하는 것을 단상제동이라고 한다.

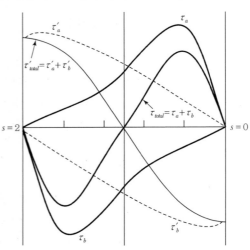

[그림 4-24] 단상제동의 속도-토크특성곡선

예제 17 유도전동기의 제동법이 아닌 것은?

① 3상 제동   ② 발전제동
③ 회생제동   ④ 역상제동

풀이 유도전동기의 제동법
발전제동, 회생제동, 역상제동, 단상제동

답 ①

05 　3상 유도전동기의 속도제어

1 속도제어의 방법

유도전동기의 속도는

$$N = (1-s)N_s, \ N_s = \frac{120f}{P}$$

라는 식으로 표시된다. 그러므로 속도를 제어하려면 ① 슬립, ② 주파수, ③ 극수, 이 3가지 중에서 어느 하나를 바꾸면 된다.

2 2차 저항을 가감하는 방법

이것은 토크의 비례추이를 이용한 것으로 2차 회로에 저항을 넣어서 같은 토크에 대한 슬립 s 를 바꾸는 방법이다. 이 방법은 매우 간단하지만 2차 동손이 증가하고 효율이 나빠지는 결점이 있다. 속도를 낮추는 시간이 짧은 경우, 예컨대 기중기, 권상기, 승강기 등에 주로 사용되는데, 속도제어용 저항기를 기동용으로도 겸용할 수 있다.

또 물 저항기를 써서 그 극판을 전동기로 자동적으로 상하시켜 부하 변화에 따라 슬립을 바꾸게 한 것은 압연기용 전동기 등에 사용한다. 이것을 슬립조정기(Slip Regulator)라 한다.

3 주파수를 바꾸는 방법

전원주파수를 바꾸는 방법이며 일반적으로 사용할 수는 없다. 예를 들면, 선박추진용에는 독립된 발전기가 붙어 있으므로 이것이 가능하다. 또 인견공장의 포트 모터(Pot Motor)도 독립된 주파수변환기를 전원으로 가지고 있으므로 이 방법을 쓸 수 있다.

근래에 와서는 3상 교류를 우선 정류기로 정류하여 직류를 얻은 다음 이것을 SCR인버터로 변류하여 임의의 주파수의 교류를 얻어서 이것을 이용하는 방법도 적용되고 있다.

예제 18 다음 중 유도전동기의 속도제어에 사용되는 인버터 장치의 약호는?

① CVCF　　　　② VVVF　　　　③ CVVF　　　　④ VVCF

풀이 • CVCF(Constant Voltage Constant Frequency) : 일정 전압, 일정 주파수가 발생하는 교류전원 장치

• VVVF(Variable Voltage Variable Frequency) : 가변 전압, 가변 주파수가 발생하는 교류전원 장치로서 주파수 제어에 의한 유도전동기 속도제어에 많이 사용된다.

답 ②

---

4 극수를 바꾸는 방법

[그림 4-25] (a)와 같이 극수가 다른 2상의 권선을 같은 슬롯에 넣는 방법과, 그림 (b)와 같이 권선의 접속을 바꾸어서 극수를 바꾸는 방법 2가지가 있다. 그림 (a), (b) 2가지를 함께 되게 하면 4단으로 속도를 바꿀 수 있다. 권선형의 경우에는 고정자 권선의 접속을 바꾸는 동시에 회전자의 극수도 바꾸어야 하므로 매우 복잡해진다. 그러나 농형 전동기에서는 회전자의 극수와 고정자의 극수를 같게 하지 않아도 되므로 이 방법은 농형 전동기에 국한된다.

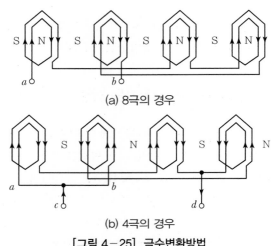

(a) 8극의 경우

(b) 4극의 경우

[그림 4-25] 극수변환방법

5 2차 여자제어법

2차 여자제어법은 2차 저항제어법과 같이 권선형 전동기에 한하여 이용되고 있다. 따라서 2차 저항제어법과 다른 점은 2차 측에 저항을 넣는 대신에 그 2차 저항에 의해서 생기는 전압강하분의 전압($\dot{E}_c$)을 2차 측의 외부회로에서 슬립링을 통하여 공급하는 방법이다.

예를 들면, 회전자 권선에 2차 기전력 $s\dot{E}_2$와 같은 주파수의 전압 $\dot{E}_c$를 2차 기전력과 반대 방향으로 가해 주면 2차 전류 $\dot{I}_2$는($s\,x_2 \fallingdotseq 0$, $\theta_2 = 0$라 하면)

$$\dot{I}_2 \fallingdotseq \frac{s\dot{E}_2 - \dot{E}_c}{r_2} \quad \cdots\cdots\cdots\cdots\cdots\cdots\cdots\cdots\cdots\cdots\cdots\cdots\cdots\cdots\cdots\cdots\cdots\cdots\cdots (4-44)$$

그런데 유도전동기의 토크(동기와트)는

$$\tau = P_2 = \dot{E}_2\,\dot{I}_2\cos\theta_2 \quad \cdots\cdots\cdots\cdots\cdots\cdots\cdots\cdots\cdots\cdots\cdots\cdots\cdots\cdots\cdots\cdots (4-45)$$

이며 1차 전압 $\dot{V}_1$ 이 일정하면 $\dot{E}_2$ 도 일정하게 되고 $\cos\theta_2 = 1$ 이라 하였으므로 P_2, 즉 토크는 $\dot{I}_2$ 에 비례한다.

따라서 부하토크가 일정하면 $\dot{I}_2$ 도 일정하고 위의 식에서 $(s\dot{E}_2 - \dot{E}_c)$ 도 일정해야 한다. 따라서 $\dot{E}_c$ 를 크게 하면 $s\dot{E}_2$, 즉 s 가 증가하여 속도는 낮아진다.

또 $\dot{E}_c$ 를 $s\dot{E}_2$ 와 같은 방향으로 가해주면

$$\dot{I}_2 \fallingdotseq \frac{s\dot{E}_2 + \dot{E}_c}{r_2}$$

가 되어 $\dot{E}_c$ 를 크게 하면 $s\dot{E}_2$, 즉 s 는 부$(-)$가 되어 전동기는 동기속도 이상으로 된다. 이와 같이 2차 유기전압과 동상 또는 반대위상의 외부전압을 2차 회로에 가해주면 전동기의 속도를 자유자재로 동기속도보다 낮게 하거나 높게 할 수 있다.

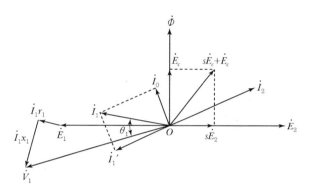

[그림 4-26] 2차 여자제어법(1)

다음에 $\dot{E}_2$ 보다 $90°$ 앞선 위상의 기전력 $\dot{E}_c$ 를 2차 권선에 공급하면 이때의 전압, 전류의 관계는 [그림 4-26]과 같아져 1차 공급전압 $\dot{V}_1$ 과 1차 전류 $\dot{I}_1$ 사이의 위상각 θ_1 은 작아지므로 역률이 개선된다. 이렇게 되는 것은 ϕ 를 생기게 하는 데 필요한 여자전류 $\dot{I}_0$ 의 일부를 $\dot{E}_c$ 가 보충해 주기 때문이며, 1차 무효전류가 감소하므로 역률이 좋아지는 것이다.

그러므로 [그림 4-27]과 같이 임의의 위상 ϕ 의 전압 $\dot{E}_c$ 를 가하면 $\dot{E}_c\cos\phi$ 는 2차 유기전압과 $90°$ 의 상차를 가지는 전압이므로 역률을 개선하고, $\dot{E}_c\sin\phi$ 의 전압은 속도제어에 도움을 준다.

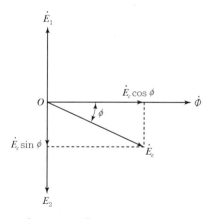

[그림 4-27] 2차 여자제어법(2)

06 단상 유도전동기

1 분상 기동형

분상 기동형 단상 유도기(Sprit Phase Start Single-phase Induction Motor)는 [그림 4 – 28]
(a)와 같이, 고정자 철심에 감은 주권선(운전권선 : Running Winding) M과 전기적으로
$\pi/2$ 위상차가 있는 위치에 감은 보조권선(기동권선 : Starting Winding) A로 이루어
진다. A는 M과 병렬로 전원에 접속되고, M보다 가는 선을 써서 권수는 적으나 권선
의 저항은 크게 한다.

이와 같은 권선에 단상전압 V_1을 가하면 리액턴스가 큰 M에는 단자전압 V_1 보다 위상
이 상당히 뒤진 전류 I_M이 흐르지만, 권선 A의 회로에는 리액턴스가 작고 저항이 크기
때문에 전류 I_A 의 V_1에 대한 위상차는 I_M보다 작다. 따라서 그림 (b)와 같이 I_M과 I_A
사이에는 α 만큼의 위상차가 생겨서, 타원형의 회전자계가 발생하므로 기동회전력이
생기게 된다.

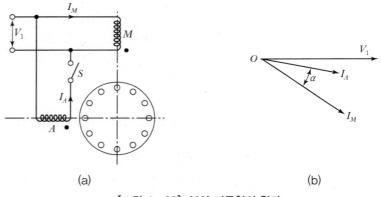

[그림 4-28] 분상 기동형의 원리

그리하여 동기속도 $60{\sim}80[\%]$ 정도에 이르면 원심개폐기(Centrifugal Switch) S를 사용
해서 권선 A의 회로를 자동적으로 개방하여 손실을 적게 한다.

① **역회전** : 회전 방향을 반대로 하기 위해서는 주권선과 보조권선 중 어느 한 권선을
   전원에 대하여 반대로 접속하면 된다.

② **특징과 용도** : 단상 유도전동기의 대표격이었으나, 기동전류가 크고, 기동회전력이
   작으며, 기동권선을 개방하는 원심개폐기가 기계적 약점이 되기 쉬워 콘덴서전동기
   의 발달에 따라 그 이용도가 감소되어 가고 있다. 그러나 구조가 간단하고 비교적 값
   이 싸므로, 기동회전력이 크지 않아도 되는 소출력에 널리 사용된다.

2 콘덴서 기동형

콘덴서 전동기(Condenser Motor, Capacitor Motor)는 리액턴스 분상의 한 종류로서 보조권선 A와 직렬로 콘덴서를 접속하여 단상 전원으로 기동 또는 운전을 하는 유도전동기를 말한다. 콘덴서의 사용방법에 따라 [그림 4 – 29]와 같이 3종류로 분류된다.

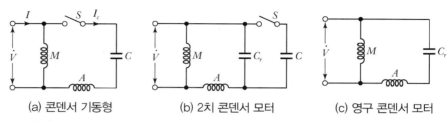

(a) 콘덴서 기동형   (b) 2치 콘덴서 모터   (c) 영구 콘덴서 모터

M : 주권선, A : 보조권선, C : 기동용 콘덴서, C_r : 운전용 콘덴서, S : 원심력 개폐기

[그림 4 – 29] 콘덴서 전동기의 종류

① 콘덴서 기동형 단상 유도전동기(Condenser Start Type Single Phase Induction Motor)
분상 기동형의 일종으로 [그림 4 – 29] (a)와 같이, 보조권선 A에 콘덴서를 접속해서 기동하며 기동이 끝나면 원심 개폐기 S로 보조권선을 분리한다.

콘덴서를 분상에 사용하면 보조권선 A의 전류 I_A는 단자전압 V_1보다 위상이 앞서고, 주권선 M의 전류 I_M은 V_1보다 위상이 뒤지므로 I_A와 I_M 사이에는 위상차 α가 생기게 된다. 이 α는 C의 선택에 따라 저항과 리액턴스에 의한 분상 기동형보다 월등히 크고 거의 $\pi/2$에 가깝게 할 수 있다. 따라서 회전자계는 더욱 원형에 가깝게 되고 기동특성이 개선되어 200~300[%]의 기동회전력을 얻을 수 있다. 이에 필요한 콘덴서의 용량은 [표 4 – 1]과 같다. 일반적으로 보조권선의 권수는 주권선의 1.2~1.8배 정도로 한다.

콘덴서 기동형 단상 유도전동기는 기동전류가 비교적 작고 기동회전력이 크므로 소형펌프, 송풍기, 소형 공작기계, 공기 압축기 등에 널리 사용된다.

[표 4 – 1] 기동용 콘덴서의 용량

전동기 출력[W]	100	200	400	750
콘덴서 용량[μF]	80	150	250	400

② 2차 콘덴서 전동기
[그림 4 – 29] (b)와 같이 기동용 콘덴서 C 외에 운전 중에도 사용하는 콘덴서 C_r을 접속한 것으로 기동이 끝나면 C만을 개방하고, 보조권선 A와 C_r은 전동기의 역률개선에 도움을 준다. 기동 시에 가장 적당한 콘덴서의 용량은 운전 시에 가장 적당한 콘덴서 용량의 5~6배 정도가 된다. 기동회전력이 크고, 운전 시의 역률도 좋다.

③ 영구 콘덴서 전동기

[그림 4-29] (c)와 같이 일정한 값의 콘덴서를 항상 접속해 놓은 것으로 기동회전력이 작고, 또 운전 시의 특성이 뛰어나다고는 할 수 없으나 기계적인 약점이라고 할 수 있는 원심력 개폐기가 필요하지 않고 가격도 싸므로 그다지 큰 기동회전력이 요구되지 않는 선풍기, 전기냉장고, 전기세탁기 등에 널리 사용된다. 기동회전력은 20 ~100[%] 정도이다.

④ 콘덴서 전동기의 특징

콘덴서 전동기는 역률이 매우 좋고, 효율도 다른 단상전동기보다 좋다. 일반적으로 단상 유도전동기는 회전력의 순시값이 맥동하기 때문에 진동소음이 발생하기 쉬우나, 콘덴서 전동기는 주권선과 보조권선에 의해서 원형에 가까운 회전자계가 발생하므로 회전력의 맥동이 적고 소음도 적으며 운전상태가 좋다.

현재는 교류용 전해 콘덴서가 발달하여 소형으로도 정전용량이 큰 것을 쉽게 얻을 수 있기 때문에 기동회전력이 큰 콘덴서 전동기가 널리 사용된다.

3 반발 기동형

이 전동기의 회전자는 [그림 4-30]과 같이 직류전동기의 전기자와 같은 권선 및 정류자로 되어 있다. 그리고 전기각이 180° 떨어져서 정류자와 접촉하고 있는 2개의 브러시를 굵은 도선으로 단락하고 고정자 권선에 단상전압을 공급하면 반발전동기가 되므로 기동할 수 있다.

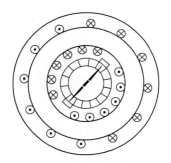

[그림 4-30] 반발 기동형 전동기

동기속도의 70 < 80[%] 정도의 속도가 되면 원심력에 의하여 자동적으로 단락편이 이동하여 모든 정류자편을 단락하도록 한다.

정류자편이 단락되면 농형 회전자가 되어 단상 유도전동기로 운전하게 된다.

[그림 4-31]의 R과 I는 각각 반발전동기와 유도기의 회전력-속도곡선으로 동기속도의 약 3/4인 속도에서, 곡선 R로부터 I로 특성이 옮겨지는 것을 나타내고 있다. 그림에서 곡선 C는 콘덴서 기동인 경우의 회전력-속도곡선이다.

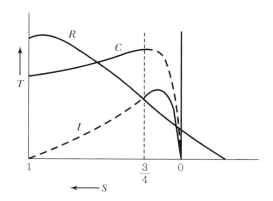

[그림 4−31] 반발전동기와 단상전동기의 회전력−속도곡선

이 전동기의 결점으로는 기동 시, 정류자의 불꽃(Spark)으로 라디오에 장해를 주며, 단락장치에 고장이 일어나기 쉬운 점이 있다.

4 반발 유도전동기

반발 유도전동기(Repulsion Induction Motor)는 [그림 4−32]와 같이 회전자에 상하 2층으로 권선이 설치되어 있다. 상부권선은 정류자에 접속된 반발전동기의 회전자 권선이 되고, 두 개의 브러시는 외부에서 단락된다. 하부권선은 농형 권선의 구조로 되어 있어서 두 권선은 2중 농형 전동기와 같이 동작한다. 즉, 기동 시에는 상부의 정류자 권선에 주로 작용하기 때문에 반발전동기로서 큰 기동회전력을 발생시킬 수 있다.

반발 기동형과 비교하면 기동회전력은 반발 유도형이 적지만, 최대 회전력은 크고 부하에 의한 속도의 변화는 반발 기동형보다 크다. 운전 시에도 두 권선이 동작하고 있으므로 효율은 좋지 않지만, 역률은 좋다. 농형 권선이 제동작용을 하기 때문에 전류가 많고, 슬립이 적은 무부하상태에도 전부하전류에 가까운 전류가 흐른다.

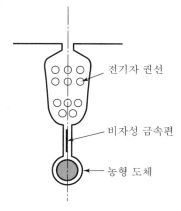

[그림 4−32] 반발 유도전동기의 회전자 슬롯 단면

5 셰이딩 코일형

셰이딩 코일형 단상 유도전동기(Shading Coil Type Single Phase Induction Motor)는 [그림 4-33]과 같이 돌극형 자극의 고정자와 농형 회전자로 구성된 전동기이다. 자극에 홈을 파고, 고저항의 단락된 셰이딩 코일(Shading Coil) SC를 끼워 넣는다.

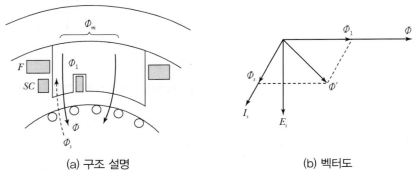

| (a) 구조 설명 | (b) 벡터도 |

[그림 4-33] 셰이딩 코일형 단상 유도전동기

계자 권선 F에 흐르는 전류로 생긴 자속 Φ_m은 자극면적에 따라 Φ와 Φ_1으로 나누어지며 자속 Φ는 그대로 회전자에 도달하나, 자속 Φ_1은 셰이딩 코일과 쇄교하므로, SC에 Φ_1보다 $90°$ 위상이 늦은 전압 E_s를 유기한다.

따라서 이 전압에 의하여 SC 내에 단락전류 I_s가 흐르고 I_s에 의하여 자속 Φ_s가 발생하므로 SC를 통하는 자속은 Φ_1과 Φ_s를 합성한 Φ'로 되어 Φ와 위상을 달리 한다.

Φ', Φ는 이동자계(Shifting Field)를 형성하여, 회전자에 전류를 흘리고 자계의 이동방향으로 회전력이 발생한다.

이 전동기는 구조가 간단하나 기동회전력이 매우 작고 또 운전 중에도 셰이딩 코일에 전류가 흐르기 때문에 효율과 역률이 떨어지며 이 형에서는 회전 방향을 바꿀 수 없는 큰 결점이 있다.

용도로서는 천정 선풍기(Ceiling Fan)와 같이 회전수가 적은, 즉 극수가 많은 것에 유리하다. 셰이딩 코일의 동손은 크고, 같은 출력의 콘덴서 전동기에 비하여 입력은 2배 정도가 된다.

예제 19 단상 유도전동기에 보조 권선을 사용하는 주된 이유는?

① 역률개선을 한다.　　　　　　② 회전자장을 얻는다.
③ 속도제어를 한다.　　　　　　④ 기동전류를 줄인다.

풀이 단상 유도전동기는 주 권선(운전권선)과 보조 권선(기동권선)으로 구성되어 있으며, 보조 권선은 기동 시 회전자장을 발생시킨다.

답 ②

예제 20 그림과 같은 분상 기동형 단상 유도전동기를 역회전시키기 위한 방법이 아닌 것은?

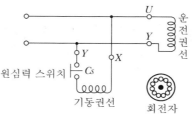

① 원심력 스위치를 개로 또는 폐로한다.
② 기동권선이나 운전권선의 어느 한 권선의 단자접속을 반대로 한다.
③ 기동권선의 단자접속을 반대로 한다.
④ 운전권선의 단자접속을 반대로 한다.

풀이 회전 방향을 바꾸려면, 운전권선이나 기동권선 중 어느 한쪽의 접속을 반대로 하면 된다.

답 ①

예제 21 역률과 효율이 좋아서 가정용 선풍기, 전기세탁기, 냉장고 등에 주로 사용되는 것은?

① 분상 기동형 전동기　　　　② 콘덴서 기동형 전동기
③ 반발 기동형 전동기　　　　④ 셰이딩 코일형 전동기

풀이 콘덴서 기동형
다른 단상 유도전동기에 비해 역률과 효율이 좋다.

답 ②

예제 22 단상 유도전동기의 반발 기동형(A), 콘덴서 기동형(B), 분상 기동형(C), 셰이딩 코일형(D)일 때 기동토크가 큰 순서는?

① A−B−C−D　　　　② A−D−B−C
③ A−C−D−B　　　　④ A−B−D−C

풀이 기동토크가 큰 순서
반발 기동형 → 콘덴서 기동형 → 분상 기동형 → 셰이딩 코일형

답 ①

CHAPTER 05 정류기 및 제어기기

01 정류회로

1 다이오드

반도체는 도체와 절연체의 중간 성질을 갖는 원자로서 각종 재료별 고유 저항값 크기를 순서대로 배열하면 [그림 5-1]과 같다. 반도체는 $10^{-4} \sim 10^4 [\Omega \cdot m]$의 범위를 가지고 있다. 대표적인 것으로는 실리콘(Si), 게르마늄(Ge), 셀렌(Se), 산화동(Cu_2O) 등이 있다.

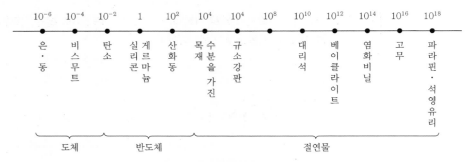

[그림 5-1] 각종 재료의 고유 저항값

실리콘과 게르마늄 원자의 특징은 파울리의 배타 원리에 의해서 중심에서 n번째 궤도에는 $2n^2$개 이상의 전가가 들어갈 수 없기 때문에 [그림 5-2]의 (a) 실리콘은 2-8-4의 전자 배열이고 (b) 게르마늄은 2-8-18-4 배열이 되어 외각에 4개의 가전자를 가진다.

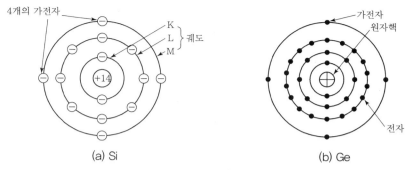

(a) Si   (b) Ge

[그림 5-2] Si와 Ge의 원자 구조

이때에 이들 4가의 원자들은 [그림 5-3]과 같이 각 원자는 최외각의 전자개를 서로 이웃하는 원자들이 공유 결합을 하고 있어 마치 외각 전자가 8개인 것처럼 안정하게 존재하고 있다. 이러한 4가의 순수 반도체를 진성 반도체라 한다.

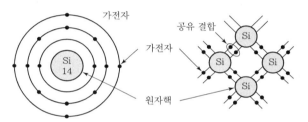

[그림 5-3] 공유 결합의 전자 배열

진성 반도체에 3가 또는 5가의 원자를 약간 섞어 만든 것을 불순물 반도체라 하며, P형 반도체와 N형 반도체가 있다.

P형 반도체는 4가의 실리콘 원자에 3가의 원자인 인듐(In), 알루미늄(Al), 갈륨(Ga) 등을 약간 첨가하면 [그림 5-4]와 같이 원자 간 공유결합을 해서 전자 1개의 공석이 되며, 이 공석을 정공(Positive)이라 한다. 결정 중에서 공석이 생기면 옆에 있는 전자가 이곳을 채워 정공이 이동하는 현상이 일어난다. 이러한 반도체를 P형 반도체라 하고 진성 반도체보다 도전성을 더 띠게 된다. 그리고 첨가된 3가의 원자를 억셉터(Accepter)라 한다.

N형 반도체는 4가의 실리콘 원자에 5가의 원자인 인(P), 안티몬(Sb), 금(Au) 등을 약간 첨가하면 [그림 5-5]와 같이 원자 간 공유결합을 해서 전자 1개의 전자가 남게 된다.

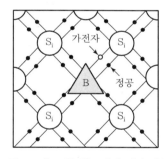

[그림 5-4] P형 반도체의 전자 배열

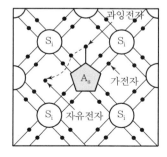

[그림 5-5] N형 반도체의 전자 배열

이렇게 남게 되는 1개의 전자는 다른 궤도의 전자보다 불순물 원자에 가볍게 구속되어 있으므로 낮은 전계(−)를 가해도 전하가 되어 쉽게 이동하게 되는 반도체이다. 여기에 첨가된 5가의 원자를 도너(Donor)라 한다.

P형과 N형 반도체를 접합시키고 P형에 (+), N형에 (−)의 순방향 전압을 가하면 P형의 정공은 (+)전극에 반발되고, (−)전극에 흡인되어 N형 쪽으로 이동하고, N형 전자는 (−)전극에 반발하고 (+)전극에 흡인되어 P형 쪽으로 이동한다. 이때 전자와 정공의 이동으로 P형에서 N형 방향으로 전류가 흐르게 된다. 역방향 전압을 가하면 전류는 거의 흐르지 않게 된다. 이와 같이, PN접합에서 순방향일 때에만 전류를 흐르게 하는 현상을 정류작용이라고 하며, 이 성질을 이용한 반도체소자가 다이오드이다.

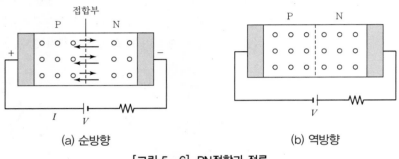

(a) 순방향   (b) 역방향

[그림 5−6] PN접합과 정류

다이오드는 [그림 5−7] (a)와 같이 PN접합 반도체로 기호로는 [그림 5−7] (b)와 같이 표시한다. 다이오드의 전압 전류 특성은 [그림 5−7] (c)와 같으며 순방향 전압에서는 전류가 잘 통하지만 역방향 전압에서는 전류가 거의 흐르지 않는다.

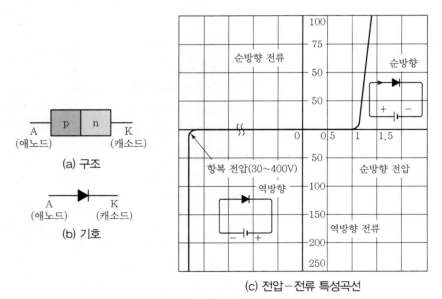

(c) 전압−전류 특성곡선

[그림 5−7] 다이오드

예제 01 PN접합 정류소자의 설명 중 틀린 것은?(단, 실리콘 정류소자인 경우이다.)

① 온도가 높아지면 순방향 및 역방향 전류가 모두 감소한다.
② 순방향 전압은 P형에 (＋), N형에 (－) 전압을 가함을 말한다.
③ 정류비가 클수록 정류특성이 좋다.
④ 역방향 전압에서는 극히 작은 전류만이 흐른다.

풀이 소자의 온도를 높이면 순방향의 전류와 역방향의 전류가 모두 증가하게 된다.

🔲 ①

② 단상 정류회로

1) 단상 반파 정류회로

[그림 5−8]과 같이 교류전원과 부하저항 사이에 다이오드를 접속한 회로를 단상 반파 정류회로라고 한다.

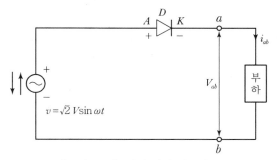

[그림 5−8] 단상 반파 정류회로

먼저 저항(R)부하를 사용하였을 경우 동작파형은[그림 5−9] (a)와 같이 되며 전원전압 V가 정(＋)으로 하면 이때에 다이오드는 전류가 흐를 수 없고 전원과 분리되므로 전원 전압의 정(＋) 방향 그 자체가 부하전압 V_{ab}로 나타낸다. 이때의 평균전압 V_{ab}를 계산하면

$$V_{ab} = \frac{1}{2\pi} \int_0^\pi \sqrt{2}\, V \sin\theta \, d\theta = \frac{\sqrt{2}\, V}{2\pi} \left[-\cos\theta \right]_0^\pi$$

$$= \frac{\sqrt{2}\, V}{2\pi} \cdot V = 0.45\, V[\mathrm{V}] \quad \text{.......................................} \quad (5-1)$$

으로 된다. 이때 부하에 흐르는 직류전류 i_{ab}의 파형은 저항부하이기 때문에 V_{ab}의 파형과 같고, 이것의 평균전류 I_{ab}는 다음과 같이 표시된다.

$$I_{ab} = \frac{V_{ab}}{R} = \frac{\sqrt{2}\,V}{\pi R} = \frac{V_m}{\pi R} = \frac{I_m}{\pi} \quad \text{.. (5-2)}$$

여기서, V_m : 교류전압의 최댓값, I_m : 교류전류의 최댓값

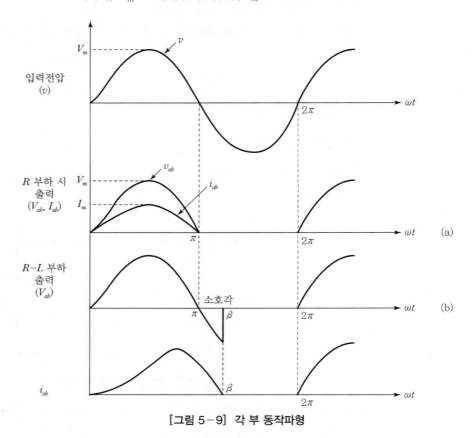

[그림 5-9] 각 부 동작파형

예제 **02** 교류 220[V] 정류기 전압강하가 10[V]인 단상 반파 정류회로의 저항부하 직류전압은?

풀이 단상 반파 출력전압식이 $V_o = 0.45\,V$이므로
$V_o = 0.45 \times 220 - 10 = 89[\text{V}]$이다.

답 89[V]

예제 **03** 단상 정류로 직류전압 100[V]를 얻으려면 반파 정류의 경우에 변압기의 2차 권선 상전압 V_s를 얼마로 하여야 하는가?

풀이 단상 반파 출력전압식이 $V_o = 0.45\,V$이므로
$100 = 0.45 \times V$에서 $V = 222.22[\text{V}]$가 된다.

답 222.22[V]

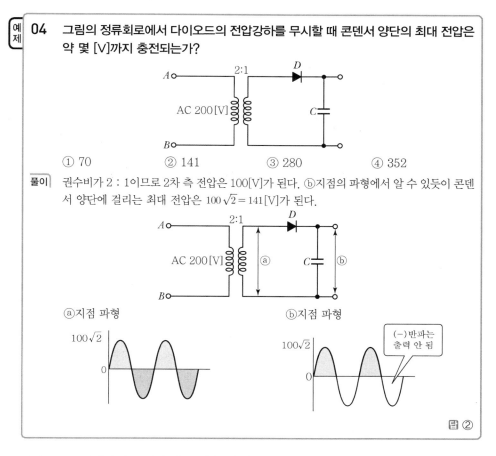

예제 **04** 그림의 정류회로에서 다이오드의 전압강하를 무시할 때 콘덴서 양단의 최대 전압은 약 몇 [V]까지 충전되는가?

① 70   ② 141   ③ 280   ④ 352

풀이 권수비가 2 : 1이므로 2차 측 전압은 100[V]가 된다. ⓑ지점의 파형에서 알 수 있듯이 콘덴서 양단에 걸리는 최대 전압은 $100\sqrt{2} = 141$[V]가 된다.

답 ②

다음 R − L 직렬부하를 사용하는 경우 전원전압이 정(+)으로 다이오드 D가 전류를 흘리는 점은 앞과 동일하나 인덕턴스 자기유도작용 때문에 순저항 시 전류 정도로 급격하게 증가하지 않는다. [그림 5−9] (b)에 나타낸 바와 같이 약간 찌그러진 모양으로 흐르기 시작한다. 그리고 후반에서는 역시 자기유도작용으로 인하여 감소비율이 완만하게 되므로 결과로서 전류 $\theta = \beta$까지 흐르게 된다. $\theta = \beta$에 전류가 도중에 끊어지면 다음에 전원전압이 정(+)이 될 때까지 부하전류는 흐르지 않는다. 이 β를 소호각이라 부른다. 부하전압 V_{ab}는 다이오드가 전류를 흐르고 있는 한에는 전원전압과 같으므로 [그림 5−9] (b)에 나타내는 바와 같이 정(+)의 부분과 부(−)의 부분이 나타난다. 여기서 평균부하전압 V_{ab}를 계산하면

$$V_{ab} = \frac{1}{2\pi} \int_0^\beta \sqrt{2}\, V \sin\theta \, d\theta = \frac{\sqrt{2}\, V}{2\pi} [-\cos\theta]_0^\beta$$

$$= \frac{\sqrt{2}\, V}{2\pi} [-\cos\beta + \cos 0°]$$

$$= \frac{\sqrt{2}\,V}{\pi} \cdot \frac{1 - \cos\beta}{2}$$

$$= 0.45\,V \cdot \frac{1 - \cos\beta}{2}\,[\mathrm{V}] \quad \text{..} \quad (5\text{--}3)$$

이 얻어진다. 즉, 평균부하전압은 일정하지 않고 소호각 β의 함수가 되며, β는 인덕턴스의 크기를 일정하게 하고 저항(r)을 감소시키면 증가하게 된다.

2) 환류 다이오드(Free Wheeling Diode)의 작용

[그림 5-10]과 같이 부하에 병렬로 다이오드를 연결한 것을 환류 다이오드라 한다.

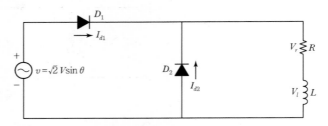

[그림 5-10] 환류 다이오드회로

이 회로에서는 v의 정(+)의 반주기 동안은 D_1 =ON되고 이로써 D_2의 캐소우드 측 전압이 애노우드 측 전압보다 높으므로 D_2 =OFF된다. 부(-)의 반주기 동안은 D_1 =OFF되어 D_2의 애노우드 측 전압이 높으므로 D_2 =ON된다. 이때의 평균전압은 다음과 같다.

$$E_D = 0.45\,V\,[\mathrm{V}] \quad \text{..} \quad (5\text{--}4)$$

일반적으로 단상 반파 정류회로에서 L을 크게 하면 평균전압이 감소하고 전류도 감소한다. 유도부하에서 환류 다이오드를 사용하는데, 이를 잘 이용하면 다음과 같은 효과를 얻을 수 있다.
① 부하전류의 평활화
② 다이오드의 역방향 전압이 부하에 관계없이 일정하다.
③ 저항 R에서 소비하는 전력이 약간 증가한다(역률의 개선).

3) 단상 전파 정류회로

[그림 5-11]은 브리지형 단상 전파 정류회로이다. 이 회로에서는 예를 들면 P점에서 D_1을 보면 전류가 흐르는 방향으로 보이지만(이것을 순방향이라 한다.) D_4를 보면 전류가 흐르지 않는(역방향) 것과 같이 보인다. Q점에서 D_3, D_2를 보는 경우에도 동일하다. 이와 같이 하면 전원전압이 정(+)인 경우는 실선의 화살표 방향으로 전류가 흐르고 전원전압이 부(-)인 경우는 파선의 화살표 방향으로 전류가 흐르게 된다. 결과로서 전

원전압의 정, 부(+, −)에 관계없이 부하에는 항상 a점에서 b점으로 전류가 흐르게 되어 항상 직류전압이 얻어진다. 예를 들면, [그림 5−11]의 a, b점에서 전원 측을 보면 브리지형 정류회로에 의해 전원전압이 정(+)일 때는 P점이 a점과, Q점이 b점과 연결되어 있지만 전원전압이 부(−)가 되면 Q점이 a점이고, P점이 b점과 연결된다. 즉, 전원전압의 극성이 반전하면 전원과 부하의 연결방법도 반대로 되어 있는 것을 알 수 있다. 이와 같이 회로접속의 변경이 가능하게 되어 직류 전압파형을 [그림 5−12]와 같이 나타낼 수 있다.

여기서, 부하전압의 평균값 V_{ab}를 구하면

$$V_{ab} = \frac{1}{\pi} \int_0^\pi \sqrt{2} \, V\sin\theta d\theta = \frac{2\sqrt{2}}{\pi} \, V \fallingdotseq 0.9\, V[\mathrm{V}] \quad \cdots\cdots\cdots\cdots\cdots\cdots\cdots (5\text{−}5)$$

가 얻어지고, 평균 직류 전압값은 반파 정류일 때의 2배가 된다.

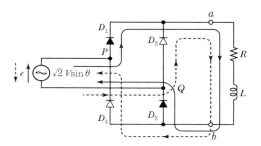

[그림 5−11] 브리지형 단상 전파 정류회로

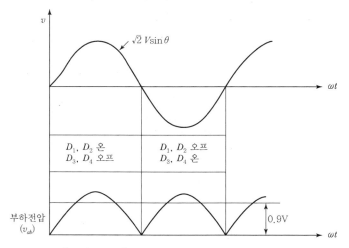

[그림 5−12] 단상 전파 정류회로의 동작파형

전원전압의 정(+)의 반주기는 D_1, D_2를 통하여 부하에 전류가 흐르고, D_3, D_4는 환류 다이오드로 접속되어 있으며 부(−)의 반주기는 이와 반대로 D_3, D_4는 정류경로를 형성하고 D_1, D_2는 환류경로를 형성한다. 이와 같이 전원의 반주기마다 기능분담을 하고 있는 모양을 [그림 5−13]에서 나타낸다. 또한 D_1, D_2, D_3, D_4가 모두 동시에 도통하는 경우는 없다.

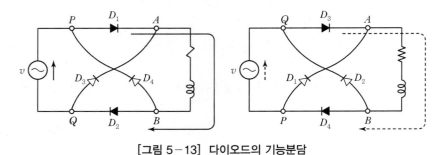

[그림 5−13] 다이오드의 기능분담

예제 05 전압강하 5[V]인 단상 전파 정류기로 교류 100[V]를 정류하여 저항부하에 직류를 공급하고자 하면 직류전압은?

풀이 단상 전파 정류의 출력전압 $V_o = 0.9\,V$[V]이고 전압강하가 있으므로
$V_o = 0.9 \times 100 - 5 = 85$[V]가 된다.

답 85[V]

예제 06 그림과 같은 단상 전파 정류회로에서 순저항부하에 직류전압 100[V]를 얻고자 할 때 변압기 2차 1상의 전압을 구하면?

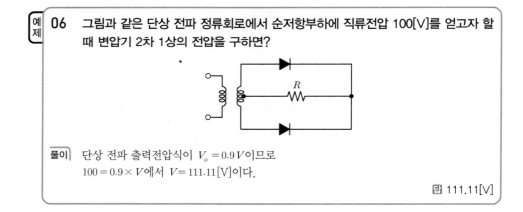

풀이 단상 전파 출력전압식이 $V_o = 0.9\,V$이므로
$100 = 0.9 \times V$에서 $V = 111.11$[V]이다.

답 111.11[V]

3 3상 정류회로

1) 3상 반파 정류회로

[그림 5−14]의 (a)와 같이 △−Y 변압기의 2차 측에 다이오드 3개를 접속하면, 그림 (b)와 같이 3상 파형 중 (+) 반파만 나타난다. 교류 e_1의 최대가 되는 점의 θ를 0으로 하면

e_1이 e_2, e_3와 만나는 θ의 값은 $\dfrac{\pi}{3}$, $-\dfrac{\pi}{3}$가 되므로 입력전압 $e_1 = \sqrt{2}\,E\cos\theta$[V]로 놓을 수 있다. 이때에 부하 저항 R에 걸리는 평균 전압은 다음과 같다.

$$E_{d0} = \frac{1}{\frac{2}{3}\pi} \int_{-\frac{\pi}{3}}^{+\frac{\pi}{3}} \sqrt{2}\,E\cos\theta\,d\theta = \frac{3\sqrt{2}}{2\pi}E[\sin\theta]_{-\frac{\pi}{3}}^{+\frac{\pi}{3}}$$

$$= 0.17E[\text{V}] \quad\text{..} \quad (5\text{--}6)$$

또, 부하 R에 흐르는 직류 전류 i_d의 평균 전류는 다음과 같다.

$$I_d = \frac{E_{d0}}{R} = 1.17\frac{E}{R}[\text{A}] \quad\text{..} \quad (5\text{--}7)$$

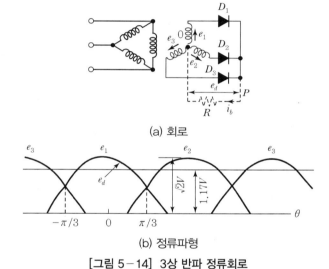

(a) 회로

(b) 정류파형

[그림 5－14] 3상 반파 정류회로

예제 07 상전압 300[V]의 3상 반파 정류회로의 직류전압은?

풀이 3상 반파 정류회로의 출력전압 $V_o = 1.17V$[V]이므로

$V_o = 1.17 \times 100 = 350$[V]가 된다.

답 350[V]

2) 3상 전파 정류회로

[그림 5−15]의 (a)와 같이 다이오드 6개를 접속하면, 그림 (b)와 같이 3상 전파 정류를 할 수 있다. 전파 정류는 반파와 달리 교류 e_2의 최대가 되는 점의 θ를 0으로 했을 경우 e_1과 e_3와 만나는 θ의 값은 $+\dfrac{\pi}{6}$, $-\dfrac{\pi}{6}$이 되므로 입력전압 $e_1 = \sqrt{2}\,E\cos\theta$[V]로 놓을 수 있다. 이때에 부하 저항 R에 걸리는 평균 전압은 다음과 같다.

$$E_{d0} = \frac{1}{\frac{2}{6}\pi} \int_{-\frac{\pi}{6}}^{+\frac{\pi}{6}} \sqrt{2}\,E\cos\theta\,d\theta = \frac{6\sqrt{2}}{2\pi} E\left[\sin\theta\right]_{-\frac{\pi}{6}}^{+\frac{\pi}{6}} = 0.35\,E[\text{V}] \quad \cdots (5\text{--}8)$$

부하 R에 흐르는 직류 전류 i_d의 평균 전류는 다음과 같다.

$$I_d = \frac{E_{d0}}{R} = 1.35\frac{E}{R}[\text{A}] \quad \cdots\cdots\cdots\cdots\cdots\cdots\cdots\cdots\cdots\cdots\cdots\cdots (5\text{--}9)$$

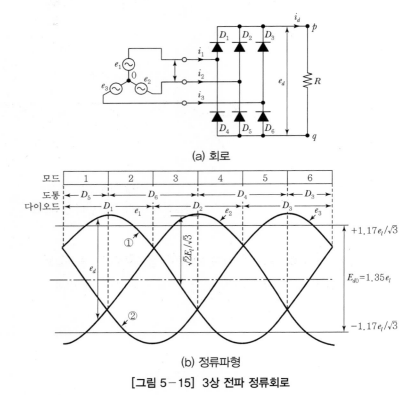

(a) 회로

(b) 정류파형

[그림 5−15] 3상 전파 정류회로

02 사이리스터의 제어 정류작용

1 사이리스터

1) 사이리스터 구조

사이리스터(Thyristor)의 대표적인 것으로 SCR(Silicon Controlled Rectifier)이 있다. SCR은 PNPN의 4층 구조로 된 사이리스터의 대표적인 소자로서 양극(Anode), 음극(Cathode) 및 게이트(Gate)의 3개의 단자를 가지고 있다. 게이트에 흐르는 작은 전류로 큰 전력을 제어할 수 있다. 그 구조와 기호는 [그림 5-16]과 같다. 용도로는 교류의 위상제어를 필요로 하는 조광장치, 전동기의 속도제어에 사용된다.

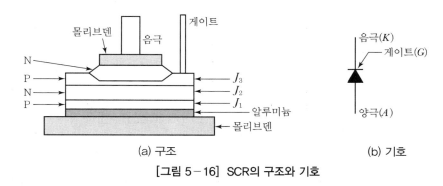

[그림 5-16] SCR의 구조와 기호

2) 동작 원리

SCR의 동작 원리를 살펴보면 다음과 같다.

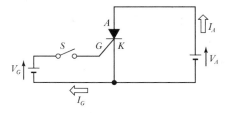

[그림 5-17] SCR 동작 원리

① [그림 5-17]에서 애노드 A에 (+), 캐소드 K에 (-)전위를 주면 중앙의 PN접합부는 역바이어스가 되고 공핍층이 생겨서 SCR은 OFF(차단) 상태가 된다.
② 게이트 G에 I_G를 흘리면 공핍층이 얇아지고 I_G를 더욱 증가시키거나 V_G전압을 증가시키면 공핍층은 소멸되고 SCR은 ON 상태가 되어 전류(I)가 흐르게 된다.
③ SCR은 한 번 ON되면 I_G를 줄여도 OFF되지 않는다. 따라서 Turn Off시키기 위해서

는 애노드에 흐르는 전류를 유지 전류 이하로 떨어뜨리거나, 역방향의 전압을 가해
주어야 한다.

3) 특성

[그림 5-18]에서 전압 V_F[V]를 증가시키면, [그림 5-19]와 같이 V_{B0}[V]에서 큰 전류
I_F[A]가 흐르고 통전 상태가 된다. 이 현상을 브레이크 오버(Break Over), V_{B0}를 브레
이크 오버 전압이라고 하며 통전 상태가 되는 것을 턴온(Turn On) 또는 점호라 하고 J_2
접합부의 절연성이 소멸된 상태이다.

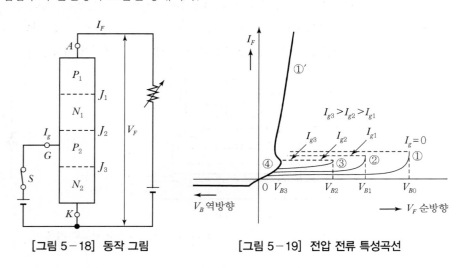

[그림 5-18] 동작 그림 　　　　[그림 5-19] 전압 전류 특성곡선

사이리스터가 턴온하면 양극과 음극 간의 전압은 급격히 줄어들어 그림의 ①′로 이동
하여 실리콘 다이오드의 순방향 전압 전류 특성과 같이 된다.

스위치를 닫고 일정한 게이트 전류를 흘려주어 크기를 증가시키면 곡선 ②, ③과 같이
브레이크 오버 전압이 저하된다.

사이리스터의 순방향 전류가 유지 전류 이하로 떨어지면 사이리스터는 더 이상 통전 상
태를 유지할 수 없게 되어 순방향 저지 상태가 된다. 이것을 턴오프(Turn Off) 또는 소호
라고 한다.

예제 08 다음 사이리스터 중 3단자 형식이 아닌 것은?

　① SCR　　　　　　　　　② GTO
　③ DIAC　　　　　　　　 ④ TRIAC

풀이　• 3단자 소자 : SCR, GTO, TRIAC 등
　　　　• 2단자 소자 : DIAC, SSS, Diode 등

답 ③

예제 **09** 다음 중 SCR 기호는?

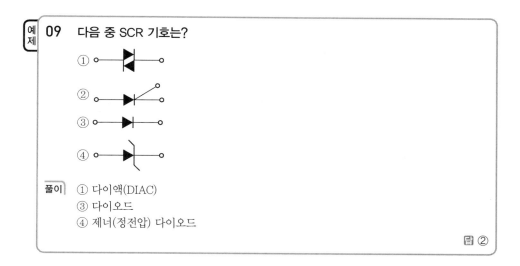

① 다이액(DIAC)
③ 다이오드
④ 제너(정전압) 다이오드

目 ②

② 단상 위상제어 정류기

1) 단상 반파 위상제어 정류기

정류회로에서는 DC 부하를 교류전원으로 운전할 수 있지만 가변시킬 수는 없다. 그러므로 DC 모터와 속도제어나 가변 전압을 요구하는 경우에는 교류에서 직류전압을 가변할 수 있는 SCR을 이용하여 정류를 한다. 단상 반파 위상제어 정류기를 [그림 5 − 20]에 표시하고 동작파형을 [그림 5 − 21]에 나타낸다.

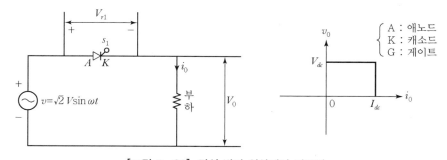

[그림 5 − 20] 단상 반파 위상제어 정류기

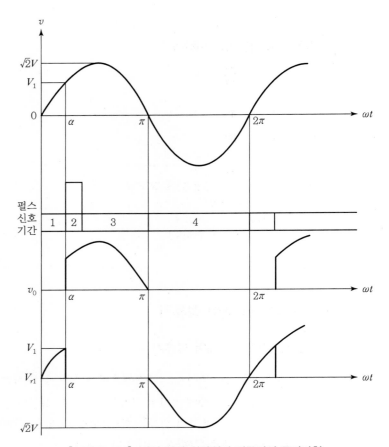

[그림 5 - 21] 단상 반파 위상제어 정류기의 동작파형

점호각 α와 부하평균전압 V_0의 관계를 구하면

$$V_0 = \frac{1}{2\pi} \int_{\alpha}^{\pi} \sqrt{2}\, V \sin\theta d\theta = \frac{\sqrt{2}\,V}{\pi} \cdot \frac{1+\cos\alpha}{2}$$

$$= 0.45\,V \cdot \frac{1+\cos\alpha}{2}\,[\text{V}] \quad\cdots\cdots\cdots\cdots\cdots\cdots\cdots\cdots\cdots\cdots\cdots\cdots\cdots\cdots\cdots \text{(5-10)}$$

로 얻어진다. 최대 전압 0.45[V]에서 0까지 범위의 전압제어가 될 수 있을 것과 연속적인 전압제어가 된다는 것을 알 수 있다. 이와 같이 출력전압의 일부를 삭제하여 전압의 제어를 행하는 방식을 위상 제어라 한다.

2) 단상 전파 위상제어 정류기

단상 브리지 정류회로에는 혼합 브리지(Hybrid Bridge 또는 Half Bridge)와 대칭 브리지 (Symmetrical Bridge 또는 Full Bridge)의 2종류가 있다. [그림 5 - 22], [그림 5 - 23]과 같이 2개의 다이오드와 2개의 SCR로 된 회로를 말한다. 대칭 브리지는 [그림 5 - 24]와 같이

4개 모두 SCR로 된 브리지를 말한다.

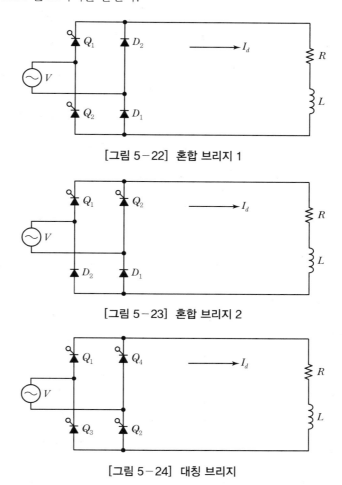

[그림 5-22] 혼합 브리지 1

[그림 5-23] 혼합 브리지 2

[그림 5-24] 대칭 브리지

[그림 5-24]와 같은 회로에서 $L = 0$일 때 직류전압 V_D의 파형은 [그림 5-25]와 같고, θ가 $0 < \theta < \alpha$인 기간 또 $\pi < \theta < \pi + \alpha$기간에서는 $I_d = 0$이 되고 그때의 전압의 평균치는 다음과 같다.

$$V_D = \frac{1}{2\pi} \cdot \int_0^{2\pi} V \cdot d\theta = \frac{1}{\pi} \int_0^{\pi} V \cdot d\theta = \frac{2\sqrt{2}\,V}{\pi} \cdot \frac{1 + \cos\alpha}{2}$$

$$= 0.9\,V \cdot \frac{1 + \cos\alpha}{2}\,[\mathrm{V}] \quad \cdots\cdots\cdots\cdots\cdots\cdots\cdots\cdots\cdots\cdots\cdots\cdots (5\text{-}11)$$

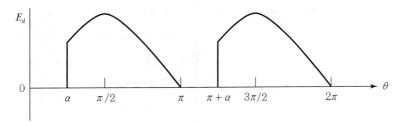

[그림 5-25] R 부하의 파형(L = 0)

[그림 5-24]의 회로에서 $L = \infty$ 일 경우 V_D의 파형은 [그림 5-26]과 같다. 이때의 직류 평균값 V_D는

$$V_D = \frac{1}{2\pi} \cdot \int_0^{2\pi} V \cdot d\theta = \frac{1}{\pi} \int_0^{\pi\alpha} V \cdot d\theta = 0.9\,V \cdot \cos\alpha \quad \cdots\cdots\cdots (5\text{-}12)$$

L에 걸리는 전압의 평균치는 '0'이 되므로 V_D는 저항 R에 걸리는 전압의 평균값이 된다. 그리고 $L = \infty$ 일 때 전류는 완전 평활된 직류가 된다.

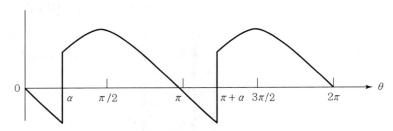

[그림 5-26] R + L 부하의 파형 (L = ∞)

예제 **10** 단상 전파 정류회로에서 $\alpha = 60°$일 때 정류전압은 약 몇 [V]인가?(단, 전원 측 실횻값 전압은 100[V]이며, 유도성 부하를 가지는 제어정류기이다.)

① 15   ② 22

③ 35   ④ 45

풀이 단상 전파 정류회로의 정류전압

$$V_d = \frac{2\sqrt{2}\,V}{\pi}\cos\alpha = \frac{2\sqrt{2}\times100}{\pi}\cos 60° \fallingdotseq 45[\text{V}]$$

답 ④

3 3상 전파 위상제어 정류기

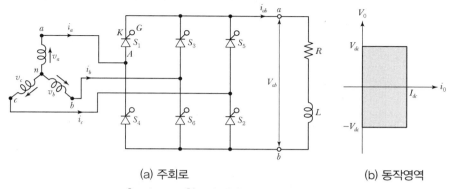

(a) 주회로   (b) 동작영역

[그림 5-27] 3상 전파 위상제어 정류기

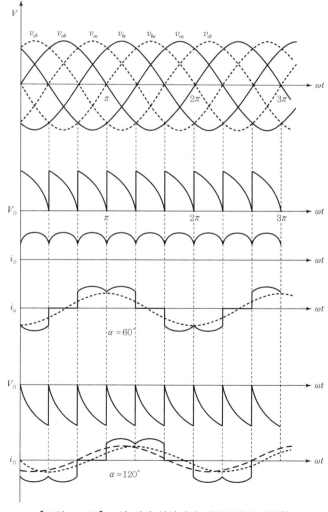

[그림 5-28] 3상 전파 위상제어 정류기의 동작파형

[그림 5 – 27]은 3상 전파 위상제어 정류기를 나타내며 그에 따른 동작파형을 [그림 5 – 28]에 나타낸다. 즉, SCR의 점호각 $\alpha = 60°$에서 점호시킬 때와 $\alpha = 90°$, $\alpha = 120°$에서 점호시킬 때의 각각 전압 · 전류파형을 나타내었다.

출력단자전압의 리플(Ripple)은 6개의 SCR 각각의 게이트 신호에 의하여 부하전류의 펄스가 만들어짐으로써 주기당 6펄스이다. 여기서 3상 컨버터의 동작을 살펴보면 SCR의 번호는 동작순서대로 정한 것이다.

$\omega t = \dfrac{\pi}{6} + \alpha$에서 S_6은 이미 도통이 되어 있고, S_1이 도통하면 $\left(\dfrac{\pi}{6} + \alpha\right) < \omega t < \left(\dfrac{\pi}{6} + \alpha + \dfrac{\pi}{3}\right)$인 구간 동안에 S_1과 S_6이 도통되고, 선간전압 $V_{ab}(= V_a - V_b)$은 a상과 b상이 연결되어 출력전압 V_{ab}가 된다.

$\omega t = \dfrac{\pi}{2} + \alpha$에서는 S_2가 점호되며, 즉시 S_6가 역바이어스되어 자연 전류에 의해 턴 OFF된다. 다음 $\left[\dfrac{\pi}{2} + \alpha \le \omega t \le \left(\dfrac{5\pi}{6} + \alpha\right)\right]$ 기간 동안은 S_1, S_2가 도통하고 출력전압은 $V_0 = v_{AC}$로 나타난다. SCR의 순서가 [그림 5 – 27]과 같이 연결되어 있으면 점호순서는 S_1, S_2, S_2, S_3, S_3, S_4, S_4, S_5, S_5, S_6 그리고 S_6, S_1으로 도통된다. 이 과정이 매 60°마다 SCR의 점호를 반복한다.

출력전압 V_{ab}는 [그림 5 – 28]에 나타낸 바와 같이 점호각 $\alpha = 120°$일 때는 부($-$)로 이것은 컨버터의 인버터의 동작모드이다. 만약 전동기 부하를 사용하였을 경우 전동기 전압을 역접속이나, 여자전류의 역접속에 의하여 역으로 한다면, 전력은 전동기로부터 AC 전원이 역으로 공급시킬 수 있다. 이것을 보통 회생(Regeneration)이라 한다. 전동기 속도는 전력귀환 때문에 서서히 감소하기 때문에 컨버터의 점호각은 전류가 증가하도록, 전력회생할 수 있도록 조절되어야만 한다.

이때 점호가 α에 따른 출력전압의 평균값 V_{ab}를 구하면

$$V_{ab} = V_d = \frac{\pi}{3} \int_{\frac{\pi}{6} + \alpha}^{\frac{\pi}{2} + \alpha} v_{ab} d(\omega t)$$

$$= \frac{\pi}{3} \int_{\frac{\pi}{6} + \alpha}^{\frac{\pi}{2} + \alpha} [\sqrt{2}\, V \sin \omega t - \sqrt{2}\, V \sin(\omega t - \frac{2}{3}\pi)] d(\omega t)$$

$$= \frac{3\sqrt{2}\, V}{\pi} \cos \alpha [\text{V}] \quad \cdots\cdots\cdots\cdots\cdots\cdots\cdots\cdots\cdots\cdots\cdots\cdots\cdots\cdots\cdots \text{(5–13)}$$

03 교류전력 제어회로

1 단상 교류전력 제어회로

[그림 5 – 29]는 저항부하 시 SCR을 사용한 교류전압 제어회로이다. 그림에서 보는 바와 같이 역병렬로 SCR을 접속하였으며 게이트 신호회로는 전원전압 v의 제로 크로스점에서 α만큼 뒤진 시점에서 S_1을 그보다 반주기 늦게 S_2를 동시에 신호를 준다. 이 회로 동작은 단상 반파 위상정류기를 참고로 하면 좋다. [그림 5 – 29]에서 전원의 극성이 실선면 S_1은 순바이어스이므로 ON하여 다이오드로 전환하며 S_2는 역바이어스이므로 OFF한 그대로이다. 이와 같은 $\theta = \alpha$에서 $\theta = \pi$까지는 S_1에 의해 전원과 부하가 접속된다. $\theta = \pi$에서 SCR의 전류가 0이 되므로 그때까지 ON이었던 S_1이 OFF하고 전원과 부하는 재차 분리된다. 다음에 계속하여 $\theta = \pi + \alpha$에서 게이트 신호가 가해지면 이때에는 전원의 극성이 [그림 5 – 29]의 점선방향이므로 S_2가 ON하고 $\theta = 2\pi$에서 OFF한다.

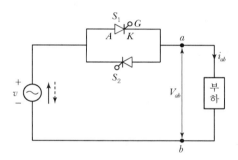

[그림 5 – 29] 단상 SCR 교류 스위치

이와 같은 조작을 반복하여 출력파형은 [그림 5 – 30] (a)와 같다. 입력 측 전압을 가변하는 경우에는 [그림 5 – 30] (b)와 같이 전압을 내리는 데에 따라서 파형의 크기는 변함이 없고 결손부가 크게 되어 전압을 내리는 작용을 하는 것을 알 수가 있다. 이와 같은 전압의 제어법을 위상제어라 부른다. 그러나 실제로 모터는 철심에 코일을 감아 만들었기 때문에 코일은 전기회로적으로는 [그림 5 – 31]과 같이 저항 R, 인덕턴스 L의 직렬회로라고 생각할 수 있으므로 [그림 5 – 29]에 R – L 부하를 사용하는 경우 [그림 5 – 31]과 같이 된다. [그림 5 – 32]에서 $\theta = \alpha$인 경우 S_1, S_2의 양 SCR에 게이트 신호를 가하면 S_1이 ON이 되어 다이오드로 전환된다.

전류 i_L이 전원에서 부하로 흐르면 저항부하와는 달리 인덕턴스 부하이므로 전류의 입상이 억제되어 입하가 연장된다. 이러한 현상은 정류회로에서 설명한 바와 같이 모두 동일하다. 그리고 그 결과는 $\theta = \pi$에서 전류 i_L이 0이 되지 않고(순저항부하라면 $\theta = \pi$에서 전압이 0, 전류도 0이 된다) 부하전류가 0이 되려면 $\theta = \pi$보다 뒤진 $\theta = \beta$ 시점이다(이 β를 소호각이라 한다).

즉, S_1은 $\theta = \alpha$에서 $\theta = \beta$까지 ON이므로 이 사이의 부하전압은 전원전압과 동일하다. 계속하여 $\theta = \pi + \alpha$에서 양 SCR에 게이트 신호가 들어오면 이번에는 S_2가 ON으로 전환하여 다이오드가 되고 전과 동일한 동작을 반복한다. 그러면 전류가 0이 되는 시점이 π에서 β로 뒤지는 것은 인덕턴스에 의한 것이며 동일한 전원에서 점호각 α나 저항 R도 동일한 값이 그대로이고 인덕턴스를 크게 하면 그 작용이 현저하게 되어 전류의 소호각 β가 크게 된다.

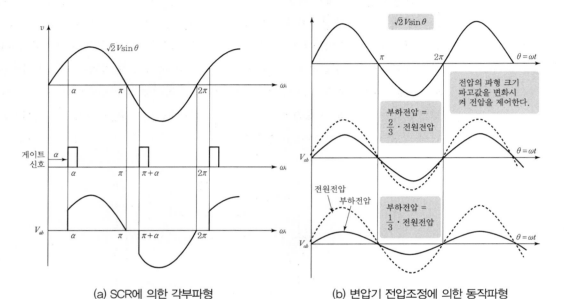

(a) SCR에 의한 각부파형   (b) 변압기 전압조정에 의한 동작파형

[그림 5-30] 단상 SCR 교류 스위치의 각부 파형

동일 점호각이라도 부하전압의 크기가 다르게 된다. 교류전압의 크기는 실횻값으로 나타내며 계산식은 아래와 같다.

$$V_{rms} = \sqrt{\frac{1}{2\pi} \int_0^{2\pi} V_i{}^2\, d(\omega t)} = \sqrt{\frac{1}{\pi} \int_\alpha^\beta V_i{}^2\, d(\omega t)}$$

$$= \sqrt{\frac{1}{\pi} \int_\alpha^\beta (\sqrt{2}\,V\sin\theta)^2 d\theta}$$

$$= V\sqrt{\frac{1}{\pi}\left\{(\beta - \alpha) + \frac{\sin 2\alpha - \sin 2\beta}{2}\right\}}\,[\text{V}] \quad \cdots\cdots\cdots\cdots\cdots\cdots\cdots (5\text{-}14)$$

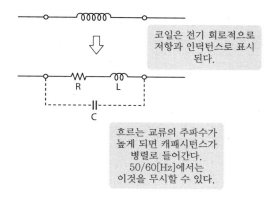

[그림 5-31] 코일의 등가회로

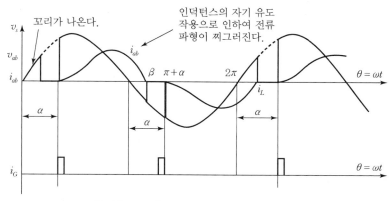

[그림 5-32] R-L 부하인 경우 동작파형

② 3상 교류 전력 제어회로

1) 저항부하

[그림 5-33]은 3상 교류 전압제어 주 회로이고 [그림 5-34]는 각 SCR의 게이트 펄스의 위상관계, 즉 점호순서를 표시한 것이다.

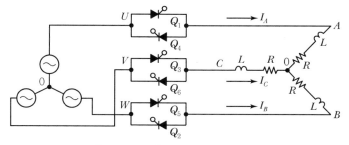

[그림 5-33] 3상 교류 전력제어

먼저 Q_1과 Q_4에 동시에 게이트 신호를 가하면 3상 부하에는 A상에서 B상으로 전류가 흐르고, 그 다음 $60°$ 늦는 위상에서 Q_1과 Q_6에 게이트 신호를 가하면 부하에는 A상에서 C상으로 전류가 흐른다. 이보다 $60°$ 늦은 위상에서 Q_3와 Q_6를 점호하면 B상에서 C상으로, 또 그 다음은 B상에서 A상으로, C상에서 A상으로, C상에서 B상으로, 그리고 또 A상에서 B상으로 전류가 흐른다.

이상과 같이 3상 교류 전압을 SCR로 제어할 수 있다. 제어되는 부하전압은 평형 대칭이고 가변범위는 $0 \sim 100[\%]$이다.

2) 게이트 펄스

[그림 5－34]는 3상 교류를 제어하기 위한 게이트 신호로, 각 사이리스터에 대해 $60°$ 간격으로 게이트 펄스를 표시하였으나 $60° + t$의 넓은 폭의 게이트 신호를 가하면 매주기 1개의 게이트 신호로도 제어가 가능하다.

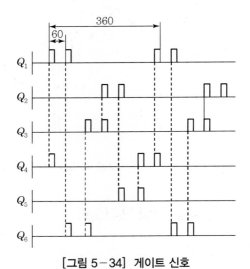

[그림 5－34] 게이트 신호

이밖에 SCR의 역병렬 접속회로 외에 TRAIC을 사용하여 3상 교류 전력제어를 구성할 수도 있다. 또 [그림 5－33]에서 SCR Q_2, Q_4, Q_6 대신 정류 다이오드를 사용하여 반 사이클 동안만 위상제어를 할 수도 있다. 이때는 출력전압이 비대칭이므로 전동기, 변압기 등의 자기회로를 가지는 부하회로에는 사용할 수 없고 조명, 전열 등의 저항부하에만 사용할 수 있다. 이때의 게이트 펄스는 매주기에 1개로 되고 $120°$ 간격이 된다.

04 초퍼회로

1 체강 초퍼회로

초퍼 회로란 CHOP의 어원으로 자르다라는 개념이다. 즉, 일정한 입력전압을 초퍼하므로 부하전압을 가변하는 DC – DC 변환을 의미한다. 통상 초퍼 방식은 구동용인 체강 초퍼방식과 체승 초퍼방식의 2가지로 나눌 수 있다.

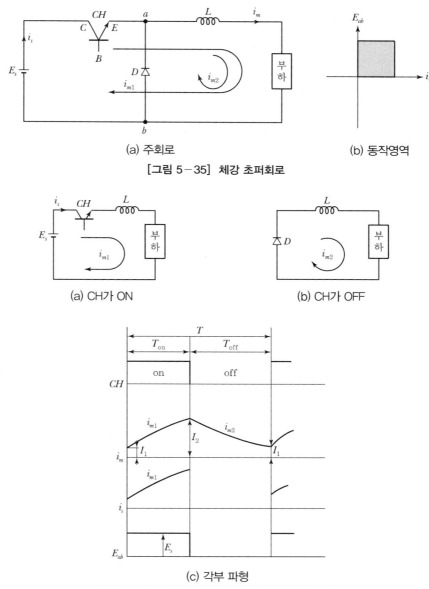

(a) 주회로

(b) 동작영역

[그림 5 – 35] 체강 초퍼회로

(a) CH가 ON

(b) CH가 OFF

(c) 각부 파형

[그림 5 – 36] 체강 초퍼회로의 등가회로 및 각부 파형

[그림 5 - 35]는 체강 초퍼회로의 주 회로를 나타내고 [그림 5 - 36]은 등가회로 및 각부 파형을 표시한다. 체강 초퍼회로는 다른 말로 강압 초퍼라고 하며 출력전압이 입력전압보다 적게 하는 방식을 의미한다.

먼저 초프부 CH가 ON하면 [그림 5 - 36] (a)와 같이 $E_s - CH - L -$ 부하 $- E_s$ 의 경로로 전류 i_{m1} (+전원전류 i_s)가 흐르고 전원에서 부하 측으로 전압이 인가되어 출력전압 $E_{ab} = E_s$ 가 된다. 다음에 초프부 CH가 OFF하면 [그림 5 - 36] (b)와 같이 LDP 축적된 에너지에 의해 $L -$ 부하 $- D - L$의 경로로 환류하여 전류 i_{m2}가 흐른다. 이 회로에서 초프부 CH ON · OFF 시의 전압방정식을 세우면

$$CH가 ON일 \text{ 때} : L\frac{d_{im1}}{dt} + R_{im1} = E_s - E_m \quad \text{………………} (5-15)$$

$$CH가 OFF일 \text{ 때} : L\frac{D_{im2}}{dt} + R_{im2} = -E_n \quad \text{………………} (5-16)$$

이 되면 이상적인 경우로 입력전압과 출력전압의 관계를 구하면

$$E_m = E_s \cdot \frac{t_{on}}{T} = E_s \cdot \alpha \quad \text{…………………………} (5-17)$$

여기서, E_m : 출력전압, E_s : 입력전압

$T = t_{on} + t_{off}$: 초퍼 주기

t_{on} : ON 시간

t_{off} : OFF 시간

$\alpha = \dfrac{t_{on}}{T}$: 시비율

이 된다.

따라서 시비율 α를 0~1까지 변환할 수 있으며 초프부를 동작시키기 위한 트랜지스터의 식 (5 - 17)에서 알 수 있듯이 시비율 α를 변화시키므로 출력전압 E_m이 0에서 E_s까지 변화됨을 알 수 있다.

2 체승 초퍼회로

체승 초퍼회로는 다른 말로 승압 초퍼라고 하며 높은 출력전압을 요구하는 경우에 사용된다.

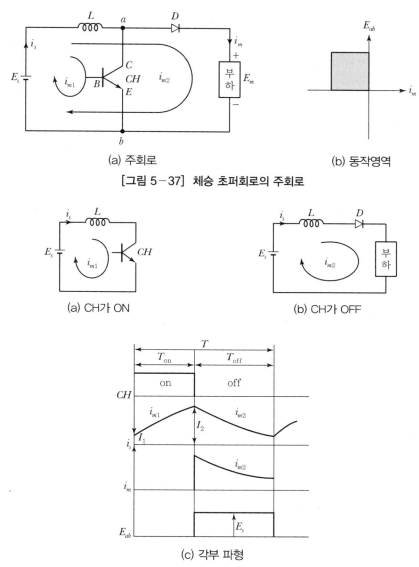

(a) 주회로   (b) 동작영역

[그림 5-37] 체승 초퍼회로의 주회로

(a) CH가 ON   (b) CH가 OFF

(c) 각부 파형

[그림 5-38] 체승 초퍼회로의 등가회로 및 각부 파형

[그림 5-37]은 체승 초퍼회로의 주회로를 나타내고 [그림 5-38]은 등가회로 및 동작파형을 표시한다. 먼저 초프부 CH를 ON하면 $E_s - L - CH - E_s$의 경로를 전류 i_{m1}이 흘러 L에너지가 축적된다. 다음에 초프부 CH가 OFF하면 L에 축적된 에너지와 E_s가 직렬 연결되어 부하 측으로 전류 i_{m2}가 흐른다.

이 회로에서 초프부의 ON · OFF 시의 전압방식은

$$CH가\ ON하는\ 경우\ :\ L\frac{di_{m1}}{dt} + Ri_{m1} = E_s \quad \text{·······························(5-18)}$$

$$CH가\ OFF하는\ 경우\ :\ L\frac{di_{m2}}{dt} + Ri_{m2} = E_s - E_m \quad \text{·····················(5-19)}$$

이 되며, $R = 0$인 경우 입력전압 E_s와 출력전압 E_m과의 관계를 구하면

$$E_m = \frac{E_s}{1-\alpha} \quad \text{··(5-20)}$$

이 된다.

따라서 시비율 α가 $0 < \alpha < 1$의 범위로 변화함에 따라 입력전압보다 큰 출력전압을 얻을 수 있다. 따라서 $0 \leq E_m \leq E_s$의 영역에서 회생제어가 가능하다.

예제 11 직류전동기의 제어에 널리 응용되는 직류 – 직류 전압 제어장치는?

① 인버터   ② 컨버터

③ 초퍼   ④ 전파 정류

풀이 초퍼

직류를 다른 크기의 직류로 변환하는 장치

답 ③

---

05   인버터

◼ 인버터 원리

교류를 직류로 변환시키는 장치를 정류기 또는 순변환장치라 하고, 직류를 교류로 변환하는 장치를 인버터(Inverter) 또는 역변환장치라 한다.

[그림 5 – 39]는 인버터의 원리를 나타낸 것이다. $t = t_0$에서 스위치 SW_1과 $SW_2{'}$를 동시에 ON하면 a점의 전위가 $+$로 되어 a점에서 b점으로 전류가 흐르고, $t = \frac{T}{2}$에서 SW_1, $SW_2{'}$를 OFF하고 SW_2, $SW_1{'}$를 ON하면 b점의 전위가 $+$로 되어 b점에서 a점으로 전류가 흐르게 된다. 이러한 동작을 주기 T마다 반복하면 부하 저항에 걸리는 전압은 그림 (b)와 같은 직사각형파 교류를 얻을 수 있다.

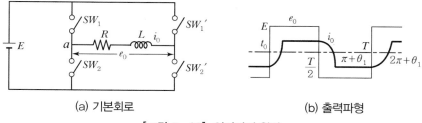

(a) 기본회로   (b) 출력파형

[그림 5-39] 인버터의 원리

2 단상 인버터

[그림 5-40]의 (a)는 단상 인버터회로로서 T_1, T_4와 T_2, T_4를 주기적으로 ON시켜 주면 부하에는 방형파(직사각형파)의 교류 전압이 걸리게 된다.

부하가 R, L 부하일 때 전류는 그림 (b)의 i_0와 같이 된다. T_1, T_4가 ON되는 시각 t_0부터 부하전류는 인덕턴스 L로 인하여 음($-$)에서 상승하게 된다.

시간이 t_1에 이르러서 부하전류가 양($+$)이 되는데, 이때까지의 음($-$)의 전류는 T_1으로 흐를 수 없고, T_1과 역병렬로 연결된 다이오드 D_1을 통하여 흐르게 된다.

즉, T_1은 t_1까지는 외부에서 ON시켜 놓아도 ON 상태로 들어가지 못하고, t_1에서 비로소 ON 상태에 들어간다. 이때, 다이오드 D_1은 OFF 상태로 된다.

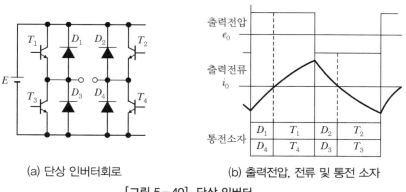

(a) 단상 인버터회로   (b) 출력전압, 전류 및 통전 소자

[그림 5-40] 단상 인버터

3 3상 인버터

3상 교류에서 직류를 얻을 수 있듯이, 이를 역으로 전력 변환하면 직류에서도 3상 교류를 얻을 수 있다. 3상 인버터에는 전압형과 전류형이 있다.

전압형 인버터는 직류를 전압원으로 하는 인버터이며, 직류 측에 용량이 큰 인덕터를 연결함으로써 직류 측에 흐르는 전류를 일정하게 만들어 교류 측에서 본 직류 측이 마치

전류원처럼 보이도록 설계한 것이 전류형 인버터이다.

[그림 5-41] 회로에서 트랜지스터를 T_1, T_2, T_3, T_4, T_5, T_6 순으로 점호를 해 주면 출력으로 교류를 얻을 수 있다.

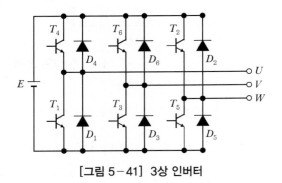

[그림 5-41] 3상 인버터

예제 12 직류를 교류로 변환하는 장치는?

① 정류기　　　　　　　　　② 충전기
③ 순변환 장치　　　　　　　④ 역변환 장치

풀이　인버터
직류를 교류로 변환·주파수를 변환시키는 장치로서 역변환 장치라고도 한다.

📘 ④

탄탄한 기초를 위한

핵심 전기기초

이현옥 · 이재형 · 조성덕

이론

ELECTRICAL THEORY

제3권 / 전기설비

예문사

CONTENTS 목차

전기설비

PART **03** 전기설비

배선 재료 및 공구

01   전선 및 케이블

1 전선 개요

1) 전선

전선이란 강 전류 전기의 전송에 사용하는 전기 도체, 절연물로 피복한 전기 도체 또는 절연물로 피복한 전기 도체를 다시 보호 피복한 전기 도체를 말한다.

2) 전선의 식별

[표 1-1] 전선 식별

상(문자)	색상
L1	갈색
L2	흑색
L3	회색
N	청색
보호도체	녹색-노란색

예제 01 전선의 식별에서 L1, L2, L3의 색상을 맞게 표현한 것은?

    ① L1 : 흑색, L2 : 회색, L3 : 청색   ② L1 : 갈색, L2 : 흑색, L3 : 회색

    ③ L1 : 회색, L2 : 갈색, L3 : 황색   ④ L1 : 녹색, L2 : 황색, L3 : 갈색

풀이 전선의 식별

    L1 : 갈색, L2 : 흑색, L3 : 회색, N : 청색, PE(보호도체) : 녹색-황색 교차   **답** ②

3) 전선의 구비조건

① 도전율(導電率)이 클 것   ② 기계적 강도가 클 것

③ 신장률(伸張率 : 늘어나는 비율)이 클 것   ④ 내구성이 클 것

⑤ 비중이 작을 것(중량이 가벼울 것)

⑥ 가격이 저렴하고, 구입이 쉬울 것

예제 02 전선 및 케이블의 구비 조건으로 맞지 않는 것은?

① 고유저항이 클 것   ② 기계적 강도가 클 것

③ 가요성이 풍부할 것   ④ 비중이 작을 것

풀이   전선의 구비조건
- 도전율(導電率)이 클 것   • 기계적 강도가 클 것
- 신장률(伸張率 : 늘어나는 비율)이 클 것   • 내구성이 클 것
- 비중이 작을 것(중량이 가벼울 것)
- 가격이 저렴하고, 구입이 쉬울 것

답 ①

---

4) 전선 구조에 의한 구분

① **단선(Solid Wire, 單線)**

1개의 도체로 만들어진 전선으로서, 가
요성이 작고 취급이 불편하므로 주로 옥
내배선에서는 단선 10[mm²] 이하의 절
연전선을 사용한다.

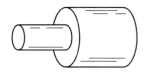

[그림 1−1] 단선의 구조

② **연선(Stranded Wire, 撚線)**

여러 가닥의 소선을 꼬아 합쳐서 구성된
것으로서 단선보다 가요성이 좋다. 연선
의 굵기는 각 소선의 단면적을 합한 공
칭단면적[mm²]으로 나타낸다.

[그림 1−2] 연선의 구조

ㄱ 총 소선 수 : $N = 3n(n+1)+1$ ··· (1−1)

ㄴ 연선의 바깥지름 : $D = (2n+1)d\,[\text{mm}]$ ································· (1−2)

ㄷ 단면적 : $A = \pi r^2 N = \dfrac{\pi d^2 N}{4}\,[\text{mm}^2]$ ······························ (1−3)

여기서, n : 중심 소선을 뺀 층수
d : 소선의 지름

③ **중공전선(Hollow Conductor, 中空電線)** : 코로나 손실을 줄이기 위하여 내부가 비
어 있는 전선으로 특고압 송전선로에 사용된다.

2 전선의 종류

1) 전선의 분류

나전선, 절연전선, 코드, 케이블로 나눌 수 있고, 도체의 재질로는 동, 알루미늄 등이 주로 사용된다.

2) 나전선

비닐, 고무 등으로 피복되지 않은 전선을 말한다. 피복되어 있지 않으므로 감전 사고의 위험이 높아 절연전선을 사용하기 힘든 곳에 쓰인다.

① 연동선(軟銅線)
　　㉠ 연동으로 만든 전선
　　㉡ 가요성과 도전율이 좋아 옥내배선에 많이 사용된다.
　　㉢ 고유저항은 $\frac{1}{58}[\Omega \cdot \text{mm}^2/\text{m}]$이다.

② 경동선(軟銅線)
　　㉠ 연동선보다는 딱딱한 성질을 갖는다.
　　㉡ 연동선보다 인장강도가 커 옥외배선에 많이 사용된다.
　　㉢ 고유저항은 $\frac{1}{55}[\Omega \cdot \text{mm}^2/\text{m}]$이다.

③ 평각동선(平角銅線, Rectangular Copper Wire, 평각구리선)
　　㉠ 단면이 원형이 아닌 납작하고 평평한 사각형 모양의 전선
　　㉡ 크기는 두께×너비로 표시한다.
　　㉢ 전기 기계 및 기구의 권선에 사용한다.

[표 1-2] 평각동선의 종류 및 기호

종류	기호	재질
1호	H	경질
2호	HA	반경질
3호	A	연질
4호	SA	연질인 것으로 에지 와이어로 구부려 사용하는 것

3) 절연전선

도체에 절연피복을 입힌 전선으로서, 많이 사용되는 절연물은 면, 고무, 합성수지 등이다.

[표 1 – 3] 배선용 비닐절연전선의 종류(KS C IEC 60227–3)

명칭	기호	약호
450/750[V] 일반용 단심 비닐절연전선(70[℃])	60227 KS IEC 01	NR
450/750[V] 일반용 유연성 단심 비닐절연전선(70[℃])	60227 KS IEC 02	NF
300/500[V] 기기배선용 단심 비닐절연전선(70[℃])	60227 KS IEC 05	NRI(70)
300/500[V] 기기배선용 유연성 단심 비닐절연전선(70[℃])	60227 KS IEC 06	NFI(70)
300/500[V] 기기배선용 단심 비닐절연전선(90[℃])	60227 KS IEC 07	NRI(90)
300/500[V] 기기배선용 유연성 단심 비닐절연전선(90[℃])	60227 KS IEC 08	NFI(90)
옥외용 비닐절연전선	OW	OW
인입용 비닐절연전선	DV	DV
형광방전등용 비닐절연전선	FLV	FLV
비닐절연 네온전선	NV	NV

4) 코드

전기기구에 접속하여 사용하는 이동용 전선으로 가느다란 여러 개의 구리선에 절연피복한 전선을 말한다. 소선의 굵기가 얇아서 전선 자체는 부드러우나, 기계적 강도가 약한 특징이 있다. 가요성이 좋아 주로 가전제품에 사용되고 특히 전기다리미, 헤어드라이기 등에 적합하며, 일반적인 옥내배선용으로는 사용하지 않는다.

[표 1-4] 주요 비닐 및 고무 코드의 종류 및 약호

명칭	코드 기호	약호	도체 수	도체 최고온도
300/300[V] 평형 금사 코드	60227 KS IEC 41	FTC	2심	70[℃]
300/300[V] 실내 장식 전등 기구용 코드	60227 KS IEC 43	CIC	1심	70[℃]
300/300[V] 연질 비닐시스 코드	60227 KS IEC 52	LPC	2, 3심	70[℃]
300/500[V] 범용 비닐시스 코드	60227 KS IEC 53	CPC	2, 3, 4, 5심	70[℃]
300/300[V] 내열성 연질 비닐시스 코드	60227 KS IEC 56	HLPC	2, 3심	90[℃]
300/500[V] 내열성 범용 비닐시스 코드	60227 KS IEC 57	HCPC	2, 3, 4, 5심	90[℃]
300/300[V] 편조 고무 코드	60245 KS IEC 89	BRC	2, 3심	60[℃]
300/500[V] 범용 고무시스 코드	60245 KS IEC 53	ORSC	2, 3, 4, 5심	60[℃]
300/500[V] 범용 클로로프렌, 합성 고무시스 코드	60245 KS IEC 57	OPSC	2, 3, 4, 5심	60[℃]
450/750[V] 경질 클로로프렌, 합성 고무시스 유연성 케이블	60245 KS IEC 66	HPSC	1, 2, 3, 4, 5심	60[℃]
300/500[V] 장식 전등 기구용 클로로프렌, 합성고무시스 케이블(원형)	60245 KS IEC 58	PCSC	1, 2심	60[℃]
300/500[V] 장식 전등 기구용 클로로프렌, 합성고무시스 케이블(평형)	60245 KS IEC 58f	PCSCF	1, 2심	60[℃]

예제 07 전기이발기, 전기면도기, 헤어드라이어 등에 사용되는 코드는?

① 캡타이어 코드   ② 전열기용 코드
③ 금사 코드   ④ 극장용 코드

풀이 「**한국전기설비규정 234.3**」 전기면도기, 전기이발기 등과 같은 소형 가정용 전기기계기구에 부속되고 또한 길이가 2.5[m] 이하이며 건조한 장소에서 금사(金絲) 코드를 사용한다.

답 ③

5) 케이블

절연물로 피복(절연)한 전기 도체를 다시 보호 피복(시스)한 전기 도체를 말한다.

① 전력 케이블

전력의 송전, 배전 및 인입용 케이블을 말하며, 저압 옥내배선용으로는 600[V] 비닐 절연 비닐시스(외장) 케이블을 많이 사용한다.

[표 1-5] 주요 전력 케이블의 종류 및 약호

명칭	약호
비닐절연 비닐시스 케이블	VV
비닐절연 비닐시스 제어 케이블	CVV
가교 폴리에틸렌절연 비닐시스 전력 케이블	CV
가교 폴리에틸렌절연 비닐시스 제어 케이블	CCV
가교 폴리에틸렌절연 폴리에틸렌시스 전력 케이블	CE
가교 폴리에틸렌절연 폴리에틸렌시스 제어 케이블	CCE
가교 폴리에틸렌절연 저독성 난연 폴리올레핀시스 전력 케이블	HFCO
가교 폴리에틸렌절연 저독성 난연 폴리올레핀시스 제어 케이블	HFCCO
EP 고무절연 비닐시스 케이블	PV
EP 고무절연 클로로프렌시스 케이블	PN
가교 폴리에틸렌절연 비닐시스 동심 중성선 전력 케이블	CN/CV
가교 폴리에틸렌절연 비닐시스 동심 중성선 차수형 전력 케이블	CN/CV-P
가교 폴리에틸렌절연 비닐시스 동심 중성선 수밀형 전력 케이블	CN/CV-W

② 캡타이어 케이블

도체 위에 고무 또는 비닐로 절연하고, 천연고무혼합물(캡타이어)로 외장을 한 케이 블로서 진동, 마찰, 굴곡, 충격 등에 강하여 광산, 공장, 무대 등과 같은 장소의 이동 용 전기기계에 사용한다. 고무 캡타이어 케이블은 그 구조에 따라 1종, 2종, 3종, 4종 등으로 나누어진다.

[표 1-6] 주요 캡타이어 케이블의 종류 및 약호

명칭	약호
비닐절연 비닐 캡타이어 케이블	VCT
EP 고무절연 클로로프렌 캡타이어 케이블	PNCT

③ 플렉시블 외장 케이블

고무절연전선이나 비닐절연전선 2조 및 3조를 합친 것에 크래프트지를 감고 외장 내면과 전기적 접촉을 하는 접지용이나 평각구리선을 전선의 길이대로 넣어서 그 위에 아연도금 연강대를 나사 모양으로 감은 것이다.

[표 1-7] 플렉시블 외장 케이블의 구조와 용도

약호	구조	주요 용도
AC	심선에 고무절연전선을 사용한 것	건조한 곳의 노출배선용 및
ACT	심선에 비닐절연전선을 사용한 것	은폐 배선용
ACV	주트를 감고 절연 콤파운드를 먹인 것	공장용, 상점용
ACL	외장 밑에 연피가 있는 것	습기, 물기 또는 기름이 있는 곳

④ 아크 용접용 케이블

용접기와 전원, 용접기와 피용접물을 접속하는 전선을 말한다.

[표 1-8] 아크 용접용 케이블의 종류 및 기호

명칭	기호	기존 KS 표준
고무시스 용접용 케이블	60245 KS IEC 81	1종 WCT, WRCT
클로로프렌, 천연 합성고무시스 용접용 케이블	60245 KS IEC 82	2종 WNCT, WRNCT

⑤ 다심형 전선

절연된 알루미늄전선의 강도상 약점을 보완하기 위하여 강도가 좋은 나도체에 알루미늄전선을 나선형으로 감아 붙인 전선이다.

예제 08 저압회로에 사용하는 비닐절연 비닐시스 케이블의 기호로 맞는 것은?

① 06/1[kV] VV ② 06/1[kV] CV
③ 06/1[kV] HFCO ④ 06/1[kV] CCV

풀이
- 06/1[kV] VV : 06/1[kV] 비닐절연 비닐시스 케이블
- 06/1[kV] CV : 06/1[kV] 가교 폴리에틸렌절연 비닐시스 전력 케이블
- 06/1[kV] HFCO : 06/1[kV] 가교 폴리에틸렌절연 저독성 난연 폴리올레핀시스 전력 케이블
- 06/1[kV] CCV : 06/10[kV] 가교 폴리에틸렌절연 비닐시스 제어 케이블

답 ①

예제 09 전선의 공칭단면적에 대한 설명으로 옳지 않은 것은?

① 소선 수와 소선의 지름으로 나타낸다.
② 단위는 [mm²]로 표시한다.
③ 전선의 실제 단면적과 같다.
④ 연선의 굵기를 나타내는 것이다.

풀이 공칭단면적은 전선의 실제 단면적과 다르며, 소수점으로 나오는 단면적을 정수화시킨 수치이다.

답 ③

02　배선 재료 및 기구

1 개폐기

1) 개폐기 시설 기준

① 전로 중에 개폐기를 시설하는 경우에는 각 극에 설치하여야 한다.
② 고압용 또는 특고압용의 개폐기는 그 작동에 따라 개폐 상태를 표시하는 장치가 되어 있는 것이어야 한다.
③ 고압용 또는 특고압용의 개폐기로서 중력 등에 의하여 자연히 작동할 우려가 있는 것은 이를 방지하기 위해 자물쇠장치를 시설하여야 한다.
④ 고압용 또는 특고압용의 개폐기로서 부하전류를 차단하기 위한 것이 아닌 개폐기는 부하전류가 통하고 있을 경우에는 개로할 수 없도록 시설하여야 한다.

2) 나이프 스위치(Knife Switch)

① 600[V] 이하의 전기회로 개폐에 사용하는 수동식 개폐기로서 고정된 칼과 칼받이의 접촉에 의해 전류의 흐름을 제어한다.
② 일반용에는 사용할 수 없고, 전기실과 같이 취급자만 출입하는 장소의 배전반이나 분전반에 사용한다.

3) 커버나이프 스위치(Cover Knife Switch)

① 나이프 스위치에 절연제 커버를 설치한 스위치
② 옥내배선의 인입 또는 분기 개폐기로 사용되며, 전기회로에 이상이 생겨 퓨즈의 용량 이상 전류가 흐르게 되면, 퓨즈가 용단되어 전기의 흐름을 차단하는 역할을 한다.
③ 전선접속선 수에 따라 2극용, 3극용이 있다.
④ 나이프를 넣는 방법에 따라 단투용, 쌍투용이 있다.

4) 안전 스위치(Safety Switch)

① 나이프 스위치를 금속제의 함 내부에 장치하고, 외부에서 핸들을 조작하여 개폐할 수 있도록 만든 것이다.
② 전류계나 표시등을 부착한 것도 있으며, 전등과 전열기구 및 저압전동기의 주 개폐기로 사용된다.

5) 전자개폐기(Magnet Switch)

① 전자석의 힘으로 개폐 조작을 하는 전자 접촉기와 과전류를 감지하기 위한 열동 계전기를 조합한 것으로서 과부하 시에 전로를 자동으로 개방한다.
② 전동기 회로 개폐에 널리 사용된다.

예제 10 다음 중 금속 상자 개폐기라고도 불리는 스위치는?

① 안전 스위치   ② 마그넷 스위치
③ 타임 스위치   ④ 부동 스위치

풀이 안전 스위치
나이프 스위치를 금속제의 함 내부에 장치하고, 외부에서 핸들을 조작하여 개폐함으로써 안전성을 높인 스위치

답 ①

---

2 점멸 스위치

전등이나 소형 전기기구 등에 전류의 흐름을 개폐하는 옥내배선기구를 말한다.

1) 텀블러 스위치

일반적으로 실내에서 전등이나 소형 전기기구의 점멸에 사용되는 스위치이다. 노출형과 매입형이 있다. 2~3개를 연용으로 조립하여 사용한다.

2) 코드 스위치

전기기구의 코드 중간에 접속하여 사용한다. 전기담요, 전기방석 등에 사용한다.

3) 펜던트 스위치

형광등 또는 소형 전기기구의 코드 끝에 부착하여 점멸하는 데 사용하는 스위치이다.

4) 캐노피 스위치

전등기구의 플랜지 내부에 설치된 스위치로서 끈을 당겨서 점멸한다.

5) 타임 스위치

시계기구를 내장한 스위치로 지정한 시간에 점멸을 할 수 있게 한 것과 일정시간 동안 동작하게 만든 것이 있다.

6) 조광 스위치

버튼을 돌려서 불의 밝기를 조절할 수 있는 스위치이다.

예제 11 전등의 점멸 상태가 문자 또는 색별로 표시되지 않는 스위치는?

① 로터리 스위치 ② 텀블러 스위치
③ 펜던트 스위치 ④ 캐노피 스위치

풀이 **캐노피 스위치**
끈을 당겨서 점멸하는 스위치로서 전등기구의 플랜지 내부에 스위치가 설치되기 때문에 문자나 색별 표시를 하지 않는다.

답 ④

예제 12 저항선 또는 전구를 직렬이나 병렬로 접속 변경하여 발열량 또는 광도를 조절할 수 있는 스위치는?

① 로터리 스위치 ② 텀블러 스위치
③ 나이프 스위치 ④ 풀 스위치

풀이 **로터리(조광형) 스위치**
버튼을 돌려서 발열량이나 불의 밝기를 조절할 수 있는 스위치

답 ①

---

3 콘센트와 플러그

1) 콘센트

① 전기기구의 플러그를 꽂아 사용하는 배선기구를 말한다.
② 형태에 따라 노출형과 매입형이 있으며, 1구용, 2구용, 3구용이 있다.
③ 방수용 콘센트 : 가옥의 외부에 시설하는 데 사용하며, 물이 들어가지 않도록 마개로 덮어둘 수 있는 구조이다.
④ 플로어 콘센트 : 플로어덕트 공사의 바닥용으로 사용한다.
⑤ 턴로크 콘센트 : 90° 정도 비틀어서 플러그를 끼우게 되어 있으며, 플러그가 빠지는 것을 방지하는 데 사용한다.

2) 플러그

① 전기기구의 코드 끝에 접속하여 콘센트에 꽂아 사용하는 배선기구를 말한다. 2극용과 3극용이 있다.
② 접지극이 있는 플러그와 접지극이 없는 플러그로 나눌 수 있다.

3) 멀티 탭

하나의 콘센트에 2~3가지의 기구를 연결할 수 있다.

4) 테이블 탭

코드의 길이가 짧을 때 연장하여 사용한다.

예제 13 1개의 콘센트에 2개 또는 3개의 기구를 사용할 때 끼우는 플러그는?

① 코드 접속기   ② 멀티 탭

③ 테이블 탭   ④ 아이언 플러그

풀이
- 코드 접속기 : 코드를 서로 접속할 때 사용한다.
- 멀티 탭 : 하나의 콘센트에 2~3가지의 기구를 연결할 수 있다.
- 테이블 탭 : 코드의 길이가 짧을 때 연장하여 사용한다.
- 아이언 플러그 : 전기다리미, 온탕기 등에 사용한다.

답 ②

---

4 소켓

① 베이스의 크기에 따라 대형 베이스, 중형 베이스, 소형 베이스, 특소형 베이스로 구분한다. 대형베이스는 모갈 소켓이라고도 하며 300[W] 이상의 전구 접속에 사용하고, 중형 베이스는 200[W] 이하의 전구 접속에 사용한다. 소형 베이스는 배전반의 표시등용 전구 접속에 사용하며, 특소형 베이스는 장식용 전구 등의 접속에 사용한다.

② 점멸 장치에 따라 키 소켓, 키리스 소켓, 풀 소켓, 푸시버튼 소켓 등으로 구분한다. 키리스 소켓은 점멸 장치가 없는 것으로 먼지가 많은 장소에 사용한다.

③ 천장에서 코드를 달아 내리기 위해 사용하는 소켓을 로우젯(Rosette)이라고 한다.

03 게이지 및 공구

1 게이지

1) 버니어 캘리퍼스(Vernier Calipers)

물체의 바깥지름, 안지름, 깊이 등을 0.05[mm] 정도의 정확도로 측정할 수 있는 기구이다. 어미자와 어미자를 따라 움직이는 아들자로 이루어져 있다.

[그림 1-3] 버니어 캘리퍼스

2) 마이크로미터(Micrometer)

물체의 외경, 두께, 내경, 깊이 등을 마이크로미터(μm) 범위까지 측정할 수 있는 기구이다.

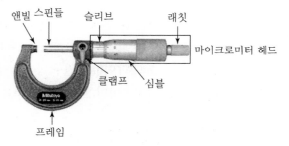

[그림 1-4] 마이크로미터

3) 와이어 게이지(Wire Guage)

와이어나 전선 등의 지름을 재는 것으로, 측정할 와이어나 전선 등을 홈에 끼워서 맞는 곳의 숫자를 읽어 전선의 굵기를 측정한다.

[그림 1-5] 와이어 게이지

예제 **14** 두께, 깊이, 안지름 및 바깥지름 측정용에 사용하는 공사용 공구는?

① 버니어 캘리퍼스   ② 마이크로미터

③ 와이어 게이지   ④ 잉글리시 스패너

풀이
- 버니어 캘리퍼스 : 물체의 바깥지름, 안지름, 깊이 등을 0.05[mm] 정도의 정확도로 측정할 수 있는 공구
- 마이크로미터 : 물체의 외경, 두께, 내경, 깊이 등을 마이크로미터[μm] 범위까지 측정할 수 있는 공구
- 와이어 게이지 : 와이어나 전선의 굵기 등을 재는 공구
- 잉글리시 스패너 : 물체를 물리는 입의 나비를 조절할 수 있는 스패너

답 ①

예제 **15** 전선의 굵기, 철판, 구리판 등의 두께를 측정하는 것은?

① 프레셔 툴   ② 스패너

③ 파이어 포트   ④ 와이어 게이지

풀이
- 프레셔 툴 : 터미널을 압착하는 데 사용하는 공구
- 스패너 : 볼트, 너트 등을 죄거나 푸는 공구
- 파이어 포트 : 납땜 인두를 가열하거나 납물을 만드는 데 사용하는 공구
- 와이어 게이지 : 와이어나 전선의 굵기 등을 재는 공구

답 ④

2 공구

1) 펜치(Cutting Plier)

① 전선의 절단, 전선의 접속, 전선 바인드 등 전반적인 전기 공사에 두루 사용한다.

② 펜치의 크기와 주요 용도

    ㉠ 150[mm] : 소형 기구용

    ㉡ 175[mm] : 옥내 공사용

    ㉢ 200[mm] : 옥외 공사용

2) 펌프 플라이어(Pump Plier)

금속관 공사의 로크너트를 죌 때 사용하고, 때로는 전선의 슬리브 접속에 있어서 펜치와 같이 사용한다.

[그림 1-6] 펌프 플라이어

3) 니퍼(Nipper)

전선의 절단에 사용한다. 크기는 150[mm], 175[mm] 등이 있다.

4) 롱 노우즈 플라이어(Long Nose Plier)

전선의 절단, 전선접속 단자 고리 만들기, 작은 부품이나 너트를 죄는 데 사용한다. 크기는 150[mm], 175[mm] 등이 있다.

5) 와이어 스트리퍼(Wire Striper)

절연전선의 피복 절연물을 벗기는 데 사용한다. 전선의 굵기를 절삭날의 크기에 맞추어 사용한다.

[그림 1-7] 와이어 스트리퍼

6) 케이블 커터(Cable Cutter)

굵은 전선, 케이블을 절단하는 데 사용한다.

[그림 1-8] 케이블 커터

7) 파이프 벤더(Pipe Bender) 및 히키(Hickey)

파이프 벤더는 금속관을 구부리는 공구로서 금속관의 크기에 따라 여러 가지 치수가 있다. 히키는 금속관을 끼워서 조금씩 위치를 옮겨가며 구부린다.

8) 오스터(Oster)

금속관 끝에 나사를 내는 공구로서, 손잡이가 달린 래칫(Ratchet)과 나사살의 다이스(Dise)로 구성된다. 다이스를 홀더에 물리고 양손으로 핸들을 돌려 나사를 낸다.

[그림 1-9] 오스터

9) 파이프 커터(Pipe Cutter)

금속관을 절단할 때 사용하는 것으로, 굵은 금속관을 파이프 커터로 70[%] 정도 끊고 나머지를 쇠톱으로 자르면 작업시간이 단축된다.

10) 토치 램프(Torchlamp)

합성수지전선관(PVC전선관)의 가공에 열을 가하여 구부릴 때 사용한다.

11) 프레셔 툴(Presure Tool)

솔더리스(납땜할 수 없는) 커넥터 또는 솔더리스 터미널을 압착하는 데 사용한다.

[그림 1-10] 프레셔 툴

12) 파이어 포트(Fire Pot)

납땜 인두를 가열하거나 납땜 냄비를 올려서 납물을 만드는 데 사용하는 일종의 화로이다.

13) 녹아웃 펀치(Knock Out Punch)

배전반, 분전반 등의 배관을 변경하거나, 이미 설치되어 있는 캐비닛에 구멍을 뚫을 때 사용한다.

[그림 1-11] 녹아웃 펀치

14) 파이프 렌치(Pipe Wrench)

금속관을 커플링으로 접속하거나 풀 때 금속관과 커플링을 물고 죄는 공구이다.

15) 리머(Reamer)

금속관을 쇠톱이나 커터로 끊은 경우, 관 안의 날카로운 것을 다듬는 공구이다.

[그림 1-12] 리머

16) 홀소(Hole Saw)

녹아웃 펀치와 같은 용도로 배전반, 분전반 등의 캐비닛에 구멍을 뚫을 때 사용한다.

[그림 1-13] 홀소

17) 드라이베이트(Driveit)

화약의 폭발력을 이용하여 철근 콘크리트 등의 단단한 조영물에 드라이브이트 핀을 박을 때 사용하는 것으로 취급자는 보안상 훈련을 받아야 한다.

[그림 1-14] 드라이베이트

18) 피시 테이프(Fish Tape)

전선관에 전선을 넣을 때 사용되는 평각 강철선이다.

[그림 1-15] 피시 테이프

19) 철망 그립(Pulling Grip)

여러 가닥의 전선을 전선관에 넣을 때 사용하는 공구이다.

20) 전선 피박기

가공 배전선로에서 활선 상태인 전선의 피복을 벗기는 공구이다.

[그림 1-16] 전선 피박기

예제 16 금속 전선관 작업에서 나사를 낼 때 필요한 공구는?

① 파이프 벤더　　　　　　　　　② 클리퍼

③ 오스터　　　　　　　　　　　④ 파이프 렌치

풀이
- 파이프 벤더 : 금속관을 구부리는 공구
- 클리퍼 : 굵은 전선이나 케이블을 절단할 때 사용하는 공구
- 오스터 : 금속관 끝에 나사를 내는 공구
- 파이프 렌치 : 배관 접속작업 시 배관을 고정하거나 돌려서 나사 이음하는 데 사용하는 공구

답 ③

예제 17 다음 중 녹아웃 펀치와 용도가 같은 공구는 어느 것인가?

① 리머   ② 오스터

③ 볼트 클리퍼   ④ 홀소

풀이
- 녹아웃 펀치 : 캐비닛에 구멍을 뚫을 때 사용하는 공구
- 리머 : 금속관 절단 시 관의 절단면을 다듬는 공구
- 오스터 : 금속관 끝에 나사를 내는 공구
- 볼트 클리퍼 : 철선이나 전선의 절단에 사용하는 공구
- 홀소 : 녹아웃 펀치와 같은 용도로 배전반, 분전반 등의 캐비닛에 구멍을 뚫을 때 사용

답 ④

예제 18 화약의 폭발력을 이용하여 콘크리트에 구멍을 뚫는 공구는?

① 해머 드릴   ② 드라이베이트 툴

③ 카바이드 드릴   ④ 익스팬션 볼트

풀이
- 해머 드릴 : 드릴날의 회전 시 해머로 때리는 효과가 합쳐져 콘크리트벽 등을 빠른 속도로 천공하는 공구
- 드라이베이트 툴 : 화약의 폭발력을 이용하여 구멍을 뚫을 때 사용하는 공구
- 카바이드 드릴 : 경도 및 내마모성이 큰 금속인 카바이드로 구성된 드릴
- 익스팬션 볼트 : 콘크리트에 박아 사용하는 볼트로 끝이 쪼개져서 벌어지게 되어 있는 볼트

답 ②

예제 19 다음 중 피시 테이프의 용도는 무엇인가?

① 전선을 테이핑하기 위해서   ② 전선관의 끝마무리를 위해서

③ 배관에 전선을 넣을 때   ④ 합성수지관을 구부릴 때

풀이 **피시 테이프** : 전선관에 전선을 넣을 때 사용하는 강철선

답 ③

예제 20 다음 중 금속관에 여러 가닥의 전선을 넣을 때 매우 편리하게 넣을 수 있는 방법으로 쓰이는 것은?

① 철선   ② 철망 그립

③ 피시 테이프   ④ 부싱

풀이
- 철망 그립 : 여러 가닥의 전선을 전선관에 넣을 때 사용하는 공구
- 부싱 : 금속관의 끝에 취부하는 전선의 손상 방지를 위한 부품

답 ②

3 측정

1) 저압 옥내배선의 검사 순서

점검 → 절연저항 측정 → 접지저항 측정 → 통전시험

2) 절연저항 측정 : 메거

① 대지에 대한 전선의 절연저항 측정
② 전선피복의 절연저항 측정
③ 저압 옥내배선용에는 500[V]용 메거 사용

3) 접지저항 측정 : 메거

① 콜라시브리지를 이용한 콜라시브리지법
② 접지저항계(Earth Tester, 어스 테스터)를 사용하는 법
③ 교류 전압계와 전류계를 이용한 방법

4) 저압 활선 상태 확인 : 네온 검전기

저압 전선의 충전 유무를 검사

예제 21 다음 중 옥내에 시설하는 저압전로와 대지 사이의 절연저항 측정에 사용되는 계기는 어느 것인가?

① 메거
② 어스 테스터
③ 회로 시험기
④ 콜라시 브리지

풀이 • 메거 : 절연저항 측정에 사용
• 어스 테스터 : 접지저항 측정에 사용
• 회로 시험기 : 테스터 저항, 전압, 전류 등의 측정에 사용
• 콜라시 브리지 : 접지저항이나 전해액의 저항 측정에 사용

답 ①

예제 22 다음 중 400[V] 이하의 저압 옥내배선의 절연저항 측정에 적당한 절연저항계는 어느 것인가?

① 100[V] 메거
② 250[V] 메거
③ 500[V] 메거
④ 1,000[V] 메거

풀이 저압 옥내배선용에는 500[V] 메거를 사용한다.

답 ③

예제 23 다음 중 접지저항의 측정에 쓰이는 측정기는 어느 것인가?

① 회로 시험기   ② 변류기

③ 검전기   ④ 어스 테스터

풀이
- 어스 테스터 : 접지저항 측정에 사용
- 변류기 : 전류를 측정하기 위하여 큰 전류를 작은 전류로 변경해주는 장치
- 검전기 : 물체의 대전 여부나 전로의 충전 유무를 확인하는 기기

답 ④

예제 24 다음의 검사 방법 중 옳은 것은?

① 어스 테스터로서 절연저항을 측정한다.

② 검전기로서 전압을 측정한다.

③ 메거로서 회로의 저항을 측정한다.

④ 콜라시 브리지로 접지저항을 측정한다.

풀이 **콜라시 브리지** : 접지저항이나 전해액의 저항 측정에 사용

답 ④

01 전선의 피복 벗기기

1 전선의 피복 벗기기 일반 사항

절연피복을 벗기는 데는 펜치가 아닌 칼 또는 와이어 스트리퍼를 사용하고, 고무절연선 및 비닐절연선은 연필 모양으로 피복을 벗겨야 한다.

2 전선의 접속 요건

① 접속 시 전기적 저항을 증가시키지 않는다.
② 접속 부위의 기계적 강도를 20[%] 이상 감소시키지 않는다.
③ 접속점의 절연이 약화되지 않도록 테이핑 또는 와이어 커넥터로 절연한다.
④ 전선의 접속은 박스 안에서 하고, 접속점에 장력이 가해지지 않도록 한다.
⑤ 구리 전선과 전기기구 단자의 접속 시 전선을 나사로 고정할 경우 진동 등으로 헐거워질 우려가 있는 장소에는 2중 너트, 스프링 와셔 및 나사 풀림 방지기구가 있는 것을 사용한다.

01 전선을 접속하는 경우 전선의 강도는 몇 [%] 이상 감소시키지 않아야 하는가?

① 10 ② 20 ③ 40 ④ 80

전선접속 부위의 기계적 강도를 20[%] 이상 감소시키지 않아야 한다.

답 ②

---

02 다음 중 전선접속법에 대한 설명으로 틀린 것은 어느 것인가?

① 접속 부분의 전기 저항을 증가시킨다.
② 접속 부분에는 납땜을 한다.
③ 전선의 강도를 20[%] 이상 감소시키지 않는다.
④ 접속 부분에는 전선접속 기구를 사용한다.

접속 시 전기적 저항을 증가시키지 않아야 한다.

답 ①

---

02   동전선의 접속

1 직선 접속

1) 단선의 직선 접속

6 [mm²] 이하의 가는 단선은 트위스트 접속(Twist Joint, Union Splice), 10[mm²] 이상의 굵은 단선의 접속은 브리타니아 접속(Britania Joint)으로 한다.

① 트위스트 접속
  ㉠ 피복을 120[mm] 벗기고, 두 심선을 120°의 각도로 서로 교차시킨다(a).
  ㉡ 심선 교차점의 오른쪽을 펜치로 잡고, 심선을 듬성듬성하게 1회 정도 꼰다(b, c).
  ㉢ 심선의 끝을 다른 심선에 직각이 되도록 세우고 4~5회 정도 조밀하게 감은 다음 잘라 버리고 끝을 펜치로 오므린다(d).
  ㉣ 완성된 그림(e)

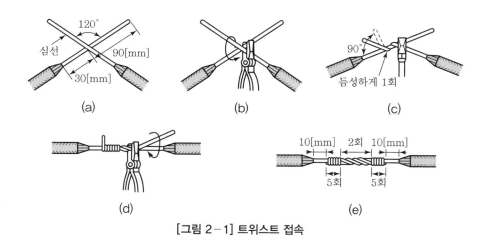

[그림 2-1] 트위스트 접속

② 브리타니아 접속

　　㉠ 전선 지름의 약 20배 정도 피복을 벗기고, 두 전선의 접속 부분을 서로 겹친 뒤 약
　　　120[mm] 길이의 첨선을 댄다(a).

　　㉡ 첨선을 전선접속 부분의 중앙에 대고 듬성하게 2회 감고, 양쪽을 조밀하게 감는
　　　다(b).

　　㉢ 심선의 끝을 위로 세워 적당히 잘라 버리고 조인트 선을 5회 정도 감은 다음 첨선
　　　과 함께 8[mm] 정도 꼬아 남기고 나머지는 잘라 버린다(c, d).

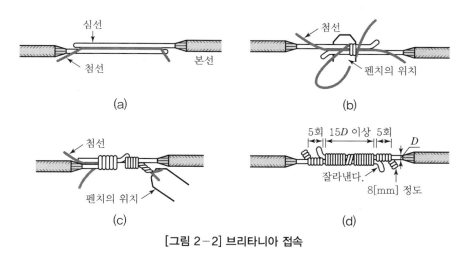

[그림 2-2] 브리타니아 접속

2) 연선의 직선 접속

권선 직선 접속은 단선의 브리타니아 접속과 같은 방법으로 접속선을 사용하여 접속하
는 방법이고, 단권 직선 접속은 소선 자체를 감아서 접속하는 방법이다.

① 권선 직선 접속
  ㉠ 두 연선의 피복을 약 80[mm] 정도 벗기고, 소선의 끝을 잡아당겨 곧게 편다(a).
  ㉡ 중심의 소선 한 가닥을 약 1/4 길이만 남기고 각각 잘라 버린다(b).
  ㉢ 잘라낸 중심선 끝을 맞대고, 소선들을 한 가닥씩 엇갈리게 하여 합치고 첨선을 댄다(b).
  ㉣ 합친 소선의 중앙 부분에 조인트 선의 중간을 1회 감은 다음 오른쪽으로 연선 지름의 5배 정도 감고 소선을 구부려 잘라낸다(c).
  ㉤ 조인트 선을 5회 정도 더 감고 첨선과 함께 꼬아서 8[mm] 길이만 남기고 잘라 낸다(d).

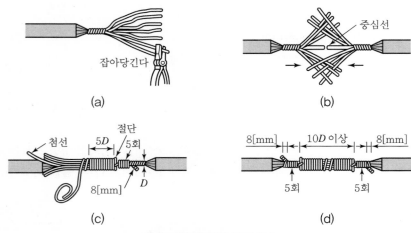

[그림 2-3] 권선 직선 접속

② 단권 직선 접속
  ㉠ 두 연선의 피복을 약 150[mm] 정도 벗기고, 소선의 끝을 잡아당겨 곧게 편다(a).
  ㉡ 중심의 소선을 약 1/4 길이만 남기고 각각 잘라 버린다(b).
  ㉢ 잘라낸 중심선 끝을 맞대고, 소선들을 한 가닥씩 엇갈리게 합치고 심선 한 가닥씩을 서로 비틀어 세워놓는다(b, c).
  ㉣ 위로 향한 심선을 펜치로 잡고 오른쪽으로 5회 정도 감고 나머지 부분을 잘라 버린다(d).
  ㉤ 감기가 끝난 부분에서 또 하나의 소선을 위로 세워 3회 정도 감고 나머지 부분은 잘라 버린다(d). 이 과정을 남아 있는 소선에 대해 반복한다.

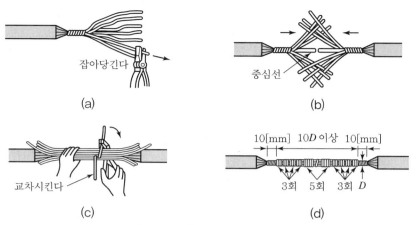

[그림 2-4] 단권 직선 접속

③ 복권 직선 접속

소선 자체를 감아서 접속하는 방법으로, 단권 접속에 있어서 소선을 하나씩 감았던 것을 그림과 같이 소선 전부를 한꺼번에 감는다.

㉠ 가는 연선의 접속에 사용하는 방법으로, 접속할 두 연선의 피복을 약 150[mm] 정도 벗긴다.

㉡ 소선 전체를 한꺼번에 오른쪽과 왼쪽으로 감아 붙인다.

[그림 2-5] 복권 직선 접속

❷ 분기 접속

1) 단선의 분기 접속

① 트위스트 분기 접속

단선의 분기 접속에 있어서 굵기가 6[mm²] 이하의 가는 전선은 그림과 같이 트위스트 접속으로 한다.

㉠ 본선은 약 30[mm], 분기선은 약 120[mm] 정도의 길이로 피복을 벗긴다(a).

㉡ 펜치로 피복 부분을 잡고 피복 끝부분부터 10[mm] 정도 되는 곳에서 손으로 분기선을 본선에 듬성듬성하게 1회 감는다(b).

㉢ 분기선의 끝을 본선에 수직으로 세우고 5~6회 정도 조밀하게 감고 나머지는 잘라낸다(c).

㉣ 잘라낸 끝은 펜치로 오므려 눌러 놓는다(d).

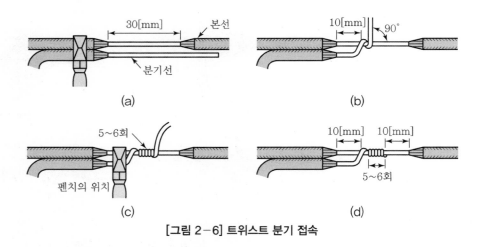

[그림 2-6] 트위스트 분기 접속

② 브리타니아 분기 접속

10[mm²] 이상의 굵은 단선의 분기 접속은 그림과 같이 브리타니아 분기 접속으로 한다.

㉠ 본선의 중간 접속 부분을 심선 지름의 30배 정도 피복을 벗기고 본선의 15[mm]
   되는 곳에서 분기선의 심선이 본선과 나란하게 합쳐지도록 구부리고 첨선을 얹
   어 일치시킨다(a).

㉡ 첨선을 전선접속 부분의 중앙에 대고 조인트 선을 듬성하게 2회 감고, 조인트 선
   을 조밀하게 5회 정도 더 감는다(b).

㉢ 첨선과 함께 8[mm] 정도 꼬아 남기고 나머지는 잘라 버린다. 왼쪽도 같은 방법으
   로 접속한다(c, d).

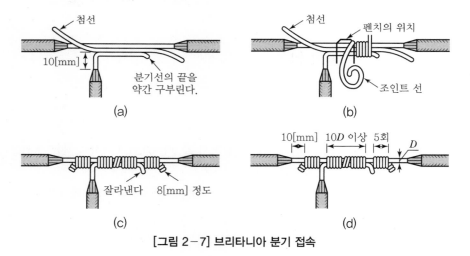

[그림 2-7] 브리타니아 분기 접속

2) 연선의 분기 접속

권선 분기 접속은 첨선과 조인트 선을 사용하여 접속하는 방법이고, 단권 분기 접속은 소선 자체를 이용하는 접속 방법이다.

① 권선 분기 접속
   ㉠ 두 연선의 피복을 약 60[mm] 정도 벗기고, 분기선의 소선을 곧게 편다(a).
   ㉡ 첨선을 대고 조인트 선으로 연선 지름의 10배 이상 오른쪽으로 감아나가고, 분기선의 소선을 구부려 자른 다음 조인트 선을 계속하여 본선에만 5회 정도 감는다(b).
   ㉢ 첨선과 함께 꼬아서 8[mm] 정도 남기고 자른다(c).
   ㉣ 왼쪽 조인트 선도 왼쪽으로 5회 정도 감고, 첨선과 함께 꼬아서 8[mm] 정도 남기고 자른다(c).

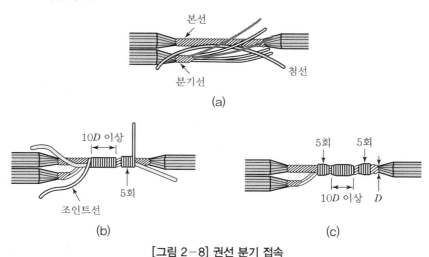

[그림 2-8] 권선 분기 접속

② 단권 분기 접속
   ㉠ 본선은 약 60[mm], 분기선은 120[mm]의 길이로 피복을 벗기고 곧게 편다.
   ㉡ 본선의 심선을 감싸는 것과 같이 하여 본선에 댄다.
   ㉢ 피복의 끝부분으로부터 10[mm] 정도 되는 곳에서 분기선의 소선 한 가닥을 펜치로 잡아 수직으로 세우고, 5회 정도 감아 붙인 다음 잘라낸다.
   ㉣ 다음의 소선을 수직으로 세워 3회 정도 감아 붙인 다음 잘라낸다.
   ㉤ 나머지 소선들도 같은 방법으로 차례로 작업하여 3회씩 감아나간다. 전체 길이 직경 $10D$ 이상으로 접속한다.

③ 기타 접속

1) 쥐꼬리 접속

접속함(정션 박스) 안에 가는 전선을 접속할 때에는 쥐꼬리 접속으로 한다. 접속한 후에는 와이어 커넥터를 사용하거나 절연테이프를 감아 절연 처리한다.

① 굵기가 같은 두 단선의 쥐꼬리 접속
   ㉠ 접속하려는 비닐절연전선의 피복을 45~50[mm] 정도 벗긴다(a).
   ㉡ 두 전선을 합쳐 펜치로 잡고, 심선을 90°로 벌린 뒤 오른손으로 1회 비틀어놓는다(b, c).
   ㉢ 펜치로 꼰 심선의 끝을 잡고 심선을 잡아당기면서 1~2회 꼰다(d).
   ㉣ 테이프 감기를 할 때에는 심선을 4회 이상 꼬고 끝을 약 5[mm] 정도 구부린다. 커넥터를 사용할 때에는 심선을 2~3회 꼬고 끝을 잘라낸다.

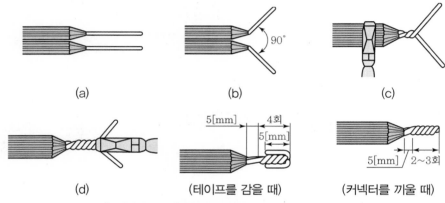

[그림 2-9] 굵기가 같은 두 단선의 쥐꼬리 접속

② 굵기가 다른 두 단선의 쥐꼬리 접속
   ㉠ 접속하려는 굵은 전선(50[mm])과 가는 비닐절연전선(100[mm])의 피복을 벗긴다(a).
   ㉡ 두 전선을 펜치로 잡고, 굵은 심선에 가는 심선을 듬성하게 1회 감은 다음 조밀하게 5회 이상 감고 나머지는 잘라낸다(b).
   ㉢ 굵은 심선의 끝을 10[mm] 정도 구부리고 나머지를 잘라낸 다음 펜치로 눌러놓는다(c).

[그림 2-10] 굵기가 다른 두 단선의 쥐꼬리 접속

2) 링 슬리브(종단 겹침용 슬리브)를 이용한 접속

링 슬리브를 이용한 접속은 구리선 또는 알루미늄선 공용인 Al-Cu재를 사용한다.

① 접속 방법

　　㉠ 접속하려는 전선의 피복을 링 슬리브의 길이보다 약 10[mm] 정도 더 길게 벗겨
　　　 낸다.

　　㉡ 구리선의 경우에는 심선을 나란히 하고, 알루미늄선인 경우에는 2~3회 꼬고 링
　　　 슬리브에 끼운 후 압착 펜치로 2개소 압착한다(a, b, c).

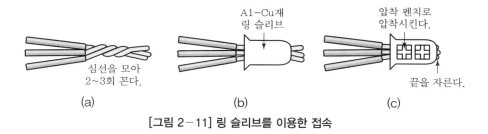

[그림 2-11] 링 슬리브를 이용한 접속

3) 전선과 단자의 접속

① 동관단자 접속 : 홈에 납물과 전선을 동시에 넣어 냉각시키면 된다.
② 압착단자 접속 : 동관단자와 같이 시공에 시간과 노력이 많이 드는 결점을 보충하기
　　위해 납땜이 필요 없는 압착단자를 사용한다.

4) 전선접속 슬리브의 주요 용도

① 직선 맞대기형 슬리브(B형) : 단선 및 연선의 직선 접속
② C형 슬리브 : 굵은 전선을 박스 안에서 접속(종단 접속)
③ 종단 겹칩용 슬리브(E형) : 가는 전선을 박스 안에서 접속(종단 접속)
④ 직선 겹칩용 슬리브(P형) : 구리 전선의 종단 접속
⑤ S형 슬리브 : 단선 및 연선의 직선 접속 및 분기 접속

예제 03 전선 6[mm²] 이하의 가는 단선을 직선 접속할 때 어느 방법으로 하여야 하는가?

① 브리타니아 접속
② 트위스트 접속
③ 슬리브 접속
④ 우산형 접속

풀이 **트위스트 접속** : 6[mm²] 이하의 가는 단선의 직선 접속

답 ②

예제 04 단선의 브리타니아(Britania) 직선 접속 시 전선 피복을 벗기는 길이는 전선 지름의 약 몇 배로 하는가?

① 5배
② 10배
③ 20배
④ 30배

풀이 **브리타니아 직선 접속**
전선 지름의 약 20배 정도 피복을 벗기고, 두 전선의 접속 부분을 서로 겹친 뒤 약 120[mm] 길이의 첨선을 댄다.

답 ③

예제 05 기구 단자에 전선접속 시 진동 등으로 헐거워지는 염려가 있는 곳에 사용되는 것은?

① 스프링 와셔
② 2중 볼트
③ 삼각 볼트
④ 접속기

풀이 「한국전기설비규정 234.4.3 1항의 가」 전선을 나사로 고정할 경우에 나사가 진동 등으로 헐거워질 우려가 있는 장소는 2중 너트, 스프링와셔 및 나사 풀림 방지기구가 있는 것을 사용해야 한다.

답 ①

예제 06 전선과 기구 단자 접속 시 나사를 덜 죄었을 경우 발생할 수 있는 위험과 거리가 먼 것은?

① 누전
② 화재 위험
③ 과열 발생
④ 저항 감소

풀이 접속이 완전하지 않을 때 접촉 저항이 증가하여 줄(Joule)열이 증가하고, 이로 인해 절연체의 열화로 누전 및 화재발생의 우려가 있다.

답 ④

예제 07 전선접속 시 사용되는 슬리브(Sleeve)의 종류가 아닌 것은?

① D형
② S형
③ E형
④ P형

풀이
• S형 : 단선 및 연선의 직선 접속 및 분기 접속에 사용
• E형 : 가는 전선을 박스 안에서 접속(종단 접속)에 사용
• P형 : 구리 전선의 종단 접속에 사용

답 ①

예제 08 옥내배선에서 주로 사용하는 직선 접속 및 분기 접속 방법은 어떤 것을 사용하여 접속하는가?

① 동선압착단자
② 슬리브
③ 와이어 커넥터
④ 꽂음형 커넥터

풀이 **슬리브** : 형태에 따라 직선 접속, 분기 접속, 종단 접속 등에 사용

답 ③

예제 09 절연전선을 서로 접속할 때 사용하는 방법이 아닌 것은?

① 커플링에 의한 접속
② 와이어 커넥터에 의한 접속
③ 슬리브에 의한 접속
④ 슬리브에 의한 접속

풀이 커플링은 전선관을 서로 접속할 때 사용하는 부품이다.

답 ①

예제 10 S형 슬리브를 사용하여 전선을 접속하는 경우의 유의사항이 아닌 것은?

① 전선은 연선만 사용이 가능하다.
② 전선의 끝은 슬리브의 끝에서 조금 나오는 것이 좋다.
③ 슬리브는 전선의 굵기에 적합한 것을 사용한다.
④ 도체는 샌드페이퍼 등으로 닦아서 사용한다.

풀이 S형 슬리브 : 단선 및 연선의 직선 접속 및 분기 접속에 사용

답 ①

예제 11 다음 중 동전선의 접속에서 직선 접속에 해당하는 것은?

① 직선 맞대기용 슬리브(B형)에 의한 압착 접속
② 비틀어 꽂는 형의 전선접속기에 의한 접속
③ 종단 겹칩용 슬리브(E형)에 의한 접속
④ 동선압착단자에 의한 접속

풀이 ① 직선 접속
②, ③, ④ 종단 접속

답 ①

예제 12 박스 내에서 가는 전선을 접속할 때의 접속 방법으로 가장 적합한 것은?

① 트위스트 접속
② 쥐꼬리 접속
③ 브리타니아 접속
④ 슬리브 접속

풀이 접속함(정선 박스) 안에서 가는 전선을 접속할 때에는 쥐꼬리 접속을 한다.

답 ②

예제 13 정선 박스 내에서 절연전선을 쥐꼬리 접속한 후 접속과 절연을 위해 사용되는 재료는?

① 링형 슬리브
② S형 슬리브
③ 와이어 커넥터
④ 터미널 러그

풀이 접속함(정선 박스) 안에서 가는 전선을 접속할 때에는 쥐꼬리 접속을 한 뒤 와이어 커넥터를 사용하거나 절연테이프를 감아 절연 처리한다.

답 ③

03   알루미늄전선의 접속

1 직선 접속

이 접속은 주로 인입선과 인입구 배선과의 접속 등과 같이 장력이 걸리지 않는 장소에 사용한다. 전선접속기는 알루미늄전선, 동전선 공용이다.

2 분기 접속

이 접속은 주로 간선에서 분기선을 분기하는 경우 등에 사용한다. 전선접속기는 그 단면 형태에 따라 C형, E형, H형, 6형 등의 종류가 있고, 알루미늄전선 전용의 것 및 알루미늄 전선, 동전선 공용의 것 등 여러 가지 종류가 있다.

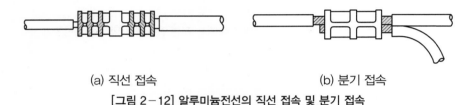

(a) 직선 접속   (b) 분기 접속

[그림 2-12] 알루미늄전선의 직선 접속 및 분기 접속

3 종단 접속

1) 종단 겹침용 슬리브에 의한 접속

[그림 2-13] (a)의 왼쪽 형태 접속은 주로 가는 전선을 박스 안에서 접속할 때에 사용하고 오른쪽의 접속은 리드선이 붙은 조명기구 등의 접속에 사용한다. 압축공구를 사용하여 보통 2개소를 압착한다.

2) 비틀어 꽂는 형의 전선접속기에 의한 접속

주로 가는 전선을 박스 안 등에서 사용하며 제작자의 시방에 의하여 전선을 닦지 않아도 된다고 보증된 경우는 전선 닦기를 생략할 수 있다.

3) C형 전선접속기 등에 의한 접속

주로 굵은 전선을 박스 안 등에서 접속할 때 사용하며 전선접속기는 분기 접속에 사용하는 것과 같은 것을 사용한다.

4) 터미널 러그에 의한 접속

이 접속 방법은 주로 굵은 전선을 박스 안 등에서 접속할 때 사용한다.

(a) 종단 겹침용 슬리브에 의한 접속   (b) 비틀어 꽂는 형의 전선접속기에 의한 접속

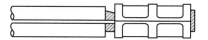

(c) C형 전선접속기 등에 의한 접속   (d) 터미널 러그에 의한 접속

[그림 2 - 13] 알루미늄전선의 종단 접속

예제 14 나전선 상호 또는 나전선과 절연전선, 캡타이어 케이블 또는 케이블과 접속하는 경우 바르지 못한 방법은?

① 전선의 세기를 20[%] 이상 감소시키지 않을 것

② 알루미늄전선과 구리전선을 접속하는 경우에는 접속 부분에 전기적 부식이 생기지 않도록 할 것

③ 코드 상호, 캡타이어 케이블 상호, 케이블 상호, 또는 이들 상호를 접속하는 경우에는 코드 접속기 · 접속함 기타의 기구를 사용할 것

④ 알루미늄전선을 옥외에 사용하는 경우에는 반드시 트위스트 접속을 할 것

풀이 「한국전기설비규정 234.4.3 2~3항」 알루미늄전선을 접속할 때에는 터미널 러그, 전선접속기 등으로 접속하여야 한다.

답 ④

예제 15 다음 중 굵은 Al선을 박스 안에서 접속하는 방법으로 적합한 것은?

① 링 슬리브에 의한 접속

② 비틀어 꽂는 형의 전선접속기에 의한 방법

③ C형 접속기에 의한 접속

④ 맞대기용 슬리브에 의한 압착 접속

풀이 알루미늄(Al) 굵은 전선의 종단 접속은 단면 형태가 C형 접속기, 터미널 러그 등을 사용하여 접속한다.

답 ③

예제 16 알루미늄전선의 접속 방법으로 적합하지 않은 것은?

① 직선 접속   ② 분기 접속

③ 종단 접속   ④ 트위스트 접속

풀이 **트위스트 접속** : 6[mm²] 이하의 가는 단선(동전선)의 직선 접속에 사용

답 ④

04   테이프의 종류

1 면 테이프(Black Tape)

건조한 목면 테이프, 즉 거즈 테이프(Gaze Tape)에 검은색 점착성의 고무 혼합물을 양면에 함침시킨 것으로 접착성이 강하다.

※ 점착 : 접착의 일종으로 물, 용제, 열 등을 사용하지 않고 상온에서 단시간, 작은 압력을 가하는 것만으로 접착하는 것

2 고무 테이프(Rubbr Tape)

① 절연성 혼합물을 압연하여 이를 가황한 다음 표면에 고무풀을 칠한 것으로, 서로 밀착되지 않도록 적당한 격리물을 사이에 넣어 같이 감은 것이다.
② 비닐 테이프보다 내전압이 높고, 고무의 자기융착성 때문에 방수 성능이 우수하다.

3 비닐 테이프(Vinyl Tape)

① 염화비닐 콤파운드로 만든 것으로, 두께는 0.15, 0.20, 0.25[mm] 세 가지가 있다.
② 테이프의 색은 흑색, 흰색, 회색, 파랑, 녹색, 노랑, 갈색, 주황, 적색 9종류이다.

4 리노 테이프(Lino Tape)

① 면 테이프의 양면에 바니스를 칠하여 건조시킨 것이다.
② 점착성은 없으나 절연성, 내온성 및 내유성이 있으므로 연피케이블 접속에는 반드시 사용한다.

5 자기융착 테이프

① 약 2배 정도 늘이고 겹쳐서 감으면 서로 융착되어 벗겨지는 일이 없다.
② 내오존성, 내수성, 내약품성, 내온성이 우수해서 오래도록 열화하지 않기 때문에 비닐 외장 케이블 및 클로로프렌 외장 케이블의 접속에 사용된다.

예제 17 연피케이블의 접속에 반드시 사용되는 테이프는?

① 고무 테이프   ② 비닐 테이프

③ 리노 테이프   ④ 자기융착 테이프

풀이   **리노 테이프**

점착성은 없으나 절연성, 내온성, 내유성이 있어서 연피케이블 접속 시 사용한다.

답 ③

예제 18 점착성은 없으나 절연성, 내온성, 내유성이 좋아 연피케이블의 접속에 사용되는 테이프는?

① 고무 테이프   ② 리노 테이프

③ 비닐 테이프   ④ 자기융착 테이프

풀이   **리노 테이프**

점착성은 없으나 절연성, 내온성, 내유성이 있어서 연피케이블 접속 시 사용한다.

답 ②

예제 19 전선접속에 있어서 클로로프렌 외장 케이블의 접속에 쓰이는 테이프는?

① 블랙 테이프   ② 리노 테이프

③ 비닐 테이프   ④ 자기융착 테이프

풀이   **자기융착 테이프**

내오존성, 내수성, 내약품성, 내온성이 우수해서 오래도록 열화하지 않기 때문에 비닐 외장 케이블 및 클로로프렌 외장 케이블의 접속에 사용된다.

답 ④

01   전선관 시스템

1 합성수지관 공사

1) 합성수지관의 특징

① 금속관보다 가격이 싸고 가벼워 시공이 용이하다.
② 절연성 및 내식성이 좋으며 녹슬지 않는다.
③ 비자성체이므로 접지할 필요가 없고, 피뢰기·피뢰침의 접지선 보호에 적당하다.
④ 열에 약하며 금속관에 비해 기계적 충격에 취약하다.

예제 01   **다음 중 합성수지관 공사의 장점으로 틀린 것은?**

    ① 무게가 가볍고 시공이 쉽다.
    ② 누전의 우려가 없다.
    ③ 고온 및 저온의 곳에서 사용하기 좋다.
    ④ 부식성의 가스 또는 용액이 발산되는 곳에서 적당하다.

풀이   **합성수지관** : 열에 약하여 고온의 환경에서는 사용하기에 적합하지 않다.

                                                               답 ③

---

2) 시설 조건

① 합성수지관 배선은 절연전선을 사용하여야 한다(옥외용 비닐절연전선은 제외).
② 전선은 연선이어야 한다. 다만, 다음의 것은 적용하지 않는다.

　　　　㉠ 짧고 가는 합성수지관에 넣은 것

　　　　㉡ 단면적 10[mm²](알루미늄선은 단면적 16[mm²]) 이하의 것

　③ 전선은 합성수지관 안에서 접속점이 없도록 한다.

　④ 중량물의 압력이나 또는 현저한 기계적 충격을 받을 우려가 없도록 시설한다.

예제 02 합성수지관에 사용할 수 있는 단선(동전선)의 최대 규격은 몇 [mm²]인가?

　　① 2.5　　　　　　② 4　　　　　　③ 6　　　　　　④ 10

풀이　「한국전기설비규정 232.11.1 2항」 전선은 연선이어야 하나, 동선은 단면적 10[mm²], 알루미늄선은 단면적 16[mm²] 이하의 단선은 사용이 가능하다.

　　　　　　　　　　　　　　　　　　　　　　　　　　　　　　　🔲 ④

---

3) 합성수지관 및 부속품의 선정

① 관의 끝부분 및 안쪽 면은 전선의 피복을 손상하지 아니하도록 매끈한 것이어야 한다.

② 관의 두께는 2[mm] 이상이어야 한다.

4) 합성수지관 및 부속품의 시설

① 관 상호 간 및 박스와는 관을 삽입하는 깊이를 관의 바깥지름의 1.2배(접착제를 사용하는 경우에는 0.8배) 이상으로 하고 또한 꽂음 접속에 의하여 견고하게 접속한다.

② 관의 지지점 간의 거리는 1.5[m] 이하로 하고, 또한 그 지지점은 관의 끝·관과 박스의 접속점 및 관 상호 간의 접속점 등에 가까운 곳에 시설한다.

③ 습기가 많은 장소 또는 물기가 있는 장소에 시설하는 경우에는 방습 장치를 설치한다.

④ 합성수지관을 금속제의 박스에 접속하여 사용하는 경우 또는 분진 방폭형 가요성 부속을 사용하는 경우에는 박스 또는 분진 방폭형 가요성 부속에 접지공사를 한다. 다만, 사용전압이 400[V] 이하로서 다음 중 하나에 해당하는 경우에는 그러하지 않는다.

　　㉠ 건조한 장소에 시설하는 경우

　　㉡ 옥내배선의 사용전압이 직류 300[V] 또는 교류 대지 전압이 150[V] 이하로서 사람이 쉽게 접촉할 우려가 없도록 시설하는 경우

⑤ 합성수지관을 풀박스에 접속하여 사용하는 경우 "①"의 규정에 준하여 시설한다. 다만, 기술상 부득이한 경우에 관 및 풀박스를 건조한 장소에서 불연성의 조영재에 견고하게 시설하는 때에는 그러하지 않는다.

⑥ 콤바인 덕트관은 직접 콘크리트에 매입(埋入)하여 시설하거나 옥내 전개된 장소에 시설하는 경우 이외에는 불연성 마감재 내부, 전용의 불연성 관 또는 덕트에 넣어 시설한다.

⑦ 합성수지제 휨(가요) 전선관 상호 간은 직접 접속하지 않는다.

예제 03 접착제를 사용하여 합성수지관을 삽입해 접속할 경우 관의 깊이는 합성수지관 외경의 최소 몇 배인가?

① 0.8배   ② 1.2배   ③ 1.5배   ④ 1.8배

풀이 「한국전기설비규정 232.11.3 1항」 관 상호 간 및 박스와는 관을 삽입하는 깊이를 관의 바깥지름의 1.2배(접착제를 사용하는 경우에는 0.8배) 이상으로 하고 또한 꽂음 접속에 의하여 견고하게 접속한다.

답 ①

예제 04 합성수지관 상호 및 관과 박스는 접속 시에 삽입하는 깊이를 관 바깥지름의 몇 배 이상으로 하여야 하는가?(단, 접착제를 사용하지 않은 경우이다.)

① 0.2   ② 0.5   ③ 1   ④ 1.2

풀이 「한국전기설비규정 232.11.3 1항」 관 상호 간 및 박스와는 관을 삽입하는 깊이를 관의 바깥지름의 1.2배(접착제를 사용하는 경우에는 0.8배) 이상으로 하고 또한 꽂음 접속에 의하여 견고하게 접속한다.

답 ④

예제 05 합성수지관 공사에서 관의 지지점 간 거리는 최대 몇 [m]인가?

① 1   ② 1.2   ③ 1.5   ④ 2

풀이 「한국전기설비규정 232.11.3 2항」 관의 지지점 간의 거리는 1.5[m] 이하로 하고, 또한 그 지지점은 관의 끝·관과 박스의 접속점 및 관 상호 간의 접속점 등에 가까운 곳에 시설한다.

답 ③

예제 06 합성수지관 공사에 대한 설명 중 옳지 않은 것은?

① 습기가 많은 장소나 물기가 있는 장소에 시설하는 경우에는 방습 장치를 한다.
② 관 상호 간 및 박스와는 관을 삽입하는 깊이를 관의 바깥지름의 1.2배 이상으로 한다.
③ 관의 지지점 간의 거리는 3[m] 이상으로 한다.
④ 합성수지관 안에는 전선에 접속점이 없도록 한다.

풀이 「한국전기설비규정 232.11.3 2항」 관의 지지점 간의 거리는 1.5[m] 이하로 하고, 또한 그 지지점은 관의 끝·관과 박스의 접속점 및 관 상호 간의 접속점 등에 가까운 곳에 시설한다.

답 ③

5) 합성수지관의 종류

① 경질비닐 전선관

ㄱ 특징

- 염화비닐수지로 압출 가공한 전선관(PVC관)
- 토치램프나 히트건 등으로 가열하여 가공한다.

ㄴ 호칭

- 관의 굵기를 안지름의 크기에 가까운 짝수로 표시한다.
- 지름 14~100[mm]로 10종이다. (14, 16, 22, 28, 36, 42, 54, 70, 82, 100[mm])
- 1본의 길이는 4[m]로 제작한다.

ㄷ 규격

[표 3-1] 경질비닐 전선관의 치수

관의 호칭	바깥지름 [mm]	바깥지름의 허용차 [mm]	두께 [mm]	두께의 허용차 [mm]
14	18.0	±0.20	2.0	±0.2
16	22.0	±0.20	2.0	±0.2
22	26.0	±0.25	2.0	±0.2
28	34.0	±0.30	3.0	±0.3
36	42.0	±0.35	3.5	±0.4
42	48.0	±0.40	4.0	±0.4
54	60.0	±0.50	4.5	±0.4
70	76.0	±0.50	4.5	±0.4
82	89.0	±0.50	5.9	±0.4
100	114.0	±0.60	6.5	±0.5

② 폴리에틸렌 전선관(PE, PF관)

ㄱ 특징

- 열을 가하지 않아도 잘 구부러져 작업이 용이하다.
- 경질에 비해 외부 압력에 견디는 성질은 약한 편이다.

ㄴ 호칭

- 관의 굵기를 안지름의 크기에 가까운 짝수로 표시한다(14, 16, 22, 28, 36, 42[mm]).
- 길이가 100[m]인 롤(Roll) 형태로 제작한다.

© 규격

[표 3-2] 폴리에틸렌 전선관의 치수

관의 호칭(안지름)	바깥지름[mm]	바깥지름의 허용차[mm]
14	21.5	±0.30
16	23.0	±0.30
18	26.0	±0.30
22	30.5	±0.50
28	36.5	±0.50
36	45.5	±0.50
42	52.0	±0.50

③ 콤바인 덕트관(CD관)

㉠ 특징

- 무게가 가벼워 어려운 현장 여건에서도 운반 및 취급이 용이하다.
- 가요성이 뛰어나 굴곡된 배관작업 시 공구가 불필요하므로 배관작업이 용이하다.

㉡ 호칭

- 관의 굵기를 안지름의 크기에 가까운 짝수로 표시한다(14, 16, 22, 28, 36, 42[mm]).
- 길이가 100[m]인 롤(Roll) 형태로 제작한다.

㉢ 규격

[표 3-3] 콤바인 덕트관의 치수

관의 호칭(안지름)	바깥지름[mm]	바깥지름의 허용차[mm]
14	19.0	±0.30
16	21.0	±0.30
18	23.5	±0.30
22	27.5	±0.50
28	34.0	±0.50
36	42.0	±0.50
42	48.0	±0.50

④ 파상형 경질폴리에틸렌 전선관(ELP관)

㉠ 특징

- 주름관 형태로 구부러 휘어지는 성질이 있어 곡면 반경에 적용 가능하다.
- 파상형으로서 높은 압력에 견디는 힘이 강해 지중 매설에 적합하다.
- 전선관 안에 철선이 들어 있어 인입이 용이하다.
- 지중 매설하는 전력용 케이블 및 통신 케이블을 보호하는 데 사용한다.

ⓛ 호칭
- 관의 굵기를 안지름의 크기로 표시한다(30~200[mm]).
- 길이가 30[m], 50[m], 80[m], 100[m], 125[m], 150[m]로 다양하다.
ⓒ 규격

[표 3-4] 파상형 경질폴리에틸렌 전선관의 치수

관의 호칭	안지름[mm]	바깥지름[mm]	피치[mm]
30	30±2.0	40±2.0	10±0.5
40	40±2.0	53.5±2.0	13±0.8
50	50±2.5	64.5±2.5	17±1.0
65	65±2.5	84.5±2.5	21±1.0
80	80±3.0	105±3.0	25±1.0
100	100±4.0	130±4.0	30±1.0
125	125±4.0	160±4.0	38±1.0
150	150±4.0	188±4.0	45±1.5
175	175±4.0	230±4.0	55±1.5
200	200±4.0	260±4.0	60±1.5

예제 **07** 다음 중 합성수지관의 굵기를 부르는 호칭은 무엇인가?

① 반지름   ② 단면적
③ 근사 안지름   ④ 근사 바깥지름

풀이 합성수지관은 관의 굵기를 안지름의 크기에 가까운 짝수로 표시한다.

답 ③

예제 **08** 합성수지관(경질비닐 전선관) 1본의 길이는 몇 [m]인가?

① 3.0   ② 3.6   ③ 4.0   ④ 5.0

풀이 경질비닐 전선관 한 본의 길이는 4[m]로 제작한다.

답 ③

예제 **09** 합성수지관 배선에서 경질비닐 전선관의 굵기에 해당되지 않는 것은?(단, 관의 호칭을 말한다.)

① 14[mm]   ② 16[mm]   ③ 18[mm]   ④ 22[mm]

풀이 경질비닐 전선관은 지름 14~100[mm]로 10종이다(14, 16, 22, 28, 36, 42, 54, 70, 82, 100[mm]).

답 ③

10 합성수지제 가요전선관(PE관, CD관)의 호칭에 포함되지 않는 것은?

① 16   ② 28   ③ 38   ④ 42

풀이   PE관, CD관

관의 굵기를 안지름의 크기에 가까운 짝수로 표시한다(14, 16, 22, 28, 36, 42[mm]).

目 ③

6) 합성수지관 공사의 부속품

[표 3-5] 합성수지관 공사의 부속품

품명	모양	종류 및 용도
커넥터 (Connector)		• 관과 허브가 없는 접속함과의 접속에 사용 • 1호, 2호 커넥터
커플링 (Coupling)		• 전선관 상호 접속에 사용 • 1호, 2호, 3호, 4호, 콤비네이션 커플링
박스 (Box)		• 아웃트렛 박스(4각, 8각 박스) • 콘크리트 박스(4각, 8각 박스)

2 금속관 공사

1) 금속관의 특징

① 노출된 장소, 은폐 장소, 습기, 물기 있는 곳, 먼지가 있는 곳 등 어느 장소에서나 시설할 수 있다.

② 다음과 같은 특징이 있다.

ㄱ 전선이 기계적 충격에서 보호된다.

ㄴ 단락 사고, 접지 사고 등에 있어서 화재의 우려가 적다.

ㄷ 접지공사를 완전히 하면 감전의 우려가 없다.

ㄹ 방습 장치를 할 수 있으므로, 전선을 내수적으로 시설할 수 있다.

2) 시설 조건

① 전선은 절연전선을 사용하여야 한다(옥외용 비닐전연전선은 제외).

② 전선은 연선이어야 한다. 다만, 다음의 것은 적용하지 않는다.

ㄱ 짧고 가는 금속관에 넣은 것

ⓛ 단면적 10[mm²](알루미늄선은 단면적 16[mm²]) 이하의 것

③ 전선은 금속관 안에서 접속점이 없도록 한다.

예제 **11** 금속관 공사에 의한 저압 옥내배선의 방법으로 틀린 것은?

① 전선은 연선을 사용하였다.

② 옥외용 비닐절연전선을 사용하였다.

③ 콘크리트에 매설하는 금속관의 두께는 1.2[mm]를 사용하였다.

④ 전선은 금속관 안에서 접속점이 없도록 하였다.

풀이 「한국전기설비규정 232.12.1 1항」 전선은 절연전선(옥외용 비닐절연전선을 제외한다)일 것

답 ②

3) 금속관 및 부속품의 선정

① 관의 두께는 다음 항목에 의한다.

ⓐ 콘크리트에 매설하는 것은 1.2[mm] 이상

ⓑ 콘크리트에 매설하지 않는 경우는 1[mm] 이상

ⓒ 이음매가 없는 길이 4[m] 이하인 것을 건조하고 전개된 곳에 시설하는 경우에는 0.5[mm] 이상

② 관의 끝부분 및 안쪽 면은 전선의 피복을 손상하지 아니하도록 매끈한 것이어야 한다.

예제 **12** 금속관공사에서 금속관을 콘크리트에 매설할 경우 관의 두께는 몇 [mm] 이상의 것이어야 하는가?

① 0.8[mm]   ② 1.0[mm]   ③ 1.2[mm]   ④ 1.5[mm]

풀이 금속관의 두께는 콘크리트에 매설하는 것은 1.2[mm] 이상, 콘크리트에 매설하지 않는 경우 1[mm] 이상으로 하여야 한다.

답 ③

4) 금속관 및 부속품의 시설

① 관 상호 간 및 관과 박스 기타의 부속품과는 견고하고 전기적으로 완전하게 접속한다.

② 관의 끝부분에는 전선의 피복을 손상하지 아니하도록 부싱을 사용한다. 다만, 금속관공사로부터 애자사용공사로 옮기는 경우에는 그 부분의 관의 끝부분에 절연부싱 또는 이와 유사한 것을 사용하여야 한다.

③ 습기 많은 장소 또는 물기가 있는 장소에 시설하는 경우에는 방습 장치를 한다.

④ 금속관에는 「한국전기설비규정(KEC)」 211과 140에 준하여 접지공사를 한다.

5) 금속관의 종류

① 후강 전선관
- ㉠ 특징 : 두께가 2.3[mm] 이상의 두꺼운 금속관을 말한다.
- ㉡ 호칭 : 안지름의 크기에 가까운 짝수로 칭한다. 1본의 길이는 3.6[m](3,660[mm])이다.
- ㉢ 규격

[표 3-6] 후강 전선관의 치수

관의 호칭	바깥지름 [mm]	바깥지름의 허용차 [mm]	두께 [mm]
16	21.0	±0.3	2.3
22	26.5	±0.3	2.3
28	33.3	±0.3	2.5
36	41.9	±0.3	2.5
42	47.8	±0.3	2.5
54	59.6	±0.3	2.8
70	75.2	±0.3	2.8
82	87.9	±0.3	2.8
92	100.7	±0.4	3.5
104	113.4	±0.4	3.5

② 박강 전선관
- ㉠ 특징 : 두께가 1.2[mm] 이상의 얇은 금속관을 말한다.
- ㉡ 호칭 : 바깥지름의 크기에 가까운 홀수로 칭한다. 1본의 길이는 3.6[m](3,660[mm])이다.
- ㉢ 규격

[표 3-7] 박강 전선관의 치수

관의 호칭	바깥지름 [mm]	바깥지름의 허용차 [mm]	두께 [mm]
19	19.1	±0.2	1.6
25	25.4	±0.2	1.6
31	31.8	±0.2	1.6
39	38.1	±0.2	1.6
51	50.8	±0.2	1.6
63	63.5	±0.35	2.0
75	76.2	±0.35	2.0

예제 13 금속관의 호칭을 바르게 설명한 것은?

① 박강, 후강 모두 안지름으로 [mm] 단위로 표시
② 박강, 후강 모두 바깥지름으로 [mm] 단위로 표시
③ 박강은 바깥지름, 후강은 안지름으로 [mm] 단위로 표시
④ 박강은 안지름, 후강은 바깥지름으로 [mm] 단위로 표시

풀이 **금속관**
박강은 바깥지름의 크기에 가까운 홀수로, 후강은 안지름의 크기에 가까운 짝수로 칭한다.

답 ③

예제 14 금속 전선관 공사에서 사용되는 후강 전선관의 규격이 아닌 것은?

① 16   ② 28
③ 36   ④ 50

풀이 **금속관**
후강 전선관은 지름 16~104[mm]로 10종이다(16, 22, 28, 36, 42, 54, 70, 82, 92, 104[mm]).

답 ④

예제 15 금속관 1본의 길이는 몇 [m]인가?

① 3.4   ② 3.6
③ 3.8   ④ 4

풀이 금속관 1본의 길이는 3.6[m]이다.

답 ②

예제 16 다음 중 박강 전선관의 호칭값이 아닌 것은?

① 19[mm]   ② 22[mm]
③ 25[mm]   ④ 39[mm]

풀이 **금속관**
박강 전선관은 바깥지름의 크기에 가까운 홀수로 칭하며, 19~75[mm]로 7종이다(19, 25, 31, 39, 51, 63, 75[mm]).

답 ②

6) 금속관 공사의 부속품

[표 3-8] 금속관 공사의 부속품

품명	모양	용도
로크너트 (Locknut)		• 박스에 금속관을 고정할 때 사용 • 6각형과 기어형이 있음
부싱 (Bushing)		• 전선의 피복을 보호하기 위해 사용 • 금속관의 관 끝에 취부
새들 (Saddle)		• 금속관을 조영재에 고정할 때 사용 • 합성수지관, 가요전선관, 케이블 공사에도 사용
커플링 (Coupling)		• 금속관 상호 접속에 사용 • 돌려 끼울 수 없는 금속관 상호 접속에는 유니온 커플링 사용
링리듀서 (Ring Reducer)		아웃트렛 박스의 녹아웃 지름이 관 지름보다 클 때 관을 박스에 고정시키기 위하여 사용
리머 (Reamer)		금속관을 쇠톱이나 커터로 절단한 경우, 관 안의 날카로운 것을 다듬는 공구
C형 엘보 (C-Type Elbow)		노출배관공사에서 직각으로 굽혀야 할 곳의 관 상호 접속에 사용
T형 엘보 (T-Type Elbow)		노출배관공사에서 세 방향으로 분기하는 곳의 관 상호 접속에 사용
엔트런스 캡 (Entrance Cap)		• 인입구, 인출구의 관 끝에 사용 • 금속관에 접속하여 옥외의 빗물을 막는 데 사용
노멀밴드 (Normal Bend)		금속관의 직각 굴곡에 사용

예제 17 박스에 금속관을 고정할 때 사용하는 것은?

① 유니언 커플링　　　　　　　　② 로크너트
③ 부싱　　　　　　　　　　　　　④ C형 엘보

풀이
- 유니언 커플링 : 돌려 끼울 수 없는 금속관 상호 접속에 사용
- 로크너트 : 박스에 금속관을 고정할 때 사용
- 부싱 : 금속관의 관 끝에 취부하여 전선의 피복을 보호하기 위해 사용
- C형 엘보 : 노출배관공사에서 직각으로 굽혀야할 곳의 관 상호 접속에 사용

답 ②

예제 18 금속 전선관 공사에서 금속관과 접속함을 접속하는 경우 녹아웃 구멍이 금속관보다 클 때 사용하는 부품은?

① 로크너트　　　　　　　　　　　② 부싱
③ 새들　　　　　　　　　　　　　④ 링리듀서

풀이
- 새들 : 금속관을 조영재에 고정할 때 사용
- 링리듀서 : 아웃트렛 박스의 녹아웃 지름이 관 지름보다 클 때 관을 박스에 고정시키기 위하여 사용

답 ④

예제 19 저압 가공 인입선의 인입구에 사용하며 금속관 공사에서 끝부분의 빗물 침입을 방지하는 데 적당한 것은?

① 플로어 박스　　　　　　　　　　② 엔트런스 캡
③ 부싱　　　　　　　　　　　　　④ 로크너트

풀이 **엔트런스 캡** : 금속관 인입구, 인출구의 관 끝에 부착하여 옥외의 빗물을 막는 데 사용

답 ②

예제 20 금속관 공사를 노출로 시공할 때 직각으로 구부러지는 곳에는 어떤 배선기구를 사용하는가?

① 유니온 커플링　　　　　　　　② 아웃트렛 박스
③ 픽스처 히키　　　　　　　　　④ 유니버설 엘보

풀이
- 픽스처 히키 : 콘크리트 천장에 매입된 박스로부터 조명기구를 매달 때 픽스처 스터드와 함께 사용
- 유니버설 엘보 : 금속관 노출배관 공사 시 관이 직각으로 구부러지는 장소에 사용

답 ④

21 콘크리트에 매입하는 금속관 공사에서 직각으로 배관할 때 사용하는 것은 어느 것인가?

① 노멀 밴드   ② 뚜껑이 있는 밴드

③ 유니온 커플링   ④ 유니버설 엘보

풀이 노멀 밴드는 금속관 매입배관 공사에 사용하고, 유니버설 엘보는 금속관 노출배관공사에 사용한다.

답 ①

7) 관의 굴곡

① 금속관을 구부릴 때 금속관의 단면이 심하게 변형되지 않도록 주의해야 하며, 굴곡 반경은 관 안지름의 6배 이상이 되어야 한다. 다만, 전선관의 안지름이 25[mm] 이하 이고 건조물의 구조상 부득이한 경우는 관의 내 단면이 현저하게 변형되지 않고 관 에 금이 생기지 않을 정도까지 구부릴 수 있다.

② 아웃트렛 박스 사이 또는 전선인입구가 있는 기구 사이의 금속관은 3개소를 초과하 는 직각 또는 직각에 가까운 굴곡개소를 만들면 안 된다. 굴곡개소가 많은 경우나 관 길이가 30[m] 초과하는 경우는 풀박스를 설치하는 것이 바람직하다.

③ 유니버설 엘보, 티, 크로스 등은 조영재에 은폐시키면 안 된다. 다만, 그 부분을 점검 할 수 있는 경우는 예외이며, 티, 크로스 등은 덮개가 있는 것으로 한다.

④ 금속관 구부리는 방법

(a) 히키에 의한 방법

(b) 잭에 의한 방법

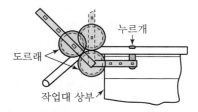

(c) 롤러 벤더에 의한 방법

[그림 3-1] 금속관 구부리는 방법

8) 관 및 부속품의 접속과 지지

① 금속관 상호는 커플링으로 접속하고 조임 등은 확실하게 한다. 금속관이 고정되어 있어 이것을 회전시켜 접속할 수가 없을 때는 유니온 커플링 등을 사용하여 접속한다.

　㉠ 보통 커플링에 의한 접속

　　커플링의 1/2 길이씩 관이 맞닿을 때까지 돌려 끼운다.

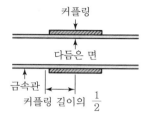

[그림 3-2] 보통 커플링에 의한 접속

　㉡ 보내기 커플링에 의한 접속

　　금속관 한쪽에는 로크너트를 끼워 놓고 나사를 낸 관을 돌려 끼운다.

로크너트 커플링

[그림 3-3] 보내기 커플링에 의한 접속

　㉢ 유니온 커플링에 의한 접속

　　돌려 끼울 수 없는 금속관 상호의 접속에 사용한다.

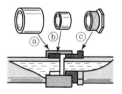

[그림 3-4] 유니온 커플링에 의한 접속

② 금속관과 박스, 기타 이와 유사한 것을 접속하는 경우로 틀어 끼우는 방법에 의하지 않을 때는 로크너트 2개를 사용하여 박스 또는 캐비닛 접속 부분의 양측을 조인다. 다만, 부싱 등으로 견고하게 부착할 경우는 로크너트를 생략할 수 있다. 또한, 박스나 캐비닛은 녹아웃의 지름이 금속관의 지름보다 큰 경우는 박스나 캐비닛의 내외 양측에 링리듀서를 사용한다.

ㄱ 녹아웃의 크기가 적당할 때 : 로크너트 2개, 부싱 1개 사용

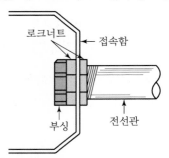

로크너트 ← 접속함

부싱   전선관

[그림 3-5] 녹아웃 크기가 적당할 때의 금속관과 박스 접속

ㄴ 녹아웃의 구멍이 금속관보다 클 때 : 링리듀서 2개(박스 양면에 하나씩 부착), 로크너트 2개, 부싱 1개 사용

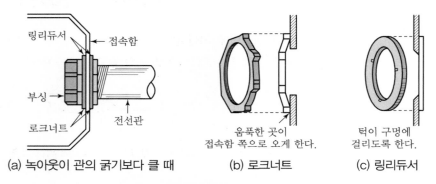

링리듀서 ← 접속함

부싱

로크너트   전선관

(a) 녹아웃이 관의 굵기보다 클 때

움푹한 곳이
접속함 쪽으로 오게 한다.

(b) 로크너트

턱이 구멍에
걸리도록 한다.

(c) 링리듀서

[그림 3-6] 녹아웃 구멍이 금속관보다 클 때의 금속관과 박스 접속

③ 불연성의 조립식 건축물 등에서 공사상 부득이한 경우는 금속관 및 풀박스를 건조한 장소에서 불연성의 조영재에 견고하게 시설하고 금속관 및 풀박스 상호를 전기적으로 완전 접속하면 관과 풀박스 상호의 기계적 접속은 생략할 수 있다.

④ 금속관을 조영재에 따라서 시설하는 경우는 새들이나 행거 등으로 견고하게 지지하고, 간격을 2[m] 이하로 한다.

9) 관의 접지

① 관에는 「한국전기설비규정(KEC)」 211과 140에 준하여 접지공사를 한다.

② 다만, 사용전압이 400[V] 이하로서 다음 중 하나에 해당하는 경우에는 생략할 수 있다.

ㄱ 관의 길이(2개 이상의 관을 접속하여 사용하는 경우에는 그 전체의 길이를 말한다. 이하 같다.)가 4[m] 이하인 것을 건조한 장소에 시설하는 경우

ⓛ 옥내배선의 사용전압이 직류 300[V] 또는 교류 대지 전압 150[V] 이하로서 그 전선을 넣는 관의 길이가 8[m] 이하인 것을 사람이 쉽게 접촉할 우려가 없도록 시설하는 경우 또는 건조한 장소에 시설하는 경우

예제 **22** **4[m] 이하의 짧은 금속관을 건조한 장소에 시설할 경우 사용전압 몇 [V] 이하에서 접지공사를 생략할 수 있는가?**

① 150　　　　　② 300　　　　　③ 400　　　　　④ 600

풀이 「한국전기설비규정 232.12.3 4항」 사용전압이 400[V] 이하로서 관의 길이가 4[m] 이하인 건조한 장소에 시설하는 경우에는 접지공사를 생략할 수 있다.

📑 ③

③ 금속제 가요전선관 공사

1) 금속제 가요전선관의 특징

① 관 자체가 자유로이 구부릴 수 있는 가요성을 갖고 있다.
② 가요전선관 굴곡부의 굴곡 반지름은 관 안지름의 6배 이상으로 한다.
③ 용도 및 시설 장소 : 굴곡이 많은 장소, 전동기와 조작 개폐기 사이의 장소, 건조하고 전개된 장소, 점검할 수 있는 은폐된 장소 등

2) 시설 조건

① 전선은 절연전선을 사용하여야 한다(옥외용 비닐절연전선은 제외).
② 전선은 연선이어야 한다. 다만, 다음의 것은 적용하지 않는다.
　ⓐ 짧고 가는 금속관에 넣은 것
　ⓑ 단면적 10[mm²](알루미늄선은 단면적 16[mm²]) 이하의 것
③ 가요전선관 안에는 전선에 접속점이 없도록 한다.
④ 가요전선관은 2종 금속제 가요전선관이어야 한다. 다만, 전개된 장소 또는 점검할 수 있는 은폐된 장소(옥내배선의 사용전압이 400[V] 초과인 경우에는 전동기에 접속하는 부분으로서 가요성을 필요로 하는 부분에 사용하는 것에 한한다.)에는 1종 가요전선관(습기가 많은 장소 또는 물기가 있는 장소에는 비닐 피복 1종 가요전선관에 한한다.)을 사용할 수 있다.

3) 가요전선관 및 부속품의 선정

① 다음 표의 내용에 적합한 금속제 가요전선관 및 박스 기타의 부속품이어야 한다.

[표 3-9] 금속제 가요전선관 및 박스 기타의 부속물

1종 금속제 가요전선관	KS C 8422(금속제 가요전선관)의 "7 성능" 표1의 "내식성, 인장, 굽힘", "8.1 가요관의 내면", "9 치수" 표2 "1종 가요관의 호칭, 재료의 최소 두께, 최소 안지름, 바깥지름, 바깥지름의 허용차" 및 "10 재료 a"의 규정에 적합한 것이어야 하며 조편의 이음매는 심하게 두께가 늘어나지 아니하고 1종 금속제 가요전선관의 세기를 감소시키지 아니하는 것일 것
2종 금속제 가요전선관	KS C 8422(금속제 가요전선관)의 "7 성능" 표1의 "내식성, 인장, 압축, 전기저항, 굽힘, 내수", "8.1 가요관의 내면", "9 치수" 표3 "2종 가요관의 호칭, 최소 안지름, 바깥지름, 바깥지름의 허용차" 및 "10 재료 b"의 규정에 적합한 것일 것
금속제 가요전선관용 부속품	KS C 8459(금속제 가요전선관용 부속품)의 "7 성능", "8 구조", "9 모양 및 치수", 그림4~15 및 "10 재료"에 적합한 것일 것

② 안쪽 면은 전선의 피복을 손상하지 아니하도록 매끈한 것이어야 한다.

4) 금속관 및 부속품의 시설

① 관 상호 간 및 관과 박스 기타의 부속품과는 견고하고 또한 전기적으로 완전하게 접속하여야 한다.
② 가요전선관의 끝부분은 피복을 손상하지 아니하는 구조로 되어 있어야 한다.
③ 2종 금속제 가요전선관을 사용하는 경우에 습기 많은 장소 또는 물기가 있는 장소에 시설하는 때에는 비닐 피복 2종 가요전선관이어야 한다.
④ 1종 금속제 가요전선관에는 단면적 2.5[mm²] 이상의 나연동선을 전체 길이에 걸쳐 삽입 또는 첨가하여 그 나연동선과 1종 금속제 가요전선관을 양쪽 끝에서 전기적으로 완전하게 접속할 것. 다만, 관의 길이가 4[m] 이하인 것을 시설하는 경우에는 그러하지 않는다.
⑤ 가요전선관공사는 「한국전기설비규정(KEC)」 211과 140에 준하여 접지공사를 한다.

5) 금속제 가요전선관의 종류

① 제1종 금속제 가요전선관
　㉠ 특징 : 플렉시블 콘딧(Flexible Conduit)이라고 하며, 전면을 아연도금한 파상 연강대가 빈틈없이 나선형으로 감겨 있으므로 유연성이 풍부하다.

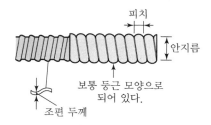

[그림 3-7] 플렉시블 콘딧

ⓛ 규격

[표 3-10] 1종 금속제 가요전선관의 치수

관의 호칭	재료의 최소 두께 [mm]		200[mm]당 최소 주름 회선 수[회]	최소 안지름 [mm]	바깥지름 [mm]	바깥지름의 허용차 [mm]
	표준형	응용형				
10	0.25	0.25	25	9.7	13.1	±0.5
12	0.25	0.25	25	12.2	15.3	±0.7
16	0.25	0.25	25	15.8	19.1	±0.7
22	0.25	0.25	25	20.8	24.1	±0.7
28	0.25	0.25	25	26.4	30.8	±0.7
36	0.3	0.3	20	35.0	39.0	±1.0
42	0.3	0.3	20	40.0	44.8	±1.0
54	0.3	0.3	20	51.3	56.0	±1.0
70	0.4	0.35	20	62.9	69.0	±1.0
82	0.4	0.35	15	77.9	84.7	±1.5
92	0.4	0.35	15	88.9	95.3	±1.5
104	0.4	0.35	15	101.6	108.6	±1.5

② 제2종 금속제 가요전선관

ⓐ 특징 : 플리커 튜브(Plica Tube)라고 하며, 아연도금한 강대와 강대 사이에 별개의 파이버를 조합하여 감아서 만든 것으로 내면과 외면이 매끈하고 기밀성, 내열성, 내습성, 내진성, 기계적 강도가 우수하다.

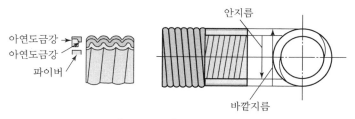

[그림 3-8] 플리커 튜브

ⓛ 규격

[표 3-11] 2종 금속제 가요전선관의 치수

관의 호칭	재료의 최소 두께 [mm]			피치 [mm]	피치의 허용차 [mm]	최소 안지름 [mm]	바깥 지름 [mm]	바깥 지름의 허용차 [mm]
	표준형	응용형	내층					
10	0.14	0.11	0.11	1.6	±0.2	9.2	13.3	±0.2
12	0.14	0.11	0.11	1.6	±0.2	11.4	16.1	±0.2
15	0.14	0.11	0.11	1.6	±0.2	14.1	19.0	±0.2
17	0.14	0.11	0.11	1.6	±0.2	16.6	21.5	±0.2
24	0.14	0.11	0.11	1.8	±0.2	23.8	28.8	±0.2
30	0.14	0.11	0.11	1.8	±0.2	29.3	34.9	±0.2
38	0.14	0.11	0.11	1.8	±0.2	37.1	42.9	±0.4
50	0.14	0.11	0.11	1.8	±0.2	49.1	54.9	±0.4
63	0.14	0.11	0.11	2.0	±0.3	62.6	69.1	±0.6
76	0.14	0.11	0.11	2.0	±0.3	76.0	82.9	±0.6
83	0.14	0.11	0.11	2.0	±0.3	71.0	88.1	±0.6
101	0.14	0.11	0.11	2.0	±0.3	100.2	107.3	±0.6

예제 **23** 2종 금속제 가요전선관의 호칭에 해당하지 않는 것은?

① 12   ② 16   ③ 24   ④ 30

풀이 **2종 금속제 가요전선관**
10~101[mm]로 12종이다(10, 12, 15, 17, 24, 30, 38, 50, 63, 76, 83, 101[mm]).

답 ②

6) 관 및 부속품의 접속과 지지

① 가요전선관 및 그 부속품은 기계적, 전기적으로 완전하게 연결하고 적절한 방법으로 조영재 등에 확실하게 지지하여야 한다.

② 가요전선관 상호의 접속은 스플릿 커플링(Split Coupling)을 사용한다.

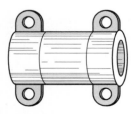

[그림 3-9] 스플릿 커플링

③ 가요전선관과 금속관의 접속은 콤비네이션 커플링(Combination Coupling)을 사용
한다.

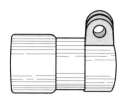

[그림 3-10] 콤비네이션 커플링

④ 가요전선관과 박스 또는 캐비닛의 접속은 접속기(커넥터)로 접속하여야 한다.

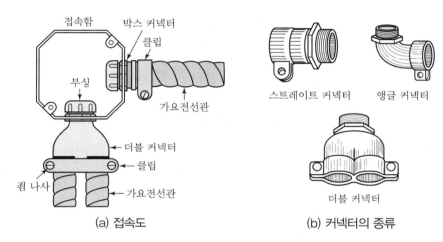

(a) 접속도　　　　　　　　(b) 커넥터의 종류

[그림 3-11] 박스와의 접속 및 커넥터의 종류

⑤ 가요전선관을 새들 등으로 지지하는 경우의 지지점 간 거리는 아래의 표에 따른다.

[표 3-12] 가요전선관을 새들 등으로 지지하는 경우의 지지점 간의 거리

시설의 구분	지지점 간의 거리[m]
조영재의 측면 또는 하면에 수평 방향으로 시설한 것	1 이하
사람이 접촉될 우려가 있는 것	1 이하
가요전선관 상호, 금속제 가요관과 박스 기구와의 접속개소	접속개소에서 0.3 이하
기타	2 이하

예제 **24**　**가요전선관의 상호 접속은 무엇을 사용하는가?**

① 콤비네이션 커플링　　　　　　② 스플릿 커플링
③ 더블 커넥터　　　　　　　　　④ 앵글 박스 커넥터

풀이　• 가요전선관 상호의 접속 : 스플릿 커플링
　　　• 가요전선관과 금속관의 접속 : 콤비네이션 커플링
　　　• 가요전선관과 박스와의 접속 : 스트레이트 박스 커넥터, 앵글 박스 커넥터　　　답 ②

25 건물의 모서리(직각)에서 가요전선관을 박스에 연결할 때 필요한 접속기는?

① 스트레이트 박스 커넥터   ② 앵글 박스 커넥터

③ 플렉시블 커플링   ④ 콤비네이션 커플링

풀이 • 스트레이트 박스 커넥터 : 박스의 홀과 전선관이 커넥터를 통해 일직선으로 구성

      • 앵글 박스 커넥터 : 박스의 홀과 전선관이 커넥터를 통해 직각으로 구성

답 ②

02   케이블 트렁킹 시스템

1 합성수지몰드 공사

1) 합성수지몰드 공사의 특징

① 염화 비닐 수지로 만든 본체(Base)와 덮개로 구성된다.

② 주로 사무실, 학교 교실 등의 부분적인 증설 또는 개수 공사 등에서 옥내에 사용한다.

2) 시설 조건

① 전선은 절연전선(옥외용 비닐절연전선 제외)을 사용한다.

② 합성수지몰드 안에는 전선에 접속점이 없도록 한다.

③ 합성수지몰드 상호 간 및 합성수지몰드와 박스 기타의 부속품과는 전선이 노출되지 않도록 접속한다.

26 합성수지몰드 공사의 방법으로 틀린 것은?

① 전선은 절연전선일 것(옥외용 비닐절연전선은 제외)

② 합성수지제의 박스 안에서 접속할 것

③ 몰드 상호 및 몰드와 박스 등과는 전선이 노출되지 않도록 접속할 것

④ 몰드 내에서 접속할 것

풀이 「한국전기설비규정 232.21.1」 전선은 절연전선(옥외용 비닐절연전선을 제외한다.)일 것, 합성수지몰드 안에는 전선에 접속점이 없도록 할 것, 합성수지몰드 상호 간 및 합성수지몰드와 박스 기타의 부속품과는 전선이 노출되지 아니하도록 접속할 것

답 ④

3) 합성수지몰드 및 박스 기타의 부속품의 선정

① 합성수지몰드 공사에 사용하는 합성수지몰드 및 박스 기타의 부속품(몰드 상호 간을 접속하는 것 및 몰드 끝에 접속하는 것에 한한다.)은 KS C 8436(합성수지제 박스 및 커버)에 적합한 것일 것. 다만, 부속품 중 콘크리트 안에 시설하는 금속제의 박스에 대하여는 그러하지 않는다.

② 합성수지몰드는 홈의 폭 및 깊이가 35[mm] 이하, 두께는 2[mm] 이상의 것일 것. 다만, 사람이 쉽게 접촉할 우려가 없도록 시설하는 경우에는 폭이 50[mm] 이하, 두께 1[mm] 이상의 것을 사용할 수 있다.

예제 27 다음 ( ) 안에 들어갈 내용으로 알맞은 것은?

> 사람의 접촉 우려가 있는 합성수지제 몰드는 홈 폭 및 깊이가 (㉠)[mm] 이하로 두께는 (㉡)[mm] 이상의 것이어야 한다.

① ㉠ 35, ㉡ 1 　　　　　　　　　② ㉠ 50, ㉡ 1
③ ㉠ 35, ㉡ 2 　　　　　　　　　④ ㉠ 50, ㉡ 2

풀이 「한국전기설비규정 232.21.2 2항」 합성수지몰드는 홈의 폭 및 깊이가 35[mm] 이하, 두께는 2[mm] 이상의 것일 것. 다만, 사람이 쉽게 접촉할 우려가 없도록 시설하는 경우에는 폭이 50[mm] 이하, 두께 1[mm] 이상의 것을 사용할 수 있다.

📖 ③

예제 28 합성수지몰드 공사에서 틀린 것은?

① 전선은 절연전선일 것(옥외용 비닐절연전선은 제외)
② 합성수지몰드 안에는 접속점이 없도록 할 것
③ 합성수지몰드는 홈의 폭 및 깊이가 6.5[cm] 이하일 것
④ 합성수지몰드와 박스, 기타의 부속품과는 전선이 노출되지 않도록 할 것

풀이 「한국전기설비규정 232.21.1~2」 전선은 절연전선(옥외용 비닐절연전선을 제외한다)일 것, 합성수지몰드 안에는 전선에 접속점이 없도록 할 것, 합성수지몰드 상호 간 및 합성수지몰드와 박스 기타의 부속품과는 전선이 노출되지 아니하도록 접속할 것. 폭 및 깊이가 35[mm] 이하일 것

📖 ③

4) 합성수지 몰드의 T자 및 단말 처리와 몰드의 고정

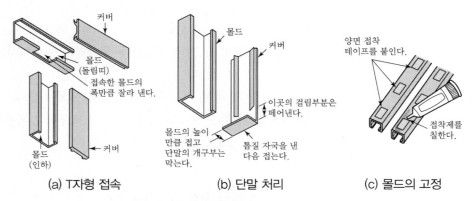

(a) T자형 접속   (b) 단말 처리   (c) 몰드의 고정

[그림 3-12] 합성수지몰드의 T자 및 단말 처리와 몰드의 고정

2 금속몰드 공사

1) 금속몰드 공사의 특징

콘크리트 건물 등의 노출 공사용으로 쓰이며, 금속 전선관 공사와 병용하여 점멸 스위치, 콘센트 등의 배선기구의 인하용으로 사용된다.

2) 시설 조건

① 전선은 절연전선(옥외용 비닐절연전선 제외)을 사용한다.
② 금속몰드 안에는 전선에 접속점이 없도록 한다. 다만, 「전기용품 및 생활용품 안전관리법」에 의한 금속제 조인트 박스를 사용할 경우에는 접속할 수 있다.
③ 금속몰드의 사용전압이 400[V] 이하인 경우 옥내의 건조한 장소로 전개된 장소 또는 점검할 수 있는 은폐 장소에 한하여 시설할 수 있다.

> 예제 **29** 금속몰드 배선의 사용전압은 몇 [V] 미만이어야 하는가?
> ① 110   ② 220   ③ 400   ④ 600
>
> 풀이 「한국전기설비규정 232.22.1 3항」 금속몰드의 사용전압이 400V 이하로 옥내의 건조한 장소로 전개된 장소 또는 점검할 수 있는 은폐장소에 한하여 시설할 수 있다.
>
> 답 ③

3) 금속몰드 및 박스 기타의 부속품의 선정

① 「전기용품 및 생활용품 안전관리법」에서 정하는 표준에 적합한 금속제의 몰드 및 박스 기타 부속품 또는 황동이나 동으로 견고하게 제작한 것으로서 안쪽 면이 매끈한 것이어야 한다.
② 황동제 또는 동제의 몰드는 폭이 50[mm] 이하, 두께 0.5[mm] 이상인 것이어야 한다.

4) 금속몰드 및 박스 기타의 부속품의 시설

① 몰드 상호 간 및 몰드 박스 기타의 부속품과는 견고하고 또한 전기적으로 완전하게 접속한다.
② 몰드에는 「한국전기설비규정(KEC)」 211 및 140의 규정에 준하여 접지공사를 할 것. 다만, 다음 중 하나에 해당하는 경우에는 그러하지 않는다.
    ㉠ 몰드의 길이(2개 이상의 몰드를 접속하여 사용하는 경우에는 그 전체의 길이를 말한다. 이하 같다.)가 4[m] 이하인 것을 시설하는 경우
    ㉡ 옥내배선의 사용전압이 직류 300[V] 또는 교류 대지 전압이 150[V] 이하로서 그 전선을 넣는 관의 길이가 8[m] 이하인 것을 사람이 쉽게 접촉할 우려가 없도록 시설하는 경우 또는 건조한 장소에 시설하는 경우
③ 같은 몰드 내에 넣는 경우 전선 수는 1종 금속몰드에 넣는 전선 수는 10본 이하로 한다. 2종 금속몰드에 넣는 전선 수는 전선의 피복절연물을 포함한 단면적의 총합계가 해당 몰드 내 단면적의 20[%] 이하로 한다.
④ 금속몰드 및 그 부속품은 적당한 방법으로 조영재 등에 확실하게 지지하여야 한다. 지지점 간 거리는 1.5[m] 이하가 바람직하다.

예제 30 금속몰드의 지지점 간의 거리는 몇 [m] 이하로 하는 것이 가장 바람직한가?

① 1   ② 1.5   ③ 2   ④ 3

풀이 금속몰드의 지지점 간의 거리는 1.5[m] 이하로 한다.

답 ②

---

3 금속트렁킹 공사

1) 금속트렁킹 공사의 특징

금속 본체와 커버가 별도로 구성되어 덮개를 열고 전선을 교체하는 공사를 말한다.

2) 금속트렁킹 공사 방법

금속트렁킹 공사 방법은 금속덕트 공사의 규정을 준용한다.

> **예제 31** 금속트렁킹 공사 방법은 어떤 공사 방법을 준용하도록 규정하고 있는가?
> ① 금속관 공사 ② 금속덕트 공사
> ③ 금속몰드 공사 ④ 금속제 가요전선관 공사
>
> **풀이** 「한국전기설비규정 232.23」 본체부와 덮개가 별도로 구성되어 덮개를 열고 전선을 교체하는 금속트렁킹 공사 방법은 금속덕트 공사의 규정을 준용한다.
>
> **답 ②**

4 케이블트렌치 공사

1) 케이블트렌치 공사의 특징

옥내배선 공사를 위하여 바닥을 파서 도랑 형태의 트렌치를 조성하고, 배선을 포설하기 위한 받침대 등 부속재 및 덮개를 설치한 바닥 매입형 케이블 트렁킹 시스템으로서 수용가의 옥내 수전설비, 발전설비 설치장소에만 적용한다.

> **예제 32** 옥내배선 공사를 위하여 바닥을 파서 만든 도랑 및 부속설비를 말하며 수용가의 옥내 수전설비 및 발전설비 설치 장소에만 적용하는 공사 방법은 어느 것인가?
> ① 금속제 가요전선관 공사 ② 금속트렁킹 공사
> ③ 케이블트렌치 공사 ④ 케이블트레이 공사
>
> **풀이** 「한국전기설비규정 232.24.1」 케이블트렌치(옥내배선 공사를 위하여 바닥을 파서 만든 도랑 및 부속설비를 말하며 수용가의 옥내 수전설비 및 발전설비 설치 장소에만 적용한다)에 의한 옥내배선은 다음에 따라 시설하여야 한다.
>
> **답 ③**

2) 케이블트렌치 공사의 시설

① 케이블트렌치에 의한 옥내배선은 다음에 따라 시설하여야 한다.
　㉠ 케이블트렌치 내의 사용 전선 및 시설 방법은 케이블트레이 공사의 규정을 준용한다. 단, 전선의 접속부는 방습 효과를 갖도록 절연 처리하고 점검이 용이하도록 한다.
　㉡ 케이블은 배선 회로별로 구분하고 2[m] 이내의 간격으로 받침대 등을 시설한다.

ⓒ 케이블트렌치에서 케이블트레이, 덕트, 전선관 등 다른 공사 방법으로 변경되는 곳에는 전선에 물리적 손상을 주지 않도록 시설한다.

ⓔ 케이블트렌치 내부에는 전기배선설비 이외의 수관·가스관 등 다른 시설물을 설치하지 않는다.

② 케이블트렌치는 다음에 적합한 구조이어야 한다.

ⓐ 케이블트렌치의 바닥 또는 측면에는 전선의 하중에 충분히 견디고 전선에 손상을 주지 않는 받침대를 설치한다.

ⓑ 케이블트렌치의 뚜껑, 받침대 등 금속재는 내식성의 재료로 하거나 방식 처리를 한다.

ⓒ 케이블트렌치 굴곡부 안쪽의 반경은 통과하는 전선의 허용곡률반경 이상이어야 하고 배선의 절연피복을 손상시킬 만한 돌기가 없는 구조이어야 한다.

ⓓ 케이블트렌치의 뚜껑은 바닥 마감면과 평평하게 설치하고 장비의 하중 또는 통행 하중 등 충격에 의하여 변형되거나 파손되지 않도록 한다.

ⓔ 케이블트렌치의 바닥 및 측면에는 방수 처리하고 물이 고이지 않도록 한다.

ⓕ 케이블트렌치는 외부에서 고형물이 들어가지 않도록 IP2X 이상으로 시설한다.

③ 케이블트렌치가 건축물의 방화 구획을 관통하는 경우 관통부는 불연성의 물질로 충전(充塡)하여야 한다.

④ 케이블트렌치의 부속설비에 사용되는 금속재는 「한국전기설비규정(KEC)」 211과 140에 준하여 접지공사를 한다.

예제 33 케이블트렌치 공사에서 케이블은 배선 회로별로 구분하고 몇 [m] 이내의 간격으로 받침대 등을 시설해야 하는가?

① 1   ② 2   ③ 3   ④ 4

풀이 「한국전기설비규정 232.24.1 나항」 케이블은 배선 회로별로 구분하고 2[m] 이내의 간격으로 받침대 등을 시설할 것

답 ②

예제 34 케이블트렌치는 외부에서 고형물이 들어가지 않도록 몇 이상의 방진 등급으로 시설하여야 하는가?

① IP2X   ② IP3X   ③ IP4X   ④ IP5X

풀이 「한국전기설비규정 232.24.2 바항」 케이블트렌치는 외부에서 고형물이 들어가지 않도록 IP2X 이상으로 시설할 것

답 ①

03 케이블 덕팅 시스템

1 금속덕트 공사

1) 금속덕트 공사의 특징

금속덕트는 빌딩, 공장 등의 수·변전설비에서 간선으로 다수의 배선을 인출할 때 절연전선이나 케이블을 넣기 위해 사용하는 강판제이다.

2) 시설 조건

① 전선은 절연전선(옥외용 비닐절연전선 제외)이어야 한다.
② 금속덕트에 넣은 전선의 단면적(절연피복의 단면적을 포함한다.)의 합계는 덕트의 내부 단면적의 20[%](전광표시장치 기타 이와 유사한 장치 또는 제어회로 등의 배선만을 넣는 경우에는 50[%]) 이하로 한다.
③ 금속덕트 안에는 전선에 접속점이 없도록 한다. 다만, 전선을 분기하는 경우에는 그 접속점을 쉽게 점검할 수 있는 때에는 그러하지 않는다.
④ 금속덕트 안의 전선을 외부로 인출하는 부분은 금속덕트의 관통부분에서 전선이 손상될 우려가 없도록 시설한다.
⑤ 금속덕트 안에는 전선의 피복을 손상할 우려가 있는 것을 넣지 않는다.
⑥ 금속덕트에 의하여 저압 옥내배선이 건축물의 방화 구획을 관통하거나 인접 조영물로 연장되는 경우에는 그 방화벽 또는 조영물 벽면의 덕트 내부는 불연성의 물질로 차폐하여야 한다.

예제 35 금속덕트 내에 넣은 전선의 단면적(절연피복의 단면적 포함)은 덕트 내부 단면적의 몇 [%] 이하로 하여야 하는가?

① 20[%] 이하　　　　　　　　② 30[%] 이하
③ 40[%] 이하　　　　　　　　④ 50[%] 이하

풀이 「**한국전기설비규정 232.31.1 2항**」 금속덕트에 넣은 전선의 단면적(절연피복의 단면적을 포함한다.)의 합계는 덕트의 내부 단면적의 20[%](전광표시장치 기타 이와 유사한 장치 또는 제어회로 등의 배선만을 넣는 경우에는 50[%]) 이하일 것

답 ①

예제 36 금속덕트 내에 넣은 전선의 단면적(절연피복의 단면적 포함)이 전광표시장치 기타 이와 유사한 장치 또는 제어회로 등의 배선만을 넣는 경우에는 덕트 내부 단면적의 몇 [%] 이하로 하여야 하는가?

① 20[%] 이하　　　　　　　　　　② 30[%] 이하
③ 40[%] 이하　　　　　　　　　　④ 50[%] 이하

풀이 「한국전기설비규정 232.31.1 2항」 금속덕트에 넣은 전선의 단면적(절연피복의 단면적을 포함한다.)의 합계는 덕트의 내부 단면적의 20[%](전광표시장치 기타 이와 유사한 장치 또는 제어회로 등의 배선만을 넣는 경우에는 50[%]) 이하일 것

🔲 ④

3) 금속덕트의 선정

① 폭이 40[mm] 이상, 두께가 1.2[mm] 이상인 철판 또는 동등 이상의 기계적 강도를 가지는 금속제의 것으로 견고하게 제작한 것이어야 한다.
② 안쪽 면은 전선의 피복을 손상시키는 돌기(突起)가 없는 것이어야 한다.
③ 안쪽 면 및 바깥 면에는 산화 방지를 위하여 아연도금 또는 이와 동등 이상의 효과를 가지는 도장을 한 것이어야 한다.

예제 37 다음 ( ) 안에 들어갈 내용으로 알맞은 것은?

금속덕트는 폭이 (㉠)[mm] 이상, 두께가 (㉡)[mm] 이상인 철판 또는 동등 이상의 기계적 강도를 가지는 금속제의 것으로 견고하게 제작한 것일 것

① ㉠ 40, ㉡ 1.2　　　　　　　　② ㉠ 40, ㉡ 1.6
③ ㉠ 50, ㉡ 1.2　　　　　　　　④ ㉠ 50, ㉡ 1.6

풀이 「한국전기설비규정 232.31.2 1항」 금속덕트는 폭이 40[mm] 이상, 두께가 1.2[mm] 이상인 철판 또는 동등 이상의 기계적 강도를 가지는 금속제의 것으로 견고하게 제작한 것일 것

🔲 ①

4) 금속덕트의 시설

① 덕트 상호 간은 견고하고 또한 전기적으로 완전하게 접속한다.
② 덕트를 조영재에 붙이는 경우에는 덕트의 지지점 간의 거리를 3[m](취급자 이외의 자가 출입할 수 없도록 설비한 곳에서 수직으로 붙이는 경우에는 6[m]) 이하로 하고 또한 견고하게 붙인다.
③ 덕트의 본체와 구분하여 뚜껑을 설치하는 경우에는 쉽게 열리지 아니하도록 시설한다.
④ 덕트의 끝부분은 막는다.
⑤ 덕트 안에 먼지가 침입하지 않도록 한다.

⑥ 덕트는 물이 고이는 낮은 부분을 만들지 않도록 시설한다.

⑦ 덕트는 「한국전기설비규정(KEC)」 211과 140에 준하여 접지공사를 한다.

⑧ 옥내에 연접하여 설치되는 등 기구(서로 다른 끝을 연결하도록 설계된 등기구로서 내부에 전원공급용 관통배선을 가지는 것. "연접설치 등기구"라 한다.)는 다음 각 호에 의하여 시설하여야 한다.

㉠ 등 기구는 특별히 규정한 경우를 제외하고 레이스 웨이로 사용할 수 없다.

㉡ 설치 장소의 환경 조건을 고려하여 감전화재 위험의 우려가 없도록 시설하여야 한다.

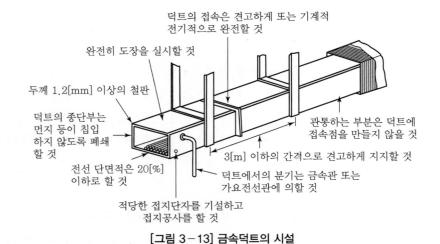

[그림 3-13] 금속덕트의 시설

예제 **38** 다음 중 금속덕트 공사의 시설 방법 공사 중 틀린 것은?

① 덕트 상호 간은 견고하고 또한 전기적으로 완전하게 접속할 것

② 덕트의 지지점 간의 거리는 3[m] 이하로 할 것

③ 덕트 끝부분은 열어둘 것

④ 금속덕트 안에는 전선에 접속점이 없도록 할 것

풀이 「한국전기설비규정 232.31.3 4항」 덕트의 끝부분은 막을 것

답 ③

예제 **39** 금속덕트를 조영재에 붙이는 경우에는 덕트의 지지점 간의 거리를 몇 [m] 이하로 하여야 하는가?

① 1   ② 2   ③ 3   ④ 4

풀이 「한국전기설비규정 232.31.3 2항」 덕트를 조영재에 붙이는 경우에는 덕트의 지지점 간의 거리를 3[m](취급자 이외의 자가 출입할 수 없도록 설비한 곳에서 수직으로 붙이는 경우에는 6[m]) 이하로 하고 또한 견고하게 붙일 것

답 ③

② 플로어덕트 공사

1) 플로어덕트 공사의 특징

플로어덕트를 헤더(Header)덕트 라고도 한다. 일반 빌딩 등에 있어서 칸막이 변동 등에 대하여, 바닥 콘센트나 전화를 끌어가기에 신속하게 대응할 수 있는 공법이다. 사무실, 은행, 백화점 등의 실내공간이 크고 사무용 기기나 조명용 콘센트, 전화 등의 수요가 평면적으로 분산된 장소에 적합하다.

2) 시설 조건

① 전선은 절연전선(옥외용 비닐절연전선 제외)이어야 한다.
② 전선은 연선이어야 한다. 다만, 단면적 $10[mm^2]$(알루미늄선은 단면적 $16[mm^2]$) 이하인 것은 그러하지 않는다.
③ 플로어덕트 안에는 전선에 접속점이 없도록 한다. 다만, 전선을 분기하는 경우 그 접속점을 쉽게 점검할 수 있는 때에는 그러하지 않는다.

예제 40 플로어덕트 배선에 사용할 수 있는 단선(동선)의 최대 규격은 몇 $[mm^2]$인가?

   ① 2.5   ② 4   ③ 6   ④ 10

풀이 「한국전기설비규정 232.32.1 2항」 전선은 연선일 것. 다만, 단면적 $10[mm^2]$(알루미늄선은 단면적 $16[mm^2]$) 이하인 것은 그러하지 아니하다.

                                                           답 ④

---

3) 플로어덕트 및 부속품의 선정

① 덕트 커플링 : 덕트와 덕트를 연결하는 것이다.
② 인서트 스터드 : 플로어덕트의 인서트와 하이텐션 아우트렛 등의 중계를 하는 것이다.
③ 인서트 마커 : 인서트 스터드에 비틀어 박고, 중앙에 표시용의 작은 나사를 갖는 것이다.
④ 인서트 캡(노출형) : 바닥면에서 인서트 스터드에 비틀어 넣고 구멍을 막는 것이다.
⑤ 인서트 캡(매입형) : 바닥면 밑에서 인서트 스터드에 비틀어 넣고 구멍을 막는 것이다.
⑥ 월 엘보 : 덕트의 종단에서 직각으로 세워 접속할 때 사용하는 것이다.
⑦ 덕트 서포트 : 덕트를 수평으로 시공하기 위한 지지물이다.
⑧ 아이언 플러그 : 박스의 플러그 구멍을 메우는 것이다.

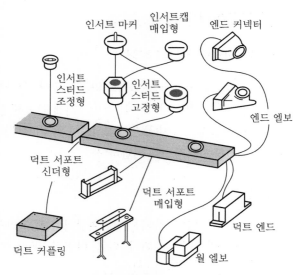

[그림 3-14] 플로어덕트의 부속품

예제 **41** 플로어덕트 부속품 중 박스의 플러그 구멍을 메우는 것의 명칭은?

① 덕트 서포트   ② 아이언 플러그

③ 덕트 플러그   ④ 인서트 마커

풀이 • 덕트 서포트 : 덕트를 지지 시 높낮이 조절 볼트를 이용하여 덕트의 수평을 조절
• 아이언 플러그 : 박스의 플러그 구멍을 메우는 것
• 인서트 마커 : 인서트 스터드에 비틀어 박고, 중앙에 표시용의 작은 나사를 갖는 것

답 ②

4) 플로어덕트 및 부속품의 시설

① 덕트 상호 간 및 덕트와 박스 및 인출구와는 견고하고 또한 전기적으로 완전하게 접속한다.

② 덕트 및 박스 기타의 부속품은 물이 고이는 부분이 없도록 시설한다.

③ 박스 및 인출구는 마루 위로 돌출하지 않도록 시설하고 또한 물이 스며들지 않도록 밀봉한다.

④ 덕트의 끝부분은 막는다.

⑤ 덕트는 「한국전기설비규정(KEC)」 211과 140에 준하여 접지공사를 한다.

42 다음 중 플로어덕트 공사의 설명으로 틀린 것은?

① 덕트 상호 간 및 덕트와 박스 및 인출구와는 견고하고 또한 전기적으로 완전하게 접속할 것

② 덕트의 끝부분은 막을 것

③ 덕트 및 박스 기타의 부속품은 물이 고이는 부분이 없도록 시설하여야 한다.

④ 플로어덕트 안에는 전선을 분기하지 않는 경우에 전선의 접속점이 2곳 이상 없도록 할 것

풀이 「한국전기설비규정 232.32.1 3항」 플로어덕트 안에는 전선에 접속점이 없도록 할 것. 다만, 전선을 분기하는 경우에 접속점을 쉽게 점검할 수 있을 때에는 그러하지 아니하다.

답 ④

③ 셀룰러덕트 공사

1) 셀룰러덕트 공사의 특징

① 부하용량의 증가에 따라 배선의 용량 및 회로의 증가나 증설이 되는 부하의 위치 변경에도 쉽게 대응할 수 있는 공사 방법이다.

② 셀룰러덕트 공사는 대형의 철골구조물의 콘크리트의 형틀 또는 바닥 구조재로서 사용되는 파형 데크 플레이트 홈을 막아서 이것을 셀룰러덕트로 사용하는 방식으로 플로어덕트 또는 금속관 등과 조합시켜 사용하기도 한다.

2) 시설 조건

① 전선은 절연전선(옥외용 비닐절연전선 제외)이어야 한다.

② 전선은 연선이어야 한다. 다만, 단면적 10[mm²](알루미늄선은 단면적 16[mm²]) 이하인 것은 그러하지 않는다.

③ 셀룰러덕트 안에는 전선에 접속점이 없도록 한다. 다만, 전선을 분기하는 경우 그 접속점을 쉽게 점검할 수 있는 때에는 그러하지 않는다.

④ 셀룰러덕트 안의 전선을 외부로 인출하는 경우에는 그 셀룰러덕트의 관통 부분에서 전선이 손상될 우려가 없도록 시설한다.

3) 셀룰러덕트 및 부속품의 선정

① 강판으로 제작한 것이어야 한다.

② 덕트 끝과 안쪽 면은 전선의 피복이 손상하지 아니하도록 매끈한 것이어야 한다.

③ 덕트의 안쪽 면 및 외면은 방청을 위하여 도금 또는 도장을 한 것이어야 한다. 다만, KS D 3602(강제갑판) 중 SDP 3에 적합한 것은 그러하지 않는다.

④ 셀룰러덕트의 판 두께는 다음 표에서 정한 값 이상이어야 한다.

[표 3 – 13] 셀룰러덕트의 판 두께

덕트의 최대 폭	덕트의 판 두께
150[mm] 이하	1.2[mm]
150[mm] 초과 200[mm] 이하	1.4[mm](KS D 3602 "강제 갑판" 중 SDP2, SDP3 또는 SDP2G에 적합한 것은 1.2[mm])
200[mm] 초과하는 것	1.6[mm]

⑤ 부속품의 판 두께는 1.6[mm] 이상이어야 한다.

예제 **43** 셀룰러덕트 공사 시 덕트 상호 간을 접속하는 것과 셀룰러덕트 끝에 접속하는 부속품에 대한 설명으로 적합하지 않은 것은?

① 알루미늄 판으로 특수 제작할 것
② 부속품의 판 두께는 1.6[mm] 이상일 것
③ 덕트 끝과 내면은 전선의 피복이 손상하지 않도록 매끈한 것일 것
④ 덕트의 내면과 외면은 녹을 방지하기 위하여 도금 또는 도장한 것일 것

풀이 「한국전기설비규정 232.33.2 1항」 강판으로 제작한 것일 것

답 ①

예제 **44** 셀룰러덕트의 최대 폭이 150[mm] 이하이면 덕트의 판 두께는 최소 몇 [mm] 이상으로 하여야 하는가?

① 1.0   ② 1.2   ③ 1.4   ④ 1.6

풀이 「한국전기설비규정 232.33.2 4항」 셀룰러덕트의 판 두께

덕트의 최대 폭	덕트의 판 두께
150[mm] 이하	1.2[mm]
150[mm] 초과 200[mm] 이하	1.4[mm] (KS D 3602(강제 갑판) 중 SDP2, SDP3 또는 SDP2G에 적합한 것은 1.2[mm])
200[mm] 초과	1.6[mm]

답 ②

---

4) 셀룰러덕트 및 부속품의 시설

① 덕트 상호 간 덕트와 조영물의 금속 구조체, 부속품 및 덕트에 접속하는 금속체와는 견고하게 또한 전기적으로 완전하게 접속한다.
② 덕트 및 부속품은 물이 고이는 부분이 없도록 시설한다.

③ 인출구는 마루 위로 돌출하지 않도록 시설하고 또한 물이 스며들지 않도록 한다.

④ 덕트의 끝부분은 막는다.

⑤ 덕트는 「한국전기설비규정(KEC)」 211과 140에 준하여 접지공사를 한다.

예제 45 다음 중 덕트 공사의 종류가 아닌 것은?

① 버스덕트 공사　　　　　　　　② 금속덕트 공사

③ 셀룰러덕트 공사　　　　　　　④ 트레이덕트 공사

풀이 **덕트 공사**

금속덕트 공사, 플로어덕트 공사, 셀룰러덕트 공사, 버스덕트 공사, 라이팅덕트 공사

답 ④

---

04 케이블트레이 시스템

1 케이블트레이 공사의 특징

케이블트레이 공사는 케이블을 지지하기 위하여 사용하는 금속재 또는 불연성 재료로 제작된 유닛 또는 유닛의 집합체 및 그에 부속하는 부속재 등으로 구성된 견고한 구조물을 말하며, 바닥밀폐형, 사다리형, 펀칭형, 메시형, 기타 이와 유사한 구조물을 포함하여 적용한다.

2 케이블트레이의 종류

1) 바닥밀폐형

일체식 또는 분리식 직선 방향 옆면 레일에서 바닥에 통풍구가 없는 조립금속구조

2) 사다리형(래더형)

길이 방향의 양 옆면 레일을 각각의 가로 방향 부재로 연결한 조립금속구조

3) 펀칭형

일체식 또는 분리식 직선 방향 옆면 레일에서 바닥에 통풍구가 있는 것으로 폭이 100[mm]를 초과하는 조립금속구조

4) 메시형

일체식 또는 분리식으로 모든 면에서 통풍구가 있는 그물형의 조립금속구조

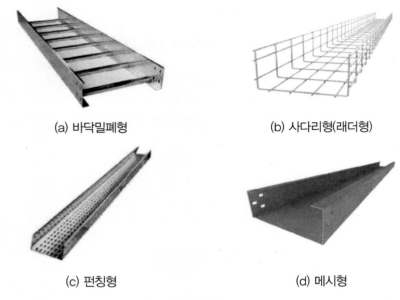

(a) 바닥밀폐형

(b) 사다리형(래더형)

(c) 펀칭형

(d) 메시형

[그림 3-15] 케이블트레이의 종류

예제 46 금속제 케이블트레이의 종류가 아닌 것은?

① 바닥밀폐형　　　　　　　　② 사다리형
③ 펀칭형　　　　　　　　　　④ 크로스형

풀이
- 바닥밀폐형 : 일체식 또는 분리식 직선 방향 옆면 레일에서 바닥에 통풍구가 없는 조립금속구조
- 사다리형(래더형) : 길이 방향의 양 옆면 레일을 각각의 가로 방향 부재로 연결한 조립금속구조
- 펀칭형 : 일체식 또는 분리식 직선 방향 옆면 레일에서 바닥에 통풍구가 있는 것으로 폭이 100[mm]를 초과하는 조립금속구조
- 메시형 : 일체식 또는 분리식으로 모든 면에서 통풍구가 있는 그물형의 조립금속구조

답 ④

---

3 시설 조건

① 전선은 연피케이블, 알루미늄피 케이블 등 난연성 케이블 또는 기타 케이블(적당한 간격으로 연소(延燒)방지 조치를 하여야 한다.) 또는 금속관 혹은 합성수지관 등에 넣은 절연전선을 사용하여야 한다.
② 제1의 각 전선은 관련되는 각 규정에서 사용이 허용되는 것에 한하여 시설할 수 있다.
③ 케이블트레이 안에서 전선을 접속하는 경우에는 전선접속 부분에 사람이 접근할 수 있다. 해당 부분이 측면 레일 위로 나오지 않도록 하고 절연처리하여야 한다.

④ 수평으로 포설하는 케이블 이외의 케이블은 케이블트레이의 가로대에 견고하게 고
   정시켜야 한다.

⑤ 저압 케이블과 고압 또는 특고압 케이블은 동일 케이블트레이 안에 포설하여서는
   안 된다. 다만, 견고한 불연성의 격벽을 시설하는 경우 또는 금속외장 케이블인 경우
   에는 그러하지 않는다.

⑥ 수평 트레이에 다심케이블을 포설 시 다음에 적합하여야 한다.

   ㉠ 사다리형, 바닥밀폐형, 펀칭형, 메시형 케이블트레이 내에 다심케이블을 포설하
      는 경우 이들 케이블의 지름(케이블의 완성품의 바깥지름을 말한다. 이하 같다.)
      의 합계는 트레이의 내측폭 이하로 하고 단층으로 시설할 것.

   ㉡ 벽면과의 간격은 20[mm] 이상 이격하여 설치하여야 한다.

   ㉢ 트레이 설치 및 케이블 허용전류의 저감계수는 KS C IEC 60364 − 5 − 52(전기기
      기의 선정 및 설치 − 배선설비) 표 B.52.20을 적용한다.

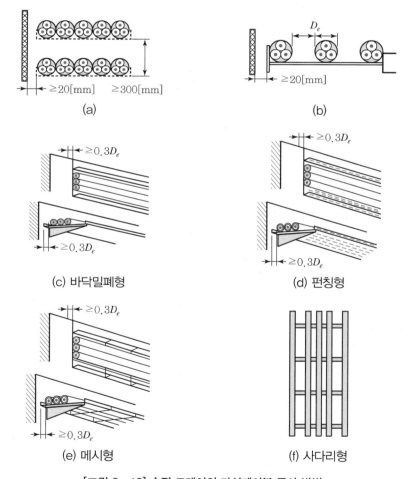

[그림 3 − 16] 수평 트레이의 다심케이블 공사 방법

⑦ 수평 트레이에 단심케이블을 포설 시 다음에 적합하여야 한다.

　㉠ 사다리형, 바닥밀폐형, 펀칭형, 메시형 케이블트레이 내에 단심케이블을 포설하는 경우 이들 케이블의 지름의 합계는 트레이의 내측 폭 이하로 하고 단층으로 포설하여야 한다. 단, 삼각포설 시에는 묶음 단위 사이의 간격은 단심케이블 지름의 2배 이상 이격하여 포설하여야 한다([그림 3 − 17] 참조).

　㉡ 벽면과의 간격은 20[mm] 이상 이격하여 설치하여야 한다.

　㉢ 트레이 설치 및 케이블 허용전류의 저감계수는 KS C IEC 60364 − 5 − 52(전기기기의 선정 및 설치 − 배선설비) 표 B.52.21을 적용한다.

(a) 단층 설치　　　　　　(b) 삼각포설 설치

[그림 3 − 17] 수평 트레이의 단심케이블 공사 방법

⑧ 수직 트레이에 다심케이블을 포설 시 다음에 적합하여야 한다.

　㉠ 사다리형, 바닥밀폐형, 펀칭형, 메시형 케이블트레이 내에 다심케이블을 포설하는 경우 이들 케이블의 지름의 합계는 트레이의 내측 폭 이하로 하고 단층으로 포설하여야 한다.

　㉡ 벽면과의 간격은 가장 굵은 케이블의 바깥지름의 0.3배 이상 이격하여 설치하여야 한다.

　㉢ 트레이 설치 및 케이블 허용전류의 저감계수는 KS C IEC 60364 − 5 − 52(전기기기의 선정 및 설치 − 배선설비) 표 B.52.20을 적용한다.

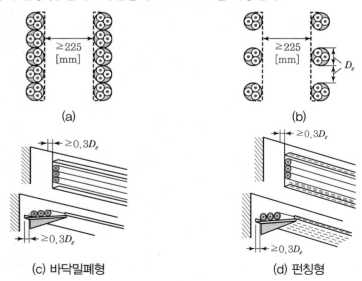

(a)　　　　　　(b)

(c) 바닥밀폐형　　　　　　(d) 펀칭형

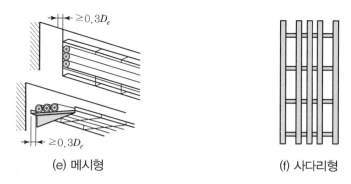

(e) 메시형   (f) 사다리형

[그림 3-18] 수직 트레이의 다심케이블 공사 방법

⑨ 수직 트레이에 단심케이블을 포설 시 다음에 적합하여야 한다.

  ㉠ 사다리형, 바닥밀폐형, 펀칭형, 메시형 케이블트레이 내에 단심케이블을 포설하는 경우 이들 케이블의 지름의 합계는 트레이의 내측 폭 이하로 하고 단층으로 포설하여야 한다. 단, 삼각포설 시에는 묶음 단위 사이의 간격은 단심케이블 지름의 2배 이상 이격하여 설치하여야 한다.

  ㉡ 벽면과의 간격은 가장 굵은 단심케이블 바깥지름의 0.3배 이상 이격하여 설치하여야 한다.

  ㉢ 트레이 설치 및 케이블 허용전류의 저감계수는 KS C IEC 60364-5-52(전기기기의 선정 및 설치-배선설비) 표 B.52.21을 적용한다.

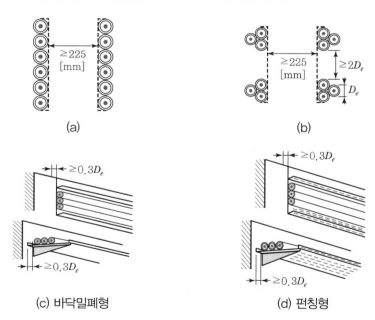

(a)   (b)

(c) 바닥밀폐형   (d) 펀칭형

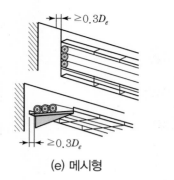
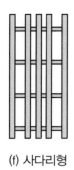

(e) 메시형   (f) 사다리형

[그림 3-19] 수직 트레이의 단심케이블 공사 방법

예제 47 수평 케이블트레이에 케이블을 포설 시 벽면과의 간격은 몇 [mm] 이상 이격해서 설치해야 하는가?

① 10   ② 20   ③ 30   ④ 40

풀이 「한국전기설비규정 232.41.1 6~7의 나항」 수평 트레이에 다심케이블이나 단심케이블을 포설 시 벽면과의 간격은 20[mm] 이상 이격하여 설치하여야 한다.

답 ②

예제 48 수직 케이블트레이에 케이블을 포설 시 벽면과의 간격은 가장 굵은 케이블 바깥지름의 몇 배 이상 이격해서 설치해야 하는가?

① 0.1   ② 0.2   ③ 0.3   ④ 0.4

풀이 「한국전기설비규정 232.41.1 8~9의 나항」 수직 트레이에 다심케이블이나 단심케이블을 포설 시 벽면과의 간격은 가장 굵은 케이블 바깥지름의 0.3배 이상 이격하여 설치하여야 한다.

답 ③

---

4 케이블트레이의 선정

① 수용된 모든 전선을 지지할 수 있는 적합한 강도의 것이어야 한다. 이 경우 케이블트레이의 안전율은 1.5 이상으로 하여야 한다.
② 지지대는 트레이 자체 하중과 포설된 케이블 하중을 충분히 견딜 수 있는 강도를 가져야 한다.
③ 전선의 피복 등을 손상시킬 돌기 등이 없이 매끈하여야 한다.
④ 금속재의 것은 적절한 방식처리를 한 것이거나 내식성 재료의 것이어야 한다.
⑤ 측면 레일 또는 이와 유사한 구조재를 부착하여야 한다.
⑥ 배선의 방향 및 높이를 변경하는 데 필요한 부속재 기타 적당한 기구를 갖춘 것이어야 한다.

⑦ 비금속제 케이블트레이는 난연성 재료의 것이어야 한다.

⑧ 금속제 케이블트레이 시스템은 기계적 및 전기적으로 완전하게 접속하여야 하며 금속제 트레이는 「한국전기설비규정(KEC)」 211과 140에 준하여 접지공사를 하여야 한다.

⑨ 케이블이 케이블트레이 시스템에서 금속관, 합성수지관 등 또는 함으로 옮겨가는 개소에는 케이블에 압력이 가하여지지 않도록 지지하여야 한다.

⑩ 별도로 방호를 필요로 하는 배선 부분에는 필요한 방호력이 있는 불연성의 커버 등을 사용하여야 한다.

⑪ 케이블트레이가 방화 구획의 벽, 마루, 천장 등을 관통하는 경우에 관통부는 불연성의 물질로 충전(充塡)하여야 한다.

예제 49 케이블트레이는 수용된 모든 전선을 지지할 수 있는 적합한 강도의 것이어야 한다. 이 경우 케이블트레이의 안전율은 몇 이상으로 하여야 하는가?

① 1.0　　　　② 1.5　　　　③ 2.5　　　　④ 2.5

풀이 「한국전기설비규정 232.41.2 1항」 케이블트레이는 수용된 모든 전선을 지지할 수 있는 적합한 강도의 것이어야 한다. 이 경우 케이블트레이의 안전율은 1.5 이상으로 하여야 한다.

답 ②

05　케이블 공사

1 케이블 공사의 특징

① 절연전선보다는 안정성이 뛰어나므로 빌딩, 공장, 변전소, 주택 등 다방면으로 많이 사용되고 있다.

② 다른 배선 방식에 비하여 시공이 간단하여, 전력 수요가 증대되는 곳에서 주로 사용된다.

2 시설 조건

① 전선은 케이블 및 캡타이어케이블로 한다.

② 중량물의 압력 또는 현저한 기계적 충격을 받을 우려가 있는 곳에 포설하는 케이블에는 적당한 방호 장치를 할 것

③ 전선을 조영재의 아랫면 또는 옆면에 따라 붙이는 경우에는 전선의 지지점 간의 거리를 케이블은 2[m](사람이 접촉할 우려가 없는 곳에서 수직으로 붙이는 경우에는 6[m]) 이하, 캡타이어케이블은 1[m] 이하로 하고 또한 그 피복을 손상하지 않도록 붙인다.

④ 관 기타의 전선을 넣는 방호 장치의 금속제 부분·금속제의 전선접속함 및 전선의 피복에 사용하는 금속체에는 「한국전기설비규정(KEC)」 211과 140에 준하여 접지공사를 한다. 다만, 사용전압이 400[V] 이하로서 다음 중 하나에 해당할 경우에는 관 기타의 전선을 넣는 방호 장치의 금속제 부분에 대하여는 그러하지 않는다.

　㉠ 방호 장치의 금속제 부분의 길이가 4[m] 이하인 것을 건조한 곳에 시설하는 경우

　㉡ 옥내배선의 사용전압이 직류 300[V] 또는 교류 대지 전압이 150[V] 이하로서 방호 장치의 금속제 부분의 길이가 8[m] 이하인 것을 사람이 쉽게 접촉할 우려가 없도록 시설하는 경우 또는 건조한 것에 시설하는 경우

예제 50 케이블공사에 의한 저압 옥내배선에서 케이블을 조영재의 아랫면 또는 옆면에 따라 붙이는 경우에는 케이블의 지지점 간 거리는 몇 [m] 이하이어야 하는가?

① 1　　　　② 2　　　　③ 3　　　　④ 4

풀이 「한국전기설비규정 232.51.1 3항」 전선을 조영재의 아랫면 또는 옆면에 따라 붙이는 경우에는 전선의 지지점 간의 거리를 케이블은 2[m](사람이 접촉할 우려가 없는 곳에서 수직으로 붙이는 경우에는 6[m]) 이하 캡타이어케이블은 1[m] 이하로 하고 또한 그 피복을 손상하지 아니하도록 붙일 것

답 ②

예제 51 케이블공사에 의한 저압 옥내배선에서 캡타이어케이블을 조영재의 아랫면 또는 옆면에 따라 붙이는 경우에는 케이블의 지지점 간 거리는 몇 [m] 이하이어야 하는가?

① 1　　　　② 2　　　　③ 3　　　　④ 4

풀이 「한국전기설비규정 232.51.1 3항」 전선을 조영재의 아랫면 또는 옆면에 따라 붙이는 경우에는 전선의 지지점 간의 거리를 케이블은 2[m](사람이 접촉할 우려가 없는 곳에서 수직으로 붙이는 경우에는 6[m]) 이하 캡타이어케이블은 1[m] 이하로 하고 또한 그 피복을 손상하지 아니하도록 붙일 것

답 ①

---

3 콘크리트 직매용 포설

① 전선은 미네럴인슈레이션케이블·콘크리트 직매용(直埋用) 케이블 또는 개장을 한 케이블이어야 한다.

② 공사에 사용하는 박스는 금속제이거나 합성수지제의 것 또는 황동이나 동으로 견고하게 제작한 것이어야 한다.

③ 전선을 박스 또는 풀박스 안에 인입하는 경우는 물이 박스 또는 풀박스 안으로 침입하지 않도록 부싱을 사용한다.

④ 콘크리트 안에는 전선에 접속점을 만들지 않는다.

4 수직 케이블의 포설

전선을 건조물의 전기 배선용의 파이프 샤프트 안에 수직으로 매어 달아 시설하는 저압 옥내배선다음에 따라 시설하여야 한다.

① 전선은 다음 중 하나에 적합한 케이블이어야 한다.

  ㉠ 비닐 외장 케이블 또는 클로로프렌 외장 케이블
    • 도체에 동(Cu)을 사용 : 공칭단면적 25[mm²] 이상
    • 도체에 알루미늄(Al)을 사용 : 공칭단면적 35[mm²] 이상

  ㉡ 강심알루미늄 도체 케이블

  ㉢ 수직조가용선 부(付) 케이블

② 전선 및 그 지지부분의 안전율은 4 이상이어야 한다.

③ 전선 및 그 지지부분은 충전 부분이 노출되지 않아야 한다.

④ 전선과의 분기부분에 시설하는 분기선은 케이블이어야 한다.

⑤ 분기선은 장력이 가해지지 아니하도록 시설하고 또한 전선과의 분기 부분에는 진동 방지장치를 시설한다.

⑥ "⑤"의 규정에 의하여 시설하여도 전선에 손상을 입힐 우려가 있을 경우에는 적당한 개소에 진동 방지장치를 더 시설한다.

06   애자 공사

1 애자 공사의 특징

① 노출된 장소, 점검하기 어려운 장소에 시설한다.

② 애자의 구비조건 : 절연성, 난연성, 내수성

예제 52 애자사용공사에 사용하는 애자가 갖추어야 할 성질과 가장 거리가 먼 것은?

① 절연성   ② 난연성   ③ 내수성   ④ 내유성

풀이 「한국전기설비규정 232.56.2」 사용하는 애자는 절연성 · 난연성 및 내수성의 것이어야 한다.

답 ④

---

2 애자 공사의 시설

① 전선은 다음의 경우 이외에는 절연전선(옥외용 비닐절연전선 및 인입용 비닐절연전선을 제외한다)이어야 한다.
  ㉠ 전기로용 전선
  ㉡ 전선의 피복 절연물이 부식하는 장소에 시설하는 전선
  ㉢ 취급자 이외의 사람이 출입할 수 없도록 설비한 장소에 시설하는 전선
② 전선의 지지점 간의 거리는 전선을 조영재의 윗면 또는 옆면에 따라 붙일 경우에는 2[m] 이하로 한다.
③ 절연전선과 애자를 묶기 위한 바인드선은 0.9~1.6[mm]의 구리 또는 철의 심선에 절연 혼합물을 피복한 선을 사용한다.

[표 3-14] 애자 공사에서의 바인드선 굵기

바인드선의 굵기[mm]	사용 전선의 굵기[mm²]
0.9	16 이하
1.2(또는 0.9×2선)	50 이하
1.6(또는 1.2×2선)	50 초과

④ 시공 전선의 이격거리

[표 3-15] 시공 전선의 이격거리

구분	400[V] 이하	400[V] 초과
전선 상호 간의 거리	6[cm] 이상	6[cm] 이상
전선과 조영재와의 거리	2.5[cm] 이상	4.5[cm] 이상 (건조한 곳은 2.5[cm] 이상)
전선 지지점 간의 거리	2[m] 이하	6[m] 이하

⑤ 저압 옥내배선은 사람이 접촉할 우려가 없도록 시설할 것. 다만, 사용전압이 400[V] 이하인 경우에 사람이 쉽게 접촉할 우려가 없도록 시설하는 때에는 그러하지 않는다.
⑥ 전선이 조영재를 관통하는 경우, 관통하는 부분의 전선을 각각 별개의 난연성 및 내수성이 있는 절연관에 넣는다. 다만, 사용전압이 150[V] 이하인 전선을 건조한 장소에 시설하는 경우로 관통하는 부분의 전선에 내구성이 있는 절연테이프를 감을 때에는 그러하지 않는다.

⑦ 놉애자 배선 방법
  ㉠ 놉애자에 전선을 묶는 방법은 단선 10[mm²] 이하, 연선 16[mm²] 이하의 전선은 일자 바인드법으로 묶는다.
  ㉡ 전선 굵기가 16[mm²] 이상, 25[mm²] 이상의 전선은 십자 바인드법으로 묶는다.

예제 53 애자사용공사에서 전선의 지지점 간의 거리는 전선을 조영재의 윗면 또는 옆면에 따라 붙이는 경우에는 몇 [m] 이하로 하여야 하는가?

① 1   ② 2   ③ 3   ④ 6

풀이 「한국전기설비규정 232.56.1 4항」 전선의 지지점 간의 거리는 전선을 조영재의 윗면 또는 옆면에 따라 붙일 경우에는 2[m] 이하일 것

답 ②

예제 54 애자사용공사에서 전선 상호 간의 간격은 몇 [cm] 이상으로 하여야 하는가?

① 4   ② 5   ③ 6   ④ 7

풀이 「한국전기설비규정 232.56.1 2항」 전선 상호 간의 간격은 0.06[m] 이상일 것

답 ③

예제 55 애자사용공사를 건조한 장소에 사용전압이 400[V] 초과로 시설할 때 전선과 조영재 사이의 이격거리는 최소 몇 [mm] 이상이어야 하는가?

① 25[mm] 이상   ② 45[mm] 이상
③ 60[mm] 이상   ④ 80[mm] 이상

풀이 「한국전기설비규정 232.56.1 3항」 전선과 조영재 사이의 이격거리는 사용전압이 400[V] 이하인 경우에는 25[mm] 이상, 400[V] 초과인 경우에는 45[mm](건조한 장소에 시설하는 경우에는 25[mm])이상일 것

답 ①

예제 56 애자사용공사 사용전압이 400[V] 이하인 경우 전선과 조영재 사이의 이격거리는 최소 몇 [mm] 이상이어야 하는가?

① 25[mm] 이상   ② 45[mm] 이상
③ 60[mm] 이상   ④ 80[mm] 이상

풀이 「한국전기설비규정 232.56.1 3항」 전선과 조영재 사이의 이격거리는 사용전압이 400[V] 이하인 경우에는 25[mm] 이상, 400[V] 초과인 경우에는 45[mm](건조한 장소에 시설하는 경우에는 25[mm])이상일 것

답 ①

CHAPTER

04 전선 및 기계기구의 보안공사

01 전선 및 전선로의 보안
02 과전류 차단기 설치공사

03 접지공사
04 피뢰기 설치공사

01 전선 및 전선로의 보안

1 전선로 개요

① 전선로 : 발전소, 변전소, 개폐소 등 상호 간 또는 이들과 수용가 간을 연결하는 전선 및 이를 지지·보호하기 위한 설비 전체
② 전선로의 종류 : 가공, 지중, 옥상, 옥측, 수상, 물밑, 터널 내 전선로 등

2 전압의 종류

① 전압은 저압, 고압, 특고압의 3가지로 구분한다.

[표 4-1] 전압의 종류

저압	교류 1[kV] 이하, 직류 1.5[kV] 이하
고압	교류 1[kV] 초과~7[kV] 이하 직류 1.5[kV] 초과~7[kV] 이하
특고압	7[kV] 초과

② 전압을 표현하는 용어
  ㉠ 공칭전압 : 전선로를 대표하는 선간전압을 말한다.
  ㉡ 정격전압 : 기계기구에 대하여 사용회로 전압의 사용한도 또는 사용상 기준이 되는 전압, 정격 출력일 때의 전압을 말한다.
  ㉢ 대지전압 : 측정점과 대지 사이의 전압을 말한다.

② 사용전압 : 실제로 사용하는 전압 또는 전기기구 등에 사용되는 정격전압을 말한다.

예제 01 전압의 구분에서 고압에 대한 설명으로 가장 옳은 것은?
① 직류는 1.5[kV], 교류는 1[kV] 이하인 것
② 직류는 1.5[kV], 교류는 1[kV] 이상인 것
③ 직류는 1.5[kV]를 초과하고, 7[kV] 이하인 것, 교류는 1[kV]를 초과하고, 7[kV] 이하인 것
④ 7[kV]를 초과하는 것

풀이
• 저압 : 직류는 1.5[kV], 교류는 1[kV] 이하
• 고압 : 직류는 1.5[kV] 초과 ~ 7[kV] 이하, 교류는 1[kV] 초과 ~ 7[kV] 이하
• 특고압 : 7[kV]를 넘는 것

답 ③

예제 02 전압의 구분에서 저압 직류전압은 몇 [V] 이하인가?
① 600   ② 750   ③ 1,500   ④ 7,000

풀이 예제 1번 풀이 참조

답 ③

---

③ 수용가 설비에서의 전압강하의 제한

① 허용 전압강하

[표 4-2] 수용가 설비의 전압강하

설비의 유형	조명[%]	기타[%]
A - 저압으로 수전하는 경우	3	5
B - 고압 이상으로 수전하는 경우*	6	8

* 가능한 한 최종회로 내의 전압강하가 A 유형의 값을 넘지 않도록 하는 것이 바람직하다. 사용자의 배선설비가 100[m]를 넘는 부분의 전압강하는 미터당 0.005[%] 증가할 수 있으나 이러한 증가분은 0.5[%]를 넘지 않아야 한다.

② 다음의 경우에는 위의 표 값보다 더 큰 전압강하를 허용할 수 있다.
  ㉠ 기동 시간 중의 전동기
  ㉡ 돌입전류가 큰 기타 기기

③ 다음과 같은 일시적인 조건에는 전압강하를 고려하지 않는다.
  ㉠ 과도 과전압
  ㉡ 비정상적인 사용으로 인한 전압 변동

03 수용가 설비에서 저압으로 수전하는 경우 조명의 전압강하는 몇 [%] 이하이어야 하는가?

① 3 　　　　　　 ② 4 　　　　　　 ③ 6 　　　　　　 ④ 8

풀이 「한국전기설비규정 232.3.9 1항」 수용가 설비의 전압강하

설비의 유형	조명[%]	기타[%]
A – 저압으로 수전하는 경우	3	5
B – 고압 이상으로 수전하는 경우*	6	8

* 가능한 한 최종회로 내의 전압강하가 A 유형의 값을 넘지 않도록 하는 것이 바람직하다. 사용자의 배선설비가 100[m]를 넘는 부분의 전압강하는 미터당 0.005[%] 증가할 수 있으나 이러한 증가분은 0.5[%]를 넘지 않아야 한다.

답 ①

4 옥내전로의 대지전압의 제한

1) 주택 이외의 옥내에 시설하는 백열전등 등의 옥내전로 대지전압

백열전등 또는 방전등에 전기를 공급하는 옥내의 전로(주택의 옥내전로는 제외)의 대지전압은 300[V] 이하이어야 하며 다음 각 호에 따라 시설하여야 한다. 다만 대지전압 150[V]이하의 전로의 경우는 적용하지 않는다.

① 백열전등 또는 방전등 및 이에 부속하는 전선은 사람이 접촉할 우려가 없도록 시설한다.
② 백열전등(기계 장치에 부속하는 것은 제외) 또는 방전등용 안정기는 저압의 옥내배선과 직접 접속하여 시설한다.
③ 백열전등의 전구소켓은 키나 그 밖의 점멸기구가 없는 것이어야 한다.

2) 주택의 옥내전로의 대지전압

전기기계기구 내의 전로를 제외한, 주택의 옥내전로의 대지전압은 300[V] 이하여야 하며, 다음과 같이 시설한다. 다만 대지전압 150[V] 이하의 전로의 경우는 적용하지 않는다.

① 사용전압은 400[V] 미만이어야 한다.
② 전기기계기구 및 옥내배선은 사람이 쉽게 접촉할 우려가 없도록 시설한다. 다만, 전기기계기구로서 사람이 쉽게 접촉할 우려가 있는 부분이 절연성의 재료로 견고하게 만들어진 것, 목재의 마루, 기타 이와 유사한 절연성이 있는 것, 위에서 취급하도록 시설된 것, 또는 건조한 곳에서 취급하도록 시설된 것은 적용하지 않는다.
③ 주택의 전로 인입구는 전기용품안전관리법의 적용을 받는 인체감전보호용 누전차단기를 시설한다. 해당 전로의 인입구 가까운 장소에 1차 전압이 저압이고 2차 전압이 300[V] 이하로서 정격용량이 3[kVA] 이하인 절연변압기를 사람이 접촉할 우려가

없도록 시설하고 절연변압기 2차 측 전로를 접지하지 않은 경우는 적용하지 않는다.

④ 백열전등 또는 방전등용 안정기는 저압의 옥내배선과 직접 접속하여 시설한다.

⑤ 백열전등의 전구소켓은 키나 그 밖의 점멸기구가 없는 것이어야 한다.

⑥ 정격소비전력 3[kW]상의 전기기계기구에 전기를 공급하기 위한 전로에는 전용의 개폐기 및 과전류 차단기를 시설하고 그 전로의 옥내배선과 직접 접속하거나 적정 용량의 전용 콘센트를 시설한다.

⑦ 주택의 옥내를 통과하여 그 주택 이외의 장소에 전기를 공급하기 위한 옥내배선은 사람이 접촉할 우려가 없는 은폐된 장소에 합성수지관 공사, 금속관 공사 또는 케이블 공사에 의하여 시설한다.

3) 주택 이외의 옥내에 시설하는 가정용 전기기계기구의 옥내전로 대지전압

주택 이외의 옥내에 시설하는 가정용 전기기계기구에 전기를 공급하는 옥내전로의 대지전압은 300[V] 이하이어야 하며, 가정용 전기기계기구, 전선 및 배선기구를 기준에 따라 시설하거나 취급자 이외의 사람이 쉽게 접촉될 우려가 없도록 시설하여야 한다. 다만, 대지전압이 150[V] 이하의 전로인 경우는 적용하지 않으며, 주택 이외의 옥내란 다음에 열거하는 장소와 같이 사람이 상시 거주하지 않는 곳을 말한다.

① 상점, 음식점 등의 점포

② 사무실, 공장

③ 여관, 호텔의 객실 복도 등

④ 기타 위의 것에 따르는 장소

예제 04 백열전등을 사용하는 전광 사인에 전기를 공급하는 전로의 대지전압은 몇 [V] 이하여야 하는가?

① 200[V] ② 300[V] ③ 400[V] ④ 600[V]

풀이 「한국전기설비규정 231.6 1항」 백열전등 또는 방전등에 전기를 공급하는 옥내(전기사용장소의 옥내의 장소를 말한다.)의 전로(주택의 옥내 전로를 제외한다.)의 대지전압은 300[V] 이하하여야 한다.

답 ②

예제 05 옥내 전로의 대지전압의 제한에서 잘못된 설명은?

① 백열전등 또는 방전등 및 이에 부속하는 전선은 사람이 접촉할 우려가 없도록 한다.

② 백열전등 또는 방전등용 안정기는 저압의 옥내배선과 직접 접속하여 시설한다.

③ 백열전등의 전구소켓은 키나 그 밖의 점멸기구가 있는 것으로 한다.

④ 사용전압은 400[V] 이하하여야 한다.

풀이 「한국전기설비규정 231.6 1의 다항」 백열전등의 전구소켓은 키나 그 밖의 점멸기구가 없는 것이어야 한다.

답 ③

5 전로의 절연

1) 전로의 절연 목적과 개요

전기설비를 안전하게 운전 및 사용할 수 있기 위해서는 전기기기나 전선로의 절연 상태가 좋아야 한다. 전로의 전선 상호 간 및 대지 간은 충분히 절연되어 있지 않을 경우, 누전에 의한 감전이나 화재의 위험 및 전력 손실 증가 등의 장애가 발생하므로, 이들로부터 전기설비를 안전하게 사용할 목적으로 전로는 절연을 원칙으로 한다.

2) 전로의 절연 원칙

전로는 다음 이외에는 대지로부터 절연하여야 한다.
① 수용 장소의 인입구의 접지, 고압 또는 특고압과 저압의 혼촉에 의한 위험방지 시설, 피뢰기의 접지, 특고압 가공전선로의 지지물에 시설하는 저압 기계기구 등의 시설, 옥내에 시설하는 저압 접촉전선 공사 또는 아크 용접장치의 시설에 따라 저압전로에 접지공사를 하는 경우의 접지점
② 고압 또는 특고압과 저압의 혼촉에 의한 위험방지 시설, 전로의 중성점의 접지 또는 옥내의 네온 방전등 공사에 따라 전로의 중성점에 접지공사를 하는 경우의 접지점
③ 계기용변성기의 2차 측 전로의 접지에 따라 계기용변성기의 2차 측 전로에 접지공사를 하는 경우의 접지점
④ 특고압 가공전선과 저고압 가공전선의 병가에 따라 저압 가공전선의 특고압 가공전선과 동일 지지물에 시설되는 부분에 접지공사를 하는 경우의 접지점
⑤ 중성점이 접지된 특고압 가공선로의 중성선에 25[kV] 이하인 특고압 가공전선로의 시설에 따라 다중접지를 하는 경우의 접지점
⑥ 파이프라인 등의 전열장치의 시설에 따라 시설하는 소구경관(박스를 포함한다.)에 접지공사를 하는 경우의 접지점
⑦ 저압전로와 사용전압이 300[V] 이하의 저압전로(자동제어회로·원방조작회로·원방감시장치의 신호회로 기타 이와 유사한 전기회로(이하 "제어회로 등"이라 한다.)에 전기를 공급하는 전로에 한한다.)를 결합하는 변압기의 2차 측 전로에 접지공사를 하는 경우의 접지점
⑧ 다음과 같이 절연할 수 없는 부분
　㉠ 시험용 변압기, 기구 등의 전로의 절연내력 단서에 규정하는 전력선 반송용 결합리액터, 전기울타리의 시설에서 규정하는 전기울타리용 전원장치, 엑스선발생장치(엑스선관, 엑스선관용변압기, 음극가열용변압기 및 이의 부속 장치와 엑스선관회로의 배선을 말한다. 이하 같다.), 전기부식방지 시설에서 규정하는 전기부식방지용 양극, 단선식 전기철도의 귀선(가공 단선식 또는 제3레일식 전기 철

도의 레일 및 그 레일에 접속하는 전선을 말한다. 이하 같다.) 등 전로의 일부를 대지로부터 절연하지 아니하고 전기를 사용하는 것이 부득이한 것

ⓒ 전기욕기·전기로·전기보일러·전해조 등 대지로부터 절연하는 것이 기술상 곤란한 것

⑨ 저압 옥내직류 전기설비의 접지에 의하여 직류계통에 접지공사를 하는 경우의 접지점

3) 저압전로의 절연저항

① 저압전로의 절연성능

ⓐ 전기 사용 장소의 사용전압이 저압인 전로의 전선 상호 간 및 전로와 대지 사이의 절연저항은 개폐기 또는 과전류 차단기로 쉽게 구분할 수 있는 전로마다 다음 표에서 정한 값 이상이어야 한다. 다만, 전선 상호 간의 절연저항은 기계기구를 쉽게 분리하기가 곤란한 분기회로의 경우 기기 접속 전에 측정할 수 있다.

ⓑ 측정치에 영향을 미치거나 손상을 받을 수 있는 SPD(서지보호장치) 등 기기는 측정 전에 분리시켜야 하고, 분리가 어려운 경우 시험전압을 250[V] DC로 낮추어 측정해서 절연저항이 1[MΩ] 이상이어야 한다.

[표 4-3] 저압전로의 절연저항

전로의 사용전압[V]	DC 시험전압[V]	절연저항[MΩ]
SELV 및 PELV	250	0.5
FELV, 500[V] 이하	500	1.0
500[V] 초과	1,000	1.0

※ 특별저압(Extra Low Voltage : 2차 전압이 AC 50[V], DC 120[V] 이하)으로 SELV(비접지회로 구성) 및 PELV(접지회로 구성)은 1차와 2차가 전기적으로 절연된 회로, FELV는 1차와 2차가 전기적으로 절연되지 않은 회로

- ELV(Extra Low Voltage) : 특별저압. 교류 50[V] 이하, 직류 120[V] 이하의 전압
- SELV(Safety ELV) : 안전특별저압, 1차와 2차가 전기적으로 절연되었지만 접지가 되어 있지 않은 회로
- PELV(Protected ELV) : 보호특별저압, 1차와 2차가 전기적으로 절연되었지만 접지가 되어 있는 회로
- FELV(Functional ELV) : 기능적 특별저압, 1차와 2차가 전기적으로 절연되어 있지 않은 회로

② 저압전로에서 정전이 어려운 경우 등 절연저항 측정이 곤란한 경우에는 저항성분의 누설전류가 1[mA] 이하이면 그 전로의 절연성능은 적합한 것으로 본다.

예제 06 사용전압이 교류 220[V]이고, 시험전압이 직류 500[V]일 때의 절연저항 값은 몇 [MΩ] 이상이어야 하는가?

① 0.5 ② 1.0 ③ 1.5 ④ 2.0

풀이 「한국전기기술기준 52조」 저압전로의 절연성능

전로의 사용전압[V]	DC 시험전압[V]	절연저항
SELV 및 PELV	250	0.5[MΩ] 이상
FELV, 500[V] 이하	500	1.0[MΩ] 이상
500[V] 초과	1,000	1.0[MΩ] 이상

답 ②

예제 07 사용전압이 교류 500[V]를 초과할 때, 절연저항을 측정하기 위한 직류 시험전압은 몇 [V]로 하여야 하는가?

① 250 ② 500 ③ 750 ④ 1,000

풀이 예제 6번 풀이 참조

답 ④

예제 08 다음 중 특별저압(Extra Low Voltage)의 값으로 맞는 것은?

① AC 50[V], DC 60[V] 이하 ② AC 50[V], DC 120[V] 이하
③ AC 100[V], DC 60[V] 이하 ④ AC 100[V], DC 120[V] 이하

풀이 「한국전기기술기준 52조」 특별저압(Extra Low Voltage : 2차 전압이 AC 50[V], DC 120[V] 이하)으로 SELV(비접지회로 구성) 및 PELV(접지회로 구성)은 1차와 2차가 전기적으로 절연된 회로, FELV는 1차와 2차가 전기적으로 절연되지 않은 회로

답 ②

예제 09 저압전로에서 정전이 어려운 경우 등 절연저항 측정이 곤란한 경우에는 저항성분의 누설전류가 몇 [mA] 이하이면 그 전로의 절연성능은 적합한 것으로 보는가?

① 1 ② 2 ③ 3 ④ 4

풀이 「한국전기설비규정 132 1항」 사용전압이 저압인 전로의 절연성능은 「기술기준 제52조」를 충족하여야 한다. 다만, 저압전로에서 정전이 어려운 경우 등 절연저항 측정이 곤란한 경우 저항성분의 누설전류가 1[mA] 이하이면 그 전로의 절연성능은 적합한 것으로 본다.

답 ①

4) 고압 및 특고압전로의 절연내력

고압 및 특고압의 전로(회전기, 정류기, 연료전지 및 태양전지 모듈의 전로, 변압기의 전로, 기구 등의 전로 및 직류식 전기철도용 전차선을 제외한다.)는 다음 표에서 정한 시험전압을 전로와 대지 사이(다심케이블은 심선 상호 간 및 심선과 대지 사이)에 연속하여 10분간 가하여 절연내력을 시험하였을 때에 이에 견디어야 한다. 다만, 전선에 케이블을 사용하는 교류 전로로서 표에서 정한 시험전압의 2배의 직류전압을 전로와 대지 사이(다심케이블은 심선 상호 간 및 심선과 대지 사이)에 연속하여 10분간 가하여 절연내력을 시험하였을 때에 이에 견디는 것에 대하여는 그러하지 않는다.

[표 4 – 4] 전로의 종류 및 시험전압

전로의 종류	시험전압
① 최대사용전압 7[kV] 이하인 전로	최대사용전압의 1.5배의 전압
② 최대사용전압 7[kV] 초과 25[kV] 이하인 중성점 접지식 전로(중성선을 가지는 것으로서 그 중성선을 다중접지 하는 것에 한한다.)	최대사용전압의 0.92배의 전압
③ 최대사용전압 7[kV] 초과 60[kV] 이하인 전로("②"의 것을 제외한다.)	최대사용전압의 1.25배의 전압(10.5[kV] 미만으로 되는 경우는 10.5[kV])
④ 최대사용전압 60[kV] 초과 중성점 비접지식전로(전위 변성기를 사용하여 접지하는 것을 포함한다.)	최대사용전압의 1.25배의 전압
⑤ 최대사용전압 60[kV] 초과 중성점 접지식 전로(전위 변성기를 사용하여 접지하는 것 및 "⑥"과 "⑦"의 것을 제외한다.)	최대사용전압의1.1배의 전압 (75[kV] 미만으로 되는 경우에는 75[kV])
⑥ 최대사용전압이 60[kV] 초과 중성점 직접접지식 전로("⑦"의 것을 제외한다.)	최대사용전압의 0.72배의 전압
⑦ 최대사용전압이 170[kV] 초과 중성점 직접 접지식 전로로서 그 중성점이 직접 접지되어 있는 발전소 또는 변전소 혹은 이에 준하는 장소에 시설하는 것	최대사용전압의 0.64배의 전압
⑧ 최대사용전압이 60[kV]를 초과하는 정류기에 접속되고 있는 전로	교류 측 및 직류 고전압 측에 접속되고 있는 전로는 교류 측의 최대사용전압의 1.1배의 직류전압
	직류 측 중성선 또는 귀선이 되는 전로(이하 이장에서 "직류 저압 측 전로"라 한다.)는 $E= V \times \dfrac{1}{\sqrt{2}} \times 0.5 \times 1.2$ 의 계산식에 의하여 구한 값

5) 회전기 및 정류기의 절연내력

회전기 및 정류기는 다음 표에서 정한 시험방법으로 절연내력을 시험하였을 때에 이에 견디어야 한다. 다만, 회전변류기 이외의 교류의 회전기로 [표 4 − 5]에서 정한 시험전압의 1.6배의 직류전압으로 절연내력을 시험하였을 때 이에 견디는 것을 시설하는 경우에는 그러하지 않는다.

[표 4 − 5] 회전기 및 정류기 시험전압

<table>
<tr><th colspan="3">종류</th><th>시험전압</th><th>시험방법</th></tr>
<tr><td rowspan="3">회전기</td><td rowspan="2">발전기, 전동기, 조상기, 기타 회전기 (회전변류기를 제외한다.)</td><td>최대사용전압 7[kV] 이하</td><td>최대사용전압의 1.5배의 전압(500[V] 미만으로 되는 경우에는 500[V])</td><td rowspan="3">권선과 대지 사이에 연속하여 10분간 가한다.</td></tr>
<tr><td>최대사용전압 7[kV] 초과</td><td>최대사용전압의 1.25배의 전압(10.5[kV] 미만으로 되는 경우에는 10.5[kV])</td></tr>
<tr><td colspan="2">회전변류기</td><td>직류 측의 최대사용전압의 1배의 교류전압(500 [V] 미만으로 되는 경우에는 500[V])</td></tr>
<tr><td rowspan="2">정류기</td><td colspan="2">최대사용전압 60[kV] 이하</td><td>직류 측의 최대사용전압의 1배의 교류전압(500 [V] 미만으로 되는 경우에는 500[V])</td><td>충전 부분과 외함 간에 연속하여 10분간 가한다.</td></tr>
<tr><td colspan="2">최대사용전압 60[kV] 초과</td><td>교류 측의 최대사용전압의 1.1배의 교류전압 또는 직류 측의 최대사용전압의 1.1배의 직류전압</td><td>교류 측 및 직류고전압측단자와 대지 사이에 연속하여 10분간 가한다.</td></tr>
</table>

6) 기구 등의 전로의 절연내력

① 개폐기 · 차단기 · 전력용 커패시터 · 유도전압조정기 · 계기용변성기 기타의 기구의 전로 및 발전소 · 변전소 · 개폐소 또는 이에 준하는 곳에 시설하는 기계기구의 접속선 및 모선(전로를 구성하는 것에 한한다. 이하 "기구 등의 전로"라 한다.)은 [표 4 − 6]에서 정하는 시험전압을 충전 부분과 대지 사이(다심케이블은 심선 상호 간 및 심선과 대지 사이)에 연속하여 10분간 가하여 절연내력을 시험하였을 때에 이에 견디어야 한다.
② 접지형 계기용 변압기 · 전력선 반송용 결합커패시터 · 뇌서지 흡수용 커패시터 · 지락검출용 커패시터 · 재기전압 억제용 커패시터 · 피뢰기 또는 전력선 반송용 결합리액터로서 다음에 따른 표준에 적합한 것 혹은 전선에 케이블을 사용하는 기계

기구의 교류의 접속선 또는 모선으로서 [표 4-6]에서 정한 시험전압의 2배의 직류 전압을 충전 부분과 대지 사이(다심케이블에서는 심선 상호 간 및 심선과 대지 사이)에 연속하여 10분간 가하여 절연내력을 시험하였을 때에 이에 견디도록 시설할 때에는 그러하지 않는다.

[표 4-6] 기구 등의 전로의 시험전압

전로의 종류	시험전압
㉠ 최대사용전압이 7[kV] 이하인 전로	최대 사용전압이 1.5배의 전압(직류의 충전 부분에 대하여는 최대 사용전압의 1.5배의 직류전압 또는 1배의 교류전압)(500[V] 미만으로 되는 경우에는 500[V])
㉡ 최대사용전압이 7[kV] 초과 25[kV] 이하인 중성점 접지식 전로(중성선을 가지는 것으로서 그 중성선을 다중접지하는 것에 한한다.)에 접속하는 것	최대사용전압의 0.92배의 전압
㉢ 최대사용전압이 7[kV] 초과 60[kV] 이하인 기구 등의 전로("㉡"의 것을 제외한다.)	최대사용전압의 1.25배의 전압(10.5[kV] 미만으로 되는 경우는 10.5[kV])
㉣ 최대사용전압이 60[kV] 초과하는 기구 등의 전로로서 중성점 비접지식 전로(전위 변성기를 사용하여 접지하는 것을 포함한다. "◎"의 것을 제외한다.)에 접속하는 것	최대사용전압의 1.25배의 전압
㉤ 최대사용전압이 60[kV]를 초과하는 기구 등의 전로로서 중성점 접지식 전로(전위 변성기를 사용하여 접지하는 것을 제외한다.)에 접속하는 것("㉦"과 "◎"의 것을 제외한다.)	최대사용전압의 1.1배의 전압 (75[kV] 미만으로 되는 경우에는 75[kV])
㉥ 최대사용전압이 60[kV] 초과 중성점 직접접지식 전로("㉦"의 것을 제외한다.)	최대사용전압의 0.72배의 전압
㉦ 최대사용전압이 170[kV] 초과하는 기구 등의 전로로서 중성점 직접 접지식 전로 중 중성점이 직접접지 되어 있는 발전소 또는 변전소 혹은 이에 준하는 장소의 전로에 접속하는 것("◎"의 것을 제외한다.)	최대사용전압의 0.64배의 전압

전로의 종류	시험전압
◎ 최대사용전압이 60[kV]를 초과하는 정류기의 교류 측 및 직류 측 전로에 접속하는 기구 등의 전로	교류 측 및 직류 고전압 측에 접속하는 기구 등의 전로는 교류 측의 최대사용전압의 1.1배의 교류전압 또는 직류 측의 최대사용전압의 1.1배의 직류전압
	직류 저압 측 전로에 접속하는 기구 등의 전로는 $E = V \times \dfrac{1}{\sqrt{2}} \times 0.5 \times 1.2$ 의 계산식으로 구한 값

예제 **10** 최대사용전압이 70[kV]인 중성점 비접지식 전로의 절연내력 시험전압은 몇 [V]인가?

① 62,500[V] ② 75,000[V]

③ 80,000[V] ④ 87,500[V]

풀이 「한국전기설비규정 132 2항」 고압 및 특고압 전로의 종류 및 절연내력 시험전압

전로의 종류	시험전압
4. 최대사용전압 60[kV] 초과 중성점 비접지식전로 (전위 변성기를 사용하여 접지하는 것을 포함한다.)	최대사용전압의 1.25배의 전압

답 ④

예제 **11** 최대사용전압이 220[V]인 유도전동기의 절연내력 시험전압은 몇 [V]인가?

① 330 ② 500 ③ 750 ④ 1,000

풀이 「한국전기설비규정 133」 최대사용전압이 7[kV] 이하인 전동기의 절연내력 시험전압은 최대사용전압의 1.5배의 전압이나 그 결과가 500[V] 미만으로 되는 경우에는 500[V]로 해야 한다.

답 ②

02 과전류 차단기 설치공사

1 과전류 차단기

1) 역할

전기회로에 큰 사고 전류가 흘렀을 때 자동적으로 회로를 차단하는 장치로 배선용 차단기와 퓨즈가 있다. 배선 및 접속기기의 파손을 막고 전기화재를 예방한다.

2) 과전류 차단기의 시설 금지 장소

① 접지공사의 접지도체
② 다선식 전로의 중성선
③ 변압기 중성점 접지공사를 한 저압 가공전선로의 접지 측 전선

3) 저압전로 중의 과전류 차단기의 시설

① 과전류 차단기로 저압전로에 사용하는 범용의 퓨즈는 다음 표에 적합하여야 한다.

[표 4 – 7] 퓨즈(gG)의 용단 특성

정격전류의 구분	시간	정격전류의 배수	
		불용단 전류	용단 전류
4[A] 이하	60분	1.5배	2.1배
4[A] 초과 16[A] 미만	60분	1.5배	1.9배
16[A] 이상 63[A] 이하	60분	1.25배	1.6배
63[A] 초과 160[A] 이하	120분	1.25배	1.6배
160[A] 초과 400[A] 이하	180분	1.25배	1.6배
400[A] 초과	240분	1.25배	1.6배

② 과전류 차단기로 저압전로에 사용하는 산업용 배선차단기는 [표 4 – 8]에, 주택용 배선차단기는 [표 4 – 9], [표 4 – 10]에 적합한 것이어야 한다. 다만, 일반인이 접촉할 우려가 있는 장소(세대 내 분전반 및 이와 유사한 장소)에는 주택용 배선차단기를 시설하여야 한다.

[표 4 – 8] 과전류트립 동작시간 및 특성(산업용 배선차단기)

정격전류의 구분	트립 동작시간	정격전류의 배수(모든 극에 통전)	
		부동작 전류	동작 전류
63[A] 이하	60분	1.05배	1.3배
63[A] 초과	120분	1.05배	1.3배

[표 4 – 9] 순시트립에 따른 구분(주택용 배선차단기)

형	순시트립 범위
B	$3I_n$ 초과 ~ $5I_n$ 이하
C	$5I_n$ 초과 ~ $10I_n$ 이하
D	$10I_n$ 초과 ~ $20I_n$ 이하

※ 1. B, C, D : 순시트립전류에 따른 차단기 분류
   2. I_n : 차단기 정격전류

[표 4-10] 과전류트립 동작시간 및 특성(주택용 배선차단기)

정격전류의 구분	트립 동작시간	정격전류의 배수(모든 극에 통전)	
		부동작 전류	동작 전류
63[A] 이하	60분	1.13배	1.45배
63[A] 초과	120분	1.13배	1.45배

4) 저압전로 중의 전동기 보호용 과전류 보호장치의 시설

① 과전류 차단기로 저압전로에 시설하는 과부하 보호장치(전동기가 손상될 우려가 있는 과전류가 발생했을 경우에 자동적으로 이것을 차단하는 것에 한한다.)와 단락보호 전용차단기 또는 과부하 보호장치와 단락보호 전용퓨즈를 조합한 장치는 전동기에만 연결하는 저압전로에 사용하고 다음 각각에 적합한 것이어야 한다.

㉠ 과부하 보호장치, 단락보호 전용차단기 및 단락보호 전용퓨즈는 「전기용품 및 생활용품 안전관리법」에 적용을 받는 것 이외에는 한국산업표준(이하 "KS"라 한다.)에 적합하여야 하며, 다음에 따라 시설한다.

- 과부하 보호장치로 전자 접촉기를 사용할 경우에는 반드시 과부하계전기가 부착되어 있을 것
- 단락보호 전용차단기의 단락동작설정 전류값은 전동기의 기동방식에 따른 기동돌입전류를 고려할 것
- 단락보호 전용퓨즈는 [표 4-11]의 용단 특성에 적합한 것일 것

[표 4-11] 단락보호 전용퓨즈(aM)의 용단 특성

정격전류의 배수	불용단시간	용단시간
4배	60초 이내	-
6.3배	-	60초 이내
8배	0.5초 이내	-
10배	0.2초 이내	-
12.5배	-	0.5초 이내
19배	-	0.1초 이내

㉡ 과부하 보호장치와 단락보호 전용차단기 또는 단락보호 전용퓨즈를 하나의 전용함 속에 넣어 시설한 것일 것

㉢ 과부하 보호장치가 단락전류에 의하여 손상되기 전에 그 단락전류를 차단하는 능력을 가진 단락보호 전용차단기 또는 단락보호 전용퓨즈를 시설한 것일 것

㉣ 과부하 보호장치와 단락보호 전용퓨즈를 조합한 장치는 단락보호 전용퓨즈의 정격전류가 과부하 보호장치의 설정 전류(Setting Current) 값 이하가 되도록 시설한 것일 것

② 저압 옥내에 시설하는 보호장치의 정격전류 또는 전류 설정값은 전동기 등이 접속 되는 경우에는 그 전동기의 기동방식에 따른 기동전류와 다른 전기사용 기계기구의 정격전류를 고려하여 선정하여야 한다.

③ 옥내에 시설하는 전동기(정격 출력이 0.2[kW] 이하인 것은 제외)에는 전동기가 손상 될 우려가 있는 과전류가 생겼을 때에 자동적으로 이를 저지하거나 이를 경보하는 장치를 하여야 한다. 다만, 다음의 어느 하나에 해당하는 경우에는 그러하지 아니하다.

   ㉠ 전동기를 운전 중 상시 취급자가 감시할 수 있는 위치에 시설하는 경우

   ㉡ 전동기의 구조나 부하의 성질로 보아 전동기가 손상될 수 있는 과전류가 생길 우려가 없는 경우

   ㉢ 단상전동기(KS C 4204(2013)의 표준정격의 것을 말한다.)로서 그 전원 측 전로에 시설하는 과전류 차단기의 정격전류가 16[A](배선차단기는 20[A]) 이하인 경우

5) 고압 및 특고압 전로 중의 과전류 차단기의 시설

① **포장퓨즈** : 정격전류의 1.3배의 전류에 견디고 2배의 전류로 120분 안에 용단될 것

② **비포장퓨즈** : 정격전류의 1.25배의 전류에 견디고 2배의 전류로 2분 안에 용단될 것

③ 고압 또는 특고압의 전로에 단락이 생긴 경우에 동작하는 과전류 차단기는 이것을 시설하는 곳을 통과하는 단락전류를 차단하는 능력을 가질 것

④ 고압 또는 특고압의 과전류 차단기는 그 동작에 따라 그 개폐 상태를 표시하는 장치가 되어 있을 것

예제 12 과전류 차단기를 설치해야 하는 곳은?

   ① 접지공사의 접지선

   ② 저압 옥내 간선의 전원 측 선로

   ③ 다선식 선로의 중성선

   ④ 전로의 일부에 접지공사를 한 저압 가공 전로의 접지 측 전선

풀이 과전류 차단기의 시설 금지 장소

접지공사의 접지선, 다선식 전로의 중성선, 변압기 중성점 접지공사를 한 저압 가공전선로의 접지 측 전선

답 ②

예제 13 다음 중 차단기를 시설해야 하는 곳으로 가장 적당한 것은?

   ① 고압에서 저압으로 변성하는 2차 측의 전압 측 전선

   ② 변압기 중성점 접지공사를 한 저압 가공전선로의 접지 측 전선

   ③ 다선식 전로의 중성선

   ④ 접지공사의 접지선

풀이 예제 12번 풀이 참조

답 ①

예제 14 저압전로에 사용하는 과전류 차단기용 퓨즈에서 정격전류가 30[A]인 퓨즈는 1.6배의 전류가 흐르는 경우에 몇 분 이내에는 동작되어야 하는가?

① 60분 ② 120분 ③ 180분 ④ 240분

풀이 「한국전기설비규정 212.3.4 2항」 과전류 차단기로 저압전로에 사용되는 퓨즈(gG)의 용단특성

정격전류의 구분	시간	정격전류의 배수	
		불용단 전류	용단 전류
4[A] 이하	60분	1.5배	2.1배
4[A] 초과 16[A] 미만	60분	1.5배	1.9배
16[A] 이상 63[A] 이하	60분	1.25배	1.6배
63[A] 초과 160[A] 이하	120분	1.25배	1.6배
160[A] 초과 400[A] 이하	180분	1.25배	1.6배
400[A] 초과	240분	1.25배	1.6배

답 ①

예제 15 정격전류가 50[A]인 저압전로의 과전류 차단기를 산업용 배선용 차단기로 사용하는 경우 정격전류의 1.3배의 전류가 통과하였을 경우 몇 분 이내에 자동적으로 동작하여야 하는가?

① 60분 ② 120분 ③ 180분 ④ 240분

풀이 「한국전기설비규정 212.3.4 3항」 과전류 차단기로 저압전로에 사용하는 산업용 배선차단기의 과전류트립 동작시간 및 특성

정격전류의 구분	트립 동작시간	정격전류의 배수(모든 극에 통전)	
		부동작 전류	동작 전류
63[A] 이하	60분	1.05배	1.3배
63[A] 초과	120분	1.05배	1.3배

답 ①

예제 16 저압전로에 50[A] 주택용 배선용 차단기를 시설하였을 경우 정격전류의 몇 배의 전류가 통과하였을 때 60분 이내에 차단기가 트립되어야 하는가?

① 1.05배 ② 1.3배 ③ 1.13배 ④ 1.45배

풀이 「한국전기설비규정 212.3.4 3항」 과전류 차단기로 저압전로에 사용하는 주택용 배선차단기의 과전류트립 동작시간 및 특성

정격전류의 구분	트립 동작시간	정격전류의 배수(모든 극에 통전)	
		부동작 전류	동작 전류
63[A] 이하	60분	1.13배	1.45배
63[A] 초과	120분	1.13배	1.45배

답 ④

17 저압전로 중의 전동기 보호용 과전류 보호장치의 시설에서 단락보호 전용퓨즈는 정격전류의 12.5배의 과전류가 흐를 때 몇 초 이내로 용단되어야 하는가?

① 60초   ② 1초   ③ 0.5초   ④ 0.1초

풀이 「한국전기설비규정 212.6.3 3항」 저압전로 중의 전동기 보호용 과전류 보호장치의 시설에 사용되는 단락보호 전용퓨즈(aM)의 용단 특성

정격전류의 배수	불용단시간	용단시간
4배	60초 이내	–
6.3배	–	60초 이내
8배	0.5초 이내	–
10배	0.2초 이내	–
12.5배	–	0.5초 이내
19배	–	0.1초 이내

📖 ③

② 누전차단기(ELB)

1) 역할

전기기구가 접속되어 있는 전로(電路)에서 누전에 의한 감전 위험을 방지하기 위해 사용되는 기기이다. 이 장치는 전로의 정격에 적합하고, 감도(感度)가 양호하며, 확실하게 작동하도록 되어 있어야 한다.

2) 누전차단기의 시설

① 전원의 자동차단에 의한 저압전로의 보호 대책으로 누전차단기를 시설해야 할 대상은 다음과 같다. 누전차단기의 정격 동작전류, 정격 동작시간 등은 적용 대상의 전로, 기기 등에서 요구하는 조건에 따라야 한다.

  ㉠ 금속제 외함을 가지는 사용전압이 50[V]를 초과하는 저압의 기계기구로서 사람이 쉽게 접촉할 우려가 있는 곳에 시설하는 것에 전기를 공급하는 전로. 다만, 다음의 어느 하나에 해당하는 경우에는 적용하지 않는다.

- 기계기구를 발전소 · 변전소 · 개폐소 또는 이에 준하는 곳에 시설하는 경우
- 기계기구를 건조한 곳에 시설하는 경우
- 대지전압이 150[V] 이하인 기계기구를 물기 있는 곳 이외의 장소에 시설하는 경우
- 이중 절연구조의 기계기구를 시설하는 경우
- 그 전로의 전원 측에 절연변압기(2차 전압이 300[V] 이하인 경우에 한한다.)를 시설하고 또한 그 절연변압기의 부하 측의 전로에 접지하지 아니하는 경우
- 기계기구가 고무 · 합성수지 기타 절연물로 피복된 경우
- 기계기구가 유도전동기의 2차 측 전로에 접속되는 것일 경우

- 기계기구의 전원 연결선이 손상을 받을 우려가 없도록 시설하는 경우
- ⓛ 주택의 인입구 등 다른 절에서 누전차단기 설치를 요구하는 전로
- ⓒ 특고압전로, 고압전로 또는 저압전로와 변압기에 의하여 결합되는 사용전압 400[V] 초과의 저압전로 또는 발전기에서 공급하는 사용전압 400[V] 초과의 저압전로(발전소 및 변전소와 이에 준하는 곳에 있는 부분의 전로를 제외한다).
- ⓔ 다음의 전로에는 전기용품안전기준 "K60947 − 2의 부속서 P"의 적용을 받는 자동복구 기능을 갖는 누전차단기를 시설할 수 있다.
  - 독립된 무인 통신중계소 · 기지국
  - 관련 법령에 의해 일반인의 출입을 금지 또는 제한하는 곳
  - 옥외의 장소에 무인으로 운전하는 통신중계기 또는 단위기기 전용회로. 단, 일반인이 특정한 목적을 위해 지체하는(머물러 있는) 장소, 즉 버스정류장, 횡단보도 등에는 시설할 수 없다.
- ② 저압용 비상용 조명장치 · 비상용 승강기 · 유도등 · 철도용 신호장치, 비접지저압전로, 기타 그 정지가 공공의 안전 확보에 지장을 줄 우려가 있는 기계기구에 전기를 공급하는 전로의 경우, 그 전로에서 지락이 생겼을 때에 이를 기술원 감시소에 경보하는 장치를 설치한 때에는 "①"에서 규정하는 장치를 시설하지 않을 수 있다.
- ③ IEC 표준을 도입한 누전차단기를 저압전로에 사용하는 경우 일반인이 접촉할 우려가 있는 장소(세대 내 분전반 및 이와 유사한 장소)에는 주택용 누전차단기를 시설하여야 한다.

예제 **18** 사람이 쉽게 접촉할 우려가 있는 곳에 시설하는 금속제 외함을 가지는 기계기구에 전기를 공급하는 전로에는 사용전압이 몇 [V]를 초과하는 경우에 누전차단기를 시설하여야 하는가?

① 50   ② 110   ③ 220   ④ 300

풀이 「한국전기설비규정 211.2.4 누전차단기의 시설. 1의 가항」 금속제 외함을 가지는 사용전압이 50[V]를 초과하는 저압의 기계기구로서 사람이 쉽게 접촉할 우려가 있는 곳에 시설하는 것에 전기를 공급하는 전로

답 ①

③ 과부하 보호장치의 설치 위치

1) 설치 위치

과부하 보호장치는 전로 중 도체의 단면적, 특성, 설치 방법, 구성의 변경으로 도체의 허용전류값이 줄어드는 곳(분기점)에 설치해야 한다.

2) 설치 위치의 예외

과부하 보호장치는 분기점(O)에 설치해야 하나, 분기점(O)과 분기회로의 과부하 보호장치의 설치점 사이의 배선 부분에 다른 분기회로나 콘센트 회로가 접속되어 있지 않고, 다음 중 하나를 충족하는 경우에는 변경이 있는 배선에 설치할 수 있다.

① 분기회로(S_2)의 과부하 보호장치(S_1)의 전원 측에 다른 분기회로 또는 콘센트의 접속이 없고 분기회로에 대한 단락보호가 이루어지고 있는 경우, P_2는 분기회로의 분기점(O)으로부터 부하 측으로 거리에 구애받지 않고 이동하여 설치할 수 있다.

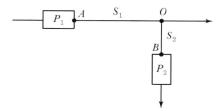

[그림 4-1] 과부하 보호장치의 설치 위치 예외 1

② 분기회로(S_2)의 보호장치(P_2)는 P_2의 전원 측에서 분기점(O) 사이에 다른 분기회로 또는 콘센트의 접속이 없고, 단락의 위험과 화재 및 인체에 대한 위험성이 최소화되도록 시설된 경우, 분기회로의 보호장치(P_2)는 분기회로의 분기점(O)으로부터 3[m] 까지 이동하여 설치할 수 있다.

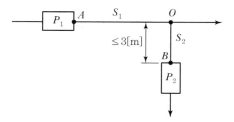

[그림 4-2] 과부하 보호장치의 설치 위치 예외 2

03 접지공사

1 접지 개요

접지란 대지에 전기적으로 단자를 접속하는 것으로서, 전기적 단자 역할을 하는 것이 접지전극이다. 전류가 접지전극을 통해서 대지에 흘러 들어갈 때 쉽게 흐르느냐의 여부는 접지저항의 크기에 의해서 달라진다.

2 접지 목적

① 누설 전류로 인한 감전을 방지
② 뇌해로 인한 전기설비를 보호
③ 전로에 지락사고 발생 시 보호계전기를 확실하게 작동
④ 이상전압이 발생 시 대지전압을 억제하여 절연강도를 낮추기 위함

예제 19 접지하는 목적이 아닌 것은?

① 이상전압의 발생　　　　　　② 전로의 대지전압의 저하
③ 보호 계전기의 동작확보　　　④ 감전의 방지

풀이 **접지의 목적**
• 누설 전류로 인한 감전을 방지
• 뇌해로 인한 전기설비를 보호
• 전로에 지락사고 발생 시 보호계전기를 확실하게 작동
• 이상전압이 발생하였을 때 대지전압을 억제하여 절연강도를 낮추기 위함　　　**답** ①

예제 20 저압 옥내용 기기에 접지공사를 시설하는 주된 목적은?

① 기기의 효율을 좋게 한다.
② 기기의 절연을 좋게 한다.
③ 기기의 누전에 의한 감전을 방지한다.
④ 기기의 누전에 의한 역률을 좋게 한다.

풀이 예제 19번 풀이 참조　　　　　　　　　　　　　　　　　**답** ③

예제 21 접지 전극과 대지 사이의 저항을 무엇이라고 하는가?

① 고유저항　　　　　　　　　② 마찰저항
③ 접지저항　　　　　　　　　④ 접촉저항　　　　　　**답** ③

③ 접지시스템

1) 접지시스템의 구분 및 종류

① 접지시스템의 종류 : 계통접지, 보호접지, 피뢰시스템 접지
② 접지시스템 시설의 종류 : 단독접지, 공통접지, 통합접지

예제 22 접지시스템의 구분에 해당되지 않는 것은?

① 계통접지   ② 보호접지
③ 피뢰시스템 접지   ④ 독립접지

풀이 「한국전기설비규정 141 1항」접지시스템은 계통접지, 보호접지, 피뢰시스템 접지 등으로 구분한다.

답 ④

예제 23 접지시스템의 시설 종류에 해당되지 않는 것은?

① 단독접지   ② 보호접지
③ 공통접지   ④ 통합접지

풀이 「한국전기설비규정 141 2항」접지시스템의 시설 종류에는 단독접지, 공통접지, 통합접지가 있다.

답 ②

---

2) 접지시스템 구성요소

① 접지시스템 : 접지극, 접지도체, 보호도체 및 기타 설비
② 접지극 : 접지도체를 사용하여 주 접지단자에 연결

3) 접지극의 매설

① 접지극은 지표면으로부터 지하 0.75[m] 이상으로 매설한다.
② 접지도체를 철주 기타의 금속체를 따라서 시설하는 경우에는 접지극을 철주의 밑면으로부터 0.3[m] 이상의 깊이에 매설하는 경우 이외에는 접지극을 지중에서 그 금속체로부터 1[m] 이상 떼어 매설한다.

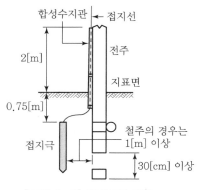

[그림 4-3] 접지극의 매설

예제 24 고압 이상의 전기설비에서 시설되는 접지극의 매설 깊이는 지표면으로부터 지하 몇 [m] 이상으로 하여야 하는가?

① 0.5　　　　　② 0.75　　　　　③ 1.0　　　　　④ 1.25

풀이 「한국전기설비규정 142.2 3의 나항」 접지극은 동결 깊이를 감안하여 시설하되 고압 이상의 전기설비와 시설하는 접지극의 매설 깊이는 지표면으로부터 지하 0.75[m] 이상으로 한다.

답 ②

예제 25 접지도체를 철주 기타의 금속체를 따라서 시설하는 경우에는 접지극을 지중에서 그 금속체로부터 몇 [m] 이상 떼어 매설하여야 하는가?

① 1　　　　　② 2　　　　　③ 3　　　　　④ 4

풀이 「한국전기설비규정 142.2 3의 다항」 접지도체를 철주 기타의 금속체를 따라서 시설하는 경우에는 접지극을 철주의 밑면으로부터 0.3[m] 이상의 깊이에 매설하는 경우 이외에는 접지극을 지중에서 그 금속체로부터 1[m] 이상 떼어 매설하여야 한다.

답 ①

4) 수도관 등을 접지극으로 사용하는 경우

① 지중에 매설되어 있고 대지와의 전기저항 값이 3[Ω] 이하의 값으로 유지하고 있는 금속제 수도관로가 다음에 따르는 경우 접지극으로 사용이 가능하다.

　㉠ 안지름 75[mm] 이상인 부분 또는 여기에서 분기한 안지름 75[mm] 미만인 분기점으로부터 5[m] 이내의 부분에서 접속한다.

　㉡ 금속제 수도관로와 대지 사이의 전기저항 값이 2[Ω] 이하인 경우에는 분기점으로부터의 거리는 5[m]을 넘을 수 있다.

　㉢ 접지도체와 금속제 수도관로의 접속부를 수도계량기로부터 수도 수용가 측에 설치하는 경우에는 수도계량기를 사이에 두고 양측 수도관로를 등전위본딩한다.

　㉣ 사람이 접촉할 우려가 있을 경우 방호장치를 설치한다.

② 건축물·구조물의 철골 기타의 금속제는 이를 비접지식 고압전로에 시설하는 기계기구의 철대 또는 금속제 외함의 접지공사 또는 비접지식 고압전로와 저압전로를 결합하는 변압기의 저압전로의 접지공사의 접지극으로 사용할 수 있다. 다만, 대지와의 사이에 전기저항 값이 2[Ω] 이하인 값을 유지하는 경우에 한한다.

예제 26 지중에 매설되어 있는 수도관 등을 접지극으로 사용할 수 있는 전기저항의 최댓값은 얼마인가?

① 1[Ω]　　　　　② 2[Ω]　　　　　③ 3[Ω]　　　　　④ 4[Ω]

풀이 「한국전기설비규정 142.2 7항」 지중에 매설되어 있고 대지와의 전기저항 값이 3[Ω] 이하의 값을 유지하고 있는 금속제 수도관로가 접지극으로 사용이 가능하다.

답 ③

5) 접지도체

① 접지도체의 단면적

[표 4-12] 접지도체의 단면적

구분	접지도체의 단면적
접지도체에 큰 고장전류가 접지도체를 통하여 흐르지 않을 경우	구리 : 6[mm^2] 이상 철제 : 50[mm^2] 이상
접지도체에 피뢰시스템이 접속되는 경우	구리 : 16[mm^2] 이상 철제 : 50[mm^2] 이상

② 접지도체는 지하 0.75[m]부터 지표상 2[m]까지 부분은 합성수지관(두께 2[mm] 이상) 또는 몰드로 덮어야 한다.

③ 접지도체는 절연전선(옥외용 비닐절연전선은 제외) 또는 케이블(통신용 케이블은 제외)을 사용하여야 한다.

   ※ 철주 또는 금속체를 따라서 시설하는 경우 접지도체의 지표상 0.6[m]를 초과하는 부분에 대하여는 절연전선을 사용하지 않을 수 있다.

④ 접지도체의 굵기는 고장 시 흐르는 전류를 안전하게 통할 수 있는 것으로서 다음 표에 의한다.

[표 4-13] 접지도체의 굵기

구분	접지도체의 단면적
특고압 · 고압 전기설비용	6[mm^2] 이상의 연동선
중성점 접지용	16[mm^2] 이상의 연동선
7[kV] 이하의 전로	6[mm^2] 이상의 연동선
사용전압이 25[kV] 이하인 특고압 가공전선로(중성선 다중접지식으로 전로에 지락이 생겼을 때 2초 이내에 차단장치가 되어 있는 것)	

⑤ 이동하여 사용하는 전기기계기구의 금속제 외함 등의 접지시스템의 경우는 다음의 것을 사용하여야 한다.

[표 4-14] 이동하여 사용하는 전기기계기구의 금속제 외함 등의 접지시스템에 사용하는 접지도체의 단면적

구분	접지도체의 단면적

• 특고압 및 고압 전기설비용 접지도체
• 중성점 접지용 접지도체
   – 클로로프렌 캡타이어 케이블(3종 및 4종)
   – 클로로설포네이트폴리에틸렌 캡타이어 케이블(3종 및 4종)의 1개 도체
   – 다심 캡타이어 케이블의 차폐 또는 기타의 금속체
	10[mm²] 이상

• 저압 전기설비용 접지도체 – 다심 코드 또는 다심 캡타이어 케이블의 1개 도체	0.75[mm²] 이상
– 유연성이 있는 연동연선의 1개 도체	1.5[mm²] 이상

예제 27 큰 고장전류가 접지도체를 통하여 흐르지 않을 경우 구리로 된 접지도체의 최소 단면적 [mm²]은 얼마인가?

① 6   ② 50   ③ 16   ④ 100

풀이 「한국전기설비규정 142.3.1 1의 가항」 접지도체의 단면적은 큰 고장전류가 접지도체를 통하여 흐르지 않을 경우 접지도체의 최소 단면적은 구리는 6[mm²] 이상, 철제는 50[mm²] 이상으로 하여야 한다.

답 ①

예제 28 접지도체에 피뢰시스템이 접속되는 경우, 철로 된 접지도체의 최소 단면적[mm²]은 얼마인가?

① 6   ② 16   ③ 50   ④ 100

풀이 「한국전기설비규정 142.3.1 1의 나항」 접지도체에 피뢰시스템이 접속되는 경우, 접지도체의 단면적은 구리 16[mm²] 또는 철 50[mm²] 이상으로 하여야 한다.

답 ③

예제 29 접지도체는 2[mm] 이상의 합성수지관으로 지하 0.75[m]부터 지표상 몇 [m]까지 덮어야 하는가?

① 1.2   ② 1.5   ③ 1.8   ④ 2.0

풀이 「한국전기설비규정 142.3.1 4항」 접지도체는 지하 0.75[m]부터 지표상 2[m]까지 부분은 합성수지관(두께 2[mm] 미만의 합성수지제 전선관 및 가연성 콤바인덕트관은 제외한다.) 또는 이와 동등 이상의 절연효과와 강도를 가지는 몰드로 덮어야 한다.

답 ④

6) 보호도체

① 보호도체의 최소 단면적

[표 4-15] 보호도체의 최소 단면적

선도체의 단면적 S ([mm^2], 구리)	보호도체의 최소 단면적([mm^2], 구리)	
	보호도체의 재질	
	선도체와 같은 경우	선도체와 다른 경우
$S \leq 16$	S	$(k_1/k_2) \times S$
$16 < S \leq 35$	$16(a)$	$(k_1/k_2) \times 16$
$S > 35$	$S(a)/2$	$(k_1/k_2) \times (S/2)$

㉠ k_1, k_2 : 도체 및 절연의 재질, 사용온도 등을 고려한 값

㉡ a : PEN 도체의 최소단면적은 중성선과 동일하게 적용함

㉢ 보호도체의 단면적은 다음의 계산값 이상이어야 함

차단시간이 5초 이하인 경우에만 다음 계산식을 적용함

$$S = \frac{\sqrt{I^2 t}}{k}$$ .... (4-1)

여기서, S : 단면적[mm^2]

I : 보호장치를 통해 흐를 수 있는 예상 고장전류 실횻값[A]

t : 자동차단을 위한 보호장치의 동작시간[s]

k : 보호도체, 절연, 기타 부위의 재질 및 초기온도와 최종온도에 따라 정해지는 계수

② 보호도체가 케이블의 일부가 아니거나 선도체와 동일 외함에 설치되지 않는 경우 단면적은 다음의 굵기 이상으로 하여야 한다.

[표 4-16] 보호도체가 케이블의 일부가 아니거나 선도체와 동일 외함에 설치되지 않는 경우의 보호도체의 단면적

구분	보호도체의 단면적
기계적 손상에 대해 보호가 되는 경우	구리 2.5[mm^2] 이상 알루미늄 16[mm^2] 이상
기계적 손상에 대해 보호가 되지 않는 경우	구리 4[mm^2] 이상 알루미늄 16[mm^2] 이상

③ 보호도체의 종류

　　㉠ 다심케이블의 도체

　　㉡ 충전도체와 같은 트렁킹에 수납된 절연도체 또는 나도체

　　㉢ 고정된 절연도체 또는 나도체

④ 다음과 같은 금속 부분은 보호도체 또는 보호본딩도체로 사용해서는 안 된다.

　　㉠ 금속 수도관

　　㉡ 가스·액체·분말과 같은 잠재적인 인화성 물질을 포함하는 금속관

　　㉢ 상시 기계적 응력을 받는 지지구조물 일부

　　㉣ 가요성 금속배관(예외 : 보호도체의 목적으로 설계된 경우)

　　㉤ 가요성 금속 전선관

　　㉥ 지지선, 케이블트레이 및 이와 비슷한 것

⑤ 보호도체에는 어떠한 개폐 장치를 연결해서는 안 된다. 다만, 시험 목적으로 공구를 이용하여 보호도체를 분리할 수 있는 접속점을 만들 수 있다.

예제 30 선도체 및 보호도체의 재질이 구리일 경우, 선도체의 단면적이 12[mm²]일 때 보호도체의 최소 단면적은?

① 8[mm²]　　　　② 12[mm²]　　　　③ 16[mm²]　　　　④ 20[mm²]

풀이 「한국전기설비규정 142.3.2 1의 가항」 선도체의 단면적 $S \leq 16$이고, 보호도체의 재질이 선도체와 같으므로 보호도체의 단면적은 선도체와 같아야 한다.

선도체의 단면적 S ([mm²], 구리)	보호도체의 최소 단면적([mm²], 구리)	
	보호도체의 재질	
	선도체와 같은 경우	선도체와 다른 경우
$S \leq 16$	S	$(k_1/k_2) \times S$
$16 < S \leq 35$	$16(a)$	$(k_1/k_2) \times 16$
$S > 35$	$S(a)/2$	$(k_1/k_2) \times (S/2)$

답 ②

---

7) 보호도체의 단면적 보강

① 보호도체는 정상 운전상태에서 전류의 전도성 경로(전기자기간섭 보호용 필터의 접속 등으로 인한)로 사용되지 않아야 한다.

② 보호도체에 10[mA]를 초과하는 전류가 흐르는 경우, 다음 표에 의해 보호도체를 증강하여 사용하여야 한다.

[표 4 – 17] 보호도체의 단면적 보강

구분	보호도체의 단면적
보호도체가 하나인 경우	구리 10[mm²] 이상 알루미늄 16[mm²] 이상
추가로 보호도체를 위한 별도의 단자가 구비된 경우	구리 10[mm²] 이상 알루미늄 16[mm²] 이상

예제 31 보호도체가 케이블의 일부가 아니거나 선도체와 동일 외함에 설치되지 않을 때 기계적 손상에 대해 보호가 되는 경우, 보호도체로 사용하는 구리와 알루미늄의 단면적은 얼마 이상이어야 하는가?

① 구리 2.5[mm²], 알루미늄 12[mm²]
② 구리 2.5[mm²], 알루미늄 16[mm²]
③ 구리 4[mm²], 알루미늄 12[mm²]
④ 구리 4[mm²], 알루미늄 16[mm²]

풀이 「한국전기설비규정 142.3.2 1의 다항」 보호도체가 케이블의 일부가 아니거나 선도체와 동일 외함에 설치되지 않는 경우 단면적은 다음의 굵기 이상으로 하여야 한다.

구분	보호도체의 단면적
기계적 손상에 대해 보호가 되는 경우	구리 2.5[mm²] 이상, 알루미늄 16[mm²] 이상
기계적 손상에 대해 보호가 되지 않는 경우	구리 4[mm²] 이상, 알루미늄 16[mm²] 이상

답 ②

8) 보호도체와 계통도체 겸용

① 겸용도체는 고정된 전기설비에서만 사용하여야 한다.
  ㉠ 구리 10[mm²] 또는 알루미늄 16[mm²] 이상이어야 한다.
  ㉡ 중성선과 보호도체의 겸용도체는 전기설비의 부하 측에 시설하여서는 안 된다.
  ㉢ 폭발성 분위기 장소는 보호도체를 전용으로 하여야 한다.

② 겸용도체의 성능 및 준수사항
  ㉠ 공칭전압과 같거나 높은 절연성능을 가져야 한다.
  ㉡ 배선설비의 금속 외함은 겸용도체로 사용해서는 안 된다.
  ㉢ 중성선·중간도체·상 도체 및 보호도체가 별도로 배선되는 경우, 중성선·중간도체·상 도체를 전기설비의 다른 접지된 부분에 접속해서는 안 된다.
  ㉣ 겸용도체는 보호도체용 단자 또는 바에 접속되어야 한다.
  ㉤ 계통외도전부는 겸용도체로 사용해서는 안 된다.

9) 주 접지단자

① 접지시스템은 주 접지단자를 설치하고, 다음의 도체들을 접속하여야 한다.
  ㉠ 등전위본딩도체
  ㉡ 접지도체
  ㉢ 보호도체
  ㉣ 관련이 있는 경우, 기능성 접지도체
② 여러 개의 접지단자가 있는 장소는 접지단자를 상호 접속하여야 한다.
③ 주 접지단자에 접속하는 각 접지도체는 개별적으로 분리할 수 있어야 하며, 접지저
 항을 편리하게 측정할 수 있어야 한다.

예제 32 접지시스템에서 주 접지단자와 접속되는 도체가 아닌 것은?

 ① 등전위본딩도체   ② 접지도체
 ③ 충전시스템도체   ④ 보호도체

풀이 「한국전기설비규정 142.3.7 1항」 접지시스템은 주 접지단자를 설치하고, 다음의 도체들을 접속하
여야 한다. 등전위본딩도체, 접지도체, 보호도체, 관련이 있는 경우 기능성 접지도체

                          답 ③

---

4 계통접지 구성

1) 접지계통의 분류

① TN 계통   ② TT 계통   ③ IT 계통

2) 계통접지에서 사용되는 문자의 정의

① 제1문자 : 전원계통과 대지의 관계
  ㉠ T : 한 점을 대지에 직접 접속
  ㉡ I : 모든 충전부를 대지와 절연시키거나 높은 임피던스를 통하여 한 점을 대지에
    직접 접속
② 제2문자 : 전기설비의 노출도전부와 대지의 관계
  ㉠ T : 노출도전부를 대지로 직접 접속. 전원계통의 접지와는 무관
  ㉡ N : 노출도전부를 전원계통의 접지점(교류 계통에서는 통상적으로 중성점이 없
    을 경우는 선도체)에 직접 접속
③ 그다음 문자(문자가 있을 경우) : 중성선과 보호도체의 배치
  ㉠ S : 중성선 또는 접지된 선도체 외에 별도의 도체에 의해 제공되는 보호 기능
  ㉡ C : 중성선과 보호 기능을 한 개의 도체로 겸용(PEN 도체)

3) 각 계통에서 나타내는 그림의 기호

[표 4-18] 기호 설명

기호	설명
——•—/——	중성선(N), 중간도체(M)
———/———	보호도체(PE)
——•—/——	중성선과 보호도체 겸용(PEN)

예제 **33** 저압전로의 보호도체 및 중성선의 접속 방식에 따른 계통접지에 해당되지 않는 것은?

① TN 계통　　　② TT 계통　　　③ IT 계통　　　④ IN 계통

풀이 「한국전기설비규정 203.1 1항」 저압전로의 보호도체 및 중성선의 접속 방식에 따라 접지계통은 다음과 같이 분류한다.

가. TN 계통　　　나. TT 계통　　　다. IT 계통

답 ④

예제 **34** 계통에서 나타내는 다음 기호는 무엇을 나타내는가?

———/———

① 중성선　　　　　　　② 중간도체
③ 보호도체　　　　　　④ 중성선과 보호도체 겸용

풀이 「한국전기설비규정 203.1 3항」 각 계통에서 나타내는 그림의 기호는 다음과 같다.

기호	설명
——•—/——	중성선(N), 중간도체(M)
———/———	보호도체(PE)
——•—/——	중성선과 보호도체겸용(PEN)

답 ③

---

5 TN 계통

전원 측의 한 점을 직접접지하고 설비의 노출도전부를 보호도체로 접속시키는 방식으로 중성선 및 보호도체(PE 도체)의 배치 및 접속 방식에 따라 분류한다.

① TN-S 계통은 계통 전체에 대해 별도의 중성선 또는 PE 도체를 사용하고 배전계통에서 PE 도체를 추가로 접지할 수 있다.

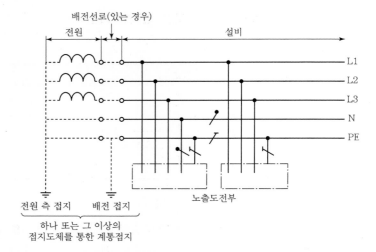

[그림 4-4] 계통 내에서 별도의 중성선과 보호도체가 있는 TN-S 계통

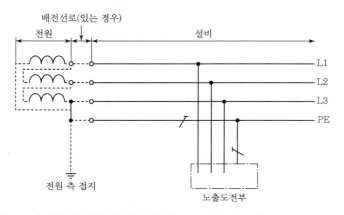

[그림 4-5] 계통 내에서 별도의 접지된 선도체와 보호도체가 있는 TN-S 계통

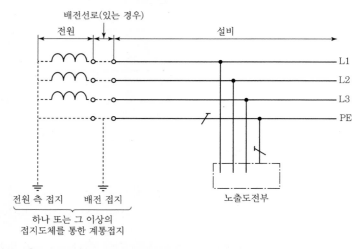

[그림 4-6] 계통 내에서 접지된 보호도체는 있으나 중성선의 배선이 없는 TN-S 계통

② TN-C 계통은 그 계통 전체에 대해 중성선과 보호도체의 기능을 동일도체로 겸용한 PEN 도체를 사용하고 배전계통에서 PEN 도체를 추가로 접지할 수 있다.

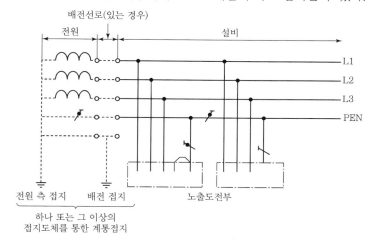

[그림 4-7] TN-C 계통

③ TN-C-S 계통은 계통의 일부분에서 PEN 도체를 사용하거나, 중성선과 별도의 PE 도체를 사용하는 방식이 있고 배전계통에서 PEN 도체와 PE 도체를 추가로 접지할 수 있다.

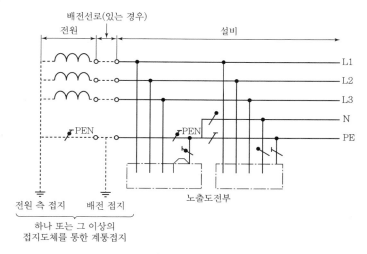

[그림 4-8] 설비의 어느 곳에서 PEN이 PE와 N으로 분리된 3상 4선식 TN-C-S 계통

6 TT 계통

전원의 한 점을 직접 접지하고 설비의 노출도전부는 전원의 접지전극과 전기적으로 독립적인 접지극에 접속하고 배전계통에서 PE 도체를 추가로 접지할 수 있음

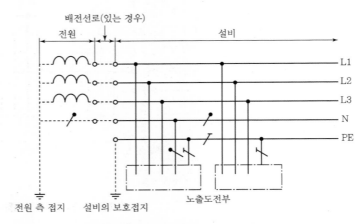

[그림 4-9] 설비 전체에서 별도의 중성선과 보호도체가 있는 TT 계통

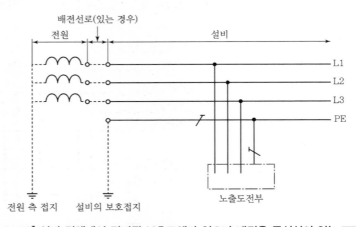

[그림 4-10] 설비 전체에서 접지된 보호도체가 있으나 배전용 중성선이 없는 TT 계통

예제 35 전원의 한 점을 직접 접지하고 설비의 노출도전부는 전원의 접지전극과 전기적으로 독립적인 접지극에 접속시키는 방식은 무엇인가?

① TN   ② TT   ③ IT   ④ TN-C-S

풀이 「한국전기설비규정 203.3 TT 계통」 전원의 한 점을 직접 접지하고 설비의 노출도전부는 전원의 접지전극과 전기적으로 독립적인 접지극에 접속시킨다. 배전계통에서 PE 도체를 추가로 접지할 수 있다.

답 ②

7 IT 계통

① 충전부 전체를 대지로부터 절연시키거나, 한 점을 임피던스를 통해 대지에 접속시킨다. 전기설비의 노출도전부를 단독 또는 일괄적으로 계통의 PE 도체에 접속시킨다. 배전계통에서 추가접지가 가능하다.
② 계통은 충분히 높은 임피던스를 통하여 접지할 수 있다. 이 접속은 중성점, 인위적중성점, 선도체 등에서 할 수 있다. 중성선은 배선할 수도 있고, 배선하지 않을 수도있다.

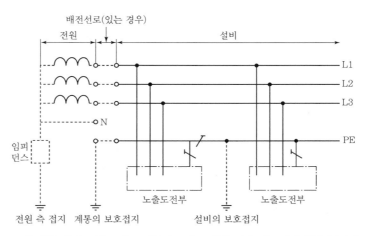

[그림 4-11] 계통 내의 모든 노출도전부가 보호도체에 의해 접속되어 일괄 접지된 IT 계통

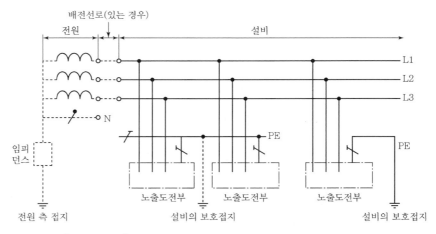

[그림 4-12] 노출도전부가 조합으로 또는 개별로 접지된 IT 계통

8 전기수용가 접지

1) 저압수용가 인입구 접지

수용장소 인입구 부근에서 다음의 것을 접지극으로 사용하여 변압기 중성점 접지를 한 저압전선로의 중성선 또는 접지 측 전선에 추가로 접지공사를 할 수 있다.

① 지중에 매설되어 있고 대지와의 전기저항값이 $3[\Omega]$ 이하의 값을 유지하고 있는 금속제 수도관로
② 대지 사이의 전기저항값이 $3[\Omega]$ 이하인 값을 유지하는 건물의 철골

2) 주택 등 저압수용장소 접지

① 계통접지가 TN−C−S 방식인 경우 : 중성선 겸용 보호도체(PEN)는 고정 전기설비에만 사용할 수 있고, 그 도체의 단면적이 구리는 $10[mm^2]$ 이상, 알루미늄은 $16[mm^2]$ 이상이어야 하며, 그 계통의 최고전압에 대하여 절연되어야 한다.
② "①"에 따른 접지의 경우에는 등전위본딩을 하여야 한다.

9 변압기 중성점 접지

1) 중성점접지 저항값

① 일반적으로 변압기의 고압·특고압 측 전로 1선 지락전류로 150을 나눈 값과 같은 저항값 이하(전로의 1선 지락전류는 실측값에 의한다.)
② 변압기의 고압·특고압 측 전로 또는 사용전압이 35[kV] 이하의 특고압전로가 저압 측 전로와 혼촉하고 저압전로의 대지전압이 150[V]를 초과하는 경우의 저항값
　㉠ 1초 초과 2초 이내에 고압·특고압전로를 자동으로 차단하는 장치를 설치할 때는 300을 나눈 값 이하
　㉡ 1초 이내에 고압·특고압전로를 자동으로 차단하는 장치를 설치할 때는 600을 나눈 값 이하
③ 전로의 1선 지락전류는 실측값에 의한다.

🔟 공통접지 및 통합접지

① 고압 및 특고압과 저압 전기설비의 접지극이 서로 근접하여 시설되어 있는 변전소와 같은 곳에서는 공통접지시스템으로 할 수 있다.
  ㉠ 저압 전기설비의 접지극이 고압 및 특고압 접지극의 접지저항 형성영역에 완전히 포함되어 있다면 위험전압이 발생하지 않도록 접지극을 상호 접속하여야 한다.
  ㉡ 접지시스템에서 고압 및 특고압 계통의 지락사고 시 저압계통에 가해지는 상용주파 과전압은 다음에서 정한 값을 초과해서는 안 된다.

[표 4 – 19] 저압설비 허용 상용주파 과전압

고압계통에서 지락고장시간[초]	저압설비 허용 상용주파 과전압[V]	비고
>5	$U_0 + 250$	U_0 : 중성선 도체가 없는
≤5	$U_0 + 1,200$	계통에서 선간전압

② 전기설비의 접지계통 · 건축물의 피뢰설비 · 전자통신설비 등의 접지극을 공용하는 통합접지시스템으로 하는 경우 다음과 같이 하여야 한다.
  ㉠ 통합접지시스템은 "①"에 따라 시설한다.
  ㉡ 낙뢰에 의한 과전압 등으로부터 전기전자기기 등을 보호하기 위해서 서지보호장치를 설치하여야 한다.

🔟🔟 감전보호용 등전위본딩

1) 등전위본딩의 적용

건축물 · 구조물에서 접지도체, 주 접지단자와 다음의 도전성부분은 등전위본딩하여야 한다.

① 수도관 · 가스관 등 외부에서 내부로 인입되는 금속배관
② 건축물 · 구조물의 철근, 철골 등 금속보강재
③ 일상생활에서 접촉이 가능한 금속제 난방배관 및 공조설비 등 계통외도전부

2) 등전위본딩 시설

① 보호등전위본딩
  ㉠ 건축물 · 구조물의 외부에서 내부로 들어오는 각종 금속제 배관의 경우 1개소에 집중하여 인입하고 인입구 부근에서 서로 접속하여 등전위본딩바에 접속하여야 한다. 대형건축물 등으로 1개소에 집중하지 못할 경우 본딩도체를 1개의 본딩 바

에 연결한다.

    ⓒ 수도관 · 가스관의 경우 내부로 인입된 최초의 밸브 후단에서 등전위본딩을 하여야 한다.

    ⓒ 건축물 · 구조물의 철근, 철골 등 금속보강재는 등전위본딩을 하여야 한다.

② 보조 보호등전위본딩

    ㉠ 보조 보호등전위본딩의 대상은 전원자동차단에 의한 감전보호 방식에서 고장 시 자동차단에서 요구하는 계통별 최대차단시간을 초과하는 경우이다.

    ⓒ "㉠"의 차단시간을 초과하고 2.5[m] 이내에 설치된 고정기기의 노출도전부와 계통외도전부는 보조 보호등전위본딩을 하여야 한다. 다만, 보조 보호등전위본딩의 유효성에 관해 의문이 생길 경우 동시에 접근 가능한 노출도전부와 계통외도전부 사이의 저항값(R)이 다음의 조건을 충족하는지 확인하여야 한다.

$$\text{교류 계통} : R \leq \frac{50\,V}{I_a}\,[\Omega] \quad\text{...} \quad (4-2)$$

$$\text{직류 계통} : R \leq \frac{120\,V}{I_a}\,[\Omega] \quad\text{...} \quad (4-3)$$

여기서, I_a : 보호장치의 동작전류[A]

③ 비접지 국부등전위본딩

    ㉠ 절연성 바닥으로 된 비접지 장소에서 국부등전위 본딩을 하여야 하는 경우

       • 전기설비 상호 간이 2.5[m] 이내인 경우

       • 전기설비와 이를 지지하는 금속체 사이

    ⓒ 전기설비 또는 계통외도전부를 통해 대지에 접촉하지 않아야 한다.

3) 등전위본딩 도체

① 보호등전위본딩 도체

    ㉠ 등전위본딩 도체는 설비 내에 있는 가장 큰 보호접지도체 단면적의 1/2 이상의 단면적을 가져야 하고, 다음의 단면적 이상이어야 한다.

       • 구리 도체 6[mm²]

       • 알루미늄 도체 16[mm²]

       • 강철 도체 50[mm²]

    ⓒ 보호본딩도체의 단면적은 구리도체 25[mm²]를 초과할 필요는 없다.

② 보조 보호등전위본딩 도체

    ㉠ 두 개의 노출도전부를 접속하는 경우 도전성은 노출도전부에 접속된 더 작은 보호도체의 도전성보다 커야 함.

ⓛ 노출도전부를 계통외도전부에 접속하는 경우 도전성은 같은 단면적을 갖는 보호도체의 1/2 이상이어야 함.

ⓒ 케이블의 일부가 아닌 경우 또는 선로도체와 함께 수납되지 않은 본딩도체는 다음과 같을 것

[표 4-20] 본딩도체의 단면적

구분	도체 단면적
기계적 보호가 된 것	구리 도체 2.5[mm²] 이상 알루미늄 도체 16[mm²] 이상
기계적 보호가 없는 것	구리 도체 4[mm²] 이상 알루미늄 도체 16[mm²] 이상

04 피뢰기 설치공사

1 피뢰기의 구비조건

① 충격방전 개시 전압이 낮을 것
② 제한 전압이 낮을 것
③ 뇌전류 방전능력이 클 것
④ 속류차단을 확실하게 할 수 있을 것
⑤ 반복동작이 가능하고, 구조가 견고하며 특성이 변화하지 않을 것

2 피뢰기의 시설

1) 시설장소

① 고압 및 특고압의 전로 중 다음의 곳에는 피뢰기를 시설한다.
   ㉠ 발전소·변전소 또는 이에 준하는 장소의 가공전선 인입구 및 인출구
   ㉡ 특고압 가공전선로에 접속하는 배전용 변압기의 고압 측 및 특고압 측
   ㉢ 고압 및 특고압 가공전선로로부터 공급을 받는 수용장소의 인입구
   ㉣ 가공전선로와 지중전선로가 접속되는 곳

② 예외 사항
  ㉠ 직접 접속하는 전선이 짧은 경우
  ㉡ 피보호기기가 보호범위 내에 위치하는 경우

2) 피뢰기의 접지

고압 및 특고압의 전로에 시설하는 피뢰기 접지저항 값은 10[Ω] 이하로 한다.

예제 37 피뢰기의 약호는?

① LA　　　　② PF　　　　③ SA　　　　④ COS

풀이
• LA(Lightning Arrester) : 피뢰기
• PF(Power Fuse) : 파워 퓨즈
• SA(Surge Absorber) : 서지흡수기
• COS(Cut Out Switch) : 컷아웃 스위치

답 ①

예제 38 수전 전력 500[kW] 이상인 고압 수전 설비의 인입구에 낙뢰나 혼촉 사고에 의한 이상전압으로부터 선로와 기기를 보호할 목적으로 시설하는 것은?

① 단로기(DS)　　　　　　　　② 배선용 차단기(MCCB)
③ 피뢰기(LA)　　　　　　　　④ 누전차단기(ELB)

풀이 「한국전기설비규정 341.13 1항」 고압 및 특고압의 전로 중 다음에 열거하는 곳 또는 이에 근접한 곳에는 피뢰기를 시설하여야 한다.
가. 발전소·변전소 또는 이에 준하는 장소의 가공전선 인입구 및 인출구
나. 특고압 가공전선로에 접속하는 「341.2」의 배전용 변압기의 고압 측 및 특고압 측
다. 고압 및 특고압 가공전선로로부터 공급을 받는 수용장소의 인입구
라. 가공전선로와 지중전선로가 접속되는 곳

답 ③

예제 39 일반적으로 고압 및 특고압의 전로에 시설하는 피뢰기 접지저항 값은 몇 [Ω] 이하로 하여야 하는가?

① 1　　　　② 5　　　　③ 10　　　　④ 100

풀이 「한국전기설비규정 341.14」 고압 및 특고압의 전로에 시설하는 피뢰기 접지저항 값은 10[Ω] 이하로 하여야 한다.

답 ③

3 피뢰시스템의 적용범위 및 구성

1) 적용범위

① 전기전자설비가 설치된 건축물·구조물로서 낙뢰로부터 보호가 필요한 것 또는 지상으로부터 높이가 20[m] 이상인 것

② 전기설비 및 전자설비 중 낙뢰로부터 보호가 필요한 설비

2) 피뢰시스템의 구성

① 직격뢰로부터 대상물을 보호하기 위한 외부피뢰시스템

② 간접뢰 및 유도뢰로부터 대상물을 보호하기 위한 내부피뢰시스템

01 가공인입선 공사

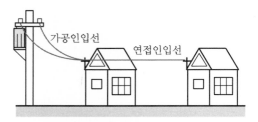

[그림 5-1] 가공인입선 및 연접인입선

1 가공인입선

가공전선로의 지지물에서 분기하여 다른 지지물을 거치지 아니하고 수용 장소의 붙임점에 이르는 가공전선을 말한다. 가공인입선에는 저압 가공인입선과 고압, 특고압 가공인입선이 있다.

예제 **01** 가공전선로의 지지물에서 다른 지지물을 거치지 아니하고 수용장소의 인입선 접속점에 이르는 가공전선을 무엇이라 하는가?

① 연접인입선 ② 가공인입선
③ 구내전선로 ④ 구내인입선

풀이 **가공인입선** : 지지물에서 분기하여 다른 지지물을 거치지 아니하고 수용 장소의 붙임점에 이르는 가공전선을 말한다. 가공인입선에는 저압 가공인입선과 고압, 특고압 가공인입선이 있다.

답 ②

---

1) 저압 가공인입선의 시설

① 전선은 절연전선 또는 케이블이어야 한다.

② 전선이 인입용 비닐절연전선인 경우 인장강도 2.30[kN] 이상 또는 지름 2.6[mm] 이상이어야 한다(예외 : 경간이 15[m] 이하인 경우는 인장강도 1.25[kN] 이상 또는 지름 2[mm] 이상).

③ 옥외용 비닐절연전선인 경우에는 사람이 접촉할 우려가 없도록 시설한다.

④ 전선의 높이는 다음에 의한다.

  ㉠ 도로를 횡단하는 경우 노면상 5[m](교통에 지장이 없을 경우 3[m]) 이상

  ㉡ 철도 또는 궤도를 횡단하는 경우에는 레일면상 6.5[m] 이상

  ㉢ 횡단보도교의 위에 시설하는 경우에는 노면상 3[m] 이상

  ㉣ 위의 항목 이외의 경우에는 지표상 4[m](기술상 부득이한 경우, 교통에 지장이 없을 때에는 2.5[m]) 이상

⑤ 저압 가공인입선과 다른 시설물 사이의 이격거리

[표 5-1] 저압 가공인입선과 다른 시설물 사이의 이격거리

시설물의 구분		이격거리
조영물의 상부 조영재	위쪽	2[m] (전선이 옥외용 비닐절연전선 이외의 저압 절연전선인 경우는 1.0[m], 고압 절연전선, 특고압 절연전선 또는 케이블인 경우는 0.5[m])
	옆쪽 또는 아래쪽	0.3[m] (전선이 고압 절연전선, 특고압 절연전선 또는 케이블인 경우는 0.15[m])
조영물의 상부 조영재 이외의 부분 또는 조영물 이외의 시설물		0.3[m] (전선이 고압 절연전선, 특고압 절연전선 또는 케이블인 경우는 0.15[m])

예제 02 저압 구내 가공인입선으로 인입용 비닐절연전선(DV전선) 사용 시 전선의 길이가 15[m]를 초과한 경우 사용할 수 있는 최소 굵기는 몇 [mm] 이상인가?

① 1.5   ② 2.0   ③ 2.6   ④ 4.0

풀이 「한국전기설비규정 221.1.1 나항」 전선이 케이블인 경우 이외에는 인장강도 2.30[kN] 이상의 것 또는 지름 2.6[mm] 이상의 인입용 비닐절연전선일 것. 다만, 경간이 15[m] 이하인 경우는 인장강도 1.25[kN] 이상의 것 또는 지름 2[mm] 이상의 인입용 비닐절연전선일 것

답 ③

예제 03 저압 구내 가공인입선으로 인입용 비닐절연전선(DV전선) 사용 시 전선의 길이가 15[m] 이하인 경우 사용할 수 있는 최소 굵기는 몇 [mm] 이상인가?

① 1.5　　　　② 2.0　　　　③ 2.6　　　　④ 4.0

풀이 「한국전기설비규정 221.1.1 나항」 전선이 케이블인 경우 이외에는 인장강도 2.30[kN] 이상의 것 또는 지름 2.6[mm] 이상의 인입용 비닐절연전선일 것. 다만, 경간이 15[m] 이하인 경우는 인장강도 1.25[kN] 이상의 것 또는 지름 2[mm] 이상의 인입용 비닐절연전선일 것

답 ②

예제 04 일반적으로 저압 가공인입선이 도로를 횡단하는 경우 노면상 설치 높이는 몇 [m] 이상이어야 하는가?

① 3[m]　　　　② 4[m]　　　　③ 5[m]　　　　④ 6.5[m]

풀이 「한국전기설비규정 221.1.1 마항」 저압 가공인입선의 높이

구분	저압 가공인입선
도로 횡단	노면상 5[m] 이상
철도 또는 궤도 횡단	레일면상 6.5[m] 이상
횡단보도교의 위	지표상 3[m] 이상
상기 이외의 경우	지표상 4[m] 이상

답 ③

예제 05 저압 인입선 공사 시 저압 가공인입선이 철도 또는 궤도를 횡단하는 경우 레일면상에서 몇 [m] 이상 시설하여야 하는가?

① 3　　　　② 4　　　　③ 5.5　　　　④ 6.5

풀이 예제 4번 풀이 참조

답 ④

예제 06 저압 가공인입선이 횡단보도교 위에 시설되는 경우 노면상 몇 [m] 이상의 높이에 설치되어야 하는가?

① 3　　　　② 4　　　　③ 5　　　　④ 6

풀이 예제 4번 풀이 참조

답 ①

2) 고압 가공인입선의 시설

① 전선의 종류 및 굵기
  ㉠ 인장강도 8.01[kN] 이상의 고압 및 특고압 절연전선
  ㉡ 지름 5[mm] 이상의 경동선의 고압 및 특고압 절연전선
  ㉢ 애자사용배선을 이용한 인하용 절연전선
  ㉣ 케이블
② 고압 가공인입선의 높이는 지표상 3.5[m] 이상(케이블을 사용하지 않는 경우 아래쪽에 위험 표시를 하여야 한다.)
③ 고압 연접인입선은 시설해서는 안 된다.

예제 **07** 고압 가공인입선으로 케이블을 사용하지 않아 아래쪽에 위험 표시를 하였다. 이때 고압 가공인입선의 지표상 높이는 몇 [m] 이상으로 하여야 하는가?

① 3.5　　　　② 4.5　　　　③ 5.5　　　　④ 6.5

풀이 「한국전기설비규정 331.12.1 3항」 고압 가공인입선의 높이는 지표상 3.5[m]까지로 감할 수 있다. 이 경우에 그 고압 가공인입선이 케이블 이외의 것인 때에는 그 전선의 아래쪽에 위험 표시를 하여야 한다.

답 ①

3) 특고압 가공인입선의 시설

① 변전소 또는 개폐소에 준하는 곳 이외의 곳에 인입하는 특고압 가공인입선은 사용전압을 100[kV] 이하로 시설
② 사용전압이 35[kV] 이하이고 또한 전선에 케이블을 사용하는 경우 특고압 가공인입선의 높이는 지표상 4[m] 이상으로 시설
③ 특고압 인입선의 옥측 및 옥상 부분은 사용전압 100[kV] 이하
④ 특고압 연접인입선은 시설해서는 안 됨

예제 **08** 사용전압이 35[kV] 이하이고 또한 전선에 케이블을 사용하는 경우에 도로 · 횡단보도교 · 철도 및 궤도를 횡단하지 않는다면 특고압 가공 인입선의 높이는 몇 [m] 이상으로 하여야 하는가?

① 3　　　　② 4　　　　③ 5　　　　④ 6

풀이 「한국전기설비규정 331.12.2 4항」 사용전압이 35[kV] 이하이고 또한 전선에 케이블을 사용하는 경우에 특고압 가공인입선의 높이는 그 특고압 가공인입선이 도로 · 횡단보도교 · 철도 및 궤도를 횡단하는 이외의 경우에 한하여 지표상 4[m]까지로 감할 수 있다.

답 ②

2 연접인입선

① 한 수용 장소의 인입선에서 분기하여 다른 지지물을 거치지 아니하고 다른 수용가의 인입구에 이르는 부분의 전선을 말한다.

② 연접인입선의 시설
　㉠ 인입선에서 분기하는 점으로부터 100[m]를 초과하는 지역에 미치지 아니할 것
　㉡ 폭 5[m]를 초과하는 도로를 횡단하지 아니할 것
　㉢ 옥내를 통과하지 아니할 것
　㉣ 고압 연접인입선은 시설할 수 없다.

예제 09 한 수용 장소의 인입선에서 분기하여 다른 지지물을 거치지 아니하고 다른 수용가의 인입구에 이르는 부분의 전선을 무엇이라고 하는가?

① 가공전선　　　　　　　　　　② 가공지선
③ 가공인입선　　　　　　　　　④ 연접인입선

풀이 **연접인입선** : 한 수용 장소의 인입선에서 분기하여 다른 지지물을 거치지 아니하고 다른 수용가의 인입구에 이르는 부분의 전선

답 ④

예제 10 연접인입선의 시설 방법으로 틀린 것은?

① 인입선에서 분기되는 점에서 100[m]를 넘지 않을 것
② 고압 연접인입선은 분기되는 점에서 200[m]를 넘지 않을 것
③ 폭 5[m]를 넘는 도로를 횡단하지 않을 것
④ 옥내를 통과하지 않을 것

풀이 • 「한국전기설비규정 221.1.2」 연접인입선의 시설
　① 인입선에서 분기하는 점으로부터 100[m]를 초과하는 지역에 미치지 아니할 것
　② 폭 5[m]를 초과하는 도로를 횡단하지 아니할 것
　③ 옥내를 통과하지 아니할 것
• 「한국전기설비규정 331.12.1 5항」 고압 연접인입선은 시설하여서는 안 된다.

답 ②

예제 11 저압 연접인입선의 시설규정으로 적합한 것은?

① 분기점으로부터 90[m] 지점에 시설
② 6[m] 도로를 횡단하여 시설
③ 수용가 옥내를 관통하여 시설
④ 지름 1.6[mm] 인입용 비닐절연전선을 사용

풀이 예제 10번 풀이 참조

답 ①

02 　배전선로용 재료와 기구

1 지지물

① 목주, 철주, 철근 콘크리트주, 철탑이 사용된다.
② 철근 콘크리트주의 크기는 말구의 지름, 길이 및 설계하중으로 한다.
③ 철근 콘크리트주의 설계하중은 150, 250, 350, 500, 700[kg]을 표준으로 하고 있다.
④ 가공전선 지지물의 기초강도는 주체에 가하여지는 곡하중에 대하여 안전율이 2 이상 되도록 하여야 한다.
⑤ 지지물의 종류에 따른 경간 → 표준 경간

[표 5-2] 지지물의 종류에 따른 경간

지지물의 종류	경간
목주 · A종 철주 또는 A종 철근 콘크리트주	100[m]
B종 철주 또는 B종 철근 콘크리트주	150[m]
철탑	400[m]

※ 경간을 늘릴 수 있는 경우
- 저 · 고압 가공전선의 단면적 22[mm²] 이상
- 특고압 가공전선의 단면적 55[mm²] 이상
- 목주 A종 : 300[m] 이하
- B종 : 500[m] 이하

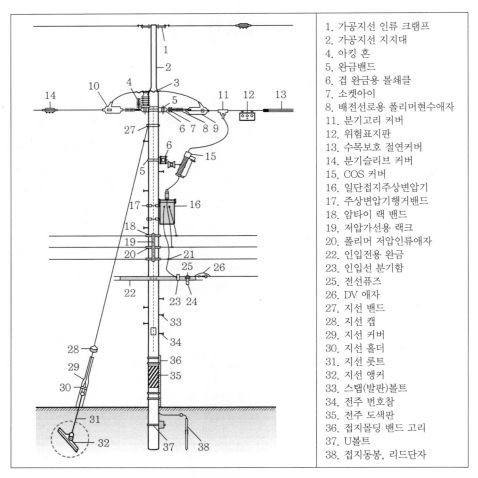

1. 가공지선 인류 크램프
2. 가공지선 지지대
4. 아킹 혼
5. 완금밴드
6. 겹 완금용 볼쇄클
7. 소켓아이
8. 배전선로용 폴리머현수애자
11. 분기고리 커버
12. 위험표지판
13. 수목보호 절연커버
14. 분기슬리브 커버
15. COS 커버
16. 일단접지주상변압기
17. 주상변압기행거밴드
18. 암타이 랙 밴드
19. 저압가선용 랙크
20. 폴리머 저압인류애자
22. 인입전용 완금
23. 인입선 분기함
25. 전선퓨즈
26. DV 애자
27. 지선 밴드
28. 지선 캡
29. 지선 커버
30. 지선 홀더
31. 지선 롯트
32. 지선 앵커
33. 스탭(발판)볼트
34. 전주 번호찰
35. 전주 도색판
36. 접지몰딩 밴드 고리
37. U볼트
38. 접지동봉, 리드단자

[그림 5-2] 가공배전 장주도의 각부 명칭

예제 12 가공전선로의 지지물이 아닌 것은?

① 목주
② 지선
③ 철근 콘크리트주
④ 철탑

풀이 가공전선로의 지지물로는 목주, 철주, 철근 콘크리트주, 철탑이 사용된다.

답 ②

2 장주용 기구

① 완목 및 완금(완철) : 가공선로를 지지하기 위해 전주에 가로로 설치하여 전선을 가설할 수 있게 만든 구조물을 말한다. 완목은 목재, 완금은 아연도금한 철제이다.

[그림 5-3] 완금(완철)

② 완금 밴드(암 밴드) : 완금을 고정시키는 것이다. 단완금 시설 시 1방 밴드를 사용하고 겹완금 시설 시 2방 밴드를 사용한다.

(a) 1방 밴드   (b) 2방 밴드   (c)

[그림 5-4] 완금 밴드(암 밴드)

③ 암타이 : 완목이나 완금을 전주에 부착 시 경사를 방지하기 위하여 아래쪽에서 사선으로 받치는 것이다.

[그림 5-5] 암타이

④ 암타이 밴드 : 암타이를 고정시키는 것이다.

[그림 5-6] 암타이 밴드

⑤ 랙크 : 저압 가공전선로에서 전선을 수직 배선하는 경우에 사용하는 것이다.

[그림 5-7] 랙크

⑥ 랙크밴드 : 랙크를 고정시키는 것이다.

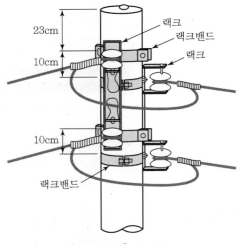

[그림 5-8] 랙크밴드

⑦ 지선밴드 : 지선 설치 시 전주에 부착하여 지선 연결을 용이하게 하는 것이다.

⑧ 주상변압기 : 고압을 저압으로 낮추기 위해 전주 위에 설치하는 변압기

⑨ 행어밴드(Hanger Band) : 주상변압기를 전주에 고정하는 밴드

⑩ COS(Cut Out Switch) : 주상변압기의 1차 측에 설치하여 과부하에 대한 보호

⑪ 캐치 홀더(Catch Holder) : 주상변압기의 2차 측에 설치하는 퓨즈대로서 수용가 인입구에 이르는 회로의 사고에 대한 보호

예제 13 완목이나 완금을 목주에 붙이는 경우에는 볼트에 사용하고, 철근콘크리트주에 붙이는 경우에는 어느 것을 사용하는가?

① 지선 밴드   ② 암타이   ③ 행거 밴드   ④ U볼트

풀이 • 지선 밴드 : 지선 설치 시 전주에 부착하여 지선 연결을 용이하게 하는 것
• 암타이 : 완목이나 완금을 전주에 부착 시 경사를 방지하기 위하여 아래쪽에서 사선으로 받치는 것
• 행거 밴드 : 주상 변압기를 전주에 고정하는 데 사용
• U볼트 : 철근콘크리트주에 완목이나 완금을 붙이는 데 사용

답 ④

예제 14 다음 중 철근 콘크리트주에 완금을 고정시키는 데 사용하는 밴드는?

① 암 밴드   ② 지선 밴드
③ 행거 밴드   ④ 암타이 밴드

풀이 **암 밴드** : 완금을 고정시키는 것이다. 단완금 시설 시 1방 밴드를 사용하고 겹완금 시설 시 2방 밴드를 사용한다.

답 ①

예제 15 주상 변압기를 철근 콘크리트주에 설치할 때 사용되는 기구는?

① 앵커   ② 암 밴드
③ 암타이 밴드   ④ 행거 밴드

풀이 **행거 밴드** : 주상 변압기를 전주에 고정하는 데 사용

답 ④

예제 16 주상 변압기의 1차 측 보호장치로 사용하는 것은?

① 컷아웃 스위치   ② 유입개폐기
③ 캐치 홀더   ④ 리클로저

풀이
- 컷아웃 스위치(COS) : 주상변압기의 1차 측에 설치하여 과부하에 대한 보호
- 캐치 홀더 : 주상변압기의 2차 측에 설치하는 퓨즈대로서 수용가 인입구에 이르는 회로의 사고에 대한 보호

답 ①

3 애자

① **핀 애자** : 가공전선로의 직선 부분을 지지하기 위해 사용
② **가지 애자** : 전선을 다른 방향으로 돌리는 부분에 사용
③ **저압 곡핀 애자** : 저압 인입선에 사용
④ **현수 애자** : 특고압 가공배전선로의 내장이나 인류 개소에 사용
   ※ 내장 : 장력을 견딤, 인류 : 한쪽 당김, 끝맺음
⑤ **구형 애자** : 지선의 중간에 설치하여 지지물과 대지 사이를 절연하는 동시에 지선의 장력 하중을 담당하기 위해 사용
⑥ **인류 애자** : 인류 개소 및 배전선로의 중성선 지지에 사용

예제 17 다음 중 지선의 중간에 넣는 애자의 종류는 어느 것인가?

① 저압 핀애자   ② 구형 애자   ③ 인류 애자   ④ 내장 애자

풀이 **구형 애자** : 지선의 중간에 설치하여 지지물과 대지 사이를 절연하는 동시에 지선의 장력 하중을 담당하기 위해 사용

답 ②

예제 18 인류하는 곳이나 분기하는 곳에 사용하는 애자는?

① 가지 애자   ② 구형 애자   ③ 현수 애자   ④ 지선 애자

풀이 **현수 애자** : 특고압 가공배전선로의 내장이나 인류 개소에 사용
※ 내장 : 장력을 견딤, 인류 : 한쪽 당김, 끝맺음

답 ③

4 주요 활선 장구

전기가 통하고 있는 전선로 작업 시 사용하는 기구를 말한다.

① 전선피박기 : 활선 상태에서 전선의 피복을 벗길 때 사용
② 와이어 통(Wire Tong) : 충전되어 있는 활선을 움직이거나 작업권 밖으로 밀어낼 때 사용
③ 데드 엔드 커버(Dead End Cover) : 현수 애자와 인류 클램프의 충전부를 방호하기 위하여 사용
④ 그립 올 클램프 스틱(Grip All Clamp Stick) : 활선 작업 시 전선의 진동을 잡아주거나 점퍼선, 리드선 연결 시 점퍼선, 리드선을 잡아주기 위해 사용
⑤ 와이어 홀딩 스틱(Wire Holding Stick) : 전선접속 과정에서 점퍼선이나 도체를 붙잡는 데 사용
⑥ 와이어 그립(Wire Grip) : 현수 애자 교체, 장주 변경, 완금 교체, 이도 조정, 전선의 장력을 잡아주는 데 사용
⑦ 고무 블랭킷(Rubber Blnaket) : 활선작업 시 작업자에게 위험한 충전 부분을 방호하기 위해 사용하며, 접거나 둘러싸거나 걸어놓을 수 있는 다용도 보호장구

예제 19 활선 상태에서 전선의 피복을 벗길 때 사용하는 장구는?

① 전선피박기 ② 와이어 통
③ 데드 엔드 커버 ④ 와이어 그립

풀이
• 전선피박기 : 활선 상태에서 전선의 피복을 벗길 때 사용
• 와이어 통 : 충전되어 있는 활선을 움직이거나 작업권 밖으로 밀어낼 때 사용
• 데드 엔드 커버 : 현수 애자와 인류 클램프의 충전부를 방호하기 위하여 사용
• 와이어 그립 : 현수 애자 교체, 장주 변경, 완금 교체, 이도 조정, 전선의 장력을 잡아주는 데 사용

답 ①

---

03 건주, 장주 및 가선

1 건주

① 지지물을 땅에 세우는 것을 말한다.
② 가공전선로의 지지물에 하중이 가하여지는 경우에 그 하중을 받는 지지물의 기초의 안전율은 2 이상이어야 한다.

③ 철근콘크리트주의 땅에 묻히는 깊이

[표 5-3] 철근콘크리트주의 땅에 묻히는 깊이

설계하중 구분	전주의 전체 길이	땅에 묻히는 깊이
6.8[kN] 이하	15[m] 이하	전장의 1/6 이상
	15[m] 초과~16[m] 이하	2.5[m] 이상
	16[m] 초과~20[m] 이하	2.8[m] 이상
6.8[kN] 초과 9.8[kN] 이하	14[m] 이상~15[m] 이하	(전장의 1/6+0.3[m]) 이상
	15[m] 초과~20[m] 이하	2.8[m] 이상
9.81[kN] 초과 14.72[kN] 이하	14[m] 이상~15[m] 이하	(전장의 1/6+0.5[m]) 이상
	15[m] 초과~18[m] 이하	3[m] 이상
	18[m] 초과~20[m] 이하	3.2[m] 이상

예제 **20** 가공전선로의 지지물에 하중이 가하여지는 경우에 그 하중을 받는 지지물의 기초의 안전율은 일반적으로 몇 이상이어야 하는가?

① 1 ② 2 ③ 3 ④ 4

풀이 「한국전기설비규정 331.7 1항」 가공전선로의 지지물에 하중이 가하여지는 경우에 그 하중을 받는 지지물의 기초의 안전율은 2 이상이어야 한다.

답 ②

예제 **21** 설계하중이 6.8[kN] 이하인 철근 콘크리트주의 길이가 15[m] 이하인 경우 땅에 묻히는 깊이는 전장의 얼마 이상으로 해야 하는가?

① 1/8 이상 ② 1/6 이상
③ 1/4 이상 ④ 1/3 이상

풀이 「한국전기설비규정 331.7」 가공전선로 지지물의 기초의 안전율

설계하중 구분	전주의 전체 길이	땅에 묻히는 깊이
6.8[kN] 이하	15[m] 이하	전장의 1/6 이상
	15[m] 초과~16[m] 이하	2.5[m] 이상
	16[m] 초과~20[m] 이하	2.8[m] 이상
6.8[kN] 초과 9.8[kN] 이하	14[m] 이상~15[m] 이하	(전장의 1/6 + 0.3[m]) 이상
	15[m] 초과~20[m] 이하	2.8[m] 이상
9.81[kN] 초과 14.72[kN] 이하	14[m] 이상~15[m] 이하	(전장의 1/6 + 0.5[m]) 이상
	15[m] 초과~18[m] 이하	3[m] 이상
	18[m] 초과~20[m] 이하	3.2[m] 이상

답 ②

2 지선

1) 지선 · 지주의 사용

가공전선의 지지물로서 사용하는 목주, A종 철주 또는 A종 철근콘크리트주는 다음 각 항에 의하여 지선을 시설하여야 한다. 가공전선로의 지지물에 시설하는 지선은 이와 동등이상의 효력이 있는 지주로 대체할 수 있다.

① 전선로의 직선 부분(5도 이하의 수평각도를 이루는 곳을 포함한다.)에서 그 양쪽의 경간차가 큰 곳에 사용하는 목주 등에는 양쪽의 경간 차에 의하여 생기는 불평균 장력에 의한 수평력에 견디는 지선을 그 전선로의 방향으로 양쪽에 시설한다.

② 전선로 중 5도를 초과하는 수평각도를 이루는 곳에 사용하는 목주 등에는 전 가섭선(全 架涉線)에 대하여 각 가섭선의 상정 최대장력에 의하여 생기는 수평횡분력(水平橫分力)에 견디는 지선을 시설한다.

③ 전선로 중 가섭선을 인류(引留)하는 곳에 사용하는 목주 등에는 전 가섭선에 대하여 각 가섭선의 상정 최대장력에 상당하는 불평균 장력에 의한 수평력에 견디는 지선을 그 전선로의 방향에 시설한다.

④ 철탑은 지선을 사용하여 그 강도를 분담시켜서는 안 된다.

> **예제 22** 가공 전선로의 지지물을 지선으로 보강하여서는 안 되는 곳은?
> ① 목주 　　　　　　　　　② 철탑
> ③ 철주 　　　　　　　　　④ 철근 콘크리트주
>
> **풀이** 「한국전기설비규정 331.11 1항」 가공전선로의 지지물로 사용하는 철탑은 지선을 사용하여 그 강도를 분담시켜서는 안 된다.
>
> 답 ②

2) 지선의 시설기준

① 지선의 안전율은 2.5 이상이어야 한다(목주 · A종 철주 · A종 철근 콘크리트주 시설 시 1.5 이상).

② 허용 인장하중의 최저는 4.31[kN]으로 한다.

③ 소선 3가닥 이상의 연선이어야 한다.

④ 소선의 지름이 2.6[mm] 이상인 금속선을 사용한다(소선의 지름이 2[mm] 이상인 아연도강연선으로 인장강도가 0.68[kN/mm²] 이상인 것을 사용하는 경우에는 적용하지 않는다).

⑤ 지중 부분 및 지표상 0.3[m] 까지는 아연도금을 한 철봉을 사용한다(목주에 시설하

는 지선에 대해서는 적용하지 않는다).

⑥ 도로 횡단 시 지표상 5[m] 이상으로 한다(교통에 지장을 주지 않는 경우 지표상 4.5[m] 이상, 보도의 경우에는 2.5[m] 이상).

⑦ 저압 및 고압 또는 25[kV] 미만인 특고압 가공전선로의 지지물에 시설하는 지선으로 전선과 접촉할 우려가 있을 경우 그 상부에 애자를 설치한다.

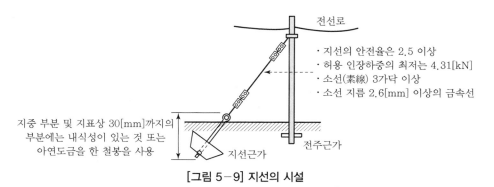

[그림 5-9] 지선의 시설

예제 **23** 일반적으로 가공전선로의 지지물에 시설하는 허용 인장하중이 4.31[kN] 이상인 지선의 안전율을 몇 이상이어야 하는가?

① 1.0   ② 1.5   ③ 2.0   ④ 2.5

풀이 「한국전기설비규정 331.11 3의 가항」 지선의 안전율은 2.5 이상일 것. 이 경우에 허용 인장하중의 최저는 4.31[kN]으로 한다.

답 ④

3) 지선의 종류

① 보통지선 : 전주 길이의 약 1/2 거리에 지선용 근가를 매설하여 설치하는 것으로 일반적인 경우에 사용된다.

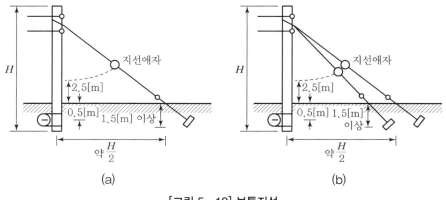

[그림 5-10] 보통지선

② **수평지선** : 토지의 상황이나 기타 사유로 보통지선을 시설할 수 없을 때 전주와 전주 간, 또는 전주와 지주 간에 시설한다.

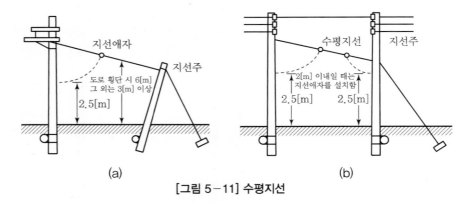

[그림 5-11] 수평지선

③ **공동지선** : 두 개의 지지물에 공동으로 시설하는 지선으로 지지물 상호거리가 비교적 근접해 있을 경우에 시설한다.

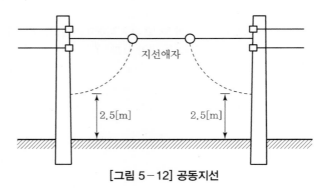

[그림 5-12] 공동지선

④ **Y지선** : 다단의 크로스 암이 설치되고, 또한 장력이 클 때와 H주일 때 보통지선을 2단으로 부설하는 것이다.

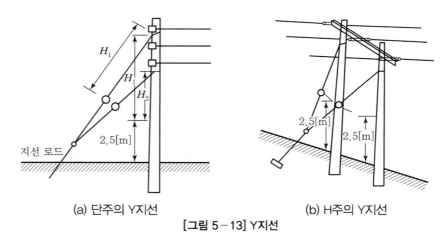

(a) 단주의 Y지선   (b) H주의 Y지선

[그림 5-13] Y지선

⑤ 궁지선 : 비교적 장력이 적고 타 종류의 지선을 시설할 수 없는 경우에 설치하는 것으로 A형, R형이 있다.

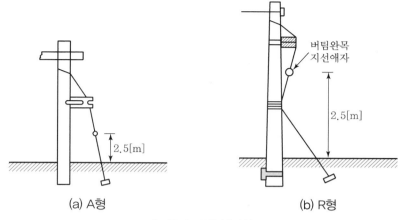

(a) A형   (b) R형

[그림 5 − 14] 궁지선

예제 24 지선을 사용 목적에 따라 형태별로 분류한 것으로, 비교적 장력이 적고 다른 종류의 지선을 시설할 수 없는 경우에 적용하며, 지선용 근가를 근원 가까이 매설하여 시설하는 것은?

① 수평지선   ② 공동지선
③ 궁지선   ④ Y지선

풀이
• 수평지선 : 토지의 상황이나 기타 사유로 보통지선을 시설할 수 없을 때 전주와 전주 간 또는 전주와 지주 간에 설치한다.
• 공동지선 : 두 개의 지지물에 공동으로 시설하는 지선으로 지지물 상호거리가 비교적 근접해 있을 경우에 시설한다.
• 궁지선 : 비교적 장력이 적고 타 종류의 지선을 시설할 수 없는 경우에 설치하는 것으로 A형, R형이 있다.
• Y지선 : 다단의 크로스 암이 설치되고, 또한 장력이 클 때와 H주일 때 보통지선을 2단으로 부설하는 것이다.

답 ③

3 장주

지지물에 완금과 암 타이, 발판볼트, 접지선, 지선밴드 등과 주상에 설치하는 기기(변압기, 콘덴서, 유입개폐기, 피뢰기, PF, COS 등)를 설치하는 것을 말한다.

> **예제 25** 지지물에 전선이나 그 밖의 기구를 고정시키기 위해 완목, 완금, 애자 등을 장치하는 것을 무엇이라 하는가?
>
> ① 장주   ② 건주   ③ 터파기   ④ 가설
>
> **풀이** **장주** : 지지물에 완목이나 완금, 애자 등과 주상에 설치하는 기기(변압기, 콘덴서, 유입개폐기, 피뢰기, PF, COS 등)를 설치하는 것을 말한다.
>
> **탑** ①

1) 완금(완철)의 설치

① 전주에 전선을 설치하기 위하여 완금을 사용한다.
② 완금의 종류 : 경(□형)완금, 각(ㄱ형)완금
③ 완금의 길이

[표 5-4] 완금의 길이 (단위 : [mm])

전선의 조수	특고압	고압	저압
2	1,800	1,400	900
3	2,400	1,800	1,400

④ 전주의 말구에서 25[cm]되는 곳으로 I볼트나 U볼트를 사용하여 전주에 설치한다.
⑤ 단, 완철은 전원의 반대쪽에 설치하며, 하부완철은 상부완철과 동일한 측에 설치한다.
⑥ 암타이 밴드는 암타이를 고정시키며, 완철은 교통에 지장이 없는 한 긴 쪽을 도로 측으로 시설한다.
⑦ 완철밴드는 창출 또는 편출 개소를 제외하고 보통장주에만 사용한다.

> **예제 26** 고압 가공전선로의 전선의 조수가 3조일 때 완금의 길이는?
>
> ① 1,200[mm]   ② 1,400[mm]
> ③ 1,800[mm]   ④ 2,400[mm]
>
> **풀이** 완금의 길이
>
> | 전선의 조수 | 특고압 | 고압 | 저압 |
> |---|---|---|---|
> | 2 | 1,800[mm] | 1,400[mm] | 900[mm] |
> | 3 | 2,400[mm] | 1,800[mm] | 1,400[mm] |
>
> **탑** ③

2) 랙크(Rack) 배선

간단한 저압선의 경우에는 완철을 설치하지 않고 아래 그림과 같이 랙크 배선으로 한다. 이것은 완금에 비하여 인입선 분기가 간단하고 수목이나 건조물에서 격리시키기가 용이하기 때문에 사용이 증가하고 있다.

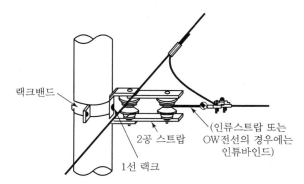

[그림 5-15] 랙크(Rack) 배선

① 중성선을 최상단에 설치하고 애자 색상은 녹색, 전압 측 애자의 색상은 백색을 사용한다.
② 4선용 랙을 설치할 때는 밴드를 3개 혹은 4개를 시설하여 휨을 방지하여야 한다.
③ 인류 스트랍은 경간 80[m] 미만의 장소에 특별고압 중성선이 ACSR인 경우에 사용한다.
④ 경간이 80[m] 이상인 경우 하천, 철도나 고속도로를 횡단하는 경우에는 현수 애자를 사용한다.

3) 주상 기구의 설치

① 주상 변압기 설치
　㉠ 행거 밴드를 사용하여 고정한다.
　㉡ 안전과 보수에 편리하도록 인가 및 인도 반대 측면인 도로 방향으로 설치한다.
　㉢ 변압기의 지표상 설치 높이는 다음 표와 같다.

[표 5-5] 변압기의 지표상 설치 높이

구분		지표상 최소 설치 높이
시가지	특별고압	5[m] 이상
	고압	4.5[m] 이상
시가지외	특별고압, 고압을 구분하지 않음	4[m] 이상
주상변압기 하단의 특별고압용의 중선선이나 저압선		0.3[m] 이상

② 피뢰기 설치

    ③ 특별고압 또는 고압전선용 완금에 부착하고 피뢰기의 선로 측 금속부가 전주 측면이나 다른 상의 전선 또는 볼트 등에 접근하지 않도록 고정한다.

    ⓛ 피뢰기의 접지선은 완금이 있는 곳에서 각 상을 접속하여 전주의 외면이나 내공을 통해서 지표까지 내린다.

③ **구분개폐기**

전력계통의 설비수리, 화재 등의 사고 발생 시에 고장구간 제한 등 구분개폐를 위해 2[km] 이하마다 설치한다.

4 가공케이블의 시설

1) 저압 가공케이블

① 조가용선에 행거로 시설한다(사용전압이 고압인 때에는 행거의 간격은 0.5[m] 이하로 한다).

② 조가용선은 인장강도 5.93[kN] 이상 또는 단면적 22[mm²] 이상인 아연도강연선이어야 한다.

③ 조가용선 및 케이블의 피복에 사용하는 금속체에는 접지공사를 한다.

④ 조가용선에 케이블에 접촉시켜 금속 테이프 등을 0.2[m] 이하의 간격을 유지하며 나선상으로 감아서 시설한다.

예제 27 가공전선에 케이블을 사용하는 경우, 케이블을 조가용선에 행거로 시설하여야 하는데 사용전압이 고압일 때 그 행거의 간격은 몇 [m] 이하로 하는 것이 좋은가?

    ① 0.1   ② 0.5   ③ 1   ④ 2

풀이 「한국전기설비규정 332.2 1의 가항」 저압 가공전선 또는 고압 가공전선에 케이블을 사용하는 경우에는 케이블은 조가용선에 행거로 시설할 것. 이 경우에는 사용전압이 고압인 때에는 행거의 간격은 0.5[m] 이하로 하는 것이 좋다.

                                                        답 ②

---

2) 고압 가공케이블

고압 가공전선에 반도전성 외장 조가용 고압케이블을 사용하는 경우는 조가용선을 반도전성 외장조가용 고압 케이블에 접속시켜 금속 테이프를 0.06[m] 이하의 간격을 유지하면서 나선상으로 감아서 시설한다.

3) 가공전선의 세기 및 굵기, 종류

① 가공전선의 종류
  ㉠ 저압 : 절연전선, 다심형 전선, 케이블, 나전선(중성선)
  ㉡ 고압 및 특고압 : 고압 절연전선, 특고압 절연전선, 케이블

② 가공전선 굵기
  ㉠ 사용전압 400[V] 미만에서는 인장강도 3.43[kN] 이상 또는 지름 3.2[mm] 이상의 경동선을 사용한다(절연전선 : 인장강도 2.3[kN] 이상 또는 지름 2.6[mm] 이상의 경동선).
  ㉡ 400[V] 이상 저압 및 고압
    • 시가지 : 인장강도 8.01[kN] 이상 또는 지름 5[mm] 이상의 경동선
    • 시가지 외 : 인장강도 5.26[kN] 이상 또는 지름 4[mm] 이상의 경동선
    • 사용전압 400[V] 초과 시 인입용 비닐절연전선 또는 다심형 전선을 사용하여서는 안 된다.
  ㉢ 특고압
    인장강도 8.71[kN] 이상의 연선 또는 단면적이 25[mm²] 이상의 경동연선이나 알루미늄전선이나 절연전선을 사용한다.

③ 가공전선의 안전율
  ㉠ 경동선 또는 내열 동합금선은 2.2 이상이 되는 이도(弛度)로 시설
  ㉡ 그 밖의 전선(AL, ACSR)은 2.5 이상이 되는 이도(弛度)로 시설

④ 가공지선
  ㉠ 고압 : 인장강도 5.26[kN] 이상 또는 지름 4[mm] 이상의 나경동선을 사용
  ㉡ 특고압
    • 인장강도 8.01[kN] 이상의 나선 또는 지름 5[mm] 이상의 나경동선, [mm²] 이상의 나경동연선
    • 아연도강연선 22[mm²], 또는 OPGW 전선

4) 가공전선의 이격거리

① 특고압 가공전선과 다른 시설물
  ㉠ 전선 지표상 높이
    • 35[kV] 이하 : 5[m] 이상
    • 35[kV] 초과~160[kV] 이하 : 6[m] 이상
    • 160[kV] 초과 : 6[m] + 0.12[N]

   ⓛ 시가지의 전선 지표상 높이
- 35[kV] 이하 : 10[m] 이상(단, 절연전선은 8[m])
- 35[kV] 초과 : 10[m]+0.12[N]

   ⓒ 산악지의 전선 지표상 높이
- 160[kV] 이하 : 5[m]
- 160[kV] 초과 : 5[m]+0.12[N]

   ⓔ 기타시설물과 접근(식물, 약전선, 안테나, 삭도, 고저압선)
- 60[kV] 이하 : 2[m] 이상
- 60[kV] 초과 : 2[m]+0.12[N]

② 고저압 가공전선 이격거리
   ㉠ 전선 지표상 높이 : 5[m] 이상(단, 교통지장 없으면 4[m])
   ⓛ 건조물, 도로 등과 접근
- 건조물 : 위쪽 2[m] 이상

         옆, 아래 1.2[m] 이상(사람 이동이 없을 시 0.8[m])
- 도로, 횡단보도교, 철도 : 3[m] 이상

   ⓒ 식물과 접근 : 접촉하지 않도록 함
   ⓔ 기타 시설물과 접근
- 저압 0.6[m] 이상 이격(케이블인 경우 : 0.3[m] 이상)
- 고압 0.8[m] 이상 이격(케이블인 경우 : 0.4[m] 이상)

③ 가공전선 등의 병행설치
   ㉠ 저·고압시설 방법
- 고압은 위로하고 저압은 아래로 하여 별개의 완금에 시설
- 저압 가공전선과 고압 가공전선 사이의 이격거리는 0.5[m] 이상
- 고압 가공전선이 케이블일 경우 저압 가공전선 사이의 이격거리는 0.3[m] 이상일 것

   ⓛ 특고압 가공전선과 저고압 가공전선의 병가 시 이격거리

[표 5-6] 특고압 가공전선과 저고압 가공전선의 병가 시 이격거리

사용전압의 구분	이격거리
35[kV] 이하	1.2[m] 이상 (특고압 가공전선이 케이블인 경우 0.5[m])
35[kV]~60[kV] 이하	2[m] 이상 (특고압 가공전선이 케이블인 경우 1[m])
60[kV] 초과	• 2[m]+0.12×N • 특고압 가공전선이 케이블인 경우 1[m]+0.12×N

28 저압 가공전선(다중접지된 중성선은 제외)과 고압 가공전선을 동일 지지물에 시설하는 경우 이격거리는 몇 [m] 이상이어야 하는가?

① 0.5 　　　　　② 1.0 　　　　　③ 1.5 　　　　　④ 2.0

풀이 「한국전기설비규정 332.8 1의 나항」 저압 가공전선(다중접지된 중성선은 제외)과 고압 가공전선을 동일 지지물에 시설하는 경우 저압 가공전선과 고압 가공전선 사이의 이격거리는 0.5[m] 이상일 것

답 ①

④ 전선 횡단 높이

　　㉠ 도로 횡단 → 노면상 6[m] 이상

　　㉡ 철도 횡단 → 궤조면상 6.5[m] 이상

　　㉢ 횡단보도교 위의 전선

　　　　• 저압 : 3.5[m] 이상(절연전선 및 케이블 : 3[m])

　　　　• 고압 : 3.5[m] 이상

　　　　• 특고압 : 35[kV] 이하(4[m] 이상), 35~160[kV] 이하(5[m] 이상)

29 고압가공전선이 철도 또는 궤도를 횡단하는 경우에는 레일면상 몇 [m] 이상이어야 하는가?

① 3.5 　　　　　② 4.5 　　　　　③ 5.5 　　　　　④ 6.5

풀이 「한국전기설비규정 332.5 1의 나항」 고압 가공전선의 높이는 철도 또는 궤도를 횡단하는 경우에는 레일면상 6.5[m] 이상

답 ④

5 지중전선로

① 전선은 케이블을 사용하여 시설한다.

② 시설 방법

　　㉠ 직접 매설식 : 땅을 파고 케이블 방호물로서 토관, 콘크리트 트러프, 흄관, 강관, 합성수지관, 주름형 경질폴리에틸렌관 등을 매설한 후, 그 속에 케이블을 포설하는 방식이다.

　　㉡ 관로식 : 미리 케이블을 포설할 관로를 만들어놓고, 여기에 케이블을 관 하나에 1회선을 인입하는 방식을 말하며, 케이블의 교체가 가능해야 한다.

　　㉢ 암거식 : 지중에 암거를 시설하고 그 속에 케이블을 부설하는 방식이다.

③ 시설 방법에 따른 매설 깊이

[표 5-7] 시설 방법에 따른 매설 깊이

구분	매설 깊이	중량물의 압력을 받을 우려가 있는 곳
관로식	1.0[m] 이상	0.6[m] 이상
직접 매설식	1.2[m] 이상	0.6[m] 이상

④ 지중함의 시설

지중전선로에 사용하는 지중함은 다음에 따라 시설하여야 한다.

㉠ 지중함은 견고하고 차량 기타 중량물의 압력에 견디는 구조일 것

㉡ 지중함은 그 안의 고인 물을 제거할 수 있는 구조로 되어 있을 것

㉢ 폭발성 또는 연소성의 가스가 침입할 우려가 있는 것에 시설하는 지중함으로서 그 크기가 1[m³] 이상인 것에는 통풍장치 기타 가스를 방산시키기 위한 적당한 장치를 시설할 것

㉣ 지중함의 뚜껑은 시설자 이외의 자가 쉽게 열 수 없도록 시설할 것

㉤ 차도 이외의 장소에 설치하는 저압 지중함은 절연성능이 있는 재질의 뚜껑을 사용할 수 있다.

⑤ 지중전선과 지중약전류전선 등 또는 관과의 접근 또는 교차

㉠ 지중전선과 지중약전류 전선 등의 사이에 내화성 격벽을 시설하였을 경우의 이격거리

• 저·고압의 지중전선은 0.3[m] 이하

• 특고압 지중전선은 0.6[m] 이하

㉡ 특고압 지중전선과 가연성이나 유독성의 유체(流體)를 내포하는 관과 접근 및 교차 시 내화성 격벽을 시설할 경우의 이격거리

• 특고압 지중전선은 1[m] 이하

• 25[kV] 이하 다중접지방식 지중전선로는 0.5[m] 이하

⑥ 관·암거 기타 지중전선을 넣은 방호장치의 금속제부분·금속제의 전선접속함 및 지중전선의 피복으로 사용하는 금속체에는 접지공사를 시행한다.

예제 30 지중전선로 시설 방식이 아닌 것은?

① 직접 매설식　　　　　　　　② 관로식

③ 트리이식　　　　　　　　　④ 암거식

풀이 「한국전기설비규정 334.1 1항」 지중전선로는 전선에 케이블을 사용하고 또한 관로식·암거식(暗渠式) 또는 직접 매설식에 의하여 시설하여야 한다.

답 ③

예제 **31** 지중전선로를 관로식에 의하여 시설하는 경우 차량, 기타 중량물의 압력을 받을 우려가 없는 곳의 매설 깊이[m]는?

① 0.6[m] 이상   ② 1.0[m] 이상
③ 1.5[m] 이상   ④ 2.0[m] 이상

풀이 「**한국전기설비규정 334.1 2의 가항**」 지중전선로를 관로식에 의하여 시설하는 경우에는 매설 깊이를 1.0[m] 이상으로 하되, 매설 깊이가 충분하지 못한 장소에는 견고하고 차량 기타 중량물의 압력에 견디는 것을 사용할 것. 다만 중량물의 압력을 받을 우려가 없는 곳은 0.6[m] 이상으로 한다.

目 ①

예제 **32** 지중전선로를 직접 매설식에 의하여 시설하는 경우 차량, 기타 중량물의 압력을 받을 우려가 있는 장소의 매설 깊이[m]는?

① 0.6[m] 이상   ② 1.0[m] 이상
③ 1.5[m] 이상   ④ 2.0[m] 이상

풀이 「**한국전기설비규정 334.1 4항**」 지중전선로를 직접 매설식에 의하여 시설하는 경우에는 매설 깊이를 차량 기타 중량물의 압력을 받을 우려가 있는 장소에는 1.0[m] 이상, 기타 장소에는 0.6[m] 이상으로 하고 또한 지중 전선을 견고한 트라프 기타 방호물에 넣어 시설하여야 한다.

目 ②

01 배전반 공사

배전반은 발전소·변전소 등의 운전이나 제어, 전동기의 운전, 기기나 회로의 감시 등을 위한 스위치·계기류·계전기류 등을 일정하게 넣어 관리하는 장치이다.

1 배전반의 종류

1) 라이브 프런트식 배전반(Live Front Board)

보통 수직형을 사용하고, 주로 저압 간선용에 많이 사용하며 개폐기의 충전 부분이 앞면에 드러나 있다.

2) 데드 프런트식 배전반(Dead Front Board)

종류는 수직형, 벤치형, 포스트형, 조합형 등이 있다. 배전반 표면은 각종 기계와 개폐기의 조작 핸들만이 드러나고, 모든 충전 부분은 배전반 이면에 장치되어 있다. 조작이 안전하므로 고압수전반, 고압전동기운전반 등에 사용한다.

3) 폐쇄식 배전반(큐비클형)

① 종류
　　㉠ 조립형 : 차단기 등을 철제함에 조립한 것
　　㉡ 장갑형 : 회로별로 모선, 차단기, 계기용 변압변류기 등을 하나의 함 내에 설치한 것

② 데드 프런트식 배전반의 옆면 및 뒷면을 폐쇄한 형태이며, 큐비클(Cubicle)이라고 한다.

③ 점유 면적이 좁고 운전, 보수에 안전하므로 공장, 빌딩 등의 전기실에 많이 사용된다.

예제 **01** 다음 중 노출된 충전부가 없는 배전반 및 분전반의 설치 장소로 적합하지 않은 곳은?

① 전기회로를 쉽게 조작할 수 있는 장소

② 개폐기를 쉽게 개폐할 수 있는 장소

③ 노출된 장소

④ 사람이 쉽게 조작할 수 없는 장소

풀이 배전반 및 분전반은 전기회로나 개폐기를 쉽게 조작할 수 있는 노출되고 안정된 장소에 설치하여야 한다. 단, 노출된 충전부가 있는 배전반 및 분전반은 취급자 이외의 사람이 쉽게 출입할 수 없도록 설치하여야 한다.

답 ④

예제 **02** 점유 면적이 좁고 운전 보수에 안전하며 공장, 빌딩 등의 전기실에 많이 사용되는 배전반은 어떤 것인가?

① 데드 프런트형 　　　　　　② 수직형

③ 라이브 프런트형 　　　　　 ④ 큐비클형

풀이 **폐쇄식 배전반(큐비클형)**

데드 프런트식 배전반의 옆면 및 뒷면을 폐쇄하여 만들며 점유 면적이 좁고 운전, 보수에 안전하므로 공장, 빌딩 등의 전기실에 많이 사용된다.

답 ④

2 배전반 공사

배전반, 변압기 등 설치 시 최소 이격거리는 다음 표를 참조하여 충분한 면적을 확보하여야 한다.

[표 6-1] 배전반, 변압기 등 설치 시 최소 이격거리

기기별 　　부위별	앞면 또는 조작·계측면	뒷면 또는 점검면	열상호간 (점검하는 면)
특별고압반	1.7[m]	0.8[m]	1.4[m]
고압배전반	1.5[m]	0.6[m]	1.2[m]
저압배전반	1.5[m]	0.6[m]	1.2[m]
변압기 등	1.5[m]	0.6[m]	1.2[m]

예제 **03** 수전설비의 저압 배전반은 배전반 앞에서 계측기를 판독하기 위하여 앞면과 최소 몇 [m] 이상 유지하는 것을 원칙으로 하는가?

① 0.6[m]　　　② 0.8[m]　　　③ 1.5[m]　　　④ 1.7[m]

풀이 배전반, 변압기 등 설치 시 최소 이격거리

부위별 / 기기별	앞면 또는 조작 · 계측면	뒷면 또는 점검면	열상호간 (점검하는 면)
특별고압반	1.7[m]	0.8[m]	1.4[m]
고압배전반	1.5[m]	0.6[m]	1.2[m]
저압배전반	1.5[m]	0.6[m]	1.2[m]
변압기 등	1.5[m]	0.6[m]	1.2[m]

답 ③

02 　분전반 공사

1 분전반

배전반에서 배선된 간선을 분기하는 곳에 분기회로용 개폐기, 차단기 등을 설치한 함이다. 설치 방법에 따라 매입형, 노출형, 반매입형이 있고, 개폐기의 종류에 따라 안전기형, 나이프 스위치형, 배선용 차단기형 등이 있다.

2 분전반 설치

① 일반적으로 분전반은 철제 캐비닛 안에 나이프 스위치, 텀블러스위치 또는 배선용 차단기를 설치하며, 내열 구조로 만든 것이 많이 사용되고 있다.
② 분전반의 설치위치는 부하의 중심 부근으로, 각 층마다 하나 이상을 설치하나 회로 수가 6 이하인 경우에는 2개 층을 담당한다.
③ 강판제 분전반은 두께가 1.2[mm] 이상이어야 한다.
④ 보수 및 점검이 용이한 곳에 설치한다.

03 수변전 설비

1 변압기(Transformer)

수전전압을 부하설비의 운전에 적합한 전압으로 변환하는 장치이다. 유입변압기, 건식변압기, 몰드변압기, 아몰퍼스변압기, 가스절연변압기 등으로 분류할 수 있다.

① 유입변압기

철심에 감은 코일을 절연유로 절연한 것으로, 100[kVA] 이하의 주상변압기에서 1,500[MVA]의 대용량 변압기까지 제작된다. 신뢰성이 높고 가격이 저렴하며 용량과 전압의 제한이 적어 널리 사용하고 있다.

② 몰드변압기

고압권선 및 저압권선을 모두 에폭시로 몰드한 고체절연 방식을 채택하였으며 난연성, 절연의 신뢰성, 보수와 점검 용이, 에너지 절약 등의 특징이 있어 많이 채택되고 있으나 가격이 비싸다.

③ 아몰퍼스변압기

철심의 자성 소재에 아몰퍼스 금속을 적용하여 우수한 자기특성을 지녔으며 규소강판을 사용한 변압기에 비교해서 철손을 1/3~1/4로 저감시킬 수 있다.

④ 가스절연변압기

절연 및 냉각을 위한 매질로 SF_6가스를 사용하는 변압기이다. 고장 시 사후관리가 용이하고 화재발생 위험이 없다는 장점이 있다.

예제 04 코일 주위에 전기적 특성이 큰 에폭시 수지를 고진공으로 침투시키고, 다시 그 주위를 기계적 강도가 큰 에폭시 수지로 몰딩한 변압기는?

① 건식변압기   ② 몰드변압기
③ 유입변압기   ④ 가스절연변압기

풀이 몰드변압기

고압 및 저압권선을 모두 에폭시로 몰드한 고체절연 방식을 채택하여 난연성, 절연의 신뢰성, 보수와 점검 용이, 에너지 절약 등의 특징이 있어 많이 채택되고 있으나 가격이 비싸다.

답 ②

---

2 차단기(CB : Circuit Breaker)

1) 차단기의 종류와 특징

[표 6-2] 차단기의 종류와 특징

구분	구조 및 특징
유입차단기(OCB)	전로를 차단할 때 발생한 아크를 절연유를 이용하여 소멸시키는 차단기이다.
자기차단기(MBB)	아크와 직각으로 자계를 주어 아크를 소호실로 흡입, 아크전압을 증대시키고 냉각하여 소호하는 차단기이다.
공기차단기(ABB)	개방할 때 접촉자가 떨어지면서 발생하는 아크를 압축공기를 이용하여 소호하는 차단기이다.
진공차단기(VCB)	진공 중의 높은 절연내력을 이용하여 아크를 고진공 용기 내에서 급속히 확산시킴으로써 소호하는 차단기이다. 절연내력이 높아 접점 간격이 타 방식보다 작으므로 소형이며 가볍다. 차단 성능이 주위 환경에 영향을 받지 않으며 진공도의 수명이 길고 안정적이다.
가스차단기(GCB)	절연강도와 소호능력이 뛰어난 6불화황(SF_6)를 이용한 차단기이다. 개폐 시에 발생한 아크를 가스를 분사하여 소호(공기의 약 100배)하는 방식으로서 6불화황은 동일한 압력에서 공기의 2.5~3.5배의 절연내력이 있으며, 무취, 무해, 무독, 불연성, 비폭발성의 성질을 가지고 있다.
기중차단기(ACB)	자연공기 내에서 회로를 차단할 때 접촉자가 떨어지면서 자연소호에 의한 소호방식을 가지는 저압용 차단기이다.

예제 05 수변전 설비에서 차단기의 종류 중 가스차단기에 들어가는 가스의 종류는?

① CO_2　　　② LPG　　　③ SF_6　　　④ LNG

풀이 **가스차단기(GCB)**
절연강도와 소호능력이 뛰어난 6불화황(SF_6)을 이용한 차단기이다. 개폐 시에 발생한 아크를 가스를 분사하여 소호(공기의 약 100배) 하는 방식으로서 가스는 동일한 압력에서 공기의 2.5~3.5배의 절연내력이 있으며, 무취, 무해, 무독, 불연성, 비폭발성의 성질을 가지고 있다.

답 ③

예제 06 다음 중 유입차단기의 약호는 어느 것인가?

① OCB　　　② GCB　　　③ ACB　　　④ VCB

풀이
• OCB : 유입차단기　　　　• GCB : 가스차단기
• ACB : 기중차단기　　　　• VCB : 진공차단기

답 ①

예제 **07** 가스절연개폐기나 가스차단기에 사용되는 가스인 SF₆의 성질이 아닌 것은?

① 연소하지 않는 성질이 있다.
② 무취, 무해, 무독하다.
③ 절연유의 1/140로 가볍지만 공기보다 5배 무겁다.
④ 공기의 25배 정도로 절연내력이 낮다.

풀이 예제 5번 풀이 참조

답 ④

2) 차단기의 차단용량

① 차단기의 정격전압 : 공칭전압의 1.2/1.1배
② 수전 차단기의 차단용량

$$P_s = 기준용량[\mathrm{MVA}] \times \frac{100}{\%Z} \quad \cdots\cdots\cdots\cdots\cdots\cdots\cdots\cdots\cdots (6-1)$$

여기서, P_s : 수전용 차단기의 차단용량[MVA]
$\%Z$: 퍼센트 임피던스[Ω]

③ 변압기 2차 측용 차단기의 차단용량

$$P_s = 변압기용량[\mathrm{MVA}] \times \frac{100}{\%Z} \quad \cdots\cdots\cdots\cdots\cdots\cdots\cdots\cdots (6-2)$$

여기서, P_s : 변압기 2차 측용 차단기의 차단용량[MVA]
$\%Z$: 퍼센트 임피던스[Ω]

3 개폐기

[표 6-3] 개폐기의 종류 및 기능

장치	기능
단로기(DS)	공칭전압 3.3[kV] 이상 전로에 사용되며 기기의 보수 점검 시 또는 회로 접속변경을 하기 위해 사용하지만 부하전류 개폐는 할 수 없는 기기이다.
컷아웃 스위치(COS)	변압기 1차 측 각 상마다 취부하여 변압기의 보호와 개폐를 위한 것이다.
부하개폐기(LBS)	수·변전설비의 인입구 개폐기로 많이 사용되고 있으며 전력퓨즈 용단 시 결상을 방지하는 목적으로 사용하고 있다.

장치	기능
기중부하개폐기(IS)	수전용량 300[kVA] 이하에서 인입개폐기로 사용한다.
고장구분자동개폐기 (ASS)	한 개 수용가의 사고가 다른 수용가에 피해를 최소화하기 위한 방안으로 대용량 수용가에 한하여 설치
자동부하전환개폐기 (ALTS)	이중 전원을 확보하여 주전원 정전 시 예비전원으로 자동 절환하여 수용가가 항상 일정한 전원 공급을 받을 수 있는 장치
선로 개폐기(LS)	책임분계점에서 보수 점검 시 전로를 구분하기 위한 개폐기로 시설하고 반드시 무부하 상태로 개방하여야 하며 이는 단로기와 같은 용도로 사용한다.

예제 **08** 다음 중 인입 개폐기가 아닌 것은?

① ASS   ② LBS   ③ LS   ④ UPS

풀이
- ASS : 고장구간 자동개폐기
- LBS : 부하개폐기
- LS : 라인 스위치
- UPS : 무정전 전원장치

답 ④

4 계기용 변성기(MOF, PCT)

교류 고전압회로의 전압과 전류를 측정할 때 계기용 변성기를 통해서 전압계나 전류계를 연결하면, 계기회로를 선로전압으로부터 절연하므로 위험이 적고 비용이 절약된다.

1) 계기용 변류기(CT)

① 전류를 측정하기 위한 변압기로 2차 전류는 5[A]가 표준이다.
② 계기용 변류기는 2차 전류를 낮게 하게 위하여 권수비가 매우 작으므로 2차 측이 개방되면, 2차 측에 매우 높은 기전력이 유기되어 위험하므로 2차 측을 절대로 개방해서는 안 된다.

2) 계기용 변압기(PT)

① 전압을 측정하기 위한 변압기로 2차 측 정격전압은 110[V]가 표준이다.
② 변성기 용량은 2차회로의 부하를 말하며 2차 부담이라고 한다.

예제 **09** 계기용 변류기의 약호는?

① CT   ② WH   ③ CB   ④ DS

풀이
- CT : 계기용 변류기
- CB : 차단기
- WH : 전력량계
- DS : 단로기

답 ①

예제 10 수·변전 설비의 고압회로에 걸리는 전압을 표시하기 위해 전압계를 시설할 때 고압회로와 전압계 사이에 시설하는 것은?

① 관통형 변압기   ② 계기용 변류기

③ 계기용 변압기   ④ 권선형 변류기

풀이   **계기용 변압기(PT)**

전압을 측정하기 위한 변압기로 2차 측 정격전압은 110[V]가 표준이다.

답 ③

5 전력용 퓨즈(PF)

전로나 기기를 단락전류로부터 보호할 목적으로 사용하는 것이며, 퓨즈의 일부를 구성하는 가용체에 단락전류, 과부하전류 등이 흐르면 줄(Joule) 열로 용단되어 전로를 자동적으로 차단하여 전로나 기기를 보호하는 설비이다.

1) 전력용 퓨즈(PF)와 컷아웃 스위치(COS)의 비교

① PF는 고장전류를 안전하게 차단할 수 있는 반면, COS는 단락사고나 접지사고 시의 고장전류를 안전하게 차단할 수 없는 것이 기능상의 차이점이다.

② PF, COS 모두 부하전류가 흐를 때 개폐하면 안 되며, 퓨즈가 끊어지면 퓨즈 통이 상단 접촉부에서 빠져 거꾸로 매달리게 되어, 퓨즈의 단락여부를 쉽게 식별할 수 있는 구조로 되어 있다.

③ PF는 퓨즈가 끊어지면 COS처럼 퓨즈만 바꾸지 못하고 퓨즈 링크(Fuse Link) 전체를 바꾸어야 한다.

2) 소호 원리에 의한 퓨즈의 구분

① 한류형 퓨즈 : 단락전류 차단 시에 높은 아크저항을 발생하여 사고전류를 강제적으로 억제하여 차단하는 퓨즈이며, 밀폐된 퓨즈 통 안에 가용체와 규사 등 입상소호제로 채운 구조로 되어 있다.

② 비한류형 퓨즈 : 전류 차단 시에 소호가스를 아크에 불어내어 전류가 0점에서 극간의 절연내력을 재기전압 이상으로 높여 차단하는 퓨즈로서 소호가스로는 붕산 혹은 파이버에서의 발생가스를 이용한다.

6 전력용 콘덴서(SC)

용접기, 전동기 등의 동력설비회로는 역률이 $60 \sim 80[\%]$로서 부하설비의 합성역률은 저하되고 전압변동 및 전력손실이 증가하는데 이때 부하와 병렬로 접속하여 역률을 개선하는 장치이다.

1) 콘덴서의 용량 계산

$$Q_c = P(\tan\theta_0 - \tan\theta_1) = P\left(\frac{\sin\theta_0}{\cos\theta_0} - \frac{\sin\theta_1}{\cos\theta_1}\right)$$

$$= P\left(\sqrt{\frac{1}{\cos^2\theta_0} - 1} - \sqrt{\frac{1}{\cos^2\theta_1} - 1}\right)[\text{kVA}] \quad \cdots\cdots\cdots\cdots\cdots\cdots\cdots\cdots\cdots (6-3)$$

여기서, Q_c : 소요콘덴서 용량[kVA]

P : 부하용량 [kW]

$\cos\theta_0$: 개선 전 역률

$\cos\theta_1$: 개선 후 역률

2) 콘덴서의 설치 효과

① 변압기 동손 경감
② 선로 손실 경감
③ 공급 설비용량의 여유도 증가
④ 전압 강하 개선
⑤ 전력 요금 경감

3) 부속기기

① **방전코일** : 전력용 콘덴서를 회로로부터 개방하였을 때 잔류전하 때문에 콘덴서 점검이나 취급에 있어서 위험하므로 잔류전하를 단시간에 방전시키는 코일이다.
② **직렬 리액터** : 회로에서 대용량의 전력용 콘덴서를 설치하면 고조파 전류가 흘러 파형이 왜곡되어 전동기, 변압기 등의 소음증대, 계전기의 오동작 또는 기기의 손실이 증대되는 등의 장해가 발생될 수 있다. 이러한 전압파형의 찌그러짐을 개선할 목적으로 전력용 콘덴서와 직렬로 설치하는 기기이다.

예제 11 무효전력을 조정하는 전기기계기구는?

① 조상설비 　　② 개폐설비 　　③ 보상설비 　　④ 차단설비

풀이 **조상설비**

무효 전력을 조정하여 역률을 개선시키는 목적의 설비, 진상용 콘덴서, 동기 조상기 등이 있다.

답 ①

예제 12 수변전설비 중에서 동력설비 회로의 역률을 개선할 목적으로 사용되는 것은?

① 전력 퓨즈 　　② MOF 　　③ 지락 계전기 　　④ 진상용 콘덴서

풀이 **진상용 콘덴서**

전동기 등 코일 부하로 인한 지상 전류의 위상차를 감소시켜 역률을 개선한다.

답 ④

예제 13 역률 0.8, 유효전력 4,000[kW]인 부하의 역률을 100[%]로 하기 위한 콘덴서의 용량은 얼마인가?

① 3,200[kVA] 　　② 3,000[kVA] 　　③ 2,600[kVA] 　　④ 2,400[kVA]

풀이 **전력용 콘덴서의 용량 계산**

$$Q_c = P(\tan\theta_0 - \tan\theta_1) = P\left(\frac{\sin\theta_0}{\cos\theta_0} - \frac{\sin\theta_1}{\cos\theta_1}\right) = 4,000\left(\frac{0.6}{0.8} - \frac{0}{1}\right) = 3,000[\text{kVA}]$$

여기서, Q_c : 콘덴서 용량[kVA], P : 부하용량[kW]

$\cos\theta_0$: 개선 전 역률, $\cos\theta_1$: 개선 후 역률

답 ②

예제 14 전력용 콘덴서를 회로로부터 개방하였을 때 전하가 잔류함으로써 일어나는 위험의 방지와 재투입할 때 콘덴서에 걸리는 과전압의 방지를 위하여 무엇을 설치하는가?

① 직렬 리액터 　　　　　　② 전력용 콘덴서

③ 방전 코일 　　　　　　　④ 피뢰기

풀이 **방전 코일**

전력용 콘덴서를 회로로부터 개방하였을 때 잔류전하 때문에 콘덴서 점검이나 취급에 있어서 위험하므로 잔류전하를 단시간에 방전시키는 코일

답 ③

04 보호계전기

1 보호계전기의 종류 및 기능

[표 6-4] 보호계전기의 종류 및 기능

명칭	기능
과전류계전기 (OCR)	변류기의 2차 측에 접속되어 주 회로에 과부하 및 단락사고가 발생하면 변류기 2차 측 전류가 계전기 정정 값 이상으로 검출되었을 경우 동작하는 계전기이다.
과전압계전기 (OVR)	배전선로에서 이상전압이나 과전압 발생 시에 PT에서 검출된 과전압에 의해 동작하는 계전기이다.
부족전압계전기 (UVR)	배전선로에서 순간정전이나 단락사고 등에 의한 전압강하 시에 PT에서 이상 저전압을 검출하여 동작하는 계전기이다.
비율차동계전기	고장에 의하여 생긴 불평형의 전류차가 기준치 이상으로 되었을 때 동작하는 계전기이다. 변압기 내부고장 검출용으로 주로 사용된다.
선택계전기	병행 2회선 중 한쪽의 회선에 고장이 생겼을 때, 어느 회선에 고장이 발생하는가를 선택하는 계전기이다.
방향계전기	고장점의 방향을 파악하는 데 사용하는 계전기이다.
거리계전기	계전기가 설치된 위치로부터 고장점까지의 전기적 거리에 비례하여 한시로 동작하는 계전기이다.
접지계전기	지락사고가 생긴 경우 영상전압과 대지 충전전류에 의하여 검출된 영상전류의 크기가 어떤 일정한 값에 도달하면 차단기를 동작시켜 사고회로를 개방 또는 경보신호를 내도록 하는 계전기이다.

예제 15 일정 값 이상의 전류가 흘렀을 때 동작하는 계전기는?

① OCR   ② OVR   ③ UVR   ④ GR

풀이
- OCR : 과전류계전기
- OVR : 과전압계전기
- UVR : 부족전압계전기
- GR : 접지계전기

답 ①

예제 16 고장에 의하여 생긴 불평형의 전류차가 기준치 이상으로 되었을 때 동작하는 계전기로서 변압기 내부고장 검출용으로 주로 사용되는 것은?

① 과전류계전기   ② 과전압계전기
③ 비율차동계전기   ④ 접지계전기

풀이
비율차동계전기 : 고장에 의하여 생긴 불평형의 전류차가 기준치 이상으로 되었을 때 동작하는 계전기이다. 변압기 내부고장 검출용으로 주로 사용된다.

답 ③

2 동작시한별 분류

[표 6-5] 계전기의 동작시한별 분류

명칭	기능
순한시 계전기	동작시간이 0.3초 이내인 계전기로 0.05초 이하의 계전기를 고속도 계전기라 한다.
정한시 계전기	최소 동작값 이상의 구동 전기량이 주어지면, 일정 시한으로 동작하는 계전기이다.
반한시 계전기	동작시한이 구동 전기량 즉, 동작 전류의 값이 커질수록 짧아지는 계전기이다.
반한시-정한시 계전기	어느 한도까지의 구동 전기량에서는 반한시성이고, 그 이상의 전기량에서는 정한시성의 특성을 가지는 계전기이다.

예제 17 동작 전류의 값이 커질수록 동작 시한이 짧아지는 계전기는 어느 것인가?

① 순한시 계전기   ② 정한시 계전기
③ 반한시 계전기   ④ 반한시 정한시 계전기

풀이
- 순한시 계전기 : 동작시간이 0.3초 이내인 계전기
- 정한시 계전기 : 최소 동작값 이상의 구동 전기량이 주어지면, 일정 시한으로 동작하는 계전기
- 반한시 계전기 : 동작시한이 구동 전기량 즉, 동작 전류의 값이 커질수록 짧아지는 계전기
- 반한시 정한시 계전기 : 어느 한도까지의 구동 전기량에서는 반한시성이고, 그 이상의 전기량에서는 정한시성의 특성을 가지는 계전기

답 ③

---

05   용량 산정

1 부하의 상정

배선을 설계하기 위한 전등 및 소형 전기기계기구의 부하용량 산정은 아래 표에 표시하는 건물의 종류 및 그 부분에 해당하는 표준부하에 바닥 면적을 곱한 값을 구하고 여기에 가산하여야 할 VA 수를 더한 값으로 계산한다.

$$부하설비용량 = (표준부하밀도) \times (바닥면적)$$
$$+ (부분부하밀도) \times (바닥면적) + (가산부하)[VA] \quad \cdots\cdots\cdots\cdots (6-4)$$

[표 6-6] 건물의 종류에 따른 표준부하밀도

부하구분	건물 종류 및 부분	표준부하밀도[VA/m²]
표준부하	공장, 공회장, 사원, 교회, 극장, 영화관	10
	기숙사, 여관, 호텔, 병원, 음식점, 다방, 대중목욕탕	20
	사무실, 은행, 상점, 이발소, 미장원	30
	주택, 아파트	40
부분부하	계단, 복도, 세면장, 창고	5
	강당, 관람석	10
가산부하	주택, 아파트	세대당 500~1,000[VA]
	상점 진열장	길이 1[m]마다 300[VA]
	옥외의 광고등, 전광사인, 네온사인등	실 [VA] 수
	극장, 댄스홀 등의 무대조명, 영화관 등의 특수 전등 부하	

예제 18 사무실, 은행, 상점, 이발소, 미장원에서 사용하는 표준부하[VA/m²]는?

① 5   ② 10   ③ 20   ④ 30

풀이 건물 종류에 따른 표준부하밀도

부하구분	건물 종류 및 부분	표준부하밀도[VA/m²]
표준부하	공장, 공회장, 사원, 교회, 극장, 영화관	10
	기숙사, 여관, 호텔, 병원, 음식점, 다방, 대중목욕탕	20
	사무실, 은행, 상점, 이발소, 미장원	30
	주택, 아파트	40

답 ④

예제 19 배선설계를 위한 전동 및 소형 전기기계기구의 부하용량 산정 시 건축물의 종류에 대응한 표준부하에서 원칙적으로 표준부하를 20[VA/m²]으로 적용하여야 하는 건축물은?

① 교회, 극장   ② 병원, 음식점
③ 은행, 상점   ④ 아파트, 미용원

풀이 예제 18번 풀이 참조

답 ②

2 수용률, 부하율, 부등률

1) 수용률

수용 장소에 설치된 수용설비용량에 대하여 실제 사용하고 있는 부하의 최대수용전력 합계의 비율을 수용률이라고 한다. 건물에 전력을 공급하기 위한 변압기 용량을 산정하기 위해 사용한다.

$$수용률 = \frac{최대수용전력[kW]}{수용설비용량[kW]} \times 100[\%] \quad \cdots\cdots\cdots\cdots\cdots\cdots\cdots\cdots\cdots\cdots (6-5)$$

2) 부하율

어떤 기간 중의 평균수용전력과 최대수용전력의 비율을 백분율로 표시한 것을 부하율이라고 한다. 공급설비가 어느 정도 유효하게 사용되는가를 나타낸다. 부하율이 클수록 공급설비가 유효하게 사용됨을 의미한다.

$$부하율 = \frac{평균수용전력[kW]}{최대수용전력[kW]} \times 100[\%] \quad \cdots\cdots\cdots\cdots\cdots\cdots\cdots\cdots\cdots\cdots (6-6)$$

3) 부등률

한 계통 안의 여러 단위부하나 한 배전용변압기에 접속되는 수용가 부하는 각각의 특성에 따라 변동하므로, 최대수용전력을 나타내는 시각은 서로 다른 것이 보통인데 이 다름의 정도를 부등률이라고 한다. 전력 소비 기기를 동시에 사용하는 정도를 나타낸다.

$$부등률 = \frac{각 부하의 최대수용전력의 합[kW]}{합성최대수용전력[kW]} \times 100[\%] \quad \cdots\cdots\cdots\cdots\cdots (6-7)$$

예제 20 수용설비용량이 2.2[kW]인 주택에서 최대수용전력이 0.8[kW]이었다면 수용률은 몇 [%]가 되겠는가?

① 26.5   ② 36.4   ③ 46.8   ④ 56.2

풀이 수용률 $= \dfrac{최대수용전력}{수용설비용량} \times 100 = \dfrac{0.8}{2.2} \times 100 = 36.4[\%]$

답 ②

예제 21 어느 수용가의 설비용량이 각각 1[kW], 2[kW], 3[kW], 4[kW]인 부하설비가 있다. 그 수용률이 60[%]인 경우 그 최대수용전력은 몇 [kW]인가?

① 3 　　　　　② 6 　　　　　③ 30 　　　　　④ 60

풀이
- 수용률 $=\dfrac{\text{최대수용전력}}{\text{수용설비용량}}$
- 최대수용전력 $=$ 수용설비용량 $\times$ 수용률 $=(1+2+3+4)\times 0.6=6\,[\text{kW}]$

답 ②

예제 22 각 수용가의 최대 수용전력이 각각 5[kW], 10[kW], 15[kW], 22[kW]이고, 합성 최대 수용전력이 50[kW]이다. 수용가 상호 간의 부등률은 얼마인가?

① 1.04 　　　　　② 2.34 　　　　　③ 4.25 　　　　　④ 6.94

풀이
부등률 $=\dfrac{\text{각 부하의 최대수용전력의 합계}}{\text{합성최대수용전력}}=\dfrac{5+10+15+22}{50}=1.04$

답 ①

01 특수장소 공사

1 분진 위험장소의 공사

1) 폭연성 분진 위험장소

① 폭연성 분진(마그네슘 · 알루미늄 · 티탄 · 지르코늄 등의 먼지가 쌓인 상태에서 착화된 때에 폭발할 우려가 있는 것) 또는 화약류의 분말이 존재하는 곳의 전기 설비가 발화원이 되어 폭발할 우려가 있는 곳에 시설하는 저압 옥내배선은 금속관공사 또는 케이블공사(캡타이어케이블을 사용하는 것 제외)에 의하여 시설하여야 한다.

② 금속관공사에 의하는 때에는 다음에 의하여 시설한다.

  ㉠ 금속관은 박강 전선관(薄鋼 電線管) 또는 이와 동등 이상의 강도를 가지는 것일 것

  ㉡ 박스 기타의 부속품 및 풀박스는 쉽게 마모 · 부식 기타의 손상을 일으킬 우려가 없는 패킹을 사용하여 먼지가 내부에 침입하지 아니하도록 시설할 것

  ㉢ 관 상호 간 및 관과 박스 기타의 부속품 · 풀박스 또는 전기기계기구와는 5턱 이상 나사조임으로 접속하는 방법, 기타 이와 동등 이상의 효력이 있는 방법에 의하여 견고하게 접속하고 또한 내부에 먼지가 침입하지 아니하도록 접속할 것

  ㉣ 전동기에 접속하는 부분에서 가요성을 필요로 하는 부분의 배선에는 방폭형의 부속품 중 분진 방폭형 유연성 부속을 사용할 것

③ 케이블공사에 의하는 때에는 다음에 의하여 시설한다.

  ㉠ 전선은 개장된 케이블 또는 미네럴인슈레이션 케이블을 사용하는 경우 이외에는 관 기타의 방호 장치에 넣어 사용할 것

  ㉡ 전선을 전기기계기구에 인입할 경우에는 패킹 또는 충진제를 사용하여 인입구

로부터 먼지가 내부에 침입하지 아니하도록 하고 또한 인입구에서 전선이 손상될 우려가 없도록 시설할 것

④ 이동 전선은 접속점이 없는 0.6/1[kV] EP 고무절연 클로로프렌 캡타이어케이블을 사용하고 또한 손상을 받을 우려가 없도록 시설한다.

예제 01 폭연성 분진이 존재하는 곳의 저압 옥내배선 공사 시 공사 방법으로 짝지어진 것은?

① 금속관 공사, MI 케이블 공사, 개장된 케이블 공사
② CD 케이블 공사, 금속관 공사, MI 케이블 공사
③ CD 케이블 공사, MI 케이블 공사, 제1종 캡타이어케이블 공사
④ 개장된 케이블 공사, CD 케이블 공사, 제1종 캡타이어케이블 공사

풀이
- 「한국전기설비규정 242.2.1 가, 다항」 폭연성 분진 또는 화약류의 분말이 전기설비가 발화원이 되어 폭발할 우려가 있는 곳에 시설하는 저압 옥내 전기설비는 다음에 따른다.
- 저압 옥내배선, 저압 관등회로 배선 및 「241.14」에서 규정하는 소세력 회로의 전선은 금속관공사 또는 케이블공사(캡타이어케이블을 사용하는 것을 제외한다.)에 의할 것
- 전선은 개장된 케이블 또는 미네럴인슈레이션 케이블을 사용하는 경우 이외에는 관 기타의 방호장치에 넣어 사용할 것

답 ①

예제 02 화약류의 분말이 전기설비가 발화원이 되어 폭발할 우려가 있는 곳에 시설하는 저압 옥내배선의 공사방법으로 가장 알맞은 것은?

① 금속관 공사 ② 애자사용 공사
③ 버스덕트 공사 ④ 합성수지관 공사

풀이 예제 1번 풀이 참조

답 ①

예제 03 폭발성 분진이 있는 위험장소에 금속관 배선에 의할 경우 관 상호 간 및 관과 박스 기타의 부속품이나 풀박스 또는 전기기계기구는 몇 턱 이상의 나사 조임으로 접속하여야 하는가?

① 2턱 ② 3턱 ③ 4턱 ④ 5턱

풀이 「한국전기설비규정 242.2.1 나의 (3)항」 관 상호 간 및 관과 박스 기타의 부속품·풀박스 또는 전기기계기구와는 5턱 이상 나사조임으로 접속하는 방법 기타 이와 동등 이상의 효력이 있는 방법에 의하여 견고하게 접속하고 또한 내부에 먼지가 침입하지 아니하도록 접속할 것

답 ④

2) 가연성 분진 위험장소

① 가연성 분진(소맥분, 전분, 유황 기타의 가연성의 먼지로서 공중에 떠다니는 상태에서 착화하였을 때 폭발의 우려가 있는 것. 폭연성 분진은 제외)의 저압 옥내배선은 합성수지관공사(두께 2[mm] 미만의 합성수지전선관 및 난연성이 없는 콤바인 덕트 관을 사용하는 것 제외), 금속관공사 또는 케이블 공사에 의하여 시설한다.

② 합성수지관공사에 의하는 때에는 다음에 의하여 시설한다.

　ㄱ 합성수지관 및 박스 기타의 부속품은 손상을 받을 우려가 없도록 시설할 것

　ㄴ 박스 기타의 부속품 및 풀박스는 쉽게 마모·부식 기타의 손상이 생길 우려가 없는 패킹을 사용하는 방법, 틈새의 깊이를 길게 하는 방법, 기타 방법에 의하여 먼지가 내부에 침입하지 아니하도록 시설할 것

　ㄷ 관과 전기기계기구는 관 상호 간 및 박스와는 관을 삽입하는 깊이를 관의 바깥지름의 1.2배(접착제를 사용하는 경우에는 0.8배) 이상으로 하고 또한 꽂음 접속에 의하여 견고하게 접속할 것

　ㄹ 전동기에 접속하는 부분에서 가요성을 필요로 하는 부분의 배선에는 분진 방폭형 유연성 부속을 사용할 것

③ 금속관공사에 의하는 때에는 관 상호 간 및 관과 박스 기타 부속품·풀박스 또는 전기기계기구와는 5턱 이상 나사 조임으로 접속하는 방법, 기타 또는 이와 동등 이상의 효력이 있는 방법에 의하여 견고하게 접속한다.

④ 케이블공사에 의하는 때에는 전선을 전기기계기구에 인입할 경우에 인입구에서 먼지가 내부로 침입하지 아니하도록 하고 또한 인입구에서 전선이 손상될 우려가 없도록 시설한다.

⑤ 이동 전선은 접속점이 없는 0.6/1[kV] EP 고무절연 클로로프렌 캡타이어케이블 또는 0.6/1[kV] 비닐절연 비닐 캡타이어케이블을 사용하고 또한 손상을 받을 우려가 없도록 시설한다.

예제 04 소맥분, 전분 기타 가연성의 분진이 존재하는 곳의 저압 옥내배선 공사 방법 중 적당하지 않은 것은?

① 합성수지관 공사　　　　　　　② 애자사용 공사

③ 케이블공사　　　　　　　　　　④ 금속관 공사

풀이 「한국전기설비규정 242.2.2 가항」 가연성 분진에 전기설비가 발화원이 되어 폭발할 우려가 있는 곳에 시설하는 저압 옥내배선 등은 합성수지관공사(두께 2[mm] 미만의 합성수지전선관 및 난연성이 없는 콤바인 덕트관을 사용하는 것을 제외한다.), 금속관공사 또는 케이블공사에 의할 것

답 ②

예제 05 가연성 분진 위험장소의 옥내배선을 합성수지관공사로 시행할 때 맞지 않는 것은?

① 합성수지관 및 박스 기타의 부속품은 손상을 받을 우려가 없도록 시설할 것
② 먼지가 내부에 침입하지 않도록 시설할 것
③ 난연성이 없는 콤바인 덕트관을 사용할 것
④ 두께 2[mm] 이상의 합성수지전선관을 사용할 것

풀이 예제 4번 풀이 참조

답 ③

예제 06 소맥분, 전분 기타 가연성 분진이 존재하는 곳의 저압 옥내배선 공사 방법에 해당되는 것으로 짝지어진 것은?

① 케이블 공사, 애자사용 공사
② 금속관 공사, CD관 공사, 애자사용 공사
③ 케이블 공사, 금속관 공사, 애자사용 공사
④ 합성수지관 공사, 케이블 공사, 금속관 공사

풀이 예제 4번 풀이 참조

답 ④

3) 먼지가 많은 그 밖의 위험장소

폭연성 분진 위험장소, 가연성 분진 위험장소 이외의 곳으로서 먼지가 많은 곳에 시설하는 저압 옥내전기설비는 다음에 따라 시설하여야 한다. 다만, 유효한 제진장치를 시설하는 경우에는 그러하지 아니하다.

① 저압 옥내배선 등은 애자공사 · 합성수지관공사 · 금속관공사 · 유연성전선관공사 · 금속덕트공사 · 버스덕트공사(환기형의 덕트를 사용하는 것을 제외한다.) 또는 케이블공사에 의하여 시설한다.
② 전기기계기구로서 먼지가 부착함으로서 온도가 비정상적으로 상승하거나 절연성능 또는 개폐 기구의 성능이 나빠질 우려가 있는 것에는 방진장치를 설치한다.
③ 면 · 마 · 견 기타 타기 쉬운 섬유의 먼지가 있는 곳에 전기기계기구를 시설하는 경우에는 먼지가 착화할 우려가 없도록 시설한다.
④ 전선과 전기기계기구는 진동에 의하여 헐거워지지 아니하도록 견고하고 또한 전기적으로 완전하게 접속한다.

2 가연성 가스 등의 위험장소

① 가연성 가스 또는 인화성 물질의 증기가 누출되거나 체류하여 전기설비가 발화원이 되어 폭발할 우려가 있는 곳(프로판 가스 등의 가연성 액화 가스를 다른 용기에 옮기거나 나누는 등의 작업을 하는 곳, 에탄올, 메탄올 등의 인화성 액체를 옮기는 곳 등)의 장소에서는 금속관공사 또는 케이블공사에 의하여 시설한다.

② 케이블공사로 시설할 시 전선을 전기기계기구에 인입할 경우에는 인입구에서 전선이 손상될 우려가 없도록 한다.

③ 저압 옥내배선 등을 넣는 관 또는 덕트는 이들을 통하여 가스 등이 "①"에서 규정하는 장소 이외의 장소에 누출되지 아니하도록 시설한다.

④ 이동 전선은 접속점이 없는 0.6/1[kV] EP 고무절연 클로로프렌 캡타이어케이블을 사용하는 이외에 전선을 전기기계기구에 인입할 경우에는 인입구에서 먼지가 내부로 침입하지 아니하도록 하고 또한 인입구에서 전선이 손상될 우려가 없도록 시설한다.

예제 **07** 가연성 가스 또는 인화성 물질의 증기가 누출되거나 체류하여 전기설비가 발화원이 되어 폭발할 우려가 있는 곳에 있는 저압 시설공사 방법으로 가장 적합한 것은?

① 애자사용 공사　　　　　　　② 가요전선관 공사
③ 합성수지관 공사　　　　　　④ 금속관 공사

풀이 「한국전기설비규정 242.3.1 가, 나항」 금속관 공사, 케이블 공사

답 ④

---

3 위험물 등이 존재하는 장소

① 셀룰로이드, 성냥, 석유류, 기타 타기 쉬운 위험한 물질을 제조하거나 저장하는 곳은 합성수지관공사(두께 2[mm] 미만의 합성수지전선관 및 난연성이 없는 콤바인 덕트관을 사용하는 것 제외), 금속관공사 또는 케이블공사에 의하여 시설한다.

② 이동 전선은 0.6/1[kV] EP 고무절연 클로로프렌 캡타이어케이블 또는 0.6/1[kV] 비닐절연 비닐캡타이어 케이블을 사용하고 또한 손상을 받을 우려가 없도록 시설하는 이외에 이동전선을 전기기계기구에 인입할 경우에는 인입구에서 손상을 받을 우려가 없도록 시설한다.

③ 통상의 사용 상태에서 불꽃 또는 아크를 일으키거나 온도가 현저히 상승할 우려가 있는 전기기계기구는 위험물에 착화할 우려가 없도록 시설한다.

예제 08 위험물 등이 있는 곳에서의 저압 옥내배선 공사 방법이 아닌 것은?

① 케이블 공사   ② 합성수지관 공사

③ 금속관 공사   ④ 금속몰드 공사

풀이 「**한국전기설비규정 242.4**」 셀룰로이드 · 성냥 · 석유류 기타 타기 쉬운 위험한 물질을 제조하거나 저장하는 곳에 시설하는 저압 옥내배선 등은 합성수지관공사(두께 2[mm] 미만의 합성수지전선 관 및 난연성이 없는 콤바인 덕트관을 사용하는 것을 제외한다.), 금속관공사 또는 케이블공사에 의할 것

답 ④

④ 화약류 저장소 등의 위험장소

① 화약류 저장소 안에는 전기설비를 시설해서는 안 된다. 다만, 조명기구에 전기를 공급하기 위한 전기설비(개폐기 및 과전류 차단기 제외)만을 금속관공사 또는 케이블 공사에 의하여 다음과 같이 시설할 수 있다.

    ㉠ 전로에 대지전압은 300[V] 이하일 것

    ㉡ 전기기계기구는 전폐형의 것일 것

    ㉢ 케이블을 전기기계기구에 인입할 때에는 인입구에서 케이블이 손상될 우려가 없도록 시설할 것

② 화약류 저장소 안의 전기설비에 전기를 공급하는 전로에는 화약류 저장소 이외의 곳에 전용 개폐기 및 과전류 차단기를 각 극(과전류 차단기는 다선식 전로의 중성극을 제외한다.)에 취급자 이외의 자가 쉽게 조작할 수 없도록 시설하고 또한 전로에 지락이 생겼을 때에 자동적으로 전로를 차단하거나 경보하는 장치를 시설하여야 한다.

예제 09 화약류 저장소 내 조명기구에 전기를 공급하기 위한 전기설비의 시설에서 전로의 대지 전압은 몇 [V] 이하여야 하는가?

① 100   ② 200   ③ 300   ④ 400

풀이 「**한국전기설비규정 242.4] 1의 가항**」 화약류 저장소 내 조명기구에 전기를 공급하기 위한 전기설비의 시설에서 전로의 대지전압은 300[V] 이하일 것

답 ③

5 전시회, 쇼 및 공연장의 전기설비

① 무대 · 무대마루 밑 · 오케스트라 박스 · 영사실 기타 사람이나 무대 도구가 접촉할 우려가 있는 곳에 시설하는 저압 옥내배선, 전구선 또는 이동전선은 사용전압이 400[V] 이하이어야 한다.

② 배선용 케이블은 구리 도체로 최소 단면적이 1.5[mm²]이며, 정격전압 450/750[V] 이하 염화비닐 절연 케이블 또는 정격전압 450/750[V] 이하 고무절연케이블에 적합하여야 한다.

③ 무대마루 밑에 시설하는 전구선은 300/300[V] 편조 고무코드 또는 0.6/1[kV] EP 고무절연 클로로프렌 캡타이어케이블이어야 한다.

④ 기계적 손상의 위험이 있는 경우에는 외장 케이블 또는 적당한 방호 조치를 한 케이블을 시설하여야 한다.

⑤ 회로 내에 접속이 필요한 경우를 제외하고 케이블의 접속 개소는 없어야 한다.

⑥ 플라이덕트 시설 시 덕트를 철판으로 제작한 경우에는 철판의 두께가 0.8[mm] 이상일 것

⑦ 조명기구가 바닥으로부터 높이 2.5[m] 이하에 시설되거나 과실에 의해 접촉이 발생할 우려가 있는 경우에는 적절한 방법으로 견고하게 고정시키고 사람의 상해 또는 물질의 발화위험을 방지할 수 있는 위치에 설치하거나 방호하여야 한다.

⑧ 이동형 멀티 탭의 사용은 다음과 같이 제한하여야 한다.
　㉠ 고정 콘센트 1개당 1개로 시설할 것
　㉡ 플러그로부터 멀티 탭까지의 가요 케이블 또는 코드의 최대 길이는 2[m] 이내일 것

⑨ 무대 · 무대마루 밑 · 오케스트라 박스 및 영사실의 전로에는 전용 개폐기 및 과전류 차단기를 시설하여야 한다.

⑩ 비상 조명을 제외한 조명용 분기회로 및 정격 32[A] 이하의 콘센트용 분기회로는 정격 감도 전류 30[mA] 이하의 누전차단기로 보호하여야 한다.

예제 **10** 무대 · 무대마루 밑 · 오케스트라 박스 · 영사실 기타 사람이나 무대 도구가 접촉할 우려가 있는 곳에 시설하는 저압 옥내배선, 전구선 또는 이동전선은 사용전압이 몇 [V] 이하이어야 하는가?

① 100　　　　　② 200　　　　　③ 300　　　　　④ 400

풀이 「한국전기설비규정 242.6.2」 무대 · 무대마루 밑 · 오케스트라 박스 · 영사실 기타 사람이나 무대 도구가 접촉할 우려가 있는 곳에 시설하는 저압 옥내배선, 전구선 또는 이동전선은 사용전압이 400[V] 이하이어야 한다.

답 ④

예제 11 전시회, 쇼 및 공연장의 전기설비에 사용하는 배선용 케이블의 구리 도체 최소 단면적은 몇 [mm²]인가?

① 1.0 　　　　② 1.5 　　　　③ 2.0 　　　　④ 2.5

풀이 「한국전기설비규정 242.6.3」 전시회, 쇼 및 공연장의 배선용 케이블은 구리 도체로 최소 단면적이 1.5[mm²]이며, KS C IEC 60227-1(정격전압 450/750V 이하 염화비닐 절연 케이블-제1부 : 일반요구사항) 또는 KS C IEC 60245-1(정244격전압 450/750V 이하 고무절연케이블-제1부 : 일반요구사항)에 적합하여야 한다.

답 ②

예제 12 전시회, 쇼 및 공연장의 플라이덕트로 사용하는 최소 철판 두께는 몇 [mm]인가?

① 0.6 　　　　② 0.8 　　　　③ 1.0 　　　　④ 1.2

풀이 「한국전기설비규정 242.6.5」 플라이덕트는 두께 0.8[mm] 이상의 철판 또는 다음에 적합한 것으로 견고하게 제작한 것일 것

답 ②

예제 13 전시회, 쇼 및 공연장에 사용하는 이동형 멀티 탭은 플러그로부터 멀티 탭까지의 가요 케이블 또는 코드의 최대 길이를 몇 [m] 이내로 하여야 하는가?

① 1 　　　　② 2 　　　　③ 3 　　　　④ 4

풀이 「한국전기설비규정 242.6.6 5의 마의 (2)항」 플러그로부터 멀티 탭까지의 가요 케이블 또는 코드의 최대 길이는 2[m] 이내일 것

답 ②

---

6 터널, 갱도 기타 이와 유사한 장소

① 사람이 상시 통행하는 터널 내의 배선은 저압의 것에 한하고 금속관공사, 합성수지관공사, 케이블공사, 애자사용공사로 시공한다.

　㉠ 공칭단면적 2.5[mm²]의 연동선과 동등 이상의 세기 및 굵기의 절연전선(옥외용 비닐절연전선 및 인입용 비닐절연전선은 제외)을 사용한다.

　㉡ 애자공사에 의한 시설은 노면상 2.5[m] 이상의 높이로 할 것.

　㉢ 전로에는 터널의 인입구 가까운 곳에 전용의 개폐기를 시설한다.

② 광산 기타 갱도 안의 배선은 저압 또는 고압에 한하고, 다음에 따라 시설하여야 한다.

　㉠ 저압 배선은 케이블공사에 의하여 시설할 것. 다만, 사용전압이 400[V] 이하인 저압 배선에 공칭단면적 2.5[mm²]연동선과 동등 이상의 세기 및 굵기의 절연전선(옥외용 비닐절연전선 및 인입용 비닐절연전선은 제외)을 사용하고 전선 상호 간의 사이를 적당히 떨어지게 하고 또한 암석 또는 목재와 접촉하지 않도록 절연

성·난연성 및 내수성의 애자로 이를 지지할 경우에는 그러하지 아니하다.

ⓛ 고압 배선은 전선에 케이블을 사용하고 또한 관 기타의 케이블을 넣는 방호장치의 금속제 부분·금속제의 전선접속함 및 케이블의 피복에 사용하는 금속체에는 규정에 따라 접지공사를 하여야 한다.

ⓒ 전로에는 갱 입구에 가까운 곳에 전용 개폐기를 시설할 것

예제 14 사람이 상시 통행하는 터널 내의 저압 배선 공사로 적합하지 않은 것은?

① 애자사용공사   ② 합성수지관공사
③ 금속관공사   ④ 플로어덕트공사

풀이 「한국전기설비규정 335.1 1의 가항」 사람이 상시 통행하는 터널 내의 배선은 저압의 것에 한하고 애자사용공사, 합성수지관공사, 금속관공사, 금속제 가요전선관공사, 케이블공사로 시공한다.

답 ④

예제 15 사람이 상시 통행하는 터널 내 애자사용 공사 시설은 노면상 몇 [m] 이상으로 하여야 하는가?

① 1.5   ② 2.0   ③ 2.5   ④ 3.0

풀이 「한국전기설비규정 242.7.1 가의 (2)항」 애자공사에 의하여 시설하고 또한 이를 노면상 2.5[m] 이상의 높이로 할 것

답 ③

08 전기응용시설 공사

01   조명

1 조명의 용어

① 광속 : F [lm, 루멘]

복사 에너지를 눈으로 보아 빛으로 느끼는 크기를 나타낸 것으로 광원으로부터 발산되는 빛의 양을 말한다.

광속

[그림 8 – 1] 광속

② 광도 : I [cd, 칸델라]

광원에서 어떤 방향에 대한 단위 입체각당 발산되는 광속으로서 광원의 능력을 나타낸다(광속의 입체각밀도).

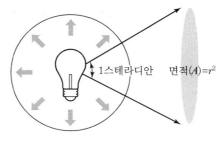

1스테라디안   면적$(A)=r^2$

[그림 8-2] 광도

③ **조도** : E [lx, 룩스]

어떤 면의 단위면적당의 입사 광속으로서 피조면의 밝기를 나타낸다.

$$E\,[\text{lx}] = \frac{F\,[\text{lm}]}{A\,[\text{m}^2]} \quad\text{..}\quad (8\text{--}1)$$

조도

Lux

[그림 8-3] 조도

④ **휘도** : B [sb, 스틸브]

광원의 임의의 방향에서 본 단위투영면적당의 광도로서 광원의 빛나는 정도를 나타낸다.

⑤ **광속발산도** : R [rlx, 레드룩스]

광원의 단위면적으로부터 발산하는 광속으로서 광원 혹은 물체의 밝기이다.

⑥ **조명률** : 사용 광원의 전 광속과 작업면에 입사하는 광속의 비이다.

⑦ **감광보상률** : 조명설계를 할 때 점등 중에 광속의 감소를 미리 예상하여 소요 광속의 여유를 두는 정도를 말하며, 항상 1보다 큰 값이다.

⑧ **광색** [K, 켈빈]

점등 중에 있는 램프의 겉보기 색상을 말하며, 그 정도를 색 온도로 표시한다.

예제 **01 조명설계 시 고려해야 할 사항 중 틀린 것은?**

① 적당한 조도일 것 　　　　　　　② 휘도 대비가 높을 것
③ 균등한 광속 발산도 분포일 것 　④ 적당한 그림자가 있을 것

풀이 휘도 대비가 높으면 눈부심이 발생하여 불쾌감을 유발시킬 수 있으므로 휘도 대비가 적당하여야
　　　한다.
　　　※ 휘도 대비(輝度 對比) : 일반적으로 보는 대상물과 그 주위와의 휘도를 비교하는 것

답 ②

예제 **02 다음 중 조명 공학에서 사용되는 용어와 단위의 짝이 맞지 않는 것은?**

① 광속[lm] 　　② 광도[cd] 　　③ 조도[lx] 　　④ 휘도[rlx]

풀이 **휘도** : 광원의 임의의 방향에서 본 단위투영면적당의 광도로서 광원의 빛나는 정도를 말하며, 단
　　　위는 [sb : 스틸브]를 사용한다.

답 ④

② 광원의 종류와 용도

[표 8-1] 광원의 종류와 용도

종류		크기[W]	특징	적합장소
전구	일반 백열전구	10~200	가격이 싸고 취급이 간단	국부조명, 보안용
	반사용 전구	40~500	취급이 간단하고 고광도	국부조명, 먼지 많은 곳
	열선 차단형 빔 전구	75~100	열선이 적으므로 고조도에서도 뜨겁지 않음	국부조명
	할로겐전구	100~150	소형, 고효율	전반, 국부조명
형광등	형광등	4~40	고효율, 저휘도, 긴 수명	낮은 천장 전반조명, 국부조명
	고연색 형광등	20~40	연색성 좋고 고효율	연색성이 중시되는 장소
	고출력 형광등	60~100	긴 수명, 내진성, 열방사 적음	중간 천장 전반조명
고압 수은등		40~2,000	고효율, 광속이 크고, 수명이 긺	높은 천장의 전반조명
메탈 할라이드등		250~2,000	고효율, 광속이 큼	• 연색성이 중요한 장소 • 높은 천장의 전반조명
고압 나트륨등		70~1,000	고효율, 광속이 큼	• 연색성이 필요치 않은 장소 • 투시성이 우수하여 도로, 터널, 안개지역

예제 03 안개가 많은 장소나 터널 등의 조명에 적당한 것은?

① 백열전구   ② 나트륨등

③ 수은등   ④ 형광 방전등

풀이 **고압 나트륨등** : 투시성이 우수하여 도로, 터널, 안개지역 등에 사용한다.

답 ②

3 광원의 효율

[표 8-2] 광원의 효율

램프	효율[lm/W]	램프	효율[lm/W]
나트륨램프	80~150	수은램프	35~55
메탈할라이드	75~105	할로겐램프	20~22
형광램프	48~80	백열전구	7~22

4 조명방식

1) 기구의 배치에 의한 분류

[표 8-3] 기구의 배치에 의한 조명방식 분류

조명방식	특징
전반조명	• 작업면 전반에 균등한 조도를 가지게 하는 방식 • 광원을 일정한 높이와 간격으로 배치 • 사무실, 학교, 공장 등에 사용 • 설치가 쉽고 작업대의 위치가 변해도 균등한 조도를 얻음
국부조명	• 작업면의 필요한 장소만 고조도로 하기 위한 방식 • 한 장소에 조명기구를 밀집하여 설치 또는 스탠드 등을 사용 • 밝고 어둠의 차이가 커서 눈부심을 일으키고 눈이 피로할 수 있음
전반국부 병용조명	• 전반 조명에 의하여 시각 환경을 좋게 하고, 국부조명을 병용하여 필요한 장소에 고 조도를 경제적으로 얻는 방식 • 병원 수술실, 공부방, 기계공작실 등에 사용

예제 04 실내 전체를 균일하게 조명하는 방식으로 광원을 일정한 간격으로 배치하며 공장, 학교, 사무실 등에서 채용되는 조명방식은?

① 국부조명 ② 전반조명
③ 직접조명 ④ 간접조명

풀이 조명기구의 배치에 의한 조명방식의 분류

조명방식	특징
전반조명	• 작업면 전반에 균등한 조도를 가지게 하는 방식 • 광원을 일정한 높이와 간격으로 배치 • 사무실, 학교, 공장 등에 사용 • 설치가 쉽고 작업대의 위치가 변해도 균등한 조도를 얻음
국부조명	• 작업면의 필요한 장소만 고조도로 하기 위한 방식 • 한 장소에 조명기구를 밀집하여 설치 또는 스탠드 등을 사용 • 밝고 어둠의 차이가 커서 눈부심을 일으키고 눈이 피로할 수 있음
전반국부 병용조명	• 전반조명에 의하여 시각 환경을 좋게 하고, 국부조명을 병용하여 필요한 장소에 고 조도를 경제적으로 얻는 방식 • 병원 수술실, 공부방, 기계공작실 등에 사용

답 ②

예제 05 특정한 장소만을 고 조도로 하기 위한 조명 기구의 배치 방식은 어느 것인가?

① 국부조명방식 ② 전반조명방식
③ 직접조명방식 ④ 간접조명방식

풀이 예제 4번 풀이 참조

답 ①

2) 조명기구의 배광에 의한 분류

[표 8-4] 조명기구의 배광에 의한 조명방식 분류

조명방식	직접 조명	반직접 조명	전반확산 조명	반간접 조명	간접 조명
상향광속	0~10[%]	10~40[%]	40~60[%]	60~90[%]	90~100[%]
조명기구					
하향 광속	100~90[%]	90~60[%]	60~40[%]	40~10[%]	10~0[%]
적용 장소	공장	사무실 학교 상점	고급사무실 주택	병실 침실	대합실 회의실 임원실

3) 조명기구의 배광에 의한 분류별 특징

① 직접 조명 : 빛의 손실이 적고 효율은 높지만 천장이 어두워지고 그늘이 생긴다.
② 반직접 조명 : 밝음의 분포가 크게 개선된 방식으로 일반사무실, 학교, 상점 등에 사용한다.
③ 전반확산 조명 : 고급 사무실, 상점, 주택, 공장 등에 사용한다.
④ 반간접 조명 : 부드러운 빛을 얻으나 효율은 좋지 않다. 세밀한 작업을 오랫동안 하는 장소 또는 분위기 조명에 사용한다.
⑤ 간접 조명 : 전체적으로 부드러운 빛을 얻을 수 있고 눈부심과 그늘이 적다. 효율이 매우 좋지 않고 설비비가 많이 들어간다.

예제 06 조명기구를 반간접 조명방식으로 설치하였을 때 위(상방향)로 향하는 광속의 양[%]은?

① 0~10　　　② 10~40　　　③ 40~60　　　④ 60~90

풀이 조명기구의 배광에 의한 분류

조명 방식	직접 조명	반직접 조명	전반확산 조명	반간접 조명	간접 조명
상향 광속	0~10[%]	10~40[%]	40~60[%]	60~90[%]	90~100[%]
조명 기구					
하향 광속	100~90[%]	90~60[%]	60~40[%]	40~10[%]	10~0[%]

답 ④

예제 07 조명기구의 배광에 의한 분류 중 40~60[%] 정도의 빛이 위쪽과 아래쪽으로 고루 향하고 가장 일반적인 용도를 가지며, 상하좌우로 빛이 모두 나오므로 부드러운 조명이 되는 방식은?

① 직접 조명방식　　　② 반직접 조명방식
③ 전반확산 조명방식　　　④ 반간접 조명방식

풀이 예제 6번 풀이 참조

답 ③

4) 건축화 조명

건축구조나 표면마감이 조명기구의 일부가 되는 형태로 건축디자인과 조명과의 조화를 도모하는 조명방식이다.

① **광량 조명** : 연속열 등기구를 천정에 반 매입하여 조명하는 방식
② **광천장 조명** : 메탈아크릴 수지판으로 붙이고 청정 내부에 광원을 배치하여 조명하는 방식, 고조도가 필요한 장소 등에 적용
③ **코니스 조명** : 천장과 벽면에 경계구역에 건축적으로 턱을 만들어 그 내부에 조명기구를 설치하여 아래 방향의 벽면을 조명하는 방식
④ **코퍼 조명** : 천장 면을 사각형이나 원형으로 파내고 그 내부에 조명 기구를 매입 설치하여 조명하는 방식
⑤ **루버 조명** : 천장 면에 복수의 루버판을 붙이고, 천장 내부에 광원을 배치하여 조명하는 방식
⑥ **밸런스 조명** : 벽면 조명으로 벽면에 투과율이 낮은 나무나 금속판을 시설하여 그 내부에 램프를 설치하는 방식
⑦ **코브 조명** : 간접 조명에 속하며, 코브의 벽이나 천장 면에 플라스틱, 목재 등을 이용하여 광원을 감추고, 그 반사광으로 채광하는 방식
⑧ **다운라이트 조명** : 천장에 작은 구멍을 뚫어 그 속에 등기구를 매입시키는 방식

예제 08 천장에 작은 구멍을 뚫어 그 속에 등기구를 매입시키는 방식으로 건축의 공간을 유효하게 하는 조명방식은?

① 코브 방식　　　　　　　　② 코퍼 방식
③ 밸런스 방식　　　　　　　④ 다운라이트 방식

풀이
- 코브 방식 : 코브의 벽이나 천장 면에 플라스틱, 목재 등을 이용하여 광원을 감추고, 그 반사광으로 채광하는 방식
- 코퍼 방식 : 천장 면을 사각형이나 원형으로 파내고 그 내부에 조명 기구를 매입 설치하여 조명하는 방식
- 밸런스 방식 : 벽면에 투과율이 낮은 나무나 금속판을 시설하여 그 내부에 램프를 설치하는 방식
- 다운라이트 방식 : 천장에 작은 구멍을 뚫어 그 속에 등기구를 매입시키는 방식

답 ④

예제 09 벽면 조명으로 벽면에 투과율이 낮은 나무나 금속판을 시설하여 그 내부에 램프를 설치하는 조명방식은 어느 것인가?

① 코브 방식　　　　　　　　② 코퍼 방식
③ 밸런스 방식　　　　　　　④ 다운라이트 방식

풀이 예제 8번 해설 참조

답 ③

5 조명 기구의 배치 결정

1) 광원의 높이

광원의 높이가 너무 높으면 조명률이 나빠지고, 너무 낮으면 조도의 분포가 불균일하게 된다.

① 직접 조명일 때

$$H = \frac{2}{3}H_o \text{(천장과 조명 사이의 거리는 } \frac{H_o}{3}) \quad \cdots\cdots\cdots\cdots\cdots\cdots\cdots (8\text{-}2)$$

여기서, H_o : 작업면에서 천장까지의 높이

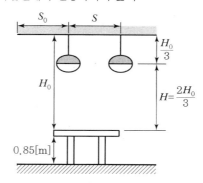

[그림 8-4] 직접 조명일 때의 광원의 높이

② 간접 조명일 때

$$H = H_o \text{(천정과 조명 사이의 거리는 } \frac{H_o}{5}) \quad \cdots\cdots\cdots\cdots\cdots\cdots\cdots (8\text{-}3)$$

여기서, H_o : 작업면에서 천장까지의 높이

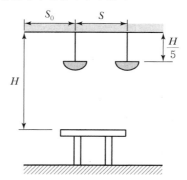

[그림 8-5] 간접 조명일 때의 광원의 높이

2) 광원의 간격

실내 전체의 명도차가 없는 조명이 되도록 기구를 배치한다.

① 광원 상호 간 간격 : $S \leq 1.5H$

② 벽과 광원 사이의 간격

    ㉠ 벽측 사용 안 할 때 : $S_0 \leq \dfrac{H}{2}$

    ㉡ 벽측 사용할 때 : $S_0 \leq \dfrac{H}{3}$

예제 10 작업면에서 천장까지의 높이가 3[m]일 때, 직접 조명일 경우 광원의 높이는 몇 [m]인가?

    ① 1   ② 2   ③ 3   ④ 4

풀이 직접 조명일 때 광원의 높이

$$H = \frac{2}{3}H_o = \frac{2}{3} \times 3 = 2[\text{m}]$$

    여기서, H_o : 작업면에서 천장까지의 높이

                                     답 ②

---

6 조명의 계산

1) 광속의 결정

다음 식에 의하여 소요되는 총 광속을 산정한다.

$$\text{총 광속 } N \times F = \frac{E \times A}{U \times M}\,[\text{lm}] \quad\quad\quad\quad\quad (8\text{--}4)$$

    여기서, E : 평균 조도, A : 실내의 면적, U : 조명률

            M : 보수율, N : 소요 등수, F : 1등당 광속

2) 실지수(Room Index)의 결정

광속의 이용에 대한 방 크기의 척도를 나타내는 수치이다.

$$\text{실지수} = \frac{X \cdot Y}{H(X+Y)} \quad\quad\quad\quad\quad (8\text{--}5)$$

    여기서, X : 방의 가로 길이[m]

            Y : 방의 세로 길이[m]

            H : 작업면으로부터 광원의 높이[m]

예제 **11** 가로 20[m], 세로 18[m], 천장의 높이 3.85[m], 작업면의 높이 0.85[m], 간접조명방식인 호텔 연회장의 실지수는 약 얼마인가?

① 1.16   ② 2.16   ③ 3.16   ④ 4.16

풀이 실지수 $= \dfrac{X \cdot Y}{H(X+Y)} = \dfrac{20 \times 18}{(3.85 - 0.85) \times (20 + 18)} = 3.16$

여기서, X : 방의 가로 길이
Y : 방의 세로 길이
H : 작업면으로부터 광원의 높이

답 ③

7 옥내배선 주요 기호

[표 8-5] 옥내배선 주요 기호

명칭	기호	명칭	기호
천장은폐배선	————	샹들리에	(CH)
바닥은폐배선	- - - - - -	형광등	⊸◯⊶
노출배선	- - - - - - -	콘센트 (WP는 방수형)	◐∶WP
배전반	⊠	개폐기	S
제어반	◣◤(흑)	배선용 차단기	B
분전반	◺	누전차단기	E

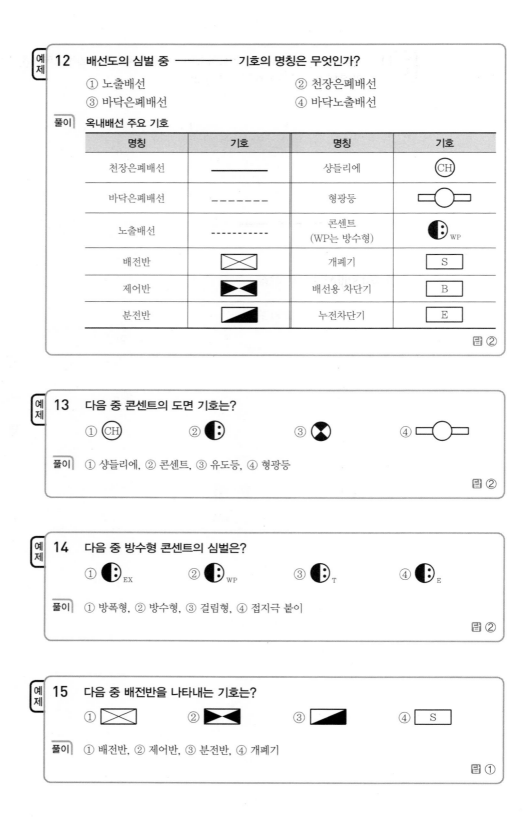

예제 12 배선도의 심벌 중 ———— 기호의 명칭은 무엇인가?

① 노출배선 ② 천장은폐배선
③ 바닥은폐배선 ④ 바닥노출배선

풀이 옥내배선 주요 기호

명칭	기호	명칭	기호
천장은폐배선	————	샹들리에	CH
바닥은폐배선	– – – – – – –	형광등	
노출배선	- - - - - - - - -	콘센트 (WP는 방수형)	WP
배전반		개폐기	S
제어반		배선용 차단기	B
분전반		누전차단기	E

답 ②

예제 13 다음 중 콘센트의 도면 기호는?

① CH ② ③ ④

풀이 ① 샹들리에, ② 콘센트, ③ 유도등, ④ 형광등

답 ②

예제 14 다음 중 방수형 콘센트의 심벌은?

① EX ② WP ③ T ④ E

풀이 ① 방폭형, ② 방수형, ③ 걸림형, ④ 접지극 붙이

답 ②

예제 15 다음 중 배전반을 나타내는 기호는?

① ② ③ ④ S

풀이 ① 배전반, ② 제어반, ③ 분전반, ④ 개폐기

답 ①

02 동력배선 공사

1 동력설비의 종류

동력설비의 종류는 용도에 따른 분류, 운전기간에 따른 분류, 비상부하에 따른 분류 등으로 나눌 수 있다.

[표 8-6] 동력설비의 종류

분류	항목	부하의 종류
용도별	급배수 소화동력	급 · 배수펌프, 양수펌프, 소화펌프, 스프링클러 펌프 등
	공기조화용 동력	냉동기, 냉각수 펌프, 쿨링 타워 팬, 공기조화기 팬, 급 · 배기 팬, 방열 팬 등
	건축부대 동력	엘리베이터, 에스컬레이터, 카 리프트, 턴테이블, 셔터 등
	주방용 동력	고속 믹서, 케이크 오븐, 냉동기, 냉장고, 에어컨
	통신기기용 동력	인버터, 직류발전기
	기타	공장 동력(크레인 등 각종 동력설비), 의료용 동력(X-선, 전기 연료 등), 사무기기용(컴퓨터 등의 전원설비)
운전 기간별	상시 부하	급 · 배수소화용 동력, 건축부대동력, 공조동력용 환풍기, 급 · 배기팬 등 사무기계용 동력, 의료용 동력 등
	하기동력 부하	냉동기, 냉동 펌프, 냉동 수 펌프, 쿨링 타워 팬 등. 단, 이 부하들은 하기 이외에도 운전할 수 있다.
비상 부하별	상용 시 부하	비상시 부하 이외의 부하
	상용 시 부하	배연 팬, 소화펌프, 비상 엘리베이터, 배수 펌프, 용수 펌프 등

2 전동기 용량의 산정

1) 펌프용 전동기

$$P = \frac{9.8kQH}{u} \quad \text{...(8-6)}$$

여기서, P : 전동기 용량[kW]
u : 펌프효율
Q : 양수량[m³/s]
H : 양수 길이[m]
k : 계수(1.1~1.2)

2) 송풍기용 전동기

$$P = \frac{9.8kQH_\rho}{u} \quad \text{.. (8-7)}$$

여기서, P : 전동기 용량[kW]

$\quad\quad\quad p$: 기체밀도[kg/m³]

$\quad\quad\quad u$: 송풍기 효율

$\quad\quad\quad Q$: 풍량[m³/s]

$\quad\quad\quad k$: 계수(1.1~1.5)

$\quad\quad\quad H$: 풍압[mmHg]

3) 권상기용 전동기

$$P = \frac{Wv}{6.12u} \quad \text{.. (8-8)}$$

여기서, P : 전동기 용량[kW]

$\quad\quad\quad W$: 권상 하중[t]

$\quad\quad\quad v$: 속도[m/min]

$\quad\quad\quad u$: 권상기 효율

4) 엘리베이터용 전동기

$$P = \frac{\beta Fv}{4,500u} \times 0.746 \quad \text{.. (8-9)}$$

여기서, P : 전동기 용량[kW]

$\quad\quad\quad F$: 적재 하중[kgf]

$\quad\quad\quad v$: 속도[m/min]

$\quad\quad\quad u$: 권상기 효율(gearless 0.85~0.87, geared 0.55~0.4)

$\quad\quad\quad B$: 평형추 계수(보통 승용은 0.6, 화물은 0.5)

예제 16 기중기로 200[t]의 하중을 1.5[m/min]의 속도로 권상할 때 소요되는 전동기의 용량은 몇 [kW]인가?(단, 권상기의 효율은 70[%]이다.)

① 약 35 　　　　　　　　　　② 약 50

③ 약 70 　　　　　　　　　　④ 약 75

풀이 전동기의 용량 $P = \dfrac{Wv}{6.12u} = \dfrac{200 \times 1.5}{6.12 \times 0.7} = 70.03[\text{kW}]$

답 ③

03   제어배선 공사

1 조작스위치의 기호

[표 8-7] 조작스위치의 기호

종류	기호			동작의 차이	대표적인 스위치
	a접점	b접점	c접점		
복귀형	─o─o─	─o┃o─	─o┼o─ ─o┼o─	조작하고 있는 동안에만 접점이 개폐되고 손을 떼면 조작부분과 접점이 본래의 상태로 복귀	푸시버튼 스위치
유지형	─o o─	─o o─	─o o─ ─o o─	조작 후에 손을 떼어도 조작부분과 접점은 그대로 유지	토글 스위치
잔류형	─o─o─	─o o─	─o┼o─ ─o o─	조작 후에 손을 떼면 접점은 그대로 유지되지만 조작부분은 본래의 상태로 복귀	잔류 스위치

2 동작기기의 기호

[표 8-8] 동작기기의 기호

종류	기호	동작의 개요	실물의 예
모터	─(M)─	전기에너지를 기계적인 회전에너지로 변환하는 것으로 동력원으로서 가장 널리 사용	
솔레노이드	─/\─ SOL	코일에 전류를 흘려서 전자석을 만들고 그 흡인력으로 가동편을 움직여서 끌어당기거나 밀어내는 등의 직선운동을 수행	
전자밸브	─/\─ SV	전자석의 흡인력을 이용하여 밸브를 개폐시켜서 공기나 기름, 물 등의 유체를 제어시키는 것으로 일반적으로 실린더와 조합하여 사용	

❸ 제어용 계전기

1) 릴레이(Relay)

릴레이는 전자석과 접점 기구로 구성되어 있으며, 동작은 코일이 여자되면 가동철편을 흡인하여 가동접점이 고정 b접점에서 고정 a접점으로 접촉되고, 코일이 소자되면 가동 철편은 복귀 스프링의 힘에 의하여 원래 상태로 복귀된다. 이와 같은 동작으로 접점을 개폐하여 회로를 제어하게 되는데, 1개의 코일에 의하여 몇 개의 접점이 동시에 개폐되도록 되어 있다.

2) 전자 접촉기(MC)

전자 접촉기(Electromagnetic Contactor)는 전자석의 동작에 의하여 부하의 전로를 개폐하는 것으로 보조 계전기의 구조와 원리가 같다. 접점은 주 접점과 보조 접점이 있으며 주 접점은 전동기 주회로의 전류 개폐에 사용하고, 보조 접점은 조작회로에 사용된다.

3) 열동 계전기(THR)

열동 계전기(Thermal Relay)는 주로 히터(Heater)라고 하는 저항 발열체와 바이메탈 (Bimetal)을 조합한 열동 소자(Heat Element)와 접점부로 구성되어 있다. 전자 접촉기 코일이 열동 계전기의 접점과 직렬로 접속되어, 전동기에 흐르는 부하전류가 정상이면 바이메탈은 정상 상태를 유지하는데, 부하에 과전류가 흐르면 바이메탈이 완곡되어 절환되므로 코일에 흐르는 전류를 차단하여 전자 접촉기가 주회로를 개방하게 되어 전동기의 소손을 방지할 수 있다. 열동 계전기의 접점을 자동동작 수동복귀 접점이라고 한다.

4) 전자식 과전류 계전기(EOCR)

전자식 과전류 계전기(Electronic Over Current Relay)는 기동지연시간과 동작시간을 분리 설정할 수 있어 완벽한 보호가 가능하고, 과전류, 결상, 구속 보호 방지와 촌동 및 파동 부하에도 오작동 없이 운전이 가능하며, 전력 소모가 작고, 변류기 관통식은 관통 횟수를 가감하여 사용 범위를 확대할 수 있다.

5) 타이머(Timer)

시퀀스 회로에서 입력 신호값이 주어지면 시간의 뒤짐을 갖고 출력 신호값이 변화되는 회로를 시간 지연 회로(Time Delay Circuit)라고 하는데, 입력 신호에 의하여 미리 정해진 일정 시간 뒤에 출력 신호를 내보내는 것을 타이머라고 한다. 타이머의 종류로는 동기 모터를 이용한 모터식 타이머, 공기나 기름을 이용한 제동식 타이머, 콘덴서의 충방전을 이용하여 트랜지스터를 온오프시켜 릴레이 접점을 개폐하는 전자식 타이머가 있다.

6) 플리커 릴레이(Fliker Relay)

전원이 투입되면 a접점과 b접점이 교대 점멸되며, 점멸 시간을 사용자가 조절할 수 있고, 경보 신호용 및 교대 점멸 등에 사용된다.

7) 카운터(Counter)

각종 센서와 연결하여 길이 및 생산 수량 등의 숫자를 셀 때 사용하는 용도로 카운터는 가산(Up), 감산(Down), 가감산용(Up Down)이 있으며 입력신호가 들어오면 추력으로 수치를 표시한다. 카운터 내부 회로입력이 되는 펄스 신호를 가하는 것을 셋(Set), 취소(복귀)신호에 해당되는 것을 리셋(Reset)이라고 한다.

예제 17 전자 접촉기에 부착하여 전동기의 과부하 보호에 사용되는 자동 장치는?

① 온도 퓨즈 　　　　　　　　 ② 열동 계전기
③ 서모스탯 　　　　　　　　 ④ 접지 계전기

풀이 전자 접촉기 코일이 열동 계전기의 접점과 직렬로 접속되어, 부하에 과전류가 흐르면 바이메탈이 완곡되어 절환되므로 코일에 흐르는 전류를 차단하여 전자 접촉기가 주회로를 개방하게 되어 전동기의 소손을 방지할 수 있다.

답 ②

---

4 시퀀스 기본회로

1) 자기유지회로

[그림 8-6]의 회로에서 PB1을 일단 ON 조작하면 그 후에 손을 떼어도 릴레이는 자기 접점을 통하여 여자를 계속한다. 전자계전기 자신의 a접점에 의하여 동작회로를 구성하고 스스로 동작을 유지하는 회로로, 복귀신호를 주어야 원래의 상태로 복귀하는 회로이다.

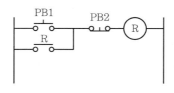

[그림 8-6] 자기유지회로

2) 인터로크 회로

우선도가 높은 쪽의 회로를 ON 조작하면 다른 회로는 작동하지 않도록 하는 것을 "인터로크(Interlock)를 건다."라고 하며 다음 그림과 같은 회로를 인터로크 회로라고 한다.

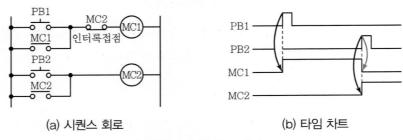

(a) 시퀀스 회로　　　　　(b) 타임 차트

[그림 8-7] 인터로크 회로

3) 병렬우선회로(선입력우선회로)

어느 쪽이든 먼저 ON 조작된 편에 우선도가 주어지는 회로이다.

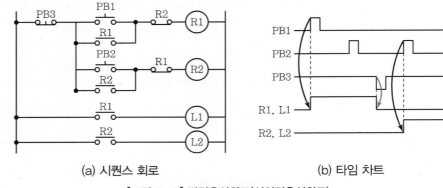

(a) 시퀀스 회로　　　　　(b) 타임 차트

[그림 8-8] 병렬우선회로(선입력우선회로)

4) 신입력우선회로(후입력우선회로)

항상 마지막에 주어진 입력(새로운 입력)이 우선되는 회로이다.

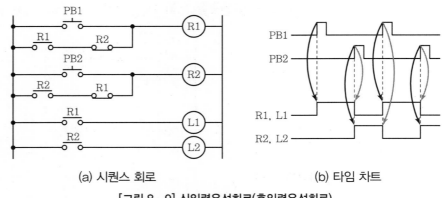

(a) 시퀀스 회로　　　　　(b) 타임 차트

[그림 8-9] 신입력우선회로(후입력우선회로)

예제 **18** 2개의 입력 가운데 앞서 동작한 쪽이 우선하고, 다른 쪽은 동작을 금지시키는 회로는?

① 자기유지회로
② 한시운전회로
③ 인터로크 회로
④ 비상운전회로

풀이 **인터로크(Interlock) 회로**
한 쪽의 회로를 먼저 ON 조작하면, 다른 회로는 작동하지 않도록 하는 것. 전동기의 정역운전회로에 사용한다.

답 ③

예제 **19** 두 개 이상의 회로에서 선행동작 우선회로 또는 상대동작 금지회로인 동력배선의 제어회로는?

① 자기유지회로
② 인터로크 회로
③ 동작지연회로
④ 타이머 회로

풀이 예제 18번 풀이 참조

답 ②

04 조명설비 시설

1 코드의 사용

① 사용장소의 구분
  ㉠ 사용가능 장소 : 조명용 전원코드 및 이동전선
  ㉡ 사용 불가능 장소 : 고정배선(예외 : 건조한 곳 또는 진열장 등의 내부에 배선할 경우)
② 코드는 사용전압 400[V] 이하의 전로에 사용한다.

2 코드 및 이동전선

① 조명용 전원코드 또는 이동전선은 단면적 0.75[mm²] 이상의 코드 또는 캡타이어케이블을 사용하여야 한다.
② 옥측에 시설하는 경우의 조명용 전원코드(건조한 장소)
  단면적이 0.75[mm²] 이상인 450/750[V] 내열성 에틸렌 아세테이트 고무절연전선을 사용하여야 한다.

③ 옥내에 시설하는 조명용 전원코드 또는 이동전선(습기가 많은 장소)

    ㉠ 고무코드(사용전압이 400[V] 이하)

    ㉡ 단면적이 0.75[mm²] 이상인 0.6/1[kV] EP 고무절연 클로로프렌 캡타이어 케이블을 사용하여야 한다.

3 콘센트의 시설

① 노출형 콘센트는 기둥과 같은 내구성이 있는 조영재에 견고하게 부착한다.

② 욕조나 샤워시설이 있는 욕실 또는 화장실 등 인체가 물에 젖어 있는 상태에서 전기를 사용하는 장소에 콘센트를 시설하는 경우

    ㉠ 인체감전보호용 누전차단기(정격감도전류 15[mA] 이하, 동작시간 0.03초 이하의 전류동작형의 것에 한한다.) 또는 절연변압기(정격용량 3[kVA] 이하인 것에 한한다.)로 보호된 전로에 접속하거나, 인체감전보호용 누전차단기가 부착된 콘센트를 시설하여야 한다.

    ㉡ 콘센트는 접지극이 있는 방적형 콘센트를 사용하고 접지를 한다.

③ 습기가 많은 장소 또는 수분이 있는 장소에 시설하는 콘센트 및 기계기구용 콘센트는 접지용 단자가 있는 것을 사용하여 접지하고 방습 장치를 시설한다.

④ 주택의 옥내전로에는 접지극이 있는 콘센트를 사용하여 접지한다.

4 점멸기의 시설

① 점멸기는 전로의 비접지 측에 시설하고 분기개폐기에 배선용차단기를 사용하는 경우는 이것을 점멸기로 대용할 수 있다.

② 노출형의 점멸기는 기둥 등의 내구성이 있는 조영재에 견고하게 설치하여야 한다.

③ 욕실 내는 점멸기를 시설하지 않는다.

④ 가정용 전등은 매 등기구마다 점멸이 가능하도록 한다(예외 : 장식용 등기구 및 발코니 등기구).

⑤ 공장·사무실·학교·상점 및 기타 이와 유사한 장소의 옥내에 시설하는 전체 조명용 전등은 부분조명이 가능하도록 시설한다.

⑥ 조명용 전등을 설치할 때에는 다음에 의하여 타임스위치를 시설하여야 한다.

    ㉠ 관광숙박업 또는 숙박업에 이용되는 객실의 입구등은 1분 이내에 소등되는 것

    ㉡ 일반주택 및 아파트 각 호실의 현관등은 3분 이내에 소등되는 것

⑦ 가로등, 보안등 또는 옥외에 시설하는 공중전화기를 위한 조명등용 분기회로에는 주광센서를 설치하여 주광에 의하여 자동점멸하도록 시설한다.

5 진열장 또는 이와 유사한 것의 내부 배선

① 건조한 장소에 시설하고 또한 내부를 건조한 상태로 사용하는 진열장 내부에 사용 전압이 400[V] 이하의 배선을 외부에서 잘 보이는 장소에 한하여 코드 또는 캡타이어케이블로 직접 조영재에 밀착하여 배선한다.
② "①"의 배선은 단면적 0.75[mm²] 이상의 코드 또는 캡타이어케이블이어야 한다.

6 옥외등

1) 사용전압

옥외등에 전기를 공급하는 전로의 사용전압은 대지전압을 300[V] 이하로 하여야 한다.

2) 분기회로

① 옥외등과 옥내등을 병용하는 분기회로는 20[A] 과전류 차단기(배선용 차단기 포함) 분기회로로 한다.
② 옥내등 분기회로에서 옥외등 배선을 인출할 경우는 인출점 부근에 개폐기 및 과전류차단기를 시설한다.

3) 옥외등의 인하선

① 애자사용배선(지표상 2[m] 이상의 높이에서 노출된 장소)
② 금속관배선
③ 합성수지관배선
④ 케이블배선(알루미늄피 등 금속제 외피가 있는 것은 목조 이외의 조영물에 시설하는 경우에 한함)

4) 시설 위치

개폐기, 과전류차단기는 옥내에 시설한다.

예제 20 옥외등에 전기를 공급하는 전로의 사용전압은 대지전압을 몇 [V] 이하로 하여야 하는가?

① 100   ② 200   ③ 300   ④ 400

풀이 「한국전기설비규정 234.9.1」 옥외등에 전기를 공급하는 전로의 사용전압은 대지전압을 300[V] 이하로 하여야 한다.

답 ③

예제 **21** 2[m] 이상의 옥외등 또는 그의 점멸기에 이르는 인하선의 시설 공사 방법으로 적합하지 않은 것은?

① 애자 공사　　　　　　　　　　② 금속관 공사
③ 합성수지관 공사　　　　　　　　④ 금속몰드 공사

풀이 「한국전기설비규정 234.9.4」 옥외등 또는 그의 점멸기에 이르는 인하선은 사람의 접촉과 전선피복의 손상을 방지하기 위하여 다음 공사방법으로 시설하여야 한다.
1. 애자공사(지표상 2[m] 이상의 높이에서 노출된 장소에 시설할 경우에 한한다.)
2. 금속관공사
3. 합성수지관공사
4. 케이블공사(알루미늄피 등 금속제 외피가 있는 것은 목조 이외의 조영물에 시설하는 경우에 한한다.)

답 ④

7 전주 외등

대지전압 300[V] 이하의 백열전등, 형광등, 수은등, LED등 등을 배전선로의 지지물 등에 시설하는 경우에 다음과 같이 적용한다.

1) 전주 외등 기구

① 기구는 광원의 손상을 방지하기 위하여 원칙적으로 갓 또는 글로브가 붙은 것
② 기구는 전구를 쉽게 갈아 끼울 수 있는 구조일 것
③ 기구의 인출선은 도체단면적이 0.75[mm²] 이상일 것
④ 기구의 부착밴드 및 부착용 부속금구류는 아연도금하여 방식 처리한 강판제 또는 스테인리스제이고, 또한 쉽게 부착할 수도 있고 뗄 수도 있는 것일 것

2) 전주 외등의 배선

① 배선은 단면적 2.5[mm²] 이상의 절연전선 또는 이와 동등 이상의 절연효력이 있는 것을 사용하고 다음 공사 방법 중에서 시설하여야 한다.
　㉠ 케이블공사
　㉡ 합성수지관공사
　㉢ 금속관공사
② 배선이 전주에 연한 부분은 1.5[m] 이내마다 새들(Saddle) 또는 밴드로 지지한다.
③ 등주 안에서 전선의 접속은 절연 및 방수성능이 있는 방수형 접속재(레진충전식, 실리콘수밀식(젤타입) 또는 자기융착 테이프의 이중절연 등)를 사용하거나 적절한 방수함 안에서 접속한다.

④ 사용전압 400[V] 이하인 관등회로의 배선에 사용하는 전선은 "①"의 규정에 관계없이 케이블을 사용하거나 이와 동등 이상의 절연성능을 가진 전선을 사용한다.

예제 **22** 전주 외등의 배선에서 배선이 전주에 연한 부분은 몇 [m] 이내마다 새들 또는 밴드로 지지하여야 하는가?

① 1   ② 1.5   ③ 2   ④ 2.5

풀이 「한국전기설비규정 234.10.3 2항」 배선이 전주에 연한 부분은 1.5[m] 이내마다 새들(Saddle) 또는 밴드로 지지할 것

답 ②

8 1[kV] 이하 방전등

방전등에 전기를 공급하는 전로의 대지전압은 300[V] 이하로 시설한다.

1) 방전등용 안정기

① 방전등용 안정기는 조명기구에 내장하여야 한다.
② 방전등용 안정기를 조명기구 외부에 시설할 수 있는 경우는 다음과 같다.
    ㉠ 안정기를 견고한 내화성의 외함 속에 넣을 때
    ㉡ 노출장소에 시설할 경우는 외함을 가연성의 조영재에서 0.01[m] 이상 이격하여 견고하게 부착할 것
    ㉢ 간접조명을 위한 벽안 및 진열장 안의 은폐 장소에는 외함을 가연성의 조영재에서 10[mm] 이상 이격하여 견고하게 부착하고 쉽게 점검할 수 있도록 시설할 것
    ㉣ 은폐 장소에 시설할 경우는 외함을 또 다른 내화성 함속에 넣고 그 함은 가연성의 조영재로부터 10[mm] 이상 이격할 것

2) 방전등용 변압기

① 관등회로의 사용전압이 400[V] 이상인 경우는 방전등용 변압기를 사용하여야 한다.
② 방전등용 변압기는 절연변압기를 사용하여야 한다.

3) 관등회로의 배선

① 관등회로의 사용전압이 400[V] 미만인 배선은 전선에 형광등 전선 또는 공칭단면적 2.5[mm²] 이상의 연동선과 이와 동등 이상의 세기 및 굵기의 절연전선, 캡타이어 케이블 또는 케이블을 사용하여 시설하여야 한다.
② 관등회로의 사용전압이 400[V] 이상이고, 1[kV] 이하인 배선은 그 시설장소에 따라 합성수지관배선·금속관배선·가요전선관배선이나 케이블배선을 하여야 한다.

⑨ 네온방전등

네온방전등을 옥내, 옥측 또는 옥외에 시설할 경우에 다음에 따라 시설한다.

① 네온방전등에 공급하는 전로의 대지전압은 300[V] 이하로 하여야 하며, 다음에 의하여 시설하여야 한다. 다만, 네온방전등에 공급하는 전로의 대지전압이 150[V] 이하인 경우는 적용하지 않는다.

    ㉠ 네온관은 사람이 접촉될 우려가 없도록 시설할 것

    ㉡ 네온변압기는 옥내배선과 직접 접촉하여 시설할 것

② 관등회로의 배선은 외상을 받을 우려가 없고 사람이 접촉될 우려가 없는 노출장소에 시설한다.

③ 관등회로의 배선은 애자사용공사에 의하여 시설하고 또한 다음에 의한다.

    ㉠ 전선은 네온관용 전선을 사용할 것

    ㉡ 전선은 조영재의 아랫면 또는 옆면에 붙일 것

    ㉢ 전선 상호 간의 간격은 60[mm] 이상일 것

    ㉣ 전선과 조영재 사이의 이격거리는 전개된 곳에서 다음 표에서 정한 값 이상일 것

[표 8-9] 전선과 조영재 사이의 이격거리

전압 구분	이격거리
6[kV] 이하	20[mm] 이상
6[kV] 초과 9[kV] 이하	30[mm] 이상
9[kV] 초과	40[mm] 이상

    ㉤ 전선의 지지점 간의 거리는 1[m] 이하일 것

    ㉥ 애자는 절연성 · 난연성 및 내수성이 있는 것일 것

예제 23 네온방전등 관등회로의 배선을 애자공사로 하고 전선은 자기 또는 유리제 등의 애자로 견고하게 지지하여 조영재의 아랫면 또는 옆면에 부착할 때 전선 지지점 간의 거리는 몇 [m] 이하로 하여야 하는가?

    ① 1   ② 2   ③ 3   ④ 4

풀이 「한국전기설비규정 234.12.3 1의 다의 (3)항」 전선 지지점 간의 거리는 1[m] 이하로 할 것

    답 ①

🔟 수중조명등

① 수중조명등에 전기를 공급하기 위해서는 1차 측 및 2차 측 전로의 사용전압이 각각 400[V] 이하 및 150[V] 이하인 절연 변압기를 사용한다.

② 절연변압기는 교류 5[kV]의 시험전압으로 하나의 권선과 다른 권선, 철심 및 외함 사이에 계속적으로 1분간 가하여 절연내력을 시험할 경우 견디어야 한다.

③ 절연변압기의 2차 측 배선은 금속관공사에 의하여 시설한다.

④ 수중조명등에 전기를 공급하기 위하여 사용하는 이동전선은 접속점이 없는 단면적 2.5[mm²] 이상의 0.6/1[kV] EP 고무절연 클로로프렌 캡타이어케이블이어야 한다.

⑤ 절연 변압기의 2차 측 전로에는 개폐기 및 과전류차단기를 각 극에 시설한다.

⑥ 수중조명등의 절연변압기는 그 2차 측 전로의 사용전압이 30[V] 이하인 경우는 1차 권선과 2차권선 사이에 금속제의 혼촉방지판을 설치하고 접지공사를 한다.

⑦ 절연 변압기의 2차 측 전로의 사용전압이 30[V]를 초과하는 경우에는 그 전로에 지락이 생겼을 때에 자동적으로 전로를 차단하는 정격감도전류 30[mA] 이하의 누전차단기를 시설한다.

1️⃣1️⃣ 교통신호등

① 교통신호등 제어장치의 2차 측 배선의 최대사용전압은 300[V] 이하이어야 한다.

② 전선은 2.5[mm²] 연동선과 동등 이상의 세기 및 굵기의 450/750[V] 일반용 단심 비닐 절연전선 또는 450/750[V] 내열성에틸렌아세테이트 고무절연전선이어야 한다.

③ 전선을 조가할 경우 조가용선은 인장강도 3.7[kN]의 금속선 또는 지름 4[mm] 이상의 아연도금철선을 2가닥 이상 꼰 금속선을 사용한다.

④ 교통신호등의 전구에 접속하는 인하선의 지표상 높이는 2.5[m] 이상이어야 한다.

⑤ 교통신호등 회로의 사용전압이 150[V]를 초과하는 경우 지락 시 자동 차단하는 누전 차단기를 시설한다.

⑥ 교통신호등 제어장치의 금속제 외함에는 접지공사를 한다.

예제 **24** 교통신호등의 제어장치로부터 신호등의 전구까지의 전로에 사용하는 전압은 몇 [V] 이하로 하여야 하는가?

① 60 ② 100 ③ 220 ④ 300

풀이 「한국전기설비규정 234.15.1」 교통신호등 제어장치의 2차 측 배선의 최대사용전압은 300[V] 이하이어야 한다.

🔖 ④

05 특수 시설

1 전기울타리

전기울타리는 목장 · 논밭 등 옥외에서 가축의 탈출 또는 야생짐승의 침입을 방지하기
위하여 시설하는 경우를 제외하고는 시설해서는 안 된다.

1) 전기울타리의 사용전압

전기울타리용 전원장치에 전원을 공급하는 전로의 사용전압은 250[V] 이하이어야 한다.

2) 전기울타리의 시설

전기울타리는 다음에 의하고 또한 견고하게 시설하여야 한다.
① 전기울타리는 사람이 쉽게 출입하지 아니하는 곳에 시설할 것
② 전선은 인장강도 1.38[kN] 이상의 것 또는 지름 2[mm] 이상의 경동선일 것
③ 전선과 이를 지지하는 기둥 사이의 이격거리는 25[mm] 이상일 것
④ 전선과 다른 시설물(가공 전선을 제외한다) 또는 수목과의 이격거리는 0.3[m] 이상
   일 것

3) 전기울타리의 접지

① 전기울타리 전원장치의 외함 및 변압기의 철심은 접지공사를 하여야 한다.
② 전기울타리의 접지전극과 다른 접지 계통의 접지전극의 거리는 2[m] 이상이어야 한
   다. 다만, 충분한 접지망을 가진 경우에는 그러하지 아니한다.
③ 가공전선로의 아래를 통과하는 전기울타리의 금속부분은 교차지점의 양쪽으로부
   터 5[m] 이상의 간격을 두고 접지하여야 한다.

예제 26 목장의 전기 울타리에 사용하는 경동선의 지름은 최소 몇 [mm] 이상이어야 하는가?

① 1.6   ② 2.0   ③ 2.6   ④ 3.2

풀이 「한국전기설비규정 241.1.3 전기울타리의 시설. 2항」 전선은 인장강도 1.38[kN] 이상의 것 또는 지름 2[mm] 이상의 경동선일 것

답 ②

② 전기욕기

① 전기욕기에 전기를 공급하기 위한 전기욕기용 전원장치(내장되어 있는 전원 변압기의 2차 측 전로의 사용전압이 10[V] 이하인 것에 한한다.)는 안전기준에 적합하여야 한다.

② 전기욕기용 전원장치로부터 욕기안의 전극까지의 배선은 공칭단면적 2.5[mm²] 이상의 연동선과 동등 이상의 세기 및 굵기의 절연전선(옥외용 비닐절연전선을 제외) 또는 케이블 또는 공칭단면적이 1.5[mm²] 이상의 캡타이어케이블을 사용하고 합성수지관배선, 금속관배선 또는 케이블배선에 의하여 시설하거나 또는 공칭단면적이 1.5[mm²] 이상의 캡타이어 코드를 합성수지관(두께 2[mm] 미만의 합성수지제 전선관 및 난연성이 없는 콤바인 덕트관을 제외) 또는 금속관에 넣고 관을 조영재에 견고하게 고정하여야 한다. 다만, 전기욕기용 전원장치로부터 욕탕에 이르는 배선을 건조하고 전개된 장소에 시설하는 경우에는 그러하지 아니하다.

③ 욕기 내의 전극간의 거리는 1[m] 이상이어야 한다.

④ 욕기 내의 전극은 사람이 쉽게 접촉될 우려가 없도록 시설하여야 한다.

⑤ 전원장치의 금속제 외함 및 전선을 넣는 금속관에는 접지공사를 하여야 한다.

③ 소세력 회로의 시설

전자 개폐기의 조작회로 또는 초인벨 · 경보벨 등에 접속하는 전로로서 최대 사용전압이 60[V] 이하인 것은 다음에 따라 시설하여야 한다.

① 절연변압기의 사용전압은 대지전압 300[V] 이하로 하여야 한다.

② "①"의 절연변압기의 2차 단락전류는 소세력 회로의 최대사용전압에 따라 다음 표에서 정한 값 이하의 것이어야 한다. 다만, 그 변압기의 2차 측 전로에 다음 표에서 정한 값 이하의 과전류 차단기를 시설하는 경우에는 그러하지 아니하다.

[표 8-10] 절연변압기의 2차 단락전류

소세력 회로의 최대 사용전압의 구분	2차 단락전류	과전류차단기의 정격전류
15[V] 이하	8[A]	5[A]
15[V] 초과 30[V] 이하	5[A]	3[A]
30[V] 초과 60[V] 이하	3[A]	1.5[A]

③ 소세력 회로의 전선을 조영재에 붙여 시설하는 경우의 전선은 1[mm²] 이상의 연동선 또는 이와 동등 이상의 세기 및 굵기의 것이어야 한다.

④ 소세력 회로의 전선을 지중에 시설하는 경우

　㉠ 전선은 450/750[V] 일반용 단심 비닐절연전선, 캡타이어케이블(외장이 천연고무 혼합물의 것은 제외한다.) 또는 케이블을 사용한다.

　㉡ 전선을 차량 기타 중량물의 압력에 견디는 견고한 관·트라프 기타의 방호장치에 넣어서 시설하는 경우를 제외하고는 매설깊이를 0.3[m](차량 기타 중량물의 압력을 받을 우려가 있는 장소에 시설하는 경우는 1.2[m]) 이상으로 한다.

⑤ 소세력 회로의 전선을 가공으로 시설하는 경우

　㉠ 전선은 인장강도 508[N/mm²] 이상의 것 또는 지름 1.2[mm]의 경동선이어야 한다. 다만, 인장강도 2.36[kN/mm²] 이상의 금속선 또는 지름 3.2[mm]의 아연도금 철선으로 매달아 시설하는 경우에는 그러하지 아니하다.

　㉡ 전선이 케이블인 경우에는 지름 3.2[mm]의 아연도금 철선 또는 이와 동등 이상의 세기의 금속선으로 매달아 시설할 것. 다만, 전선에 금속피복 이외의 피복을 가진 케이블을 사용하는 경우로서 전선의 지지점간의 거리가 10[m] 이하인 경우에는 그러하지 아니하다.

　㉢ 전선의 높이는 다음에 의한다.

　　• 도로를 횡단하는 경우는 지표면상 6[m] 이상

　　• 철도 또는 궤도를 횡단하는 경우는 레일면상 6.5[m] 이상

　　• 위의 두 경우 이외는 지표상 4[m] 이상. 다만, 전선을 도로 이외의 곳에 시설하는 경우로서 위험의 우려가 없는 경우는 지표상 2.5[m]까지 감할 수 있다.

예제 **27** 초인벨, 경보벨 등에 접속하는 최대 사용전압 60[V] 이하인 소세력 회로의 전선을 조영재에 붙여 시설하는 경우 이때 사용하는 연동선의 최소 굵기는?

① 1.0[mm²]　　② 1.5[mm²]　　③ 2.0[mm²]　　④ 2.5[mm²]

풀이 「한국전기설비규정 241.14.3 1의 가항」 소세력 회로의 전선을 조영재에 붙여 시설하는 경우의 전선은 케이블(통신용 케이블을 포함한다.)인 경우 이외에는 공칭단면적 1[mm²] 이상의 연동선 또는 이와 동등 이상의 세기 및 굵기의 것일 것

답 ①

4 전기부식방지 시설

전기부식방지 시설은 지중 또는 수중에 시설하는 금속체(이하 "피방식체"라 한다)의 부식을 방지하기 위해 지중 또는 수중에 시설하는 양극과 피방식체 간에 방식 전류를 통하는 시설(전기부식방지용 전원장치를 사용하지 아니하는 것은 제외한다)을 말한다.

1) 전기부식방지 시설의 사용전압

전기부식방지용 전원장치에 전기를 공급하는 전로의 사용전압은 저압이어야 한다.

2) 전기부식방지 회로의 전압

① 전기부식방지 회로(전기부식방지용 전원장치로부터 양극 및 피방식체까지의 전로를 말한다.)의 사용전압은 직류 60[V] 이하이어야 한다.
② 양극(陽極)은 지중에 매설하거나 수중에서 쉽게 접촉할 우려가 없는 곳에 시설하여야 한다.
③ 지중에 매설하는 양극(양극의 주위에 도전 물질을 채우는 경우에는 이를 포함한다.)의 매설 깊이는 0.75[m] 이상이어야 한다.
④ 수중에 시설하는 양극과 그 주위 1[m] 이내의 거리에 있는 임의점과의 사이의 전위차는 10[V]를 넘지 않아야 한다. 다만, 양극의 주위에 사람이 접촉되는 것을 방지하기 위하여 적당한 울타리를 설치하고 또한 위험 표시를 하는 경우에는 그러하지 않는다.
⑤ 지표 또는 수중에서 1[m] 간격의 임의의 2점(제4의 양극의 주위 1[m] 이내의 거리에 있는 점 및 울타리의 내부점을 제외한다.) 간의 전위차가 5[V]를 넘지 않아야 한다.

예제 28 지중 또는 수중에 시설되는 금속체의 부식을 방지하기 위한 전기부식방지용 회로의 사용전압은?

① 직류 60[V] 이하   ② 교류 60[V] 이하
③ 직류 750[V] 이하   ④ 교류 600[V] 이하

풀이 「한국전기설비규정 241.16.3 1항」 소세력 회로의 전선을 조영재에 붙여 시설하는 경우의 전선은 전기부식방지 회로(전기부식방지용 전원장치로부터 양극 및 피방식체까지의 전로를 말한다. 이하 같다.)의 사용전압은 직류 60[V] 이하일 것   📖 ①

예제 29 전기부식방지 회로에서 지중에 매설하는 양극의 매설 깊이는 몇 [m] 이상으로 해야 하는가?

① 0.5   ② 0.75   ③ 1.0   ④ 1.25

풀이 「한국전기설비규정 241.16.3 3항」 지중에 매설하는 양극(양극의 주위에 도전 물질을 채우는 경우에는 이를 포함한다)의 매설 깊이는 0.75[m] 이상일 것   📖 ②

탄탄한
기초를
위 한

핵심
전기기초

이현옥 · 이재형 · 조성덕

이론

ELECTRICAL THEORY

제4권 / 부록

예문사

부록

APPENDIX **01** 기초 전기 수학

기초 전기 수학

1 삼각함수

1) 삼각비의 정의

직각삼각형에서 한 예각 ($\angle B$)이 결정되면 임의의 2변의 비는 삼각형의 크기에 관계없이 일정하다. 이들 비를 그 각의 삼각비라 한다.

- 사인(sine) : 빗변에 대한 높이의 비 $\sin B = \dfrac{높이}{빗변} = \dfrac{b}{c}$

- 코사인(cosine) : 빗변에 대한 밑변의 비 $\cos B = \dfrac{밑변}{빗변} = \dfrac{a}{c}$

- 탄젠트(tangent) : 밑변에 대한 높이의 비 $\tan B = \dfrac{높이}{밑변} = \dfrac{b}{a}$

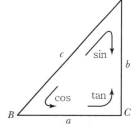

2) 특수각의 삼각비

삼각비 θ	0°	30°	45°	60°	90°
$\sin \theta$	0	$\dfrac{1}{2}$	$\dfrac{1}{\sqrt{2}} = \dfrac{\sqrt{2}}{2}$	$\dfrac{\sqrt{3}}{2}$	1
$\cos \theta$	1	$\dfrac{\sqrt{3}}{2}$	$\dfrac{1}{\sqrt{2}} = \dfrac{\sqrt{2}}{2}$	$\dfrac{1}{2}$	0
$\tan \theta$	0	$\dfrac{1}{\sqrt{3}} = \dfrac{\sqrt{3}}{3}$	1	$\sqrt{3}$	∞

3) 삼각비의 상호관계

- 예각의 삼각비

$$\sin(90° - A) = \cos A \qquad \cos(90° - A) = \sin A \qquad \tan(90° - A) = \frac{1}{\tan A}$$

- 보각의 삼각비

$$\sin(180° - A) = \sin A \qquad \cos(180° - A) = -\cos A \qquad \tan(180° - A) = -\tan A$$

- 같은 각의 삼각비

$$\sin^2 A + \cos^2 A = 1 \qquad \tan A = \frac{\sin A}{\cos A} \qquad 1 + \tan^2 A = \frac{1}{\cos^2 A}$$

② 제곱근 계산 $a > 0,\ b > 0$일 때

- $(\sqrt{a})^2 = a$
- $\sqrt{a}\,\sqrt{b} = \sqrt{ab}$
- $a\sqrt{b} = \sqrt{a^2 b}$

- $\dfrac{\sqrt{b}}{\sqrt{a}} = \sqrt{\dfrac{b}{a}}$
- $\dfrac{\sqrt{b}}{\sqrt{a}} = \dfrac{\sqrt{ab}}{a}$
- $\dfrac{1}{\sqrt{a} + \sqrt{b}} = \dfrac{\sqrt{a} - \sqrt{b}}{a - b}$

- $a > 0$일 때 $\sqrt{a^2} = a,\ a < 0$일 때 $\sqrt{a^2} = -a$

③ 지수법칙

- $a^m a^n = a^{m+n}$
- $(a^m)^n = a^{mn}$
- $(ab)^m = a^m b^m$

- $\dfrac{a^m}{a^n} = a^{m-n}$
- $a^{-n} = \dfrac{1}{a^n}$
- $a^0 = 1$

④ 곱셈공식, 인수분해 공식

- $m(a + b - c) = ma + mb - mc$
- $(a + b)^2 = a^2 + 2ab + b^2$

- $(a - b)^2 = a^2 - 2ab + b^2$
- $(a + b)(a - b) = a^2 - b^2$

- $(x + a)(x + b) = x^2 + (a + b)x + ab$
- $(ax + b)(cx + d) = acx^2 + (bc + ad)x + bd$

5 분수식

- 약분 : $\dfrac{bc}{ac} = \dfrac{b}{a}$

- 통분 : $\dfrac{b}{a} + \dfrac{d}{c} = \dfrac{bc}{ac} + \dfrac{ad}{ac}$

- 덧셈, 뺄셈 : $\dfrac{b}{a} \pm \dfrac{d}{c} = \dfrac{bc \pm ad}{ac}$

- 곱셈 : $\dfrac{b}{a} \times \dfrac{d}{c} = \dfrac{bd}{ac}$

- 나눗셈 : $\dfrac{b}{a} \div \dfrac{d}{c} = \dfrac{b}{a} \times \dfrac{c}{d} = \dfrac{bc}{ad}$

6 복소수

1) 복소수의 정의

방정식 $x^2 + 1 = 0$의 근의 하나인 $\sqrt{-1}$ 을, 즉 제곱해서 -1이 되는 수를 편의상 기호로서 $j = \sqrt{-1}$ 로 표시하며, 이것을 허수 단위(Imaginary Part)라고 한다.
일반적으로 복소수는 $a + jb$형으로 사용하는데 a는 실수부(Real Part), b는 허수부(Imaginary Part)라 한다.

2) 복소수의 사칙연산

$Z_1 = a + jb$, $Z_2 = c + jd$라 하면

- 더하기, 빼기
  $$Z_1 \pm Z_2 = (a + jb) \pm (c + jd) = (a \pm c) + j(b \pm d)$$

- 곱하기
  $$Z_1 Z_2 = (a + jb)(c + jd) = (ac - bd) + j(ad + bc)$$

- 나누기
  $$\frac{Z_1}{Z_2} = \frac{a + jb}{c + jd} = \frac{(a + jb)(c - jd)}{(c + jd)(c - jd)} = \frac{ac + bd}{c^2 + d^2} + j\frac{bc - ad}{c^2 + d^2} \quad (\text{단, } c^2 + d^2 \neq 0)$$

3) 공액복소수의 성질

$Z = a + jb$에 대하여 $\overline{Z} = a - jb$인 복소수를 Z의 공액복소수라 하며, Z와 $\overline{Z}$는 서로 공액(Conjugate)이라고 한다. 따라서, $Z = a + jb$, $\overline{Z} = a - jb$이다.

- $Z + \overline{Z} = 실수$ $\because (a + jb) + (a - jb) = 2a$
- $Z \cdot \overline{Z} = 실수$ $\because (a + jb)(a - jb) = a^2 + b^2$

4) 복소수의 극형식

복소수 $Z = a + jb$를 표시하는 점을 P라 하고, $OP = r$, $\angle POA = \theta$라 하면, 다음과 같이 표시한다.

$$r = |Z| = \sqrt{a^2 + b^2}$$
$$\theta = \arg|Z| = \tan^{-1}\frac{b}{a}$$

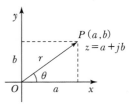

위의 식에서 복소수 $Z = a + jb$는 r의 θ를 사용해서 나타낼 수 있다.

$$Z = a + jb = r\cos\theta + jr\sin\theta = r(\cos\theta + j\sin\theta)$$

이것을 복소수 Z의 극형식(Polar Form)이라고 한다.

5) 지수함수

복소수 $Z = a + jb$에 대한 지수는 e^Z로 나타내고 다음과 같이 표시한다.

$$e^Z = e^a(\cos y + j\sin y) = \exp Z$$

따라서, 복소수 $a + jb$의 극형식이 다음과 같이 표시됨을 알 수 있다.

$$Z = r(\cos\theta + j\sin\theta) = re^{j\theta}$$

그러므로, 공액복소수 Z의 경우도 같은 방법에 의하여

$$\overline{Z} = a - jb = r(\cos\theta - j\sin\theta) = re^{-j\theta}$$

로 된다.

7 미분

- $y = C$ (C는 상수) $\Rightarrow$ $y' = 0$

- $y = x^m$ $\Rightarrow$ $y' = mx^{m-1}$

- $y = f(x)g(x)$ $\Rightarrow$ $y' = f'(x)g(x) + f(x)g'(x)$

- $y = \dfrac{f(x)}{g(x)}$ $\Rightarrow$ $y' = \dfrac{f'(x)g(x) - f(x)g'(x)}{g(x)^2}$

- $y = \varepsilon^{ax}$ $\Rightarrow$ $y' = a\varepsilon^{ax}$

- $y = \sin x$ $\Rightarrow$ $y' = \cos x$

- $y = \cos x$ $\Rightarrow$ $y' = -\sin x$

- $y = \tan x$ $\Rightarrow$ $y' = \sec^2 x = \dfrac{1}{\cos^2 x}$

8 적분

- $n \neq -1$일 때 $\displaystyle\int x^n dx = \dfrac{1}{n+1}x^{n+1} + C$

- $n = -1$일 때 $\displaystyle\int x^{-1} dx = \int \dfrac{1}{x} dx = \ln x + C$

- $\displaystyle\int \sin x \, dx = -\cos x + C$

- $\displaystyle\int \sin ax \, dx = -\dfrac{1}{a}\cos ax + C$

- $\displaystyle\int \cos x \, dx = \sin x + C$

- $\displaystyle\int \cos ax \, dx = \dfrac{1}{a}\sin ax + C$

- $\displaystyle\int \sec^2 ax \, dx = \dfrac{1}{a}\tan ax + C$

- $\displaystyle\int k f(x) \, dx = k \int f(x) \, dx$

- $\displaystyle\int [f(x) \pm g(x)] dx = \int f(x) \, dx \pm \int g(x) \, dx$

9 전기 · 자기의 단위

양	기호	단위의 명칭	단위 기호	양	기호	단위의 명칭	단위 기호
전압(전위, 전위차)	$V,\ U$	volt	V	유전율	ε	farad/meter	F/m
기전력	E	volt	V	전기량(전하)	Q	coulomb	C
전류	I	ampere	A	정전용량	C	farad	F
전력(유효전력)	P	watt	W	자체 인덕턴스	L	henry	H
피상전력	P_a	voltampere	VA	상호 인덕턴스	M	henry	H
무효전력	P_r	var	Var	주기	T	second	sec
전력량(에너지)	W	joule, watt second	J, W · s	주파수	f	hertz	Hz
저항률	ρ	ohmmeter	$\Omega \cdot m$	각속도	ω	radian/second	rad/sec
전기저항	R	ohm	Ω	임피던스	Z	ohm	Ω
전도율	σ	mho/meter	$\mho/m$	어드미턴스	Y	mho	$\mho$
자장의 세기	H	ampere$-$turn/meter	AT/m	리액턴스	X	ohm	Ω
자속	ϕ	weber	Wb	컨덕턴스	G	mho	$\mho$
자속밀도	B	weber/meter^2	Wb/m^2	서셉턴스	B	mho	$\mho$
투자율	μ	henry/meter	H/m	열량	H	calorie	cal
자하	m	weber	Wb	힘	F	newton	N
전장의 세기	E	volt/meter	V/m	토크	T	newton meter	N · m
전속	ψ	coulomb	C	회전속도	N	revolution per minute	rpm
전속밀도	D	coulomb/meter^2	C/m^2	마력	P	horse power	HP

10 그리스 문자

대문자	소문자	명칭	대문자	소문자	명칭
Δ	δ	델타(delta)	P	ρ	로(rho)
E	ε	엡실론(epsilon)	Σ	σ	시그마(sigma)
H	η	이타(eta)	T	τ	타우(tau)
Θ	θ	시타(theta)	Φ	ϕ	파이(phi)
M	μ	뮤(mu)	Ψ	ψ	프사이(psi)
Π	π	파이(pi)	Ω	ω	오메가(omega)

11 단위의 배수

기호	읽는 법	양	기호	읽는 법	양
G	giga	10^9	m	milli	10^{-3}
M	mega	10^6	μ	micro	10^{-6}
k	kilo	10^3	n	nano	10^{-9}

1회 탄탄 실력 다지기

01 다음 ( ) 안에 알맞은 내용으로 옳은 것은?

> 회로에 흐르는 전류의 크기는 저항에 (㉠)하고, 가해진 전압에 (㉡)한다.

① ㉠ 비례, ㉡ 비례
② ㉠ 비례, ㉡ 반비례
③ ㉠ 반비례, ㉡ 비례
④ ㉠ 반비례, ㉡ 반비례

> **해설**
> 옴의 법칙 $I = \dfrac{V}{R}$

02 초산은($AgNO_3$) 용액에 1[A]의 전류를 2시간 동안 흘렸다. 이때 은의 석출량[g]은?(단, 은의 전기화학당량은 1.1×10^{-3}[g/C]이다.)

① 5.44
② 6.08
③ 7.92
④ 9.84

> **해설**
> 패러데이의 법칙(Faraday's Law)에서
> 석출량 $\omega = kQ = kIt$ [g]
> $\quad\quad = 1.1 \times 10^{-3} \times 1 \times 2 \times 60 \times 60 = 7.92$[g]

03 평균 반지름이 10[cm]이고 감은 횟수 10회인 원형 코일에 5[A]의 전류를 흐르게 하면 코일 중심의 자장의 세기[AT/m]는?

① 250
② 500
③ 750
④ 1,000

> **해설**
> 원형 코일 중심의 자기장 세기
> $H = \dfrac{NI}{2r} = \dfrac{10 \times 5}{2 \times 10 \times 10^{-2}} = 250$[AT/m]

04 3[V]의 기전력으로 300[C]의 전기량이 이동할 때 몇 [J]의 일을 하게 되는가?

① 1,200
② 900
③ 600
④ 100

> **해설**
> 전위차 $V = \dfrac{W}{Q}$이므로,
> 에너지(일) $W = VQ = 3 \times 300 = 900$[J]이다.

05 충전된 대전체를 대지(大地)에 연결하면 대전체는 어떻게 되는가?

① 방전한다.   ② 반발한다.

③ 충전이 계속된다.   ④ 반발과 흡인을 반복한다.

> **해설**
> 충전된 대전체는 전자가 부족(양전기)하거나 남게 된(음전기) 상태이며, 거대한 유전체인 대지와 대전체를 연결하게 되면, 대전체에 부족하거나 남는 수만큼의 전자가 들어오거나 나가게 되어 전기를 띠지 않는 중성 상태로 방전하게 된다.

06 반자성체 물질의 특색을 나타낸 것은?(단, μ_s는 비투자율이다.)

① $\mu_s > 1$ ② $\mu_s \gg 1$

③ $\mu_s = 1$ ④ $\mu_s < 1$

> **해설**
> ① $\mu_s > 1$: 상자성체(자석에 자화되어 약하게 끌리는 물체)
> ② $\mu_s \gg 1$: 강자성체(자석에 자화되어 강하게 끌리는 물체)
> ③ $\mu_s = 1$: 진공 또는 공기
> ④ $\mu_s < 1$: 반자성체(자석에 자화가 반대로 되어 약하게 반발하는 물체)

07 비사인파 교류회로의 전력에 대한 설명으로 옳은 것은?

① 전압의 제3고조파와 전류의 제3고조파 성분 사이에서 소비전력이 발생한다.
② 전압의 제2고조파와 전류의 제3고조파 성분 사이에서 소비전력이 발생한다.
③ 전압의 제3고조파와 전류의 제5고조파 성분 사이에서 소비전력이 발생한다.
④ 전압의 제6고조파와 전류의 제7고조파 성분 사이에서 소비전력이 발생한다.

> **해설**
> 비사인파의 유효전력(소비전력)은 주파수가 같은 전압과 전류에 의한 유효전력의 대수의 합이다. 따라서, 전압과 전류가 같은 고조파에서 유효전력이 발생한다.

08 $2[\mu F]$, $3[\mu F]$, $5[\mu F]$인 3개의 콘덴서가 병렬로 접속되었을 때의 합성 정전용량$[\mu F]$은?

① 0.97   ② 3

③ 5   ④ 10

> **해설**
> 합성 정전용량 $= 2 + 3 + 5 = 10[\mu F]$

09 PN 접합 다이오드의 대표적인 작용으로 옳은 것은?

① 정류작용　　　　② 변조작용　　　　③ 증폭작용　　　　④ 발진작용

> 해설
>
> **PN 접합 다이오드 또는 다이오드(D ; Diode)**
> PN 접합 양단에 가해지는 전압의 방향에 따라 전류를 흐르게 하거나 흐르지 못하게 하는 작용을 정류작용이라고
> 하며, 이 성질을 이용한 반도체 소자가 다이오드이다.

10 $R = 2[\Omega]$, $L = 10[mH]$, $C = 4[\mu F]$로 구성되는 직렬 공진회로의 L과 C에서의 전압 확대율은?

① 3　　　　　　　② 6　　　　　　　③ 16　　　　　　　④ 25

> 해설
>
> • 직렬 공진 시 인덕턴스 L이나 정전용량 C 단자에 걸리는 전압과 인가되는 전원 전압의 비율을 전압 확대율 Q
> 라 한다.
>
> 즉, $Q = \dfrac{V_L}{V} = \dfrac{V_C}{V} = \dfrac{\omega L}{R} = \dfrac{1}{\omega CR}$ 이다.
>
> • 공진주파수 $f_o = \dfrac{1}{2\pi\sqrt{LC}} = \dfrac{1}{2\pi\sqrt{10 \times 10^{-3} \times 4 \times 10^{-6}}} = 795.8[\mathrm{Hz}]$
>
> • 전압 확대율 $Q = \dfrac{\omega L}{R} = \dfrac{2\pi \times 795.8 \times 10 \times 10^{-3}}{2} = 25$

11 최대눈금 1[A], 내부저항 10[Ω]의 전류계로 최대 101[A]까지 측정하려면 몇 [Ω]의 분류기가 필요한
가?

① 0.01　　　　　② 0.02　　　　　③ 0.05　　　　　④ 0.1

> 해설
>
> 분류기(Shunt)는 아래와 같이 전류계와 병렬연결로 연결한다.

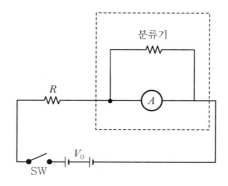

> 전류계로 흐르는 전류가 1[A]일 때 분류기에 흐르는 전류가 100[A]이어야 하므로(100배),
> 병렬회로의 저항과 전류의 반비례 관계를 이용하면,
>
> 전류계 내부저항이 10[Ω]이므로, 분류기 내부저항은 $\dfrac{10}{100} = 0.1[\Omega]$($\dfrac{1}{100}$배)이어야 한다.

정답　09 ①　10 ④　11 ④

12 전력과 전력량에 관한 설명으로 틀린 것은?

① 전력은 전력량과 다르다.　　　　　　② 전력량은 와트로 환산된다.

③ 전력량은 칼로리 단위로 환산된다.　　④ 전력은 칼로리 단위로 환산할 수 없다.

 해설
　　전력 P와 전력량 W의 관계는 $W = P \cdot t[\text{W} \cdot \sec]$이며,
　　전력량과 열량의 관계는 $H = 0.24I^2Rt = 0.24Pt = 0.24W[\text{cal}]$이다.

13 전자 냉동기는 어떤 효과를 응용한 것인가?

① 제벡 효과　　　② 톰슨 효과　　　③ 펠티에 효과　　　④ 줄 효과

 해설
펠티에 효과(Peltier Effect)
서로 다른 두 종류의 금속을 접속하고 한
쪽 금속에서 다른 쪽 금속으로 전류를 흘
리면 열의 발생 또는 흡수가 일어나는 현
상을 말한다.

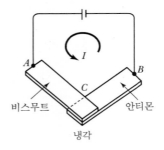
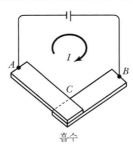

14 자속밀도가 2[Wb/m²]인 평등 자기장 중에 자기장과 30°의 방향으로 길이 0.5[m]인 도체에 8[A]의 전류가 흐르는 경우 전자력[N]은?

① 8　　　　　　② 4　　　　　　③ 2　　　　　　④ 1

해설
　　플레밍의 왼손 법칙에 의한 전자력 $F = BI\ell\sin\theta = 2 \times 8 \times 0.5 \times \sin 30° = 4[\text{N}]$

15 어떤 3상 회로에서 선간전압이 200[V], 선전류 25[A], 3상 전력이 7[kW]이었다. 이때의 역률은 약 얼마인가?

① 0.65　　　　　② 0.73　　　　　③ 0.81　　　　　④ 0.97

해설
　　3상 전력 $P = \sqrt{3}\, V_\ell I_\ell \cos\theta$

　　역률 $\cos\theta = \dfrac{P}{\sqrt{3}\, V_\ell I_\ell} = \dfrac{7 \times 10^3}{\sqrt{3} \times 200 \times 25} = 0.81$

16 3상 220[V], $\triangle$결선에서 1상의 부하가 $Z = 8 + j6[\Omega]$이면 선전류[A]는?

① 11　　　　　② $22\sqrt{3}$　　　　　③ 22　　　　　④ $\dfrac{22}{\sqrt{3}}$

> **해설**
>
> 아래와 같은 회로이므로,
>
>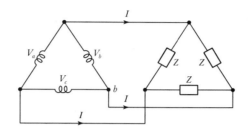
>
> • 한 상의 부하 임피던스가 $Z = \sqrt{R^2 + X^2} = \sqrt{8^2 + 6^2} = 10[\Omega]$
> • 상전류 $I_p = \dfrac{V_p}{Z} = \dfrac{220}{10} = 22[\text{A}]$
> • $\triangle$결선에서 선전류 $I_\ell = \sqrt{3} \cdot I_p = \sqrt{3} \times 22 = 22\sqrt{3}[\text{A}]$

17 환상 솔레노이드에 감겨진 코일의 권회 수를 3배로 늘리면 자체 인덕턴스는 몇 배로 되는가?

① 3　　　　　② 9　　　　　③ $\dfrac{1}{3}$　　　　　④ $\dfrac{1}{9}$

> **해설**
>
> 자체 인덕턴스 $L = \dfrac{\mu A N^2}{\ell}[\text{H}]$의 관계가 있으므로,
>
> 권회 수 N을 3배 늘리면, 자체 인덕턴스는 9배 커진다.

18 $+Q_1[\text{C}]$과 $-Q_2[\text{C}]$의 전하가 진공 중에서 $r[\text{m}]$의 거리에 있을 때 이들 사이에 작용하는 정전기력 $F[\text{N}]$는?

① $F = 9 \times 10^{-7} \times \dfrac{Q_1 Q_2}{r^2}$　　　　　② $F = 9 \times 10^{-9} \times \dfrac{Q_1 Q_2}{r^2}$

③ $F = 9 \times 10^{9} \times \dfrac{Q_1 Q_2}{r^2}$　　　　　④ $F = 9 \times 10^{10} \times \dfrac{Q_1 Q_2}{r^2}$

> **해설**
>
> 정전기력 $F = \dfrac{1}{4\pi\varepsilon} \dfrac{Q_1 Q_2}{r^2}[\text{N}]$에서
>
> 진공 중이므로 $\varepsilon = \varepsilon_o \varepsilon_s = 8.85 \times 10^{-12} \times 1$이다.
>
> 따라서, $F = 9 \times 10^9 \times \dfrac{Q_1 Q_2}{r^2}[\text{N}]$이다.

19 다음 설명에서 나타내는 법칙은?

> 유도기전력은 자신이 발생 원인이 되는 자속의 변화를 방해하려는 방향으로 발생한다.

① 줄의 법칙   ② 렌츠의 법칙

③ 플레밍의 법칙   ④ 패러데이의 법칙

 렌츠의 법칙
유도기전력의 방향은 코일(리액터)을 지나는 자속이 증가될 때에는 자속을 감소시키는 방향으로, 자속이 감소될 때는 자속을 증가시키는 방향으로 발생한다.

20 임피던스 $Z = 6 + j8\,[\Omega]$에서 서셉턴스[℧]는?

① 0.06   ② 0.08   ③ 0.6   ④ 0.8

해설 어드미턴스 $\dot{Y} = \dfrac{1}{Z} = G + jB$의 관계이므로,

RL 직렬회로의 어드미턴스

$$\dot{Y} = \frac{1}{Z} = \frac{1}{6+j8} = \frac{6-j8}{(6+j8)(6-j8)} = \frac{6}{(6^2+8^2)} + j\frac{-8}{(6^2+8^2)} = 0.06 - j0.08$$

따라서, 서셉턴스 $B = 0.08\,[\text{℧}]$이다.

21 3상 유도전동기의 회전방향을 바꾸기 위한 방법으로 옳은 것은?

① 전원의 전압과 주파수를 바꾸어 준다.

② $\Delta - Y$결선으로 결선법을 바꾸어 준다.

③ 기동보상기를 사용하여 권선을 바꾸어 준다.

④ 전동기의 1차 권선에 있는 3개의 단자 중 어느 2개의 단자를 서로 바꾸어 준다.

해설 3상 유도전동기의 회전방향을 바꾸기 위해서는 상회전 순서를 바꾸어야 하는데, 3상 전원 세 선 중 두 선의 접속을 바꾼다.

22 발전기를 정격전압 220[V]로 전부하 운전하다가 무부하로 운전하였더니 단자전압이 242[V]가 되었다. 이 발전기의 전압변동률[%]은?

① 10   ② 14   ③ 20   ④ 25

해설 전압변동률 $\varepsilon = \dfrac{V_o - V_n}{V_n} \times 100\,[\%]$ 이므로

$$\varepsilon = \frac{242 - 220}{220} \times 100\,[\%] = 10\,[\%]$$

정답 **19** ② **20** ② **21** ④ **22** ①

23 6극 직류 파권 발전기의 전기자 도체 수 300, 매극 자속 0.02[Wb], 회전수 900[rpm]일 때 유도기전력[V]은?

① 90   ② 110   ③ 220   ④ 270

해설

유도기전력 $E = \dfrac{P}{a} Z \phi \dfrac{N}{60}$ [V]에서 파권($a=2$)이므로,

$E = \dfrac{6}{2} \times 300 \times 0.02 \times \dfrac{900}{60} = 270$[V]이다.

24 동기조상기의 계자를 부족여자로 하여 운전하면?

① 콘덴서로 작용   ② 뒤진 역률 보상

③ 리액터로 작용   ④ 저항손의 보상

해설

동기조상기는 조상설비로 사용할 수 있다.
- 여자가 약할 때(부족여자) : I가 V보다 지상(뒤짐) → 리액터 역할
- 여자가 강할 때(과여자) : I가 V보다 진상(앞섬) → 콘덴서 역할

25 3상 교류 발전기의 기전력에 대하여 $\dfrac{\pi}{2}$[rad] 뒤진 전기자 저류가 흐르면 전기자 반작용은?

① 횡축 반작용으로 기전력을 증가시킨다.
② 증자 작용을 하여 기전력을 증가시킨다.
③ 감자 작용을 하여 기전력을 감소시킨다.
④ 교차 자화작용으로 기전력을 감소시킨다.

해설

교류 발전기의 전기자 반작용
- 뒤진 전기자 전류 : 감자 작용
- 앞선 전기자 전류 : 증자 작용

26 전기기기의 철심 재료로 규소 강판을 많이 사용하는 이유로 가장 적당한 것은?

① 와류손을 줄이기 위해   ② 구리손을 줄이기 위해

③ 맴돌이 전류를 없애기 위해   ④ 히스테리시스손을 줄이기 위해

해설

- 규소강판 사용 : 히스테리시스손 감소
- 성층철심 사용 : 와류손(맴돌이 전류손) 감소

정답   **23** ④   **24** ③   **25** ③   **26** ④

27 역병렬 결합의 SCR의 특성과 같은 반도체 소자는?

① PUT   ② UJT   ③ Diac   ④ Triac

> 해설
>
> **Triac(쌍방향성 3단자 사이리스터)**
> SCR(사이리스터) 2개를 역병렬로 접속한 것으로 양방향 전류가 흐르기 때문에 교류 스위치로 사용

28 전기기계의 효율 중 발전기의 규약 효율 η_G 는 몇 [%]인가?(단, P 는 입력, Q 는 출력, L 은 손실이다.)

① $\eta_G = \dfrac{P-L}{P} \times 100$ ② $\eta_G = \dfrac{P-L}{P+L} \times 100$

③ $\eta_G = \dfrac{Q}{P} \times 100$ ④ $\eta_G = \dfrac{Q}{Q+L} \times 100$

> 해설
>
> • 발전기 규약효율 $\eta_G = \dfrac{출력}{출력 + 손실} \times 100[\%]$
>
> • 전동기 규약효율 $\eta_M = \dfrac{입력 - 손실}{입력} \times 100[\%]$

29 20[kVA]의 단상 변압기 2대를 사용하여 V – V결선으로 하고 3상 전원을 얻고자 한다. 이때 여기에 접속시킬 수 있는 3상 부하의 용량은 약 몇 [kVA]인가?

① 34.6   ② 44.6   ③ 54.6   ④ 66.6

> 해설
>
> V결선 3상 용량 $P_v = \sqrt{3}\,P = \sqrt{3} \times 20 = 34.6[kVA]$

30 동기발전기의 병렬운전 조건이 아닌 것은?

① 유도기전력의 크기가 같을 것   ② 동기발전기의 용량이 같을 것
③ 유도기전력의 위상이 같을 것   ④ 유도기전력의 주파수가 같을 것

> 해설
>
> **병렬운전 조건**
> • 기전력의 크기가 같을 것
> • 기전력의 위상이 같을 것
> • 기전력의 주파수가 같을 것
> • 기전력의 파형이 같을 것

31 직류 분권전동기의 기동방법 중 가장 적당한 것은?

① 기동 토크를 작게 한다.　　　　　　② 계자 저항기의 저항값을 크게 한다.

③ 계자 저항기의 저항값을 0으로 한다.　④ 기동저항기를 전기자와 병렬접속한다.

해설

$I_a = \dfrac{V - k\phi N}{R_a}$ 에서, 기동 시 기동전류를 최소로 하기 위해서는 전기자저항 R_a를 최대로 하고, 기동 토크를 유지하기 위해서는 자속 ϕ를 최대로 해야 한다. 여기서, 자속 ϕ는 계자 저항 R_f와 반비례 관계를 가지므로 계자 저항기의 저항값을 최소로 해야 한다.

32 극수 10, 동기속도 600[rpm]인 동기 발전기에서 나오는 전압의 주파수는 몇 [Hz]인가?

① 50　　　　　　② 60　　　　　　③ 80　　　　　　④ 120

해설

동기속도 $N_s = \dfrac{120f}{P}$ [rpm] 에서, $f = \dfrac{N_s \cdot P}{120}$ 이므로

$f = \dfrac{600 \times 10}{120} = 50[\text{Hz}]$ 이다.

33 변압기유의 구비조건으로 틀린 것은?

① 냉각 효과가 클 것　　　　　　　　② 응고점이 높을 것

③ 절연내력이 클 것　　　　　　　　　④ 고온에서 화학반응이 없을 것

해설

변압기 기름의 구비조건
- 절연내력이 클 것
- 비열이 커서 냉각 효과가 클 것
- 인화점이 높을 것
- 응고점이 낮을 것
- 절연 재료 및 금속에 접촉하여도 화학작용을 일으키지 않을 것
- 고온에서 석출물이 생기거나, 산화하지 않을 것

34 동기기 손실 중 무부하손(No Load Loss)이 아닌 것은?

① 풍손　　　　　② 와류손　　　　　③ 전기자 동손　　　　　④ 베어링 마찰손

해설

- 무부하손 : 기계손(마찰손, 풍손), 철손(히스테리시스손, 와류손) 등
- 부하손 : 동손, 표유 부하손 등

35 직류 전동기의 제어에 널리 응용되는 직류 – 직류 전압 제어장치는?

① 초퍼
② 인버터
③ 전파정류회로
④ 사이클로 컨버터

> **해설**
> ① 초퍼 : 직류를 다른 크기의 직류로 변환하는 장치
> ② 인버터 : 직류를 교류로 바꾸는 장치
> ③ 전파정류회로 : 교류를 직류로 바꾸는 회로
> ④ 사이클로 컨버터 : 어떤 주파수의 교류를 다른 주파수의 교류로 변환하는 장치

36 동기 와트 P_2, 출력 P_0, 슬립 s, 동기속도 N_S, 회전속도 N, 2차 동손 P_{2c}일 때 2차 효율 표기로 틀린 것은?

① $1 - s$
② $\dfrac{P_{2c}}{P_2}$
③ $\dfrac{P_0}{P_2}$
④ $\dfrac{N}{N_S}$

> **해설**
> 2차 효율 $\eta_2 = \dfrac{P_0}{P_2} = 1 - s = \dfrac{N}{N_s}$ 이다.

37 변압기의 결선에서 제3고조파를 발생시켜 통신선에 유도장해를 일으키는 3상 결선은?

① Y－Y
② $\Delta － \Delta$
③ Y－Δ
④ $\Delta －$Y

> **해설**
> Y－Y결선은 선로에 제3고조파를 포함한 전류가 흘러 통신장애를 일으켜 거의 사용되지 않으나, Y－Y－Δ의 송전 전용으로 사용한다.

38 부흐홀츠 계전기의 설치 위치로 가장 적당한 곳은?

① 콘서베이터 내부
② 변압기 고압 측 부싱
③ 변압기 주 탱크 내부
④ 변압기 주 탱크와 콘서베이터 사이

> **해설**
> **부흐홀츠 계전기**
> 변압기 내부 고장으로 인한 절연유의 온도 상승 시 발생하는 유증기를 검출하여 경보 및 차단하기 위한 계전기로 변압기 탱크와 콘서베이터 사이에 설치한다.

39 3상 유도전동기의 운전 중 급속 정지가 필요할 때 사용하는 제동방식은?

① 단상 제동　　　　　　　　　　② 회생 제동
③ 발전 제동　　　　　　　　　　④ 역상 제동

해설

역상 제동(플러깅)
전동기를 급정지시키기 위해 제동 시 전동기를 역회전으로 접속하여 제동하는 방법이다.

40 슬립 4[%]인 유도전동기의 등가 부하 저항은 2차 저항의 몇 배인가?

① 5　　　　　　　　　　　　　② 19
③ 20　　　　　　　　　　　　　④ 24

해설

- 유도전동기는 변압기와 같은 등가회로로 해석할 수 있는데, 다만 유도전동기는 회전기계이므로 2차 권선의 기전력과 주파수는 슬립에 따라 변하게 된다.
- 등가회로에서 유도전동기의 기계적 출력을 등가 부하저항의 소비전력으로 환산하여 구하면 다음과 같이 된다.

등가 부하저항 $R = r_2 \left(\dfrac{1-s}{s} \right) = r_2 \left(\dfrac{1-0.04}{0.04} \right) = 24 r_2$ 즉, 24배이다.

41 역률 개선의 효과로 볼 수 없는 것은?

① 전력손실 감소　　　　　　　　② 전압강하 감소
③ 감전사고 감소　　　　　　　　④ 설비 용량의 이용률 증가

해설

역률 개선의 효과
- 전압강하의 저감 : 역률이 개선되면 부하전류가 감소하여 전압강하가 저감되고 전압변동률도 작아진다.
- 설비 이용률 증가 : 동일 부하에 부하전류가 감소하여 공급설비 이용률이 증가한다.
- 선로손실의 저감 : 선로전류를 줄이면 선로손실을 줄일 수 있다.
- 동손 감소 : 동손은 부하전류의 2승에 비례하므로 동손을 줄일 수 있다.

42 옥내배선 공사에서 절연전선의 피복을 벗길 때 사용하면 편리한 공구는?

① 드라이버　　　　　　　　　　② 플라이어
③ 압착펜치　　　　　　　　　　④ 와이어 스트리퍼

해설

와이어 스트리퍼
전선의 피복을 벗기는 공구

43 한국전기설비규정에 의하여 애자 사용 공사를 건조한 장소에 시설하고자 한다. 사용전압이 400[V] 이하인 경우 전선과 조영재 사이의 이격거리는 최소 몇 [cm] 이상이어야 하는가?

① 2.5 　　　　　② 4.5 　　　　　③ 6.0 　　　　　④ 12

해설

구분	400[V] 이하	400[V] 초과
전선 상호 간의 거리	6[cm] 이상	6[cm] 이상
전선과 조영재와의 거리	2.5[cm] 이상	4.5[cm] 이상(건조한 곳은 2.5[cm] 이상)

44 전선 접속방법 중 트위스트 직선 접속의 설명으로 옳은 것은?

① 연선의 직선 접속에 적용된다.
② 연선의 분기 접속에 적용된다.
③ 6[mm²] 이하의 가는 단선인 경우에 적용된다.
④ 6[mm²] 초과의 굵은 단선인 경우에 적용된다.

해설
- 트위스트 접속 : 단면적 6[mm²] 이하의 가는 단선
- 브리타니아 접속 : 직경 3.2[mm] 이상의 굵은 단선

45 건축물에 고정되는 본체부와 제거할 수 있거나 개폐할 수 있는 커버로 이루어지며 절연전선, 케이블 및 코드를 완전하게 수용할 수 있는 구조의 배선설비의 명칭은?

① 케이블 래더 　　　　　② 케이블 트레이
③ 케이블 트렁킹 　　　　　④ 케이블 브래킷

해설
케이블 트렁킹
건축물에 고정되는 본체부와 제거할 수 있거나 개폐할 수 있는 커버로 이루어지며 절연전선, 케이블 및 코드를 완전하게 수용할 수 있는 구조의 배선설비

46 금속전선관 공사에서 금속관에 나사를 내기 위해 사용하는 공구는?

① 리머 　　　　　② 오스터
③ 프레서 툴 　　　　　④ 파이프 벤더

해설
오스터
금속관에 나사를 내는 공구

47 성냥을 제조하는 공장의 공사방법으로 틀린 것은?

① 금속관 공사

② 케이블 공사

③ 금속 몰드 공사

④ 합성수지관 공사(두께 2[mm] 미만 및 난연성이 없는 것은 제외)

해설
위험물이 있는 곳의 공사
금속전선관 공사, 합성수지관 공사(두께 2[mm] 이상), 케이블 공사에 의하여 시설한다.
[참조] 금속관공사, 케이블 공사 및 합성수지관 공사는 모든 장소에서 시설이 가능하다. 단, 합성수지관 공사는 열에 약한 특성으로 폭발성 먼지, 가연성 가스, 화약류 보관장소의 배선을 할 수 없다.

48 콘크리트 조영재에 볼트를 시설할 때 필요한 공구는?

① 파이프 렌치　　　② 볼트 클리퍼　　　③ 녹아웃 펀치　　　④ 드라이브 이트

해설
드라이브 이트
화약의 폭발력을 이용하여 철근 콘크리트 등의 단단한 조영물에 드라이브이트 핀을 박을 때 사용하는 공구

49 실내 면적 100[m²]인 교실에 전광속이 2,500[lm]인 40[W] 형광등을 설치하여 평균조도를 150[lx]로 하려면 몇 개의 등을 설치하면 되겠는가?(단, 조명률은 50[%], 감광 보상률은 1.25로 한다.)

① 15개　　　　② 20개　　　　③ 25개　　　　④ 30개

해설
광속 $N \times F = \dfrac{E \times A \times D}{U \times M}$ [lm]이므로,

광속 $F = 2,500$[lm], 평균조도 $E = 150$[lx], 방의 면적 $A = 100$[m²], 조명률 $U = 0.5$, 감광보상률 $D = 1.25$, 유지율 $M = 1$로 계산하면,

$N \times 2,500 = \dfrac{150 \times 100 \times 1.25}{0.5 \times 1.0}$

따라서, $N = 15$개이다.

50 교류 배전반에서 전류가 많이 흘러 전류계를 직접 주 회로에 연결할 수 없을 때 사용하는 기기는?

① 전류 제한기　　　　　　　　② 계기용 변압기

③ 계기용 변류기　　　　　　　④ 전류계용 절환 개폐기

해설
계기용 변류기(CT)
대전류를 소전류로 변류하여 계전기나 계측기에 전원을 공급

정답　**47** ③　**48** ④　**49** ①　**50** ③

51 플로어 덕트 공사의 설명 중 틀린 것은?

① 덕트의 큰 부분은 막는다.
② 플로어 덕트는 바닥에 붙어 있어서 접지공사를 생략해도 된다.
③ 덕트 상호 간 접속은 견고하고 전기적으로 완전하게 접속하여야 한다.
④ 덕트 및 박스 기타 부속품은 물이 고이는 부분이 없도록 시설하여야 한다.

> **해설**
> 플로어 덕트는 접지공사를 하여야 한다.

52 진동이 심한 전기기계ㆍ기구의 단자에 전선을 접속할 때 사용되는 것은?

① 커플링
② 압착단자
③ 링 슬리브
④ 스프링 와셔

> **해설**
> 진동 등의 영향으로 헐거워질 우려가 있는 경우에는 스프링 와셔 또는 더블 너트를 사용하여야 한다.

53 한국전기설비규정에 의하여 가공전선에 케이블을 사용하는 경우 케이블은 조가용선에 행거로 시설하여야 한다. 이 경우 사용전압이 고압인 때에는 그 행거의 간격은 몇 [cm] 이하로 시설하여야 하는가?

① 50
② 60
③ 70
④ 80

> **해설**
> 가공케이블의 시설 시 케이블은 조가용선에 행거로 시설하여야 하며, 사용전압이 고압인 때에는 행거의 간격을 50[cm] 이하로 시설하여야 한다.

54 라이팅 덕트 공사에 의한 저압 옥내배선의 시설기준으로 틀린 것은?

① 덕트의 끝부분은 막을 것
② 덕트는 조영재에 견고하게 붙일 것
③ 덕트의 개구부는 위로 향하여 시설할 것
④ 덕트는 조영재를 관통하여 시설하지 아니할 것

> **해설**
> 라이팅 덕트 공사 시 덕트의 개구부(開口部)는 아래로 향하여 시설하여야 한다.

55 한국전기설비규정에 의한 고압 가공전선로 철탑의 경간은 몇 [m] 이하로 제한하고 있는가?

① 150　　　　　　　　　　　　　② 250

③ 500　　　　　　　　　　　　　④ 600

해설

고압 가공전선로 경간의 제한
- 목주, A종 철주 또는 A종 철근콘크리트주 : 150[m]
- B종 철주 또는 B종 철근콘크리트주 : 250[m]
- 철탑 : 600[m]

56 A종 철근 콘크리트주의 길이가 9[m]이고, 설계하중이 6.8[kN]인 경우 땅에 묻히는 깊이는 최소 몇 [m] 이상이어야 하는가?

① 1.2　　　　　　　　　　　　　② 1.5

③ 1.8　　　　　　　　　　　　　④ 2.0

해설

전주가 땅에 묻히는 깊이
- 전주의 길이 15[m] 이하 : 1/6 이상
- 전주의 길이 15[m] 이상 : 2.5[m] 이상
- 철근 콘크리트 전주로서 길이가 14[m] 이상 20[m] 이하이고, 설계하중이 6.8[kN] 초과 9.8[kN] 이하인 것은 30[cm]를 가산한다.

　따라서, 땅에 묻히는 깊이 $=9 \times \dfrac{1}{6} = 1.5$[m] 이상

57 전선의 접속법에서 두 개 이상의 전선을 병렬로 사용하는 경우의 시설기준으로 틀린 것은?

① 각 전선의 굵기는 구리인 경우 50[mm²] 이상이어야 한다.

② 각 전선의 굵기는 알루미늄인 경우 70[mm²] 이상이어야 한다.

③ 병렬로 사용하는 전선은 각각에 퓨즈를 설치할 것

④ 동극의 각 전선은 동일한 터미널러그에 완전히 접속할 것

해설

두 개 이상의 전선을 병렬로 사용하는 경우의 시설기준
- 병렬로 사용하는 각 전선의 굵기는 동선 50[mm²](알루미늄 70[mm²]) 이상으로 하고, 전선은 같은 도체, 같은 재료, 같은 길이 및 같은 굵기의 것을 사용할 것
- 같은 극의 각 전선은 동일한 터미널러그에 완전히 접속할 것
- 같은 극인 각 전선의 터미널러그는 동일한 도체에 2개 이상의 리벳 또는 2개 이상의 나사로 접속할 것
- 병렬로 사용하는 전선에는 각각에 퓨즈를 설치하지 말 것
- 교류회로에서 병렬로 사용하는 전선은 금속관 안에 전자적 불평형이 생기지 않도록 시설할 것

정답　**55** ④　**56** ②　**57** ③

58 정격전류가 50[A]인 저압전로의 과전류 차단기를 배선용 차단기로 사용하는 경우 정격전류의 2배의 전류가 통과하였을 경우 몇 분 이내에 자동적으로 동작하여야 하는가?

① 2분   ② 4분

③ 6분   ④ 8분

해설

과전류 차단기로 저압전로에 사용되는 산업용 배선용 차단기의 동작특성

정격전류의 구분	트립 동작시간	정격전류의 배수 (모든 극에 통전)	
		부동작 전류	동작 전류
63[A] 이하	60분	1.05배	1.3배
63[A] 초과	120분	1.05배	1.3배

59 금속전선관 내에 절연전선을 넣을 때는 절연전선의 피복을 포함한 총 단면적이 금속관 내부 단면적의 약 몇 [%] 이하가 바람직한가?

① 20   ② 25

③ 33   ④ 50

해설

금속전선관의 굵기는 케이블 또는 절연도체의 내부 단면적이 금속전선관 단면적의 1/3을 초과하지 않도록 하는 것이 바람직하다.

60 전기설비에 접지공사를 시설하는 주된 목적은?

① 기기의 효율을 좋게 한다.

② 기기의 절연을 좋게 한다.

③ 기기의 누전에 의한 감전을 방지한다.

④ 기기의 누전에 의한 역률을 좋게 한다.

해설

접지공사를 시설함으로써 전기설비의 절연물이 열화 또는 손상되었을 때 흐르는 누설 전류로 인한 감전을 방지한다.

01 평균 반지름이 10[cm]이고 감은 횟수 10회의 원형 코일에 20[A]의 전류를 흐르게 하면 코일 중심의 자기장 세기는?

① 10[AT/m] 　　　　　　　　　　② 20[AT/m]

③ 1,000[AT/m] 　　　　　　　　　④ 2,000[AT/m]

해설

$$H = \frac{NI}{2r} = \frac{10 \times 20}{2 \times 10 \times 10^{-2}} = 1,000[\text{AT/m}]$$

02 다음 설명 중 틀린 것은?

① 코일은 직렬로 연결할수록 인덕턴스가 커진다.

② 콘덴서는 직렬로 연결할수록 용량이 커진다.

③ 저항은 병렬로 연결할수록 저항치가 작아진다.

④ 리액턴스는 주파수의 함수이다.

해설

콘덴서는 직렬로 연결할수록 용량이 작아진다.

03 어떤 회로에 50[V]의 전압을 가하니 $8 + j6$[A]의 전류가 흘렀다면 이 회로의 임피던스[Ω]는?

① $3 - j4$ 　　　　　　　　　　② $3 + j4$

③ $4 - j3$ 　　　　　　　　　　④ $4 + j3$

해설

$$Z = \frac{V}{I} = \frac{50}{8 + j6} = \frac{50(8 - j6)}{(8 + j6)(8 - j6)} = 4 - j3[\Omega]$$

04 자극의 세기 4[Wb], 자축의 길이 10[cm]의 막대자석이 100[AT/m]의 평등자장 내에서 20[N · m]의 회전력을 받았다면 이때 막대자석과 자장이 이루는 각도는?

① 0° 　　　　　　　　　　　　② 30°

③ 60° 　　　　　　　　　　　④ 90°

해설

$$T = m\ell H \sin\theta$$

$$\sin\theta = \frac{T}{m\ell H} = \frac{20}{4 \times 0.1 \times 100} = 0.5$$

$$\theta = \sin^{-1} 0.5 = 30°$$

05 $R = 10[\Omega]$, $X_L = 15[\Omega]$, $X_C = 15[\Omega]$의 직렬회로에 100[V]의 교류전압을 인가할 때 흐르는 전류 [A]는?

① 6   ② 8

③ 10   ④ 12

해설

$$Z = \sqrt{R_2 + (X_L - X_C)^2} = \sqrt{10^2 + (15 - 15)^2} = 10$$

$$I = \frac{V}{Z} = \frac{100}{10} = 10[\text{A}]$$

06 C_1, C_2를 직렬로 접속한 회로에 C_3를 병렬로 접속하였다. 이 회로의 합성 정전용량[F]은?

① $C_3 + \dfrac{1}{\dfrac{1}{C_1} + \dfrac{1}{C_2}}$ ② $C_1 + \dfrac{1}{\dfrac{1}{C_2} + \dfrac{1}{C_3}}$

③ $\dfrac{C_1 + C_2}{C_3}$ ④ $C_1 + C_2 + \dfrac{1}{C_3}$

해설

직렬접속한 C_1, C_2의 합성 정전용량은 $\dfrac{1}{\dfrac{1}{C_1} + \dfrac{1}{C_2}}$ 이고,

여기에 병렬로 C_3를 접속하면, 합성 정전용량은 $C_3 + \dfrac{1}{\dfrac{1}{C_1} + \dfrac{1}{C_2}}$ 이다.

07 Δ 결선인 3상 유도전동기의 상전압(V_p)과 상전류(I_p)를 측정하였더니 각각 200[V], 30[A]이었다. 이 3상 유도전동기의 선간전압(V_ℓ)과 선전류(I_ℓ)의 크기는 각각 얼마인가?

① $V_\ell = 200[\text{V}]$, $I_\ell = 30[\text{A}]$

② $V_\ell = 200\sqrt{3}\,[\text{V}]$, $I_\ell = 30[\text{A}]$

③ $V_\ell = 200\sqrt{3}\,[\text{V}]$, $I_\ell = 30\sqrt{3}\,[\text{A}]$

④ $V_\ell = 200[\text{V}]$, $I_\ell = 30\sqrt{3}\,[\text{A}]$

해설

평형 3상 Δ결선 : $V_l = V_p = 200[\text{V}]$, $I_l = \sqrt{3}\,I_p[\text{A}] = 30\sqrt{3}\,[\text{A}]$

08 임피던스 $Z_1 = 12 + j16$[Ω]과 $Z_2 = 8 + j24$[Ω]이 직렬로 접속된 회로에 전압 $V = 200$[V]를 가할 때 이 회로에 흐르는 전류[A]는?

① 2.35[A] ② 4.47[A]
③ 6.02[A] ④ 10.25[A]

해설
- 합성 임피던스 $Z = Z_1 + Z_2 = 12 + j16 + 8 + j24 = 20 + j40$[Ω]
- 전류 $I = \dfrac{V}{|Z|} = \dfrac{200}{44.72} = 4.47$[A]

09 자속밀도 B [Wb/m²]가 되는 균등한 자계 내에 길이 ℓ [m]의 도선을 자계에 수직인 방향으로 운동시킬 때 도선에 e [V]의 기전력이 발생한다면 이 도선의 속도[m/s]는?

① $B\ell e \sin\theta$ ② $B\ell e \cos\theta$
③ $\dfrac{B\ell \sin\theta}{e}$ ④ $\dfrac{e}{B\ell \sin\theta}$

해설
플레밍의 오른손 법칙에 의한 유도기전력 $e = B\ell u \sin\theta$[V]에서
속도 $u = \dfrac{e}{B\ell\sin\theta}$ [m/s]이다.

10 $R = 15$[Ω]인 RC 직렬회로에 60[Hz], 100[V]의 전압을 가하니 4[A]의 전류가 흘렀다면 용량 리액턴스[Ω]는?

① 10 ② 15
③ 20 ④ 25

해설
아래 그림과 같은 회로이므로,

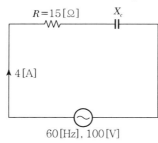

- $Z = \dfrac{V}{I} = \dfrac{100}{4} = 25$[Ω]
- $Z = \sqrt{R^2 + X_c^2} = \sqrt{15^2 + X_c^2} = 25$에서 $X_C = 20$[Ω]

11 도면과 같이 공기 중에 놓인 2×10^{-8}[C]의 전하에서 2[m] 떨어진 점 P 와 1[m] 떨어진 점 Q 와의 전위차는 몇 [V]인가?

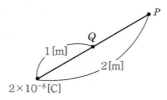

① 80[V] ② 90[V]
③ 100[V] ④ 110[V]

> **해설**
>
> 점전하일 때 전위차 $V = \dfrac{Q}{4\pi\varepsilon}\left(\dfrac{1}{r_1} - \dfrac{1}{r_2}\right) = 2 \times 10^{-8} \times 9 \times 10^9 \left(\dfrac{1}{1} - \dfrac{1}{2}\right) = 90$[V]

12 RL 직렬회로에서 임피던스(Z)의 크기를 나타내는 식은?

① $R^2 + X_L{}^2$ ② $R^2 - X_L{}^2$
③ $\sqrt{R^2 + X_L{}^2}$ ④ $\sqrt{R^2 - X_L{}^2}$

> **해설**
>
> 아래 그림과 같이 복소평면을 이용한 임피던스 삼각형에서 임피던스 $Z = \sqrt{R^2 + X_L{}^2}$ [Ω]이다.
>
>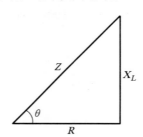

13 평행한 두 도선 간의 전자력은?

① 거리 r 에 비례한다. ② 거리 r 에 반비례한다.
③ 거리 r^2 에 비례한다. ④ 거리 r^2 에 반비례한다.

해설

평행한 두 도선에 작용하는 힘 $F = \dfrac{2I_1 I_2}{r} \times 10^{-7} [\text{N/m}]$

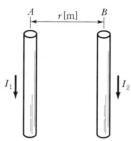

14 전원과 부하가 다같이 $\triangle$ 결선된 3상 평형회로가 있다. 상전압이 200[V], 부하 임피던스가 $Z = 6 + j8[\Omega]$인 경우 선전류는 몇 [A]인가?

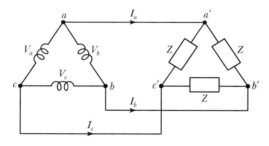

① 20   ② $\dfrac{20}{\sqrt{2}}$ ③ $20\sqrt{3}$ ④ $10\sqrt{3}$

해설

- 한 상의 부하 임피던스 $Z = \sqrt{R^2 + X^2} = \sqrt{6^2 + 8^2} = 10[\Omega]$
- 상전류 $I_p = \dfrac{V_p}{Z} = \dfrac{200}{10} = 20[\text{A}]$
- $\triangle$ 결선에서 선전류 $I_\ell = \sqrt{3} \cdot I_p = \sqrt{3} \times 20 = 20\sqrt{3}[\text{A}]$

15 $Q[\text{C}]$의 전기량이 도체를 이동하면서 한 일을 $W[\text{J}]$이라 했을 때 전위차 $V[\text{V}]$를 나타내는 관계식으로 옳은 것은?

① $V = QW$ ② $V = \dfrac{W}{Q}$ ③ $V = \dfrac{Q}{W}$ ④ $V = \dfrac{1}{QW}$

해설

전위차 $V = \dfrac{W}{Q}$

정답 **14** ③ **15** ②

16 평형 3상 교류회로에서 Δ 부하의 한 상의 임피던스가 Z_Δ일 때, 등가 변환한 Y부하의 한 상의 임피던스 Z_Y는 얼마인가?

① $Z_Y = \sqrt{3}\, Z_\Delta$

② $Z_Y = 3Z_\Delta$

③ $Z_Y = \dfrac{1}{\sqrt{3}} Z_\Delta$

④ $Z_Y = \dfrac{1}{3} Z_\Delta$

> **해설**
> - $Y \rightarrow \Delta$ 변환 $Z_\Delta = 3Z_Y$
> - $\Delta \rightarrow Y$ 변환 $Z_Y = \dfrac{1}{3} Z_\Delta$

17 두 금속을 접속하여 여기에 전류를 흘리면, 줄열 외에 그 접점에서 열의 발생 또는 흡수가 일어나는 현상은?

① 줄 효과

② 홀 효과

③ 제벡 효과

④ 펠티에 효과

> **해설**
> **펠티에 효과(Peltier Effect)**
> 서로 다른 두 종류의 금속을 접속하고 한쪽 금속에서 다른 쪽 금속으로 전류를 흘리면 열의 발생 또는 흡수가 일어나는 현상을 말한다.

18 정전에너지 W[J]를 구하는 식으로 옳은 것은?

① $W = \dfrac{1}{2} C V^2$

② $W = \dfrac{1}{2} C V$

③ $W = \dfrac{1}{2} C^2 V$

④ $W = 2 C V^2$

> **해설**
> 정전에너지 $W = \dfrac{1}{2} C V^2$[J]

19 자체 인덕턴스 40[mH]의 코일에 10[A]의 전류가 흐를 때 저장되는 에너지는 몇 [J]인가?

① 2

② 3

③ 4

④ 8

> **해설**
> 전자에너지 $W = \dfrac{1}{2} L I^2 = \dfrac{1}{2} \times 40 \times 10^{-3} \times 10^2 = 2$[J]

정답 **16** ④ **17** ④ **18** ① **19** ①

20 다이오드의 정특성이란 무엇을 말하는가?

① PN 접합면에서의 반송자 이동 특성
② 소신호로 동작할 때 전압과 전류의 관계
③ 다이오드를 움직이지 않고 저항률을 측정한 것
④ 직류전압을 걸었을 때 다이오드에 걸리는 전압과 전류의 관계

> 해설
>
> 아래 그림과 같이 다이오드에 순방향(정방향) 전압을 걸었을 때 전압과 전류의 관계를 정특성, 역방향 전압을 걸었을 때 전압과 전류의 관계를 역특성이라 한다.

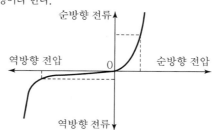

21 유도전동기에서 원선도 작성 시 필요하지 않은 시험은?

① 무부하시험　　　② 구속시험　　　③ 저항 측정　　　④ 슬립 측정

> 해설
>
> **원선도 작성에 필요한 시험** : 저항 측정, 무부하시험, 구속시험

22 직류분권 전동기의 계자 전류를 약하게 하면 회전수는?

① 감소한다.　　　② 정지한다.　　　③ 증가한다.　　　④ 변화 없다.

> 해설
>
> 직류전동기의 속도 관계식은 $N = K_1 \dfrac{V - I_a R_a}{\phi}$ [rpm]이므로
>
> 계자 전류를 약하게 하면 자속이 감소하므로, 회전수는 증가한다.

23 동기 발전기에서 전기자 전류가 무부하 유도 기전력보다 $\pi/2$[rad] 앞서 있는 경우에 나타나는 전기자 반작용은?

① 증자 작용　　　② 감자 작용　　　③ 교차 자화 작용　　　④ 직축 반작용

> 해설
>
> **동기 발전기의 전기자 반작용**
> • 뒤진 전기자 전류 : 감자 작용
> • 앞선 전기자 전류 : 증자 작용

24 3상 동기전동기의 단자전압과 부하를 일정하게 유지하고, 회전자 여자전류의 크기를 변화시킬 때 옳은 것은?

① 전기자 전류의 크기와 위상이 바뀐다.
② 전기자 권선의 역기전력은 변하지 않는다.
③ 동기전동기의 기계적 출력은 일정하다.
④ 회전속도가 바뀐다.

해설
- 동기전동기는 여자전류를 조정하여 전기자 전류의 크기와 위상을 바꿀 수 있다.
- 역기전력 $E = 4.44 \cdot f \cdot N \cdot \phi$이므로 여자전류에 의해 자속이 변하므로 역기전력도 변화한다.
- 기계적 출력 $P_2 = \dfrac{EV\sin\delta}{x_s}$이므로 역기전력이 변화하면, 기계적 출력도 변화한다.
- 회전속도는 여자권선의 동기속도 $N_s = \dfrac{120f}{P}$에 의해 결정되므로, 속도는 변하지 않는다.

25 3상 동기기의 제동권선의 역할은?

① 난조 방지
② 효율 증가
③ 출력 증가
④ 역률 개선

해설
제동권선 목적
- 발전기 : 난조(Hunting) 방지
- 전동기 : 기동작용

26 동기전동기의 자기 기동에서 계자권선을 단락하는 이유는?

① 기동이 쉽다.
② 기동권선으로 이용
③ 고전압 유도에 의한 절연파괴 위험 방지
④ 전기자 반작용을 방지한다.

해설
동기전동기의 자기(자체) 기동법
회전 자극 표면에 기동권선을 설치하여 기동 시에는 농형 유도전동기로 동작시켜 기동시키는 방법으로, 계자권선을 열어 둔 채로 전기자에 전원을 가하면 권선 수가 많은 계자회로가 전기자 회전 자계를 끊고 높은 전압을 유기하여 계자회로가 소손될 염려가 있으므로 반드시 계자회로는 저항을 통해 단락시켜 놓고 기동시켜야 한다.

27 변압기의 규약 효율은?

① $\dfrac{출력}{입력} \times 100[\%]$

② $\dfrac{출력}{출력 + 손실} \times 100[\%]$

③ $\dfrac{출력}{입력 - 손실} \times 100[\%]$

④ $\dfrac{입력 + 손실}{입력} \times 100[\%]$

해설
$$\eta_{Tr} = \frac{출력}{출력 + 손실} \times 100[\%] = \frac{입력 - 손실}{입력} \times 100[\%]$$

정답 **24** ① **25** ① **26** ③ **27** ②

28 동기전동기의 특징과 용도에 대한 설명으로 잘못된 것은?

① 진상, 지상의 역률이 조정이 된다.　② 속도 제어가 원활하다.
③ 시멘트 공장의 분쇄기 등에 사용된다.　④ 난조가 발생하기 쉽다.

> 해설
> 동기전동기는 정속도 전동기이다.

29 동기발전기의 병렬운전 조건이 아닌 것은?

① 기전력의 주파수가 같을 것　② 기전력의 크기가 같을 것
③ 기전력의 위상이 같을 것　④ 발전기의 회전수가 같을 것

> 해설
> **병렬운전 조건**
> • 기전력의 크기가 같을 것　　• 기전력의 위상이 같을 것
> • 기전력의 주파수가 같을 것　• 기전력의 파형이 같을 것

30 속도를 광범위하게 조정할 수 있으므로 압연기나 엘리베이터 등에 사용되는 직류 전동기는?

① 직권 전동기　② 분권 전동기
③ 타여자 전동기　④ 가동 복권 전동기

> 해설
> 타여자 전동기는 속도를 광범위하게 조정할 수 있으므로 압연기나 엘리베이터 등에 사용되고, 일그너 방식 또는 워드레오나드 방식의 속도제어장치를 사용하는 경우에 주 전동기로 사용된다.

31 부흐홀츠 계전기의 설치 위치는?

① 변압기 본체와 콘서베이터 사이　② 콘서베이터 내부
③ 변압기의 고압 측 부싱　④ 변압기 주탱크 내부

> 해설
> 변압기의 탱크와 콘서베이터의 연결관 도중에 설치한다.

32 변압기 기름의 구비조건이 아닌 것은?

① 절연내력이 클 것　② 인화점과 응고점이 높을 것
③ 냉각효과가 클 것　④ 산화현상이 없을 것

해설

변압기 기름의 구비조건
- 절연내력이 클 것
- 비열이 커서 냉각효과가 클 것
- 인화점이 높을 것
- 응고점이 낮을 것
- 절연 재료 및 금속에 접촉하여도 화학 작용을 일으키지 않을 것
- 고온에서 석출물이 생기거나, 산화하지 않을 것

---

33 출력 10[kW], 슬립 4[%]로 운전되는 3상 유도전동기의 2차 동손은 약 몇 [W]인가?

① 250

② 315

③ 417

④ 620

해설

$P_2 : P_{2c} : P_o = 1 : S : (1-S)$ 이므로

$P_{2c} : P_o = S : (1-S)$ 에서 P_{c2} 로 정리하면,

$$P_{2c} = \frac{S \cdot P_2}{(1-S)} = \frac{0.04 \times 10 \times 10^3}{(1-0.04)} = 417[\text{W}] \text{가 된다.}$$

---

34 전압을 일정하게 유지하기 위해서 이용되는 다이오드는?

① 발광 다이오드

② 포토 다이오드

③ 제너 다이오드

④ 바리스터 다이오드

해설

제너 다이오드

A K

Anode(+)   Cathode(−)

- 역방향으로 특정 전압(항복전압)을 인가 시에 전류가 급격하게 증가하는 현상을 이용하여 만든 PN 접합 다이오드이다.
- 정류회로의 정전압(전압 안정회로)에 많이 이용한다.

---

35 변압기 절연내력시험 중 권선의 층간 절연시험은?

① 충격전압시험

② 무부하시험

③ 가압시험

④ 유도시험

해설

- 변압기 절연내력시험 : 변압기유의 절연파괴 전압시험, 가압시험, 유도시험, 충격전압시험
- 유도시험 : 변압기나 그 외의 기기는 층간절연을 시험하기 위하여, 권선의 단자 사이에 상호유도전압의 2배 전압을 유도시켜서 유도절연시험을 한다.

정답   **33** ③   **34** ③   **35** ④

36 다음 중 기동 토크가 가장 큰 전동기는?

① 분상기동형   ② 콘덴서모터형

③ 세이딩코일형   ④ 반발기동형

> 해설
>
> **기동 토크가 큰 순서**
> 반발기동형 > 콘덴서모터형 > 분상기동형 > 세이딩코일형

37 유도전동기의 동기속도가 n_s, 회전속도 n일 때 슬립은?

① $s = \dfrac{n_s - n}{n}$ ② $s = \dfrac{n - n_s}{n}$

③ $s = \dfrac{n_s - n}{n_s}$ ④ $s = \dfrac{n_s + n}{n_s}$

> 해설
>
> $$s = \frac{\text{동기속도} - \text{회전속도}}{\text{동기속도}} = \frac{n_s - n}{n_s}$$

38 인버터(Inverter)란?

① 교류를 직류로 변환   ② 직류를 교류로 변환

③ 교류를 교류로 변환   ④ 직류를 직류로 변환

> 해설
>
> • 인버터 : 직류를 교류로 바꾸는 장치
> • 컨버터 : 교류를 직류로 바꾸는 장치
> • 초퍼 : 직류를 다른 전압의 직류로 바꾸는 장치

39 3상 유도전동기의 1차 입력 60[kW], 1차 손실 1[kW], 슬립 3[%]일 때 기계적 출력은 약 몇 [kW]인가?

① 57   ② 75

③ 95   ④ 100

> 해설
>
> $P_2 : P_{2C} : P_o = 1 : S : (1 - S)$이므로
> $P_2 = $ 1차 입력 − 1차 손실 $= 60 - 1 = 59[\text{kW}]$
> $P_o = (1 - S)P_2 = (1 - 0.03) \times 59 ≒ 57[\text{kW}]$

40 역률과 효율이 좋아서 가정용 선풍기, 전기세탁기, 냉장고 등에 주로 사용되는 것은?

① 분상 기동형 전동기   ② 반발 기동형 전동기

③ 콘덴서 기동형 전동기   ④ 셰이딩 코일형 전동기

> 해설
>
> **영구 콘덴서 기동형**
> 원심력스위치가 없어서 가격도 싸고, 보수할 필요가 없으므로 큰 기동토크를 요구하지 않는 선풍기, 냉장고, 세탁기 등에 널리 사용된다.

41 저압 옥내 분기회로에 개폐기 및 과전류 차단기를 분기회로의 과부하 보호장치가 분기회로에 대한 단락의 위험과 화재 및 인체에 대한 위험성이 최소화되도록 시설된 경우, 분기점으로부터 몇 [m] 이하에 시설하여야 하는가?

① 3   ② 5

③ 8   ④ 12

> 해설
>
> 분기회로(S_2)의 과부하 보호장치(P_2)가 분기회로에 대한 단락의 위험과 화재 및 인체에 대한 위험성이 최소화되도록 시설된 경우, 분기점(O)으로부터 3[m] 이내에 설치한다.

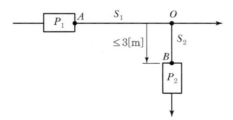

42 접착제를 사용하여 합성수지관을 삽입해 접속할 경우 관의 깊이는 합성수지관 외경의 최소 몇 배인가?

① 0.8배   ② 1.2배

③ 1.5배   ④ 1.8배

> 해설
>
> **합성수지관의 관 상호 접속방법**
> • 커플링에 들어가는 관의 길이는 관 바깥지름의 1.2배 이상으로 한다.
> • 접착제를 사용하는 경우에는 0.8배 이상으로 한다.

43 정격전류 65[A]의 저압용 퓨즈는 정격전류 160[%]에서 몇 분 이내 용단되어야 하는가?

① 60분   ② 120분   ③ 180분   ④ 240분

해설

저압전로에 사용하는 퓨즈

정격전류의 구분	시간	정격전류의 배수	
		불용단 전류	용단 전류
4[A] 이하	60분	1.5배	2.1배
4[A] 초과 16[A] 미만	60분	1.5배	1.9배
16[A] 이상 63[A] 이하	60분	1.25배	1.6배
63[A] 초과 160[A] 이하	120분	1.25배	1.6배
160[A] 초과 400[A] 이하	180분	1.25배	1.6배
400[A] 초과	240분	1.25배	1.6배

44 접지도체에 큰 고장전류가 흐르지 않을 경우에 접지도체는 단면적 몇 [mm²] 이상의 구리선을 사용하여야 하는가?

① $2.5[mm^2]$ ② $6[mm^2]$ ③ $10[mm^2]$ ④ $16[mm^2]$

해설

접지도체의 단면적

접지도체에 큰 고장전류가 흐르지 않을 경우	• 구리 : $6[mm^2]$ 이상 • 철제 : $50[mm^2]$ 이상
접지도체에 피뢰시스템이 접속되는 경우	• 구리 : $16[mm^2]$ 이상 • 철제 : $50[mm^2]$ 이상

45 도로를 횡단하여 시설하는 지선의 높이는 지표상 몇 [m] 이상이어야 하는가?

① 5[m]   ② 6[m]   ③ 8[m]   ④ 10[m]

해설

지선은 도로 횡단 시 높이 5[m] 이상이어야 한다.

46 무대, 무대 밑, 오케스트라 박스, 영사실, 기타 사람이나 무대 도구가 접촉할 우려가 있는 장소에 시설하는 저압옥내배선, 전구선 또는 이동전선은 사용전압이 몇 [V] 이하이어야 하는가?

① 60[V]   ② 110[V]   ③ 220[V]   ④ 400[V]

해설

전시회, 쇼 및 공연장 : 저압옥내배선, 전구선 또는 이동전선은 사용전압이 400[V] 이하이어야 한다.

정답   **43** ②   **44** ②   **45** ①   **46** ④

47 변압기 고압 측 전로의 1선 지락전류가 5[A]일 때 접지저항의 최댓값은?(단, 혼촉에 의한 대지전압은 150[V]이다.)

① 25[Ω]　　　　　　　　　　② 30[Ω]

③ 35[Ω]　　　　　　　　　　④ 40[Ω]

해설

1선 지락전류가 5A이므로 $\frac{150}{5} = 30[\Omega]$

48 전등 한 개를 2개소에서 점멸하고자 할 때 옳은 배선은?

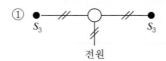 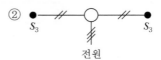

 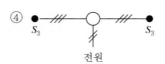

해설

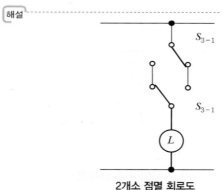

2개소 점멸 회로도

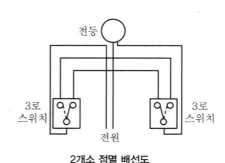

2개소 점멸 배선도

49 배전반을 나타내는 그림 기호는?

① 　　　　　　　② ▢

③ ▰　　　　　　　④ ▢ S

해설

① 분전반　② 배전반　③ 제어반　④ 개폐기

50 배선설계를 위한 전동 및 소형 전기기계 · 기구의 부하용량 산정 시 건축물의 종류에 대응한 표준부하에서 원칙적으로 표준부하를 20[VA/m²]으로 적용하여야 하는 건축물은?

① 교회, 극장
② 학교, 음식점
③ 은행, 상점
④ 아파트, 미용원

해설

건물의 표준부하

건물의 종류 및 부분	표준부하밀도[VA/m²]
공장, 공회장, 사원, 교회, 극장, 영화관	10
학교, 기숙사, 여관, 호텔, 병원, 음식점, 다방	20
주택, 아파트, 사무실, 은행, 백화점, 상점	30

51 석유류를 저장하는 장소의 공사방법 중 틀린 것은?

① 케이블 공사
② 애자사용 공사
③ 금속관 공사
④ 합성수지관 공사

해설

위험물이 있는 곳의 공사 : 금속전선관 공사, 합성수지관 공사(두께 2[mm] 이상), 케이블 공사에 의하여 시설한다. 금속전선관, 합성수지관, 케이블은 대부분의 전기공사에 사용할 수 있으며, 합성수지관은 열에 약한 특성이 있으므로 화재의 우려가 있는 장소는 제한된다.

52 사용전압이 400[V] 이하인 금속관 공사에서 접지공사를 생략할 수 있는 경우는?

① 관의 길이가 4[m] 이하인 것을 건조한 장소에 시설하는 경우
② 교류 대지전압이 220[V] 이하인 것을 건조한 장소에 시설하는 경우
③ 관의 길이가 8[m] 이하인 것을 건조한 장소에 시설하는 경우
④ 사람이 쉽게 접촉할 우려가 없는 장소에 금속관 공사를 시설하는 경우

해설

금속관 공사에서 사용전압이 400[V] 이하인 다음의 경우에는 접지공사를 생략할 수 있다.
• 관의 길이가 4[m] 이하인 것을 건조한 장소에 시설하는 경우
• 건조한 장소 또는 사람이 쉽게 접촉할 우려가 없는 장소에 사용전압이 직류 300[V] 또는 교류 대지전압 150[V] 이하로 관의 길이가 8[m] 이하인 것을 시설하는 경우

53 건물의 이중천장(반자 속 포함) 내부에 저압 옥내배선 공사를 할 수 없는 방법은?

① 금속관 공사
② 가요전선관 공사
③ 애자 공사
④ 합성수지관 공사

정답 **50** ② **51** ② **52** ① **53** ④

해설
> 새로 제정된 한국전기설비규정(KEC)에서 합성수지관 공사는 이중천장(반자 속 포함) 내부 및 중량물의 압력 또는 심한 기계적 충격을 받는 장소에서 시설해서는 안 된다(콘크리트 매입은 제외).

54 과부하전류에 대해 전선을 보호하기 위한 조건 중 가장 큰 전류는?

① 보호장치의 정격전류　　　　　　② 회로의 설계전류

③ 전선의 허용전류　　　　　　　　④ 보호장치의 동작전류

해설
> 전선을 과전류로부터 보호하기 위해서는 전선의 허용전류보다 보호장치의 정격전류 및 동작전류, 회로의 설계전류가 작아야 한다.

55 굵은 전선이나 케이블을 절단할 때 사용되는 공구는?

① 클리퍼　　　　　② 펜치　　　　　③ 나이프　　　　　④ 플라이어

해설
> **클리퍼(Clipper)**
> 굵은 전선을 절단하는 데 사용하는 가위

56 배전반 및 분전반의 설치장소로 적합하지 않은 곳은?

① 안정된 장소

② 밀폐된 장소

③ 개폐기를 쉽게 개폐할 수 있는 장소

④ 전기회로를 쉽게 조작할 수 있는 장소

해설
> 전기부하의 중심 부근에 위치하면서, 스위치 조작을 안정적으로 할 수 있는 곳에 설치하여야 한다.

57 소맥분, 전분, 기타 가연성 분진이 존재하는 곳의 저압 옥내배선 공사방법에 해당되는 것으로 짝지어진 것은?

① 케이블 공사, 애자 사용 공사

② 금속관 공사, 콤바인 덕트관, 애자 사용 공사

③ 케이블 공사, 금속관 공사, 애자 사용 공사

④ 케이블 공사, 금속관 공사, 합성수지관 공사

가연성 분진이 존재하는 곳

가연성의 먼지로서 공중에 떠다니는 상태에서 착화하였을 때, 폭발의 우려가 있는 곳의 저압 옥내배선은 합성 수지관 배선, 금속전선관 배선, 케이블 배선에 의하여 시설한다.

58 변압기 중성점에 접지공사를 하는 이유는?

① 전류 변동의 방지   ② 전압 변동의 방지

③ 전력 변동의 방지   ④ 고저압 혼촉 방지

변압기 중성점에 접지공사를 하는 이유는 높은 전압과 낮은 전압이 혼촉 사고가 발생했을 때 사람에게 위험을 주는 높은 전류를 대지로 흐르게 하기 위함이다.

59 연선 결정에 있어서 중심 소선을 뺀 층수가 3층이다. 전체 소선 수는?

① 91   ② 61   ③ 37   ④ 19

총 소선 수

$N = 3N(N+1) + 1 = 3 \times 3 \times (3+1) + 1 = 37$

60 60[cd]의 점광원으로부터 2[m]의 거리에서 그 방향과 직각인 면과 30° 기울어진 평면 위의 조도[lx]는?

① 7.5   ② 10.8   ③ 13.0   ④ 13.8

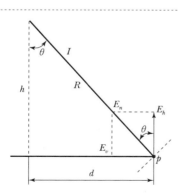

법선조도 $E_n = \dfrac{I}{R^2}$

수평면 조도 $E_h = E_n \cos\theta = \dfrac{I}{R^2}\cos\theta$

수직면 조도 $E_v = E_n \sin\theta = \dfrac{I}{R^2}\sin\theta$

즉, $E_h = E_n \cos\theta = \dfrac{I}{R^2}\cos\theta = \dfrac{60}{2^2} \times \cos 30° ≒ 13[\text{lx}]$

01 그림과 같이 I[A]의 전류가 흐르고 있는 도체의 미소부분 Δl의 전류에 의해 이 부분이 r[m] 떨어진 점 P의 자기장 ΔH[A/m]는?

① $\Delta H = \dfrac{I^2 \Delta l \sin\theta}{4\pi r^2}$

② $\Delta H = \dfrac{I \Delta l^2 \sin\theta}{4\pi r}$

③ $\Delta H = \dfrac{I^2 \Delta l \sin\theta}{4\pi r}$

④ $\Delta H = \dfrac{I \Delta l \sin\theta}{4\pi r^2}$

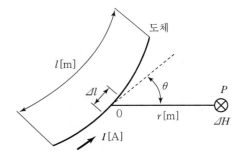

해설

비오-사바르 법칙

전류의 방향에 따른 자기장의 세기 정의 $\Delta H = \dfrac{I \Delta l}{4\pi r^2} \sin\theta$ [AT/m]

02 $R - C$ 직렬회로의 시정수 τ[s]는?

① $\dfrac{R}{C}$ [s]   ② RC [s]   ③ $\dfrac{C}{R}$ [s]   ④ $\dfrac{1}{RC}$ [s]

해설

시정수(시상수)

전류가 감소하기 시작해서 63.2[%]에 도달하기까지의 시간

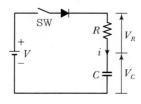 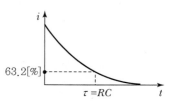

03 그림과 같은 회로에서 $3[\Omega]$에 흐르는 전류 I[A]는?

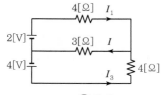

① 0.3   ② 0.6   ③ 0.9   ④ 1.2

해설

키르히호프의 제1법칙을 적용하면,
$I = I_1 + I_2$이다.
아래 그림과 같이 접속점의 전압 V를 정하면,

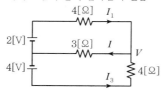

각 지로에 흐르는 전류는
$I_1 = \dfrac{2-V}{4}$, $I = \dfrac{V}{3}$, $I_3 = \dfrac{4-V}{4}$ 이다.
각 전류의 계산식을 $I = I_1 + I_2$에 대입하면,
$\dfrac{V}{3} = \dfrac{2-V}{4} + \dfrac{4-V}{4}$ 에서 $V = \dfrac{9}{5}$[V]이다.
따라서, $I = \dfrac{\dfrac{9}{5}}{3} = 0.6$[A]이다.

04 다음 중 자기저항의 단위는?

① [A/Wb]　　　　　　　　　　② [AT/m]
③ [AT/Wb]　　　　　　　　　　④ [AT/H]

해설

자기저항(Reluctance)
$R = \dfrac{l}{\mu A} = \dfrac{NI}{\phi}$ [AT/Wb]

05 두 코일의 자체 인덕턴스를 L_1[H], L_2[H]라 하고 상호 인덕턴스를 M이라 할 때, 두 코일을 자속이 동일한 방향과 역방향이 되도록 하여 직렬로 각각 연결하였을 경우, 합성 인덕턴스의 큰 쪽과 작은 쪽의 차는?

① M　　　　　　　　　　　　② $2M$
③ $4M$　　　　　　　　　　　　④ $8M$

해설

• 가동 접속 시(같은 방향연결) 합성 인덕턴스 : $L_1 + L_2 + 2M$
• 차동 접속 시(반대 방향연결) 합성 인덕턴스 : $L_1 + L_2 - 2M$
따라서, $(L_1 + L_2 + 2M) - (L_1 + L_2 - 2M) = 4M$이다.

정답　**04** ③　**05** ③

06 권수 N인 코일에 I[A]의 전류가 흘러 자속 ϕ[Wb]가 발생할 때의 인덕턴스는 몇 [H]인가?

① $\dfrac{N\phi}{I}$

② $\dfrac{I\phi}{N}$

③ $\dfrac{NI}{\phi}$

④ $\dfrac{\phi}{NI}$

해설

자기 인덕턴스 $L = \dfrac{N\phi}{I}$ [H]

07 단면적 5[cm²], 길이 1[m], 비투자율 10^3인 환상 철심에 600회의 권선을 감고 이것에 0.5[A]의 전류를 흐르게 한 경우 기자력은?

① 100[AT]

② 200[AT]

③ 300[AT]

④ 400[AT]

해설

기자력 $F = NI = 600 \times 0.5 = 300$[AT]

08 단상전력계 2대를 사용하여 2전력계법으로 3상 전력을 측정하고자 한다. 두 전력계의 지시값이 각각 P_1, P_2[W]일 때 3상 전력 P[W]를 구하는 식은?

① $P = \sqrt{3}\,(P_1 \times P_2)$

② $P = P_1 - P_2$

③ $P = P_1 \times P_2$

④ $P = P_1 + P_2$

해설

2전력계법에 의한 3상 전력
- 유효전력 : $P = P_1 + P_2$ [W]
- 무효전력 : $P_r = \sqrt{3}\,(P_1 - P_2)$ [Var]
- 피상전력 : $P_a = \sqrt{(P^2 + P_r^2)}$ [VA]

09 황산구리($CuSO_4$) 전해액에 2개의 구리판을 넣고 전원을 연결하였을 때 음극에서 나타나는 현상으로 옳은 것은?

① 변화가 없다.

② 구리판이 두꺼워진다.

③ 구리판이 얇아진다.

④ 수소 가스가 발생한다.

해설

황산구리 용액에 전극을 넣고 전류를 흘리면 음극판에 구리가 석출되면서 전극이 두꺼워진다.

10 2[F]의 콘덴서에 25[J]의 에너지가 저장되어 있다면, 콘덴서에 공급된 전압은 몇 [V]인가?

① 2 　　　　　　② 3 　　　　　　③ 4 　　　　　　④ 5

해설

콘덴서에 공급된 전압 $V = \sqrt{\dfrac{2W}{C}} = \sqrt{\dfrac{2 \times 25}{2}} = 5[\text{V}]$

11 N형 반도체의 주 반송자는 어느 것인가?

① 억셉터 　　　　② 전자 　　　　③ 도너 　　　　④ 정공

해설

불순물 반도체의 종류

구분	첨가 불순물	명칭	반송자
N형 반도체	5가 원자[인(P), 비소(As), 안티몬(Sb)]	도너(Donor)	과잉전자
P형 반도체	3가 원자[붕소(B), 인디움(In), 알루미늄(Al)]	억셉터(Acceptor)	정공

12 공기 중에서 $+m[\text{Wb}]$의 자극으로부터 나오는 자력선의 총수를 나타낸 것은?

① m 　　　　② $\dfrac{\mu_0}{m}$ 　　　　③ $\dfrac{m}{\mu_0}$ 　　　　④ $\mu_0 m$

해설

가우스의 정리(Gauss Theorem)

임의의 폐곡면 내의 전체 자하량 $m[\text{Wb}]$이 있을 때 이 폐곡면을 통해서 나오는 자기력선의 총수는 $\dfrac{m}{\mu}$ 개이다. 공기 중이므로 $\mu_s = 1$, 즉 자력선의 총수는 $\dfrac{m}{\mu_0}$ 개이다.

13 다음 회로의 합성 정전용량[μF]은?

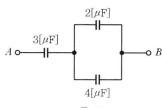

① 5 　　　　　② 4 　　　　　③ 3 　　　　　④ 2

해설

- 2[μF]과 4[μF]의 병렬합성 정전용량 : 6[μF]
- 3[μF]과 6[μF]의 직렬합성 정정용량 : $\dfrac{3 \times 6}{3 + 6} = 2[\mu\text{F}]$

14 전류에 의해 만들어지는 자기장의 자기력선 방향을 간단하게 알아내는 방법은?

① 플레밍의 왼손 법칙

② 렌츠의 자기유도 법칙

③ 앙페르의 오른나사 법칙

④ 패러데이의 전자유도 법칙

> 해설
>
> **앙페르의 오른나사의 법칙**
> - 전류에 의하여 생기는 자기장의 자력선의 방향을 결정한다.
> - 직선 전류에 의한 자기장의 방향 : 전류가 흐르는 방향으로 오른나사를 진행시키면 나사가 회전하는 방향으로 자력선이 생긴다.

15 공기 중에 10[μC]과 20[μC]을 1[m] 간격으로 놓을 때 발생되는 정전력[N]은?

① 1.8

② 2.2

③ 4.4

④ 6.3

> 해설
>
> 쿨롱의 법칙에서 정전력 $F = \dfrac{1}{4\pi\varepsilon}\dfrac{Q_1 Q_2}{r^2}$[N]이고,
>
> 공기나 진공에서는 $\varepsilon_s = 1$이고, $\varepsilon_0 = 8.855 \times 10^{-12}$이다.
>
> 따라서, 정전력 $F = \dfrac{1}{4\pi \times 8.855 \times 10^{-12} \times 1} \times \dfrac{10 \times 10^{-6} \times 20 \times 10^{-6}}{1^2} = 1.8$[N]

16 "회로의 접속점에서 볼 때, 접속점에 흘러 들어오는 전류의 합은 흘러 나가는 전류의 합과 같다."라고 정의되는 법칙은?

① 키르히호프의 제1법칙

② 키르히호프의 제2법칙

③ 플레밍의 오른손 법칙

④ 앙페르의 오른나사 법칙

> 해설
>
> ① 키르히호프의 제1법칙 : 회로 내의 임의의 접속점에서 들어가는 전류와 나오는 전류의 대수합은 0이다.
> ② 키르히호프의 제2법칙 : 회로 내의 임의의 폐회로에서 한쪽 방향으로 일주하면서 취할 때 공급된 기전력의 대수합은 각 지로에서 발생한 전압강하의 대수합과 같다.
> ③ 플레밍의 오른손 법칙 : 자기장 내에 있는 도체가 움직일 때 기전력의 방향과 크기가 결정된다.
> ④ 앙페르의 오른나사 법칙 : 전류에 의해 만들어지는 자기장의 자력선 방향이 결정된다.

17 비사인파 교류회로의 전력에 대한 설명으로 옳은 것은?

① 전압의 제3고조파와 전류의 제3고조파 성분 사이에서 소비전력이 발생한다.

② 전압의 제2고조파와 전류의 제3고조파 성분 사이에서 소비전력이 발생한다.

③ 전압의 제3고조파와 전류의 제5고조파 성분 사이에서 소비전력이 발생한다.

④ 전압의 제6고조파와 전류의 제7고조파 성분 사이에서 소비전력이 발생한다.

> 해설
>
> 비사인파의 유효전력(소비전력)은 주파수가 같은 전압과 전류에 의한 유효전력의 대수의 합이다. 따라서, 전압과 전류가 같은 고조파에서 유효전력이 발생한다.

18 PN 접합 다이오드의 대표적인 작용으로 옳은 것은?

① 정류작용   ② 변조작용

③ 증폭작용   ④ 발진작용

> 해설
>
> **PN 접합 다이오드 또는 다이오드(Diode, D)**
>
> PN 접합 양단에 가해지는 전압의 방향에 따라 전류를 흐르게 하거나 흐르지 못하게 하는 작용을 정류작용이라고 하며, 이 성질을 이용한 반도체소자가 다이오드이다.

19 $R_1[\Omega]$, $R_2[\Omega]$, $R_3[\Omega]$의 저항 3개를 직렬 접속했을 때의 합성저항$[\Omega]$은?

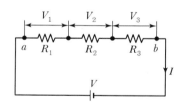

① $R = \dfrac{R_1 \cdot R_2 \cdot R_3}{R_1 + R_2 + R_3}$ ② $R = \dfrac{R_1 + R_2 + R_3}{R_1 \cdot R_2 \cdot R_3}$

③ $R = R_1 \cdot R_2 \cdot R_3$ ④ $R = R_1 + R_2 + R_3$

> 해설
>
> 저항의 직렬 연결 시 합성저항은 모두 합하여 구한다.

정답   **17** ①   **18** ①   **19** ④

20 그림과 같은 RL 병렬회로의 위상각 θ는?

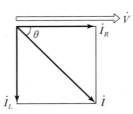

① $\tan^{-1}\dfrac{\omega L}{R}$

② $\tan^{-1}\omega RL$

③ $\tan^{-1}\dfrac{R}{\omega L}$

④ $\tan^{-1}\dfrac{1}{\omega RL}$

해설

위상각 $\theta = \tan^{-1}\dfrac{I_L}{I_R} = \tan^{-1}\dfrac{\dfrac{V}{X_L}}{\dfrac{V}{R}} = \tan^{-1}\dfrac{R}{X_L} = \tan^{-1}\dfrac{R}{\omega L}$

21 20[kVA]의 단상 변압기 2대를 사용하여 V–V결선으로 하고 3상 전원을 얻고자 한다. 이때 여기에 접속시킬 수 있는 3상 부하의 용량은 약 몇 [kVA]인가?

① 34.6　　　② 44.6　　　③ 54.6　　　④ 66.6

해설

V결선 3상 용량 $P_v = \sqrt{3}\,P = \sqrt{3}\times 20 = 34.6[\text{kVA}]$

22 동기기의 전기자 권선법이 아닌 것은?

① 2층 분포권　　　② 단절권　　　③ 중권　　　④ 전절권

해설

동기기는 주로 분포권, 단절권, 2층권, 중권이 쓰이고 결선은 Y결선으로 한다.

23 단상 유도전동기의 기동방법 중 기동토크가 가장 큰 것은?

① 분상기동형　　　　　　② 반발유도형
③ 콘덴서기동형　　　　　④ 반발기동형

해설

기동토크가 큰 순서
반발기동형 → 콘덴서기동형 → 분상기동형 → 셰이딩코일형

24 분권전동기에 대한 설명으로 옳지 않은 것은?

① 토크는 전기자전류의 자승에 비례한다.
② 부하전류에 따른 속도 변화가 거의 없다.
③ 계자회로에 퓨즈를 넣어서는 안 된다.
④ 계자권선과 전기자권선이 전원에 병렬로 접속되어 있다.

> 해설 ┄┄┄┄┄┄┄┄┄┄┄┄┄┄┄┄┄┄┄┄┄┄┄┄┄┄┄┄┄┄┄┄┄┄┄┄
> 전기자와 계자권선이 병렬로 접속되어 있어서 단자전압이 일정하면, 부하전류에 관계없이 자속이 일정하므로 타여자 전동기와 거의 동일한 특성을 가진다. 또한 계자전류가 0이 되면 속도가 급격히 상승하여 위험하기 때문에 계자회로에 퓨즈를 넣어서는 안 된다.

25 유도전동기에서 원선도 작성 시 필요하지 않은 시험은?

① 무부하 시험   ② 구속 시험
③ 저항 측정   ④ 슬립 측정

> 해설 ┄┄┄┄┄┄┄┄┄┄┄┄┄┄┄┄┄┄┄┄┄┄┄┄┄┄┄┄┄┄┄┄┄┄┄┄
> **원선도 작성에 필요한 시험**
> 저항 측정, 무부하 시험, 구속 시험

26 2극 3,600[rpm]인 동기발전기와 병렬 운전하려는 12극 발전기의 회전 수는?

① 600[rpm]   ② 3,600[rpm]
③ 7,200[rpm]   ④ 21,600[rpm]

> 해설 ┄┄┄┄┄┄┄┄┄┄┄┄┄┄┄┄┄┄┄┄┄┄┄┄┄┄┄┄┄┄┄┄┄┄┄┄
> 병렬운전 조건 중 주파수가 같아야 하는 조건이 있으므로,
> - $N_s = \dfrac{120f}{P}$ 에서 2극의 발전기의 주파수 $f = \dfrac{2 \times 3,600}{120} = 60[\text{Hz}]$
> - 12극 발전기의 회전 수 $N_s = \dfrac{120f}{P} = \dfrac{120 \times 60}{12} = 600[\text{rpm}]$

27 변압기의 규약효율은?

① $\dfrac{출력}{입력} \times 100[\%]$ ② $\dfrac{출력}{출력 + 손실} \times 100[\%]$

③ $\dfrac{출력}{입력 - 손실} \times 100[\%]$ ④ $\dfrac{입력 + 손실}{입력} \times 100[\%]$

> 해설 ┄┄┄┄┄┄┄┄┄┄┄┄┄┄┄┄┄┄┄┄┄┄┄┄┄┄┄┄┄┄┄┄┄┄┄┄
> $\eta_{Tr} = \dfrac{출력}{출력 + 손실} \times 100[\%] = \dfrac{입력 - 손실}{입력} \times 100[\%]$

정답 **24** ① **25** ④ **26** ① **27** ②

28 인버터(Inverter)란?

① 교류를 직류로 변환   ② 직류를 교류로 변환

③ 교류를 교류로 변환   ④ 직류를 직류로 변환

해설
- 인버터 : 직류를 교류로 바꾸는 장치
- 컨버터 : 교류를 직류로 바꾸는 장치
- 초퍼 : 직류를 다른 전압의 직류로 바꾸는 장치

29 직류발전기의 자극 수가 6, 전기자 총도체 수가 400, 회전 수가 600[rpm], 전기자에 유기되는 기전력이 120[V]일 때 매 극당 자속은 몇 [Wb]인가?(단, 전기자권선은 파권이다.)

① 0.1   ② 0.01

③ 0.3   ④ 0.03

해설

$E = \dfrac{P}{a} Z\phi \dfrac{N}{60}$ [V]에서 파권($a=2$)이므로,

$120 = \dfrac{6}{2} \times 400 \times \phi \times \dfrac{600}{60}$ 에서 자속은 0.01[Wb]이다.

30 정격전압 230[V], 정격전류 28[A]에서 직류전동기의 속도가 1,680[rpm]이다. 무부하에서의 속도가 1,733[rpm]이라고 할 때 속도 변동률[%]은 약 얼마인가?

① 6.1   ② 5.0   ③ 4.6   ④ 3.2

해설

$\varepsilon = \dfrac{N_o - N_n}{N_n} \times 100 [\%]$ 이므로,

$\varepsilon = \dfrac{1,733 - 1,680}{1,680} \times 100 = 3.2[\%]$ 이다.

31 속도를 광범위하게 조정할 수 있으므로 압연기나 엘리베이터 등에 사용되는 직류전동기는?

① 직권전동기   ② 분권전동기

③ 타여자전동기   ④ 가동복권전동기

해설

타여자전동기는 속도를 광범위하게 조정할 수 있으므로 압연기나 엘리베이터 등에 사용되고, 일그너 방식 또는 워드 레오너드 방식의 속도 제어 장치를 사용하는 경우에 주 전동기로 사용된다.

32 직류전동기를 기동할 때 전기자전류를 제한하는 가감저항기를 무엇이라 하는가?

① 단속기 ② 제어기 ③ 가속기 ④ 기동기

해설

직류전동기의 기동전류를 제한하기 위해 전기자에 직렬로 기동저항을 연결한다.

33 직류전동기의 속도제어법이 아닌 것은?

① 전압제어법 ② 계자제어법 ③ 저항제어법 ④ 주파수제어법

해설

직류전동기의 속도제어법
- 계자제어 : 정출력 제어
- 저항제어 : 전력손실이 크며, 속도제어의 범위가 좁다.
- 전압제어 : 정토크 제어

34 형권 변압기의 용도 중 맞는 것은?

① 소형 변압기 ② 중형 변압기 ③ 중대형 변압기 ④ 대형 변압기

해설

형권 변압기
목재 권형 또는 절연통 위에 감은 코일을 절연 처리를 한 다음 조립하는 것으로 주로 중대형 변압기에 많이 사용된다.

35 권수비가 30인 변압기의 1차에 6,600[V]를 가할 때 2차 전압은 몇 [V]인가?

① 220 ② 380 ③ 420 ④ 660

해설

$$V_2 = \frac{V_1}{a} = \frac{6,600}{30} = 220[\text{V}]$$

36 변압기의 자속에 관한 설명으로 옳은 것은?

① 전압과 주파수에 반비례한다. ② 전압과 주파수에 비례한다.
③ 전압에 반비례하고 주파수에 비례한다. ④ 전압에 비례하고 주파수에 반비례한다.

해설

유도기전력 $E = 4.44 \cdot f \cdot N \cdot \phi_m$

$$\phi_m \propto E, \ \phi_m \propto \frac{1}{f}$$

정답 **32** ④ **33** ④ **34** ③ **35** ① **36** ④

37 변압기에서 퍼센트 저항강하가 3[%], 리액턴스 강하가 4[%]일 때 역률 0.8(지상)에서의 전압변동률은?

① 2.4[%] ② 3.6[%] ③ 4.8[%] ④ 6[%]

> **해설**
>
> $\varepsilon = p\cos\theta + q\sin\theta = 3 \times 0.8 + 4 \times 0.6 = 4.8[\%]$
>
> 여기서, $\sin\theta = \sin(\cos^{-1}0.8) = 0.6$

38 변압기유로 쓰이는 절연유에 요구되는 성질이 아닌 것은?

① 점도가 클 것
② 비열이 커서 냉각 효과가 클 것
③ 절연재료 및 금속재료에 화학작용을 일으키지 않을 것
④ 인화점이 높고 응고점이 낮을 것

> **해설**
>
> **변압기유의 구비조건**
> • 절연내력이 클 것   • 비열이 커서 냉각 효과가 클 것
> • 인화점이 높고, 응고점이 낮을 것   • 고온에서도 산화하지 않을 것
> • 절연재료와 화학작용을 일으키지 않을 것   • 점성도가 작고 유동성이 풍부할 것

39 수전단 발전소용 변압기 결선에 주로 사용하고 있으며 한쪽은 중성점을 접지할 수 있고 다른 한쪽은 제3고조파에 의한 영향을 없애주는 장점을 가지고 있는 3상 결선방식은?

① Y-Y ② $\Delta-\Delta$ ③ Y-Δ ④ V

> **해설**
>
> **Y-Δ결선**
> • 변압기 1차 권선에 선간전압의 $\dfrac{1}{\sqrt{3}}$ 배의 전압이 유도되고, 2차 권선에는 1차 전압의 $\dfrac{1}{a}$ 배의 전압이 유도된다.
> • 수전단 변전소의 변압기와 같이 강압용 변압기에 주로 사용한다.
> • 1차 측 Y결선은 중성점접지가 가능하고, 2차 측 Δ결선은 제3고조파를 제거한다.

40 주파수가 60[Hz]인 3상 4극의 유도전동기가 있다. 슬립이 3[%]일 때 이 전동기의 회전 수는 몇 [rpm]인가?

① 1,200 ② 1,526 ③ 1,746 ④ 1,800

> **해설**
>
> $s = \dfrac{N_s - N}{N_s}$ 이므로 $0.03 = \dfrac{1,800 - N}{1,800}$ 에서 $N = 1,746[\text{rpm}]$이다.
>
> 여기서, $N_s = \dfrac{120f}{P} = \dfrac{120 \times 60}{4} = 1,800[\text{rpm}]$

41 인입용 비닐절연전선을 나타내는 기호는?

① OW　　　　　　　　　　② EV

③ DV　　　　　　　　　　④ NV

해설

명칭	기호	비고
인입용 비닐절연전선 2개 꼬임	DV 2R	70[℃]
인입용 비닐절연전선 3개 꼬임	DV 3R	70[℃]

42 금속관 공사에서 금속전선관의 나사를 낼 때 사용하는 공구는?

① 밴더　　　　　　　　　　② 커플링

③ 로크너트　　　　　　　　④ 오스터

43 지중전선로를 직접 매설식에 의하여 차량 기타 중량물의 압력을 받을 우려가 있는 장소에 시설하는 경우 매설 깊이는 몇 [m] 이상이어야 하는가?

① 0.6[m]　　　　　　　　② 1.0[m]

③ 1.2[m]　　　　　　　　④ 1.6[m]

해설

직접 매설식 케이블의 매설 깊이
• 차량 등 중량물의 압력을 받을 우려가 있는 장소 : 1.0[m] 이상
• 기타 장소 : 0.6[m] 이상

44 공연장에 사용하는 저압 전기설비 중 이동전선의 사용전압은 몇 [V] 이하이어야 하는가?

① 100　　　　　　　　　　② 200

③ 400　　　　　　　　　　④ 600

해설

전시회, 쇼 및 공연장
• 무대, 무대마루 밑, 오케스트라 박스, 영사실, 기타의 사람이나 무대 도구가 접촉할 우려가 있는 곳
• 저압 옥내배선, 전구선 또는 이동전선은 사용전압이 400[V] 이하

정답　**41** ③　**42** ④　**43** ②　**44** ③

45 저압전로의 보호도체 및 중성선의 접속방식에 따른 계통접지에 해당되지 않는 것은?

① TT 계통   ② TI 계통

③ TN 계통   ④ IT 계통

> 해설

저압전로의 보호도체 및 중성선의 접속방식에 따른 분류

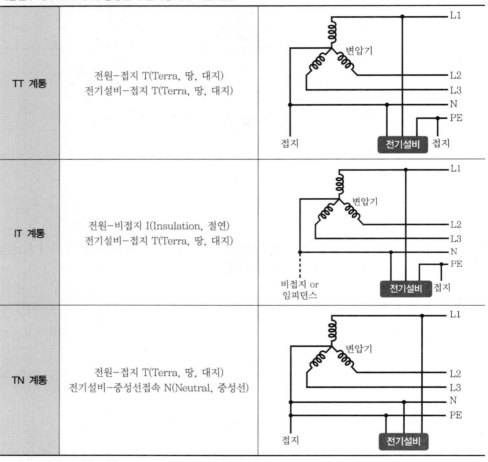

구분	설명	
TT 계통	전원–접지 T(Terra, 땅, 대지) 전기설비–접지 T(Terra, 땅, 대지)	
IT 계통	전원–비접지 I(Insulation, 절연) 전기설비–접지 T(Terra, 땅, 대지)	
TN 계통	전원–접지 T(Terra, 땅, 대지) 전기설비–중성선접속 N(Neutral, 중성선)	

46 일반적으로 저압 가공 인입선이 도로를 횡단하는 경우 노면상 설치 높이는 몇 [m] 이상이어야 하는 가?

① 3[m]　　　　　② 4[m]　　　　　③ 5[m]　　　　　④ 6.5[m]

해설

인입선의 높이

구분	저압[m]	고압[m]	특고압[m]	
			35[kV] 이하	35~160[kV]
도로횡단	5	6	6	–
철도 궤도 횡단	6.5	6.5	6.5	6.5
횡단보도교 위	3	3.5	4	5
기타	4	5	5	6

47 분기회로의 과부하 보호장치가 분기회로에 대한 단락의 위험과 화재 및 인체에 대한 위험성을 최소화 하도록 시설된 경우, 옥내간선과의 분기점에서 몇 [m] 이하의 곳에 시설하여야 하는가?

① 3　　　　　② 4　　　　　③ 5　　　　　④ 8

해설

과부하 보호장치의 설치위치

원칙	전로 중 도체의 단면적, 특성, 설치방법, 구성의 변경으로 도체의 허용전류값이 줄어드는 곳에 설치
	분기회로(S_2)의 과부하 보호장치(P_2)가 분기회로에 대한 단락보호가 이루어지는 경우 임의의 거리에 설치
예외	분기회로(S_2)의 과부하 보호장치(P_2)가 분기회로에 대한 단락의 위험과 화재 및 인체에 대한 위험성을 최소화하도록 시설된 경우, 분기점(O)으로부터 3[m] 이내에 설치

48 절연전선으로 가선된 배전선로에서 활선 상태인 경우 전선의 피복을 벗기는 것은 매우 곤란한 작업이다. 이런 경우 활선 상태에서 전선의 피복을 벗기는 공구는?

① 전선 피박기
② 애자커버
③ 와이어 통
④ 데드 엔드 커버

> **해설**
>
> **활선장구의 종류**
> • 와이어 통 : 활선을 움직이거나 작업권 밖으로 밀어낼 때 사용하는 절연봉
> • 전선 피박기 : 활선 상태에서 전선의 피복을 벗기는 공구
> • 데드 엔드 커버 : 현수애자나 데드 엔드 클램프 접촉에 의한 감전사고를 방지하기 위해 사용

49 논이나 기타 지반이 약한 곳에 건주 공사 시 전주의 넘어짐을 방지하기 위해 시설하는 것은?

① 완금
② 근가
③ 완목
④ 행거밴드

> **해설**
>
> **근가**
> 전주의 넘어짐을 방지하기 위해 시설한다.

50 가공 전선로의 지지물에 시설하는 지선의 인장하중은 몇 [kN] 이상이어야 하는가?

① 440
② 220
③ 4.31
④ 2.31

> **해설**
>
> 지선용 철선은 4.0[mm] 아연도금 철선 3조 이상 또는 7/2.6[선/mm] 아연도금 철선을 사용하며, 안전율 2.5 이상, 허용 인장 하중 값은 440[kg](4.31[kN]) 이상으로 한다.

51 정격전류가 50[A]인 저압전로의 산업용 배선용 차단기를 사용하는 경우 정격전류의 1.3배의 전류가 통과하였을 경우 몇 분 이내에 자동적으로 동작하여야 하는가?

① 30분
② 60분
③ 90분
④ 120분

> **해설**
>
> 과전류 차단기로 저압전로에 사용되는 산업용 배선용 차단기의 동작특성

정격전류의 구분	트립 동작시간	정격전류의 배수(모든 극에 통전)	
		부동작 전류	동작 전류
63[A] 이하	60분	1.05배	1.3배
63[A] 초과	120분	1.05배	1.3배

52 조명용 백열전등을 호텔 또는 여관 객실의 입구에 설치하거나 일반 주택 및 아파트 각 실의 현관에 설치할 때 사용되는 스위치는?

① 타임스위치

② 누름버튼스위치

③ 토클스위치

④ 로터리스위치

53 전선로의 직선부분을 지지하는 애자는?

① 핀애자

② 지지애자

③ 가지애자

④ 구형애자

해설
- 가지애자 : 전선로의 방향을 변경할 때 사용
- 구형애자 : 지선의 중간에 사용하여 감전 방지

54 합성수지관을 새들 등으로 지지하는 경우 지지점 간의 거리는 몇 [m] 이하인가?

① 1.5

② 2.0

③ 2.5

④ 3.0

해설
합성수지관의 지지점 간의 거리는 1.5[m] 이하로 한다.

55 다음 중 금속 덕트 공사의 시설방법 중 틀린 것은?

① 덕트 상호 간은 견고하고 또한 전기적으로 완전하게 접속할 것

② 덕트 지지점 간의 거리는 3[m] 이하로 할 것

③ 덕트의 끝부분은 열어 둘 것

④ 저압 옥내배선의 덕트에 접지공사를 할 것

해설
덕트의 말단은 막아야 한다.

56 과부하전류에 대해 전선을 보호하기 위한 조건 중 가장 큰 전류는?

① 보호장치의 정격전류

② 회로의 설계전류

③ 전선의 허용전류

④ 보호장치의 동작전류

해설
전선을 과전류로부터 보호하기 위해서는 전선의 허용전류보다 보호장치의 정격전류 및 동작전류, 회로의 설계전류가 작아야 한다.

정답 **52** ① **53** ① **54** ① **55** ③ **56** ③

57 접지전극의 매설 깊이는 몇 [m] 이상인가?

① 0.6   ② 0.65

③ 0.7   ④ 0.75

 접지공사의 접지극은 지하 75[cm] 이상 되는 깊이로 매설할 것

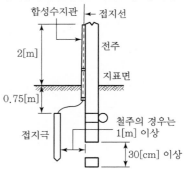

58 다음 중 접지의 목적으로 알맞지 않은 것은?

① 감전의 방지   ② 전로의 대지전압 상승

③ 보호계전기의 동작 확보   ④ 이상전압 억제

 접지의 목적
- 누설 전류로 인한 감전 방지
- 뇌해로 인한 전기설비 보호
- 전로에 지락사고 발생 시 보호계전기를 확실하게 작동
- 이상전압이 발생하였을 때 대지전압을 억제하여 절연강도를 낮추기 위함

59 보호계전기의 기능상 분류로 틀린 것은?

① 차동계전기   ② 거리계전기

③ 저항계전기   ④ 주파수계전기

 보호계전기의 기능상의 분류
과전류계전기, 과전압계전기, 부족전압계전기, 거리계전기, 전력계전기, 차동계전기, 선택계전기, 비율차동계전기, 방향계전기, 탈조보호계전기, 주파수계전기, 온도계전기, 역상계전기, 한시계전기

60 저압 가공 인입선의 인입구에 사용하며 금속관 공사에서 끝부분의 빗물 침입을 방지하는 데 적당한 것은?

① 플로어 박스   ② 엔트런스 캡

③ 부싱   ④ 터미널 캡

 해설

엔트런스 캡

01 (㉠), (㉡)에 들어갈 내용으로 알맞은 것은?

> 2차 전지의 대표적인 것으로 납축전지가 있다. 전해액으로 비중 약 (㉠) 정도의 (㉡)을 사용한다.

① ㉠ 1.15~1.21, ㉡ 묽은 황산　　　② ㉠ 1.25~1.36, ㉡ 질산

③ ㉠ 1.01~1.15, ㉡ 질산　　　　　④ ㉠ 1.23~1.26, ㉡ 묽은 황산

> **해설**
>
> 납축전지는 묽은 황산(비중 1.2~1.3) 용액에 납(Pb)판과 이산화납(PbO₂)판을 넣으면 이산화납에 (+), 납에 (−)의 전압이 나타난다.

02 진공 속에서 1[m]의 거리를 두고 10^{-3}[Wb]와 10^{-5}[Wb]의 자극이 놓여 있다면 그 사이에 작용하는 힘[N]은?

① $4\pi \times 10^{-5}$[N]　　　　　② $4\pi \times 10^{-4}$[N]

③ 6.33×10^{-5}[N]　　　　　④ 6.33×10^{-4}[N]

> **해설**
>
> $$F = 6.33 \times 10^4 \times \frac{m_1 \times m_2}{r^2}$$
> $$= 6.33 \times 10^4 \times \frac{10^{-3} \times 10^{-5}}{1^2}$$
> $$= 6.33 \times 10^{-4}\,[N]$$

03 비투자율이 1인 환상 철심 중의 자장 세기가 H[AT/m]이었다. 이때 비투자율이 10인 물질로 바꾸면 철심의 자속밀도[Wb/m²]는?

① $\dfrac{1}{10}$로 줄어든다.　　　　　② 10배 커진다.

③ 50배 커진다.　　　　　　　　　④ 100배 커진다.

> **해설**
>
> 자속밀도 $B = \mu_0 \mu_s H$[Wb/m²]에서 비투자율이 10배 증가하면, 자속밀도는 10배 커진다.

04 "전류의 방향과 자장의 방향은 각각 나사의 진행 방향과 회전 방향에 일치한다."와 관계가 있는 법칙은?

① 플레밍의 왼손 법칙　　　　　② 앙페르의 오른나사 법칙

③ 플레밍의 오른손 법칙　　　　④ 키르히호프의 법칙

> **해설**
>
> **앙페르의 오른나사 법칙**
> 전류에 의하여 발생하는 자기장의 방향을 결정한다.

정답 01 ④　02 ④　03 ②　04 ②

05 전구 2개를 직렬 연결했을 때와 병렬 연결했을 때 옳은 것은?

① 직렬이 더 밝다.　　　　　　　　　② 병렬이 더 밝다.

③ 둘 다 밝기가 같다.　　　　　　　　④ 직렬이 병렬보다 2배 더 밝다.

> **해설**
> 전구의 밝기는 소비전력으로 계산할 수 있으므로
> 소비전력 $P = \dfrac{V^2}{R}$ 에서, $P \propto \dfrac{1}{R}$ 이다.
> 병렬로 연결할 때 전구의 합성저항이 직렬일 때보다 작으므로 병렬로 연결할 때 전구의 밝기가 더 밝다.

06 6[Ω]의 저항과 8[Ω]의 용량성 리액턴스의 병렬회로가 있다. 이 병렬회로의 임피던스는 몇 [Ω]인가?

① 1.5　　　　　　② 2.6　　　　　　③ 3.8　　　　　　④ 4.8

> **해설**
> 병렬회로의 임피던스 $\dfrac{1}{Z} = \sqrt{\dfrac{1}{R^2} + \dfrac{1}{X_c^2}}$ 이므로
> $\dfrac{1}{Z} = \sqrt{\dfrac{1}{6^2} + \dfrac{1}{8^2}} = \dfrac{5}{24}$
> 따라서, 임피던스 $Z = 4.8[\Omega]$이다.

07 다음 중 기자력을 나타내는 단위는?

① [Wb]　　　　　② [N]　　　　　③ [AT/m]　　　　④ [AT]

> **해설**
> 기자력은 $NI[\text{AT}]$로 나타낸다.

08 평형 3상 교류회로에서 Y결선할 때 선간전압(V_l)과 상전압(V_p)의 관계는?

① $V_l = V_p$　　　　　　　　　　② $V_l = \sqrt{2}\,V_p$

③ $V_l = \sqrt{3}\,V_p$　　　　　　　　④ $V_l = \dfrac{1}{\sqrt{3}}\,V_p$

> **해설**

Y결선 : 성형 결선	Δ결선 : 삼각 결선
$V_l = \sqrt{3}\,V_p\left(\dfrac{\pi}{6}\ \text{위상이 앞섬}\right)$	$V_l = V_p$
$I_l = I_p$	$I_l = \sqrt{3}\,I_p\left(\dfrac{\pi}{6}\ \text{위상이 뒤짐}\right)$

09 평형 3상 교류회로의 Y회로로부터 Δ회로로 등가 변환하기 위해서는 어떻게 하여야 하는가?

① 각 상의 임피던스를 3배로 한다.

② 각 상의 임피던스를 $\sqrt{3}$ 로 한다.

③ 각 상의 임피던스를 $\dfrac{1}{\sqrt{3}}$ 로 한다.

④ 각 상의 임피던스를 $\dfrac{1}{3}$ 로 한다.

> 해설
> - $Y \to \Delta$ 변환 : $Z_\Delta = 3Z_Y$
> - $\Delta \to Y$ 변환 : $Z_Y = \dfrac{1}{3}Z_\Delta$

10 그림과 같은 비사인파의 제3고조파 주파수는?(단, $V = 20$[V], $T = 10$[ms]이다.)

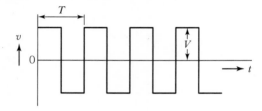

① 100[Hz]

② 200[Hz]

③ 300[Hz]

④ 400[Hz]

> 해설
> 제3고조파는 기본파에 주파수가 3배이므로,
> 제3고조파 주파수 $f_3 = 3f_1 = \dfrac{3}{T} = \dfrac{3}{10 \times 10^{-3}} = 300$[Hz]

11 $v = 100\sin\omega t + 100\cos\omega t$ [A]의 실횻값은?

① 100

② 141

③ 172

④ 200

> 해설
> 두 파형의 실횻값은 $V_1 = \dfrac{100}{\sqrt{2}}$[V], $V_2 = \dfrac{100}{\sqrt{2}}$[V]이므로,
> 전체 파형의 실횻값은 $V = \sqrt{V_1{}^2 + V_2{}^2} = \sqrt{\left(\dfrac{100}{\sqrt{2}}\right)^2 + \left(\dfrac{100}{\sqrt{2}}\right)^2} = 100$[V]이다.

12 콘덴서 2개를 직렬 연결했을 때의 합성 정전용량은?

① 연결된 정전용량을 모두 합하면 된다.

② 각 정전용량의 역수에 대한 합을 구하면 된다.

③ 정전용량의 역수에 대한 합을 구하고 다시 그 역수를 취하면 된다.

④ 각 정전용량값을 모두 합하고 정전용량 숫자로 나누면 된다.

해설

직렬일 경우 합성 정전용량 산정식 $C_0 = \dfrac{1}{\dfrac{1}{C_1} + \dfrac{1}{C_2}}$

13 임피던스 $Z_1 = 12 + j16\,[\Omega]$과 $Z_2 = 8 + j24\,[\Omega]$이 직렬로 접속된 회로에 전압 $V = 200\,[\text{V}]$를 가할 때 이 회로에 흐르는 전류[A]는?

① 2.35[A]   ② 4.47[A]

③ 6.02[A]   ④ 10.25[A]

해설

합성 임피던스 $Z = Z_1 + Z_2 = 12 + j16 + 8 + j24 = 20 + j40\,[\Omega]$

전류 $I = \dfrac{V}{|Z|} = \dfrac{200}{44.72} = 4.47\,[\text{A}]$

14 무한장 직선 도체에 전류 1[A]를 통했을 때 10[cm] 떨어진 점의 자계 세기는 약 몇 [AT/m]인가?

① 1.59   ② 2.16

③ 2.84   ④ 3.14

해설

무한장 직선 전류에 의한 자기장의 세기

$H = \dfrac{I}{2\pi r} = \dfrac{1}{2\pi \times 10 \times 10^{-2}} = 1.59\,[\text{AT/m}]$

15 코일의 성질에 대한 설명으로 틀린 것은?

① 코일은 직렬로 연결할수록 인덕턴스가 커진다.

② 상호유도작용이 있다.

③ 전원 노이즈 차단기능이 있다.

④ 전류의 변화를 확대시키려는 성질이 있다.

정답 **12** ③ **13** ② **14** ① **15** ④

> **해설**
>
> 코일(리액터 또는 인덕터)은 인덕턴스(L)의 성질이 있으므로
> ① 직렬로 연결하면 인덕턴스(L)의 성질이 커진다.
> ② 두 개의 코일 사이의 상호유도작용(M)을 한다.
> ③ 유도리액턴스($X_L = 2\pi f L[\Omega]$) 작용으로 높은 주파수에서 노이즈 차단기능이 있다.
> ④ 유도기전력 $e = -L\dfrac{\Delta I}{\Delta t}[\text{V}]$으로 전류의 변화를 축소시키려는 작용을 한다.

16 RL 병렬회로에서 합성 임피던스는 어떻게 표현되는가?

① $\dfrac{R}{R^2 + X_L^2}$

② $\dfrac{X_L}{\sqrt{R^2 + X_L^2}}$

③ $\dfrac{R + X_L}{R^2 + X_L^2}$

④ $\dfrac{R \cdot X_L}{\sqrt{R^2 + X_L^2}}$

> **해설**
>
> $$\dot{Y} = \frac{1}{R} - j\frac{1}{X_L}$$
>
> $$Z = \frac{1}{Y} = \frac{1}{\sqrt{\left(\dfrac{1}{R}\right)^2 + \left(\dfrac{1}{X_L}\right)^2}} = \frac{R \cdot X_L}{\sqrt{R^2 + X_L^2}}[\Omega]$$

17 다음 그림에서 R_1에 흐르는 전류는 몇 [A]인가?(단, $R_1 = 1[\Omega]$, $R_2 = 2[\Omega]$, $R_3 = 3[\Omega]$, $R_4 = 5[\Omega]$이고, b점의 전위 26[V], d점의 전위 2[V])

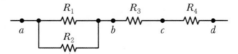

① 1

② 2

③ 3

④ 4

> **해설**
>
> - b, d 사이의 전위차 $V_{bd} = 26 - 2 = 24[\text{V}]$
> - b, d 사이에 흐르는 전류 $I = \dfrac{V_{bd}}{R_3 + R_4} = \dfrac{24}{8} = 3[\text{A}]$
> - R_1에 흐르는 전류 $I_1 = \dfrac{R_2}{R_1 + R_2}I = \dfrac{2}{3} \times 3 = 2[\text{A}]$

18 자기장의 세기에 대한 설명이 잘못된 것은?

① 단위 자극에 작용하는 힘과 같다.   ② 자속밀도에 투자율을 곱한 것과 같다.
③ 수직 단면의 자력선 밀도와 같다.   ④ 단위길이당 기자력과 같다.

해설
자기장의 세기(H)는 자속밀도(B)를 투자율 μ로 나눈 것과 같다. $\left(H=\dfrac{B}{\mu}[\mathrm{AT/m}]\right)$

19 최댓값이 110[V]인 사인파 교류 전압이 있다. 평균값은 약 몇 [V]인가?

① 30[V]   ② 70[V]   ③ 100[V]   ④ 110[V]

해설
평균값 $V_a = \dfrac{2}{\pi} V_m$ 이므로

$$V_a = \dfrac{2}{\pi} \times 110 = 70.03[\mathrm{V}]$$

20 그림과 같이 회로의 저항값이 $R_1 > R_2 > R_3 > R_4$일 때 전류가 최소로 흐르는 저항은?

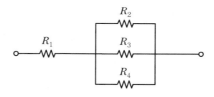

① R_1 ② R_2 ③ R_3 ④ R_4

해설
R_1에는 전체전류가 흐르므로 가장 큰 전류가 흐르며, 병렬로 연결된 저항 중 가장 큰 저항일 때 최소의 전류가 흐르게 된다. 따라서, R_2에 흐르는 전류가 가장 작게 흐른다.

21 6극 전기자 도체수 400, 매극 자속수 0.01[Wb], 회전수 600[rpm]인 파권 직류기의 유기 기전력은 몇 [V]인가?

① 120   ② 140   ③ 160   ④ 180

해설
$E = \dfrac{P}{a} Z\phi \dfrac{N}{60}[\mathrm{V}]$에서 파권($a=2$)이므로

$$E = \dfrac{6}{2} \times 400 \times 0.01 \times \dfrac{600}{60} = 120[\mathrm{V}]$$이다.

정답 **18** ②   **19** ②   **20** ②   **21** ①

22 직류기에서 교류를 직류로 변환하는 장치는?

① 정류자　　　　　② 계자　　　　　③ 전기자　　　　　④ 브러시

> 해설
>
> ② 계자 : 전기자와 쇄교하는 자속을 만들어 주는 부분
> ③ 전기자 : 자속을 끊어서 기전력을 유기하는 부분
> ④ 브러시 : 계자 권선과 외부 회로를 연결시켜 주는 부분

23 직류 전동기의 속도 제어에서 자속을 2배로 하면 회전수는?

① $\frac{1}{2}$로 줄어든다.　　　　　② 변함이 없다.

③ 2배로 증가한다.　　　　　④ 4배로 증가한다.

> 해설
>
> 직류 전동기의 속도 $N = K_1 \dfrac{V - I_a R_a}{\phi}$ [rpm]이므로, 속도와 자속은 반비례관계를 가지고 있다. 즉, 자속을 2배로 하면 회전수는 $\frac{1}{2}$로 줄어든다.

24 직류 전동기의 속도 제어 방법 중 속도 제어가 원활하고 정토크 제어가 되며 운전 효율이 좋은 것은?

① 계자제어　　　　② 병렬 저항제어　　　　③ 직렬 저항제어　　　　④ 전압제어

> 해설
>
> **직류전동기의 속도제어법**
> • 계자제어 : 정출력 제어
> • 저항제어 : 전력손실이 크며, 속도제어의 범위가 좁다.
> • 전압제어 : 정토크 제어

25 6극 36슬롯 3상 동기 발전기의 매극 매상당 슬롯 수는?

① 2　　　　　② 3　　　　　③ 4　　　　　④ 5

> 해설
>
> 매극 매상당의 홈 수 $= \dfrac{\text{홈 수}}{\text{극수} \times \text{상수}} = \dfrac{36}{6 \times 3} = 2$

26 동기발전기의 무부하 포화곡선에 대한 설명으로 옳은 것은?

① 정격전류와 단자전압의 관계이다.　　　　② 정격전류와 정격전압의 관계이다.
③ 계자전류와 정격전압의 관계이다.　　　　④ 계자전류와 단자전압의 관계이다.

해설

동기발전기의 특성 곡선
- 3상 단락곡선 : 계자전류와 단락전류
- 부하 포화곡선 : 계자전류와 단자전압
- 무부하 포화곡선 : 계자전류와 단자전압
- 외부 특성 곡선 : 부하전류와 단자전압

27 병렬운전 중인 동기발전기의 난조를 방지하기 위하여 자극 면에 유도전동기의 농형권선과 같은 권선을 설치하는데 이 권선의 명칭은?

① 계자권선

② 제동권선

③ 전기자권선

④ 보상권선

해설

제동권선 목적
- 발전기 : 난조(Hunting) 방지
- 전동기 : 기동작용

28 동기발전기의 돌발 단락 전류를 주로 제한하는 것은?

① 권선저항

② 동기 리액턴스

③ 누설 리액턴스

④ 역상 리액턴스

해설

동기발전기의 지속 단락 전류와 돌발 단락 전류의 제한
- 지속 단락 전류 : 동기 리액턴스 X_s로 제한되며 정격전류의 1~2배 정도이다.
- 돌발 단락 전류 : 누설 리액턴스 X_l로 제한되며, 대단히 큰 전류지만 수 [Hz] 후에 전기자 반작용이 나타나므로 지속 단락 전류로 된다.

29 동기전동기의 자기 기동에서 계자권선을 단락하는 이유는?

① 기동이 쉽다.

② 기동권선으로 이용한다.

③ 고전압 유도에 의한 절연파괴 위험을 방지한다.

④ 전기자 반작용을 방지한다.

해설

동기전동기의 자기(자체) 기동법
회전 자극 표면에 기동권선을 설치하여 기동 시에는 농형 유도전동기로 동작시키는 방법으로, 계자권선을 열어 둔 채로 전기자에 전원을 가하면 권선 수가 많은 계자회로가 전기자 회전 자계를 끊고 높은 전압을 유기하여 계자회로가 소손될 염려가 있으므로 반드시 계자회로는 저항을 통해 단락시켜 놓고 기동시켜야 한다.

30 그림은 전력제어 소자를 이용한 위상제어 회로이다. 전동기의 속도를 제어하기 위해서 '가' 부분에 사용되는 소자는?

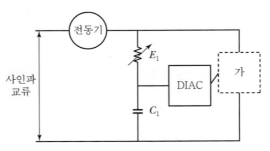

① 전력용 트랜지스터　　　　　　　　② 제너 다이오드
③ 트라이액　　　　　　　　　　　　　④ 레귤레이터 78XX 시리즈

> **해설**
> 그림은 양방향 트리거 소자인 다이액으로 트리거 신호를 발생시켜 트라이액을 구동하는 전파위상제어 회로이다.

31 변압기유의 열화 방지를 위해 쓰이는 방법이 아닌 것은?

① 방열기　　　　　　　　　　　　　　② 브리더
③ 콘서베이터　　　　　　　　　　　　④ 질소 봉입

> **해설**
> **변압기유의 열화 방지 대책**
> • 브리더 : 습기를 흡수
> • 콘서베이터 : 공기와의 접촉을 차단하기 위해 설치하며, 유면 위에 질소 봉입
> • 부흐홀츠 계전기 : 기포나 기름의 흐름을 감지

32 $N_s = 1,200[\text{rpm}]$, $N = 1,176[\text{rpm}]$일 때, 슬립은?

① 6[%]　　　　　　　　　　　　　　② 5[%]
③ 3[%]　　　　　　　　　　　　　　④ 2[%]

> **해설**
> 슬립 $s = \dfrac{N_s - N}{N_s}$ 이므로
> $$s = \frac{1,200 - 1,176}{1,200} = 0.02$$ 이다.

33 3상 유도전동기의 1차 입력 60[kW], 1차 손실 1[kW], 슬립 3[%]일 때 기계적 출력[kW]은?

① 57 　　② 75 　　③ 95 　　④ 100

해설
$P_2 : P_{2c} : P_o = 1 : S : (1-S)$이므로
$P_2 = $1차 입력$-$1차 손실$=60-1=59$[kW]
$P_o = (1-S)P_2 = (1-0.03) \times 59 ≒ 57$[kW]

34 회전자 입력 10[kW], 슬립 4[%]인 3상 유도전동기의 2차 동손은 몇[kW]인가?

① 0.4[kW] 　　② 1.8[kW] 　　③ 4.0[kW] 　　④ 9.6[kW]

해설
$P_2 : P_{2c} : P_o = 1 : S : (1-S)$이므로
$P_2 : P_{2c} = 1 : S$에서 P_{2c}로 정리하면,
$P_{2c} = S \cdot P_2 = 0.04 \times 10 = 0.4$[kW]이 된다.

35 단상 전파정류 회로에서 $\alpha = 60°$일 때 정류전압은 약 몇 [V]인가?(단, 전원 측 실횻값 전압은 100[V]이다.)

① 15 　　② 22 　　③ 35 　　④ 45

해설
단상 전파 정류회로의 정류전압
$V_d = \dfrac{2\sqrt{2}\,V}{\pi}\cos\alpha = \dfrac{2\sqrt{2}\times100}{\pi}\cos60° ≒ 45$[V]

36 직입기동할 때의 기동전류는 $Y-\Delta$ 기동할 때의 기동전류의 몇 배인가?

① $\dfrac{1}{3}$ 배 　　② $\sqrt{3}$ 배 　　③ 3배 　　④ 9배

해설
$Y-\Delta$ 기동법은 직입기동 때보다 기동전류를 $\dfrac{1}{3}$로 줄여 기동하는 방식이다. 따라서, 직입기동 시에는 3배의 전류가 흐른다.

37 3상 전원에서 2상 전원을 얻기 위한 변압기 결선방법은?

① 대각결선　　② 포크결선
③ 2차 2중 Y결선　　④ 스코트 결선

3상 교류를 2상 교류로 변환하는 결선방법
- 스코트(Scott) 결선(T결선)
- 우드 브리지(Wood Bridge) 결선
- 메이어(Meyer) 결선

38 변압기에서 1차 권선과 2차 권선이 독립되어 있지 않고 권선의 일부를 공통회로로 하고 있는 변압기는?

① 단권 변압기
② 누설 변압기
③ 3권선 변압기
④ 1권선 변압기

해설
단권 변압기
다음 그림과 같이 1개의 권선으로 만들어진 변압기이다.

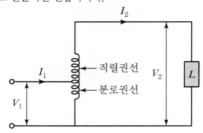

39 3상 동기발전기에서 전기자 전류가 무부하 유도기전력보다 앞선 경우의 전기자 반작용은?

① 횡축반작용
② 증자작용
③ 감자작용
④ 편자작용

해설
동기발전기의 전기자 반작용
- 뒤진 전기자 전류 : 감자작용
- 앞선 전기자 전류 : 증자작용

40 다음 제동방법 중 급정지하는 데 가장 좋은 제동방법은?

① 발전제동
② 회생제동
③ 역상제동
④ 단상제동

해설
역상제동(역전제동, 플러깅)
전동기를 급정지시키기 위해 제동 시 전동기를 역회전으로 접속하여 제동하는 방법이다.

41 OW 전선의 규격이 아닌 것은?

① 14[mm²]　　　② 22[mm²]　　　③ 36[mm²]　　　④ 60[mm²]

해설

옥외용 비닐절연전선(OW전선)의 규격

단선(도체 지름[mm])	연선(공칭 단면적[mm²])
2.0	14
2.6	22
3.2	38
4.0	60
5.0	100

42 코드 상호 간 또는 캡타이어 케이블 상호 간을 접속하는 경우 가장 많이 사용되는 기구는?

① T형 접속기　　　　　　　　② 코드 접속기
③ 와이어 커넥터　　　　　　　④ 박스용 커넥터

해설

코드 접속기
코드 상호, 캡타이어 케이블 상호, 케이블 상호 접속 시 사용

43 금속관을 절단할 때 사용되는 공구는?

① 오스터　　　　　　　　　　② 녹아웃 펀치
③ 파이프 커터　　　　　　　　④ 파이프 렌치

해설

① 오스터 : 금속관 끝에 나사를 내는 공구
② 녹아웃 펀치 : 배전반, 분전반 등의 캐비닛에 구멍을 뚫을 때 필요한 공구
④ 파이프 렌치 : 금속관과 커플링을 물고 죄는 공구

44 피시 테이프(Fish Tape)의 용도는?

① 전선을 테이핑하기 위해서 사용　　　② 전선관의 끝마무리를 위해서 사용
③ 배관에 전선을 넣을 때 사용　　　　④ 합성수지관을 구부릴 때 사용

해설

피시 테이프(Fish Tape)
전선관에 전선을 넣을 때 사용되는 평각 강철선이다.

정답　41 ③　42 ②　43 ③　44 ③

45 **전선의 접속에 대한 설명으로 틀린 것은?**

① 접속 부분의 전기저항이 20[%] 이상 증가되도록 한다.
② 접속 부분의 인장강도가 80[%] 이상 유지되도록 한다.
③ 접속 부분에 전선 접속 기구를 사용한다.
④ 알루미늄 전선과 구리선의 접속 시 전기적인 부식이 생기지 않도록 한다.

> **해설**
>
> **전선의 접속 조건**
> • 접속 시 전기적 저항을 증가시키지 않는다.
> • 접속부위의 기계적 강도를 20[%] 이상 감소시키지 않는다.
> • 접속점의 절연이 약화되지 않도록 테이핑 또는 와이어 커넥터로 절연한다.
> • 전선의 접속은 박스 안에서 하고, 접속점에 장력이 가해지지 않도록 한다.

46 **동전선의 종단접속 방법이 아닌 것은?**

① 동선압착단자에 의한 접속
② 종단겹침용 슬리브에 의한 접속
③ C형 전선접속기 등에 의한 접속
④ 비틀어 꽂는 형의 전선접속기에 의한 접속

> **해설**
>
> **동(구리) 전선의 접속**
> • 비틀어 꽂는 형의 전선접속기에 의한 접속
> • 종단겹침용 슬리브(E형)에 의한 접속
> • 직선 맞대기용 슬리브(B형)에 의한 압착접속
> • 동선 압착단자에 의한 접속

47 **애자 사용 공사에서 전선 상호 간의 간격은 몇 [cm] 이상으로 하는 것이 가장 바람직한가?**

① 4   ② 5   ③ 6   ④ 8

> **해설**
>
> | 구분 | 400[V] 이하 | 400[V] 초과 |
> |---|---|---|
> | 전선 상호 간의 거리 | 6[cm] 이상 | 6[cm] 이상 |
> | 전선과 조영재와의 거리 | 2.5[cm] 이상 | 4.5[cm] 이상(건조한 곳은 2.5[cm] 이상) |

48 **합성수지관을 새들 등으로 지지하는 경우 지지점 간의 거리는 몇 [m] 이하인가?**

① 1.5   ② 2.0   ③ 2.5   ④ 3.0

> **해설**
>
> 합성수지관의 지지점 간의 거리는 1.5[m] 이하로 한다.

49 금속제 가요전선관 공사의 시공법 중 잘못된 것은?

① 전선은 절연전선을 사용한다.

② 전선의 단면적이 10[mm²]를 초과할 때는 연선을 사용한다.

③ 전선관 안에는 전선의 접속점이 없도록 시공한다.

④ 전개된 장소 이외에는 1종 금속제 가요전선관을 사용한다.

> **해설**
> 가요전선관은 2종 금속제 가요전선관을 사용한다. 단, 전개된 장소 또는 점검할 수 있는 은폐된 장소에는 1종 가요전선관을 사용할 수 있다.

50 통합접지시스템은 여러 가지 설비 등의 접지극을 공용하는 것으로, 해당되는 설비가 아닌 것은?

① 건축물의 철근, 철골 등 금속보강재 설비

② 건축물의 피뢰설비

③ 전자통신설비

④ 전기설비의 접지계통

> **해설**
> **통합접지**
> 전기설비의 접지계통 · 건축물의 피뢰설비 · 전자통신설비 등의 접지극을 공용

51 가공전선의 지지물에 승탑 또는 승강용으로 사용하는 발판 볼트 등은 지표상 몇 [m] 미만에 시설하여서는 안 되는가?

① 1.2[m]　　　　　　　　　　② 1.5[m]

③ 1.6[m]　　　　　　　　　　④ 1.8[m]

> **해설**
> 가공전선로의 지지물에 취급자가 오르고 내리는 데 사용하는 발판 볼트 등을 지표상 1.8[m] 미만에 시설하여서는 안 된다.

52 가공케이블 시설 시 조가용선에 금속테이프 등을 사용하여 케이블 외장을 견고하게 붙여 조가하는 경우 나선형으로 금속테이프를 감는 간격은 몇 [cm] 이하를 유지해야 하는가?

① 50　　　　　　　　　　　　② 30

③ 20　　　　　　　　　　　　④ 10

> **해설**
> 조가용선을 케이블에 접촉시켜 그 위에 쉽게 부식하지 아니하는 금속 테이프 등을 나선상으로 감는 경우에는 간격을 20[cm] 이하로 유지해야 한다.

정답　**49** ④　**50** ①　**51** ④　**52** ③

53 소맥분, 전분, 기타 가연성의 분진이 존재하는 곳의 저압 옥내배선 공사방법 중 적당하지 않은 것은?

① 애자 사용 공사
② 합성수지관 공사
③ 케이블 공사
④ 금속관 공사

> **해설**
> **가연성 분진이 존재하는 곳의 저압 옥내배선 공사방법**
> 가연성의 먼지로서 공중에 떠다니는 상태에서 착화하였을 때, 폭발의 우려가 있는 곳의 저압 옥내배선은 합성수지관
> 배선, 금속전선관 배선, 케이블 배선에 의하여 시설한다.

54 무대, 무대마루 밑, 오케스트라 박스, 영사실, 기타 사람이나 무대 도구가 접촉할 우려가 있는 장소에 시설하는 저압 옥내배선, 전구선 또는 이동 전선은 최고 사용전압이 몇 [V] 이하이어야 하는가?

① 100
② 200
③ 300
④ 400

> **해설**
> **전시회, 쇼 및 공연장**
> 저압 옥내배선, 전구선 또는 이동 전선은 사용전압이 400[V] 이하이어야 한다.

55 엘리베이터 장치를 시설할 때 승강기 내에서 사용하는 전등 및 전기기계 기구에 사용할 수 있는 최대 전압은?

① 110[V] 이하
② 220[V] 이하
③ 400[V] 이하
④ 440[V] 이하

> **해설**
> 엘리베이터 및 덤웨이터 등의 승강로 안의 저압 옥내배선 등의 시설은 사용전압이 400[V] 이하로 시설하여야 한다.

56 절연전선을 동일 금속 덕트 내에 넣을 경우 금속 덕트의 크기는 전선의 피복절연물을 포함한 단면적의 총합계가 금속 덕트 내 단면적의 몇 [%] 이하가 되도록 선정하여야 하는가?(단, 제어회로 등의 배선에 사용하는 전선만을 넣는 경우이다.)

① 30
② 40
③ 50
④ 60

> **해설**
> • 금속 덕트에 수용하는 전선은 절연물을 포함하는 단면적의 총합이 금속 덕트 내 단면적의 20[%] 이하가 되도록
>   한다.
> • 전광사인 장치, 출퇴표시등, 기타 이와 유사한 장치 또는 제어회로 등의 배선에 사용하는 전선만을 넣는 경우에는
>   50[%] 이하로 할 수 있다.

57 지중전선을 직접매설식에 의하여 시설하는 경우 차량, 기타 중량물의 압력을 받을 우려가 있는 장소의 매설 깊이[m]는?

① 0.6[m] 이상

② 1.0[m] 이상

③ 1.5[m] 이상

④ 2.0[m] 이상

해설

직접매설식에 의한 케이블 매설 깊이
- 차량 등 중량물의 압력을 받을 우려가 있는 장소 : 1.0[m] 이상
- 기타 장소 : 0.6[m] 이상

58 라이팅 덕트 공사에 의한 저압 옥내배선 시 덕트의 지지점 간 거리는 몇 [m] 이하로 해야 하는가?

① 1.0

② 1.2

③ 2.0

④ 3.0

해설

건축구조물에 부착할 경우 지지점은 매 덕트마다 2개소 이상 및 거리는 2[m] 이하로 한다.

59 저압 인입선 공사 시 저압 가공인입선의 철도 또는 궤도를 횡단하는 경우 레일면상에서 몇 [m] 이상 시설하여야 하는가?

① 3

② 4

③ 5.5

④ 6.5

해설

인입선의 시설 높이

구분	저압 인입선[m]	고압 및 특고압인입선[m]
도로 횡단	5	6
철도 궤도 횡단	6.5	6.5
기타	4	5

60 상도체 및 보호도체의 재질이 구리일 경우, 상도체의 단면적이 10[mm²]일 때 보호도체의 최소 단면적은 ?

① 2.5[mm²]

② 6[mm²]

③ 10[mm²]

④ 16[mm²]

해설

상도체의 단면적이 $S \le 16$이고, 상도체 및 보호도체의 재질이 같을 경우 보호도체의 최소 단면적은 상도체의 단면적과 같다.

정답　**57** ②　**58** ③　**59** ④　**60** ③

01 정전용량 $C[\mu F]$의 콘덴서에 충전된 전하가 $q = \sqrt{2}\,Q\sin\omega t$[C]과 같이 변화하도록 하였다면 이때 콘덴서에 흘러들어가는 전류의 값은?

① $i = \sqrt{2}\,\omega Q\sin\omega t$ ② $i = \sqrt{2}\,\omega Q\cos\omega t$

③ $i = \sqrt{2}\,\omega Q\sin(\omega t - 60°)$ ④ $i = \sqrt{2}\,\omega Q\cos(\omega t - 60°)$

> **해설**
>
> 전류 i는 단위 시간당 이동하는 전하량이므로,
>
> 전류 $i = \dfrac{\Delta q}{\Delta t} = \dfrac{\Delta(\sqrt{2}\,Q\sin\omega t)}{\Delta t} = \sqrt{2}\,\omega Q\cos\omega t$

02 R 저항 n개를 가지고 얻을 수 있는 가장 작은 합성저항 값은?

① Rn ② $\dfrac{R}{n}$ ③ $\dfrac{n}{R}$ ④ R

> **해설**
>
> 모든 저항을 병렬로 연결할 때 가장 작은 합성저항을 얻을 수 있다. 따라서, 합성저항은 $\dfrac{R}{n}$[Ω]이다.

03 기전력 E, 내부저항 r인 전지 n개를 연결하여 기전력이 가장 큰 경우의 합성기전력은?

① En ② $\dfrac{E}{n}$ ③ En^2 ④ $\dfrac{E}{n^2}$

> **해설**
>
> 모든 전지를 직렬로 연결할 때 가장 큰 기전력을 얻을 수 있으므로, 합성기전력은 En[V]이다.

04 220[V]용 100[W] 전구와 200[W] 전구를 직렬로 연결하여 220[V]의 전원에 연결하면?

① 두 전구의 밝기가 같다.   ② 100[W]의 전구가 더 밝다.

③ 200[W]의 전구가 더 밝다.   ④ 두 전구 모두 안 켜진다.

> **해설**
>
> - $P = \dfrac{V^2}{R}$에서 $P \propto \dfrac{1}{R}$이므로, 100[W] 전구 저항이 200[W] 전구 저항보다 더 크다. $(R_{100}[W] > R_{200}[W])$
> - 직렬 접속 시 흐르는 전류는 같으므로 $I^2 R_{100}[W] > I^2 R_{200}[W]$이다.
>   즉, 소비전력이 큰 100[W] 전구가 더 밝다.

05 저항이 500[Ω]인 도체에 1[A]의 전류를 2분간 흘렸다면 발생하는 열량은 몇 [kcal]인가?

① 0.24

② 4.24

③ 14.4

④ 60

해설

줄의 법칙에 의한 열량 $H = 0.24\,I^2Rt = 0.24 \times 1^2 \times 500 \times 2 \times 60 = 14,400\,[\mathrm{cal}] = 14.4\,[\mathrm{kcal}]$

06 다음 중 저저항 측정에 사용되는 브리지는?

① 휘트스톤 브리지

② 빈 브리지

③ 맥스웰 브리지

④ 켈빈 더블 브리지

해설

저항 측정에 사용되는 브리지
- 저저항 측정 : 켈빈 더블 브리지
- 중저항 측정 : 휘트스톤 브리지

07 1차 전지로 가장 많이 사용되는 것은?

① 니켈-카드뮴전지

② 연료전지

③ 망간건전지

④ 납축전지

해설

1차 전지는 재생할 수 없는 전지를 말하고, 2차 전지는 재생 가능한 전지를 말한다.

08 다음 중 정전기 현상이 발생되지 않는 경우는?

① +, -선을 연결한 경우

② 건조한 경우

③ 마찰이 있는 경우

④ 배관 내 액체의 유속이 빠른 경우

해설

정전기 재해 방지대책
- 대전 방지 접지 및 본딩
- 대전 방지제 사용
- 대전물체의 차폐
- 가습
- 배관 내 액체의 유속 제한
- 제전기에 의한 대전 방지 등

09 다음은 전기력선의 성질이다. 틀린 것은?

① 전기력선은 서로 교차하지 않는다.
② 전기력선은 도체의 표면에 수직이다.
③ 전기력선의 밀도는 전기장의 크기를 나타낸다.
④ 같은 전기력선은 서로 끌어당긴다.

해설
같은 전기력선은 서로 반발한다.

10 비유전율이 큰 산화티탄 등을 유전체로 사용한 것으로 극성이 없으며 가격에 비해 성능이 우수하여 널리 사용되고 있는 콘덴서의 종류는?

① 전해 콘덴서　　② 세라믹 콘덴서　　③ 마일러 콘덴서　　④ 마이카 콘덴서

해설
콘덴서의 종류
① 전해 콘덴서 : 전기분해하여 금속의 표면에 산화피막을 만들어 유전체로 이용. 소형으로 큰 정전용량을 얻을 수 있으나, 극성을 가지고 있으므로 교류회로에는 사용할 수 없다.
② 세라믹 콘덴서 : 비유전율이 큰 티탄산바륨 등이 유전체, 가격대비 성능 우수, 가장 많이 사용
③ 마일러 콘덴서 : 얇은 폴리에스테르 필름을 유전체로 하여 양면에 금속박을 대고 원통형으로 감은 것. 내열성 절연 저항이 양호
④ 마이카 콘덴서 : 운모와 금속박막으로 됨. 온도 변화에 의한 용량 변화가 작고 절연 저항이 높은 우수한 특성. 표준 콘덴서

11 "유도기전력의 크기는 코일을 지나는 자속의 매초 변화량과 코일의 권수에 비례한다"와 관계 있는 법칙은?

① 앙페르의 오른나사 법칙　　② 렌츠의 법칙
③ 패러데이의 전자유도 법칙　　④ 플레밍의 오른손 법칙

해설
패러데이의 전자유도 법칙
전자유도 작용 시 발생하는 유도기전력의 크기를 정의한다.

12 50회 감은 코일과 쇄교하는 자속이 0.5[sec] 동안 0.1[Wb]에서 0.2[Wb]로 변화하였다면 기전력의 크기는?

① 5[V]　　② 10[V]　　③ 12[V]　　④ 15[V]

해설
유도기전력 $e = -N\dfrac{\Delta\phi}{\Delta t} = -50 \times \dfrac{0.1}{0.5} = -10[V]$

정답　09 ④　10 ②　11 ③　12 ②

13 $L = 0.05[\text{H}]$의 코일에 흐르는 전류가 $0.05[\text{sec}]$ 동안에 $2[\text{A}]$가 변했다. 코일에 유도되는 기전력 [V]은?

① $0.5[\text{V}]$ ② $2[\text{V}]$ ③ $10[\text{V}]$ ④ $25[\text{V}]$

해설

유도기전력 $e = -L\dfrac{\Delta I}{\Delta t} = -0.05 \times \dfrac{2}{0.05} = -2[\text{V}]$

14 자기저항 $2,000[\text{AT/Wb}]$, 기자력 $5,000[\text{AT}]$인 자기회로의 자속[Wb]은?

① 2.5 ② 25 ③ 4 ④ 0.4

해설

자기저항 $R = \dfrac{NI}{\phi}$ 이므로 자속 $\phi = \dfrac{NI}{R} = \dfrac{5,000}{2,000} = 2.5[\text{Wb}]$ 이다.

15 $R - L - C$ 직렬공진회로에서 최대가 되는 것은?

① 저항 값 ② 임피던스 값 ③ 전류 값 ④ 전압 값

해설

직렬공진 시 임피던스 $Z = \sqrt{R^2 + \left(\omega L - \left(\dfrac{1}{\omega C}\right)\right)^2}$ 에서 $\omega L = \dfrac{1}{\omega C}$ 이므로 $Z = R[\Omega]$으로 최소가 된다.

전류 $I = \dfrac{V}{Z}$ 이므로 전류는 최대가 된다.

16 교류회로에서 유효전력을 P, 무효전력을 P_r, 피상전력을 P_a라 하면 역률을 구하는 식은?

① $\cos\theta = \dfrac{P}{P_a}$ ② $\cos\theta = \dfrac{P_a}{P}$

③ $\cos\theta = \dfrac{P}{P_r}$ ④ $\cos\theta = \dfrac{P_r}{P}$

해설

역률 $\cos\theta = \dfrac{P}{P_a}$

17 비사인파의 일반적인 구성이 아닌 것은?

① 정류파 ② 고조파 ③ 기본파 ④ 직류분

해설

비사인파 = 직류분 + 기본파 + 고조파

18 물질에 따라 자석에 자화되는 물체를 무엇이라 하는가?

① 비자성체   ② 상자성체   ③ 반자성체   ④ 강자성체

> [해설]
> ㉠ 강자성체 : 자석에 자화되어 강하게 끌리는 물체
> ㉡ 약자성체(비자상체)
>   • 반자성체 : 자석에 자화가 반대로 되어 약하게 반발하는 물체
>   • 상자성체 : 자석에 자화되어 약하게 끌리는 물체

19 전기장의 세기 단위로 옳은 것은?

① [H/m]   ② [F/m]   ③ [AT/m]   ④ [V/m]

> [해설]
> ① 투자율 단위, ② 유전율 단위, ③ 자기장의 세기 단위

20 RC 병렬회로의 역률 $\cos\theta$는?

① $\dfrac{\dfrac{1}{R}}{\sqrt{R^2+\left(\dfrac{1}{\omega C}\right)^2}}$ ② $\dfrac{1}{\sqrt{1+\left(\dfrac{R}{\omega C}\right)^2}}$

③ $\dfrac{R}{\sqrt{R+(\omega C)^2}}$ ④ $\dfrac{1}{\sqrt{1+(\omega CR)^2}}$

> [해설]
>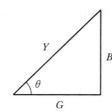
> 역률 $\cos\theta = \dfrac{G}{Y} = \dfrac{\dfrac{1}{R}}{\sqrt{\left(\dfrac{1}{R}\right)^2+\left(\dfrac{1}{X_C}\right)^2}} = \dfrac{\dfrac{1}{R}}{\sqrt{\left(\dfrac{1}{R}\right)^2+(\omega C)^2}} = \dfrac{1}{\sqrt{1+(\omega CR)^2}}$

21 직류 직권전동기의 회전수(N)와 토크(τ)의 관계는?

① $\tau \propto \dfrac{1}{N}$ ② $\tau \propto \dfrac{1}{N^2}$ ③ $\tau \propto N$ ④ $\tau \propto N^{\frac{3}{2}}$

> [해설]
> $N \propto \dfrac{1}{I_a}$ 이고, $\tau \propto I_a^2$ 이므로 $\tau \propto \dfrac{1}{N^2}$ 이다.

22 유도전동기의 슬립을 측정하는 방법으로 옳은 것은?

① 전압계법　　　　② 전류계법　　　　③ 평형 브리지법　　　④ 스트로보법

> 해설
>
> **슬립 측정방법**
> 회전계법, 직류 밀리볼트계법, 수화기법, 스트로보법

23 전기기계의 철심을 성층하는 가장 적절한 이유는?

① 기계손을 적게 하기 위해서　　　　② 표유 부하손을 적게 하기 위하여

③ 히스테리시스손을 적게 하기 위하여　　④ 와류손을 적게 하기 위하여

> 해설
>
> • 규소강판 사용 : 히스테리시스손 감소
> • 성층철심 사용 : 와류손(맴돌이 전류손) 감소

24 타여자 발전기와 같이 전압 변동률이 적고 자여자이므로 다른 여자 전원이 필요 없으며, 계자저항기를 사용하여 전압 조정이 가능하므로 전기화학용 전원, 전지의 충전용, 동기기의 여자용으로 쓰이는 발전기는?

① 분권 발전기　　　　　　　　　　② 직권 발전기

③ 과복권 발전기　　　　　　　　　④ 차동복권 발전기

> 해설
>
> **분권 발전기**
> 타여자 발전기와 같이 부하에 따른 전압의 변화가 적으므로 정전압 발전기라고 한다.

25 다음 그림에서 직류 분권전동기의 속도특성 곡선은?

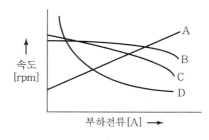

① A　　　　　　② B　　　　　　③ C　　　　　　④ D

> 해설
>
> **분권전동기**
> 전기자와 계자권선이 병렬로 접속되어 있어서 단자전압이 일정하면, 부하전류에 관계없이 자속이 일정하므로 정속도 특성을 가진다.

26 직류 발전기의 규약효율을 표시하는 식은?

① $\dfrac{출력}{출력 + 손실} \times 100[\%]$

② $\dfrac{출력}{입력} \times 100[\%]$

③ $\dfrac{입력 - 손실}{입력} \times 100[\%]$

④ $\dfrac{출력}{출력 + 손실} \times 100[\%]$

> **해설**
> - 발전기의 규약효율 $\eta_G = \dfrac{출력}{출력 + 손실} \times 100[\%]$
> - 전동기의 규약효율 $\eta_M = \dfrac{입력 - 손실}{입력} \times 100[\%]$

27 입력으로 펄스신호를 가해주고 속도를 입력펄스의 주파수에 의해 조절하는 전동기는?

① 전기동력계

② 서보 전동기

③ 스테핑 전동기

④ 권선형 유도전동기

> **해설**
> **스테핑 모터(Stepping Motor)**
> - 입력 펄스 신호에 따라 일정한 각도로 회전하는 전동기이다.
> - 기동 및 정지 특성이 우수하다.
> - 특수 기계의 속도, 거리, 방향 등의 정확한 제어가 가능하다.

28 동기발전기를 회전계자형으로 하는 이유가 아닌 것은?

① 고전압에 견딜 수 있게 전기자 권선을 절연하기가 쉽다.

② 전기자 단자에 발생한 고전압을 슬립링 없이 간단하게 외부회로에 인가할 수 있다.

③ 기계적으로 튼튼하게 만드는 데 용이하다.

④ 전기자가 고정되어 있지 않아 제작비용이 저렴하다.

> **해설**
> **회전계자형**
> 전기자를 고정해 두고 계자를 회전시키는 형태로, 중·대형 기기에 일반적으로 채용된다.

29 6극 36슬롯 3상 동기 발전기의 매극 매상당 슬롯 수는?

① 2

② 3

③ 4

④ 5

> **해설**
> 매극 매상당의 홈수 $= \dfrac{홈수}{극수 \times 상수} = \dfrac{36}{6 \times 3} = 2$

30 34극 60[MVA], 역률 0.8, 60[Hz], 22.9[kV] 수차발전기의 전부하 손실이 1,600[kW]이면 전부하 효율[%]은?

① 90   ② 95   ③ 97   ④ 99

해설

$$효율 \ \eta = \frac{출력}{입력} \times 100 = \frac{(입력 - 손실)}{입력} \times 100 = \frac{60 \times 0.8 - 1.6}{60 \times 0.8} \times 100 ≒ 97[\%]$$

31 동기조상기가 전력용 콘덴서보다 우수한 점은?

① 손실이 적다.   ② 보수가 쉽다.   ③ 지상 역률을 얻는다.   ④ 가격이 싸다.

해설

• 동기조상기 : 진상, 지상 역률을 얻을 수 있다.
• 전력용 콘덴서 : 진상 역률만을 얻을 수 있다.

32 다음 중 변압기의 온도 상승 시험법으로 가장 널리 사용되는 것은?

① 무부하 시험법   ② 절연내력 시험법   ③ 반환부하법   ④ 실부하법

해설

변압기의 온도시험
• 실부하시험 : 변압기에 전부하를 걸어서 온도가 올라가는 상태를 시험하는 것으로, 전력이 많이 소비되므로 소형 기에서만 적용할 수 있다.
• 반환부하법 : 전력을 소비하지 않고, 온도가 올라가는 원인이 되는 철손과 구리손만 공급하여 시험하는 방법
• 등가부하법(단락시험법) : 변압기의 권선 하나를 단락하고 전손실에 해당하는 부하 손실을 공급해서 온도 상승을 측정한다.

33 부흐홀츠 계전기의 설치 위치로 가장 적당한 것은?

① 변압기 주 탱크 내부   ② 콘서베이터 내부
③ 변압기 고압 측 부싱   ④ 변압기 주 탱크와 콘서베이터 사이

해설

변압기의 주 탱크와 콘서베이터의 연결관 도중에 설치한다.

34 1차 전압 3,300[V], 2차 전압 220[V]인 변압기의 권수비(Turn Ratio)는 얼마인가?

① 15   ② 220   ③ 3,300   ④ 7,260

해설

$$권수비 \ a = \frac{V_1}{V_2} = \frac{N_1}{N_2} = \frac{3,300}{220} = 15$$

정답   **30** ③   **31** ③   **32** ③   **33** ④   **34** ①

35 3상 전원에서 한 상에 고장이 발생하였다. 이때 3상 부하에 3상 전력을 공급할 수 있는 결선방법은?

① Y결선 ② △결선

③ 단상결선 ④ V결선

> **해설**
>
> **V−V결선**
> 단상변압기 3대로 $\Delta - \Delta$결선 운전 중 1대의 변압기 고장 시 $V-V$결선으로 계속 3상 전력을 공급하는 방식

36 3상 전원에서 2상 전원을 얻기 위한 변압기 결선방법은?

① 스코트 결선 ② 대각결선

③ 포크결선 ④ 2차 2중 Y결선

> **해설**
>
> | 3상 교류를 2상 교류로 변환 | 3상 교류를 6상 교류로 변환 | |
> |---|---|---|
> | • 스코트(Scott) 결선(T결선) | | |
> | • 우드 브리지(Wood Bridge) 결선 | • 2차 2중 Y결선 | • 2차 2중 Δ결선 |
> | • 메이어(Meyer) 결선 | • 대각결선 | • 포크(Fork) 결선 |

37 출력 10[kW], 슬립 4[%]로 운전되는 3상 유도전동기의 2차 동손은 약 몇 [W]인가?

① 250 ② 315

③ 417 ④ 620

> **해설**
>
> $P_2 : P_{2c} : P_o = 1 : S : (1-S)$ 이므로 $P_{2c} : P_o = S : (1-S)$에서 P_{2c}로 정리하면,
>
> $P_{2c} = \dfrac{S \cdot P_o}{(1-S)} = \dfrac{0.04 \times 10 \times 10^3}{(1-0.04)} = 417[W]$ 이 된다.

38 역률이 좋아 가정용 선풍기, 세탁기, 냉장고 등에 주로 사용되는 것은?

① 분상 기동형 ② 콘덴서 기동형

③ 반발 기동형 ④ 셰이딩 코일형

> **해설**
>
> **영구 콘덴서 기동형**
> 원심력 스위치가 없어서 가격이 싸고, 보수할 필요가 없으므로 큰 기동토크를 요구하지 않는 선풍기, 냉장고, 세탁기 등에 널리 사용된다.

39 상전압 300[V]의 3상 반파 정류회로의 직류전압은 약 몇 [V]인가?

① 520[V]　　　　　　　　　　　　② 350[V]

③ 260[V]　　　　　　　　　　　　④ 50[V]

> 해설
>
> **3상 반파 정류회로**
> • 직류 전압의 평균값 : $E_d = 1.17E$
> • $E_d = 1.17E = 1.17 \times 300 = 351[\mathrm{V}]$

40 동기 발전기의 병렬운전에서 기전력의 크기가 다를 경우 나타나는 현상은?

① 주파수가 변한다.　　　　　　　② 동기화 전류가 흐른다.

③ 난조 현상이 발생한다.　　　　　④ 무효순환 전류가 흐른다.

> 해설
>
> 병렬운전 조건 중 기전력의 크기가 다르면, 무효 횡류(무효순환 전류)가 흐른다.

41 다음 그림과 같은 전선접속법의 명칭으로 알맞게 짝지어진 것은?

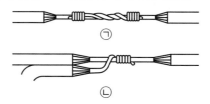

(ㄱ)

(ㄴ)

① ㉠ 직선접속, ㉡ 분기접속　　　② ㉠ 일자접속, ㉡ Y형 접속

③ ㉠ 직선접속, ㉡ T형 접속　　　④ ㉠ 일자접속, ㉡ 분기접속

> 해설
>
> ㉠ 단선의 직선접속, ㉡ 단선의 분기접속

42 목장의 전기 울타리에 사용하는 경동선의 지름은 최소 몇 [mm] 이상이어야 하는가?

① 1.6　　　　　　　　　　　　　② 2.0

③ 2.6　　　　　　　　　　　　　④ 3.2

> 해설
>
> **전기 울타리의 시설**
> • 전선은 인장강도 1.38[kN] 이상의 것 또는 지름 2[mm] 이상의 경동선일 것
> • 전선과 이를 지지하는 기둥 사이의 이격 거리는 2.5[cm] 이상일 것

정답　**39** ②　**40** ④　**41** ①　**42** ②

43 전등 1개를 3개소에서 점멸하고자 할 때 필요한 3로 스위치와 4로 스위치는 몇 개인가?

① 3로 스위치 1개, 4로 스위치 2개 　　② 3로 스위치 2개, 4로 스위치 1개

③ 3로 스위치 3개, 4로 스위치 1개 　　④ 3로 스위치 1개, 4로 스위치 3개

해설

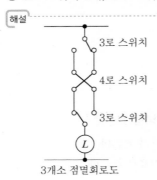

3로 스위치

4로 스위치

3로 스위치

3개소 점멸회로도

44 피시 테이프(Fish Tape)의 용도로 옳은 것은?

① 전선을 테이핑하기 위하여 사용된다. 　　② 전선관의 끝마무리를 위해서 사용된다.

③ 배관에 전선을 넣을 때 사용된다. 　　④ 합성수지관을 구부릴 때 사용된다.

해설
피시 테이프(Fish Tape)
전선관(배관)에 전선을 넣을 때 사용되는 평각 강철선이다.

45 애자 사용 공사에서 전선 상호 간의 간격은 몇 [cm] 이하로 하는 것이 가장 바람직한가?

① 4　　　　　② 5　　　　　③ 6　　　　　④ 8

해설

구분	400[V] 이하	400[V] 초과
전선 상호 간의 거리	6[cm] 이상	6[cm] 이상
전선과 조영재와의 거리	2.5[cm] 이상	4.5[cm] 이상(건조한 곳은 2.5[cm] 이상)

46 금속전선관 내에 절연전선을 넣을 때는 절연전선의 피복을 포함한 총 단면적이 금속관 내부 단면적의 약 몇 [%] 이하가 바람직한가?

① 20　　　　　② 25　　　　　③ 33　　　　　④ 50

해설
금속전선관의 굵기는 케이블 또는 절연도체의 내부 단면적이 금속전선관 단면적의 1/3을 초과하지 않도록 하는 것이 바람직하다.

47 금속관 배관 공사에서 절연 부싱을 사용하는 이유는?

① 박스 내에서 전선의 접속 방지

② 관이 손상되는 것을 방지

③ 관 단에서 전선의 인입 및 교체 시 발생하는 전선의 손상 방지

④ 관의 입구에서 조영재의 접속 방지

> 해설
> 전선의 절연피복을 보호하기 위하여 금속관 끝에 취부하여 사용한다.

48 전압의 구분에서 저압 직류전압은 몇 [V] 이하인가?

① 600　　　　　　　　② 750

③ 1,500　　　　　　　④ 7,000

> 해설
> **전압의 종류**
> • 저압 : 교류는 1[kV] 이하, 직류는 1.5[kV] 이하
> • 고압 : 교류는 1[kV] 초과~7[kV] 이하
> 　　　　직류는 1.5[kV] 초과~7[kV] 이하
> • 특고압 : 7[kV]를 넘는 것

49 과부하 보호장치의 동작전류는 케이블 허용전류의 몇 배 이하여야 하는가?

① 1.1배　　　　　　　② 1.25배

③ 1.45배　　　　　　④ 2.5배

> 해설
> 과부하전류로부터 케이블을 보호하기 위한 조건은 아래와 같다.
> 보호장치가 규약시간 이내에 유효하게 동작을 보장하는 전류≤1.45×전선의 허용전류

50 전원의 한 점을 직접 접지하고 설비의 노출 도전부는 전원의 접지전극과 전기적으로 독립적인 접지극에 접속시키는 계통접지 방식은?

① TN　　　　　　　　② TT

③ IT　　　　　　　　④ TN-S

> 해설
> **TT 방식**
> 전원의 한 점을 직접 접지하고 설비의 노출 도전부는 전원의 접지전극과 전기적으로 독립적인 접지극에 접속시키는 방식

51 접지시스템의 구성 요소에 해당되지 않는 것은?

① 접지극   ② 계통도체

③ 보호도체   ④ 접지도체

> **해설**
> 접지시스템은 접지극, 접지도체, 보호도체 및 기타 설비로 구성한다.

52 사람이 접촉될 우려가 있는 곳에 시설하는 경우 접지극은 지하 몇 [cm] 이상의 깊이에 매설하여야 하는가?

① 30   ② 45

③ 50   ④ 75

> **해설**
> 접지공사의 접지극은 지하 75[cm] 이상이 되는 깊이로 매설할 것

53 가공 인입선 중 수용장소의 인입선에서 분기하여 다른 수용장소의 인입구에 이르는 전선을 무엇이라 하는가?

① 소주인입선   ② 연접인입선

③ 본주인입선   ④ 인입간선

> **해설**
> ① 소주인입선 : 인입간선의 전선로에서 분기한 소주에서 수용가에 이르는 전선로
> ③ 본주인입선 : 인입간선의 전선로에서 수용가에 이르는 전선로
> ④ 인입간선 : 배선선로에서 분기된 인입전선로

54 저압 연접인입선의 시설과 관련된 설명으로 잘못된 것은?

① 옥내를 통과하지 아니할 것

② 횡단보도교 위에 시설할 때 노면상 3.5[m] 이상일 것

③ 폭 5[m]를 넘는 도로를 횡단하지 아니할 것

④ 인입선에서 분기하는 점으로부터 100[m]를 넘는 지역에 미치지 아니할 것

> **해설**
> **연접인입선의 시설 제한 규정**
> • 인입선에서 분기하는 점에서 100[m]를 넘는 지역에 이르지 않아야 한다.
> • 너비 5[m]를 넘는 도로를 횡단하지 않아야 한다.
> • 연접 인입선은 옥내를 통과하면 안 된다.
> • 지름 2.6[mm]의 경동선 또는 이와 동등 이상의 세기 및 굵기의 것일 것
> • 횡단보도교의 위에 시설하는 경우에는 노면상 3[m] 이상일 것

55 점유면적이 좁고 운전, 보수에 안전하므로 공장, 빌딩 등의 전기실에 많이 사용되는 배전반은 어떤 것인가?

① 데드 프런트형 ② 수직형
③ 큐비클형 ④ 라이브 프런트형

> 해설
>
> 폐쇄식 배전반을 일반적으로 큐비클형이라고 한다. 점유면적이 좁고 운전, 보수에 안전하므로 공장, 빌딩 등의 전기실에 많이 사용된다.

56 위험물 등이 있는 곳에서의 저압 옥내배선 공사방법이 아닌 것은?

① 케이블 공사 ② 합성수지관 공사
③ 금속관 공사 ④ 애자 사용 공사

> 해설
>
> **위험물이 있는 곳의 공사**
> 금속전선관 공사, 합성수지관 공사(두께 2[mm] 이상), 케이블 공사에 의하여 시설한다.

57 화약고 등의 위험장소에서 전기설비 시설에 관한 내용으로 옳은 것은?

① 전로의 대지전압은 400[V] 이하일 것
② 전기 기계·기구는 전폐형을 사용할 것
③ 화약고 내의 전기설비는 화약고 장소에 전용개폐기 및 과전류차단기를 시설할 것
④ 개폐기 및 과전류차단기에서 화약고 인입구까지의 배선은 케이블 배선으로 노출하여 시설할 것

> 해설
>
> 화약고 등의 위험장소에는 원칙적으로 전기설비를 시설하지 못하지만, 다음의 경우에는 시설한다.
> • 전로의 대지전압이 300[V] 이하로 전기 기계·기구(개폐기, 차단기 제외)는 전폐형으로 사용한다.
> • 금속전선관 또는 케이블 배선에 의하여 시설한다.
> • 전용 개폐기 및 과전류 차단기는 화약류 저장소 이외의 곳에 시설한다.
> • 전용 개폐기 또는 과전류 차단기에서 화약고의 인입구까지는 케이블을 사용하여 지중 전로로 한다.

58 무대, 무대마루 밑, 오케스트라 박스, 영사실, 기타 사람이나 무대 도구가 접촉할 우려가 있는 장소에 시설하는 저압 옥내배선, 전구선 또는 이동 전선은 최고 사용전압이 몇 [V] 이하이어야 하는가?

① 100 ② 200
③ 300 ④ 400

> 해설
>
> **전시회, 쇼 및 공연장**
> 저압 옥내배선, 전구선 또는 이동 전선은 사용전압이 400[V] 이하이어야 한다.

정답 **55** ③ **56** ④ **57** ② **58** ④

59 계통 전체에 대해 중성선과 보호도체의 기능을 동일도체로 겸용한 PEN 도체를 사용하는 계통접지 방식은?

① TN ② TN−C−S
③ TN−C ④ TN−S

> 해설
>
> **TN−C 방식**
> 계통 전체에 대해 중성선과 보호도체의 기능을 동일도체로 겸용한 PEN 도체를 사용한다.

60 금속관을 절단할 때 사용되는 공구는?

① 오스터 ② 녹아웃 펀치
③ 파이프 커터 ④ 파이프 렌치

> 해설
>
> ① 금속관 끝에 나사를 내는 공구
> ② 배전반, 분전반 등의 캐비닛에 구멍을 뚫을 때 필요한 공구
> ④ 금속관과 커플링을 물고 죄는 공구

01 자체 인덕턴스 40[mH]의 코일에 10[A]의 전류가 흐를 때 저장되는 에너지는 몇 [J]인가?

① 2   ② 3

③ 4   ④ 8

해설

전자에너지 $W = \frac{1}{2}LI^2 = \frac{1}{2} \times 40 \times 10^{-3} \times 10^2 = 2[J]$

02 공기 중에 5[cm] 간격을 유지하고 있는 2개의 평행 도선에 각각 10[A]의 전류가 동일한 방향으로 흐를 때 도선에 1[m]당 발생하는 힘의 크기[N]는?

① 4×10^{-4} ② 2×10^{-5}

③ 4×10^{-5} ④ 2×10^{-4}

해설

평행한 두 도체 사이에 작용하는 힘 F는 $F = \frac{2I_1 I_2}{r} \times 10^{-7}[\text{N/m}]$이므로,

$F = \frac{2 \times 10 \times 10}{5 \times 10^{-2}} \times 10^{-7} = 4 \times 10^{-4}[\text{N/m}]$이다.

03 공기 중에서 자속밀도 3[Wb/m²]의 평등 자장 속에 길이 10[cm]의 직선 도선을 자장의 방향과 직각으로 놓고 여기에 4[A]의 전류를 흐르게 하면 이 도선이 받는 힘은 몇 [N]인가?

① 0.5   ② 1.2

③ 2.8   ④ 4.2

해설

플레밍의 왼손 법칙에 의한 전자력 $F = BIl\sin\theta = 3 \times 4 \times 10 \times 10^{-2} \times \sin 90° = 1.2[\text{N}]$

04 다음 중 전기력선의 성질로 틀린 것은?

① 전기력선은 양전하에서 나와 음전하에서 끝난다.

② 전기력선의 접선 방향이 그 점의 전장 방향이다.

③ 전기력선의 밀도는 전기장의 크기를 나타낸다.

④ 전기력선은 서로 교차한다.

해설

전기력선은 서로 교차하지 않는다.

05 3[kW]의 전열기를 정격 상태에서 20분간 사용하였을 때의 열량은 몇 [kcal]인가?

① 430 　　　　　　② 520 　　　　　　③ 610 　　　　　　④ 860

> 해설
> 줄의 법칙에 의한 열량
> $$H = 0.24\,I^2 R t = 0.24\,P t = 0.24 \times 3 \times 10^3 \times 20 \times 60 = 864{,}000[\text{cal}] = 864[\text{kcal}]$$

06 다음 중 파고율은?

① $\dfrac{실횻값}{평균값}$ 　　② $\dfrac{평균값}{실횻값}$ 　　③ $\dfrac{최댓값}{실횻값}$ 　　④ $\dfrac{실횻값}{최댓값}$

> 해설
> $$파고율 = \dfrac{최댓값}{실횻값}, \quad 파형률 = \dfrac{실횻값}{평균값}$$

07 RC 병렬회로의 역률 $\cos\theta$는?

① $\dfrac{\dfrac{1}{R}}{\sqrt{R^2 + \left(\dfrac{1}{\omega C}\right)^2}}$ 　　　　　　　② $\dfrac{1}{\sqrt{1 + \left(\dfrac{R}{\omega C}\right)^2}}$

③ $\dfrac{R}{\sqrt{R + (\omega C)^2}}$ 　　　　　　　④ $\dfrac{1}{\sqrt{1 + (\omega C R)^2}}$

> 해설
> $$역률 \; \cos\theta = \frac{G}{Y} = \frac{\dfrac{1}{R}}{\sqrt{\left(\dfrac{1}{R}\right)^2 + \left(\dfrac{1}{X_C}\right)^2}} = \frac{\dfrac{1}{R}}{\sqrt{\left(\dfrac{1}{R}\right)^2 + (\omega C)^2}} = \frac{1}{\sqrt{1 + (\omega C R)^2}}$$

08 비사인파의 일반적인 구성이 아닌 것은?

① 순시파 　　　　② 고조파 　　　　③ 기본파 　　　　④ 직류분

> 해설
> 비사인파는 직류분, 기본파, 여러 고조파가 합성된 파형을 말한다.

09 기전력 1.5[V], 내부저항 0.15[Ω]인 전지 10개를 직렬로 접속한 전원에 저항 4.5[Ω]의 전구를 접속하면 전구에 흐르는 전류는 몇 [A]가 되겠는가?

① 0.25

② 2.5

③ 5

④ 7.5

> **해설**
> $$I = \frac{nE}{nr+R} = \frac{10 \times 1.5}{(10 \times 0.15) + 4.5} = 2.5[\text{A}]$$

10 그림과 같은 회로 AB에서 본 합성저항은 몇 [Ω]인가?

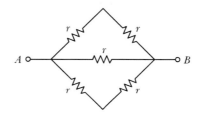

① $\dfrac{r}{2}$

② r

③ $\dfrac{3}{2}r$

④ $2r$

> **해설**
>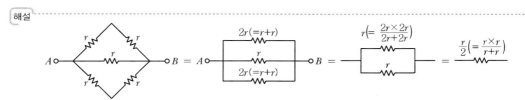

11 (㉠), (㉡)에 들어갈 내용으로 알맞은 것은?

> 2차 전지의 대표적인 것으로 납축전지가 있다. 전해액으로 비중 약 (㉠) 정도의 (㉡)을 사용한다.

① ㉠ 1.15~1.21, ㉡ 묽은 황산

② ㉠ 1.25~1.36, ㉡ 질산

③ ㉠ 1.01~1.15, ㉡ 질산

④ ㉠ 1.23~1.26, ㉡ 묽은 황산

> **해설**
> 납축전지는 묽은 황산(비중 : 1.2~1.3) 용액에 납(Pb)판과 이산화납(PbO₂)판을 넣으면 이산화납에 (+), 납에 (−)의 전압이 나타난다.

12 자기저항 2,000[AT/Wb], 기자력 5,000[AT]인 자기회로에 자속[Wb]은?

① 2.5　　　　　　　　② 25　　　　　　　　③ 4　　　　　　　　④ 0.4

해설

자기저항 $R = \dfrac{NI}{\phi}$ 이므로, 자속 $\phi = \dfrac{NI}{R} = \dfrac{5,000}{2,000} = 2.5[\text{Wb}]$ 이다.

13 50회 감은 코일과 쇄교하는 자속이 0.5[sec] 동안 0.1[Wb]에서 0.2[Wb]로 변화하였다면 기전력의 크기는?

① 5[V]　　　　　　　　　　　　② 10[V]
③ 12[V]　　　　　　　　　　　　④ 15[V]

해설

유도기전력 $e = -N\dfrac{\Delta\phi}{\Delta t} = -50 \times \dfrac{0.1}{0.5} = -10[\text{V}]$

14 투자율 μ의 단위는?

① [AT/m]　　　　　　　　　　② [Wb/m²]
③ [AT/Wb]　　　　　　　　　　④ [H/m]

해설
① 자기장의 세기
② 자속밀도
③ 자기저항

15 다음 중 1[J]과 같은 것은?

① 1[cal]　　　　　　　　　　　② 1[W · s]
③ 1[kg · m]　　　　　　　　　　④ 1[N · m]

해설
1[W · s]란 1[J]의 일에 해당하는 전력량이다.

16 비유전율이 큰 산화티탄 등을 유전체로 사용한 것으로 극성이 없으며 가격에 비해 성능이 우수하여 널리 사용되고 있는 콘덴서의 종류는?

① 마일러 콘덴서　　　　　　　　② 마이카 콘덴서
③ 전해 콘덴서　　　　　　　　　④ 세라믹 콘덴서

해설
콘덴서의 종류
① 마일러 콘덴서 : 얇은 폴리에스테르 필름을 유전체로 하여 양면에 금속박을 대고 원통형으로 감은 것이다. 내열성 및 절연저항이 양호하다.
② 마이카 콘덴서 : 운모와 금속박막으로 되어 있으며, 온도 변화에 의한 용량 변화가 작고 절연저항이 높은 우수한 특성이 있다. 표준 콘덴서이다.
③ 전해 콘덴서 : 전기분해를 하여 금속의 표면에 산화피막을 만들어 유전체로 이용한다. 소형으로 큰 정전용량을 얻을 수 있으나, 극성을 가지고 있으므로 교류회로에는 사용할 수 없다.

17 $R = 4[\Omega]$, $X_L = 8[\Omega]$, $X_C = 5[\Omega]$이 직렬로 연결된 회로에 100[V]의 교류를 가했을 때 흐르는 ㉠ 전류와 ㉡ 임피던스는?

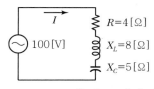

① ㉠ 5.9[A], ㉡ 용량성　　　　　② ㉠ 5.9[A], ㉡ 유도성
③ ㉠ 20[A], ㉡ 용량성　　　　　④ ㉠ 20[A], ㉡ 유도성

해설
$$\dot{Z} = 4 + j(8 - 5) = 4 + j3$$
$$|\dot{Z}| = \sqrt{4^2 + 3^2} = 5$$
$$I = \frac{V}{|\dot{Z}|} = \frac{100}{5} = 20[A]$$
$X_L > X_C$이므로 유도성이다.

18 임의의 폐회로에서 키르히호프의 제2법칙을 가장 잘 나타낸 것은?
① 기전력의 합＝합성저항의 합
② 기전력의 합＝전압강하의 합
③ 전압강하의 합＝합성저항의 합
④ 합성저항의 합＝회로전류의 합

해설
키르히호프의 제2법칙
회로 내의 임의의 폐회로에서 한쪽 방향으로 일주하면서 취할 때 공급된 기전력의 대수합은 각 지로에서 발생한 전압강하의 대수합과 같다.

19 평균 반지름이 10[cm]이고 감은 횟수 10회의 원형코일에 20[A]의 전류를 흐르게 하면 코일 중심의 자기장 세기는?

① 10[AT/m]   ② 20[AT/m]

③ 1,000[AT/m]   ④ 2,000[AT/m]

> **해설**
>
> 원형코일 중심의 자기장 세기 $H = \dfrac{NI}{2r} = \dfrac{10 \times 20}{2 \times 10 \times 10^{-2}} = 1,000[AT/m]$

20 평균값이 220[V]인 교류전압의 실횻값은 약 몇 [V]인가?

① 156   ② 245   ③ 311   ④ 346

> **해설**
>
> • 최댓값 $V_m = \dfrac{\pi}{2} \cdot V_a = \dfrac{\pi}{2} \times 220 \fallingdotseq 346[V]$
>
> • 실횻값 $V = \dfrac{1}{\sqrt{2}} V_m = \dfrac{1}{\sqrt{2}} \times 346 \fallingdotseq 245[V]$

21 동기 와트 P_2, 출력 P_0, 슬립 s, 동기 속도 N_S, 회전 속도 N, 2차 동손 P_{2c}일 때 2차 효율 표기로 틀린 것은?

① $1 - s$ ② $\dfrac{P_{2c}}{P_2}$ ③ $\dfrac{P_0}{P_2}$ ④ $\dfrac{N}{N_S}$

> **해설**
>
> $P_2 : P_{2c} : P_0 = 1 : s : (1-s)$이므로 2차 효율 $\eta_2 = \dfrac{P_0}{P_2} = 1 - s = \dfrac{N}{N_S}$이다.

22 유도전동기가 회전하고 있을 때 생기는 손실 중에서 구리손이란?

① 브러시의 마찰손   ② 베어링의 마찰손

③ 표유 부하손   ④ 1차, 2차 권선의 저항손

> **해설**
>
> 구리손은 저항 중에 전류가 흘러서 발생하는 줄열로 인한 손실로서 저항손이라고도 한다.

23 동기발전기의 돌발 단락 전류를 주로 제한하는 것은?

① 누설 리액턴스   ② 동기 임피던스

③ 권선 저항   ④ 동기 리액턴스

정답 **19** ③ **20** ② **21** ② **22** ④ **23** ①

동기 발전기의 지속 단락 전류와 돌발 단락 전류 제한
- 지속 단락 전류 : 동기 리액턴스 X_s로 제한되며 정격전류의 1~2배 정도이다.
- 돌발 단락 전류 : 누설 리액턴스 X_l로 제한되며, 대단히 큰 전류이지만 수 [Hz] 후에 전기자 반작용이 나타나므로 지속 단락 전류로 된다.

24 유도전동기의 동기 속도 N_s, 회전 속도 N일 때 슬립은?

① $s = \dfrac{N_s - N}{N}$

② $s = \dfrac{N - N_s}{N}$

③ $s = \dfrac{N_s - N}{N_s}$

④ $s = \dfrac{N_s + N}{N}$

해설

$$슬립\ s = \frac{동기\ 속도 - 회전\ 속도}{동기\ 속도} = \frac{N_s - N}{N_s}$$

25 변압기 2대를 V결선했을 때의 이용률은 몇 [%]인가?

① 57.7[%]

② 70.7[%]

③ 86.6[%]

④ 100[%]

해설

$$V결선의\ 이용률\ \frac{\sqrt{3}\,P}{2P} = 0.866 = 86.6[\%]$$

26 정속도 전동기로 공작기계 등에 주로 사용되는 전동기는?

① 직류 분권 전동기

② 직류 직권 전동기

③ 직류 차동 복권 전동기

④ 단상 유도 전동기

해설

직류 분권 전동기
전기자와 계자권선이 병렬로 접속되어 있어서 단자전압이 일정하면, 부하전류에 관계없이 자속이 일정하므로 정속도 특성을 가진다.

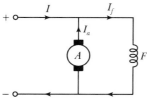

정답 **24** ③ **25** ③ **26** ①

27 변압기유가 구비해야 할 조건으로 틀린 것은?

① 점도가 낮을 것　　　　　　② 인화점이 높을 것
③ 응고점이 높을 것　　　　　　④ 절연내력이 클 것

해설
변압기유의 구비 조건
• 절연내력이 클 것
• 비열이 커서 냉각 효과가 클 것
• 인화점이 높고, 응고점이 낮을 것
• 고온에서도 산화하지 않을 것
• 절연 재료와 화학 작용을 일으키지 않을 것
• 점성도가 작고 유동성이 풍부할 것

28 3단자 소자가 아닌 것은?

① SCR　　　　　　② SSS
③ GTO　　　　　　④ TRIAC

해설

명칭	기호
SCR (역저지 3단자 사이리스터)	
SSS (양방향성 대칭형 스위치)	
GTO (게이트 턴 오프 스위치)	
TRIAC (쌍방향성 3단자 사이리스터)	

29 동기 검정기로 알 수 있는 것은?

① 전압의 크기　　　　　　② 전압의 위상
③ 전류의 크기　　　　　　④ 주파수

해설
동기 검정기
두 계통의 전압 위상을 측정 또는 표시하는 계기

30 3상 동기발전기의 병렬 운전 조건이 아닌 것은?

① 전압의 크기가 같을 것   ② 회전수가 같을 것

③ 주파수가 같을 것   ④ 전압 위상이 같을 것

> 해설
> **병렬 운전 조건**
> • 기전력(전압)의 크기가 같을 것   • 기전력의 위상이 같을 것
> • 기전력의 주파수가 같을 것   • 기전력의 파형이 같을 것

31 동기전동기의 자기 기동법에서 계자권선을 단락하는 이유는?

① 기동이 용이

② 기동권선으로 이용

③ 고전압 유도에 의한 절연 파괴 위험 방지

④ 전기자 반작용 방지

> 해설
> **동기전동기의 기동법**
> • 자기(자체) 기동법 : 회전 자극 표면에 기동권선을 설치하여 기동 시에는 농형 유도전동기로 동작시켜 기동시키는 방법으로, 계자권선을 열어 둔 채로 전기자에 전원을 가하면 권선수가 많은 계자회로가 전기자 회전 자계를 끊고 높은 전압을 유기하여 계자회로가 소손될 염려가 있으므로 반드시 계자회로는 저항을 통해 단락시켜 놓고 기동시 켜야 한다.
> • 타기동법 : 기동용 전동기를 연결하여 기동시키는 방법이다.

32 동기전동기의 용도로 적당하지 않은 것은?

① 분쇄기   ② 압축기

③ 송풍기   ④ 크레인

> 해설
> 동기전동기는 비교적 저속도, 중 · 대용량인 시멘트공장 분쇄기, 압축기, 송풍기 등에 이용된다. 크레인과 같이 부하 변화가 심하거나 잦은 기동을 하는 부하는 직류 직권 전동기가 적합하다.

33 1차 전압 3,300[V], 2차 전압 220[V]인 변압기의 권수비(Turn Ratio)는 얼마인가?

① 15   ② 220

③ 3,300   ④ 7,260

> 해설
> $$권수비 \ a = \frac{V_1}{V_2} = \frac{N_1}{N_2} = \frac{3,300}{220} = 15$$

34 변압기유의 열화 방지를 위한 방법이 아닌 것은?

① 부싱

② 브리더

③ 콘서베이터

④ 질소 봉입

> 해설
>
> **변압기유의 열화 방지 대책**
> • 브리더 : 습기를 흡수
> • 콘서베이터 : 공기와의 접촉을 차단하기 위해 설치
> • 질소 봉입 : 콘서베이터 유면 위에 질소 봉입

35 낮은 전압을 높은 전압으로 승압할 때 일반적으로 사용하는 변압기의 3상 결선 방식은?

① $\Delta - \Delta$

② $\Delta - Y$

③ $Y - Y$

④ $Y - \Delta$

> 해설
>
> • $\Delta - Y$: 승압용 변압기
> • $Y - \Delta$: 강압용 변압기

36 전원과 부하가 다같이 Δ 결선된 3상 평형회로가 있다. 상전압이 200[V], 부하 임피던스가 $Z = 6 + j8[\Omega]$인 경우 선전류는 몇 [A]인가?

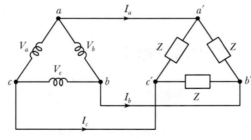

① 20

② $\dfrac{20}{\sqrt{2}}$

③ $20\sqrt{3}$

④ $10\sqrt{3}$

> 해설
>
> • 한 상의 부하 임피던스가 $Z = \sqrt{R^2 + X^2} = \sqrt{6^2 + 8^2} = 10[\Omega]$
> • 상전류 $I_p = \dfrac{V_p}{Z} = \dfrac{200}{10} = 20[A]$
> • Δ결선에서 선전류 $I_\ell = \sqrt{3} \cdot I_p = \sqrt{3} \times 20 = 20\sqrt{3}\,[A]$

37 100[V], 10[A], 전기자저항 1[Ω], 회전수 1,800[rpm]인 전동기의 역기전력은 몇 [V]인가?

① 90
② 100
③ 110
④ 186

해설

역기전력 $E_c = V - I_a R_a = 100 - 10 \times 1 = 90 [\mathrm{V}]$

38 반파 정류회로에서 변압기 2차 전압의 실효치를 $E[\mathrm{V}]$라 하면 직류전류 평균치는?(단, 정류기의 전압강하는 무시한다.)

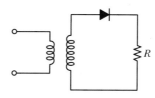

① $\dfrac{E}{R}$
② $\dfrac{1}{2} \cdot \dfrac{E}{R}$

③ $\dfrac{2\sqrt{2}}{\pi} \cdot \dfrac{E}{R}$
④ $\dfrac{\sqrt{2}}{\pi} \cdot \dfrac{E}{R}$

해설

• 단상반파 출력전압 평균값 $E_d = \dfrac{\sqrt{2}}{\pi} E[\mathrm{V}]$

• 직류전류 평균값 $I_d = \dfrac{E_d}{R} = \dfrac{\sqrt{2}}{\pi} \cdot \dfrac{E}{R}[\mathrm{A}]$

39 6극 36슬롯 3상 동기발전기의 매극 매상당 슬롯수는?

① 2
② 3
③ 4
④ 5

해설

매극 매상당의 홈수 $= \dfrac{홈수}{극수 \times 상수} = \dfrac{36}{6 \times 3} = 2$

40 3상 유도전동기의 속도 제어 방법 중 인버터(Inverter)를 이용한 속도 제어법은?

① 극수 변환법
② 전압 제어법
③ 초퍼 제어법
④ 주파수 제어법

해설

인버터
직류를 교류로 변환하는 장치로서 주파수를 변환시켜 전동기 속도 제어와 형광등의 고주파 점등이 가능하다.

정답 37 ① 38 ④ 39 ① 40 ④

41 금속관을 절단할 때 사용하는 공구는?

① 오스터 ② 녹아웃 펀치 ③ 파이프 커터 ④ 파이프 렌치

> **해설**
> ① 금속관 끝에 나사를 내는 공구
> ② 배전반, 분전반 등의 캐비닛에 구멍을 뚫을 때 필요한 공구
> ④ 금속관과 커플링을 물고 죄는 공구

42 고압 가공 전선로의 지지물로 철탑을 사용하는 경우 경간은 몇 [m] 이하이어야 하는가?

① 150 ② 300 ③ 500 ④ 600

> **해설**
> **고압 가공 전선로 경간의 제한**
> • 목주, A종 철주 또는 A종 철근 콘크리트주 : 150[m]
> • B종 철주 또는 B종 철근 콘트리트주 : 250[m]
> • 철탑 : 600[m]

43 일반적으로 저압 가공 인입선이 도로를 횡단하는 경우 노면상 설치 높이는 몇 [m] 이상이어야 하는가?

① 3[m] ② 4[m] ③ 5[m] ④ 6.5[m]

> **해설**
> **인입선의 높이**
>
> | 구분 | 저압[m] | 고압[m] | 특고압[m] | |
> |---|---|---|---|---|
> | | | | 35[kV] 이하 | 35~160[kV] |
> | 도로횡단 | 5 | 6 | 6 | – |
> | 철도 궤도 횡단 | 6.5 | 6.5 | 6.5 | 6.5 |
> | 횡단보도교 위 | 3 | 3.5 | 4 | 5 |
> | 기타 | 4 | 5 | 5 | 6 |

44 옥외용 비닐절연전선의 기호는?

① VV ② DV
③ OW ④ 60227 KS IEC 01

> **해설**
> ① 0.6/1[kV] 비닐절연 비닐시스 케이블
> ② 인입용 비닐절연전선
> ④ 450/750[V] 일반용 단심 비닐절연전선

45 지중에 매설되어 있는 금속제 수도관로는 대지와의 전기저항값이 얼마 이하로 유지되어야 접지극으로 사용할 수 있는가?

① 1[Ω]

② 3[Ω]

③ 4[Ω]

④ 5[Ω]

해설

금속제 수도관을 접지극으로 사용할 경우 3[Ω] 이하의 접지저항을 가지고 있어야 한다.

[참고] 건물의 철골 등 금속체를 접지극으로 사용할 경우 2[Ω] 이하의 접지저항을 가지고 있어야 한다.

46 교통신호등의 제어장치로부터 신호등의 전구까지의 전로에 사용하는 전압은 몇 [V] 이하인가?

① 60

② 100

③ 300

④ 440

해설

교통신호등 회로는 300[V] 이하로 시설하여야 한다.

47 합성수지관 상호 및 관과 박스와는 접속 시에 삽입하는 깊이를 관 바깥지름의 몇 배 이상으로 하여야 하는가?(단, 접착제를 사용하지 않는다.)

① 0.8

② 1.2

③ 2.0

④ 2.5

해설

합성수지관 상호 및 관과 박스 접속방법

• 커플링에 들어가는 관의 길이는 관 바깥지름의 1.2배 이상으로 한다.

• 접착제를 사용하는 경우에는 0.8배 이상으로 한다.

48 다음 중 지중 전선로의 매설 방법이 아닌 것은?

① 관로식

② 암거식

③ 직접 매설식

④ 행거식

해설

• 관로식 : 맨홀과 맨홀 사이에 만든 관로에 케이블을 넣는 방식

• 암거식 : 터널 내에 케이블을 부설하는 방식

• 직접 매설식 : 대지 중에 케이블을 직접 매설하는 방식

49 다선식 옥내 배선인 경우 보호도체(PE)의 색별 표시는?

① 갈색　　　　　　② 흑색　　　　　　③ 회색　　　　　　④ 녹색 − 노란색

해설

상(문자)	색상
L1	갈색
L2	흑색
L3	회색
N	청색
보호도체(PE)	녹색 − 노란색

50 다음 중 과전류 차단기를 시설하는 곳은?

① 간선의 전원 측 전선　　　　　　② 접지공사의 접지선
③ 다선식 전로의 중성선　　　　　　④ 접지공사를 한 저압 가공 전선로의 접지 측 전선

해설
　　과전류 차단기의 시설 금지 장소
　　• 접지공사의 접지선
　　• 다선식 전로의 중성선
　　• 변압기 중성점 접지공사를 한 저압 가공 전선로의 접지 측 전선

51 변압기 2차 측에 접지공사를 하는 이유는?

① 전류 변동의 방지　　　　　　② 전압 변동의 방지
③ 전력 변동의 방지　　　　　　④ 고저압 혼촉 방지

해설
　　높은 전압과 낮은 전압이 혼촉 사고가 발생했을 때 사람에게 위험을 주는 높은 전류를 대지로 흐르게 하기 위함이다.

52 금속전선관 공사에서 사용하는 후강 전선관의 규격이 아닌 것은?

① 16　　　　　　② 28
③ 36　　　　　　④ 50

해설

구분	후강 전선관
관의 호칭	안지름의 크기에 가까운 짝수
관의 종류[mm]	16, 22, 28, 36, 42, 54, 70, 82, 92, 104(10종류)
관의 두께	2.3~3.5[mm]

정답　49 ④　50 ①　51 ④　52 ④

53 연피케이블 접속에 반드시 사용하는 테이프는?

① 고무 테이프　　　　　　　　　　② 비닐 테이프
③ 리노 테이프　　　　　　　　　　④ 자기융착 테이프

해설

리노 테이프
접착성은 없으나 절연성, 내온성, 내유성이 있어서 연피케이블 접속 시 사용한다.

54 애자 사용 공사에서 전선 상호 간의 간격은 몇 [cm] 이하로 하는 것이 가장 바람직한가?

① 4　　　　　　　　　　　　　　　② 5
③ 6　　　　　　　　　　　　　　　④ 8

해설

구분	400[V] 이하	400[V] 초과
전선 상호 간의 거리	6[cm] 이상	6[cm] 이상
전선과 조영재와의 거리	2.5[cm] 이상	4.5[cm] 이상 (건조한 곳은 2.5[cm] 이상)

55 화약고에 시설하는 전기설비에서 전로의 대지전압은 몇 [V] 이하로 하여야 하는가?

① 100[V]　　　　② 150[V]　　　　③ 300[V]　　　　④ 400[V]

해설

화약류 저장소의 위험장소 : 전로의 대지전압을 300[V] 이하로 한다.

56 분전반 및 배전반은 어떤 장소에 설치하는 것이 바람직한가?

① 전기회로를 쉽게 조작할 수 있는 장소　　② 개폐기를 쉽게 개폐할 수 없는 장소
③ 은폐된 장소　　　　　　　　　　　　　　④ 이동이 심한 장소

해설

전기부하의 중심 부근에 위치하면서, 스위치 조작을 안정적으로 할 수 있는 곳에 설치하여야 한다.

57 교류 배전반에서 전류가 많이 흘러 전류계를 직접 주회로에 연결할 수 없을 때 사용하는 기기는?

① 전류 제한기　　　　　　　　　　② 계기용 변압기
③ 계기용 변류기　　　　　　　　　　④ 전류계용 절환 개폐기

해설

계기용 변류기(CT) : 대전류를 소전류로 변류하여 계전기나 계측기에 전원을 공급

58 애자 사용 공사에 사용하는 애자가 갖추어야 할 성질과 가장 거리가 먼 것은?

① 절연성　　　　　　　　　　　　② 난연성

③ 내수성　　　　　　　　　　　　④ 내유성

> **해설**
> 애자는 절연성, 난연성 및 내수성이 있는 재질을 사용한다.

59 한국전기설비규정에서 가공 전선로의 지지물에 하중이 가하여지는 경우에 그 하중을 받는 지지물의 기초 안전율은 얼마 이상인가?

① 0.5　　　　　　② 1　　　　　　③ 1.5　　　　　　④ 2

> **해설**
> 가공 전선로의 지지물에 하중이 가하여지는 경우에 그 하중을 받는 지지물의 기초 안전율은 2 이상이어야 한다.

60 과부하 보호장치의 동작전류는 케이블 허용전류의 몇 배 이하여야 하는가?

① 1.1배　　　　　　　　　　　　② 1.25배

③ 1.45배　　　　　　　　　　　　④ 2.5배

> **해설**
> 과부하전류로부터 케이블을 보호하기 위한 조건은 아래와 같다.
> 보호장치가 규약시간 이내에 유효하게 동작을 보장하는 전류 ≤ 1.45 × 전선의 허용전류

7회 탄탄 실력 다지기

01 평균 반지름이 r[m]이고, 감은 횟수가 N인 환상 솔레노이드에 전류 I[A]가 흐를 때 내부의 자기장의 세기 H[AT/m]는?

① $H = \dfrac{NI}{2\pi r}$ ② $H = \dfrac{NI}{2r}$ ③ $H = \dfrac{2\pi r}{NI}$ ④ $H = \dfrac{2r}{NI}$

해설
환상 솔레노이드에 의한 자기장의 세기 $H = \dfrac{NI}{2\pi r}$ 이다.

02 히스테리시스손은 최대 자속밀도 및 주파수의 각각 몇 승에 비례하는가?

① 최대자속밀도 : 1.6, 주파수 : 1.0   ② 최대자속밀도 : 1.0, 주파수 : 1.6
③ 최대자속밀도 : 1.0, 주파수 : 1.0   ④ 최대자속밀도 : 1.6, 주파수 : 1.6

해설
히스테리시스손 $P_h \propto f \cdot B_m^{1.6}$

03 다음 ( ) 안에 들어갈 알맞은 내용은?

> "자기 인덕턴스 1[H]는 전류의 변화율이 1[A/s]일 때, ( )가(이) 발생할 경우의 값이다."

① 1[N]의 힘   ② 1[J]의 에너지   ③ 1[V]의 기전력   ④ 1[Hz]의 주파수

해설
자체유도에 의한 유도기전력 $e = -L\dfrac{\Delta I}{\Delta t}$ 에서

전류의 변화율 $\dfrac{\Delta I}{\Delta t} = 1$[A/s]이고, 자기 인덕턴스 $L = 1$[H]라면,

$e = -1 \times 1 = 1$[V]이다.

04 평형 3상 교류회로에서 Δ부하의 한 상의 임피던스가 Z_Δ일 때, 등가 변환한 Y부하의 한 상의 임피던스 Z_Y는 얼마인가?

① $Z_Y = \sqrt{3}\,Z_\Delta$ ② $Z_Y = 3Z_\Delta$ ③ $Z_Y = \dfrac{1}{\sqrt{3}}Z_\Delta$ ④ $Z_Y = \dfrac{1}{3}Z_\Delta$

해설
- Y → Δ 변환 $Z_\Delta = 3Z_Y$
- Δ → Y 변환 $Z_Y = \dfrac{1}{3}Z_\Delta$

정답 **01** ①   **02** ①   **03** ③   **04** ④

05 무효전력에 대한 설명으로 틀린 것은?

① $P = VI\cos\theta$로 계산된다.

② 부하에서 소모되지 않는다.

③ 단위로는 [Var]를 사용한다.

④ 전원과 부하 사이를 왕복하기만 하고 부하에 유효하게 사용되지 않는 에너지이다.

> **해설**
> 무효전력 $P_r = VI\sin\theta\,[\text{Var}]$

06 그림에서 $a-b$ 간의 합성저항은 $c-d$ 간의 합성저항의 몇 배인가?

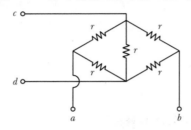

① 1배 ② 2배 ③ 3배 ④ 4배

> **해설**
> • $a-b$ 간의 합성저항은 휘트스톤 브리지 회로이므로 중앙에 있는 r에 전류가 흐르지 않는다. 따라서 중앙에 있는 r를 제거하고 합성저항을 구하면, $R_{ab} = \dfrac{2r \times 2r}{2r + 2r} = r$이다.
> • $c-d$ 간의 합성저항을 병렬회로로 구하면, $\dfrac{1}{R_{cd}} = \dfrac{1}{2r} + \dfrac{1}{r} + \dfrac{1}{2r}$ 에서 $R_{cd} = \dfrac{r}{2}$ 이다.
> • 따라서, R_{ab}는 R_{cd}의 2배이다.

07 RL 직렬회로에 교류전압 $v = V_m \sin\theta\,[\text{V}]$를 가했을 때 회로의 위상각 θ를 나타낸 것은?

① $\theta = \tan^{-1}\dfrac{R}{\omega L}$

② $\theta = \tan^{-1}\dfrac{\omega L}{R}$

③ $\theta = \tan^{-1}\dfrac{1}{R\omega L}$

④ $\theta = \tan^{-1}\dfrac{R}{\sqrt{R^2 + (\omega L)^2}}$

> **해설**
> RL 직렬회로는 다음 벡터도와 같으므로, 위상각 $\theta = \tan^{-1}\dfrac{\omega L}{R}$ 이다.
>
>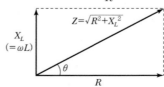

08 권수가 150인 코일에서 2초간에 1[Wb]의 자속이 변화한다면, 코일에 발생되는 유도기전력의 크기는 몇 [V]인가?

① 50

② 75

③ 100

④ 150

해설

유도기전력 $e = -N\dfrac{\Delta\phi}{\Delta t} = -150 \times \dfrac{1}{2} = -75[\text{V}]$

09 원자핵의 구속력을 벗어나서 물질 내에서 자유로이 이동할 수 있는 것은?

① 중성자

② 양자

③ 분자

④ 자유전자

10 어느 회로의 전류가 다음과 같을 때, 이 회로에 대한 전류의 실횻값[A]은?

$$i = 3 + 10\sqrt{2}\sin\left(\omega t - \dfrac{\pi}{6}\right) + 5\sqrt{2}\sin\left(3\omega t - \dfrac{\pi}{3}\right)[\text{A}]$$

① 11.6

② 23.2

③ 32.2

④ 48.3

해설

비정현파 교류의 실횻값은 직류분(I_0)과 기본파(I_1) 및 고조파(I_2, I_3, $\cdots I_n$)의 실횻값의 제곱합을 제곱근한 것이다.

$I = \sqrt{I_0^2 + I_1^2 + I_3^2} = \sqrt{3^2 + 10^2 + 5^2} = 11.58[\text{A}]$

11 2전력계법으로 3상 전력을 측정하여 지시값이 $P_1 = 200[\text{W}]$, $P_2 = 200[\text{W}]$일 때 부하전력[W]은?

① 200

② 400

③ 600

④ 800

해설

- 유효전력 $P = P_1 + P_2[\text{W}]$
- 무효전력 $P_r = \sqrt{3}(P_1 - P_2)[\text{Var}]$
- 피상전력 $P_a = \sqrt{P^2 + P_r^2}[\text{VA}]$
- ∴ 부하전력 = 유효전력 = 200 + 200 = 400[W]

12 전기분해를 통하여 석출된 물질의 양은 통과한 전기량 및 화학당량과 어떤 관계인가?

① 전기량과 화학당량에 비례한다.　② 전기량과 화학당량에 반비례한다.

③ 전기량에 비례하고 화학당량에 반비례한다.　④ 전기량에 반비례하고 화학당량에 비례한다.

> **해설**
>
> 패러데이의 법칙(Faraday's Law)
> $w = kQ = kIt\,[\text{g}]$
> 여기서, k(전기화학당량) : 1[C]의 전하에서 석출되는 물질의 양

13 줄의 법칙에서 발열량 계산식을 옳게 표시한 것은?

① $H = I^2R\,[\text{J}]$

② $H = I^2R^2t\,[\text{J}]$

③ $H = I^2R^2\,[\text{J}]$

④ $H = I^2Rt\,[\text{J}]$

> **해설**
>
> 줄의 법칙(Joule's Law)
> $H = I^2Rt\,[\text{J}]$

14 L_1, L_2 두 코일이 접속되어 있을 때, 누설 자속이 없는 이상적인 코일 간의 상호 인덕턴스는?

① $M = \sqrt{L_1 + L_2}$

② $M = \sqrt{L_1 - L_2}$

③ $M = \sqrt{L_1 L_2}$

④ $M = \sqrt{\dfrac{L_1}{L_2}}$

> **해설**
>
> 누설자속이 없으므로 결합계수 $k = 1$
> 따라서, $M = k\sqrt{L_1 L_2} = \sqrt{L_1 L_2}$

15 평형 3상 회로에서 1상의 소비전력이 $P\,[\text{W}]$라면, 3상 회로 전체의 소비전력[W]은?

① $2P$

② $\sqrt{2}\,P$

③ $3P$

④ $\sqrt{3}\,P$

> **해설**
>
> $P_{3\phi} = \sqrt{3}\,V_\ell I_\ell \cos\theta = 3V_p I_p \cos\theta = 3P$
> 여기서, 1상의 소비전력 $P = V_p I_p \cos\theta$

16 RL 직렬회로에서 서셉턴스는?

① $\dfrac{R}{R^2 + X_L^2}$

② $\dfrac{X_L}{R^2 + X_L^2}$

③ $\dfrac{-R}{R^2 + X_L^2}$

④ $\dfrac{-X_L}{R^2 + X_L^2}$

해설 ....

어드미턴스 $\dot{Y} = \dfrac{1}{Z} = G + jB$의 관계이므로,

RL 직렬회로의 어드미턴스

$\dot{Y} = \dfrac{1}{Z} = \dfrac{1}{R + jX_L} = \dfrac{R - jX_L}{(R + jX_L)(R - jX_L)} = \dfrac{R}{(R^2 + X_L^2)} + j\dfrac{-X_L}{(R^2 + X_L^2)}$

따라서, 서셉턴스 $B = \dfrac{-X_L}{(R^2 + X_L^2)}$이다.

17 알칼리 축전지의 대표적인 축전지로 널리 사용되고 있는 2차 전지는?

① 망간전지

② 산화은 전지

③ 페이퍼 전지

④ 니켈카드뮴 전지

해설 ....

• 1차 전지는 재생할 수 없는 전지를 말하고, 2차 전지는 재생 가능한 전지를 말한다.
• 2차 전지 중에서 니켈카드뮴 전지는 통신기기, 전기차 등에서 널리 사용되고 있다.

18 자극 가까이에 물체를 두었을 때 자화되는 물체와 자석이 그림과 같은 방향으로 자화되는 자성체는?

자화되는 물체

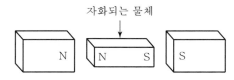

① 상자성체

② 반자성체

③ 강자성체

④ 비자성체

해설 ....

• 상자성체 : 자석에 자화되어 약하게 끌리는 물체
• 반자성체 : 자석에 자화가 반대로 되어 약하게 반발하는 물체
• 강자성체 : 자석에 자화되어 강하게 끌리는 물체
• 비자성체 : 자석에 자화되지 않는 물체

정답 **16** ④ **17** ④ **18** ②

19 전력과 전력량에 관한 설명으로 틀린 것은?

① 전력은 전력량과 다르다.　　　　　② 전력량은 와트로 환산된다.

③ 전력량은 칼로리 단위로 환산된다.　　④ 전력은 칼로리 단위로 환산할 수 없다.

> **해설**
> 전력 P와 전력량 W의 관계는 $W = P \cdot t[\text{W} \cdot \text{sec}]$이며,
> 전력량과 열량의 관계는 $H = 0.24I^2Rt = 0.24Pt = 0.24W[\text{cal}]$이다.

20 $+ Q_1[\text{C}]$과 $- Q_2[\text{C}]$의 전하가 진공 중에서 $r[\text{m}]$의 거리에 있을 때 이들 사이에 작용하는 정전기력 $F[\text{N}]$는?

① $F = 9 \times 10^{-7} \times \dfrac{Q_1 Q_2}{r^2}$　　　　② $F = 9 \times 10^{-9} \times \dfrac{Q_1 Q_2}{r^2}$

③ $F = 9 \times 10^{9} \times \dfrac{Q_1 Q_2}{r^2}$　　　　④ $F = 9 \times 10^{10} \times \dfrac{Q_1 Q_2}{r^2}$

> **해설**
> 정전기력 $F = \dfrac{1}{4\pi\varepsilon} \dfrac{Q_1 Q_2}{r^2}[\text{N}]$에서
> 진공 중이므로 $\varepsilon = \varepsilon_o \varepsilon_s = 8.85 \times 10^{-12} \times 1$이다.
> 따라서, $F = 9 \times 10^{9} \times \dfrac{Q_1 Q_2}{r^2}[\text{N}]$이다.

21 34극 60[MVA], 역률 0.8, 60[Hz], 22.9[kV] 수차발전기의 전부하 손실이 1,600[kW] 이면 전부하 효율[%]은?

① 90　　　　　　　　　　　　② 95

③ 97　　　　　　　　　　　　④ 99

> **해설**
> 효율 $\eta = \dfrac{\text{출력}}{\text{입력}} \times 100 = \dfrac{(\text{입력} - \text{손실})}{\text{입력}} \times 100 = \dfrac{60 \times 0.8 - 1.6}{60 \times 0.8} \times 100 \fallingdotseq 97[\%]$

22 직류 전동기에서 전부하 속도가 1,500[rpm], 속도 변동률이 3[%]일 때 무부하 회전속도는 몇 [rpm] 인가?

① 1,455　　　　　　　　　　② 1,410

③ 1,545　　　　　　　　　　④ 1,590

해설

$$\varepsilon = \frac{N_o - N_n}{N_n} \times 100[\%] \text{이므로,}$$

$$\varepsilon = \frac{N_0 - 1,500}{1,500} \times 100 = 3[\%] \text{에서}$$

무부하 회전속도 $N_0 = 1,545[\text{rpm}]$이다.

23 대전류 · 고전압의 전기량을 제어할 수 있는 자기소호형 소자는?

① FET   ② Diode

③ Triac   ④ IGBT

해설

명칭	기호	동작특성	용도	비고
IGBT		게이트에 전압을 인가했을 때만 컬랙터 전류가 흐른다.	고속 인버터, 고속 초퍼 제어소자	대전류 · 고전압 제어 가능

24 변압기의 무부하시험, 단락시험에서 구할 수 없는 것은?

① 동손   ② 철손

③ 절연 내력   ④ 전압 변동률

해설

- 무부하시험 : 철손, 무부하 여자전류 측정
- 단락시험 : 동손(임피던스 와트), 누설임피던스, 누설리액턴스, 저항, %저항강하, %리액턴스강하, %임피던스강하, 전압 변동률 측정

25 직류전동기의 속도제어법이 아닌 것은?

① 전압제어법   ② 계자제어법

③ 저항제어법   ④ 주파수제어법

해설

직류전동기의 속도제어법
- 계자제어 : 정출력 제어
- 저항제어 : 전력손실이 크며, 속도제어의 범위가 좁다.
- 전압제어 : 정토크 제어

26 3상 전원에서 한 상에 고장이 발생하였다. 이때 3상 부하에 3상 전력을 공급할 수 있는 결선 방법은?

① Y결선
② Δ 결선
③ 단상결선
④ V결선

> **해설**
> **V-V결선**
> 단상변압기 3대로 Δ-Δ결선 운전 중 1대의 변압기 고장 시 V-V결선으로 계속 3상 전력을 공급하는 방식

27 변압기유가 구비해야 할 조건 중 맞는 것은?

① 절연내력이 작고 산화하지 않을 것
② 비열이 작아서 냉각효과가 클 것
③ 인화점이 높고 응고점이 낮을 것
④ 절연재료나 금속에 접촉할 때 화학작용을 일으킬 것

> **해설**
> **변압기유의 구비 조건**
> • 절연내력이 클 것
> • 인화점이 높고, 응고점이 낮을 것
> • 절연재료와 화학작용을 일으키지 않을 것
> • 비열이 커서 냉각효과가 클 것
> • 고온에서도 산화하지 않을 것
> • 점성도가 작고 유동성이 풍부할 것

28 권선형에서 비례추이를 이용한 기동법은?

① 리액터 기동법
② 기동 보상기법
③ 2차 저항법
④ Y - Δ 기동법

> **해설**
> **권선형 유도전동기의 기동법(2차 저항법)**
> 비례추이의 원리에 의하여 큰 기동토크를 얻고 기동전류도 억제하여 기동한다.

29 다음 그림은 직류발전기의 분류 중 어느 것에 해당되는가?

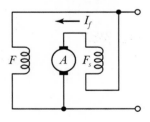

① 분권발전기
② 직권발전기
③ 자석발전기
④ 복권발전기

> **해설**
> 직렬 계자권선과 병렬 계자권선이 있으므로 복권발전기(외분권)이다.

30 60[Hz], 4극 유도전동기가 1,700[rpm]으로 회전하고 있다. 이 전동기의 슬립은 약 얼마인가?

① 3.42[%]   ② 4.56[%]

③ 5.56[%]   ④ 6.64[%]

> **해설**
>
> 동기속도 $N_s = \dfrac{120f}{P} = \dfrac{120 \times 60}{4} = 1,800$[rpm]
>
> 슬립 $s = \dfrac{N_s - N}{N_s} = \dfrac{1,800 - 1,700}{1,800} \times 100 = 5.56$[%]이다.

31 다음 중 ( ) 안에 들어갈 내용은?

> 유입변압기에 많이 사용되는 목면, 명주, 종이 등의 절연재료는 내열등급 (　　)으로 분류되고, 장시간 지속하여 최고허용온도 (　　)℃를 넘어서는 안 된다.

① Y종－90   ② A종－105

③ E종－120   ④ B종－130

> **해설**
>
> | 종류 | 최고허용온도(℃) | 절연재료 |
> |---|---|---|
> | Y종 | 90 | 목면, 견, 종이 등 바니스류에 함침되지 않은 것 |
> | A종 | 105 | 목면, 견, 종이 등 바니스류에 함침된 것 |
> | E종 | 120 | 대부분의 플라스틱류 |
> | B종 | 130 | 운모, 석면, 유리섬유 등을 아스팔트의 접착재료와 같이 구성시킨 것 |
> | F종 | 155 | 운모, 석면, 유리섬유 등을 알킬수지 등 내열성 재료와 같이 구성시킨 것 |
> | H종 | 180 | 운모, 석면, 유리섬유 등을 규소수지 등 내열성 재료와 같이 구성시킨 것 |
> | C종 | 180 이상 | 운모, 석면, 유리섬유 등을 단독으로 사용한 것 |

32 역률과 효율이 좋아서 가정용 선풍기, 전기세탁기, 냉장고 등에 주로 사용되는 것은?

① 분상기동형 전동기   ② 반발기동형 전동기

③ 콘덴서 기동형 전동기   ④ 셰이딩 코일형 전동기

> **해설**
>
> **영구 콘덴서 기동형 전동기**
> 원심력 스위치가 없어서 가격도 싸고, 보수할 필요가 없으므로 큰 기동토크를 요구하지 않는 선풍기, 냉장고, 세탁기 등에 널리 사용된다.

33 6극 직류 파권 발전기의 전기자 도체 수 300, 매극 자속 0.02[Wb], 회전 수 900[rpm]일 때 유도기전력[V]은?

① 90   ② 110

③ 220   ④ 270

해설

유도기전력 $E = \dfrac{P}{a} Z \phi \dfrac{N}{60}$ [V]에서 파권($a=2$)이므로, $E = \dfrac{6}{2} \times 300 \times 0.02 \times \dfrac{900}{60} = 270$[V]이다.

34 극수 10, 동기속도 600[rpm]인 동기 발전기에서 나오는 전압의 주파수는 몇 [Hz]인가?

① 50   ② 60

③ 80   ④ 120

해설

동기속도 $N_s = \dfrac{120f}{P}$ [rpm]에서, $f = \dfrac{N_s \cdot P}{120} = \dfrac{600 \times 10}{120} = 50$[Hz]이다.

35 동기기 손실 중 무부하손(No Load Loss)이 아닌 것은?

① 풍손   ② 와류손

③ 전기자 동손   ④ 베어링 마찰손

해설

- 무부하손 : 기계손(마찰손, 풍손), 철손(히스테리시스손, 와류손) 등
- 부하손 : 동손, 표유 부하손 등

36 동기 와트 P_2, 출력 P_0, 슬립 s, 동기속도 N_S, 회전속도 N, 2차 동손 P_{2c}일 때 2차 효율 표기로 틀린 것은?

① $1 - s$ ② $\dfrac{P_{2c}}{P_2}$

③ $\dfrac{P_0}{P_2}$ ④ $\dfrac{N}{N_S}$

해설

2차 효율 $\eta_2 = \dfrac{P_0}{P_2} = 1 - s = \dfrac{N}{N_s}$ 이다.

37 부흐홀츠 계전기의 설치 위치로 가장 적당한 곳은?

① 콘서베이터 내부

② 변압기 고압 측 부싱

③ 변압기 주 탱크 내부

④ 변압기 주 탱크와 콘서베이터 사이

> 해설
>
> **부흐홀츠 계전기**
> 변압기 내부 고장으로 인한 절연유의 온도상승 시 발생하는 유증기를 검출하여 경보 및 차단하기 위한 계전기로 변압기 탱크와 콘서베이터 사이에 설치한다.

38 1차 권수 6,000, 2차 권수 200인 변압기의 전압비는?

① 10

② 30

③ 60

④ 90

> 해설
>
> **전압비**
> $$a = \frac{V_1}{V_2} = \frac{N_1}{N_2} = \frac{6,000}{200} = 30$$

39 다음 중 급정지하는 데 가장 좋은 제동방법은?

① 발전제동

② 회생제동

③ 역상제동

④ 단상제동

> 해설
>
> **역상제동(역전제동, 플러깅)**
> 전동기를 급정지시키기 위해 제동 시 전동기를 역회전으로 접속하여 제동하는 방법이다.

40 동기전동기의 전기자 전류가 최소일 때 역률은?

① 0.5

② 0.707

③ 0.866

④ 1.0

> 해설
>
> 동기전동기는 다음 그림과 같이 위상특성곡선을 가지고 있으므로, 어떤 부하에서도 전기자 전류가 최소일 때는 역률이 1.0이 된다.

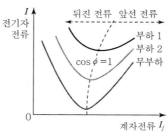

41 저압가공전선이 철도 또는 궤도를 횡단하는 경우에는 레일면상 몇 [m] 이상이어야 하는가?

① 3.5 　　　　② 4.5 　　　　③ 5.5 　　　　④ 6.5

> 해설
> **저고압 가공 전선의 높이**
> • 도로 횡단 : 6[m]
> • 철도 궤도 횡단 : 6.5[m]
> • 기타 : 5[m]

42 실링 직접부착등을 시설하고자 한다. 배선도에 표기할 그림기호로 옳은 것은?

① ⊢─Ⓝ　　　② ⊗　　　③ Ⓒⓛ　　　④ Ⓡ

> 해설
> ① 나트륨등(벽부형), ② 옥외 보안등, ④ 리셉터클

43 지중전선로 시설방식이 아닌 것은?

① 직접 매설식 　　② 관로식 　　③ 트리이식 　　④ 암거식

> 해설
> • 직접매설식 : 대지 중에 케이블을 직접 매설하는 방식
> • 관로식 : 맨홀과 맨홀 사이에 만든 관로에 케이블을 넣는 방식
> • 암거식 : 터널 내에 케이블을 부설하는 방식

44 조명기구를 배광에 따라 분류하는 경우 특정한 장소만을 고조도로 하기 위한 조명기구는?

① 직접 조명기구　　　　　② 전반확산 조명기구
③ 광천장 조명기구　　　　④ 반직접 조명기구

> 해설
> **조명기구 배광에 의한 분류**
>
> | 조명 방식 | 직접 조명 | 반직접 조명 | 전반 확산조명 | 반간접 조명 | 간접 조명 |
> |---|---|---|---|---|---|
> | 상향 광속 | 0~10[%] | 10~40[%] | 40~60[%] | 60~90[%] | 90~100[%] |
> | 조명기구 | | | | | |
> | 하향 광속 | 100~90[%] | 90~60[%] | 60~40[%] | 40~10[%] | 0~10[%] |

45 전선 기호가 0.6/1 kV VV인 케이블의 종류로 옳은 것은?

① 0.6/1[kV] 비닐절연 비닐시스 케이블
② 0.6/1[kV] 가교 폴리에틸렌 절연 비닐시스 전력 케이블
③ 0.6/1[kV] EP 고무절연 비닐시스 케이블
④ 0.6/1[kV] 가교 폴리에틸렌 절연 비닐시스 제어 케이블

해설 **케이블의 종류와 약호**

명칭	기호	비고
0.6/1[kV] 비닐절연 비닐시스 케이블	0.6/1 kV VV	70[℃]
0.6/1[kV] 가교 폴리에틸렌 절연 비닐시스 전력 케이블	0.6/1 kV CV	90[℃]
0.6/1[kV] EP 고무절연 비닐시스 케이블	0.6/1 kV PV	90[℃]
0.6/1[kV] 가교 폴리에틸렌 절연 비닐시스 제어 케이블	0.6/1 kV CCV	90[℃]

46 전선의 접속에 대한 설명으로 틀린 것은?

① 접속 부분의 전기저항을 20[%] 이상 증가되도록 한다.
② 접속 부분의 인장강도를 80[%] 이상 유지되도록 한다.
③ 접속 부분에 전선 접속 기구를 사용한다.
④ 알루미늄전선과 구리선의 접속 시 전기적인 부식이 생기지 않도록 한다.

해설 **전선의 접속 조건**
• 접속 시 전기적 저항을 증가시키지 않는다.
• 접속부위의 기계적 강도를 20[%] 이상 감소시키지 않는다.
• 접속점의 절연이 약화되지 않도록 테이핑 또는 와이어 커넥터로 절연한다.
• 전선의 접속은 박스 안에서 하고, 접속점에 장력이 가해지지 않도록 한다.

47 가공 전선 지지물의 기초 강도는 주체(主體)에 가하여지는 곡하중(曲荷重)에 대하여 안전율을 얼마 이상으로 하여야 하는가?

① 1.0　② 1.5　③ 1.8　④ 2.0

해설 가공전선로의 지지물에 하중이 가하여지는 경우 그 하중을 받는 지지물의 기초의 안전율은 2 이상이어야 한다.

48 전등 1개를 2개소에서 점멸하고자 할 때 3로 스위치는 최소 몇 개 필요한가?

① 4개   ② 3개

③ 2개   ④ 1개

해설

2개소 점멸회로는 다음과 같으므로, 3로 스위치가 2개가 필요하다.

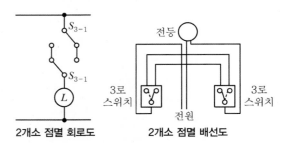

2개소 점멸 회로도   2개소 점멸 배선도

49 피시 테이프(Fish Tape)의 용도는?

① 전선을 테이핑하기 위하여 사용   ② 전선관의 끝마무리를 위해서 사용

③ 전선관에 전선을 넣을 때 사용   ④ 합성수지관을 구부릴 때 사용

해설

피시 테이프(Fish Tape)

전선관에 전선을 넣을 때 사용되는 평각 강철선이다.

50 배선설계를 위한 전등 및 소형 전기기계기구의 부하용량 산정 시 건축물의 종류에 대응한 표준부하에서 원칙적으로 표준부하를 20[VA/m²]으로 적용하여야 하는 건축물은?

① 교회, 극장   ② 호텔, 병원

③ 은행, 상점   ④ 아파트, 미용원

해설

건물의 표준부하

부하 구분	건물의 종류 및 부분	표준부하밀도[VA/m²]
표준부하	공장, 공회장, 사원, 교회, 극장, 영화관	10
	기숙사, 여관, 호텔, 병원, 음식점, 다방	20
	주택, 아파트, 사무실, 은행, 백화점, 상점	30

51 화약류 저장소에서 백열전등이나 형광등 또는 이들에 전기를 공급하기 위한 전기설비를 시설하는 경우 전로의 대지전압[V]은?

① 100[V] 이하   ② 150[V] 이하

③ 220[V] 이하   ④ 300[V] 이하

> 해설
>
> **화약류 저장소의 위험장소**
> 전로의 대지전압이 300[V] 이하로 한다.

52 다음 중 버스 덕트가 아닌 것은?

① 플로어 버스 덕트   ② 피더 버스 덕트

③ 트롤리 버스 덕트   ④ 플러그인 버스 덕트

> 해설
>
> **버스덕트의 종류**
>
> | 명칭 | 비고 |
> | --- | --- |
> | 피더 버스 덕트 | 도중에 부하를 접속하지 않는 것 |
> | 플러그인 버스 덕트 | 도중에서 부하를 접속할 수 있도록 꽂음 구멍이 있는 것 |
> | 트롤리 버스 덕트 | 도중에서 이동부하를 접속할 수 있도록 트롤리 접속식 구조로 한 것 |

53 전자접촉기 2개를 이용하여 유도전동기 1대를 정·역운전하고 있는 시설에서 전자접촉기 2대가 동시에 여자되어 상간 단락되는 것을 방지하기 위하여 구성하는 회로는?

① 자기유지회로   ② 순차제어회로

③ Y−△ 기동 회로   ④ 인터록 회로

> 해설
>
> **인터록 회로**
> 상대동작 금지회로로서 선행동작 우선회로와 후행동작 우선회로가 있다.

54 후강 전선관의 관 호칭은 (㉠) 크기로 정하여 (㉡)로 표시한다. ㉠과 ㉡에 들어갈 내용으로 옳은 것은?

① ㉠ 안지름   ㉡ 홀수   ② ㉠ 안지름   ㉡ 짝수

③ ㉠ 바깥지름   ㉡ 홀수   ④ ㉠ 바깥지름   ㉡ 짝수

> 해설
>
> • 후강 전선관 : 안지름에 크기에 가까운 짝수
> • 박강 전선관 : 바깥지름의 크기에 가까운 홀수

정답 **51** ④   **52** ①   **53** ④   **54** ②

55 셀룰로이드, 성냥, 석유류 등 기타 가연성 위험물질을 제조 또는 저장하는 장소의 배선으로 틀린 것은?

① 금속관 배선   ② 케이블 배선

③ 플로어 덕트 배선   ④ 합성수지관(CD관 제외) 배선

> 해설
>
> **위험물이 있는 곳의 공사**
> 금속전선관 공사, 합성수지관 공사(두께 2[mm] 이상), 케이블 공사에 의하여 시설한다.

56 연선 결정에 있어서 중심 소선을 뺀 층수가 3층이다. 전체 소선 수는?

① 91   ② 61   ③ 37   ④ 19

> 해설
>
> 총 소선 수 $N = 3N(N+1) + 1 = 3 \times 3 \times (3+1) + 1 = 37$

57 실내 면적 100[m²]인 교실에 전광속이 2,500[lm]인 40[W] 형광등을 설치하여 평균조도를 150[lx]로 하려면 몇 개의 등을 설치하면 되겠는가?(단, 조명률은 50[%], 감광보상률은 1.25로 한다.)

① 15개   ② 20개   ③ 25개   ④ 30개

> 해설
>
> 광속 $N \times F = \dfrac{E \times A \times D}{U \times M}$[lm]이므로,
>
> 광속 $F = 2,500$[lm], 평균조도 $E = 150$[lx], 방의 면적 $A = 100$[m²], 조명률 $U = 0.5$,
> 감광보상률 $D = 1.25$, 유지률 $M = 1$로 계산하면,
>
> $N \times 2,500 = \dfrac{150 \times 100 \times 1.25}{0.5 \times 1.0}$
>
> 따라서, $N = 15$개이다.

58 정격전류가 50[A]인 저압전로의 과전류차단기를 배선용 차단기로 사용하는 경우 정격전류의 2배의 전류가 통과하였을 경우 몇 분 이내에 자동적으로 동작하여야 하는가?

① 2분   ② 4분   ③ 6분   ④ 8분

> 해설
>
> **과전류 차단기로 저압전로에 사용되는 배선용 차단기의 동작특성**
>
> 산업용 배선용 차단기
>
> | 정격전류의 구분 | 트립 동작시간 | 정격전류의 배수(모든 극에 통전) | |
> |---|---|---|---|
> | | | 부동작 전류 | 동작 전류 |
> | 63[A] 이하 | 60분 | 1.05배 | 1.3배 |
> | 63[A] 초과 | 120분 | 1.05배 | 1.3배 |

59 금속전선관 내에 절연전선을 넣을 때는 절연전선의 피복을 포함한 총 단면적이 금속관 내부 단면적의 약 몇 [%] 이하가 바람직한가?

① 20   ② 25

③ 33   ④ 50

해설
금속전선관의 굵기는 케이블 또는 절연도체의 내부 단면적이 금속전선관 단면적의 1/3을 초과하지 않도록 하는 것이 바람직하다.

60 배전반을 나타내는 그림 기호는?

①   ②   ③   ④ S

해설
① 분전반, ② 배전반, ③ 제어반, ④ 개폐기

01 두 개의 서로 다른 금속의 접속점에 온도차를 주면 열기전력이 생기는 현상은?

① 홀 효과　　　　　② 줄 효과　　　　　③ 압전기 효과　　　　　④ 제벡 효과

> 해설
>
> **제벡효과(Seebeck Effect)**
> • 서로 다른 금속 A, B를 접속하고 접속점을 서로 다른 온도로 유지하면 기전력이 생겨 일정한 방향으로 전류가 흐른다. 이러한 현상을 열전효과 또는 제백효과라 한다.
> • 열전 온도계, 열전형 계기에 이용된다.

02 다음 중에서 자석의 일반적인 성질에 대한 설명으로 틀린 것은?

① N극과 S극이 있다.
② 자력선은 N극에서 나와 S극으로 향한다.
③ 자력이 강할수록 자기력선의 수가 많다.
④ 자석은 고온이 되면 자력이 증가한다.

> 해설
>
> 자석은 고온이 되면 자력이 감소된다.

03 자체 인덕턴스 2[H]의 코일에 25[J]의 에너지가 저장되어 있다면 코일에 흐르는 전류는?

① 2[A]　　　　　② 3[A]　　　　　③ 4[A]　　　　　④ 5[A]

> 해설
>
> 전자에너지 $W = \dfrac{1}{2}LI^2$[J]이므로,
>
> $I = \sqrt{\dfrac{2W}{L}} = \sqrt{\dfrac{2 \times 25}{2}} = 5$[A]

04 브리지 회로에서 미지의 인덕턴스 L_x를 구하면?

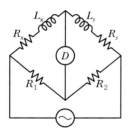

① $L_x = \dfrac{R_2}{R_1} L_s$　　　　② $L_x = \dfrac{R_1}{R_2} L_s$　　　　③ $L_x = \dfrac{R_S}{R_1} L_s$　　　　④ $L_x = \dfrac{R_1}{R_S} L_s$

해설

$R_2(R_x + j\omega L_x) = R_1(R_s + j\omega L_s)$ 에서

$R_2 R_x + j\omega R_2 L_x = R_1 R_s + j\omega R_1 L_s$ 이므로, 실수부와 허수부가 각각 같아야 한다.

따라서, $L_x = \dfrac{R_1}{R_2} \cdot L_s$ 이다.

05 다음 중 1[J]과 같은 것은?

① 1[cal]
③ 1[kg · m]

② 1[W · s]
④ 1[N · m]

06 진공 중에서 같은 크기의 두 자극을 1[m] 거리에 놓았을 때, 그 작용하는 힘은?(단, 자극의 세기는 1[Wb]이다.)

① 6.33×10^4[N]
③ 9.33×10^5[N]

② 8.33×10^4[N]
④ 9.09×10^9[N]

해설

두 자극 사이에 작용하는 힘 $F = \dfrac{1}{4\pi\mu} \cdot \dfrac{m_1 m_2}{r^2}$ [N]이고,

여기서, $\mu = \mu_0 \cdot \mu_s$, 진공 중의 투자율 $\mu_0 = 4\pi \times 10^{-7}$ [H/m], 비투자율 $\mu_s = 1$이므로,

$F = 6.33 \times 10^4 \cdot \dfrac{1 \times 1}{1^2} = 6.33 \times 10^4$[N]이다.

07 각속도 $\omega = 300$[rad/sec]인 사인파 교류의 주파수[Hz]는 얼마인가?

① $\dfrac{70}{\pi}$　　　② $\dfrac{150}{\pi}$　　　③ $\dfrac{180}{\pi}$　　　④ $\dfrac{360}{\pi}$

해설

각속도 $\omega = 2\pi f$[rad/s]이므로, $f = \dfrac{\omega}{2\pi} = \dfrac{300}{2\pi} = \dfrac{150}{\pi}$[Hz]

08 RLC 직렬회로에서 최대 전류가 흐르기 위한 조건은?

① $L = C$　　　② $\omega LC = 1$　　　③ $\omega^2 LC = 1$　　　④ $(\omega LC)^2 = 1$

해설

RLC 직렬회로에서 공진 시 $\omega L = \dfrac{1}{\omega C}$이므로, 임피던스 Z가 최소가 되고, 전류는 최대가 된다. 따라서 공진조건은 $\omega^2 LC = 1$이다.

09 줄의 법칙에서 발열량 계산식을 옳게 표시한 것은?

① $H = I^2 R[\text{J}]$
② $H = I^2 R^2 t[\text{J}]$
③ $H = I^2 R^2[\text{J}]$
④ $H = I^2 Rt[\text{J}]$

해설
줄의 법칙(Joule's Law) : 전류의 발열작용
$H = I^2 Rt[\text{J}]$

10 그림과 같이 $C = 2[\mu\text{F}]$의 콘덴서가 연결되어 있다. A점과 B점 사이의 합성 정전용량은 얼마인가?

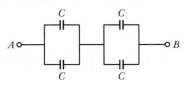

① $1[\mu\text{F}]$
② $2[\mu\text{F}]$
③ $4[\mu\text{F}]$
④ $8[\mu\text{F}]$

해설
• 병렬 접속 : $C + C = 2 + 2 = 4[\mu\text{F}]$
• 합성 정전용량 : $C_{AB} = \dfrac{1}{\dfrac{1}{4} + \dfrac{1}{4}} = 2[\mu\text{F}]$

11 그림과 같이 공기 중에 놓인 $2 \times 10^{-8}[\text{C}]$의 전하에서 2[m] 떨어진 점 P와 1[m] 떨어진 점 Q와의 전위차는?

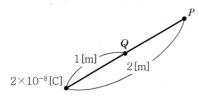

① 80[V]
② 90[V]
③ 100[V]
④ 110[V]

해설
$Q[\text{C}]$의 전하에서 $r[\text{m}]$ 떨어진 점의 전위 P와 $r_0[\text{m}]$ 떨어진 점의 전위 Q와의 전위차
$$V_d = \frac{Q}{4\pi\varepsilon}\left(\frac{1}{r} - \frac{1}{r_0}\right) = \frac{2 \times 10^{-8}}{4\pi \times 8.855 \times 10^{-12} \times 1}\left(\frac{1}{1} - \frac{1}{2}\right) = 90[\text{V}]$$

12 납축전지의 전해액으로 사용되는 것은?

① H_2SO_4

② $2H_2O$

③ PbO_2

④ $PbSO_4$

해설
납축전지의 전해액으로는 묽은 황산(H_2SO_4)을 사용한다.

13 그림과 같은 비사인파의 제3고조파 주파수는?(단, $V = 20$[V], $T = 10$[ms]이다.)

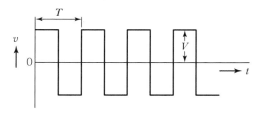

① 100[Hz]

② 200[Hz]

③ 300[Hz]

④ 400[Hz]

해설
제3고조파는 기본파에 비해 주파수가 3배이므로,

제3고조파 주파수 $f_3 = 3f_1 = \dfrac{3}{T} = \dfrac{3}{10 \times 10^{-3}} = 300$[Hz]

14 변압기 2대를 V결선했을 때의 이용률은 몇 [%]인가?

① 57.7[%]

② 70.7[%]

③ 86.6[%]

④ 100[%]

해설
V결선의 이용률 $\dfrac{\sqrt{3}\,P}{2P} = 0.866 = 86.6$[%]

15 반지름 50[cm], 권수 10[회]인 원형 코일에 0.1[A]의 전류가 흐를 때, 이 코일 중심의 자계의 세기 H는?

① 1[AT/m]

② 2[AT/m]

③ 3[AT/m]

④ 4[AT/m]

해설
원형 코일 중심의 자장의 세기 $H = \dfrac{NI}{2r} = \dfrac{10 \times 0.1}{2 \times 50 \times 10^{-2}} = 1$[AT/m]

16 다음 중 상자성체는 어느 것인가?

① 철   ② 코발트   ③ 니켈   ④ 텅스텐

> **해설**
> - 강사성체 : 철, 니켈, 코발트, 망간
> - 상자성체 : 알루미늄, 산소, 백금, 텅스텐
> - 반자성체 : 은, 구리, 아연, 비스무트, 납

17 단위 길이당 권수 100회인 무한장 솔레노이드에 10[A]의 전류가 흐를 때 솔레노이드 내부의 자장 [AT/m]은?

① 10   ② 100   ③ 1,000   ④ 10,000

> **해설**
> 무한장 솔레노이드의 내부 자장의 세기 $H = nI[AT/m]$ (단, n은 1[m]당 권수)
> $H = 10 \times 100 = 1,000[AT/m]$

18 거리 1[m]의 평행도체에 같은 크기의 전류가 흐르고, 작용하는 힘이 $4 \times 10^{-7}[N/m]$일 때 흐르는 전류의 크기는?

① 2   ② $\sqrt{2}$ ③ 4   ④ 1

> **해설**
> 평행한 두 도체 사이에 작용하는 힘 $F = \dfrac{2I_1 I_2}{r} \times 10^{-7}[N/m]$이므로,
> $4 \times 10^{-7} = \dfrac{2 \times I^2}{1} \times 10^{-7}$에서 전류 $I = \sqrt{2}[A]$이다.

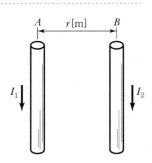

19 $R[\Omega]$인 저항 3개가 $\triangle$결선으로 되어 있는 것을 Y결선으로 환산하면 1상의 저항[Ω]은?

① $\dfrac{1}{3}R$ ② $\dfrac{1}{3R}$ ③ $3R$ ④ R

> **해설**
> $\triangle$결선을 Y결선으로 변환
> $R_Y = \dfrac{1}{3}R_\triangle$

20 전류에 의해 만들어지는 자기장의 자기력선 방향을 간단하게 알아내는 방법은?

① 플레밍의 왼손 법칙   ② 렌츠의 자기유도 법칙

③ 앙페르의 오른나사 법칙   ④ 패러데이의 전자유도 법칙

> 해설
>
> **앙페르의 오른나사 법칙**
> • 전류에 의하여 생기는 자기장의 자력선 방향을 결정
> • 직선 전류에 의한 자기장의 방향 : 전류가 흐르는 방향으로 오른 나사를 진행시키면 나사가 회전하는 방향으로 자력선이 생긴다.

21 유도전동기의 회전자에 슬립 주파수의 전압을 공급하여 속도 제어를 하는 것은?

① 2차 저항법   ② 2차 여자법

③ 자극수 변환법   ④ 인버터 주파수 변환법

> 해설
>
> **2차 여자법**
> 권선형 유도전동기에 사용되는 방법으로 2차 회로에 적당한 크기의 전압을 외부에서 가하여 속도를 제어하는 방법이다.

22 동기전동기의 전기자 전류가 최소일 때 역률은?

① 0.5   ② 0.707   ③ 0.866   ④ 1.0

> 해설
>
> 동기전동기는 아래 그림과 같이 위상특성곡선을 가지고 있으므로, 어떤 부하에서도 전기자 전류가 최소일 때는 역률이 1.0이 된다.

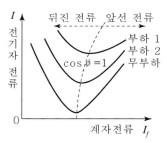

23 부흐홀츠 계전기의 설치 위치는?

① 변압기 주 탱크 내부   ② 콘서베이터 내부

③ 변압기의 고압 측 부싱   ④ 변압기 본체와 콘서베이터 사이

> 해설
>
> 변압기의 탱크와 콘서베이터의 연결관 도중에 설치한다.

정답 **20** ③   **21** ②   **22** ④   **23** ④

24 변압기의 규약 효율은?

① $\dfrac{출력}{입력} \times 100[\%]$ ② $\dfrac{출력}{출력 + 손실} \times 100[\%]$

③ $\dfrac{출력}{입력 - 손실} \times 100[\%]$ ④ $\dfrac{입력 + 손실}{입력} \times 100[\%]$

> **해설**
>
> $\eta_{Tr} = \dfrac{출력}{출력 + 손실} \times 100[\%] = \dfrac{입력 - 손실}{입력} \times 100[\%]$

25 단락비가 큰 동기기에 대한 설명으로 옳은 것은?

① 기계가 소형이다.   ② 안정도가 높다.

③ 전압 변동률이 크다.   ④ 전기자반작용이 크다.

> **해설**
>
> **단락비가 큰 동기기(철기계)의 특징**
> - 전기자 반작용이 작고, 전압 변동률이 작다.
> - 공극이 크고 과부하 내량이 크다.
> - 기계의 중량이 무겁고 효율이 낮다.
> - 안정도가 높다.

26 유도전동기의 슬립을 측정하는 방법으로 옳은 것은?

① 전압계법   ② 전류계법

③ 평형 브리지법   ④ 스트로보법

> **해설**
>
> **슬립의 측정방법**
> - 회전계법
> - 직류 밀리볼트계법
> - 수화기법
> - 스트로보법

27 농형 유도전동기의 기동법이 아닌 것은?

① Y-Δ 기동법   ② 기동보상기에 의한 기동법

③ 2차 저항기법   ④ 전전압 기동법

> **해설**
>
> 2차 저항기법은 권선형 유도전동기의 기동법에 속한다.

28 권선 저항과 온도와의 관계는?

① 온도와는 무관하다.
② 온도가 상승함에 따라 권선 저항은 감소한다.
③ 온도가 상승함에 따라 권선 저항은 증가한다.
④ 온도가 상승함에 따라 권선 저항은 증가와 감소를 반복한다.

해설
일반적인 금속도체는 온도 증가에 따라 저항도 증가한다.

29 전기기기의 철심 재료로 규소 강판을 많이 사용하는 이유로 가장 적당한 것은?

① 와류손을 줄이기 위해
② 맴돌이 전류를 없애기 위해
③ 히스테리시스손을 줄이기 위해
④ 구리손을 줄이기 위해

해설
• 규소강판 사용 : 히스테리시스손 감소
• 성층철심 사용 : 와류손(맴돌이 전류손) 감소

30 가정용 선풍기나 세탁기 등에 많이 사용되는 단상 유도전동기는?

① 분상 기동형
② 콘덴서 기동형
③ 영구 콘덴서 전동기
④ 반발 기동형

해설
영구 콘덴서형
원심력 스위치가 없어서 가격도 싸므로 큰 기동토크를 요구하지 않는 선풍기, 냉장고, 세탁기 등에 널리 사용된다.

31 직류 직권 전동기의 회전 수(N)와 토크(τ)와의 관계는?

① $\tau \propto \dfrac{1}{N}$

② $\tau \propto \dfrac{1}{N^2}$

③ $\tau \propto N$

④ $\tau \propto N^{\frac{3}{2}}$

해설
$N \propto \dfrac{1}{I_a}$ 이고, $\tau \propto I_a^2$ 이므로 $\tau \propto \dfrac{1}{N^2}$ 이다.

32 3상 전원에서 한 상에 고장이 발생하였다. 이때 3상 부하에 3상 전력을 공급할 수 있는 결선방법은?

① Y결선   ② △결선

③ 단상결선   ④ V결선

> 해설
>
> **V−V결선**
> 단상변압기 3대로 △−△결선 운전 중 1대의 변압기 고장 시 V−V결선으로 계속 3상 전력을 공급하는 방식

33 트라이악(TRIAC)의 기호는?

① 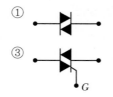   ②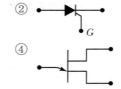

③    ④

> 해설
>
> ① DIAC   ② SCR   ③ TRIAC   ④ UJT

34 동기발전기의 돌발 단락 전류를 주로 제한하는 것은?

① 누설 리액턴스   ② 동기 임피던스

③ 권선 저항   ④ 동기 리액턴스

> 해설
>
> **동기 발전기의 지속 단락 전류와 돌발 단락 전류 제한**
> • 지속 단락 전류 : 동기 리액턴스 X_s로 제한되며 정격전류의 1~2배 정도이다.
> • 돌발 단락 전류 : 누설 리액턴스 X_l로 제한되며, 대단히 큰 전류이지만 수 [Hz] 후에 전기자 반작용이 나타나므로 지속 단락 전류로 된다.

35 그림과 같은 분상 기동형 단상 유도전동기를 역회전시키기 위한 방법이 아닌 것은?

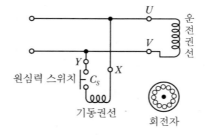

① 원심력 스위치를 개로 또는 폐로한다.
② 기동권선이나 운전권선의 어느 한 권선의 단자접속을 반대로 한다.
③ 기동권선의 단자접속을 반대로 한다.
④ 운전권선의 단자접속을 반대로 한다.

해설
　　회전방향을 바꾸려면, 운전권선이나 기동권선 중 어느 한쪽의 접속을 반대로 하면 된다.

36 변압기 2대를 V결선했을 때의 이용률은 몇 [%]인가?

① 57.7[%]　　　　　　　　　　　② 70.7[%]
③ 86.6[%]　　　　　　　　　　　④ 100[%]

해설
　　V결선의 이용률 $\dfrac{\sqrt{3}\,P}{2P} = 0.866 = 86.6[\%]$

37 병렬운전 중인 동기 발전기의 난조를 방지하기 위하여 자극 면에 유도전동기의 농형 권선과 같은 권선을 설치하는데 이 권선의 명칭은?

① 계자권선　　　　　　　　　　② 제동권선
③ 전기자권선　　　　　　　　　④ 보상권선

해설
　　제동권선의 목적
　　• 발전기 : 난조(Hunting) 방지
　　• 전동기 : 기동작용

38 유도전동기에서 슬립이 1이면 전동기의 속도 N은?

① 동기 속도보다 빠르다.　　　　② 정지한다.
③ 불변이다.　　　　　　　　　　④ 동기 속도와 같다.

해설
　　$s = \dfrac{N_s - N}{N_s}$ 에서 $s = 1$일 때 정지상태 $N = 0$

39 동기발전기의 전기자 권선을 단절권으로 하면?

① 역률이 좋아진다.　　　　　　② 절연이 잘 된다.
③ 고조파를 제거한다.　　　　　④ 기전력을 높인다.

36 ③　**37** ②　**38** ②　**39** ③

APPENDIX 02 탄탄 실력 다지기 8회 **4-135**

> **[해설]**
>
> **단절권의 권선 특징**
> • 고조파를 제거하여 기전력의 파형이 좋아진다.
> • 코일 단부가 단축되어 동량이 적게 든다.
> • 단절계수만큼 합성 유도기전력이 감소한다.

40 다음 그림에서 직류 분권전동기의 속도특성곡선은?

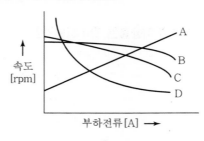

① A   ② B   ③ C   ④ D

> **[해설]**
>
> **분권 전동기**
> 전기자와 계자권선이 병렬로 접속되어 있어서 단자전압이 일정하면, 부하전류에 관계없이 자속이 일정하므로 정속도 특성을 가진다.

41 저압 연접 인입선은 인입선에서 분기하는 점으로부터 몇 [m]를 넘지 않는 지역에 시설하고 폭 몇 [m]를 넘는 도로를 횡단하지 않아야 하는가?

① 50[m], 4[m]   ② 100[m], 5[m]   ③ 150[m], 6[m]   ④ 200[m], 8[m]

> **[해설]**
>
> **연접 인입선 시설 제한 규정**
> • 인입선에서 분기하는 점에서 100[m]를 넘는 지역에 이르지 않아야 한다.
> • 너비 5[m]를 넘는 도로를 횡단하지 않아야 한다.
> • 연접 인입선은 옥내를 통과하면 안 된다.
> • 지름 2.6[mm]의 경동선 또는 이와 동등 이상의 세기 및 굵기일 것

42 연피 없는 케이블을 배선할 때 직각 구부리기(L형)는 대략 굴곡 반지름을 케이블 바깥지름의 몇 배 이상으로 하는가?

① 3   ② 4   ③ 5   ④ 10

> **[해설]**
>
> **케이블을 구부리는 경우 굴곡부의 곡률 반지름**
> • 연피가 없는 케이블 : 곡률반지름은 케이블 바깥지름의 5배 이상
> • 연피가 있는 케이블 : 곡률반지름은 케이블 바깥지름의 12배 이상

정답 40 ②   41 ②   42 ③

43 전로 이외를 흐르는 전류로서 전로의 절연체 내부 및 표면과 공간을 통하여 선간 또는 대지 사이를 흐르는 전류를 무엇이라 하는가?

① 지락전류　　　　　　　　　② 누설전류
③ 정격전류　　　　　　　　　④ 영상전류

해설
① 지락전류 : 도체가 절연파괴 등 이상으로 인하여 지면으로 흐르게 되는 고장전류
② 누설전류 : 절연물의 내부 또는 표면을 통해서 흐르는 미소 전류
③ 정격전류 : 정격출력으로 동작하고 있는 기기, 장치가 필요로 하는 전류
④ 영상전류 : 3상 교류회로에서 각 상의 전류 중에 동상으로 포함하고 있는 크기가 같은 전류

44 구리 전선과 전기기계기구 단자를 접속하는 경우에 진동 등으로 인하여 헐거워질 염려가 있는 곳에는 어떤 것을 사용하여 접속하여야 하는가?

① 평와셔 2개를 끼운다.　　　　② 스프링 와셔를 끼운다.
③ 코드 패스너를 끼운다.　　　　④ 정 슬리브를 끼운다.

해설
진동 등의 영향으로 헐거워질 우려가 있는 경우에는 스프링 와셔 또는 더블 너트를 사용하여야 한다.

45 터널·갱도 기타 이와 유사한 장소에서 사람이 상시 통행하는 터널 내의 배선방법으로 적절하지 않은 것은?(단, 사용전압은 저압이다.)

① 라이팅덕트 배선　　　　　　② 금속제 가요전선관 배선
③ 합성수지관 배선　　　　　　④ 애자 사용 배선

해설
광산, 터널 및 갱도
사람이 상시 통행하는 터널 내의 배선은 저압에 한하여 애자 사용, 금속전선관, 합성수지관, 금속제 가요전선관, 케이블 배선으로 시공하여야 한다.

46 옥내에 시설하는 저압의 이동 전선은 단면적이 몇 [mm²] 이상의 코드 또는 캡타이어 케이블이어야 하는가?

① 0.75[mm²]　　　　　　　　② 2[mm²]
③ 5.5[mm²]　　　　　　　　④ 8[mm²]

해설
이동전선은 단면적 0.75[mm²] 이상의 코드 또는 캡타이어 케이블을 용도에 따라 선정하여야 한다.

47 비교적 장력이 적고 다른 종류의 지선을 시설할 수 없는 경우에 적용하며 지선용 근가를 지지물 근원 가까이 매설하여 시설하는 지선은?

① Y지선
② 궁지선
③ 공동지선
④ 수평지선

> **해설**
> **지선의 종류**
> • Y지선 : 다단 완금일 경우, 장력이 클 경우, H주일 경우에 보통지선을 2단으로 설치하는 것
> • 궁지선 : 장력이 적고 타 종류의 지선을 시설할 수 없는 경우에 설치하는 것
> • 공동지선 : 두 개의 지지물에 공동으로 시설하는 지선
> • 수평지선 : 보통지선을 시설할 수 없을 때 전주와 전주 간, 또는 전주와 지주 간에 설치

48 전선 접속방법 중 트위스트 직선 접속의 설명으로 옳은 것은?

① 6[mm²] 이하의 가는 단선인 경우에 적용된다.
② 6[mm²] 이상의 굵은 단선인 경우에 적용된다.
③ 연선의 직선 접속에 적용된다.
④ 연선의 분기 접속에 적용된다.

> **해설**
> • 트위스트 접속 : 단면적 6[mm²] 이하의 가는 단선
> • 브리타니아 접속 : 직경 3.2[mm] 이상의 굵은 단선

49 다음 중 차단기를 시설해야 하는 곳으로 가장 적당한 것은?

① 고압에서 저압으로 변성하는 2차 측의 저압 측 전선
② 변압기 중성점 접지공사를 한 저압 가공전선로의 접지 측 전선
③ 다선식 전로의 중성선
④ 접지공사의 접지선

> **해설**
> **과전류 차단기의 시설 금지 장소**
> • 접지공사의 접지도체
> • 다선식 전로의 중성선
> • 변압기 중성점 접지공사를 한 저압 가공전선로의 접지 측 전선

50 금속전선관을 콘크리트에 매입하여 시공할 때 관의 두께는 최소 [mm] 이상이 되어야 하는가?

① 1
② 1.2
③ 1.5
④ 2.3

> **해설**
>
> **금속전선관의 두께**
> • 콘크리트에 매입하는 것은 1.2[mm] 이상
> • 이외의 것은 1[mm] 이상

51 폭발성 분진이 존재하는 곳의 금속관 공사에 있어서 관 상호 및 관과 박스 기타의 부속품이나 풀박스 또는 전기 기계기구와의 접속은 몇 턱 이상의 나사 조임으로 접속하여야 하는가?

① 2턱　　　　　　② 3턱　　　　　　③ 4턱　　　　　　④ 5턱

> **해설**
>
> **폭연성 분진 또는 화약류 분말이 존재하는 곳의 배선**
> • 저압 옥내 배선은 금속전선관 공사 또는 케이블공사에 의하여 시설하여야 한다.
> • 이동 전선은 제3종 또는 제4종 캡타이어 케이블을 사용하고, 모든 전기기계기구는 분진 방폭 특수방진구조의 것을 사용하고, 콘센트 및 플러그를 사용해서는 안 된다.
> • 관 상호 및 관과 박스 기타의 부속품이나 플박스 또는 전기기계기구는 5턱 이상의 나사 조임으로 접속하는 방법, 기타 이와 동등 이상의 효력이 있는 방법에 의할 것

52 접착력은 떨어지나 절연성, 내온성, 내유성이 좋아 연피케이블의 접속에 사용되는 테이프는?

① 고무 테이프
② 리노 테이프
③ 비닐 테이프
④ 자기 융착 테이프

> **해설**
>
> **리노 테이프**
> 접착성은 없으나 절연성, 내온성, 내유성이 있어서 연피케이블 접속 시 사용한다.

53 전시회, 쇼 및 공연장의 저압 배선공사 방법으로 잘못된 것은?

① 전선 보호를 위해 적당한 방호장치를 할 것
② 무대나 영사실 등의 사용전압은 400[V] 이하일 것
③ 무대용 콘센트, 박스는 임시사용 시설이므로 접지공사를 생략할 수 있다.
④ 전구 등의 온도 상승 우려가 있는 기구류는 무대막, 목조의 마루 등과 접촉하지 않도록 할 것

> **해설**
>
> 무대용의 콘센트 박스 · 플라이덕트 및 보더라이트의 금속제 외함에는 접지공사를 하여야 한다.

54 저압 가공인입선이 횡단보도교 위에 시설되는 경우 노면상 몇 [m] 이상의 높이에 설치되어야 하는가?

① 3 ② 4 ③ 5 ④ 6

해설

저압 가공인입선의 높이

구분	저압 인입선[m]
도로 횡단	5
철도 궤도 횡단	6.5
횡단보도교	3
기타	4

55 무대, 무대마루 밑, 오케스트라 박스, 영사실, 기타 사람이나 무대 도구가 접촉할 우려가 있는 장소에 시설하는 저압 옥내배선, 전구선 또는 이동 전선은 최고 사용전압이 몇 [V] 이하이어야 하는가?

① 100 ② 200
③ 300 ④ 400

해설

전시회, 쇼 및 공연장
저압 옥내배선, 전구선 또는 이동 전선은 사용전압이 400[V] 이하이어야 한다.

56 다음 중 배전반 및 분전반의 설치 장소로 적합하지 않은 곳은?

① 전기회로를 쉽게 조작할 수 있는 장소 ② 개폐기를 쉽게 개폐할 수 있는 장소
③ 노출된 장소 ④ 사람이 쉽게 조작할 수 없는 장소

해설

전기부하의 중심 부근에 위치하면서, 스위치 조작을 안정적으로 할 수 있는 곳에 설치하여야 한다.

57 과부하전류에 대해 케이블을 보호하기 위한 조건 중 맞는 것은?

① 보호장치의 정격전류 ≤ 회로의 설계전류 ≤ 케이블의 허용전류
② 회로의 설계전류 ≤ 케이블의 허용전류 ≤ 보호장치의 정격전류
③ 케이블의 허용전류 ≤ 보호장치의 정격전류 ≤ 회로의 설계전류
④ 회로의 설계전류 ≤ 보호장치의 정격전류 ≤ 케이블의 허용전류

해설

과부하 보호장치는 부하의 설계전류를 케이블(전선)에 연속하여 안전하게 흐르게 하며, 설계전류 이상의 과부하전류가 흐르게 되면 케이블을 보호하기 위한 것이다. 또한, 과부하전류로 인해 케이블(전선)의 절연체 및 피복에 온도 상승으로 인한 열적 손상이 일어나기 전에 과부하전류를 차단하기 위해 설치한다.

정답 **54** ① **55** ④ **56** ④ **57** ④

58 피시 테이프(Fish Tape)의 용도로 옳은 것은?

① 전선을 테이핑하기 위하여 사용된다.　　② 전선관의 끝마무리를 위해서 사용된다.

③ 배관에 전선을 넣을 때 사용된다.　　　④ 합성수지관을 구부릴 때 사용된다.

> 해설
> **피시 테이프(Fish Tape)**
> 전선관에 전선을 넣을 때 사용되는 평각 강철선이다.

59 점유면적이 좁고 운전, 보수에 안전하므로 공장, 빌딩 등의 전기실에 많이 사용되는 배전반은 어떤 것인가?

① 데드 프런트형　　　　　　　　　　② 수직형

③ 큐비클형　　　　　　　　　　　　④ 라이브 프런트형

> 해설
> 폐쇄식 배전반을 일반적으로 큐비클형이라고 한다. 점유 면적이 좁고 운전, 보수에 안전하므로 공장, 빌딩 등의 전기실에 많이 사용된다.

60 위험물 등이 있는 곳에서의 저압 옥내배선 공사방법이 아닌 것은?

① 케이블 공사　　　　　　　　　　② 합성수지관 공사

③ 금속관 공사　　　　　　　　　　④ 애자 사용 공사

> 해설
> **위험물이 있는 곳의 공사**
> 금속전선관 공사, 합성수지관 공사(두께 2[mm] 이상), 케이블 공사에 의하여 시설한다.

01 전기회로의 전류와 자기회로의 요소 중 서로 대칭되는 것은?

① 기자력   ② 자속   ③ 투자율   ④ 자기저항

> 해설
>
> 전기회로와 자기회로의 대칭 관계
>
> | 전기회로 | 자기회로 |
> |---|---|
> | 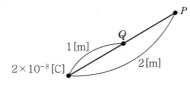 | |
> | 기전력 V[V] | 기자력 $F = NI$[AT] |
> | 전류 I[A] | 자속 ϕ[Wb] |
> | 전기저항 R[Ω] | 자기저항 R[AT/Wb] |
> | 옴의 법칙 $R = \dfrac{V}{I}$[Ω] | 옴의 법칙 $R = \dfrac{NI}{\phi}$[AT/Wb] |

02 3개의 저항 R_1, R_2, R_3를 병렬 접속하면 합성저항은?

① $\dfrac{1}{R_1 + R_2 + R_3}$ ② $R_1 + R_2 + R_3$

③ $\dfrac{1}{R_1} + \dfrac{1}{R_2} + \dfrac{1}{R_3}$ ④ $\dfrac{1}{\dfrac{1}{R_1} + \dfrac{1}{R_2} + \dfrac{1}{R_3}}$

> 해설
>
> 병렬 합성저항은 $\dfrac{1}{R_0} = \dfrac{1}{R_1} + \dfrac{1}{R_2} + \dfrac{1}{R_3}$ 이다.

03 그림과 같이 공기 중에 놓인 2×10^{-8}[C]의 전하에서 2[m] 떨어진 점 P와 1[m] 떨어진 점 Q와의 전위차는?

① 80[V]   ② 90[V]   ③ 100[V]   ④ 110[V]

해설

Q[C]의 전하에서 r[m] 떨어진 점의 전위 P와 r_0[m] 떨어진 점의 전위 Q와의 전위차

$$V_d = \frac{Q}{4\pi\varepsilon}\left(\frac{1}{r} - \frac{1}{r_0}\right) = \frac{2\times10^{-8}}{4\pi\times8.855\times10^{-12}\times1}\left(\frac{1}{1} - \frac{1}{2}\right) = 90[\text{V}]$$

04 두 자극 사이에 작용하는 힘의 크기를 나타내는 법칙은?

① 쿨롱의 법칙   ② 렌츠의 법칙

③ 앙페르의 오른나사 법칙   ④ 패러데이 법칙

해설
② 렌츠의 법칙 : 유도기전력은 자신의 발생 원인이 되는 자속의 변화를 방해하려는 방향으로 발생한다.
③ 앙페르의 오른나사 법칙 : 전류의 방향을 오른나사가 진행하는 방향으로 하면, 이때 발생하는 자기장의 방향은 오른나사의 회전 방향이 된다.
④ 패러데이 법칙 : 유도기전력의 크기는 코일을 지나는 자속의 매초 변화량과 코일의 권수에 비례한다.

05 다음 보기 중 용량을 변화시킬 수 있는 콘덴서는?

① 바리콘   ② 마일러 콘덴서

③ 전해 콘덴서   ④ 세라믹 콘덴서

해설
바리콘
공기를 유전체로 하고, 회전축에 부착한 반원형 회전판을 움직여서 고정판과의 대응 면적을 변화시켜 정전 용량을 가감할 수 있도록 되어 있다.

06 납축전지가 완전히 방전되면 음극과 양극은 무엇으로 변하는가?

① $PbSO_4$ ② PbO_2

③ H_2SO_4 ④ Pb

해설
납축전지의 방전 · 충전 방정식은 아래와 같다.

양극 전해액 음극	(방전)	양극 전해액 음극
$PbO_2 + 2H_2SO_4 + Pb$	$\rightleftharpoons$	$PbSO_4 + 2H_2O + PbSO_4$
	(충전)	

07 1[eV]는 몇 [J]인가?

① 1.602×10^{-19}[J]

② 1×10^{-10}[J]

③ 1[J]

④ 1.16×10^4[J]

> 해설
>
> $W = QV$[J]이므로,
> $1[\text{eV}] = 1.602 \times 10^{-19}[\text{C}] \times 1[\text{V}] = 1.602 \times 10^{-19}[\text{J}]$이다.

08 길이 2[m]의 균일한 자로에 8,000회의 도선을 감고 10[mA]의 전류를 흘릴 때 다음 중 자로의 자장 세기는?

① 4[AT/m]

② 16[AT/m]

③ 40[AT/m]

④ 160[AT/m]

> 해설
>
> 무한장 솔레노이드의 내부 자장의 세기 $H = nI$[AT/m](단, n은 1[m]당 권수)
> $H = \dfrac{8,000}{2} \times 10 \times 10^{-3} = 40[\text{AT/m}]$

09 다음 중 전동기의 원리에 적용되는 법칙은?

① 렌츠의 법칙

② 플레밍의 오른손 법칙

③ 플레밍의 왼손 법칙

④ 옴의 법칙

> 해설
>
> • 플레밍의 오른손 법칙 : 발전기
> • 플레밍의 왼손 법칙 : 전동기

10 임의의 도체를 일정 전위의 도체로 완전 포위하면 외부 전계의 영향을 완전히 차단시킬 수 있는데 이것을 무엇이라 하는가?

① 홀 효과

② 정전차폐

③ 핀치 효과

④ 전자차폐

> 해설
>
> 그림과 같이 박 검전기의 원판 위에 금속 철망을 씌우면, (+) 대전체를 가까이 해도 정전유도 현상이 생기지 않는데, 이와 같은 작용을 정전차폐라 한다.

11 반파 정류회로에서 변압기 2차 전압의 실효치를 $E[\mathrm{V}]$라 하면 직류전류 평균치는?(단, 정류기의 전압강하는 무시한다.)

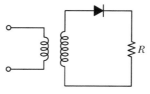

① $\dfrac{E}{R}$

② $\dfrac{1}{2} \cdot \dfrac{E}{R}$

③ $\dfrac{2\sqrt{2}}{\pi} \cdot \dfrac{E}{R}$

④ $\dfrac{\sqrt{2}}{\pi} \cdot \dfrac{E}{R}$

해설

• 단상반파 출력전압 평균값 $E_d = \dfrac{\sqrt{2}}{\pi} E\,[\mathrm{V}]$

• 직류전류 평균값 $I_d = \dfrac{E_d}{R} = \dfrac{\sqrt{2}}{\pi} \cdot \dfrac{E}{R}\,[\mathrm{A}]$

12 다음 중 1[J]과 같은 것은?

① 1[cal]

② 1[W · s]

③ 1[kg · m]

④ 1[N · m]

13 패러데이의 전자유도 법칙에서 유도기전력의 크기는 코일을 지나는 (㉠)의 매초 변화량과 코일의 (㉡)에 비례한다. (㉠), (㉡)에 들어갈 내용으로 알맞은 것은?

① ㉠ 자속, ㉡ 굵기

② ㉠ 자속, ㉡ 권수

③ ㉠ 전류, ㉡ 권수

④ ㉠ 전류, ㉡ 굵기

해설

$e = -N \dfrac{\Delta\phi}{\Delta t}$

여기서, N : 권수, ϕ : 자속[Wb], t : 시간[sec]

14 비유전율이 큰 산화티탄 등을 유전체로 사용한 것으로 극성이 없으며 가격에 비해 성능이 우수하여 널리 사용되고 있는 콘덴서의 종류는?

① 전해 콘덴서

② 세라믹 콘덴서

③ 마일러 콘덴서

④ 마이카 콘덴서

해설

콘덴서의 종류
① 전해 콘덴서 : 전기분해를 하여 금속의 표면에 산화피막을 만들어 유전체로 이용한다. 소형으로 큰 정전용량을 얻을 수 있으나, 극성을 가지고 있으므로 교류회로에는 사용할 수 없다.
② 세라믹 콘덴서 : 비유전율이 큰 티탄산바륨 등이 유전체이다. 가격 대비 성능이 우수하며, 가장 많이 사용한다.
③ 마일러 콘덴서 : 얇은 폴리에스테르 필름을 유전체로 하여 양면에 금속박을 대고 원통형으로 감은 것이다. 내열성, 절연저항이 양호하다.
④ 마이카 콘덴서 : 운모와 금속박막으로 되어 있으며 온도 변화에 의한 용량 변화가 작고 절연저항이 높은 우수한 특성이 있다. 표준 콘덴서이다.

15 다음 중 반자성체는?

① 안티몬   ② 알루미늄
③ 코발트   ④ 니켈

해설

㉠ 강자성체(Ferromagnetic Substance) : 철(Fe), 니켈(Ni), 코발트(Co), 망간(Mn)
㉡ 약자성체(비자성체)
   • 반자성체(Diamagnetic Substance) : 구리(Cu), 아연(Zn), 비스무트(Bi), 납(Pb), 안티몬(Sb)
   • 상자성체(Paramagnetic Substance) : 알루미늄(Al), 산소(O), 백금(Pt)

16 투자율 μ의 단위는?

① [AT/m]   ② [Wb/m^2]
③ [AT/Wb]   ④ [H/m]

해설

① 자기장의 세기
② 자속밀도
③ 자기저항

17 $R = 4[\Omega]$, $X_L = 8[\Omega]$, $X_C = 5[\Omega]$의 직렬회로에 100[V]의 교류전압을 인가할 때 흐르는 전류[A]는?

① 2   ② 4   ③ 8   ④ 10

해설

$$Z = \sqrt{R^2 + (X_L - X_C)^2} = \sqrt{4^2 + (8-5)^2} = 5[\Omega]$$
$$I = \frac{V}{Z} = \frac{100}{5} = 2[A]$$

18 $v = 8\sqrt{2}\sin\left(\omega t + \dfrac{\pi}{6}\right)$의 교류전압을 페이저(Phasor) 형식으로 맞게 변환한 것은?

① $4 - 4\sqrt{3}\,j$

② $4 + 4\sqrt{3}\,j$

③ $4j - 4\sqrt{3}$

④ $4j + 4\sqrt{3}$

> **해설**
>
> $v = 8\sqrt{2}\sin\left(\omega t + \dfrac{\pi}{6}\right)$에서 실횻값 8[V], 위상차는 $\dfrac{\pi}{6}$[rad]이므로,
>
> 극좌표 형식은 $v = V\angle\theta = 8\angle 30°$이고,
>
> 복소수 형식은 $v = V\cos\theta + Vj\sin\theta = 8\cos30° + 8j\sin30° = 4\sqrt{3} + 4j$[V]이다.
>
> **[참고]** 페이저(Phasor) : 시간에 대한 진폭, 위상, 주기가 불변인 정현파 함수를 복소수 형태로 변환하여 복잡한 삼각함수 연산을 간단히 계산할 수 있는 표시 형식이다. 표시 형식은 극좌표 형식, 복소수 형식, 지수함수 형식이 있다.

19 그림과 같은 회로에서 전류 I는?

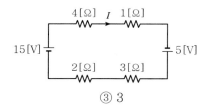

① 1

② 2

③ 3

④ 4

> **해설**
>
> 키르히호프 제2법칙을 적용하면, [기전력의 합] = [전압강하의 합]이므로
>
> $15 - 5 = 4I + 1I + 3I + 2I$ 에서 전류 $I = 1$[A]이다.

20 다음 중 선형 소자가 아닌 것은?

① 코일

② 저항

③ 진공관

④ 콘덴서

> **해설**
>
> 선형 소자란 전류 – 전압 응답그래프가 선형 형태를 나타내는 소자를 말하며, 대표적인 선형 소자는 저항, 코일(인덕터), 콘덴서가 있다.
>
>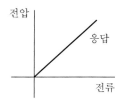

21 변압기의 병렬 운전 조건에 해당하지 않은 것은?

① 극성이 같을 것
② 용량이 같을 것
③ 권수비가 같을 것
④ 저항과 리액턴스 비가 같을 것

> **해설**
>
> **변압기의 병렬 운전 조건**
> - 변압기의 극성이 같을 것
> - 변압기의 권비가 같고, 1차 및 2차 정격전압이 같을 것
> - 변압기의 백분율 임피던스 강하가 같을 것
> - 변압기의 저항과 리액턴스 비가 같을 것

22 P형 반도체를 만들기 위해서 첨가하는 것은?

① 붕소(B)
② 인디움(In)
③ 알루미늄(Al)
④ 인(P)

> **해설**
>
> **불순물 반도체**
>
> | 구분 | 첨가 불순물 | 명칭 | 반송자 |
> |---|---|---|---|
> | N형 반도체 | 5가 원자
[인(P), 비소(As), 안티몬(Sb)] | 도너
(Donor) | 과잉전자 |
> | P형 반도체 | 3가 원자
[붕소(B), 인디움(In), 알루미늄(Al)] | 억셉터
(Acceptor) | 정공 |

23 부흐홀츠 계전기의 설치 위치로 가장 적당한 곳은?

① 콘서베이터 내부
② 변압기 고압 측 부싱
③ 변압기 주탱크 내부
④ 변압기 주탱크와 콘서베이터 사이

> **해설**
>
> **부흐홀츠 계전기** : 변압기 내부 고장으로 인한 절연유의 온도 상승 시 발생하는 유증기를 검출하여 경보 및 차단하기 위한 계전기로 변압기 탱크와 콘서베이터 사이에 설치한다.

24 3상 농형 유도전동기의 $Y-\Delta$ 기동 시 기동전류를 전전압기동 시와 비교하면?

① 전전압기동전류의 1/3로 된다.
② 전전압기동전류의 $\sqrt{3}$ 배로 된다.
③ 전전압기동전류의 3배로 된다.
④ 전전압기동전류의 9배로 된다.

> **해설**
>
> $Y-\Delta$ **기동법** : 고정자권선을 Y로 하여 상전압과 기동전류를 줄이고 나중에 Δ로 하여 운전하는 방식으로 기동전류는 정격전류의 1/3로 줄어들지만, 기동토크도 1/3로 감소한다.

25 동기기의 전기자 권선법이 아닌 것은?

① 전절권   ② 분포권   ③ 2층권   ④ 중권

> **해설**
> 동기기는 주로 분포권, 단절권, 2층권, 중권이 쓰이고 결선은 Y결선으로 한다.

26 2대의 동기발전기가 병렬 운전하고 있을 때 동기화 전류가 흐르는 경우는?

① 기전력의 크기에 차가 있을 때   ② 기전력의 위상에 차가 있을 때
③ 부하분담에 차가 있을 때   ④ 기전력의 파형에 차가 있을 때

> **해설**
> 병렬 운전 조건 중 기전력의 위상이 서로 다르면 순환전류(유효횡류 또는 동기화 전류)가 흐르며, 위상이 앞선 발전기는 부하의 증가를 가져와 회전속도가 감소하게 되고, 위상이 뒤진 발전기는 부하의 감소를 가져와 발전기의 속도가 상승하게 된다.

27 동기전동기의 자극 간 거리는?

① π ② 2π

③ $\dfrac{1}{2}\pi$ ④ 고정자의 전기각에 따라 다름

> **해설**
> 동기전동기의 회전원리는 고정자의 회전자속에 의해 회전자가 견인되는 원리이므로, 회전자의 자극 간의 거리는 고정자 권선의 전기각과 같아야 한다.

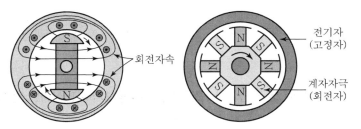

[참고] 전기각은 N극과 S극 사이를 180°로 계산하며, 기계각(실제 각도)과는 다르다.

28 전기자를 고정시키고 자극 N, S를 회전시키는 동기 발전기는?

① 회전 계자법   ② 직렬 저항형   ③ 회전 전기자법   ④ 회전 정류자형

> **해설**
> • 회전 전기자형 : 계자를 고정해 두고 전기자가 회전하는 형태
> • 회전 계자형 : 전기자를 고정해 두고 계자를 회전시키는 형태

29 철심에 권선을 감고 전류를 흘려서 공극(Air Gap)에 필요한 자속을 만드는 것은?

① 정류자   ② 계자

③ 회전자   ④ 전기자

> **해설**
> - 정류자(Commutator) : 교류를 직류로 변환하는 부분
> - 계자(Field Magnet) : 자속을 만들어 주는 부분
> - 전기자(Armature) : 계자에서 만든 자속으로부터 기전력을 유도하는 부분

30 단자전압 100[V], 전기자전류 10[A], 전기자저항 1[Ω], 회전수 1,800[rpm]인 직류 복권 전동기의 역기전력은 몇 [V]인가?

① 90   ② 100

③ 110   ④ 186

> **해설**
> 역기전력 $E_c = V - I_a R_a = 100 - 10 \times 1 = 90[\text{V}]$

31 변압기 권선비가 1 : 1일 때, $\varDelta - \text{Y}$ 결선에서 2차 상전압과 1차 상전압의 비율은?

① $\sqrt{3}$ ② 1

③ $\dfrac{1}{\sqrt{3}}$ ④ 3

> **해설**
> 권선비가 1 : 1일 때 $\varDelta - \text{Y}$결선은 변압기 2차 권선에 $\dfrac{1}{\sqrt{3}}$ 배의 전압이 유도되므로, $\dfrac{2차 \ 상전압}{1차 \ 상전압} = \dfrac{1}{\sqrt{3}}$ 배이다.

32 변압기의 권수비가 60일 때 2차 측 저항이 0.1[Ω]이다. 이것을 1차로 환산하면 몇 [Ω]인가?

① 310   ② 360

③ 390   ④ 410

> **해설**
> 권수비 $a = \sqrt{\dfrac{r_1}{r_2}}$, $r_1 = a^2 \times r_2 = 60^2 \times 0.1 = 360[\text{Ω}]$

33 냉각 설비가 간단하고 취급이나 보수가 용이하여 주상 변압기와 같은 소형의 배전용 변압기에 주로 채용하는 냉각 방식은?

① 건식 자냉식　　　　　　　　　　② 건식 풍냉식
③ 유입 자냉식　　　　　　　　　　④ 유입 풍냉식

> 해설
>
> **유입 자냉식** : 변압기 외함 속에 절연유를 넣고 그 속에 권선과 철심을 넣어 변압기에서 발생한 열을 기름의 대류작용으로 외함에 전달하여 열을 대기로 발산시키는 방식

34 다음 중 자기소호 기능이 있는 소자는?

① SCR　　　　　　　　　　　　② GTO
③ TRIAC　　　　　　　　　　　④ LASCR

> 해설
>
> **GTO(게이트 턴 오프 스위치)** : 게이트 신호가 양(+)이면 도통되고, 음(−)이면 자기소호하는 사이리스터이다.
>
>

35 다음 중 유도 전동기의 속도 제어에 사용되는 인버터 장치의 약호는?

① CVCF　　　　　　　　　　　② VVVF
③ CVVF　　　　　　　　　　　④ VVCF

> 해설
>
> • CVCF(Constant Voltage Constant Frequency) : 일정 전압, 일정 주파수가 발생하는 교류전원 장치
> • VVVF(Variable Voltage Variable Frequency) : 가변 전압, 가변 주파수가 발생하는 교류전원 장치로서 주파수 제어에 의한 유도전동기 속도 제어에 많이 사용된다.

36 슬립 $S = 5[\%]$, 2차 저항 $r_2 = 0.1[\Omega]$인 유도 전동기의 등가저항 $R[\Omega]$은 얼마인가?

① 0.4　　　　　　　　　　　　② 0.5
③ 1.9　　　　　　　　　　　　④ 2.0

> 해설
>
> $$R = r_2\left(\frac{1-s}{s}\right) = 0.1 \times \left(\frac{1-0.05}{0.05}\right) = 1.9[\Omega]$$

37 발전기를 정격전압 220[V]로 전부하 운전하다가 무부하로 운전하였더니 단자전압이 242[V]가 되었다. 이 발전기의 전압 변동률[%]은?

① 10 ② 14

③ 20 ④ 25

> 해설
>
> 전압 변동률 $\varepsilon = \dfrac{V_o - V_n}{V_n} \times 100 [\%]$ 이므로, $\varepsilon = \dfrac{242 - 220}{220} \times 100 [\%] = 10 [\%]$ 이다.

38 극수가 4극, 주파수가 60[Hz]인 동기기의 매분 회전수는 몇 [rpm]인가?

① 600 ② 1,200

③ 1,600 ④ 1,800

> 해설
>
> 동기기는 동기 속도로 회전하므로, 동기 속도는 $N_S = \dfrac{120f}{P} = \dfrac{120 \times 60}{4} = 1,800 [\mathrm{rpm}]$ 이다.

39 동기 와트 P_2, 출력 P_0, 슬립 s, 동기 속도 N_S, 회전 속도 N, 2차 동손 P_{2c}일 때 2차 효율 표기로 틀린 것은?

① $1 - s$ ② $\dfrac{P_{2c}}{P_2}$

③ $\dfrac{P_0}{P_2}$ ④ $\dfrac{N}{N_S}$

> 해설
>
> $P_2 : P_{2c} : P_0 = 1 : s : (1-s)$ 이므로
>
> 2차 효율 $\eta_2 = \dfrac{P_0}{P_2} = 1 - s = \dfrac{N}{N_S}$ 이다.

40 변압기의 철심 재료로 규소 강판을 많이 사용하는데, 규소 함유량은 몇 [%]인가?

① 1[%] ② 2[%]

③ 4[%] ④ 8[%]

> 해설
>
> 변압기 철심에는 히스테리시스손이 적은 규소 강판을 사용하는데, 규소 함유량은 4~4.5[%]이다.

41 전선을 접속하는 방법으로 틀린 것은?

① 전기저항이 증가되지 않아야 한다.

② 전선의 세기는 30[%] 이상 감소시키지 않아야 한다.

③ 접속 부분은 와이어 커넥터 등 접속 기구를 사용하거나 납땜을 한다.

④ 알루미늄을 접속할 때는 고시된 규격에 맞는 접속관 등의 접속 기구를 사용한다.

> 해설
>
> **전선의 접속 조건**
> - 접속 시 전기적 저항을 증가시키지 않는다.
> - 접속 부위의 기계적 강도를 20[%] 이상 감소시키지 않는다.
> - 접속점의 절연이 약화되지 않도록 테이핑 또는 와이어 커넥터로 절연한다.
> - 전선의 접속은 박스 안에서 하고, 접속점에 장력이 가해지지 않도록 한다.

42 지중에 매설되어 있는 금속제 수도관로는 대지와의 전기저항 값이 얼마 이하로 유지되어야 접지극으로 사용할 수 있는가?

① 1[Ω]　　　　② 3[Ω]　　　　③ 4[Ω]　　　　④ 5[Ω]

> 해설
>
> 금속제 수도관을 접지극으로 사용할 경우 3[Ω] 이하의 접지저항을 가지고 있어야 한다.
> **[참고]** 건물의 철골 등 금속체를 접지극으로 사용할 경우 2[Ω] 이하의 접지저항을 가지고 있어야 한다.

43 전기 울타리용 전원 장치에 전원을 공급하는 전로의 사용전압은 몇 [V] 이하이어야 하는가?

① 150[V]　　　　② 200[V]　　　　③ 250[V]　　　　④ 400[V]

> 해설
>
> **전기 울타리의 시설**
> - 전로의 사용전압은 250[V] 이하일 것
> - 전선은 인장강도 1.38[kN] 이상의 것 또는 지름 2[mm] 이상의 경동선일 것
> - 전선과 이를 지지하는 기둥 사이의 이격 거리는 2.5[cm] 이상일 것

44 화약류 저장소의 백열전등이나 형광등 또는 이들에 전기를 공급하기 위한 전기설비를 시설하는 경우 전로의 대지전압[V]은?

① 100[V] 이하　　　　　　　　② 150[V] 이하

③ 220[V] 이하　　　　　　　　④ 300[V] 이하

> 해설
>
> **화약류 저장소의 위험장소** : 전로의 대지전압을 300[V] 이하로 한다.

정답 **41** ②　**42** ②　**43** ③　**44** ④

45 저압 크레인 또는 호이스트 등의 트롤리선을 애자 사용 공사에 의하여 옥내의 노출장소에 시설하는 경우 트롤리선은 바닥에서 최소 몇 [m] 이상으로 설치하는가?

① 2　　　　　② 2.5　　　　　③ 3　　　　　④ 3.5

> **해설**
> 이동 기중기·자동 청소기 그 밖에 이동하며 사용하는 저압의 전기기계기구에 전기를 공급하기 위하여 사용하는 저압 접촉 전선을 애자 사용 공사에 의하여 옥내의 전개된 장소에 시설하는 경우 전선의 바닥에서의 높이는 3.5[m] 이상으로 하고 사람이 접촉할 우려가 없도록 시설하여야 한다.

46 인입용 비닐절연전선을 나타내는 기호는?

① OW　　　　　② EV　　　　　③ DV　　　　　④ NV

> **해설**
>
> | 명칭 | 기호 | 비고 |
> |---|---|---|
> | 인입용 비닐절연전선 2개 꼬임 | DV 2R | 70[℃] |
> | 인입용 비닐절연전선 3개 꼬임 | DV 3R | 70[℃] |

47 수전 설비의 저압 배전반은 배전반 앞에서 계측기를 판독하기 위하여 앞면과 최소 몇 [m] 이상 유지하는 것을 원칙으로 하는가?

① 0.6　　　　　② 1.2　　　　　③ 1.5　　　　　④ 1.7

> **해설**
> 변압기, 배전반 등의 설치 시 최소 이격 거리는 다음 표를 참고하여 충분한 면적을 확보하여야 한다.
>
> [단위 : mm]
>
> | 구분 | 앞면 또는 조작 계측명 | 뒷면 또는 점검면 | 열 상호 간(점검하는 면) | 기타의 면 |
> |---|---|---|---|---|
> | 특고압반 | 1,700 | 800 | 1,400 | – |
> | 고압배전반 | 1,500 | 600 | 1,200 | – |
> | 저압배전반 | 1,500 | 600 | 1,200 | – |
> | 변압기 등 | 1,500 | 600 | 1,200 | 300 |

48 애자 사용 공사에서 전선 상호 간의 간격은 몇 [cm] 이하로 하는 것이 가장 바람직한가?

① 4　　　　　② 5　　　　　③ 6　　　　　④ 8

> **해설**
>
> | 구분 | 400[V] 이하 | 400[V] 초과 |
> |---|---|---|
> | 전선 상호 간의 거리 | 6[cm] 이상 | 6[cm] 이상 |
> | 전선과 조영재와의 거리 | 2.5[cm] 이상 | 4.5[cm] 이상(건조한 곳은 2.5[cm] 이상) |

49 조명용 백열전등을 호텔 또는 여관 객실의 입구에 설치할 때나 일반 주택 및 아파트 각 실의 현관에 설치할 때 사용되는 스위치는?

① 타임 스위치   ② 누름 버튼 스위치

③ 토글 스위치   ④ 로터리 스위치

50 금속관을 가공할 때 절단된 내부를 매끈하게 하기 위하여 사용하는 공구의 명칭은?

① 리머   ② 프레셔 툴

③ 오스터   ④ 녹아웃 펀치

해설
리머(Reamer)
금속관을 쇠톱이나 커터로 끊은 다음, 관 안의 날카로운 것을 다듬는 공구이다.

51 전선로의 직선 부분을 지지하는 애자는?

① 핀애자   ② 지지애자

③ 가지애자   ④ 구형애자

해설
• 가지애자 : 전선로의 방향을 변경할 때 사용
• 구형애자 : 지선의 중간에 사용하여 감전을 방지

52 소맥분, 전분, 기타 가연성의 분진이 존재하는 곳의 저압 옥내 배선 공사방법 중 적당하지 않은 것은?

① 애자 사용 공사   ② 합성수지관 공사

③ 케이블 공사   ④ 금속관 공사

해설
가연성 분진이 존재하는 곳
가연성의 먼지가 공중에 떠다니는 상태에서 착화하였을 때 폭발의 우려가 있는 곳의 저압 옥내 배선은 합성수지관 배선, 금속전선관 배선, 케이블 배선에 의하여 시설한다.

53 경질 합성수지 전선관 1본의 표준 길이는?

① 3[m]   ② 3.6[m]

③ 4[m]   ④ 4.6[m]

해설
• 경질 합성수지 전선관 1본 : 4[m]
• 금속전선관 1본 : 3.6[m]

54 저압 전선로 중 절연 부분의 전선과 대지 사이의 절연 저항은 사용전압에 대한 누설전류가 최대공급전류의 얼마를 초과하지 않도록 해야 하는가?

① $\dfrac{최대공급전류}{1,000}$　　　　　　　　② $\dfrac{최대공급전류}{2,000}$

③ $\dfrac{최대공급전류}{3,000}$　　　　　　　　④ $\dfrac{최대공급전류}{4,000}$

해설 $\;\;$ 누설전류 $\leq \dfrac{최대공급전류}{2,000}$

55 (㉠), (㉡)에 들어갈 내용으로 알맞은 것은?

> 건조한 장소의 저압용 개별 기계기구에 전기를 공급하는 전로의 인체감전보호용 누전 차단기 중 정격감도전류가 (㉠) 이하, 동작 시간이 (㉡)초 이하의 전류 동작형을 시설하는 경우에는 접지공사를 생략할 수 있다.

① ㉠ 15[mA], ㉡ 0.02초　　　　　　② ㉠ 30[mA], ㉡ 0.02초

③ ㉠ 15[mA], ㉡ 0.03초　　　　　　④ ㉠ 30[mA], ㉡ 0.03초

해설 $\;\;$ 물기 있는 장소 이외의 장소에 시설하는 저압용 개별 기계기구에 전기를 공급하는 전로에 인체감전보호용 누전차단기(정격감도전류가 30[mA] 이하, 동작 시간이 0.03초 이하의 전류 동작형에 한한다)를 시설하는 경우에 접지공사를 생략할 수 있다.

56 철근 콘크리트주의 길이가 12[m]이고, 설계하중이 6.8[kN] 이하일 때, 땅에 묻히는 표준 깊이는 몇 [m]이어야 하는가?

① 2[m]　　　　　② 2.3[m]　　　　　③ 2.5[m]　　　　　④ 2.7[m]

해설 $\;\;$ **전주가 땅에 묻히는 깊이**
- 전주의 길이 15[m] 이하 : 1/6 이상
- 전주의 길이 15[m] 이상 : 2.5[m] 이상
- 철근 콘크리트 전주로서 길이가 14[m] 이상 20[m] 이하이고, 설계하중이 6.8[kN] 초과 9.8[kN] 이하인 것은 30[cm]를 가산한다.

57 가공 전선로의 지지물에 시설하는 지선의 인장하중은 몇 [kN] 이상이어야 하는가?

① 440　　　　　② 220　　　　　③ 4.31　　　　　④ 2.31

해설 $\;\;$ 지선용 철선은 4.0[mm] 아연도금 철선 3조 이상 또는 7/2.6[선/mm] 아연도금 철선을 사용하며, 안전율 2.5 이상, 허용 인장 하중값은 440[kg](4.31[kN]) 이상으로 한다.

정답　**54** ②　**55** ④　**56** ①　**57** ③

58 콘크리트 직매용 케이블 배선에서 일반적으로 케이블을 구부릴 때는 피복이 손상되지 않도록 그 굴곡부 안쪽의 반경은 케이블 외경의 몇 배 이상으로 하여야 하는가?(단, 단심이 아닌 경우이다.)

① 2배　　　　　　　　　　　　　② 3배
③ 5배　　　　　　　　　　　　　④ 12배

> **해설**
>
> **케이블을 구부리는 경우 굴곡부의 곡률 반지름**
> • 연피가 없는 케이블 : 곡률 반지름은 케이블 바깥지름의 5배 이상
> • 연피가 있는 케이블 : 곡률 반지름은 케이블 바깥지름의 12배 이상

59 저·고압 가공 전선이 도로를 횡단하는 경우 지표상 몇 [m] 이상으로 시설하여야 하는가?

① 4[m]　　　　　　　　　　　　② 6[m]
③ 8[m]　　　　　　　　　　　　④ 10[m]

> **해설**
>
> **저·고압 가공 전선의 높이**
> • 도로 횡단 : 6[m]
> • 철도 궤도 횡단 : 6.5[m]
> • 기타 : 5[m]

60 다음 심벌의 명칭은 무엇인가?

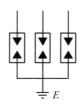

① 파워퓨즈　　　　　　　　　　② 단로기
③ 피뢰기　　　　　　　　　　　④ 고압 컷아웃 스위치

01 R_1, R_2, R_3의 저항이 직렬 연결된 회로에 전압 V를 가할 경우 저항 R_2에 걸리는 전압은?

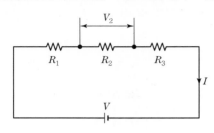

① $\dfrac{VR_1}{R_1 + R_2 + R_3}$

② $\dfrac{VR_2}{R_1 + R_2 + R_3}$

③ $\dfrac{VR_3}{R_1 + R_2 + R_3}$

④ $\dfrac{V(R_1 + R_2 + R_3)}{R_2}$

해설

합성저항 $R_0 = R_1 + R_2 + R_3$

전전류 $I = \dfrac{V}{R_0} = \dfrac{V}{R_1 + R_2 + R_3}$

R_2에 걸리는 전압 $V_2 = IR_2 = \dfrac{VR_2}{R_1 + R_2 + R_3}$

02 진공 중에서 자기장의 세기가 500[AT/m]일 때 자속밀도[Wb/m²]는?

① 3.98×10^8

② 6.28×10^{-2}

③ 3.98×10^4

④ 6.28×10^{-4}

해설

자속밀도 $B = \mu H$이므로,

$B = 4\pi \times 10^{-7} \times 500 = 6.28 \times 10^{-4}\,[\text{Wb/m}^2]$

03 다음 중 화학당량을 구하는 계산식은?

① $\dfrac{원자량}{원자가}$

② $\dfrac{분자량}{분자가}$

③ $\dfrac{원자가}{원자량}$

④ $\dfrac{분자가}{분자량}$

해설

화학당량 $= \dfrac{원자량}{원자가}$

04 고유저항 $1.69 \times 10^{-8}[\Omega \cdot m]$, 길이 $1,000[m]$, 지름 $2.6[mm]$ 전선의 저항$[\Omega]$은?

① 3.18
② 0.79
③ 6.5×10^{-3}
④ 2.1×10^{-3}

해설

$$전기저항 \ R = \rho \frac{\ell}{A} = 1.69 \times 10^{-8} \times \frac{1000}{\pi \left(\frac{2.6 \times 10^{-3}}{2} \right)^2} = 3.18[\Omega]$$

05 전전류 $10[A]$가 흐르는 회로에 $2[\Omega]$, $4[\Omega]$, $6[\Omega]$의 저항이 병렬 연결되어 있을 때 $2[\Omega]$에 흐르는 전류는?

① 3.33
② 0.83
③ 10.9
④ 5.45

해설

$$합성저항 \ R_0 = \frac{1}{\frac{1}{2} + \frac{1}{4} + \frac{1}{6}} = 1.09[\Omega]$$

$$전압 \ V = I_0 R_0 = 10 \times 1.09 = 10.9[V]$$

$$2[\Omega]에 흐르는 전류 \ I = \frac{V}{R} = \frac{10.9}{2} = 5.45[A]$$

06 $1[Wb/m^2]$인 자속밀도는 몇 $[Gauss]$인가?

① $\frac{10}{\pi}$
② $4\pi \times 10^{-4}$
③ 10^4
④ 10^8

해설

자속밀도를 나타내는 CGS 단위로 $1[G(Gauss)] = 10^{-4}[Wb/m^2]$이다.

07 $500[\Omega]$의 저항에 $1[A]$의 전류가 1분간 흐를 때 이 저항에서 발생하는 열량은?

① 60[cal]
② 120[cal]
③ 1,200[cal]
④ 7,200[cal]

해설

$$H = 0.24 \, I^2 R t = 0.24 \times 1^2 \times 500 \times 1 \times 60 = 7,200[cal]$$

08 100[V]의 교류 전원에 선풍기를 접속하고 입력과 전류를 측정하였더니 500[W], 7[A]였다. 이 선풍기의 역률은?

① 0.61   ② 0.71

③ 0.81   ④ 0.91

> **해설**
>
> $P = VI\cos\theta$ [W]이므로, $\cos\theta = \dfrac{P}{VI}$
>
> 따라서, $\cos\theta = \dfrac{500}{100 \times 7} = 0.71$이다.

09 전류계의 측정범위를 확대시키기 위하여 전류계와 병렬로 접속하는 것은?

① 분류기   ② 배율기

③ 검류계   ④ 전위차계

> **해설**
>
> • 분류기(Shunt) : 전류계의 측정범위를 확대시키기 위해 전류계와 병렬로 접속하는 저항기

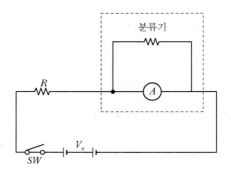

> • 배율기(Multiplier) : 전압계의 측정범위를 확대시키기 위해 전압계와 직렬로 접속하는 저항기

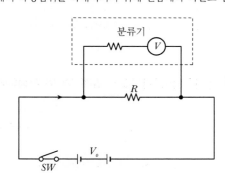

10 공기 중에 3×10^{-5}[C], 8×10^{-5}[C]의 두 전하를 2[m]의 거리에 놓을 때 그 사이에 작용하는 힘은?

① 2.7[N] ② 5.4[N]
③ 10.8[N] ④ 24[N]

해설
$$F = \frac{1}{4\pi\varepsilon} \times \frac{Q_1 Q_2}{r^2} = 9 \times 10^9 \times \frac{Q_1 Q_2}{r^2}$$
$$= 9 \times 10^9 \times \frac{(3 \times 10^{-5}) \times (8 \times 10^{-5})}{2^2}$$
$$= 5.4[N]$$

11 전기장의 세기에 관한 단위는?

① [H/m] ② [F/m]
③ [AT/m] ④ [V/m]

해설
① [H/m] : 투자율 단위
② [F/m] : 유전율 단위
③ [AT/m] : 자기장의 세기 단위

12 평균 반지름이 r[m]이고, 감은 횟수가 N인 환상 솔레노이드에 전류 I[A]가 흐를 때 내부의 자기장의 세기 H[AT/m]는?

① $H = \frac{NI}{2\pi r}$ ② $H = \frac{NI}{2r}$
③ $H = \frac{2\pi r}{NI}$ ④ $H = \frac{2r}{NI}$

해설
환상 솔레노이드에 의한 자기장의 세기는 $H = \frac{NI}{2\pi r}$ 이다.

13 자체 인덕턴스가 40[mH]와 90[mH]인 두 개의 코일이 있다. 두 코일 사이에 누설자속이 없다고 하면 상호 인덕턴스는?

① 50[mH] ② 60[mH]
③ 65[mH] ④ 130[mH]

해설
상호인덕턴스 $M = k\sqrt{L_1 L_2}$ 이고, 누설자속이 없을 때 결합계수 $k=1$이므로,
$M = 1 \times \sqrt{40 \times 90} = 60[mH]$

14 자체 인덕턴스 2[H]의 코일에 25[J]의 에너지가 저장되어 있다면 코일에 흐르는 전류는?

① 2[A] ② 3[A]
③ 4[A] ④ 5[A]

해설

전자에너지 $W = \dfrac{1}{2}LI^2$[J]이므로,

$I = \sqrt{\dfrac{2W}{L}} = \sqrt{\dfrac{2 \times 25}{2}} = 5$[A]

15 $e = 100\sqrt{2}\sin\left(100\pi t - \dfrac{\pi}{3}\right)$[V]인 정현파 교류전압의 주파수는 얼마인가?

① 50[Hz] ② 60[Hz]
③ 100[Hz] ④ 314[Hz]

해설

순시값 $e = V_m \sin\omega t$[V]이고, $\omega = 2\pi f$이므로,
따라서 $100\pi = 2\pi f$에서 $f = 50$[Hz]이다.

16 최댓값이 200[V]인 사인파 교류의 평균값은?

① 약 70.7[V] ② 약 100[V]
③ 약 127.3[V] ④ 약 141.4[V]

해설

평균값 $V_a = \dfrac{2}{\pi}V_m$이므로

$V_a = \dfrac{2}{\pi} \times 200 ≒ 127.3$[V]

17 다음 중 비투자율이 가장 큰 물질은?

① 구리 ② 염화니켈
③ 페라이트 ④ 초합금

해설

① 구리 : 0.99999
② 염화니켈 : 1.00004
③ 페라이트 : 1,000
④ 초합금 : 1,000,000

18 거리 1[m]의 평행도체에 같은 전류가 흐를 때 작용하는 힘이 $4 \times 10^{-7}[\mathrm{N/m}]$일 때 흐르는 전류의 크기는?

① 2   ② $\sqrt{2}$ ③ 4   ④ 1

해설

평행한 두 도체 사이에 작용하는 힘 $F = \dfrac{2\,I_1\,I_2}{r} \times 10^{-7}[\mathrm{N/m}]$이므로,

$4 \times 10^{-7} = \dfrac{2 \times I^2}{1} \times 10^{-7}$에서 전류 $I = \sqrt{2}[\mathrm{A}]$이다.

19 200[V], 500[W]의 전열기를 220[V] 전원에 사용하였다면 이때의 전력은?

① 400[W]   ② 500[W]   ③ 550[W]   ④ 605[W]

해설

전열기의 저항은 일정하므로,

$R = \dfrac{V_1^{\,2}}{P} = \dfrac{200^2}{500} = 80[\Omega]$ $\therefore\ P = \dfrac{V_2^2}{R} = \dfrac{220^2}{80} = 605[\mathrm{W}]$

20 비정현파가 아닌 것은?

① 삼각파   ② 사각파   ③ 사인파   ④ 펄스파

해설

• 비정현파는 직류분, 기본파(사인파), 고조파가 합성된 파형이다.
• 사인파는 비정현파의 구성요소이다.

21 전기자저항 0.1[Ω], 전기자전류 104[A], 유도기전력 110.4[V]인 직류 분권 발전기의 단자전압[V]은?

① 110   ② 106   ③ 102   ④ 100

해설

직류 분권 발전기는 다음 그림과 같으므로,

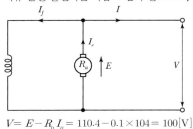

$V = E - R_a I_a = 110.4 - 0.1 \times 104 = 100[\mathrm{V}]$

22 분권전동기에 대한 설명으로 옳지 않은 것은?

① 토크는 전기자 전류의 자승에 비례한다.

② 부하 전류에 따른 속도 변화가 거의 없다.

③ 계자 회로에 퓨즈를 넣어서는 안 된다.

④ 계자 권선과 전기자 권선이 전원에 병렬로 접속되어 있다.

> **해설**
> 전기자와 계자권선이 병렬로 접속되어 있어서 단자전압이 일정하면, 부하전류에 관계없이 자속은 일정하므로 타여자 전동기와 거의 동일한 특성을 가진다. 또한, 계자전류가 0이 되면, 속도가 급격히 상승하여 위험하기 때문에 계자 회로에 퓨즈를 넣어서는 안 된다.

23 부흐홀츠 계전기의 설치 위치로 가장 적당한 것은?

① 변압기 주 탱크 내부

② 콘서베이터 내부

③ 변압기 고압 측 부싱

④ 변압기 주 탱크와 콘서베이터 사이

> **해설**
> 변압기의 탱크와 콘서베이터의 연결관 도중에 설치한다.

24 변압기의 1차 권횟수 80[회], 2차 권횟수 320[회]일 때 2차 측의 전압이 100[V]이면 1차 전압[V]은?

① 15

② 25

③ 50

④ 100

> **해설**
> 권수비 $a = \dfrac{V_2}{V_1} = \dfrac{320}{80} = 4$ 이므로,
>
> 따라서, $V_1{'} = \dfrac{V_2{'}}{a} = \dfrac{100}{4} = 25[\text{V}]$ 이다.

25 낮은 전압을 높은 전압으로 승압할 때 일반적으로 사용되는 변압기의 3상 결선방식은?

① $\Delta - \Delta$

② $\Delta - \text{Y}$

③ $\text{Y} - \text{Y}$

④ $\text{Y} - \Delta$

> **해설**
> • $\Delta - \text{Y}$: 승압용 변압기
> • $\text{Y} - \Delta$: 강압용 변압기

26 다음은 3상 유도전동기 고정자 권선의 결선도를 나타낸 것이다. 맞는 사항을 고르시오.

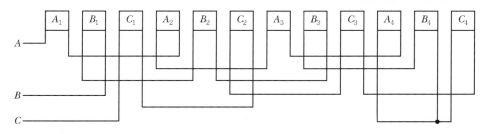

① 3상 2극, Y결선

② 3상 4극, Y결선

③ 3상 2극, $\triangle$ 결선

④ 3상 4극, $\triangle$ 결선

해설

권선이 3개(A, B, C)로 3상이며, 각 권선(A_1, A_2, A_3, A_4, …)의 전류방향이 변화하므로 4극, 각 권선의 끝(A_4, B_4, C_4)이 접속되어 있으므로 Y결선이다.

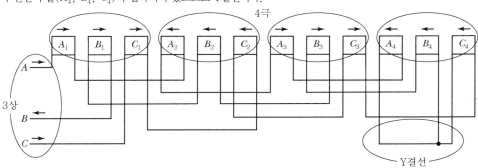

27 3상 유도전동기의 원선도를 그리는 데 필요하지 않은 것은?

① 저항 측정

② 무부하 시험

③ 구속 시험

④ 슬립 측정

해설

3상 유도전동기의 원선도
- 유도전동기의 특성을 실부하 시험을 하지 않아도, 등가회로를 기초로 한 헤일랜드(Heyland)의 원선도에 의하여 전부하 전류, 역률, 효율, 슬립, 토크 등을 구할 수 있다.
- 원선도 작성에 필요한 시험 : 저항 측정, 무부하시험, 구속시험

28 단상 유도전동기의 기동 방법 중 기동 토크가 가장 큰 것은?

① 분상 기동형

② 반발 유도형

③ 콘덴서 기동형

④ 반발 기동형

해설

기동 토크가 큰 순서
반발기동형 → 콘덴서 기동형 → 분상기동형 → 셰이딩 코일형

정답 **26** ② **27** ④ **28** ④

29 다음 중 전력 제어용 반도체 소자가 아닌 것은?

① LED
② TRIAC
③ GTO
④ IGBT

해설
LED(Light Emitting Diode)
발광 다이오드. Ga(갈륨), P(인), As(비소)를 재료로 하여 만들어진 반도체. 다이오드의 특성을 가지고 있으며, 전류를 흐르게 하면 붉은색, 녹색, 노란색 빛을 발한다.

30 20[kVA]의 단상 변압기 2대를 사용하여 V − V결선으로 하고 3상 전원을 얻고자 한다. 이때 여기에 접속시킬 수 있는 3상 부하의 용량은 약 몇 [kVA]인가?

① 34.6
② 44.6
③ 54.6
④ 66.6

해설
V결선 3상 용량 $P_v = \sqrt{3}\,P = \sqrt{3} \times 20 = 34.6[\mathrm{kVA}]$

31 동기기의 전기자 권선법이 아닌 것은?

① 전절권
② 분포권
③ 2층권
④ 중권

해설
동기기는 주로 분포권, 단절권, 2층권, 중권이 쓰이고 결선은 Y결선으로 한다.

32 직류 발전기에서 브러시와 접촉하여 전기자 권선에 유도되는 교류기전력을 정류해서 직류로 만드는 부분은?

① 계자
② 정류자
③ 슬립링
④ 전기자

해설
직류 발전기의 주요부분
- 계자(Field Magnet) : 자속을 만들어 주는 부분
- 전기자(Armatuer) : 계자에서 만든 자속으로부터 기전력을 유도하는 부분
- 정류자(Commutator) : 교류를 직류로 변환하는 부분

33 동기 발전기의 병렬운전 중 기전력의 위상차가 생기면 어떤 현상이 나타나는가?

① 전기자반작용이 발생한다.　　　　　② 동기화 전류가 흐른다.
③ 단락사고가 발생한다　　　　　　　④ 무효 순환전류가 흐른다.

> **해설**
> 병렬운전 조건 중 기전력의 위상이 서로 다르면 동기화 전류가 흐르며, 위상이 앞선 발전기는 부하의 증가를 가져와서 회전속도가 감소하게 되고, 위상이 뒤진 발전기는 부하의 감소를 가져와서 발전기의 속도가 상승하게 된다.

34 6극, 1,200[rpm] 동기 발전기로 병렬운전하는 극수 4의 교류발전기의 회전수는 몇 [rpm]인가?

① 3,600　　　　　　　　　　　　　② 2,400
③ 1,800　　　　　　　　　　　　　④ 1,200

> **해설**
> 병렬운전 조건 중 주파수가 같아야 하는 조건이 있으므로,
> - $N_s = \dfrac{120f}{P}$ 이므로, $f = \dfrac{P \cdot N_s}{120} = \dfrac{6 \times 1,200}{120} = 60[\text{Hz}]$ 이다.
> - 4극 발전기의 회전수 $N_s = \dfrac{120 \times 60}{4} = 1,800[\text{rpm}]$

35 3상 유도전동기의 2차 입력에 대한 기계적 출력비는?

① $\dfrac{N_S}{N} \times 100[\%]$　　　　　　　② $\dfrac{N}{N_S} \times 100[\%]$

③ $\dfrac{N_S - N}{N} \times 100[\%]$　　　　　④ $\dfrac{N_S - N}{N_S} \times 100[\%]$

> **해설**
> $P_2 : P_{2c} : P_o = 1 : S : (1-S)$ 이므로
> $\dfrac{P_0}{P_2} = 1 - S = 1 - \left(\dfrac{N_S - N}{N_S}\right) = \dfrac{N_S}{N} \times 100[\%]$

36 반도체 내에서 정공은 어떻게 생성되는가?

① 결합전자의 이탈　　　　　　　　　② 자유전자의 이동
③ 접합 불량　　　　　　　　　　　　④ 확산 용량

> **해설**
> **정공**
> 진성반도체(4가 원자)에 불순물(3가 원자)을 약간 첨가하면 공유 결합을 해서 전자 1개의 공석이 생성되는데, 이를 정공이라 한다. 즉, 결합전자의 이탈에 의하여 생성된다.

37 단상 유도전동기 중 역회전이 안 되는 전동기는?

① 분상 기동형   ② 셰이딩 코일형

③ 콘덴서 기동형   ④ 반발 기동형

> 해설
> 셰이딩 코일형 유도전동기는 고정자에 돌극을 만들고 여기에 셰이딩 코일을 감아서 기동토크가 발생하여 회전하는 원리로 구조상 회전방향을 바꿀 수 없다.

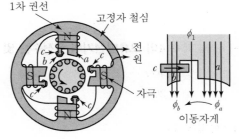

38 형권 변압기 용도 중 맞는 것은?

① 소형 변압기   ② 중형 변압기

③ 중대형 변압기   ④ 대형 변압기

> 해설
> **형권 변압기**
> 목재 권형 또는 절연통 위에 감은 코일을 절연처리한 다음 조립하는 것으로, 중대형 변압기에 많이 사용된다.

39 직류 발전기의 병렬운전 조건이 아닌 것은?

① 전압이 같을 것   ② 극성이 같을 것

③ 수하특성을 가질 것   ④ 용량이 같을 것

> 해설
> 각 발전기의 외부특성곡선을 정격부하전류의 백분율로 표시하여 특성이 일치할 경우 용량은 같지 않아도 된다.

40 전기자를 고정시키고 자극 N, S를 회전시키는 동기 발전기는?

① 회전 계자법   ② 직렬 저항형

③ 회전 전기자법   ④ 회전 정류자형

> 해설
> • 회전 전기자형 : 계자를 고정해 두고 전기자가 회전하는 형태
> • 회전 계자형 : 전기자를 고정해 두고 계자를 회전시키는 형태

41 저압배전선로에서 전선을 수직으로 지지하는 데 사용되는 장주용 자재명은?

① 경완철　　　　② 래크　　　　③ LP애자　　　　④ 현수애자

해설
　　래크(Rack) 배선
　　저압선의 경우에 완금을 설치하지 않고 전주에 수직방향으로 애자를 설치하는 배선

42 접지저항 측정방법으로 가장 적당한 것은?

① 절연저항계　　　　　　　　　　② 전력계
③ 교류의 전압, 전류계　　　　　　④ 콜라우시 브리지

해설
　　콜라우시 브리지
　　저저항 측정용 계기로 접지저항, 전해액의 저항 측정에 사용된다.

43 수 · 변전 설비의 고압회로에 걸리는 전압을 표시하기 위해 전압계를 시설할 때 고압회로와 전압계 사이에 시설하는 것은?

① 관통형 변압기　　　　　　　　② 계기용 변류기
③ 계기용 변압기　　　　　　　　④ 권선형 변류기

해설
　　계기용 변압기 2차 측에 전압계를 시설하고, 계기용 변류기 2차 측에는 전류계를 시설한다.

44 배전선로 지지물에 시설하는 전주외등 배선의 절연전선 단면적은 몇 [mm²] 이상이어야 하는가?

① 2.0[mm²]　　　　② 2.5[mm²]　　　　③ 6[mm²]　　　　④ 16[mm²]

해설
　　대지전압 300[V] 이하의 형광등, 고압방전등, LED등 등을 배전선로의 지지물 등에 시설하는 경우에 배선은 단면적
　　2.5[mm²] 이상의 절연전선 또는 이와 동등 이상의 절연성능이 있는 것을 사용한다.

45 인입용 비닐절연전선을 나타내는 기호는?

① OW　　　　② EV　　　　③ DV　　　　④ NV

해설

명칭	기호	비고
인입용 비닐절연전선 2개 꼬임	DV 2R	70[℃]
인입용 비닐절연전선 3개 꼬임	DV 3R	70[℃]

46 조명용 백열전등을 호텔 또는 여관 객실의 입구에 설치할 때나 일반 주택 및 아파트 각 실의 현관에 설치할 때 사용되는 스위치는?

① 타임스위치　　　　　　　　　　② 누름버튼스위치

③ 토글스위치　　　　　　　　　　④ 로터리스위치

47 코드 상호 간 또는 캡타이어 케이블 상호 간을 접속하는 경우 가장 많이 사용되는 기구는?

① T형 접속기　　　　　　　　　　② 코드 접속기

③ 와이어 커넥터　　　　　　　　　④ 박스용 커넥터

> 해설
> • 코드접속기 : 코드 상호, 캡타이어 케이블 상호, 케이블 상호 접속 시 사용
> • 와이어 커넥터 : 주로 단선의 종단 접속 시 사용

48 금속관을 절단할 때 사용되는 공구는?

① 오스터　　　　　　　　　　　　② 녹아웃 펀치

③ 파이프 커터　　　　　　　　　　④ 파이프 렌치

> 해설
> ① 오스터 : 금속관 끝에 나사를 내는 공구
> ② 녹아웃 펀치 : 배전반, 분전반 등의 캐비닛에 구멍을 뚫을 때 필요한 공구
> ④ 파이프 렌치 : 금속관과 커플링을 물고 죄는 공구

49 연피가 있는 케이블을 구부리는 경우에 그 굴곡부의 곡률반경은 원칙적으로 케이블이 완성품 외경의 몇 배 이상이어야 하는가?

① 4　　　　　　② 6　　　　　　③ 8　　　　　　④ 12

> 해설
> **케이블을 구부리는 경우 굴곡부의 곡률 반지름**
> • 연피가 없는 케이블 : 곡률반지름은 케이블 바깥지름의 5배 이상
> • 연피가 있는 케이블 : 곡률반지름은 케이블 바깥지름의 12배 이상

50 과부하 보호장치의 동작전류는 케이블 허용전류의 몇 배 이하여야 하는가?

① 1.1배　　　　② 1.25배　　　　③ 1.45배　　　　④ 2.5배

> 해설
> 과부하전류로부터 케이블을 보호하기 위한 조건은 아래와 같다.
> 보호장치가 규약시간 이내에 유효하게 동작을 보장하는 전류 ≤ 1.45 × 전선의 허용전류

51 다음의 심벌 명칭은 무엇인가?

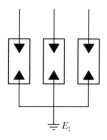

E_1

① 파워퓨즈
③ 피뢰기

② 단로기
④ 고압 컷아웃 스위치

52 고압 가공 인입선이 일반적인 도로 횡단 시 설치 높이는?

① 3[m] 이상
③ 5[m] 이상

② 3.5[m] 이상
④ 6[m] 이상

해설

인입선의 높이

구분	저압 인입선[m]	고압 및 특고압 인입선[m]
도로 횡단	5	6
철도 궤도 횡단	6.5	6.5
기타	4	5

53 전자접촉기 2개를 이용하여 유도전동기 1대를 정·역운전하고 있는 시설에서 전자접촉기 2대가 동시에 여자되어 상간 단락되는 것을 방지하기 위하여 구성하는 회로는?

① 자기유지회로
③ Y−Δ 기동 회로

② 순차제어회로
④ 인터록 회로

해설

인터록 회로
상대동작 금지회로로서 선행동작 우선회로와 후행동작 우선회로가 있다.

54 완전 확산면은 어느 방향에서 보아도 무엇이 동일한가?

① 광속   ② 휘도   ③ 조도   ④ 광도

해설

완전 확산면은 모든 방향으로 동일한 휘도(광원이 빛나는 정도)를 가진 반사면 또는 투과면을 말한다.

 정답 **51** ③   **52** ④   **53** ④   **54** ②

55 금속전선관 공사에 필요한 공구가 아닌 것은?

① 파이프 바이스　　② 스트리퍼　　③ 리머　　④ 오스터

> 해설
>
> **와이어 스트리퍼**
> 절연전선의 피복절연물을 벗기는 자동 공구이다.

56 변압기 고압 측 전로의 1선 지락전류가 5[A]일 때 접지저항의 최댓값은?(단, 혼촉에 의한 대지 전압은 150[V]이다.)

① 25[Ω]　　② 30[Ω]　　③ 35[Ω]　　④ 40[Ω]

> 해설
>
> 1선 지락전류가 5[A]이므로 $\frac{150}{5} = 30[Ω]$

57 다음 중 전선의 접속방법에 해당되지 않는 것은?

① 슬리브 접속　　② 직접 접속　　③ 트위스트 접속　　④ 커넥터 접속

58 다음 ( ) 안에 들어갈 내용으로 알맞은 것은?

> 사람의 접촉 우려가 있는 합성수지제 몰드는 홈의 폭 및 깊이가 (㉠)[cm] 이하로 두께는 (㉡)[mm] 이상의 것이어야 한다.

① ㉠ 3.5, ㉡ 1　　② ㉠ 5, ㉡ 1　　③ ㉠ 3.5, ㉡ 2　　④ ㉠ 5, ㉡ 2

> 해설
>
> 합성수지 몰드는 홈의 폭 및 깊이가 3.5[cm] 이하의 것일 것. 다만, 사람이 쉽게 접촉할 우려가 없도록 시설하는 경우에는 폭 5[cm] 이하의 것을 사용할 수 있다(두께는 1.2±0.2[mm]일 것).

59 가연성 가스가 새거나 체류하여 전기설비가 발화원이 되어 폭발할 우려가 있는 곳에 있는 저압 옥내전기설비의 시설 방법으로 가장 적합한 것은?

① 애자 사용 공사　　② 가요전선관공사
③ 셀룰러 덕트 공사　　④ 금속관공사

> 해설
>
> **가연성 가스가 존재하는 곳의 공사**
> 금속전선관 공사, 케이블 공사(캡타이어 케이블 제외)에 의하여 시설한다.

정답　55 ②　56 ②　57 ②　58 ③　59 ④

60 접지도체에 큰 고장전류가 흐르지 않을 경우에 접지도체는 단면적 몇 [mm²] 이상의 구리선을 사용하여야 하는가?

① 2.5[mm²]
② 6[mm²]
③ 10[mm²]
④ 16[mm²]

해설

접지도체의 단면적

접지도체에 큰 고장전류가 흐르지 않을 경우	• 구리 : 6[mm²] 이상 • 철제 : 50[mm²] 이상
접지도체에 피뢰시스템이 접속되는 경우	• 구리 : 16[mm²] 이상 • 철제 : 50[mm²] 이상

탄탄한 기초를 위한

핵심 전기기초이론

발행일 | 2022. 10. 20 초판발행

저 자 | 이 현 옥, 이 재 형, 조 성 덕
발행인 | 정 용 수
발행처 | 예믄사

주 소 | 경기도 파주시 직지길 460(출판도시) 도서출판 예문사
T E L | 031) 955 - 0550
F A X | 031) 955 - 0660
등록번호 | 11 - 76호

정가 : 30,000원

ISBN 978-89-274-4813-6 14560

정가 : 30,000원

ISBN 978-89-274-4813-6　14560